中国国家标准汇编

2008年修订-74

中国标准出版社　编

中国标准出版社
北　京

图书在版编目（CIP）数据

中国国家标准汇编：2008年修订.74/中国标准出版社编.—北京：中国标准出版社，2009
ISBN 978-7-5066-5606-1

Ⅰ.中…　Ⅱ.中…　Ⅲ.国家标准-汇编-中国-2008　Ⅳ.T-652.1

中国版本图书馆CIP数据核字（2009）第204408号

中国标准出版社出版发行
北京复兴门外三里河北街16号
邮政编码：100045
网址 www.spc.net.cn
电话：68523946　68517548
中国标准出版社秦皇岛印刷厂印刷
各地新华书店经销
*
开本 880×1230　1/16　印张 37.75　字数 1 132 千字
2009年12月第一版　2009年12月第一次印刷
*
定价 200.00 元

ISBN 978-7-5066-5606-1

出 版 说 明

1.《中国国家标准汇编》是一部大型综合性国家标准全集。自1983年起，按国家标准顺序号以精装本、平装本两种装帧形式陆续分册汇编出版。它在一定程度上反映了我国建国以来标准化事业发展的基本情况和主要成就，是各级标准化管理机构，工矿企事业单位，农林牧副渔系统，科研、设计、教学等部门必不可少的工具书。

2.《中国国家标准汇编》收入我国每年正式发布的全部国家标准，分为"制定"卷和"修订"卷两种编辑版本。

"制定"卷收入上年度我国发布的、新制定的国家标准，顺延前年度标准编号分成若干分册，封面和书脊上注明"20××年制定"字样及分册号，分册号一直连续。各分册中的标准是按照标准编号顺序连续排列的，如有标准顺序号缺号的，除特殊情况注明外，暂为空号。

"修订"卷收入上年度我国发布的、被修订的国家标准，视篇幅分设若干分册，但与"制定"卷分册号无关联，仅在封面和书脊上注明"20××年修订-1，-2，-3，……"字样。"修订"卷各分册中的标准，仍按标准编号顺序排列(但不连续)；如有遗漏的，均在当年最后一分册中补齐。需提请读者注意的是，个别非顺延前年度标准编号的新制定的国家标准没有收入在"制定"卷中，而是收入在"修订"卷中。

读者配套购买《中国国家标准汇编》"制定"卷和"修订"卷则可收齐上一年度我国制定和修订的全部国家标准。

3. 由于读者需求的变化，自1996年起，《中国国家标准汇编》仅出版精装本。

4. 2008年制修订国家标准共5946项。本分册为"2008年修订-74"，收入新制修订的国家标准42项。

中国标准出版社
2009年10月

目　　录

ICS 29.130.20
K 32

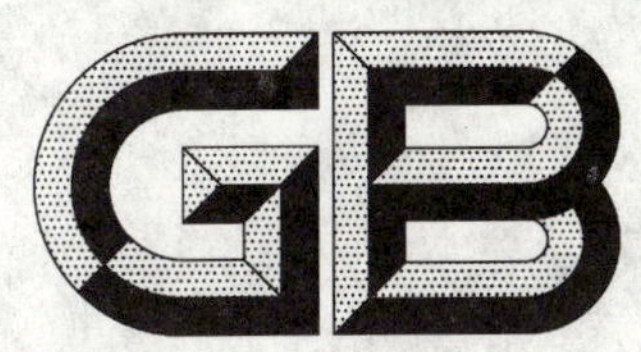

中华人民共和国国家标准

GB 14536.5—2008/IEC 60730-2-4:2006
代替 GB 14536.5—1996

家用和类似用途电自动控制器 密封和半密封电动机-压缩机用电动机热保护器的特殊要求

Automatic electrical controls for household and similar use—Particular requirements for thermal motor protectors for motor-compressors of hermetic and semi-hermetic type

(IEC 60730-2-4:2006, IDT)

2008-12-30 发布　　2010-02-01 实施

中华人民共和国国家质量监督检验检疫总局
中国国家标准化管理委员会　发布

前言

本部分的全部技术内容为强制性。

GB 14536《家用和类似用途电自动控制器》分为以下两个部分：

——第1部分：通用要求；

——第2部分：特殊要求。

特殊要求又由下列部分组成：

——GB 14536.3 电动机热保护器的特殊要求(IEC 60730-2-2,IDT)；

——GB 14536.4 管型荧光灯镇流器热保护器的特殊要求(IEC 60730-2-3,IDT)；

——GB 14536.5 密封和半密封电动机-压缩机用电动机热保护器的特殊要求(IEC 60730-2-4,IDT)；

——GB 14536.6 燃烧器电自动控制系统的特殊要求(IEC 60730-2-5,IDT)；

——GB 14536.7 压力敏感电自动控制器的特殊要求(idt IEC 60730-2-6)；

——GB 14536.8 定时器和定时开关的特殊要求(idt IEC 60730-2-7)；

——GB 14536.9 电动水阀的特殊要求(包括机械要求)(IEC 60730-2-8,IDT)；

——GB 14536.10 温度敏感控制器的特殊要求(IEC 60730-2-9,IDT)；

——GB 14536.11 电动机用起动继电器的特殊要求(IEC 60730-2-10,IDT)；

——GB 14536.12 能量调节器的特殊要求(idt IEC 60730-2-11)；

——GB 14536.13 电动门锁的特殊要求(IEC 60730-2-12,IDT)；

——GB 14536.15 湿度敏感控制器的特殊要求(IEC 60730-2-13,IDT)；

——GB 14536.16 电起动器的特殊要求(idt IEC 60730-2-14)；

——GB 14536.17 锅炉器具中使用的浮子型或电极敏感型水位敏感电自动控制器的特殊要求(IEC 60730-2-15,IDT)；

——GB 14536.18 家用和类似用途浮子型水位控制器的特殊要求(IEC 60730-2-16,IDT)；

——GB 14536.19 电动燃气阀的特殊要求，包括机械要求(IEC 60730-2-17,IDT)；

——GB 14536.20 水流和气流敏感控制器的特殊要求，包括机械要求(IEC 60730-2-18,IDT)；

——GB 14536.21 电动油阀的特殊要求，包括机械要求(IEC 60730-2-19,IDT)；

……

本部分等同采用IEC 60730-2-4:2006《家用和类似用途电自动控制器 第2部分：密封和半密封电动机-压缩机用电动机热保护器的特殊要求》。

本部分的结构与IEC 60730-2-4:2006相同。在本部分中，有对应国家标准的，参照引用国家标准；暂无国家标准的，则参照引用所列的IEC标准。本部分第1章中的规范性引用文件的编排顺序与IEC 60730-2-4不同。

为了便于使用，本部分做了下列编辑性修改：

a) “本标准”一词改为“本部分”；

b) 用小数点“.”代替作为小数点的逗号“,”；

c) 增加了国家标准的前言。

本部分与GB 14536.1—2008《家用和类似用途电自动控制器 第1部分：通用要求》配合使用。

本部分代替GB 14536.5—1996《家用和类似用途电自动控制器 密封和半密封电动机-压缩机用电动机热保护器的特殊要求》。

本部分与GB 14536.5—1996相比主要变化如下：

a） 若干章节的名称根据GB 14536.1的变化做了相应的更改；

b） 第1章中额定电压范围上限由660 V改为690 V；

c） 第7章中的表7.2有一定的变动；

d） 新增附录AA内容；

e） 附录H要求的改变。

本部分的附录C、附录E为规范性附录，附录AA为资料性附录。

本部分由中国电器工业协会提出。

本部分由全国家用自动控制器标准化技术委员会(SAC/TC 212)归口。

本部分起草单位：广州威凯检测技术研究所、广州电器科学研究院、万宝冷机集团广州电器有限公司、杭州星帅尔电器有限公司、佛山通宝股份有限公司、兰溪市越强电器有限公司、常州常荣电器有限公司、佛山市顺德区容贵测电器有限公司、浙江中雁温控器有限公司、艾默生电气(深圳)有限公司、珠海凌达压缩机有限公司、中国家用电器研究所。

本部分起草人：孔睿迅、竹利平、黄开云、黄智航、卢文成、麦丰收、高永华、匡发荣、何敦启、陈永龙、周安乐、陈达光、贾玉霖。

本部分所代替标准的历次版本发布情况为：

——GB 14536.5—1996。

IEC 前言

1) IEC(国际电工委员会)是由各个国家的电工委员会(IEC 国家委员会)组成的世界性标准化组织。IEC 的宗旨是在电气和电子领域的标准化相关问题上促进国际间的合作。为此目的,IEC 除了开展其他活动之外,还出版国际标准、技术规范、技术报告、公共规范(PAS,Publicly Available Specifications)和导则(今后统称 IEC 出版物)。这些标准的制定工作是委托各技术委员会来完成的。作为 IEC 成员的各国家委员会,只要对所要制定的标准感兴趣,均可参与其制定工作。与 IEC 有联系的国际性的、官方的或非官方的组织亦参与标准的制定工作。IEC 和世界标准化组织(ISO)遵照双方协议所规定的条件,密切合作。

2) 由于每个技术委员会中均有来自对相关问题感兴趣的国家委员会的代表,故 IEC 的有关技术议题的正式决议或协议都在最大限度上表达了国际上对于相关问题的一致看法。

3) IEC 出版物以推荐的形式用于国际用途,并在此意义上为各国家委员会接受。尽管已作了所有可行的努力去确保 IEC 出版物的技术内容是正确的,IEC 也不能为这些出版物所被使用的方式或是任何使用者的错误解释而承担责任。

4) 为了促进国际上的统一,IEC 各国家委员会负责将 IEC 国际标准透明地、最大可能地转化为国家或地区性标准。IEC 标准和相应的国家或地区性标准之间如有任何差异,应在标准转化之后清楚地说明。

5) IEC 并未制定任何认可标志的程序,如有某设备宣称其符合 IEC 的某一出版物时,IEC 对此不负责任。

6) 所有的使用者应确保拥有本出版物的最新版本。

7) IEC 或是其领导人、雇员、服务人员或代理人,包括独立的专家和 IEC 技术委员会、各国家委员会,对于任何由于使用或是信任本 IEC 标准或其他 IEC 出版物而造成的人员伤亡、财产损失或其他对自然环境造成的伤害(不管这些损失是直接的还是间接的)不负担任何责任,对相应产生的费用和花费(包括法律费用)也不承担责任。

8) 要注意本标准所引用的相关标准。使用所引用的标准是正确应用本标准所必不可少的。

9) 值得注意的是本国际标准中的某些部分可能涉及到专利权。IEC 对于鉴别某一或是全部的这一类专利权将不负责任。

国际标准 IEC 60730-2-4 由 IEC 技术委员会 TC 72:家用自动控制器制定。

本第二版取消并取代 1990 年颁布的第一版及其 1994 年的修订 1 和 2001 年的修订 2。本第二版组成一个技术修订本并更新本标准在适应当前实践的同时也能配合并行标准的使用。

标准正文基于下述文件:

FDIS	投票报告
72/710/FDIS	72/723/RVD

有关本标准表决通过的详细资料,请见上表所列的投票报告。

该出版物的起草遵从 ISO/IEC 导则:第二部分。

本第二部分预定与 IEC 60730-1 一起使用。此项要求建立于 IEC 60730-1 的 1999 年第三版及其 2003 年修订 1 的基础上。应考虑 IEC 60730-1 的后续版本或修订。

本部分补充或修改 IEC 60730-1 中相应的条款以便将其转换为相应的 IEC 标准:密封和半密封电动机-压缩机用电动机热保护器的特殊要求。

当本部分中出现“增加”、“修改”或“代替”时，则通用要求中相关的要求、试验描述或解释性内容应做相应修改。

当不需要变动时，本部分将注明相应的章节或条款适用。

在制定一个完整的国际标准时，必须考虑世界各个地区的实际情况所形成的不同要求，而且应承认各个国家电气系统和布线规则的差异。

不同国家的差异，以“注：在某些国家”的形式给出，这些差异见下列条款：

——6.101；

——表7.2的101项；

——12.2；

——17.2；

——表17.2；

——17.2.1；

——17.2.2；

——18.1.3.101.2；

——20.1；

——20.2；

——20.3；

——20.3.1；

——表20.3.101；

——附录D。

在本部分中使用下列印刷体：

——正文要求：罗马字体；

——试验规范：斜体；

——注释事项：小罗马字体。

对于第一部分来说是属于新增加的分条款、注释、项或是图示将从101开始编号，而新增加的附录则以字母AA、BB开始。

所有属于IEC 60730系列的、归属于“家用和类似用途自动控制器”类别的标准清单，可以在IEC的网站上获得。

委员会决定本出版物的内容在IEC网站http://webstore.iec.ch上标明的、和特定出版物相关的下次修订日期之前保持不变。而到了此日期，出版物将被：

- 再次确认；
- 取消；
- 被修订后的版本代替；或
- 修订。

家用和类似用途电自动控制器
密封和半密封电动机-压缩机用
电动机热保护器的特殊要求

1 范围和规范性引用文件

GB 14536.1 中的该章,除下述内容外均适用:

1.1 代替:

本部分适用于 GB 14536.1 中定义的、封闭(密封和半密封)电动机-压缩机的部分评价。

注:电动机热保护器是一个取决于正确安装并固定在电动机上或电动机内,且只能与相应的电动机结合在一起进行完整试验的整体式控制器。

将电动机和电动机热保护器结合在一起试验的要求在 GB 4706.17—2004 中规定。

本部分适用于使用 NTC 或 PTC 热敏电阻的电动机-压缩机用电动机热保护器,附加的要求见附录J。

1.1.1 本部分适用于设备的固有安全,适用于与设备安全有关的操作值,操作时间和操作程序,以及适用于装在或装入封闭(密封和半密封)电动机-压缩机用的电动机热保护器的试验。

本部分也适用于 GB 4706.17—2004 范围内的电动机-压缩机用的电动机热保护器。

注:本部分使用的“设备”一词包括“器具和设备”。

不打算作为一般家用用途的电动机-压缩机用热保护器,但仍可能被公众使用的,如打算在商店、轻工行业和农场中由非专业人员使用的设备,其使用的电动机-压缩机用热保护器仍在本部分的范围内。

本部分不适用于专门用于工业应用的电动机热保护器。

1.1.2 本部分不适用于其他的电动机保护措施。

1.1.3 本部分不适用于断开电路的手动装置。

1.2 代替:

本部分适用于额定电压不超过 690 V、额定输出功率 11 kW 以下的电动机用的热保护器 。

注:符合本部分要求的控制器被认为是符合 GB 14536.3《家用和类似用途电自动控制器 电动机热保护器的特殊要求》的要求的。

1.3 代替:

本部分未考虑取决于控制器在设备中的安装方法的控制器自动动作的响应值。如果响应值对保护器使用者及周围环境有意义,则由相应的设备标准规定的或由制造商规定的值适用。

1.5 规范性引用文件

下列文件中的条款通过 GB 14536 的本部分的引用而成为本部分的条款。凡是注日期的引用文件,其随后所有的修改单(不包括勘误的内容)或修订版均不适用于本部分,然而,鼓励根据本部分达成协议的各方研究是否可使用这些文件的最新版本。凡是不注日期的引用文件,其最新版本适用于本部分。

增加:

GB 13539.1 低压熔断器 第1部分:基本要求(GB 13539.1—2008,IEC 60269-1:2006,IDT)

GB 13539.3 低压熔断器 第3部分:非熟练人员使用的熔断器的补充要求(主要用于家用和类似用途的熔断器) 标准化熔断器系统示例 A 至 F(GB 13539.3—2008,IEC 60269-3:2006,IDT)

GB 4706.17—2004 家用和类似用途电器的安全 电动机-压缩机的特殊要求(IEC 60335-2-34:1999,IDT)

2 定义

GB 14536.1 中的该章,除下述内容外均适用:

2.6 与试验程序控制器自动动作类型相关的定义

增加:

2.6.101

3 型动作 type 3 action

其动作特性的可靠性只能根据在被保护的电动机-压缩机上进行测量的结果来评估。

2.13 其他定义

增加:

2.13.101

封闭式电动机-压缩机 sealed motor-compressor

将压缩机和电动机封装在同一个没有外部轴封的外壳内的(密封或半密封)机械压缩机,电动机在冷却的环境中工作。可以通过焊接或铜焊(对于密封的压缩机),使外壳永久封闭,或用一个或多个填实接缝(半密封压缩机)将外壳封住。

3 一般要求

GB 14536.1 中的该章均适用。

4 试验的一般说明

GB 14536.1 中的该章,除下述内容外均适用:

4.3.1.1 和 4.3.1.2 不适用。

4.3.2 不适用。

5 额定值

GB 14536.1 中的该章不适用。

6 分类

GB 14536.1 中的该章,除下述内容外均适用:

6.4 按自动动作特性分类

6.4.1 不适用。

6.4.2 代替:

——3 型动作。

6.4.3 代替:

根据下列结构特性和动作特性中的一个或多个对 3 型动作进一步分类。

注 1:这些进一步的分类只有在进行了相关的声明且已进行了若干适合的试验的情况下适用。

注 2:具有多于一种特性的动作可以用相应的字母组合分类,例如:3.C.L 型。

注 3:人工动作不根据本条款进行分类。

6.4.3.1 空缺。

6.4.3.2 ——微断开操作(3.B 型)。

6.4.3.3 ——微切断操作(3.C型)。

6.4.3.4 空缺。

6.4.3.5 空缺。

6.4.3.6 空缺。

6.4.3.7 空缺。

6.4.3.8 ——自由脱扣机构,在这种机构中,不会阻碍触头打开,而且如果复位机构置于复位位置,当安全操作条件恢复以后,这个脱扣机构自动复位到闭合位置(3.H)。

6.4.3.101 电动机热保护器按照下述结构和动作特性进行再分类:

——非自动复位(3.B.H型);

——自动复位(3.C型)。

增加:

6.101 按限定短路容量分类(加拿大和美国适用)

注:有关限定短路实验的详情,参见17.2。

并非所有产品的设计都有能力安全地承受或分断短路电流而没有引起着火的危险。有明显的证据可以说明当一个没有保护的电动机发生短路时不会产生着火的危险,因为电路将会因为电源的过流保护器件的动作而安全地断电。但如果在出现故障电流的通路中有热保护器的存在,当此保护器尝试去消除故障时,由于拉弧的干扰可能会导致着火。此种干扰确有可能在电源的过流保护器断开电路前产生。17.2的试验即是用来评估电动机热保护器在此种情况下的动作。

7 资料

GB 14536.1中的该章,除下述内容外均适用:

7.2.6 代替:

对于密封式电动机-压缩机用电动机热保护器,应按表7.2提供资料。

表7.2

代替:

资　　料	章、条	方法
1 制造商名称或商标	7.2.6	C
2 唯一型号标志[a)]	2.11.1,2.13.1,7.2.6	C
6 控制器的用途	4.3.5,6.3	X
7 每个电路所控制的负载的类型[g)]	6.2,17	X
30 所用绝缘材料的 *PTI* 值	6.13	X
31 控制器安装的方法	8	X
31a 控制器的接地方法	7.4.3,9	D
43 切断动作的复位特性[c)]	6.4,11.4	X
49 控制器污染等级	6.5.3	X
51 耐热耐燃的分类	21	X
101 限定短路容量,如果声明[101)]	6.101,17.2	X
102 自动动作的特性[102)]	6.4	D

表 7.2（续）

资　料	章、条	方法
103　保护器放置在密封式压缩机中承受的最大压力[103)]	18.1.3.101.1	D

注：

a) 唯一型号标志是这样一种标志，即当完整地引用这种标志时，控制器制造商便能提供在电气、机械特性、尺寸和功能上与原来的控制器完全一样的新控制器。

可由如电压额定值或环境温度等其他标志一起组成的一系列型号来提供唯一型号标志。

c) 制造商可以声明一个比 11.4.102 中规定的更低的环境温度。

g) 对于多于一个电路的控制器，应注明适用于每个电路和每个端子的电流；如果这些电流彼此不同，那么应说清楚哪个电流值适用于哪个电路或哪个端子。对于电阻负载的电路和电感负载的电路，应注明在 17.2 相应表中给出的功率因数下的额定电流或额定负载(VA)。

101) 加拿大和美国适用。

102) 电动机热保护器被分类为 3.B.H 型和 3.C 型。

103) 试验压力取决于制冷剂和保护器在压缩机内的位置(偏高或偏低)。其值可参考 GB 4706.17—2004 中的 22.7。

8　防触电保护

GB 14536.1 中的该章均适用。

9　接地保护措施

GB 14536.1 中的该章均适用。

10　端子和端头

GB 14536.1 中的该章，除下述内容外均适用：

10.1　不适用。

10.2　连接内部导线的端子和端头

增加：

注：对于本部分，内部布线导线被认为是整装导线。

11　结构要求

GB 14536.1 中的该章，除下述内容外均适用：

11.3.4　由制造商进行的设定

增加：

注：封装化合物，锁定螺钉和类似部件被认为满足目的。

11.4　动作

增加：

11.4.101　3.B.H 型动作应能满足对微断开规定的电气强度要求。

通过第 13 章试验和第 20 章的相关要求来检查是否满足要求。

11.4.102　3.B.H 型动作的设计应保证，当复位机构在复位位置时，不会阻碍触点断开，并且可以自动复位到闭合位置。试验环境温度在 −5 ℃以上时，控制器不得自动复位。

通过观察检查是否符合要求，必要时通过试验检查，试验时对起动元件不施加力。

11.4.103　3.C 型动作应通过微切断来提供电路切断。

通过第 20 章的相关要求来检查是否满足要求。

12　防潮及防尘

GB 14536.1 中的该章，除下述内容外均适用：

12.2　防潮试验

增加：

注 1：在加拿大和美国，按附录 D 进行潮湿试验。

注 2：在日本，这一评价是在电动机-压缩机上进行。

13　电气强度和绝缘电阻

GB 14536.1 中的该章，除下述内容外均适用：

增加：

注 1：第 13 章试验的适用性可能取决于热保护器在设备中的安装方法。

注 2：如果第 13 章试验结果不能完全代表热保护器在电器中所获得的结果，那么这些试验通常应装在设备中进行。

14　发热

GB 14536.1 中的该章不适用。

注：对于电动机热保护器，能完成 GB 4706.17—2004 或合适的 IEC 标准的要求就被认为是足够的。

15　制造偏差和漂移

GB 14536.1 中的该章不适用。

16　环境应力

GB 14536.1 中的该章均适用。

17　耐久性

GB 14536.1 中的该章，用下述内容代替：

17.1　一般要求

注：电动机-压缩机用电动机热保护器的耐久性要求由 GB 4706.17—2004 中 19.101～19.105 的非正常试验代替。

附录 AA 包含热保护器作为一个零部件进行耐久性试验的内容信息，也即不安装在电动机中进行。

17.2　按 6.101 分类的热保护器的限定短路容量（加拿大和美国适用）

按 6.101 分类的热保护器，当保护器经受相当于电动机-压缩机短路时的电流，不得出现危及安全的危险。

注：通过下述试验来检验：

按表 17.2 规定的值，对 3 个试样进行试验。

将保护器按所声明的方式进行安装和连接，可以安装在压缩机上或相应的部件上。

将保护器与合适的熔断器串联。熔断器应是 GB 13539.1 和 GB 13539.3 中规定的用于室内的具有标准额定值的熔断器。熔断器应适合于压缩机的额定电压，并应有足够大的额定电流值，以满足任何压缩机在所有使用条件下进行本试验所需要进行的起动和操作，而熔断器不动作。

表 17.2 限定短路容量(加拿大和美国适用)

电动机-压缩机额定负载电流						预期电流[a)]/A
100～120	200～208	220～250	277 V	440～480	550～600	A
单相电动机:						
≤9.8	≤5.4	≤4.9	—	—	—	200
9.9～16.0	5.5～8.8	5.0～8.0	≤6.65	—	—	1 000
16.1～34.0	8.9～18.6	8.1～17.1	—	—	—	2 000
34.1～80.0	18.7～44.0	17.1～40.0	—	—	—	3 500
>80.0	>44.0	>40.0	>6.65	—	—	5 000
三相电动机:						
—	≤2.12	≤2.0	—	—	—	200
—	2.13～3.7	2.1～3.5	—	≤1.8	≤1.4	1 000
—	3.8～9.5	3.6～9.0	—	—	—	2 000
—	9.6～23.3	9.1～22.0	—	—	—	3 500
—	>23.3	>22.0	—	>1.8	>1.4	5 000

a) 这一电流为电路中没有电动机热保护器,而且其功率因数为 0.9～1.0 时方均根值。

在三相电动机中,连接到星型连接电动机中点的电动机热保护器不需要进行限定短路容量试验,因为保护器中的电流由电动机固有阻抗来限制。

装在密闭电动机-压缩机外壳里的热保护器不需要进行限定短路容量试验,因为压缩机外壳会提供合适的阻挡层。

用于这一试验的导体应具有等于电动机-压缩机 125%额定负载电流的载流量。

17.2.1 电动机-压缩机用于接有表 7.2 第 101 项规定的时间/电流特性的熔断器电路中的情况(加拿大和美国适用)

将保护器与一个熔断器串联,该熔断器当其额定电流等于最大额定容量为 400 kVA 或以下的电动机-压缩机的额定负载电流的 225%时,具有所声明的特性。选用不超过上述 225%值的、且最靠近标准规格的熔断器。保护器可以用更低规格的熔断器进行试验。

注 1:电动机-压缩机必须能够在设备中起动和操作而熔断器不出现熔断。

注 2:如果所计算出的熔断器的规格小于 15 A,而且熔断器的额定电压在 150 V- 600 V 之间或是多相的,则选用 15 A 的熔断器。如果计算的熔断器规格小于 20 A,而且电动机-压缩机的额定电压在 150 V 或以下,而且是单相的,则选用 20 A 的熔断器。

注 3:对于自动复位的保护器,在试验过程中保护器的循环动作是允许的。试验持续到保护器永久断开电路或直到熔断器熔断。触头粘连或保护器解体是允许的。

注 4:将外科手术级的棉花围在外壳周围,并按照制造商说明将热保护器装在壳体内,周围的棉花不得被点燃,外壳不应发生脱落或损坏至超过该测试条件所承受的范围。

注 5:在和制造商确认的前提下,试验允许在更高电压下进行,或者使用更大规格的熔断器。该测试结果也同样覆盖更低的电压和更小的电流。

17.2.2 使用于成组电动机的情况(加拿大和美国适用)

当电动机为接有大于 17.2 规定规格的熔断器的多个电动机和复合负载设备中时,这个电动机可以用热保护器进行保护。

当制造商规定一个电气设备要装到带有熔断器的组合电气装置中，则下述附加试验适用。

将热保护器与具有规定特性、额定值大于17.2.1规定的熔断器串联，试验按照17.2要求进行，但不同的是，用漂白棉纱、布(粗棉布)代替手术级棉花围在保护器外壳周围。漂白纱布单位质量的面积为26 m^2/kg～28 m^2/kg 或者 13×11 支纱/cm^2(或与其接近的，可买到的棉纱布)。

注1：进行限定短路试验，以确保引入的会因为承载电动机电流而产生发热的热保护器不会在电动机发生故障时产生危险。

注2：对于装有熔断器的组合电气装置，试验电路条件是非常严酷的，为了补偿这一试验结果，使用棉纱(粗纱布)而不是用表7.2第101项说明的、使用了特定时间/电流特性熔断器的电动机所使用的吸水棉花作为外部的火焰指示。

注3：装有熔断器的组合电气装置通常包括多个电动机和组合负载电器，这个电动机和组合负载电器具有能承受火焰和融化物质的外壳，而在这一规定试验中，电动机是作为单一外壳使用。热保护器能够用于组合电气装置的先决条件是其能够通过使用吸水棉花的正常熔断条件的试验。组合的电气装置通常使用相对较小的电动机，如风扇和吹风机的电动机。这些电动机内通常用小规格的导线进行内部接线，与试验时所采用的最大功率下的短路电流值相比较，其值可以减少。

注4：在大功率和大熔断器额定条件下进行的试验可以代表极限条件，且可以重复进行试验。这个极限条件与指示火焰的棉纱、布结合使用，是一种比较妥善的处理，比在宽范围的电路功率下进行大量的试验要合适得多。

18 机械强度

GB 14536.1中的该章，除下述内容外均适用：

18.1.3 增加：

18.1.3.101 装在封闭式电动机-压缩机外壳内的热保护器，其结构应设计得能承受在操作条件下的压力。

18.1.3.101.1 将热保护器两个试样暴露于等于表7.2中第103项所声明的外部压力下来检查是否符合要求，不得有：

1) 通过视觉能确定的保护装置外壳的断裂弯曲、翘曲或畸变；

2) 外壳与保护装置的内部载流部件之间的短路；和

3) 影响保护装置的端子之间的电气连续性。

18.1.3.101.2 作为18.1.3.101.1可替换的另一种选择，在制造商要求的情况下，如果保护器符合18.1.3.101.4校准检验及其后续试验的要求，那么18.1.3.101.1的试验可以按60%的试验压力进行。

此外，通过视检确定不会有引起爬电距离和电气间隙减小的结构损坏。

注：在美国和加拿大，高于或低于18.1.3.101.1和18.1.3.101.2中规定的测试压力是被要求的。

18.1.3.101.3 压力试验的介质是无害的液体，例如水。将试样放在充满试验介质而不含空气的容器中，使容器与液压系统连接，逐步增加压力至要求的试验压力，并保持这一压力1 min。

18.1.3.101.4 在18.1.3.101.2压力试验前后，分别测量热保护器断开和接通温度来进行校准试验，压力试验前后两次所测量的温度偏差应不大于5 K或5%，二者取高者。

将试样安装在空气干燥箱中，箱中强制通风速度至少为0.5 m/s，而且设计应保证避免辐射的影响。温度用附到毗邻的保护器上的热电偶或装在被测保护器附近的空气中的热电偶测量。断开和接通的指示应由电流不会影响装置操作的低能量连续指示电路来完成。断开温度和接通温度取两次试验测试结果的平均值。

测试断开温度或接通温度前，应将热保护器保持在低于断开温度11 K或高于接通温度11 K下以达到平衡状态，然后以不大于0.5 K/min的速率升温或降温直至保护器断开或接通。

注1：如试验机构和制造商达成一致意见，则可选择其他试验设备。

注2：如试验机构和制造商达成一致意见，则可使用更高的试验压力。

18.1.4～18.9 不适用。

19 螺纹部件及连接

GB 14536.1 中的该章均适用。

20 爬电距离、电气间隙和穿通固体绝缘的距离

GB 14536.1 中的该章，除下述内容外均适用：

20.1 增加：

在该条款的开始处添加以下文字：

注：在加拿大和美国，20.1 的要求不适用。

20.2 增加：

在该条款的开始处添加以下文字：

注：在加拿大和美国，20.2 的要求不适用。

20.3 增加：

注：在加拿大和美国，20.1 和 20.2 的要求不适用，而其爬电距离、电气间隙应不低于 20.3.1 和 20.3.2 中的适合的值。

20.3.1 增加：

注 1：在加拿大和美国，安装在密封式电动机-压缩机外壳外部的电动机热保护器的爬电距离和电气间隙不得小于表 20.3.101 及其注中的值。

注 2：在加拿大和美国，安装在密封式电动机-压缩机外壳内部的电动机热保护器的爬电距离和电气间隙除了规定为 6.4 mm 之处可为 2.4 mm 外，其余值不得小于表 20.3.101 中规定值的一半。

表 20.3.101 安装在电动机-压缩机的密封外壳外的电动机热保护器的爬电距离和电气间隙

电动机-压缩机的额定值		要求的尺寸[1),5),6),7)]/mm			
		不同极性的带电部件之间		跨基本绝缘	
功率/VA[2)]	电压/V	电气间隙[3)]	爬电距离[3)]	电气间隙[3)]	爬电距离[3)]
0～2 000	300[4)]	3.2	6.4	3.2	6.4
	301～690	9.5	12.7	9.5	12.7
＞2 000	0～150	3.2	6.4	3.2	12.7
	151～300[4)]	6.4	9.5	6.4	12.7
	301～690	9.5	12.7	9.5	12.7

注：

1) 表 20.3.101 中的值不适用于一般的电动机。

2) 伏特-安培额定值根据热保护器所带负载的 V-A 额定值进行评估，对于本部分，电气间隙和爬电距离是根据电动机的最大额定负载电流和最大额定电压来定，例外的是这些距离可以根据实测负载增加。

3) 表中对外壳的爬电距离和电气间隙不适用于热保护器与装在另一器具外壳或箱体内的独立电动机-压缩机外壳之间的爬电距离和电气间隙。

4) 对于不超过 300 V 电路，玻璃绝缘的端子的爬电距离，在表 20.3.101 规定为 6.4 mm 时，可以是 3.2 mm，对表 20.3.101 中规定为 9.5 mm 时，可以是 6.4 mm，如果在端子组件上提供的防腐蚀保护遍布玻璃绝缘，注 4 这条的内容不适用。

5) 不同极性接线端子之间或接线端子与地之间的爬电距离应不小于 6.4 mm。下列情况除外：如果端子的短路或接地不会导致多股导线线丝突出，这些距离不必大于 20.3.101 中规定的值。接线端子是指现场接线的端子，而不是制造商已经接好线的端子。

6) 用于气隙中，使气隙满足最小允许值的硫化纤维绝缘隔层不得小于 0.8 mm 厚（如果不放置这样的衬垫或隔层，气隙就小于允许值），而且放置的位置和材料应保证不会受到电弧的有害影响。

7) 如果使用厚度不小于 0.4 mm 的硫化纤维放在气隙中，这个气隙可减小，但不得小于最小允许值的 50%。如果经验证对于某种特殊要求适用，允许使用绝缘厚度小于规定值的绝缘材料。

增加：

20.101　爬电距离电气间隙要求不适用：

——同极性带电部件之间(包括其加热器，如果使用时)；

——跨越触头间隙；

——在同极性端子和端头之间，这个例外包括端子和端头。

注1：这个例外不适用于从带电部件到地或易触及部件的爬电距离和电气间隙。

注2：密封和半密封电动机-压缩机的外壳内的环境被认为污染等级为1级。

21　耐热、耐燃和耐漏电起痕

GB 14536.1中的该章均适用。

22　耐腐蚀性

GB 14536.1中的该章均适用。

23　电磁兼容性(EMC)要求——发射

GB 14536.1中的该章均适用。

24　组件

GB 14536.1中的该章均适用。

25　正常操作

GB 14536.1中的该章均适用。

26　电磁兼容性(EMC)要求——抗扰度

GB 14536.1中的该章均适用。

27　非正常操作

GB 14536.1中的该章均适用。

28　电子断开使用导则

GB 14536.1中的该章均适用。

附　录

GB 14536.1 中的附录,除下述内容外均适用:

附　录　C
(规范性附录)
水银开关试验用的棉花

GB 14536.1 中的该附录,不适用。

附　录　E
(规范性附录)
测量泄漏电流的电路

GB 14536.1 中的该附录,不适用。

附　录　AA
（资料性附录）
电动机热保护器作为元件的耐久性试验，例如不装入电动机

AA.1　目的

本附录的目的在于提供使用者预先挑选电动机热保护器的方法。本试验结果不能保证通过试验的热保护器也能通过最终的电动机测试。另外，不能通过本试验的保护器仍可能会通过最终的电动机测试。

因此，本附录的试验不能作为电动机保护器或电动机/电动机保护器组合的证明的基础。它不能代替 GB 4706.17—2004 中要求的堵转试验。

AA.2　自动动作的加速耐久性试验

AA.2.1　试验的电气条件

控制器的每个电路的额定值按照制造商规定加载。

AA.2.2　试验的热条件

除了控制器的温度敏感元件外，其余部件按照下述要求：

——控制器按预定方式安装后能触及的部件暴露在正常室温下；

——控制器的安装表面的温度保持在 $T_{s\max}$ 与 $T_{s\max}+5$ ℃之间或 $T_{s\max}$ 与 $1.05T_{s\max}$ 之间，两者取高者；

——分断装置其余部分的温度保持在 $T_{\max}$ 与 $T_{\max}+5$ ℃或 $T_{\max}$ 与 $1.05T_{\max}$ 之间，两者取高者。如果 $T_{\min}$ 小于 0 ℃，则需要进行附加试验，试验时分断装置的温度保持在 $T_{\min}$ 和 $T_{\min}-5$ ℃之间。

AA.2.3　试验的人工和机械条件

AA.2.3.1　起动元件的动作速度应为：

——对旋转运动，45°/s±5°/s；

——对直线运动，25 mm/s±2.5 mm/s。

AA.2.3.2　AA.2.4 测试期间，下列条件适用。

——应注意确保试验装置允许起动元件自由操作，使其不会影响机构的正常动作；

——对于起动元件的移动受限制的控制器，在每个运动的末端都应施加一个力矩（对于旋转式控制器）或一个力（对于非旋转式控制器），以此来校验限位装置的强度。这个力矩或者是正常起动力矩的 5 倍，或是 1.0 Nm，取较小者，但最小为 0.2 Nm。这个力或者是正常起动力的 5 倍，或者 45 N，取二者之中较小值，但最小为 9 N。如果正常起动力矩大于 1.0 Nm 或正常起动力大于 45 N，则施加正常的起动力矩和正常起动力；

——对于只朝一个方向起动的控制器，如果使用上述规定的力矩朝相反方向旋转起动元件是不可能的，则应该朝所设计的方向进行试验。

AA.2.4　加速自动动作试验

AA.2.4.1　操作的速率和方法不能对动作的安全性、寿命和预期目的产生显著影响。

正常的动作速率可以通过外部加热源的应用来加速，由于承载额定电流引起的或是额定电流和外部加热源共同作用引起的自动操作，其速率取决于每个产品的相应的敏感度。试验期间可以进行强制冷却。

AA.2.4.2　耐久性试验的自动周期数次数由制造商决定。然而需要注意的是，在 GB 4706.17—2004 第 19.101 中，对于自动复位的电动机热保护器要求至少动作 360 h，期间要求至少动作 2 000 个周期。

对于非自复位电动机热保护器要求至少动作 50 个周期。

AA.2.5 试验结果评价

AA.2.4 试验后，控制器满足下列条件则被认为是符合要求的：

——所有的人工和自动动作在本部分的意义内仍能按预定方式完成；

——仍满足 GB 14536.1—2008 第 8 章和第 20 章的要求；

——仍能满足 GB 14536.1—2008 中 17.5 的要求。对于该章节测试，控制器试验应在适当的条件下确保触头分离；

——带电部件与起动元件的易触及金属之间无任何瞬态故障的迹象发生。

ICS 29.120.50
K 32

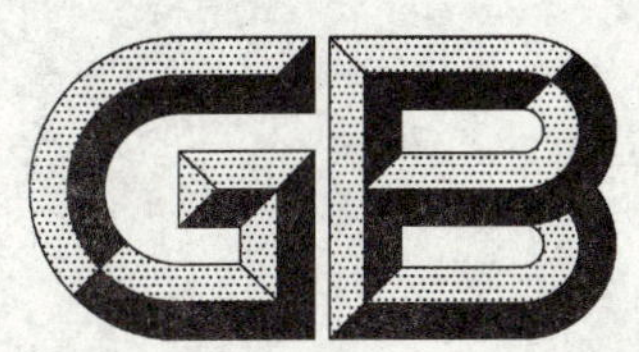

中华人民共和国国家标准

GB 14536.6—2008/IEC 60730-2-5:2004
代替 GB 14536.6—1996

家用和类似用途电自动控制器 燃烧器电自动控制系统的特殊要求

Automatic electrical controls for household and similar use—Particular requirements for automatic electrical burner control systems

(IEC 60730-2-5:2004,IDT)

2008-09-19 发布　　2009-06-01 实施

中华人民共和国国家质量监督检验检疫总局
中国国家标准化管理委员会　发布

前言

本部分的全部技术内容为强制性。

GB 14536《家用和类似用途电自动控制器》分为以下两个部分：

第1部分：

GB 14536.1　通用要求

第2部分：

GB 14536.3　电动机热保护器的特殊要求

GB 14536.4　管型荧光灯镇流器热保护器的特殊要求

GB 14536.5　密封和半密封电动机压缩机用电动机热保护器的特殊要求

GB 14536.6　燃烧器电自动控制系统的特殊要求

GB 14536.7　压力敏感电自动控制器的特殊要求

GB 14536.8　定时器和定时开关的特殊要求

GB 14536.9　电动水阀的特殊要求(包括机械要求)

GB 14536.10　温度敏感控制器的特殊要求

GB 14536.11　电动机用起动继电器的特殊要求

GB 14536.12　能量调节器的特殊要求

GB 14536.13　电动门锁的特殊要求

GB 14536.14　家用洗衣机电脑程序控制器的特殊要求

GB 14536.15　湿度敏感控制器的特殊要求

GB 14536.16　电起动器的特殊要求

GB 14536.17　锅炉器具中使用的浮子型或电极敏感型水位敏感电自动控制器的特殊要求

GB 14536.18　家用和类似使用浮子型水位控制器的特殊要求

GB 14536.19　电动气阀的特殊要求，包括机械要求

……

本部分等同采用国际电工委员会 IEC 60730-2-5:2004(第3.1版)《家用和类似用途电自动控制器　第2-5部分：燃烧器电自动控制系统的特殊要求》。

为了便于使用，本部分做了下列编辑性修改：

a)　“本2-5部分”一词改为“本部分”；

b)　用小数点“.”代替作为小数点的逗号“,”；

c)　增加了国家标准的前言；

d)　标准的适用范围“额定电压不超过660 V”改为“额定电压不超过690 V”。

本部分代替 GB 14536.6—1996《家用和类似用途电自动控制器　燃烧器电自动控制系统的特殊要求》(idt IEC 730-2-5:1993)。

本部分与 GB 14536.6—1996 相比主要变化如下：

a)　增加了附录 AA、附录 BB；

b)　在附录 H 的 H.26 发生较大变化；

c)　“在某些国家”改为具体国家名称。

本部分应与 GB 14536.1—2008(IEC 60730-1:2003,IDT)配合使用，如果由于版本的差异可能会导致本部分使用出现问题时，应参照相应版本的 IEC 原文标准。

本部分的附录 H、附录 J、附录 AA 为规范性附录;附录 BB 为资料性附录。

本部分由中国电器工业协会提出。

本部分由全国家用自动控制器标准化技术委员会(SAC/TC 212)归口。

本部分起草单位:中国电器科学研究院。

本部分起草人:黄开云。

本部分所代替标准的历次版本发布情况为:GB 14536.6—1996。

IEC 前言

1) IEC(国际电工委员会)是由各个国家电工委员会(IEC 国家委员会)组成的世界性标准化组织。IEC 的宗旨是促进在与电工和电子领域标准化有关问题上的国际合作。为此目的,IEC 除了开展其他活动之外,还出版国际标准。这些标准的制定工作是委托各技术委员会来完成的。IEC 的成员各国家委员会,只要对要制定的标准感兴趣,均可参加其制定工作。与 IEC 有联系的国际性的、官方的和非官方的组织亦可参加标准制定工作。IEC 和世界标准化组织(ISO)遵照双方协议规定的条件,密切合作。

2) 由所有对该问题特别关切的国家委员会都参加的技术委员会所制定的 IEC 有关技术问题的正式决议或协议,尽可能地表达了对所涉及的问题在国际上的一致意见。

3) 这些正式协议或协议以标准、技术报告或导则的形式出版并推荐给国际上使用,并在此意义上为各国家委员会所接受。

4) 为了促进国际上的统一,IEC 各国家委员应明确地、最大限度地将 IEC 国际标准转化为国家或地区的标准。IEC 标准和相应的国家或地区性标准之间如有任何差异,应在国家标准或地区性标准中清楚地注明。

5) IEC 并未制定任何认可标志的程序。如有某设备宣称其符合 IEC 的某一项标准时,IEC 对此不负任何责任。

6) 国际出版物的某些标准将涉及到专利权,IEC 对鉴别这些专利权问题概不负责。

国际标准 IEC 60730-2-5 由 IEC TC 72:家用自动控制器技术委员会制定。

此第三版代替并废止 1993 年出版的第二版、修订件 1(1996)、修订件 2(1997)和研究性的技术修改。

本部分的正文以第二版、修订件 1、修订件 2 和下列文件为基础:

国际标准草案	投票报告
72/430/FDIS	72/447/RVD
72/632A/FDIS	72/642/RVD

有关本部分的表决通过的详细资料,请见上表所列的投票报告。

此出版物根据 ISO/IEC 导则第 3 部分来起草。

本部分应与 IEC 60730-1 配合使用。IEC 60730-1 是以其第三版(1999)为基础。目前正考虑 IEC 60730-1 的最新版本和进一步的修订。

本部分补充或修改了 IEC 60730-1 中的相应章条,使之转化为 IEC 标准:燃烧器电自动控制系统的安全要求。

在本部分中,凡注明“增加”、“修改”或“代替”之处,IEC 60730-1 的相应的要求、试验规范或注释应作相应的修改。

凡不需修改之处,本部分将在相应的章条中注明适用。

在制定一份完整的国际标准时,必须考虑各个国家、各地区,由于不同的实际情况所形成的不同要求,而且应承认各个国家电气系统和布线规则的差异。

注:不同国家的差异见下列的各条款中:

——2.3.127;

——6.11;

——11.3.105.6；

——15.7；

——17.16.102.1；

——H.26.10；

——H.26.11.3；

——H.27.1.3；

——附录 AA，注 h。

在本部分中：

1） 使用下列字体：

——要求正文：罗马字体；

——试验技术规范：斜字体；

——注释事项：小罗马字体。

2） 在第 1 部分的基础上增加的条款、注、图、表从 101 起编号，增加的附录用字母 AA、BB 等。

委员会已决定本出版物的目次在 IEC 网站 http://webstore.iec.ch 公布之前保持不变。在此期间，出版物将被：

- 再确认；
- 取消；
- 被修订版本代替，或
- 修订。

家用和类似用途电自动控制器
燃烧器电自动控制系统的特殊要求

1 范围和规范性引用文件

GB 14536.1—2008 的该章，除下述内容外均适用。

1.1 代替：

GB 14536 的本部分适用于家用和类似用途(包括加热、空调和其他类似用途)的燃油、燃气、燃煤或其他燃料的燃烧器的自动控制用的燃烧器电自动控制系统。

本部分适用于整套燃烧器控制系统和独立程序的控制装置。本部分也适用于独立的高压电子引燃源和独立的火焰探测器。

注：独立的点火装置(电极、预燃喷嘴等)除非作为燃烧器控制系统的一部分而送试，否则不属于本部分的范围之内。

独立的点火变压器的要求见 IEC 60989。

本部分使用的"系统"一词包含有"燃烧器控制系统"。

用热电方法进行火焰监控的系统不包括在本部分中。

1.1.1 本部分适用于固有的安全，适用于与燃烧器安全有关的、制造厂声称的操作值、操作时间和操作程序，以及适用于用在燃烧器上或随燃烧器一起使用的燃烧器电自动控制系统的试验。

注：特定的操作值、操作时间和操作程序的要求，由器具和设备的标准给出。

不作一般家用的，但仅用于公共场所的，如给商店、轻工业工场和农场里的非专业人员使用的设备系统也包含在本部分范围内。

本部分适用于使用 NTC(负温度系数)或 PTC(正温度系数)热敏电阻器的系统。它们的附加要求包含在附录 J。

本部分不适用于专门为工业应用而设计的系统。

1.1.2 本部分适用于与那些在电气上和/或机械上与自动控制器整合为一体的人工控制器。

注：未构成自动控制器组成部分的人工开关的要求包含在 GB 15092.1 中。

1.2 代替：

本部分适用于额定电压不超过 690 V，额定电流不超过 63 A 的系统。

1.3 代替：

本部分未规定取决于控制器在设备中的安装方法的自动动作的响应值。如果该响应值对保护使用者或周围环境的安全有重要作用，由相应家用设备标准规定的或由制造商确定的响应值在本部分中适用。

注：本部分包括对火焰特性敏感的系统。

1.4 代替：

本部分也适用于装有电子器件的系统，其要求见附录 H。

1.5 规范性引用文件

下列文件中的条款通过本部分的引用而成为本部分的条款。凡是注日期的引用文件，其随后所有的修改单(不包括勘误的内容)或修订版均不适用于本部分，然而，鼓励根据本部分达成协议的各方研究是否可使用这些文件的最新版本。凡是不注日期的引用文件，其最新版本适用于本部分。

GB 14536.1—2008 的该条，除以下内容外均适用。

增加：

IEC 60068-2-6:1995　环境试验　第2部分:试验　试验Fc

IEC 60384-16:1982　电子设备用固定电容器　第16部分:分规范:金属化聚丙烯膜介质直流固定电容器

IEC 60989:1991　分离变压器和自耦变压器、可变比变压器和电抗器

2　定义

GB 14536.1—2008的该章,除下述内容外均适用。

2.2　按用途分类的控制器的定义

增加定义：

2.2.101

燃烧器控制系统　burner control system

监控燃料燃烧器操作的系统。它包括一个程序控制装置,一个火焰探测器,还可以包括一个引燃源和/或点火装置。

注：系统的不同功能部件,可装在一个或多个机壳内。

2.2.102

火焰探测器　flame detector

能向程序控制装置输送信号,显示火焰存在或消失的装置。

注：火焰探测器包括火焰传感器,还可包括一个信号放大器和一个信号传输继电器。放大器和继电器可有自己的机壳,或与程序装置共用一个机壳。

2.2.103

火焰传感器　flame sensor

对火焰敏感,并能向火焰探测器放大器提供输入信号的装置。

注：例子有:光敏传感器和火焰电极(火焰杆)。

2.2.104

引燃源　ignition source

一个向引燃装置提供能量的电气或电子系统元件。

注：引燃源可与程序控制装置分开,或装在程序控制装置里。例子有点火变压器和高压电子发生器。

2.2.105

点火装置　ignition device

安装在燃烧器上或装在近燃烧器旁的,点燃燃烧器中燃料的装置。

注：例子有预燃喷嘴,火焰电极和热表面点火器。

2.2.106

程序控制装置　programming unit

按规定的程序,并响应由调节装置、限制装置和监控装置等输出的信号控制燃烧器,使之在规定的时间内完成由起动到关闭运转等操作的装置。

2.2.107

复合系统　multitry system

在其声称的操作程序期间,允许有多于一个阀打开的系统。

2.3　与控制器的功能相关的定义

2.3.30

T_{max}

用“燃烧器控制系统”代替“分断装置”。

增加定义：

2.3.101

自动循环　automatic recycling

在受控火焰消失和切断燃料供应后，不需人工操作而自动重复起动程序。

2.3.102

受控关闭　controlled shutdown

通过控制装置如温控器等，断开控制回路，从而切断燃料输送装置的电流，系统应回复到起动位置。

注：受控关闭可包括系统的其他动作。

2.3.103

火焰探测器的响应时间　flame detector response time

从被探测火焰的消失到显示无火焰的信号出现之间的时间间隔。

2.3.104

火焰探测器的工作特性　flame detector operating characteristics

火焰探测器根据输入信号而发出来的输出信号，以显示火焰存在或不存在的功能。

注：一般情况下输入信号是由火焰传感器发出的。

2.3.104.1

火焰存在的信号　signal for presence of flame

S_1

在先无火焰的情况下能显示现在有火焰存在的最微弱的信号。

2.3.104.2

无火焰的信号　signal for absence of flame

S_2

显示火焰消失的最大信号。

注：S_2 小于 S_1。

2.3.104.3

最大火焰信号　maximum flame signal

S_{max}

不影响定时或程序的最大信号。

2.3.104.4

可视光火焰模拟信号　signal for visible light flame signal

S_3

在可视光火焰模拟试验中，显示火焰存在的最小信号。

注：S_3 小于 S_2。

2.3.105

自检查火焰探测器　self-checking flame detector

当燃烧器处于运转位置时，检查火焰探测器及其相关电子电路能否正常运行的火焰探测器。

2.3.106

火焰探测器的自检速率　flame detector self-checking rate

火焰探测器发挥自检功能的频率(操作次数/单位时间)。

2.3.107

熄火锁定时间　flame failure lock-out time

显示无火焰的信号与锁定之间的时间间隔。

2.3.108

熄火再点火时间　flame failure reignition time

重新点火时间　relight time

显示无火焰的信号与给点火装置通电的信号之间的时间间隔。在这时间间隔，燃料源不关闭。

2.3.109

火焰信号　flame signal

火焰探测器的输出信号。

2.3.110

火焰模拟　flame simulation

当火焰探测器显示有火焰，而实际上并无火焰时出现的状态。

2.3.111

点火时间　ignition time

给点火装置通电的时间间隔。

2.3.112

锁定　lock-out

系统在安全关闭后进入两个锁定状态之一的过程。

2.3.112.1

非易失锁定　non-volatile lock-out

系统在安全关闭后所处的，只能靠系统手动复位而不靠其他任何方法来实现重新起动的状态。

2.3.112.2

易失锁定　volatile lock-out

系统在安全关闭后所处的，可通过系统的手动复位或通过电源中断再接通的方法来实现重新起动的状态。

2.3.113

主火焰建立期　main flame establishing period

给主燃料输送装置通电的信号与显示燃烧器主火焰存在的信号之间的时间间隔。

2.3.114

导火焰建立期　pilot flame establishing period

给导火焰的燃料输送装置通电的信号与显示导火焰存在的信号之间的时间间隔。

2.3.115

后点火时间　post-ignition time

显示火焰存在的信号与给点火装置断电的信号之间的点火时间间隔。

2.3.116

预点火时间　pre-ignition time

点火的信号与给燃料输送装置通电的信号之间的点火时间间隔。

2.3.117

经查定的点火装置　proved ignitier

只有在已经证实有充足能量能点燃燃料之后，才给燃料输送装置通电的系统。

注：例子有采用火花监督装置的系统和那些使用经查定的热表面点火装置。

2.3.117.1

经查定的点火装置操作值　proved igniter operating value

显示经查定的点火装置有能量去点燃燃料的信号。

2.3.117.2

点火装置查定时间 igniter proving time

在给经查定的点火装置通电的信号与给燃料输送装置通电的信号之间的时间间隔。

2.3.117.3

点火装置失效响应时间 igniter failure response time

在受到控制的经查定的点火装置毁损与燃料输送装置断电的信号之间的时间间隔。

2.3.118

清洁时间 purge time

充入空气以置换出燃烧区和焰道里遗留的空气/燃料混合物或燃烧产物的时间间隔。

注：在这段时间不允许输进任何燃料。

2.3.118.1

后清洁时间 post-purge time

一切断燃料供应之后开始的清洁时间。

2.3.118.2

预清洁时间 pre-purge time

从燃烧器控制程序开始到燃料进入燃烧器之间的一段清洁时间。

2.3.119

再点火 reignition

重新点火 relight

火焰信号消失后，在不中断燃料供应的情况下重新给点火装置通电的工序。

2.3.120

再循环时间 recycle time

火焰消失后，发出给燃料输送装置断电的信号到发出开始新的起动程序的信号之间的时间间隔。

2.3.121

运行位置 running position

主燃烧器火焰建立并受到控制的位置。

2.3.122

安全关闭 safety shutdown

因限制器或断路器动作，或因探测到系统有内部故障而切断主燃料输送装置电源。

注：安全关闭可包括系统的其他动作。

2.3.123

起动位置 start position

系统不处于锁定状态，且未收到起动信号，但处于随时可以开始起动程序的位置。

2.3.124

起动信号 start signal

例如：恒温器发出的使系统脱离起动位置的信号。

2.3.125

起动锁定时间 start-up lock-out time

给燃料输送装置通电的信号与锁定之间的时间间隔。

注：控制两个单独的燃料输送装置的系统，可能有二个不同的起动锁定时间(第一和第二起动锁定时间)。

2.3.126

等候时间 waiting time

起动信号与给点火装置通电的信号之间的时间间隔。对未带风扇的燃烧器，燃烧室和焰道通常会在这段时间里自然通风。

2.3.127

阀打开期间 valve open period

对于复合系统,如果受到控制的燃烧器火焰的验证未建立,在给燃料输送装置通电的信号与给燃料输送装置断电的信号之间的时间间隔。

注:在美国,这段间隔指的是“点火试验期”。

2.3.128

阀程序期间 valve sequence period

对于复合系统,如果受到控制的燃烧器火焰的验证尚未建立,在锁定之前所有的阀打开的时间总和。

2.3.129

系统重起 system restart

在安全关闭后,自动地重复一个完整的起动程序的过程。

2.5 与不同结构的控制器相关的定义

增加定义:

2.5.101

长期运行系统 system for permanent operation

连续保持在运行位置并超过 24 h 的系统。

2.5.102

非长期运行系统 system for non-permanent operation

连续保持在运行位置不足 24 h 的系统。

增加定义:

2.101 与燃烧器类型相关的定义(见 6.101)

2.101.1

连续点火 continuous ignition

一旦投入运行便保持在连续通电状态,直到被人工切断电源才停止运行的一种点火方式。

2.101.2

连续导火 continuous pilot

一旦投入运行,便保持连续地点火直到被人工切断电源,才停止运行的一种导火方式。

2.101.3

直接点火 direct ignition

不需导火而直接给主燃烧器点火的一种点火方式。

2.101.4

扩大导火 expanding pilot

主燃烧器需要点火时,可将导火火焰增大或扩大,而在主燃烧器点火之后,或在主火焰关掉之后,可立即将导火火焰减弱的一种连续导火方式。

2.101.5

全速起动 full rate start

以全燃料速度实现主燃烧器点火和其后的火焰控制的一种状态。

2.101.6

周期点火 intermittent ignition

当要求器具工作时,通电,在主燃烧器每个运行周期期间保持连续通电的点火方式。当主燃烧器完成运行周期时,点火装置会自动断电。

2.101.7

周期导火 intermittent pilot

当要求器具工作时,自动点火。在主燃烧器每个运行周期期间保持连续点火的导火方式。当主燃烧器完成运行周期时,导火装置会自动熄灭。

2.101.8

间断点火 interrupted ignition

在燃料进入主燃烧器之前通电,而主火焰建立后会断电的点火方式。

2.101.9

间断导火 interrupted pilot

在燃料进入主燃烧器之前自动点火,主火焰建立后会自动熄灭的导火。

2.101.10

低速起动 low rate start

主燃烧器以低燃料速度点火的状态。一旦以低燃料速度点火,而且一经证明火焰已经建立,便可允许主燃烧器以全燃料速度运行。

2.101.11

导火 pilot

比主火焰小的,用来点燃主燃烧器或燃烧器的火焰。

3 一般要求

GB 14536.1—2008 的该章均适用。

4 试验的一般说明

GB 14536.1—2008 的该章,除下述内容外均适用。

4.1 试验条件

4.1.1 代替:

除非另有规定,系统和每一系统元件应按提交状态进行试验,应按表 7.2 第 31 项要求的规定安装,当有多于一个位置时,按最不利的位置进行试验。

当送交系统的分立组件试样时,制造厂应该提供进行相关试验所需的系统中的其他组件。

4.1.7 不适用。

4.2 试样要求

4.2.1 代替:

除非另有规定,从第 5 章~第 14 章的试验只用一个试样。第 15 章~第 17 章的试验用不同的试样。由制造商选择而定,第 18 章~第 26 章的试验可使用一个新试样,亦可使用第 5 章~第 14 章试验使用过的试样。第 27 章的试验应使用一个新试样。

4.3 试验说明

4.3.2.1 修改:

删去"交、直流两用的控制器用最不利的电源试验"等字样。

4.3.2.4 不适用。

4.3.2.6 代替:

标明或规定有多于一个额定电压或额定电流的控制器,要在额定电压和相关电流,或在额定电流和相关电压这二者中最不利的电压电流组合来进行第 17 章的试验。

5 额定值

GB 14536.1—2008 的该章均适用。

6 分类

GB 14536.1—2008 的该章，除下述内容外均适用。

6.1 按电源的性质分类

6.1.1 交流控制器

用下列代替解释：

注：预定在交流电源上使用的系统，只能在交流电源上使用。

6.1.3 不适用。

6.3 按用途分类

增加条款：

6.3.101 系统

6.3.102 火焰探测器

6.3.103 程序控制装置

6.3.104 点火装置

6.3.105 高压电子引燃源

6.3.106 火焰传感器

6.4 按自动动作特性分类

6.4.1 不适用。

6.4.3 增加：

燃烧器控制系统的分类为 2 型动作。

6.4.3.12 不适用。

增加条款：

6.4.3.101 非易失锁定(2.V 型)

6.4.3.102 易失锁定(2.W 型)

6.4.3.103 非长期运行(2.AC 型)

6.4.3.104 长期运行(2.AD 型)

6.4.3.105 火花监控(2.AE 型)

6.4.3.106 空气流/压力监控(2.AF 型)

6.4.3.107 位置-控制的外部装置(2.AG 型)

6.4.3.108 可视光火焰模拟检测(2.AH 型)

6.4.3.109 经查定的热表面点火装置(2.AI 型)

6.7 按分断装置的极限环境温度分类

修改：

该条款用下述内容代替：

按系统和系统元件的极限环境温度分类

6.7.1 修改：

将“带分断装置的控制器”字样改为“系统和系统元件。”

6.7.2 修改：

将“带分断装置的控制器”字样改为“系统和系统元件。”

6.10 按每个人工动作的起动周期数(M)分类

6.10.5～6.10.7 不适用。

6.11 按每个自动动作的自动周期数(A)分类

增加：

注：在欧盟成员国的国家，最小自动周期数为 250 000 周期。在加拿大、中国、日本和美国，最小自动周期为 100 000 周期。

6.11.4～6.11.12 不适用。

6.15 按结构分类

6.15.3 不适用。

6.16 不适用。

增加条款：

6.101 按燃烧器类型分类

注：应按燃烧器的操作(如强迫通风)和燃料类型(如燃气)分类。见 2.101.1～2.101.11。

6.102 按导火类型分类

6.103 按点火装置类型分类

6.104 按起动燃料速度分类

7 资料

GB 14536.1—2008 的该章，除下述内容外均适用。

7.2.6 代替：

除了 7.4 指出的外，整体式控制器的所有资料都要以协议(X)提供。对第 50 项里没规定的装入式控制器所需的标记应如表 7.2 所示。在第 50 项要求中有规定的装入式控制器，如其他所要求的标记由文件(D)提供了，那么只需标上制造商的名称或商标和唯一的型号标志。

注：见 7.2.1 关于文件(D)的说明。

7.2.9 代替：

在“分断装置的周围极限温度”的符号栏，用“……T_{max} 不是 60 ℃”代替“……T_{max} 不是 55 ℃”字样。

表 7.2

项目	资　　料	章、条	方式
	修改： 用下列内容代替以下相对应的各项：		
4	电源性质(交流或直流)	4.3.2,6.1	C
6	系统或系统元件用途	4.3.5,6.3	D
7	每个电路所控制的负载类型[e]	14,17.3.1,6.2,27.1.2	D
15	外壳提供的保护等级[h]	6.5.1,6.5.2,11.5	D
17	哪一端子适合于连接外部导线以及它们是否适合于连接火线或中线，或适合于二者	6.6,7.4.2,7.4.3	D
22	系统和系统元件的极限温度，如果 T_{max} 低于 0 ℃或 T_{max} 不是 60 ℃	6.7,14.5,14.7,17.3	D
23	安装表面的极限温度(T_s)	6.12.2,14.1,17.3	D
26	每种人工动作[101)]的起动周期数(M)	6.10	X
28	不适用		
31	安装系统和每一元件的方法[e]	11.6,13.2.101	D
34	操作时间的有关规定	14,17,6.4.3.103,6.4.3.104	
37	不适用		

表 7.2（续）

项目	资 料	章、条	方式
38	不适用		
40	2 型动作的附加特性	6.4.3	D
41	不适用		
42	不适用		
44	不适用		
46	操作程序	2.3.13,11.3.108,15	D
48	不适用		
50	预定专门交付给设备制造商的系统或系统元件	7.2.1,7.2.6	X
52	不适用		
57	不适用		
	增加下列附加要求：		
101	火焰探测器最大响应时间(如果适用)	2.3.103,15	D
102	火焰探测器最小自检速率(如果适用)	2.3.106,15	D
103	熄火最大锁定时间(如果适用)	2.3.107,15	D
104	熄火最大再点火时间(如果适用)	2.3.108,15	D
105	最大点火时间(如果适用)	2.3.111,15	D
106	最大主火焰建立时间间隔(如果适用)	2.3.113,15	D
107	最大导火焰建立期(如果适用)	2.3.114,15	D
108	最大后点火时间(如果适用)	2.3.115,15	D
109	最大前点火时间(如果适用)	2.3.116,15	D
110	空缺		
111	最小后清洁时间(如果适用)	2.3.118.1,15	D
112	最小前清洁时间(如果适用)	2.3.118.2,15	D
113	最小再循环时间(如果适用)	2.3.120,15	D
114	最大起动锁定时间(如果适用)	2.3.125,15	D
115	最小等候时间(如果适用)	2.3.126,15	D
116	燃烧器类型	6.101	D
117	导火类型	6.102,2.101.2,2.101.4, 2.101.7,2.101.9,2.101.11	D
118	点火类型	6.103,2.101.1,2.101.3, 2.101.6,2.101.8	D
119	空缺		
120	保护时间设定的装置	11.3.4	X
121	见附录 H		
122	抗振	17.1.3,17.16.103	D

表 7.2(续)

项目	资　　料	章、条	方式
123	S_1(显示火焰存在的信号)	2.3.104.1,15.5,15.6,15.7	D
124	S_2(显示无火焰的信号)	2.3.104.2,15.5,15.6,15.7	D
125	S_{max}(最大火焰信号,如果适用)[103)]	2.3.104.3,15.5,15.6,15.7	D
126	高压电子点火火花间隙[102)]	13.2.101	D
127	与送试的元件一起使用才能提供一个完整系统的其他系统元件	2.2.101,2.2.102,2.2.104,2.2.106	D
128	每个阀打开期间,最大时间(如果适用)	2.3.127,11.3.113,11.3.114,15.5 p)	D
129	最大阀程序期间(如果适用)	2.3.128,11.3.112,15.5q)	D
130	S_3(在可视光模拟测试中火焰存在的信号)	2.3.104.4,11.3.110	X
131	对于经查定的点火装置,证明经查定的点火装置有能量去点燃燃料的特性(能量、电流、电压、电阻、温度等)	2.3.117	D
132	经查定的点火装置的操作值(最小和/或最大,当适用时)	2.3.117.1,15.7,17.16.106,H.27.1.3	D
133	最大点火时间(如果适用)	2.3.117.2,15.5	D
134	最大点火装置熄火响应时间(如果适用)	2.3.117.3,15.5	D

增加注:

101) 对 17.16.105,锁定复位人工动作的数值最小为 6 000。

102) 如果规定了范围,13.2.102 和 13.2.103 的试验要用最大值。

103) 最大火焰信号会影响定时或程序的控制器,规定 S_{max}。

8 防触电保护

GB 14536.1—2008 的该章,除下述内容外均适用。

8.1 一般要求

增加条款:

8.1.101 高压点燃源

应采取预防措施,防止与具有以下特性的高压点燃源接触:

a) 连续火花点火(电源频率范围内的脉冲)的:

——最高电压超过 10 kV(峰值)和/或

——最大电流超过 0.8 mA(峰值);

b) 脉冲火花点火的(见图 101):

——单个点火脉冲的电荷超过 100 μC;和

——脉冲宽度,d 超过 0.1 s;和

——单个点火脉冲之间的间隔(i)小于 0.25 s。

当高压引燃源按正常使用要求安装好,控制器控制系统制造厂应该提供一个可以看得见的警告,或应告知设备制造厂需要提供这种保护或给出这种警告。

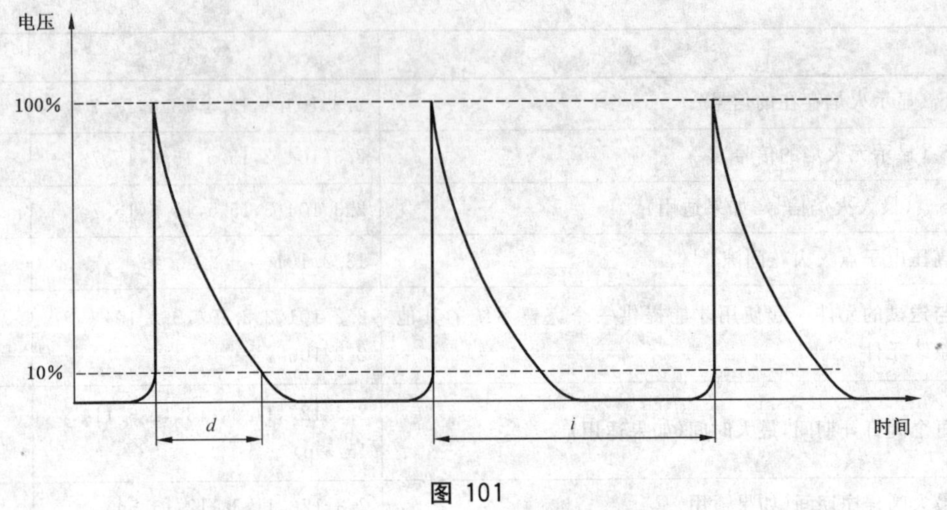

图 101

8.3 电容器

不适用。

9 接地保护措施

GB 14536.1—2008 的该章均适用。

10 端子和端头

GB 14536.1—2008 的该章,除下述内容外适用。

10.2.4 平推连接器

增加条款:

10.2.4.101 直接插入式连接

设计要以直接插入的方法与辅助底座连接的系统,应能经受正常插拔力,并应符合本部分的要求。

按制造商说明,进行 10 次插入和拔出力试验,检查是否合格。

此试验后,不应出现明显的位移和损坏。

注:用直接插入的方法连接系统和系统元件及其辅助底座的端子,不视作平推连接器。

11 结构要求

GB 14536.1—2008 中的该章,除下述内容外均适用。

11.1 材料

11.1.2 不适用。

11.3 起动和操作

11.3.4 制造商的设置

代替:

用于调整时间设定的装置应加以保护,以防被非专业人员调整,或应规定在使用时必须有这样的保护措施。

注:例如:这样的调整装置可以是:

1) 用适合于系统和/或系统元件温度范围的材料密封,使之一经调整即可能被发现。

2) 用只有制造商才有的特殊零部件制成;或者

3) 只能用专用工具或密码才可调整。

是否合格,通过观察检查,凡密封之处,在第 17 章的试验之前和试验之后均应检查。

11.3.9 拉线起动控制器

不适用。

增加条款：

11.3.101　燃烧器控制电路

使用在已接地电源装置的燃烧器控制系统的电路应为双线电路，一般一侧接了地。而用以断开电路的元件，应连接到电源电路的未接地侧。

11.3.102　使用在未接地电源装置里的燃烧器控制系统的电路应为双线电路。所有用以断开电路的元件应连接到电源电路的同一侧。

11.3.103　使用在已接地的三相电源装置里的燃烧器控制系统的电路应为四线电路。用以断开电路的元件，应连接到这所有的三相上。

11.3.104　使用在未接地三相电源装置里的燃烧器控制系统的电路应为三线电路。用以断开电路的元件，应连接到二相或三相线上。

11.3.105　如果系统产生一个信号去激励燃料流量装置，对于交流至少85％额定电压，对于直流至少80％额定电压，该系统应符合以下要求：

a)　在运行位置下，系统应执行安全关闭，或者在表7.2第101～104项要求中规定的周围环境温度测得的时间下运行；

b)　在其他位置下，运行程序应符合表7.2第46项要求。起动锁定时间不超过表7.2第114项要求规定值的二倍。

通过以下检查是否符合：

11.3.105.1　系统应连接到一个可变的电压装置和电压表应通过燃料流量装置的端子连接。系统应保持在T_{min}下通过11.3.105.5。

为了试验的目的，应采取防范措施以保证在系统的任何输出电压水平下都有一个正常的火焰信号。这个信号可以人工地模拟，以防止系统的燃油流量装置随着火焰的消失从而代替低的系统输入电压。由于系统输入电压的减小，燃油流量装置的电压减小到0之前，燃油流量装置可能会关闭。这个关闭可以忽略。

11.3.105.2　系统应在运行位置下在V_R下运行至少2 min。系统的输入电压应以每分钟25％额定电压值的速率逐渐地减少，直到在燃油流量装置端子上的电压减小到0。在这个减小期间，系统应具有表7.2第46项要求的功能。应记录在再次充能发生时系统的输入电压值。

11.3.105.3　该系统输入电压应降低至0并至少保持2 min，然后在移去火焰信号和热需求出现后，系统的输入电压应以每分钟25％额定值的速率逐渐增加，直到系统起动和阀的燃油流量装置的端子充能。应记录充能发生时系统输入电压的值。

11.3.105.4　该系统输入电压应恢复到V_R，并且系统在运行状态下运行至少2 min。系统的输入电压应调整至11.3.105.2中记录的值的1.05倍。

在此电压和T_{min}下，时间应符合表7.2第101～104项的要求。

11.3.105.5　系统输入电压应降低至0，保持至少2 min。系统的输入电压应调整至11.3.105.3中记录的值的1.05倍。

在此电压和T_{min}下，操作程序应符合表7.2第46项的要求，起动锁定时间应不超过表7.2第114项要求规定值的二倍。

11.3.105.6　应在T_{max}下重复11.3.105.2～11.3.105.5程序。

注：在美国和加拿大，使用下列要求：

11.3.105　如果系统产生一个信号去激励燃料流量装置，对于交流至少85％额定电压，对于直流至少80％额定电压，在所宣称的周围环境温度下的操作程序和测量时间应符合表7.2第46项和第101～115项的使用要求。

通过下列检查是否符合要求：

11.3.105.1　系统可连接到一个测试的燃烧器以模拟使用情况，或者为了试验的目的，可以人工地模拟火焰操作特性。

系统应连接到一个可变的电压装置和电压表应通过燃料流量装置的端子连接。系统应保持在 T_{min} 下通过 11.3.105.4。

11.3.105.2 系统应在 V_R 下运作 5 min。系统的输入电压应逐渐地减少，直到在燃油流量装置端子上的电压减小到 0。应记录系统的输入电压值。

11.3.105.3 系统的输入电压应恢复到 V_R，并且系统运作 5 min。然后，系统的输入电压应逐渐减小到 11.3.105.2 的定义值。在此电压下，火焰探测器的响应时间(如果适用)和熄火再点火时间应符合表 7.2 第 101 项和第 104 项要求的时间。

11.3.105.4 系统的输入电压应关闭 5 min，然后恢复到 11.3.105.2 记录的值。在燃油流量装置端子上的电压器应可观测到。应允许系统完成它所声明的程序，直到燃油流量装置充能。如果初始输入电压不足以在燃油流量装置端子上产生一个电压信号，应逐渐增加直到出现一个信号。

在每次电压增加后，系统应关闭 5 min。然后恢复输入电压，并且允许系统完成它所声明的程序，直到在燃油流量装置端子上显示电压信号。

在燃油流量装置端子上的最小输入电压应记录。在此输入电压和 T_{min} 下，程序和可适用的时间应符合表 7.2 第 46 项和第 101～115 项要求。

11.3.105.5 应在 T_{max} 下重复 11.3.105.2～11.3.105.4 程序。

11.3.106 系统应提供一个安全的起动检查。如果在燃油流量装置充能时，由于故障而引起火焰，便会出现如下的 a)，b)或 c)现象：

a) 系统不能按操作程序起动；

b) 系统应在表 7.2，第 103 项中规定的时间内锁定；

c) 系统将保持在预清洁状态。

注：该系统在排除故障之前，可保持在状态 a)或 c)。

对装有电子元件的系统，是否合格，通过 H.27 的试验检查。

对于不进行 H.27 试验的系统，应在火焰建立期间开始之时模拟和引入火焰信号，直到 a)，b)或 c)状态出现为止。

11.3.107 当系统处于运行位置时，规定为 2.AD 型的系统应每小时至少自检一次。

表 7.2，第 102 项中规定的系统具有作为规定了程序和时间的元件评价的自检速率。这个要求应在第 15 章、第 17 章和 H.27.1.3.102～H.27.1.3.103.2 中评价。

11.3.108 系统应执行规定的操作程序。

11.3.108.1 在每个起动程序期间，应检查锁定元件的起动装置的电路。

11.3.108.2 燃料输送装置不得在点火装置通电之前通电。

11.3.108.3 只有当系统处于运行位置时才允许重新点火。

11.3.108.4 只有当系统处于运行位置时才允许自动再循环。

11.3.108.5 如果在第一次或第二次起动锁定时间结束时，探测不到火焰，系统应执行锁定。然而，如果规定的操作程序包括了再循环或重新点火，系统可以再循环或重新点火。

是否符合 11.3.108 的要求，通过观察或试验检查。

11.3.108.6 如果在熄火锁定时间结束时，探测不到火焰，系统应执行锁定。然而，如果规定的操作程序包括了再循环或重新点火，系统可以再循环或允许重新点火。

11.3.108.7 在一个安全关闭后或在一个可变的锁定复位后，可以执行仅带有一个系统重起的操作程序。

11.3.109 如制造厂提供的布线图注明，有限定器或断路器从外部接到系统的输入端，则这个外部元件的运行应至少会导致安全关闭。

是否合格，通过检查电路的设计来验证。

11.3.110 可视光火焰模拟试验

分类为 2.AH 型的火焰检测器应具有在火焰模拟和火焰信号源之间识别真正火焰的检测。适用的检测例子有：

a) 在每一起动程序时期，在给燃料输送装置发送信号之前，系统应检测大于或等于 S_3 的火焰信号的存在。如果检测到这一信号，系统应执行锁定或者中断起动程序。

对于以上试验，S_3 应小于 S_2。

或者

b) 在执行一个控制关闭后，系统应检测小于或等于 S_2 的火焰信号的存在。如果检测到这一信号，系统应执行锁定或者防止下个起动程序。

11.3.111 对于复合系统，系统应在阀程序时期未进行锁定。

11.3.112 对于复合系统，可能会发起更多的阀打开期间，不是在运行位置期间，导致失去监督火焰，或是在规定的阀程序期间，提供监督火焰失败。

注：如果有声明，也允许再点火（见 11.3.108.5）。

11.3.113 对于复合系统，在阀程序期间，阀打开期间可能有不同的值。

11.4 动作

11.4.3 2 型动作

代替：

任何 2 型动作的操作值、操作时间或操作程序的制造偏差和漂移，均应在表 7.2 的第 46 项、第 101 项～115 项和第 123 项～125 项规定的限值之内。

11.4.15 不适用。

11.4.101 2.V 型动作

2.V 型动作应设计成只有使系统人工复位才能重新启动。

分类为 2.V 型的系统，应有一个分类为 2.J 型的复位机构。

是否合格，通过观察和试验检查。

11.4.102 2.W 型动作

2.W 型动作，应设计成只有通过人工复位设置或通过断开电源和随后再接通电源的办法才能复位。

是否合格，通过观察和试验检查。

11.4.103 对安装有远距离复位按钮的系统，连接电缆之间的短路或连接电缆与地之间的短路均不得引起复位。

11.4.104 分类为 2.AE 型的系统，应在给燃料输送装置通电之前，完成火花监控。

11.4.105 分类为 2.AF 型的系统，应能检查外部空气压力/气流控制功能是否正常。

如在起动之前已检测到外部空气压力/气流控制器有正信号，系统应能安全关闭或锁定，或不能起动。

如在清洁期间或当系统处于运行位置时，已检测到外部空气压力/气流不足，系统应能安全关闭或锁定。

11.4.106 分类为 2.AG 型的系统，凡在起动程序期间或之前进行位置检查的，应只有在成功地完成了这些位置检查之后，才能继续操作程序。

是否符合 11.4.103～11.4.106 的要求，通过观察和试验检查。

11.4.107 分类为 2.AI 型的系统在燃料输送装置通电之前，应执行点火器热表面监督。

11.10 设备插头和插座

11.10.2 不适用。

11.11 安装、保养和维修的要求

11.11.6 不适用。

增加条款：

11.101 火焰探测器的结构要求

11.101.1 使用红外传感器的火焰探测器元件,应只对火焰的闪烁特性起反应。

11.101.2 使用离子传感器(火焰棒)的火焰探测器元件,应只利用火焰的调整特性。

11.101.3 使用UV(紫外线)管的火焰探测器元件,对UV管的老化应有充分的检查措施。

注:适合的检查措施,如:

——对传感器功能自动进行周期性监控;

——在清洁期间的时间内,向UV管施加比正常操作程序时的电压高15%,检查UV管。

——在放大器连续通电的情况下,检查火焰继电器,是否在每次受控关闭后均断开。

11.101.4 火焰传感器或其连接电缆开路时,应导致火焰信号消失。

11.101.5 使用UV传感器而不是UV管的火焰探测器应对红外光不起作用。这样的火焰探测器当传感器被用滤光器所截取的波长低于400 nm的火焰光谱照射时,如果在色温2 856 K,光亮度为10或小于10 lx时,火焰探测器应不能显示火焰出现的信号。

11.101.6 如果在操作期间,光强小于0.5 lx,允许可视光传感器。在光强小于0.5 lx的操作期间,使用可视光传感器的系统不应给出火焰的检测信号。

通过观察、试验和/或测量检查是否符合11.101.1～11.101.6。

12 防潮及防尘

GB 14536.1—2008的该章均适用。

13 电气强度和绝缘电阻

GB 14536.1—2008的该章,除下述内容外均适用。

13.1 绝缘电阻

不适用。

13.2 电气强度

增加条款:

13.2.101 高压电子引燃源高压端的电气强度是否符合要求,不是通过13.2～13.2.4的试验,而是通过13.2.102～13.2.103的试验检验。这些试验是在12.2.7和12.2.8的潮湿处理后立即进行的。

注:对于装在印刷电路板里的高压电子引燃源,试验方法的附加细节应由制造商和试验机构商定。

13.2.102 高压电子引燃源的输入电源端子,应连接到电网额定输入频率的可调电压电源上。火花间隙应符合表7.2第126项的要求,输出电压在1.0V_R和1.1V_R下测量,然后,使高压电子引燃源经受如下试验:

a) 拆掉所有与输出端子的连接。开始时,所施加的电压不超过额定电压。然后逐渐加大输入电压,直到达到13.2.102(在1.0V_R下)测得的输出电压的150%为止。输出电压保持在此值1 min;或者

b) 在输入电压维持在1.1V_R的情况下,将电极间隙按表7.2的第126项的规定值起增加,直到符合13.2.102(在1.0V_R时)规定,测得的输出电压的150%,或直到输出电压不再增加为止。二者中,取先出现者,然后将此电压保持1 min。

c) 如果试验方法a)和b)不适用,制造厂和试验机构应商定其他试验方法,以获得在13.2.102的1.0V_R下测得输出电压达150%,或能获得尽可能高的输出电压,并在此电压下保持1 min。

13.2.103 是否合格,通过测量输入电压来确定。测量时,加到输入端子的电压为1.1V_R,如适用,还应将火花间隙恢复到表7.2第126项要求的规定值。测得的输出电压不应超过13.2.102在1.1V_R时测得值的±10%。

在13.2.102a),b)和c)试验期间,用以保护电路的空气间隙处出现的闪络忽略不计。输出端子处

的辉光放电亦忽略不计。

14 发热

GB 14536.1—2008 的该章，除下述内容外均适用。

14.3 不适用。

14.4.2 不适用。

14.4.3.1～14.4.3.3 不适用。

14.4.3.4 修改：

将“其他自动控制器”等字样改为“系统”。

14.4.4 不适用。

14.5.1 修改：

将“分断装置”等字样修改为“系统”。

14.6 修改：

将“分断装置”等字样修改为“系统”。

14.6.2 不适用。

14.7 修改：

将“分断装置”等字样修改为“系统”。

修改表 14.1：

“用于携带和运输控制器的手柄、旋钮、把手之类的易触及表面”这一小标题不适用。

15 制造偏差和漂移

代替：

15.1 系统在其规定的操作时间、操作程序、火焰探测器操作特性和查定的点火装置操作值，应有足够的稳定性。

15.2 是否合格，通过该章的试验检查。

15.3 应记录试样的相应的操作时间、操作程序、火焰探测器操作特性和查定的点火装置操作值。

15.4 每一规定的操作时间、操作程序、火焰探测器的操作特性和查定的点火装置操作值，均应进行三次试验。

15.5 操作时间

下列的操作时间中，凡表 7.2 规定为适用者，每一项均应在交流 0.85V_R 或在直流 0.80V_R 的电压下和在 T_{min} 的温度下测量。

还应在 1.1V_R 的电压下和 T_{max} 的温度下测量。

所记录的时间均不得超过制造厂规定的最大时间或小于制造厂规定的最小时间。这二者中，取适用的时间。

a) 火焰探测器响应时间；

b) 火焰探测器的自检速率；

c) 熄火锁定时间；

d) 熄火再点火时间(重新点火时间)；

e) 点火时间；

f) 主火焰建立时间；

g) 导火焰建立时间；

h) 后点火时间；

i) 预点火时间；

j） 空缺；

k） 后清洁时间；

l） 前清洁时间；

m）再循环时间；

n） 启动锁定时间；

o） 等候时间；

p） 阀打开期间；

q） 阀程序期间；

r） 点火装置查定时间；

s） 点火装置失效响应时间。

注：鉴于试验目的，可人工模拟火焰探测器的操作特性（S_1 和/或 S_2 和/或 S_{max}）。

15.5.4 不适用。

15.6 操作程序

操作程序应在交流 0.85 V_R 或直流 0.80 V_R 电压下和 T_{min} 的温度下进行试验。还应在 1.1 V_R 的电压和 T_{max} 的温度下进行试验。

操作程序应符合规定的要求。

注：鉴于试验的目的，可人工模拟火焰探测器的操作特性（S_1 和/或 S_2 和/或 S_{max}）。

15.7 火焰探测器的操作特性和经查定的点火装置操作值

应在下列条件下测量火焰探测器的操作特性和经查定的点火装置操作值。

a） 在 V_R 和（20±5）℃下；和

b） 在 0.85 V_R 和 0 ℃或 T_{min} 下，二者中取较低者；和

c） 在 1.1 V_R 和 60 ℃或 T_{max}，二者中取较高者。

测得值应在表 7.2 第 123 项、第 124 项、第 125 项和第 132 项要求内，如果适用。

测量设备的细节应由制造厂和试验机构商定。

如用灯来感应光线的可视范围，该灯的色温应为 2 856 K。

注：在美国和加拿大，上述对灯的要求不适用。

16 环境应力

GB 14536.1—2008 的该章，除下述内容外均适用。

代替：

16.2.4 另外，在以上每一试验后，应在室温下重复第 15 章的相关试验。这些试验值应与表 7.2 中规定的值不同。

17 耐久性

GB 14536.1—2008 的该章，除下述内容外均适用。

17.1 代替：

17.1.1 控制器包括装在器具里或随器具一起送试的控制器，均应能经受正常使用中出现的机械、电气和热的应力，无过度磨损或其他有害影响。

17.1.2 是否合格，通过 17.1.3 的试验检查。

17.1.3 试验程序和条件

一般的试验程序为：

——电子系统进行 17.16.101 规定的有关热循环试验；

——以 17.16.102 规定的正常操作速率，进行自动和人工动作的寿命试验；

——如果有规定,进行17.16.103的振动试验;

——17.16.104规定的快速自动动作的耐久性试验。

注:试验条件见17.2和17.16的相关试验。

记录17.16.101,17.16.102和17.16.104期间完成的操作数。当完成的自动周期的实际周期数等于表7.2的第27项要求的规定数时,本试验程序便完成,而开始下列程序。

——17.16.105的锁定复位试验;

——如适用,17.16.106的寿命试验;

——17.16.107规定的电气强度要求;

——17.16.108规定的合格评定。

17.3(除17.3.1外)~17.15　不适用。

只要可能,17.16.101~17.16.105可以组合试验。

17.16　专门用途的系统的试验

增加条款:

17.16.101　电子系统的热交变试验

本试验的目的是使电子电路的组件,在正常使用中可能出现的极端温度和由于环境温度变化、安装表面温度变化、电源电压变化或从操作状态变到非操作状态等变化可能引起的极端温度之间所经受的交变试验。

下列条件应构成试验基础:

a) 试验持续时间:14 d。

b) 电气条件

系统应按制造厂规定的额定值加载,然后电压升到1.1 V_R,但在每个24 h的试验周期内,应有30 min电压要降至0.9 V_R。电压的变化不应与温度变化同步,在每个试验周期内至少应有一次切断电源电压30 s的试验周期。

c) 热条件

环境温度和/或安装表面温度在T_{max}和T_{min}之间变化,以引起电子电路组件温度在其产生的极限值之间周期变化。环境和/或安装表面温度变化速率应约为1 ℃/min,而极端温度应保持1 h。

注:注意避免在此试验期间出现冷凝现象。

d) 操作速率

试验期间,应根据组件在极端温度之间经受交变试验的需要,使系统以可能的最快速率即最高可达6周期/min的速度交变地完成其操作模式。

17.16.102　正常操作速率下的自动和人工动作的耐久性试验

17.16.102.1　试验程序和条件:

试验时,端子应以制造厂规定的最大电流和最小功率因数加载。

控制系统及其火焰探测器在下列条件下进行试验:

a) 在V_R和(120±5)℃下完成45 000次操作;

注:在美国和加拿大,如果系统是电动机械式的,则要在T_{max}条件下进行此项试验。

b) 在T_{max}和1.1 V_R或在额定电压范围的上限值的1.1倍下完成2 500次操作;

c) 在T_{min}和0.85 V_R或额定电压范围下限值的0.85倍(对于交流);在T_{min}和0.8 V_R或额定电压范围下限值的0.8倍(对于直流)完成2 500次操作。

17.16.103　振动试验

表7.2第122项里要求规定的系统要在下述条件下经受IEC 60068-2-6的振动试验。

交变速度:按规定

加载电压:1.1 V_R

频率范围:10 Hz～150 Hz

加速幅度:1g 或更高(如制造商有规定)

扫描速度:1 倍频程/min

扫描周期数:10

轴数:3,相互垂直

17.16.104 快速自动动作的耐久性试验

本试验应在 V_R、I_R 和 T_{max}条件下进行。

可用下列方法来加速系统的进程,缩短试验时间:

——在进行 H.27 非正常操作试验时,更换此前认为合格的电路元件;

——修改控制电路,消除控制程序中不影响试验中的元件的操作时间的部分;

——对热定时器进行附加热或外部冷却,但所用的加热或冷却方法应只改变定时器的计时特性,但不改变其他的正常操作特性。

注:电动机械组件,其试验可在其被接入控制电路之后,包括触头加上电气负载之后的操作状态下分别进行。

本试验需要增加一个附加试样。

17.16.105 锁定复位试验

控制系统还要按表 7.2 第 31 项要求安装好之后,在下列锁定条件下进行试验。

——规定周期的前 1/2 周期数(见表 7.2 第 26 项要求和注释 101)无火焰存在;

——规定周期的后 1/2 周期数,操作过程中火焰消失。

上述规定试验期间,系统应运作,以执行正常起动程序。

该程序的重复应与系统的操作方法协调一致,且应取决于制造厂规定的交变速率(如果有的话),且还应与交变速率协调一致。

17.16.106 系统中规定在高于 125 ℃的环境温度下操作的元件

17.16.106.1 耐久性试验

对一个控制系统中,表 7.2 第 22 项规定要在高于 125 ℃的环境温度下操作,但在 17.16.101～17.16.104 的试验中不必进行此温度试验的系统元件,要按表 7.2 第 31 项规定安装,而系统元件则放在一个试验里,完成规定的试验周期数。

在"ON"周期期间,系统元件的温度应升高到不超过制造厂规定的最大操作温度的+5%。

在"OFF"周期期间,切断试验箱的加热源,并按照制造厂规定,将系统元件自然地冷却,或使室温空气流经元件,使温度降至 125 ℃或以下,以保证控制器能完成其正在进行的周期。

17.16.107 电气强度要求

在本章的所有试验结束后,应符合 13.2 的要求,但在施加试验电压之前,试样不进行潮湿处理。

17.16.108 合格评定

在完成了 17.16.101～17.16.107 的所有适用试验之后,试样应按第 15 章的规定重新进行试验。操作时间,操作程序、火焰探测器操作特性和经查定的点火装置操作值等均应符合表 7.2 的规定。

提供电子断开(1.Y 型或 2.Y 型)的系统,应仍能满足 H.11.4.16 的要求。

18 机械强度

GB 14536.1—2008 的该章,除下述内容外均适用。

18.2 耐冲击性

18.2.4.1 不适用。

18.5～18.8 不适用。

19 螺纹部件及连接

GB 14536.1—2008 的该章均适用。

20 爬电距离、电气间隙和穿通固体绝缘的距离

GB 14536.1—2008 的该章均适用。

增加：

第 20 章的要求不适用于高压电子引燃源的高压侧。

21 耐热、耐燃和耐漏电起痕

GB 14536.1—2008 的该章均适用。

22 耐腐蚀性

GB 14536.1—2008 的该章均适用。

23 电磁兼容性(EMC)要求——发射

GB 14536.1—2008 的该章均适用。

24 组件

GB 14536.1—2008 的该章均适用。

25 正常操作

见附录 H。

26 电磁兼容性(EMC)要求——抗扰度

见附录 H。

27 非正常操作

GB 14536.1—2008 的该章，除下述内容外均适用。

见附录 H。

27.3 过压和欠压试验

不适用。

28 电子断开使用指导

见附录 H。

图

GB 14536.1—2008 的图适用。

附　　录

GB 14536.1—2008 的附录，除下述内容外均适用。

附　录　H
（规范性附录）
电子控制器的要求

H.2　定义

H.2.5　与不同结构的控制器相关的定义

增加定义：

H.2.5.101

混合电路　hybrid circuit

通过厚的薄膜、薄的薄膜或者表面安装装置(SMD)技术，以陶瓷为底层的电路，除了I/O接点外，没有电器附件连接，并且带有所有的内部连接构成为一个导线结构的部分或者其他整体结构。

H.7　资料

GB 14536.1—2008 附录 H 的该章，除下述内容外均适用。

表 7.2

修改：

项目	资　　料	章、条	方式
52	不适用		
58a	不适用		
58b	不适用		
60	不适用		
	增加下列附加要求：		
121	H.26 章的试验结果对电动机、变压器、阀门等的连续状态输出有影响	H.26.2	X

H.11　结构要求

H.11.12　使用软件的控制器

H.11.12.1　增加：

如果表 7.2 第 68 项要求的软件故障分析和 H.27 的硬件分析能确定控制器的功能，而该功能的故障可以导致不符合 H.27.1.3.101 的要求，则此控制功能的分类为 C 类软件。

H.11.12.2　增加：

使用软件的系统应具有 C 类软件结构。若对 C 类软件功能进行检测时，应通过试验来进行监督。

H.11.12.6　代替：

制造商在开发使用软件的燃烧器控制器时，应采用表 H.11.12.6 各栏给出的分析方法(i-p)的一种组合方法。

H.11.12.8.1 代替：

在测试C类软件功能误差时，应出现H.27.1.3.101中允许的其中一项响应。应有独立的措施来实现此项响应。

H.11.12.12 增加：

见11.3.4。

H.17 耐久性

GB 14536.1—2008的该章不适用。

见17.16.101。

H.26 电磁兼容性(EMC)要求——抗扰度

GB 14536.1—2008的该章除下列内容外均适用。

H.26.2 代替：

根据H.26.5～H.26.12规定的各项试验判断依据来检查是否合格。

H.26.5 电源网络中的电压降落和短时电压中断的影响试验

用下列内容代替H.26.5.1～H.26.5.6。

H.26.5.2 不适用。

H.26.5.3 试验程序

代替：

根据GB/T 17626.11检测系统。

系统的电源电压根据表H.101中的值减小。考虑到供电频率的随机相位，电压降落、短时电压中断和电压变化应在下列的每一操作状态下进行三次：

a) 在预清洁或等待时间；

b) 在起动锁定时间；

c) 在运行位置；

d) 在锁定位置。

在每一次电压跌落、短时电压中断和电压变化之间的间隔时间至少为10 s。

H.26.5.4 严酷等级

代替：

当根据H.26.5.3试验时，系统在供应电源中，应能经受电压跌落、短时电压中断和电压变化，以致：

a) 对于表H.101的值，标准a)：它应仍具有符合本部分的功能。它应不仅能安全地关闭或锁定，还应从锁定中重新设定；

b) 对于表H.101的值，标准b)：无论它将执行a)或者它在系统重新起动后进行安全关闭，或者如果轻快的锁定，它可以进行一个系统重新起动。

注：非轻快的锁定不包括使用系统重新起动。

当恢复供应电源时，系统重新起动应符合起动程序的要求。

在要求加热后，电源失效少于60 s，并且发生在60 s之内，b)要求可以忽略。在电源恢复时，可以从它中断的那一点继续程序操作。

例如短时的起动程序，在起动程序结束后，电源失效发生在60 s之内并且少于60 s，允许无预清洁或等待时间的起动程序。

表 H.101 电压跌落、短时电压中断和电压变化

评价标准	持续时间	Δu		
		30%	60%	100%
a)	电源波形的半个周期			×
	电源波形的一个周期			×
b)	50 ms	×	×	×
	500 ms	×	×	×
	1 000 ms	×	×	×

应根据 H.26.5.3 进行试验。

H.26.5.5 不适用。

H.26.5.6 扫描电压试验

修改：

删除二段里的最后一句话。

增加下列第三段：

上述每项试验均应按 H.26.5.2 规定的，在每项操作条件下重复测试三次。试验后，系统应仍具有符合本部分的功能。它应不仅能安全地关闭或锁定，还应从锁定中重新设定；或者，b)无论它将执行 a)或者它在系统重新起动后进行安全关闭，或者如果轻快的锁定，它可以进行一个系统重新起动。

H.26.6 电压不平衡的影响试验

不适用。

H.26.8 浪涌抗扰度试验

用下列内容代替 H.26.8.4～H.26.8.5。

H.26.8.4 严酷等级

增加条款：

H.26.8.4.101 合格评定

当根据 H.26.8.5 进行试验时，系统应能承受主电源和相应的信号端子上出现的电压浪涌，以至：

a) 对于表 H.26.8.4 的 2 类安装的值，它应仍具有符合本部分的功能。它应不仅能安全地关闭或锁定，还应从锁定中重新设定；

b) 对于表 H.26.8.4 的 3 类安装的值，无论它将执行 a)或者它在系统重新起动后进行安全关闭，或者如果轻快的锁定，它可以进行一个系统重新起动。

在本章试验后，浪涌保护元件应不被损坏。

H.26.8.5 试验程序

代替：

试验应在系统经受五次脉冲，并且在表 H.26.8.4 所列的电压和电流值下进行，时间间隔不小于 60 s。五个正负脉冲和在 GB/T 17626.5 中规定的每一相角顺序如下：

a) 二个脉冲，系统在锁定位置；

b) 一个脉冲，系统在运行位置；

c) 二个脉冲任意施加，在起动程序阶段。

如果制造商明确规定了电缆的长度不超过 10 m，则不在接口电缆上进行试验。

H.26.9 电快速瞬变/脉冲抗扰度试验

代替：

本试验应按 GB/T 17626.4 进行。

增加条款：

H.26.9.101 试验和操作条件

H.26.9.101.1 试验条件

		L1、L2、PE	L1、L2、PE	I/O	I/O
操作条件	根据 GB/T 17626.4 的严酷等级	电压峰值 kV	重复峰值 kHz	电压峰值 kV	重复峰值 kHz
a)	2	1	5	0.5	5
b)	3	2	5	1	5

GB 14536.1—2008 中的 H.26.9 表适用。

H.26.9.101.2 操作条件

当根据 H.26.9.101.1 进行试验时，系统应能承受主电源和单一线上出现的电快速/瞬变脉冲，以至：

a) 对于 a)操作条件的值，它应仍具有符合本部分的功能。它应不仅能安全地关闭或锁定，还应从锁定中重新设定；

b) 对于 b)操作条件的值，无论它将执行 a)或者它在系统重新起动后进行安全关闭，或者如果轻快的锁定，它可以进行一个系统重新起动。

试验应在系统已经达到运行位置时进行 20 个循环，在每一循环中，保持在运行位置上最小 30 s。试验也应在系统在锁定位置时和系统在准备位置时进行最小 2 min。

H.26.10 振铃波试验

注：美国和加拿大采用此试验。

H.26.10.5 试验程序

增加：

非 SELV 的系统，应按分类Ⅱ和分类Ⅲ进行试验。

SELV 系统应按分类Ⅰ和分类Ⅱ进行试验。

分类Ⅱ试验(SELV 系统则为分类Ⅰ试验)后，系统应符合 H.26.2.101 的要求。

分类Ⅲ试验(SELV 系统则为分类Ⅱ试验)后，系统应符合 GB 14536.1—2008 的 17.5 的要求和 H.26.2.101～H.26.2.106 各项的任一判断依据的要求。

H.26.11 静电放电试验

代替：

增加条款：

H.26.11.101 试验和操作条件

根据 GB/T 17626.2 进行试验。

H.26.11.102 试验条件

评价标准	严酷等级	接触放电	空气放电
a)	2	4 kV	4 kV
b)	4	8 kV	15 kV

系统必须在下列的每一条件下进行试验：

——起动位置；

——运行位置；

——锁定位置。

H.26.11.103　操作条件/合格评定

当根据 H.26.11 进行试验时，系统应经受静电放电，以至：

a)　对于严酷等级 2：它应仍具有符合本部分的功能。它应不仅能安全地关闭或锁定，还应从锁定中重新设定；

b)　对于严酷等级 4：无论它将执行 a)或者它在系统重新起动后进行安全关闭，或者如果轻快的锁定，它可以进行一个系统重新起动。

注：在美国和加拿大，易触及部件包含安装和维修时可能触及的部件。

H.26.12　无线电电磁场抗扰度

H.26.12.2.1　传导干扰的试验等级

代替：

表 H.26.12.2.1　在主电路或输入/输出线之间的传导干扰的试验等级

		频率范围 150 kHz～80 MHz	
评价标准	严酷等级	电压等级(e.m.f)U_0/V	
		150 kHz～80 MHz	ISM 和 CB 频段
a)	2	3	6
b)	3	10	20
在 ISM 和 CB 的频段中要选择高于 6 dB 的。 ISM：工业、科学和医疗无线电设备：13.56 MHz±0.007 MHz，40.68 MHz±0.02 MHz。 CB：公民频段：27.125 MHz±1.5 MHz。			

如果制造商明确规定了电缆的长度不超过 10 m，则不在接口电缆上进行试验。

H.26.12.2.2　试验程序

增加：

系统应在下列的每一位置下至少进行一次全频率范围的扫描：

——起动位置；

——运行位置；

——锁定位置。

系统应在标示的严酷等级中，经受二次从最小到最大的频率范围扫描。一次扫描是系统在锁定条件下进行的，另一次扫描是在操作程序的其他阶段进行的。

增加条款：

H.26.12.2.101　合格评定

当根据 H.26.12.2.1 进行试验时，系统应经受电磁场，以至：

a)　对于表 H.26.12.2.1 的值，标准 a)：它应仍具有符合本部分的功能。它应不仅能安全地关闭或锁定，还应从锁定中重新设定；

b)　对于表 H.26.12.2.1 的值，标准 b)：无论它将执行 a)或者它在系统重新起动后进行安全关闭，或者如果轻快的锁定，它可以进行一个系统重新起动。

H.26.12.3 辐射电磁场的抗扰度

H.26.12.3.1 辐射电磁场的试验等级

代替：

表 H.26.12.3.1 辐射电磁场的抗扰度

		频率范围 80 MHz～1 000 MHz	
评价标准	试验等级	试验场的强度/(V/m)	
		80 MHz～1 000 MHz	ISM 和 GSM 频段
a)	2	3	6
b)	3	10	20
注：ISM 和 GSM 频段中选择的等级要大于 6 dB。 ISM：工业、科学和医疗无线电设备：433.92 MHz±0.87 MHz。 GSM：特别移动群 900 MHz±5.0 MHz 用占空比相等(2.5 ms 开和 2.5 ms 关)的 200 Hz±2％脉冲调制。			

H.26.12.3.2 试验程序

增加：

系统必须在下列的每一位置下至少进行一次全频率范围的扫描：

——起动位置；

——运行位置；

——锁定位置。

增加条款：

H.26.12.3.101 合格评定

当根据 H.26.12.3.2 进行试验时，系统应经受辐射电磁场，以至：

a) 对于表 H.26.12.3.1 的值，标准 a)：它应仍具有符合本部分要求的功能。它应不仅能安全地关闭或锁定，还应从锁定中重新设定；

b) 对于表 H.26.12.3.1 的值，标准 b)：无论它将执行 a)或者它在系统重新起动后进行安全关闭，或者如果轻快的锁定，它可以进行一个系统重新起动。

H.26.13 耐久性合格评定

不适用。

H.27 非正常操作

GB 14536.1—2008 的该章，除下列外均适用。

H.27.1.2 代替：

系统应在下述条件下操作：

a) 在 1.1 倍的额定电源电压；

b) 用 17.3.1 的试验里所用的负载加载；

c) (20±5)℃的环境温度；

d) 系统连接到有熔断器的电源上，熔断器的额定值应保证熔断器的动作不至于影响试验结果。

e) 将起动元件设定在最不利位置。

H.27.1.3 代替：

每次以附录 AA 中描述的一种故障施加或模拟到一个电路元件上，系统应符合：

——a)～g)项；

——H.27.1.3.102～H.27.1.3.104 适用；和

——软件分类 C 的要求(如果适用)。

a) 系统不得喷射火焰、热金属或热塑料和没有任何爆炸。有外壳的系统应由下述试验确定是否合格：

外壳用绢纸包封。系统运行至稳定状态或者运行 1 h，二者中取较短的时间。绢纸不应烧坏。外壳内的某些部件可有短暂的发红、冒烟或喷火。

注：在加拿大和美国，用高级包装纸替代绢纸。

b) 附加绝缘和加强绝缘的温度不得超过第 14 章规定的有关值的 1.5 倍，热塑性材料除外。

热塑性材料的附加绝缘和加强绝缘没有规定温度极限值；但为了第 21 章的目的，应记录这些材料的温度。

c) 空缺。

d) 系统应继续符合第 8 章和 13.2 基础绝缘的要求。

e) 系统的各种部件不得有引起不符合第 20 章要求的任何劣化。

f) 在被试系统外部且符合 H.27.1.2 中 d)项要求的电源熔断器不得熔断，除非系统内部的只有使用工具才能接触到的保护装置也动作。

如果更换电源中的熔断器后，试样仍满足下述要求，则不需要内部保护装置：

——H.27.1.3 的 a)、b)和 d)项；

——第 20 章中对从有源部件到系统按预定使用状态安装仍是易触及表面的爬电距离和电气间隙的要求；

g) 输出波形应符合表 7.2 中第 56 项规定。

h) 对于经查定的点火装置系统，点火装置的操作值应不超过或者少于制造商的规定值(表 7.2 中第 132 项)，如适用。

增加条款：

H.27.1.3.101 合格评定

自动系统应符合 H.27.1.3.102～H.27.1.3.105 和软件分类 C 的要求(如果适用)。

H.27.1.3.102 无持久操作系统/无自检功能的系统

H.27.1.3.102.1 首次失效

任一电子元件的任何失效或者任一失效与任何其他首次失效组合都将导致：

a) 系统行动安全地关闭(燃料输送装置的端子再充能)，并且它在失效出现的时候保持在这种状态，或者

b) 系统行动锁定，在导致锁定的同样失效条件下从锁定中提供后来的重新起动，或者

c) 系统继续操作，在下个起动程序期间鉴别失效，结果可以是 a)或 b)，或者

d) 系统保持按第 15 章规定操作。

H.27.1.3.102.2 第二次失效

如果根据试验条件和 H.27.1.3 的标准评价，首次失效导致系统继续按第 15 章规定操作，认为与首次失效组合一起的任何更进一步的独立失效应导致 H.27.1.3.102.1 的 a)、b)、c)或 d)发生。在评价期间，当起动程序在首次和第二次失效之间执行时，应仅评价第二次失效。不考虑第三次独立的失效。

H.27.1.3.102.3 在起动阶段和关闭阶段期间(如果适用)，采用 H.27.1.3.102.1 和 H.27.1.3.102.2 的首次和第二次失效分析方法。

H.27.1.3.103 永久操作系统/带自检特性的系统

H.27.1.3.103.1 首次失效

任一电子元件的任何失效或者任一失效与任何其他首次失效组合都将导致：

a) 系统行动安全地关闭(燃料输送装置的端子再充能),并且它在失效出现的时候保持在这种状态,或者

b) 系统行动锁定,在导致回复锁定的同样失效条件下从锁定中提供后来的重新起动,或者

c) 系统继续按第 15 章规定操作。

对于 a)和 b),失效的鉴定和后继反应的时间应在小于 1 h 的时间段内。

H.27.1.3.103.2　第二次失效

如果根据试验条件和 H.27.1.3 的标准评价,首次失效导致系统继续按第 15 章规定操作,认为与首次失效组合一起的任何更进一步的独立失效应导致 H.27.1.3.103.1 的 a)、b)或 c)发生。在评价期间,首次失效的 1h 之内,应不考虑第二次失效的发生。不考虑第三次独立的失效。

H.27.1.3.104　检查电路

组合到 11.101.3 的检查设备的电路元件或者连接到系统的外部装置不适用 H.27.1.3.102～H.27.1.3.103.2。

H.27.1.3.105　内部失效的效果应通过模拟和/或电路设计的检验来评价。发生在任何程序阶段的失效都应考虑。

H.27.1.4　电子电路失效条件

代替:

对于 H.27 的目的,在附录 AA 中列出了故障模式的应用。

附 录 J
（规范性附录）
采用热敏电阻控制器的要求

J.1 范围

附录J的该章，除下述内容外均适用：

J.1.1.1 增加：

注：热表面点火器不视为热敏电阻。

J.20 爬电距离、电气间隙和穿通固体绝缘的距离

注：替换的文本正在考虑中。

附 录 AA
（规范性附录）
电的/电子的元件故障模式表

元器件类型	短路	断路[a]	备 注
固定电阻器			
薄膜（绕的细丝）		×	包括 SMD 类型
厚膜（平坦的）		×	包括 SMD 类型
绕组的（单层）		×	
所有其他类型	×	×	
可变电阻器			
（如电位计/调压器）			
绕组的（单层）		×	
所有其他类型	×[b]	×	
电容器			
GB/T 14472 中 X1 和 Y 型		×	
GB/T 14004 中涂金属的膜		×	
所有其他类型	×	×	
二极管			
所有类型	×	×	
晶体管			
所有的类型（如双极性，低频，射频，微波，FET，半导体开关元件；双向击穿二极管，三端可控硅器件，单结）	×[b]	×	[c]
混合电路	[d]	[d]	
集成电路			
H.11.12 中未覆盖的类型	×[e]	×	对于集成电路的输出，注[c] 适用
光耦合器			
根据 GB 4706.1	×[f]	×	
继电器			
线圈		×	
触点	×[g、h]	×	
干簧管继电器	×[g、h]	×	只适用于触点
绕组导体			
单层		×	
所有其他导体	×	×	
变压器			
根据 IEC 60742		×	
所有其他类型	×[b]	×	

表（续）

元器件类型	短路	断路[a]	备注
晶体	×	×	i
开关	×	×	j
连接器(跳线)		×	k
电缆和布线		×	
印刷电路板导体	×[m]	×[l]	

a 每次只断开一只脚。

b 每一只脚轮流与其他脚短路;每次只短路二只脚。

c 任一元件的全波效应,如三端双向可控硅元件进入半波条件,无论是受控或是在非受控条件下(半导体闸流管或二极管)都应考虑。

d 故障模式对于混合电路中的独立元件一样适用,如表格中对独立元件的描述。

e 任何两个相邻端子的短路及短路电路:

a) 每个端子对集成电路的电源,对集成电路;

b) 每个端子对集成电路的地线,对集成电路。

对有相互隔离元件的集成电路,"短路"这一故障条件不包括在内。这些相互隔离的元件应满足13.2中对工作绝缘的要求。

f 当光耦合器满足GB 4706.1—2005中29.2.2的要求,则输入和输出端子间的短路不必考虑。

g 当继电器在控制器制造商规定的无负载条件下,成功地测试了3 000 000周期,或者继电器制造商已试验和规定,则短路失效模式不包括在内。在这二种情况下,应预防接触件焊接。应在控制器的外部端子处检测这些预防工作的效果。

h 在加拿大和美国,短路失效模式不适用于那些成功通过第17章测试的继电器。当提供的继电器已获证可认为已通过测试。

i 对于石英钟,对计时有影响的谐波和次级谐波应该被考虑。

j 当选用开关器件来选择安全时间、清除时间、程序和/或其他安全相关的设定时,这些器件应能保证当它们断开时能出现最安全的状态。(例如,最短的安全时间和最长的清除时间)短路模式不适用于那些成功通过第17章测试的开关。当提供的开关已获证可认为已通过测试。

k 要求同注[j],不包括那些在选择设置时为了限幅而调整的跳线。

l 开路故障模式,例如导电体的中断,当导电体的厚度等于或大于35 μm且宽度等于或大于0.3 mm,或者导电体有其他预防措施(例如锡柱)来防止中断,则不适用。如果输出端子的短路会导致印刷电路板的导体的开路,则此导体应进行开路错误地分析。

m 如果满足第20章对过压分类Ⅲ的要求,则短路模式不包含在内。对Ⅲ类过压的要求仅适用于H.27.1.3e)的要求。

附 录 BB
（资料性附录）
被相关电器标准规定的燃烧器控制系统的功能特性(如果适用)

项 目	条 款	备 注
复合系统	2.2.107	允许或者不
自动循环	2.3.101	允许或者不
火焰探测器的响应时间	2.3.103	最大时间
自检查火焰探测器	2.3.105	要求或者不
火焰探测器的自检速率	2.3.106	最小速率
熄火锁定时间	2.3.107	最大时间
熄火再点火时间	2.3.108	最大时间
点火时间	2.3.111	最大时间
非易失锁定	2.3.112.1	要求或者不
易失锁定	2.3.112.2	允许或者不
主火焰建立期	2.3.113	最大时间
导火焰建立期	2.3.114	最大时间
后点火时间	2.3.115	最大时间
预点火时间	2.3.116	最大时间
经查定的点火系统	2.3.117	要求或者不
清洁时间	2.3.118	最小时间
后清洁时间	2.3.118.1	最小时间
预清洁时间	2.3.118.2	最小时间
再点火	2.3.119	允许或者不
再循环时间	2.3.120	最小时间
起动锁定时间	2.3.125	最大时间
等候时间	2.3.126	最小时间
阀打开期间	2.3.127	最大时间
阀程序期间	2.3.128	最大时间
长期运行系统	2.5.101	要求或者不
非长期运行系统	2.5.102	允许或者不

ICS 29.120.40
K 32

中华人民共和国国家标准

GB 14536.9—2008/IEC 60730-2-8:2003
代替 GB 14536.9—1996

家用和类似用途电自动控制器 电动水阀的特殊要求(包括机械要求)

Automatic electrical controls for household and similar use—Particular requirements for electrically operated water valves, including mechanical requirements

(IEC 60730-2-8:2003, IDT)

2008-09-19 发布　　　　2009-06-01 实施

中华人民共和国国家质量监督检验检疫总局
中国国家标准化管理委员会　发布

前　言

本部分的全部技术内容为强制性。

GB 14536《家用和类似用途电自动控制器》分为以下两个部分：

第 1 部分：

GB 14536.1　通用要求

第 2 部分：

GB 14536.3　电动机热保护器的特殊要求

GB 14536.4　管型荧光灯镇流器热保护器的特殊要求

GB 14536.5　密封和半密封电动机压缩机用电动机热保护器的特殊要求

GB 14536.6　燃烧器电自动控制系统的特殊要求

GB 14536.7　压力敏感电自动控制器的特殊要求

GB 14536.8　定时器和定时开关的特殊要求

GB 14536.9　电动水阀的特殊要求(包括机械要求)

GB 14536.10　温度敏感控制器的特殊要求

GB 14536.11　电动机用起动继电器的特殊要求

GB 14536.12　能量调节器的特殊要求

GB 14536.13　电动门锁的特殊要求

GB 14536.14　家用洗衣机电脑程序控制器的特殊要求

GB 14536.15　湿度敏感控制器的特殊要求

GB 14536.16　电起动器的特殊要求

GB 14536.17　锅炉器具中使用的浮子型或电极敏感型水位敏感电自动控制器的特殊要求

GB 14536.18　家用和类似使用浮子型水位控制器的特殊要求

GB 14536.19　电动气阀的特殊要求，包括机械要求

……

本部分等同采用国际电工委员会 IEC 60730-2-8:2000《家用和类似用途电自动控制器　第 2 部分：电动水阀的特殊要求，包括机械要求》(及其 2002 年修改件 1)。

本部分中，有对应国家标准的，引用国家标准；暂无国家标准的，则引用所列的 IEC 标准。本部分第 2 章规范性引用文件的编排顺序与 IEC 60730-2-8 不同。

为了便于使用，本部分做了下列编辑性修改：

a)　“本标准”一词改为“本部分”；

b)　用小数点“.”代替作为小数点的逗号“,”；

c)　增加了国家标准的前言。

本部分代替 GB 14536.9—1996《家用和类似用途电自动控制器　电动水阀的特殊要求(包括机械要求)》(idt IEC 60730-2-8:1992)。

本部分与 GB 14536.9—1996 相比主要变化如下：

a)　增加了附录 H、附录 EE；

b)　“在某些国家”改为具体国家名称。

本部分应与 GB 14536.1—2008(等同采用 IEC 60730-1:2003)配合使用，如果由于版本的差异可能会导致本部分使用出现问题时，应参照相应版本的 IEC 原文标准。

本部分的附录 H、附录 AA、附录 BB、附录 CC、附录 DD、附录 EE 为规范性附录。

本部分由中国电器工业协会提出。

本部分由全国家用自动控制器标准化技术委员会(SAC/TC 212)归口。

本部分起草单位:中国电器科学研究院、上海出入境检验检疫局。

本部分起草人:孔睿迅、黄开云、傅培刚。

本部分委托全国家用自动控制器标准化技术委员会负责解释。

本部分所代替标准的历次版本发布情况为:GB 14536.9—1996。

IEC 前言

1) IEC(国际电工委员会)是由各个国家的电工委员会(IEC 国家委员会)组成的世界性标准化组织。IEC 的宗旨是在电气和电子领域的标准化相关问题上促进国际间的合作。为此目的,IEC 除了开展其他活动之外,还出版国际标准。这些标准的制订工作是委托各技术委员会来完成的。作为 IEC 成员的各国家委员会,只要对所要制订的标准感兴趣,均可参与其制订工作。与 IEC 有联系的国际性的、官方的或非官方的组织亦参与标准的制定工作。IEC 和世界标准化组织(ISO)遵照双方协议所规定的条件,密切合作。
2) 由于每个技术委员会中均有来自对相关问题感兴趣的国家委员会的代表,故 IEC 的有关技术议题的正式决议或协议都在最大限度上表达了国际上对于相关问题的一致看法。
3) 产生的文档以推荐的形式用于国际用途,并以标准、技术规范、技术报告或是导则的形式出版,并在此意义上为各国家委员会接受。
4) 为了促进国际上的统一,IEC 各国家委员会负责将 IEC 国际标准透明地、最大可能地转化为国家或地区性标准。IEC 标准和相应的国家或地区性标准之间如有任何差异,应在标准转化之后清楚地说明。
5) IEC 并未制订任何认可标志的程序,如有某设备宣称其符合 IEC 的某一项标准时,IEC 对此不负责任。
6) 值得注意的是本国际标准中的某些部分可能涉及到专利权。IEC 对于鉴别某一或是全部的这一类专利权将不负责任。

国际标准 IEC 60730-2-8 由 IEC TC 72:家用自动控制器技术委员会制定。

本 IEC 60730-2-8 标准的加强版本基于其第二版(2000 年)[文档 72/428/FDIS 和 72/439/RVD]和修订一(2002 年)[文档 72/553/FDIS 和 72/557/RVD]。

它构成 2.1 版本。

页边上的垂直竖线表示原版本的此处在修订一中的有了修改。

此出版物根据 ISO/IEC 导则第 3 部分来起草。

本第 2 部分应与 IEC 60730-1 配合使用。它是基于 IEC 60730-1 的第三版(1999 年)的基础而形成的。应考虑 IEC 60730-1 的日后版本或修订件。

本第 2 部分补充或修改了 IEC 60730-1 中相应的条款,使之转化为 IEC 标准:电动水阀的安全要求(包括机械要求)。

本第 2 部分中,凡注明“增加”、“修改”或“代替”之处,在第 1 部分中相应的要求、试验规范或注释应作相应的修改。

凡不需要修改之处,本第 2 部分将在相应的条款注明第 1 部分的该章适用。

制定国际标准时,必须考虑各个国家各个地区由于实际情况所形成的不同要求,而且应承认各个国家的电力系统和布线规程的差异。

在本第 2 部分中,不同国家的差异以注“在某些国家”的形式给出;这些差异见:

——表 7.2 中第 113 和 114 项;

——14.7.4,注 101;

——16.2.1;

——27.2.101.1;

——27.101;

——H.26.2.1；

——附录 CC；

——表 DD.1.2.1，注 1；

——表 DD.6，注 1。

在本出版物中：

1) 采用下列印刷字型：

要求正文：罗马字体。

试验规范：斜体字。

注：小罗马字体。

2) 在第 1 部分的基础上增加那些条，注释，项目和图从 101 开始编号，增加的附录以字母 AA、BB 等表示。

委员会决定本出版物和其修订的内容在 2005 年之前保持不变。而到了此日期，出版物将被：

- 再次确认；
- 取消；
- 被修订后的版本替代，或
- 修订。

家用和类似用途电自动控制器
电动水阀的特殊要求(包括机械要求)

1 范围和规范性引用文件

GB 14536.1—2008 中的该章,用下述内容代替:

代替:

1.1 本部分适用于家用和类似用途设备中或随这些设备一起使用的电动水阀,这些设备可以是使用电、燃气、油、固体燃料、太阳能等能源或是它们的组合,应用范围包括加热、空气调节及类似用途。

本部分也适用于 GB 4706 所涉及的各类器具用的电动水阀。

1.1.1 本部分包含了对水阀的电气性能和阀的机械性能的要求,这两者会影响水阀预期操作。

1.1.2 本部分适用于电动水阀固有的安全性,适用于涉及到设备保护的操作值和操作程序,适用于家用和类似用途设备中或随这些设备一起使用的电自动控制器的试验。

对于非一般家用设备用电动阀,而这些设备是由诸如商店或轻工工厂或农场的非专业人员使用的,也包含在本部分范围内。

本部分不适用于专门用于工业设备的电动水阀。

本部分不适用于:

标称连接尺寸在 DN 50 以上的电动水阀;

标称允许压力值在 1.6 MPa 以上的电动水阀;

食品分配器;

洗涤剂分配器;

蒸汽阀。

在本部分中,当不会引起误解时,下列术语有其特定含义:

——“阀”一词指电动水阀(包括起动器和阀体组件)。

——“起动器”一词意思是“电动机构或原动机构”。

——“阀体”一词意思是“阀体组件”。

——“设备”一词包括“器具和控制系统”。

1.1.3 本部分适用于起动器和相互匹配的阀体。

1.1.4 本部分适用于单个的阀、作为系统部件的阀和与多功能控制器机械地组合在一起的无电气输出的阀。

注:应注意,在许多国家,水管局或公司制定了附加试验要求和细则。

1.5 引用标准

GB 14536.1—2008 中的该条,除下述内容外均适用:

增加:

ISO 7-1:1994 在螺纹上形成密封连接的管螺纹 第 1 部分:名称、尺寸和偏差

ISO 65:1981 适用于按 ISO 7-1 攻丝的炭钢管

ISO 228-1:1994 不在螺纹上形成密封连接的管螺纹 第 1 部分:名称、尺寸和偏差

ISO 630:1995 按 ISO 7-1 攻丝的建筑用钢配件

ISO 1179:1981 螺纹符合 ISO 228-1 的工业用平端钢管和其他金属管的管连接

ISO 4144:1979 螺纹符合 ISO 7-1 的不锈钢配件

ISO 4400:1994 流体动力系统和组件　三销插头连接器　性能和要求

ISO 6952:1994 流体动力系统和组件　带接地插套的两销插头连接器-特性和要求

2　定义

GB 14536.1—2008 中的该章,除下述内容外均适用:

2.2　按用途分类的控制器的定义

2.2.17

电动阀　electrically operated valve

增加:

注:人工打开自动关闭或自动打开人工关闭的半自动阀也属于这一定义的范畴。

增加下述条款:

2.2.17.101

阀　valve

一种由起动器连接至阀体组件而构成的装置,通过关闭或部分关闭管口以关断或调节水流。

2.2.17.102

水阀　water valve

一种连接到水源并控制水流的阀。

注:水阀属于1型动作。装置在水阀中的切换器件可以是1型或2型动作。

2.2.17.103

暖气水阀　heating-water valve

一种用来控制取暖系统中的水循环的阀。

2.2.17.104

起动器　actuator

一种用来实施阀的开合动作的电动机构或原动机构。

注1:起动器可以是固定到阀体组件上和阀构成一体的,或是作为分立组件提供。

注2:起动器也可以包括阀和闭合件。

2.2.17.105

阀体组件　valve body assembly

一种包含阀体、进出口端接头、阀座、闭合件和阀杆或阀轴的装置。

注:在某些情况下阀杆和闭合件可以是起动器的一部分。

2.2.17.106

阀体　valve body

阀体组件的一部分,是限制主压力的部件。它和端接头一起提供水流的通道。

2.2.17.107

标称尺寸　nominal size

一种尺寸的数字表示,这种尺寸对液体传导系统中,除了用外围直径或螺纹尺寸表示的部件之外的所有部件是通用的。

注1:这种尺寸可以由DN之后跟一适宜的已圆整的数来表示,这个数是仅供参考用的。

注2:一些较早的国际标准的标称尺寸是指标称直径,对本部分的目的而言,两个术语是同义语。

2.2.17.108

标称压力额定值　nominal pressure rating

用数字表示的压力额定值。

注:这种标称值可以由字母"PN"(也被认为是压力数 pressure number 的缩写)之后跟一适宜的已圆整的数来表示,这个数是仅供参考用的。

2.2.17.109

端接头　end connection

用来与液体传导系统形成密封连接的阀体结构。

2.2.17.110

阀座　valve seat

阀内的和闭合件充分接触的管口的表面。

2.2.17.111

闭合件　closure member

定位于水流通道的、可改变流量的活动部件。

注：闭合件可以是塞、球、盘、叶片、栅门等。

2.2.17.112

阀杆　stem

将起动器连接到闭合件上并使闭合件定位的组件。

注1：若为旋转阀，则用“阀轴”代替“阀杆”。

注2：在某些控制器中，阀杆可以是起动器的一部分。

2.2.17.113

配件　fitting

泛指诸如渐缩管、扩管、弯接头、三通管这样的零部件，这些零部件直接与阀体组件的端接头连接。

2.3　与控制器的功能相关的定义

增加下述条款：

2.3.101

开-关阀　on-off valve

只有开或关，没有任何中间位置的阀。

2.3.102

常闭阀　normally closed valve

在未通电时是闭合的阀。

2.3.103

常开阀　normally open valve

在未通电时是开通的阀。

2.3.104

调节阀　modulating valve

在预定的流量范围内可调节流量的阀。

2.3.105

分水阀　diverting valve

具有一个或多个入口和出口的阀，并可以使来自任何流入的液体汇合而从任一出口流出。

2.3.106

闭合位置　closed position

阀的出口侧在无水流时闭合件所处的位置。

2.3.107

行程　travel

从闭合位置到闭合件的距离。

2.3.108

额定行程　rated travel

闭合件从闭合位置到全开启位置的距离。

2.3.109

开启位置 open position

阀的出口侧有水流流出时,闭合件的位置。

2.3.110

全开启位置 fully open position

通过阀的水流量为额定流量时,闭合件所处的位置。

2.3.111

流速 flow rate

在单位时间内通过阀的水量。

2.3.112

额定流速 rated flow rate

在给定的压差和规定的温度、压力的基准条件下,额定行程时的流速。

2.3.113

流量常数 flow factor

在某一给定的压差下,能确定通过阀的总水量的系数。

注1:流量常数可以称为流量系数。

注2:所使用不同的流量常数之间的关系在附录AA中给出。

2.3.114

最大操作压差 maximum operating pressure differential

为使起动器的闭合件动作,而需要克服在阀的入口和出口之间两个相反力的所规定最大压差。

2.3.115

最小操作压差 minimum operating pressure differential

阀开启或闭合时的所规定的最小压差。

2.3.116

空缺。

2.3.117

水击 water hammer

在某些水源系统中,由于按要求闭合一个阀而产生的超瞬时压力。

2.3.118

瞬时压力 transient pressure

在一些供水系统中由于按正常使用关闭阀而引起的过度的瞬时压力。

2.3.119

具有抗水击特性的阀 valve with anti-water-hammer characteristics

未采取任何特殊的预防措施而直接与可能发生水击的水源相连接的一种阀,当它打开时,不会引起水压过度下降,而当关闭时,又不会形成过度的瞬时压力。

2.13 其他定义

增加下述条款:

2.13.101

饮用水 drink-water

规定为适合于供人饮用的水源。

注:在某些标准中,“饮用水”是指“可以直接饮用的水”。

2.13.102

非饮用水 non-drinking-water

规定为不适合供人饮用的水源。

3 一般要求

GB 14536.1—2008 中的该章，均适用。

4 试验的一般说明

GB 14536.1—2008 中的该章除下述内容外均适用：

4.1 试验条件

4.1.2 增加：

在本部分中，除非另有规定，测试时的水温均应保持在(20±5)℃。

4.2 试样要求

4.2.1 增加：

第 27 章的每个试验均需要一个样品。

注：当制造商和测试机构之间达成一致，在同一个试样上可以进行多于一个的试验。

5 额定值

GB 14536.1—2008 中的该章，均适用。

6 分类

GB 14536.1 中的该章，除下述内容外均适用：

6.3.12 **电动阀**

增加下述条款：

6.3.12.101 **水阀**

6.5.2 按防水的有害侵入的外壳防护等级分类(见 GB 4208)

用下属内容代替"注"的第二段：

注：优选外壳防护等级为：IP20，IP30，IP40，IP54，IP65。

允许有与这些优选值不同的值。

6.7 **按分断装置的极限环境温度分类**

该条内容作如下修改：

用"阀"代替"控制器"，用"起动器"代替"分断装置"。

6.8 **按防触电保护分类**

6.8.3 该条用下述内容代替：

独立安装式阀或非电源设备里的整体式或装入式阀。

增加下述条款：

6.8.101 单个的起动器

6.8.101.1 0 类；

6.8.101.2 0Ⅰ类；

6.8.101.3 Ⅰ类；

6.8.101.4 Ⅱ类；

6.8.101.5 Ⅲ类；

6.10 不适用。

6.11 该条增加下述内容：

水阀应经受至少 6 000 自动周期。

该章增加下述条款：

6.101　按端接头的类型分类

6.101.1　装有螺纹为下列之一的内螺纹的端接头的阀：

螺纹密封的管螺纹连接时，用 ISO 7-1:1994 或 NPT 螺纹，或

不是在螺纹上，而是通过附加的密封垫圈来形成密封连接时，用 ISO 228-1:1994 螺纹。

6.101.2　用于下列连接的带有外螺纹的端接头的阀：

a)　压合接头；

b)　垫圈管子接头；

c)　锥座管子接头；

d)　ISO 7-1:1994、ISO 228-1:1994 或 NPT 螺纹的螺纹管接头。

6.101.3　装有适于连接有或无转换接头的法兰的法兰端接头的阀。

6.101.4　带有用于软焊接头或熔焊接头的端接头的阀。

6.101.5　带有与挠性管配套使用的引出软管的端接头的阀。

6.102　按电动水阀的特性分类

6.102.1　按尺寸和容量分类：

尺寸和容量由入口和出口接头的尺寸以及流量系数确定的。

6.102.2　按操作的类型分类：

受或不受最小压差限制的直接控制或先导阀控制的操作。

6.102.3　按功能分类：

按水管接头的个数和不通电时阀的位置的功能分类。

6.102.4　按浸湿部件的材料分类：

包括按所有与水接触的内部部件的材料来分类，如阀体和密封材料。

6.102.5　按闭合件的结构分类：

阀的闭合件可以是直接操作的或由先导阀控制的流量孔板或活塞操作的提升阀型或滑阀型。

6.102.6　按起动器的结构分类：

电磁型起动器、电动机型起动器、起动器杆与水接触或与水屏蔽的电加热石蜡控制型或双金属控制型起动器等都是例子。

6.103　按温度、压力和被控水的类型分类

用于控制下列的阀：

6.103.1　最高温度为 25 ℃的冷的饮用水源；

6.103.2　最高温度为 90 ℃的热的饮用水源；

6.103.3　最高温度为 25 ℃的冷的非饮用水源；

6.103.4　最高温度为 90 ℃的热的非饮用水源；

6.103.5　最高温度在 50 ℃至 120 ℃之间的循环热水；

6.103.6　最高额定温度不同于上列的水源；

6.103.7　最大压力为 0.1 MPa 的系统中的水流；

6.103.8　最大压力为 0.6 MPa 的系统中的水流；

6.103.9　最大压力为 0.86 MPa 的系统中的水流；

6.103.10　最大压力为 1.0 MPa 的系统中的水流；

6.103.11　最大压力为 1.6 MPa 的系统中的水流；

6.103.12　最大系统压力不同于上列的系统中的水流。

6.104 按端接头的标称尺寸和螺纹尺寸分类

螺纹表示	标称尺寸
1/8	DN6
1/4	DN8
3/8	DN10
1/2	DN15
3/4	DN20
1	DN25
1¼	DN32
1½	DN40
2	DN50
注：DN之后跟一相应的临近的整数的表示法，通常只是在与制造尺寸关系不是很严格的情况下采用，它近似于水系统的按毫米制表示的内径，且只供参考用。	

7 资料

GB 14536.1—2008 中的该章，除下述内容外均适用。

表 7.2

修改：

用下述项目代替：

项　目	资　　料	章、条	方　　法
7	每个电路所控制的负载的类型(对于带有开关元件的阀)[g]	6.2,14,17	C
22	起动器的极限温度，如果 T_{min} 低于 0 ℃，或 T_{max} 不是 55 ℃	6.7,14.5,14.7,17.3	D
23	不适用		
26	不适用		
28	不适用		
29	每一电路提供的断开或切断的类型(对于带有开关元件的阀)	6.9	X
36～38	不适用		
39	1 型动作或 2 型动作(对于带有开关元件的阀)[101)]	6.4	D
40	1 型动作或 2 型动作的附加特性(对于带有开关元件的阀)	6.4.3	D
41	制造偏差以及相应与这些偏差的试验条件(对于带有开关元件的阀)	11.4.3,15,17.14	X
42	漂移(对于带有开关元件的阀)	11.4.3,15	X
43～44	不适用		
46～48	不适用		
49	起动器的控制器污染状况	6.5.3	D

增加下述项目：

101	用W或VA或额定电流表示的功率损耗		C
102	用MPa(或bar)表示的最大操作压差	2.3.114	D
103	用MPa(或bar)表示的最小操作压差	2.3.115	D
104	用MPa(或bar)表示的最大工作压力	2.3.116,6.103	D
105	用箭头表示的流向(在阀体上)		C
106	用℃表示的最高水温	6.103	D
107	适用于饮用水或非饮用水	6.103,18.102	D
108	对要在正常使用时需清洗的阀，拆开、清洗、再装配和保养的方法	8.1.101	D
109	如果阀门预定用于可能发生水击的供水装置且测试方法按照附录AA或附录EE	18.101.3	X
110	浸湿部件材料的识别	6.102.4	X
111	阀的特性	6.101,6.102	D
112	预定用手关紧的塑料阀	18.103.5	D
113	使用于GB 4706系列标准范围内的那些家用电器内的阀，在这些标准中，水源的供水不足或是干阀被认为是非正常使用条件[102)]	14.5.107, 27.101	D
114	在上述113条中确认的阀，其操作时间的任意的限制详情(工作制)[103)]	27.101.2	D

101) 阀本身是1型动作。

102) 在加拿大、日本和美国不适用。

103) 在加拿大、日本和美国不适用。

7.4 标志的附加要求

7.4.4 增加下述的注：

注：对于密封物、O型圈、弹簧和类似部件不适用。

8 防触电保护

GB 14536.1—2008中的该章，除下述内容外均适用。

8.1.4 该条增加下述内容：

对于Ⅱ类水阀，加强绝缘不得与水直接接触。

增加下述条款：

8.1.101 凡声明可以在正常使用时进行清洗的阀，在结构上应有相应的保护，以防止在清洗时意外地接触带电体。

是否合格，通过观察和按以下所述的模拟清洗操作来检查：

如果起动器在未与电气布线分断便能从阀体组件上拆下，则被拆下的起动器应仍符合其结构类别的要求。拆卸应不影响其电气特性。

如果起动器仅在拆去电气布线后才能从阀体组件上拆下：

a) 观察和模拟清洗操作应按制造商的文件说明进行。

b) 如果使用插头连接器，则在插头连接器断开前，应不可能拆卸起动器。带接地连接的起动器所用的插头连接器在设计上，应保证能先断开电源再断开接地线。

注：对于插头连接器，参照 ISO 4400 和 ISO 6952。

9 接地保护措施

GB 14536.1—2008 中的该章，均适用。

10 端子和端头

GB 14536.1—2008 中的该章，除下述内容外均适用：

10.1.1.1 删去注的末句“平推式端子被认为是需要专门工具才能有效夹紧的端子”。

10.1.16 用下述内容代替第一句：

如果使用了引线(尾线)，则应使用标称绝缘厚度不小于 0.6 mm、截面积不小于 0.75 mm^2 的引线，且从线圈端到引线末端的长度至少应为 450 mm；但当引线是预定连接至阀内部的接线处时，其最短长度可以为 150 mm。

10.1.16.1 用下述内容代替第一句：

对于 Z 型接法的引线应带有张力消除以防止机械应力被传递至用于内部接线的端子处。

是否合格通过观察和施加 1 min 的 44 N 的拉力来检查。在施加拉力期间，引线不应损坏且试验后引线纵向的位移不应超过 2 mm。爬电距离和电气间隙也不应减小到小于第 20 章中的规定值。

10.2 连接内部导线的端子和端头

增加：

注 1：10.2 的要求同样适用于预定用于内部接线的控制器的端子和端头，其内部接线是位于设备外部的。

注 2：10.2 的要求同样适用于特意设计用来连接诸如 ISO 4400 和 ISO 6952 所规定的插头连接器之类的特殊的连接器。

注 3：10.2 的要求同样适用于特意设计用来连接辅助控制工作制负载的端子和端头。

11 结构要求

GB 14536.1—2008 中的该章，除下述内容外均适用。

11.3 该条内容作如下修改：

将本条中的“控制器”全部改为“带辅助开关的阀”。

11.3.9 该条款用下述内容代替：

11.3.9.1 阀的人工起动机构的操作应不会使部件变形或损坏到使其预定的功能受损。

是否合格，通过操作和观察来检查。

11.3.9.2 操作部件与连接至阀上的导线之间，应用栅板或将它们置于适当的位置予以隔开，使操作部件不会被内部的布线所阻碍。

是否合格，通过操作和观察来检查。

增加下述条款：

11.101 浸湿部件与电气部件的分隔

不应有水泄漏到电气部件上。

是否合格，在 18.101.1 的压力试验后通过观察检查。

12 防潮及防尘

GB 14536.1—2008 中的该章，均适用。

13 电气强度和绝缘电阻

GB 14536.1—2008 中的该章，均适用。

14 发热

GB 14536.1—2008 中的该章，除下述内容外均适用：

代替：

14.4.3.1 不适用。

增加下述条款：

14.4.101 如果使用电机驱动的电起动器的驱动轴的停转是正常操作的组成部分，那么温度的测量应在电机所驱动的轴被堵转且达到稳定状态之后进行。所测得的温度值应满足表 14.1 的要求。此外，如果任意一个所带有的保护器件在停转状态下不循环动作，则此电起动器也被认为满足 27.2.101 的要求。

14.4.102 如果使用电机驱动的电起动器的驱动轴的停转不是正常操作的组成部分，则表 14.1 中的值在停转期间不适用。电起动器应满足 27.2.101 的要求。

14.5 该条款用下述内容代替：

将阀门起动器安置在室温下或合适的加热和/或冷冻设备中进行试验，并使其达到 14.5.1、14.5.2、14.5.101～14.5.104 和 14.5.107 的条件。

14.5.1 对 14.5.7 的试验，起动器的环境温度保持在 15 ℃～30 ℃的范围内，测量的温度应校准到环境温度为 25 ℃的基准值。

14.5.2 对 14.5.8 的试验，起动器所处的环境温度保持在 T_{max}。

14.5.3 将 14.5.3、14.5.4、14.5.5、14.5.6、14.5.7 和 14.5.8 的标号相应地改为 14.5.101、14.5.102、14.5.103、14.5.104、14.5.105 和 14.5.106。

14.5.101 如果阀包括开关装置或其他辅助电路，所有这些电路在温度试验时应以额定电流的加载。

14.5.102 应设置使调节阀执行连续的调节动作的完整周期，直至温度稳定为止。连续周期的间隔时间按照制造商的规范。

14.5.103 预定用于快速重复操作的阀，应在设定的最大操作速率下通断电源，直至温度稳定为止。

14.5.104 如果停转是正常操作的组成部分，则其在停转时电动阀的电动机的温升应不超过表 14.1 中的规定值。

14.5.105 对用于室温的阀和处理温度最高为 25 ℃的冷水的阀，试验时应在阀的入口和出口装上 30 cm长的正确规格的铁管或铜管。管子应构成如同一个框架，使阀固定或悬挂，而不与其他导热体接触。管子的末端不必塞住。

注：本试验不适用于按表 7.2 中第 113 项要求分类的阀。

14.5.106 预定用于处理热水的阀，应接上热水，并在规定的最高温度下在有热水流过和无热水流过阀的两种情况下进行试验。

注：本试验不适用于按表 7.2 中第 113 项要求分类的阀。

14.5.107 按表 7.2 中第 113 项要求分类的阀在其所声明的操作条件(例如：T_{max}、最大工作压力、考虑到所有的所有的操作时间的限制)下，并接上所声明的最高温度的水进行测试。

14.7.4 在表 14.1 中增加下述内容；

增加：

在表 14.1 最后一栏的第三个“85”数值后，增加对“除起动元件、手柄、旋钮和把手之类部件以外的易触及表面”的上标“101)”。

在表 14.1 增加的注释：

101) 对于阀的表面和安装在类似中央供暖系统管道上的阀，此值增大到 110 ℃(某些国家为 120 ℃)。

15 制造偏差和漂移

对于带有 2 型开关元件的阀，GB 14536.1—2008 中的该章均适用。

16 环境应力

GB 14536.1—2008 中的该章，除下述内容外均适用。

16.2 温度环境应力

16.2.1 该条用下述内容代替：

温度的影响试验如下：

阀体和起动器应按制造商交货时包装的状态在温度为－10 ℃±2 ℃下保持 24 h，然后在 50 ℃±5 ℃下保持 4 h。

注：某些国家所用温度为－40 ℃±2 ℃，而不是－10 ℃±2 ℃。

在环境应力试验期间，阀或起动器不通电。

16.2.2 该条用下述内容代替：

在此试验后，如果阀或起动器仍具有预定和规定的功能，则认为能承受环境应力。

17 耐久性

GB 14536.1—2008 中的该章，除下述内容外均适用。

17.1.1 该条增加下述内容：

是否合格，通过 17.16 的试验来检查。

17.1.2 不适用。

17.1.2.1 不适用。

17.7 加速自动动作的过电压试验(或在某些国家过载试验)

用下述内容代替：

阀的自动操作，应通过使阀操作表 7.2 第 27 项规定的自动动作次数来进行测试。自动动作的自动周期数最小为 6 000，更高的周期数由制造商制造商按照应用的要求进行声明。

动作速率和动作方法应在测试机构和制造商之间商定。

水阀的周期速率一般可定为约 6 次/min。试验时阀的负载为 1.06 倍额定电压或 1.06 倍额定电压范围的上限，或按 17.2.3.1 规定的加载。

阀应在下列条件下进行试验：

a) 声明的最高环境温度。试验期间，水流本身温度所造成的加热或冷却影响，不得导致环境温度超过所声明的最高环境温度或低于所声明的最低环境温度。

b) 声明的最高水流温度。

c) 声明的最大操作压差。

17.16 专门用途的控制器的试验

用下述内容代替：

电动阀的试验按以下所述：

——17.1 适用。

——17.2～17.4 适用于与阀成为一体或装在阀内的辅助开关元件。

——17.5 适用。

——17.6 不适用。

——17.7 按本部分修改后适用。

——17.8～17.13 适用于与阀成为一体或装在阀内的辅助开关元件。

——17.14 适用。

——17.15 不适用。

18 机械强度

GB 14536.1 中的该章,除下述内容外均适用。

该章增加下述条款:

18.101 阀应能承受正常使用中的水压。

是否合格,通过以下试验来检查:

18.101.1 在 1.5 倍最大额定工作压力下进行的试验(检查外部泄漏的试验)

在 17.7 耐久性试验后,阀在处于开启位置且其出口封住的情况下,在其入口侧施加静水压 1 h,其值等于声明的最大工作压力的 1.5 倍。

如果有流量孔板元件,且在正常使用时,流量孔板元件的两侧均受到水压,则该压力应缓慢地施加且没有冲击,以避免使流量孔板受到过度的应力。试验后进行的观察应表明水的泄漏速度不超过 5 cm^3/h,且阀仍能按预定要求操作。

18.101.2 在 5 倍最大额定工作压力下进行的试验(静水压强度试验)。

在一个新的样品上进行完 18.103 的扭矩试验后,在此样品上按 18.101.1 规定的同样条件承受 5 倍于所声明的最大工作压力的水压,历时 1 min。如果在静水压试验后,阀仍能够符合 18.101.1 对外部泄漏的要求,在此试验期间观察到的外部泄漏是允许的。

18.101.3 抗水击特性

预定直接连接到有水击的主供水管的、具有所声明的抗水击特性的水阀,在开启或闭合时,应不出现过度的压降或过度的瞬时压力。

是否合格,通过按附录 BB 的要求进行 18.101.3.1～18.101.3.3 试验来检查。如果制造商声明,附录 EE 可以作为另一个可选的方法,以用来测试对接至供水系统的水阀的水击试验,这些水阀是预定用于 GB 4706 范围内的器具上的,且最大工作压力不超过 1.0 MPa(10 bar)。

注 1:由于对供水设施有要求,亦由于接水管时有专门预防措施,在多数国家中水击通常是不会出现的。

注 2:一般来说,装有最大规格为 DN15 的端接头,且用于通过软管而连接到主供水管的设备里的水阀,是不会引起损害供水系统或设备的水击的。

18.101.3.1 在低供水压力下的压降

为了确定在低供水压力下的压降,试验水阀(见附录 BB 项目 15 或附录 EE 值 10)处于开启位置,通过调节阀 3(见附录 BB)或泵 2(见附录 EE)将阀进口的压力调节至 0.1 MPa(1 bar)。然后将水阀关闭并在 20 s 后再次打开。压力在任何时候均不应变成负压。

18.101.3.2 在额定输入压力下的压降

为了确定在额定输入压力下的压降,试验水阀(见附录 BB 项目 15 或附录 EE 值 10)处于开启位置,通过调节阀 3(见附录 BB)或泵 2(见附录 EE)将阀进口压力调节至 0.6 MPa(6 bar)。然后将水阀 15 关闭并再次打开,在水阀 15 打开时,压力在任何时候均不应变成负压。

18.101.3.3 在高压力下的瞬时压力

预定连接到主供水管的阀,应不会导致过高的瞬时压力。

是否合格,通过以下试验来检查:

试验水阀 15(见附录 BB)或阀 10(见附录 EE)处于关闭位置,用调节阀 3 或泵 2 将水压调节到 0.6 MPa(6 bar)。然后打开水阀直到水流恒定后再次关闭水阀。当水阀关闭时,压力在任何时候都不应超过 0.9 MPa(9 bar)。

注:这是为了反应小尺寸管材在家用水安装系统中应用的上升趋势。

18.101.4 **热塑性材料阀体的试验**

热塑性材料的阀体应承受其在预定使用时可能要经受的热条件。

是否合格,通过以下试验来检查:

18.101.4.1 预定与主供水管连接的热塑性材料阀体,应通过进行附录CC所述的试验来检查。

18.101.4.2 预定不与主供水管连接的热塑性材料阀体的试验在考虑中。见附录CC。

18.102 **浸湿材料的技术要求**

在考虑中。

18.102.1 浸湿材料应能承受其在预定使用时可能要经受的化学条件。

是否合格,通过以下试验来检查:

18.102.1.1 被饮用水浸湿的材料的耐腐蚀性试验

注:由于此试验通常情况下受供水当局或公司(多数国家是地方、联邦或州政府的部门)的管制,试验时应参照这些国家部门颁布的规范。

18.102.1.2 被非饮用水浸湿的材料的耐腐蚀性试验

注:试验方法在考虑中。

18.102.1.3 浸湿材料对饮用水质量影响的试验

注:此试验受负责饮用水质量的供水当局的管制。试验时应参照这些部门颁布的有关规范。

18.103 **扭矩**

18.103.1 阀及其接头应能承受在安装和使用时可能受到的应力。

是否合格,通过以下各条及附录DD中所述的适当的力矩试验来检查。在附录DD的试验之后,进行18.101.2的静水压强度试验。应无接头松开、变形、外部泄漏超过18.101.2的限度或其他损坏。

18.103.2 带有内螺纹端接头的阀

18.103.2.1 带有内螺纹端接头的金属阀应进行附录DD所述的相应的力矩试验。

螺纹类型	章
ISO 7-1:1994	DD.1
ISO 228-1:1994	DD.2
用于压合接头的ISO公制	DD.3
NPT(美国标准管螺纹)	DD.7
SAE(美国汽车工程师学会)	DD.8

注:带有内螺纹端接头的塑料阀的力矩值在考虑中。

18.103.3 带有外螺纹端接头的阀

18.103.3.1 带有外螺纹端接头的金属阀应进行附录DD所述的相应的力矩试验。

螺纹类型	章
ISO 7-1:1994	DD.4
ISO 228-1:1994	DD.5
用于压合接头的ISO公制	DD.5
NPT(美国标准管螺纹)	DD.7
SAE(美国汽车工程师学会)	DD.8

18.103.4 **用于连接器带有端接头的阀**

带有与转换接头一起使用的端接头的金属阀进行DD.6所规定的扭矩试验。

18.103.5 以下的阀不进行力矩试验:

预定用手关紧的带有内螺纹或外螺纹端接头的塑料阀(表 7.2 第 112 项);

带有法兰端接头的金属阀;

带有引出软管接头或滑动配合接头和用于挠性管的端接头的阀;

带有锡焊或黄铜焊的端接头的金属阀。

19 螺纹部件及连接

GB 14536.1—2008 中的该章,均适用。

20 爬电距离、电气间隙和穿通固体绝缘的距离

GB 14536.1—2008 中的该章,均适用。

21 耐热、耐燃和耐漏电起痕

GB 14536.1—2008 中的该章,均适用。

22 耐腐蚀性

GB 14536.1—2008 中的该章,均适用。

23 电磁兼容性(EMC)要求——发射

GB 14536.1—2008 中的该章,均适用。

24 组件

GB 14536.1—2008 中的该章,均适用。

25 正常操作

见附录 H。

26 电磁兼容性(EMC)要求——抗扰度

见附录 H。

27 非正常操作

GB 14536.1—2008 中的该章,除下述内容外均适用。

27.1 见附录 H

代替:

27.2 机械机构阻塞试验

阀应能经受其机械机构阻塞后带来的影响。

是否合格,通过 27.2.1 和 27.2.2 的试验来检查。

27.2.1 阀的机械机构阻塞于其不通电是的位置。如果这样的位置多于一个,则应选取最不利的那个位置。之后阀在环境温度为(20±5)℃、无水流流过的情况下,以额定频率、额定电压通电,并且不考虑其操作时间(见表 7.2 第 34 项)的任何限制。

通电时间或为 7 h,或直到内置保护器件动作(如有),或至阀烧毁,选其时间短者。

27.2.2 此试验之后,如果阀满足下述条件,则被认为是符合要求的:

——无火焰或熔融的金属喷出,阀无影响到符合本部分要求的损坏;

——仍能满足 13.2 的要求。

注：试验后不要求阀仍能动作。

增加下述条款：

27.2.101　输出阻塞试验(温度)

带有电机驱动的电起动器的阀应能经受在不超过表 27.2.101 中规定温度的输出阻塞所带来的影响。温度的测量按照 14.7.1 的规定。

注：本试验不适用于那些满足 14.4.101 要求的带有电机驱动的电起动器的阀。

27.2.101.1

带有电机驱动的电起动器的阀在施加额定电压且环境温度为 15 ℃～30 ℃的情况下，输出阻塞后试验 24 h。试验后测得的温度应以 25 ℃为基准进行校准。

注 1：在加拿大和美国，本试验是在 17.2.3.1 和 17.2.3.2 指明的电压条件下进行的。

注 2：本试验不适用于表 7.2 中第 113 项的阀。

对于用于三相操作的、带有电机驱动的电起动器的阀，试验在断开其中任意一相的情况下进行。

表 27.2.101　最高绕组温度

(适用于阻塞输出条件下的试验以及在表 7.2 第 113 项中声明的阀)

条件	不同绝缘等级的温度[d]/℃							
	A	E	B	F	H	200	220	250
如果有阻抗保护：	150	165	175	190	210	230	250	280
如果通过保护器件保护：								
在第一个小时								
——最高值[a,b]	200	215	225	240	260	280	300	330
第一个小时后								
——最高值[a]	175	190	200	215	235	255	275	305
——算术平均值[a,c]	150	165	175	190	210	230	250	280

a 适用于带有电动机热保护器的起动器。

b 适用于通过内置式熔断器或热切断器进行保护的起动器。

c 适用于不带保护装置的起动器。

d 这些分类和 IEC 60085 中的热分类相一致。

27.2.101.2　试验的第 2 个小时和 24 小时内的平均温度应都在限值范围内。

注：绕组的平均温度是在 1 h 之内绕组温度的最高和最低的算术平均值。

27.2.101.3　试验期间，应对起动器持续供电。

27.2.101.4　试验结束后，电起动器应能经受按 13.2 规定立即进行的电气强度试验，试验之前不必进行 12.2 的潮湿处理。

代替：

27.3　过压和欠压试验

阀应能在最低额定电压的 85％至最高额定电压的 110％之间的任意电压下正常操作。

是否合格，在 T_{max}、最高水温(见表 7.2 第 106 项)和最大操作压差(见表 7.2 第 102 项)下进行下述试验来检查。对于此试验，所声明的操作时间的限值(见表 7.2 第 34 项)均需考虑。

阀施加 0.85 V_{Rmin} 的电压直至温度稳定，紧接着就在 0.85 V_{Rmin} 的电压下操作阀。

阀亦要施加 1.1 V_{Rmax} 的电压直至温度稳定，紧接着就在 1.1 V_{Rmax} 和额定电压下操作阀。

每个试验后，阀都应按照预定方式操作一次。

27.4 见附录 H。

增加下述条款：

27.101 干条件试验

表 7.2 第 113 项中规定的阀要经受 27.101.1 的试验。

注：本条不适用于加拿大、日本和美国。

27.101.1 阀应能经受在缺水时发生的非正常条件。

是否合格，通过 27.101.2 的试验检查。

27.101.2 接上阀，在额定频率下施加额定电压，并处于一下环境温度：

a) $T=(20\pm5)$℃，或

b) 制造商声明的 T_{max}（见表 7.2 第 34 项），并且处于一下两种情况之一：

1) 考虑操作时间（通电周期）的限值，或

2) 不考虑操作时间（通电周期）的限值。

试验的持续时间为 4 h 或达到温度稳定为止，去时间短者。

测得的温度应满足表 27.2.101[1] 的规定。

28 电子断开使用导则

GB 14536.1—2008 中的该章不适用。

图

GB 14536.1—2008 中的该部分适用。

1) IEC 原文为“表 27.2.102”，经查证，应为笔误，本标准中改为“表 27.2.101”。

附　录

GB 14536.1—2008 中的附录除下述内容外均适用。

附 录 H
（规范性附录）
电子控制器的要求

GB 14536.1—2008 中的该附录，除下述内容外均适用：

H.6　分类

H.6.18　按软件分类

H.6.18.1　不适用。

H.6.18.2　不适用。

H.6.18.3　不适用。

H.7　资料

表 7.2 中增加如下要求：

第 66～72 项不适用。

H.11　结构要求

H.11.12　使用软件的控制器

H.11.12～H.11.12.13 不适用。

H.26　电磁兼容性(EMC)要求——抗扰度

GB 14536.1—2008 中的该部分，除下述内容外均适用：

增加下述条款：

H.26.2.1　增加下述解释性注：

注：电动水阀属于 1 型动作，故仅 H.26.8、H.26.9 和 H.26.13.1 适用。H.26.10 作为 H.26.9 的另一个可选项。在加拿大和美国，H.26.10 是要求的。

H.26.9　电快速瞬变/脉冲试验

代替 H.26.9 的标题和内容如下：

H.26.9　电快速瞬变/脉冲抗扰度试验

增加：

脉冲在阀处于通电位置时施加。

增加下述条款：

H.26.9.101　试验程序

阀进行五次试验。

H.26.13　合格评定

H.26.13.1　代替：

H.26 的试验后，样品应符合第 8 章和 17.5 对于基本绝缘的要求以及第 20 章的要求。

H.26.13.2　不适用。

增加下述附录：

附　录　AA
(资料性附录)
不同流量系数之间的关系

AA.1　K_V 值

用符号 K_V 表示流量系数，代表温度在 5 ℃～40 ℃之间，每小时流过一个处于全开启位置，两端压差为 100 kPa(1 bar)的阀的立方数水量。

AA.2　C_V 值

用符号 C_V 表示流量系数，通常称为流量常数，代表温度在 4.5 ℃～37.8 ℃(40 F～100 F)之间，每分钟流过一个处于全开启位置，两端压差为 6.89 kPa(1 lbf/in^2)的阀的美制加仑(3.785 m^3)数的水量。

$$K_V = 0.865\ C_V$$

$$C_V = 1.16\ K_V$$

如果流量系数以每分钟升数表示，则其关系为：

K_V=16.7 C_V(C_V 单位为 L/min)

C_V=14.4 K_V(K_V 单位为 L/min)

附　录　BB
（规范性附录）
测量由水阀造成的瞬时压力的装置

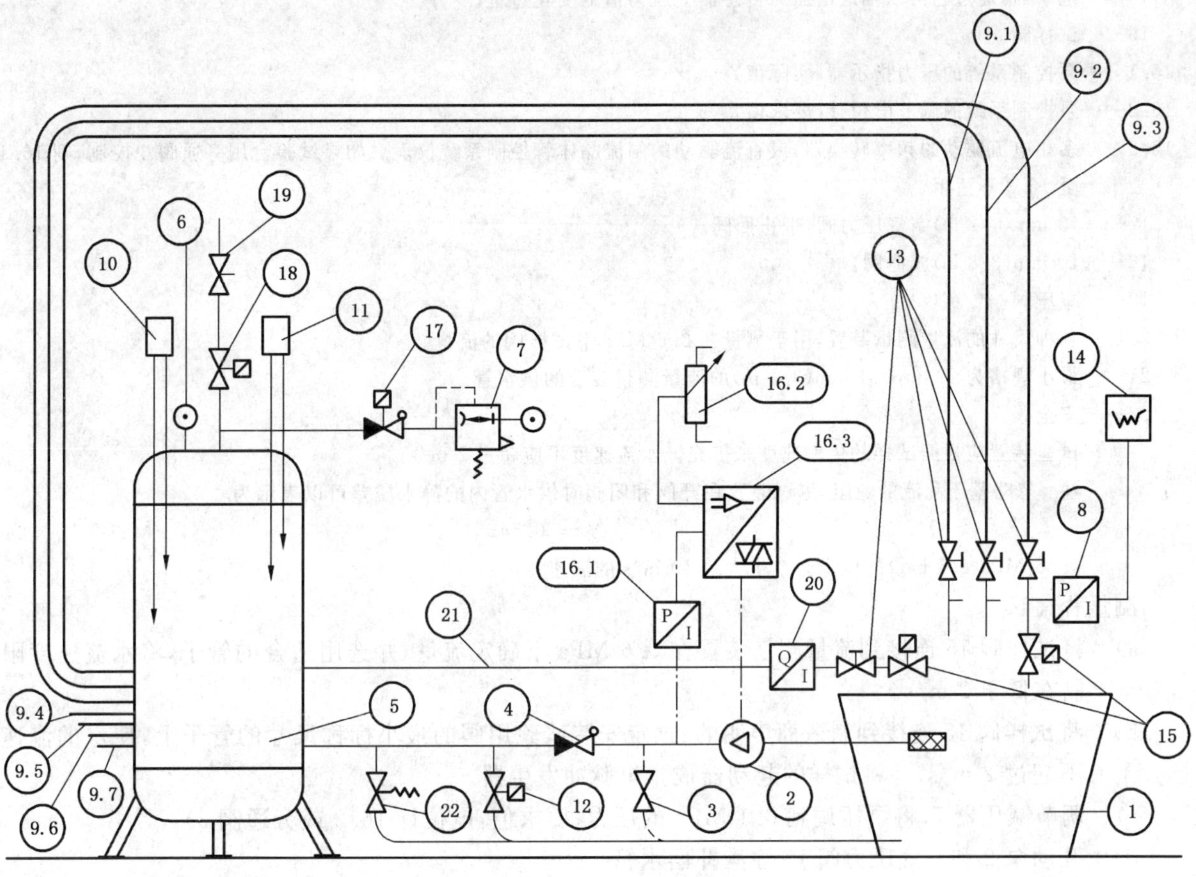

1——适当尺寸的装满水的容器。

2——泵，当动压力为 1 MPa(10 bar)时，其泵送量至少为 100 L/min。

3——旁通阀；如果泵为可调的，则此阀不需要。

4——32 mm(1¼ in)止回阀。

5——补偿水箱，其容量至少为 350 L。

6——压力表。

7——10 mm(3/8 in)减压器。

8——压力传感器，其压力范围在大气压力与 1.6 MPa(16 bar)之间，且自然频超过 200 Hz。

9——带衬里的钢管或铜管，其壁厚为 1.0 mm 至 2.0 mm，长度约为 9 m，还应具有这样的内径，使得当样品阀处全开启位置，静水压为 0.6 MPa 时，水流速度不超过 2 m/s。

管 9.4 的弯曲半径不小于 300 mm，而其他管则各自选适合的弯曲半径。

9.1——15 mm×1 mm (3/8 in)管。

9.2——18 mm×1 mm (1/2 in)管。

9.3——22 mm×1 mm(3/4 in)管。

9.4——28 mm×1.5 mm(1 in)管。

9.5——35 mm×1.5 mm(1¼ in)管。

9.6——42 mm×1.5 mm(1½ in)管。

9.7——54 mm×2 mm(2 in)管。

10——控制最低水位的水位控制器；此水位控制器应根据容器的尺寸来调节。

11——控制最高水位的水位控制器；此水位控制器应根据容器的尺寸来调节。

12——电磁阀，在 0.6 MPa 压力或装有 25 L/min 的流量调节器时，其通过量为泵的泵送量的 25%。

13——球阀或瓣阀，其标称直径与管子同一规格(见 9.1 至 9.7)。

14——记录器，通过它可以描绘出压力传感器上压力值的变化过程。

15——试样阀。

16.1——泵控制系统的压力指示器(实际值)。

16.2——泵控制系统的调节电位计(要求值)。

16.3——多相电流驱动的频率转换器，或直流驱动的闸流晶体管控制系统仪表。如果试验台用旁通阀 3 控制，则 16.1 至 16.3 不适用。

17——15 mm(1/2 in)空气压力阀，带止回阀。

18——10 mm(3/8 in)放泄阀。

19——减压阀。

20——各种尺寸的流量测量装置，用于测量在 0.6 MPa 下试样阀的流量。

21——最小规格为 22 mm×1 mm(3/4 in)的流量测量装置的供水管。

22——安全阀。

试验装置应根据试样的传输速度来扩充。水流速度不应超过 2 m/s。

注：忽略基于乱流的流阻，测试装置在开阀和闭阀时供水管内的静水压差可以表示为

$$\Delta\rho = 0.5\rho v^2$$

0.05 MPa(0.5 bar)的压降会产生大约 10 m/s 的流速。

测量程序：

a) 将试样阀 15 连接到流量测量装置在 0.6 MPa 下确定流量，并选用适合的管子，将水流速度限制在低于 2 m/s。

b) 将试样阀 15 连接到制造商声明的、预定安装试验用阀的最小标称尺寸的管子上，使水的流速不超过 2 m/s，并将试样的起动器戒指电脉冲发生器。

c) 调节减压器 7，将泵压调到 0.1 MPa 的压力(要求值，电位计 16.2 或旁通阀 3)。

d) 开动泵 2 和空气压力阀 17 注满补偿水箱。

用水位控制器 10 打开阀 18，以便在水位未达到时释放压缩空气。水位控制器 11 控制阀 12 并监控注水高度。通过减压阀 19 和减压器 7，可以使装置稳定，这样水位控制器 10 和 11 的漂移点之间的水位，长期地保持在容器容量的 75%左右。

e) 通过使用数次，使试样阀 15 完全除去空气。如果是多腔式阀，在测量开始前必须对所有的阀进行除气。

f) 检查容器的压力和水位，如有必要则加以校正。

g) 从试样阀的起动点开始，开动记录器仪表 14，以便记录由压力传感器 8 显示的试样阀 15 的试验结果。

h) 将试样阀 15 打开 2 s，再重新关上。

i) 检查由记录器 14 记录的结果是否达到要求。

j) 在试样阀 15 仍处于关闭状态的情况下，将容器的压力调到 0.6 MPa。如有需要，则重复进行放气。

进行测量时，从关断点开始，开动试样阀 15。

k) 将试样阀 15 打开 2 s，并再次关上。通过记录器读数检查结果。

l) 如有需要，重复程序 g)(用 0.1 MPa)至 k)。

附 录 CC
（规范性附录）
在预定连接到主供水管的热塑性材料阀体上的试验

注：此方法在考虑中。

预定连接到主供水管的热塑性材料的阀用以下试验来检查。此试验在一个加热室内进行，加热室应能使空气循环并保持在下表规定的最大值的－5 ℃以内。此试验在未经其他试验的 10 个阀上进行。试样按正常使用要求连接到供水系统，并要注满水，但不要受到任何其他压力；试样在这些条件下保持 3 h。在此周期后，将水压在 5 s 之内升高到 2.5 MPa±0.05 MPa(25 bar±0.5 bar)，并将试样保持在这些条件下试验一段时间。试验时间按下表规定：

温度标志	使用材料类型*	最高空气温度/℃	试验时间/h
最高 30 ℃	聚醋酸纤维树脂	60	100
最高 30 ℃	稳态聚酰胺	60	400
最高 90 ℃	玻纤增强聚酰胺	95	600

* 可以使用其他等效的材料。

在此试验时间结束后，将试样在同样的水压下再保持在加热室中一段时间，这段时间为表中规定时间的一半。在整个试验期间，应没有水从试样的外壳泄漏出来，且在试样流出侧的泄漏应不超过每天(24 h)10 cm^3。在达到规定的水压之后的第一分钟内如有一个试样失效，可以忽略不计。在增加的试验时间内，失效试样超过三个则判为不合格。

某些国家不进行此试验。

附 录 DD
（规范性附录）
扭 矩

DD.1 带有 ISO 7-1:1994 内螺纹端接头的阀的扭矩试验

DD.1.1 概述

DD.1.1.1 作为试验用的钢管应符合 ISO 65 的“中间系列”，且其材料应相当于 ISO 630 的标号“Fe360-B”。

DD.1.1.2 钢管的长度至少应为 300 mm 或 $4D$（D＝管的标称外径），二者中，取较长者，再加上在 ISO 7-1:1994表 2 第 16 栏所列出的，与相应的 D 配用的最大长度量规的有效螺纹长度。

DD.1.1.3 试验管的带螺纹的管端头应带有 ISO 7-1:1994 的锥度外螺纹。

DD.1.1.4 试验期间，为了防漏，必要时，在接头处只准使用不会硬化的热固性密封胶。

DD.1.2 扭矩试验

图 DD.1 扭矩试验装置

DD.1.2.1 直线贯通且尺寸相同的入口与出口的扭矩试验（见图 DD.1a)）

a) 用手将管 1 旋入阀的出口，以使连接处防漏，必要时可使用扳手。

b) 在距离阀的 $2D$ 处将管 1 夹紧。

c) 用手将管 2 旋入阀的入口，以使连接处防漏，必要时可使用扳手。

d) 检查此装配是否防漏。

e) 支撑着管 2，使阀不会受到弯曲应力。

f) 逐渐平滑地施加适合于标称规格所要求的力矩，不得有不恰当的耽搁，最后 10% 的力矩在不超过 1 min 内加上。保持表 DD.1 所列出的规定力矩 10 s，并保证不要超过此力矩。

g) 在卸去力矩后，按 18.101.2 的规定，检查此装配件的静水压强度。

表 DDl.2.1

规格/in	DN	ISO 7-1[a]	ISO 228-1:1994 螺纹，ISO 公制螺纹，NPT 和 SAE 螺纹压合接头的力矩/Nm[a)]
1/8	6	15	10
1/4	8	20	15
3/8	10	35	30
1/2	15	50	45
3/4	20	85	65
1	25	125	85

表 DDl.2.1(续)

规格/in	DN	ISO 7-1[a]	ISO 228-1:1994 螺纹,ISO 公制螺纹,NPT 和 SAE 螺纹压合接头的力矩/Nm[a)]
1¼	32	160	100
1½	40	200	110
2	50	250	135

[a] 某些国家采用其他数值。

DD.1.2.2 直线贯通但尺寸不同的入口与出口的扭矩试验。

扭矩试验按 DD.1.2.1 的规定进行,但入口和出口的螺纹,应分别地彼此独立地用与受试的入口或出口的标称规格相应的扭矩进行试验。

DD.1.2.3 相互间有一个角度(不在同一个轴线上)、尺寸相等或不等的二个或二个以上入口和出口的扭矩试验。

扭矩试验按 DD.1.2.2 的规定进行,但要牢牢地夹紧阀体的反向端,而不是夹紧管子(见图 DD.1b))。

DD.2 带有按 ISO 228-1 的内螺纹端接头的阀的扭矩试验

a) 带有与受试入口或出口标称尺寸相应的 ISO 1179 阳螺纹和基本尺寸,并装有纤维密封垫圈的管接头,在试验时应插入阀的入口处并用手旋紧。

b) 用夹具将管接头固定住,用扳手卡面或突起部位向阀体的反向端平稳地施加表 DD.1.2.1 规定的相应扭矩。扭矩要逐渐平稳施加,最后 10%的扭矩在不超过 1 min 的期间内施加完毕,到达规定的力矩值时应保持 10 s,并保证不要超过此扭矩值。

c) 然后重复此试验。复试时,要将相应的管接头插入其他的入口或出口,并将力矩加在阀体反向端。

d) 卸去应力后,阀要按 18.103.1 的规定,检查静水压强度。

DD.3 带有压合接头为 ISO 公制内螺纹的端接头的阀的扭矩试验

DD.3.1 橄榄形压合接头

a) 对于橄榄形压合接头,钢管及管螺帽(见附录 CC)与具有推荐尺寸的新的黄铜橄榄形接头一起使用,并将钢管和管螺帽插入阀的入口和出口,用手力旋紧。

b) 用夹具将管螺帽固定住,按 DD.2 之 b)、c)及 d)的规定进行扭矩试验。

注:橄榄形接头的底座表面或连接表面的变形,如与施加的扭矩一致,则可忽略不计。

DD.3.2 扩口式压合接头

扩口式压合接头,要用一小段带有一个扩口端的钢管,并按 DD.3.1 之 a)及 b)的程序进行扭矩试验。

注:锥形接头的底座表面或连接表面的变形,如与施加的扭矩一致,则可忽略不计。

DD.4 带有按 ISO 7-1 外螺纹端接头的阀的扭矩试验

扭矩试验应按 DD.1 规定的进行,不同的是所提供的按 ISO 7-1 的锥度外螺纹需根据 DD.1.1.3 的要求,通过一个钢套节连接到阀上。此套节按 ISO 4144,具有平行的螺纹和适合的尺寸。

DD.5 带有 ISO 228-1 外螺纹端接头或 ISO 公制螺纹压合接头的阀的力矩试验

a) 对于 ISO 228-1 外螺纹的,按 DD.2 进行扭矩试验。不同的是采用一个带有阴螺纹和按 ISO 1179基本尺寸的管接头,而不是阳螺纹接头。

b) 对于外螺纹压合接头，扭矩试验按 DD.3 进行，不同的是采用一个连管螺母用于橄榄形压合接头，而不是管螺母(见 DD.3.1)。

DD.6 带转换接头的阀的扭矩试验

带有 ISO 7-1 螺纹的转换接头，螺钉或螺栓要用下表列出的力矩旋紧的阀，并按 DD.1 进行力矩试验。

表 DD.6 转换接头用螺钉或螺栓旋紧力矩

尺寸/mm	螺钉的力矩/Nm[a]	螺栓的力矩/Nm[a]
2.5	0.4	0.4
3	0.5	0.5
3.5	0.8	0.8
4	1.2	1.2
5	2	2
6	2.5	3
8	3.5	6
10	4	10
12	—	15
16	—	30

a) 某些国家采用其他数值。

DD.7 带有内螺纹或外螺纹端接头的阀，而螺纹为 NPT 螺纹的扭矩试验

DD.7.1 用一个具有阀体最大连接尺寸的试样进行以下试验：

DD.7.2 试验时用一段新的，清洁的并攻了螺纹的编号 40 的钢管或管配件。在螺纹接头处涂上不会硬化的热固性密封胶，然后按表 DD.1.2.1 规定的力矩，通过夹紧入口处的扳手卡面逐步平滑地旋入试验阀的入口处。阀处在闭合的位置，施加力矩 15 min，然后卸去。

DD.7.3 用出口处的扳手卡面(如有)对阀的出口处重复 DD.7.2 程序。

DD.7.4 卸去扭矩后，按 18.101.2 的规定，检查装配件的静水压强度。

DD.8 带有内螺纹或外螺纹端接头的阀，而螺纹为 SAE 螺纹的扭矩试验

DD.8.1 用一个具有阀体最大连接头尺寸的一个样品，进行以下试验：

DD.8.2 试验时用一段新而清洁的适合规格的端部扩口钢管和与阀相匹配的配件。通过夹紧入口处的扳手卡面(如有)或阀上任何适当的卡面，按表 DD.1.2.1 规定的扭矩，逐步平稳地将配件旋入进行关闭的试验的阀的入口处。

施力时，阀处在闭合位置，力矩要施加 15 min，然后卸去。

DD.8.3 用出口处的扳手卡面(如有)对阀的出口处重复 DD.8.2 程序。

DD.8.4 卸去力矩后，按 18.101.2 的规定，检查装配件的静水压强度。

附　录　EE
（规范性附录）
测试由声明压力不超过1.0 MPa（10 bar）的水阀引起的瞬时压力的试验装置

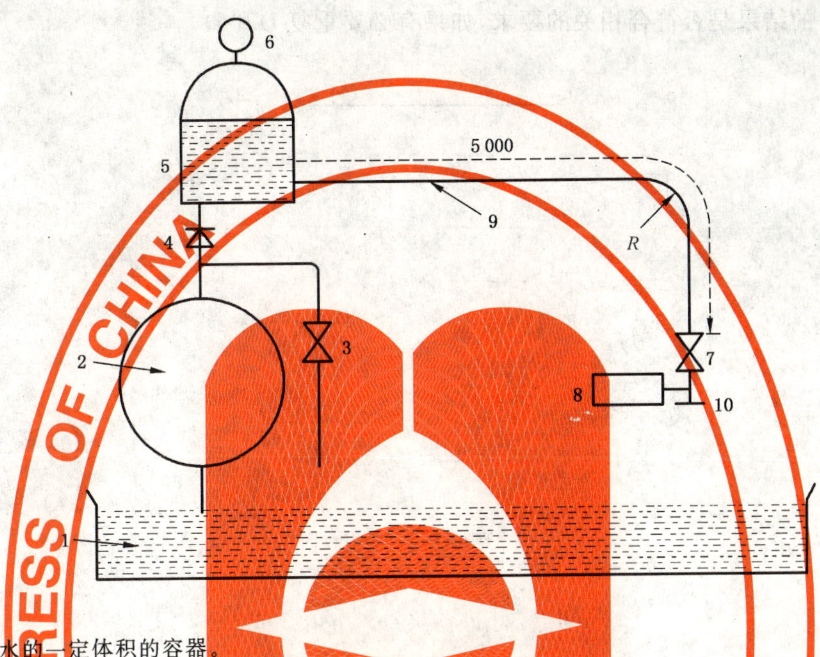

1——充满水的一定体积的容器。
2——泵，当动压力为1 MPa（10 bar）时，其泵送量至少为100 L/min。
3——旁通阀（如果泵由可调电源装置控制的，则此阀不需要，11项）。
4——止回阀。
5——补偿水箱，其容量至少为100 L，注水至其2/3容积。
6——压力表。
7——球阀或瓣阀，其标称直径为19 mm（3/4 in）。
8——压力传感器，其压力范围在大气压力与1.6 MPa（16 bar）之间，且自然频超过200 Hz。
9——带衬里的钢管或铜管，其壁厚为1.0 mm至1.5 mm，长度约为5 m±0.1 m，应选择内径不小于试样水阀的标称内径。在此条件下，验证当样品阀处全开启位置，动态水压为0.6 MPa（6 bar）时，水流速度为不超过2 m/s的任一一个方便的值。水流的速度使用流量计从流速测量的开始进行计算。管子的弯曲半径 R 不小于300 mm。
10——连接试样水阀的滑阀、瓣阀和球形旋塞的标称直径均应和试样水阀一致。

附录EE试验装置的测量程序：

a) 在动态压力为0.6 MPa（6 bar）下测量水流速度后，确认水流的流速；如果流速等于或小于2 m/s，则使用和18.101.3.1至18.101.3.3试验相同的管子。如果流速大于2 m/s，则从附录BB第9项的列表中选取相应的管子，以保证流速不大于2 m/s。
b) 将阀的起动器连接到一个有足够容量的电源上。
c) 启动泵（2）到最后在阀处于全开位置的情况下使用旁通阀（3）调节压力至0.1 MPa（1 bar）。
d) 将试样水阀内的空气彻底排尽开闭阀若干次。如果是多腔式阀，在测量开始前必须对所有的阀进行除气。
e) 通过压力表（6）检查容器（5）的压力，如果有需要则通过旁通阀（3）进行调整。
f) 应连接记录仪或绘图仪至压力传感器（8）的输出端。记录仪应在开始点就被触发，且18.101.3.1低压下的测试亦可以开始。

g) 检查测得的结果是否符合相关的要求。

h) 在阀(10)处于打开位置时用旁通阀(3)调节静压力至0.6 MPa(6 bar)。重复d)至g)来验证18.101.3.2的要求。

i) 在阀(10)处于关闭位置在0.6 MPa(6 bar)时验证静压力。如果有必要,重复排气。记录仪应被再次触发;在此时,18.101.3.3的瞬时压力试验可以开始进行。

j) 检查测得的结果是否符合相关的要求,如果有必要重复i)和j)。

ICS 29.130
K 09

中华人民共和国国家标准

GB 14536.10—2008/IEC 60730-2-9:2004(Ed 2.2)
代替 GB 14536.10—1996

家用和类似用途电自动控制器 温度敏感控制器的特殊要求

Automatic electrical controls for household and similar use—Particular requirements for temperature sensing controls

(IEC 60730-2-9:2004(Ed2.2),IDT)

2008-09-19 发布　　　　2009-06-01 实施

中华人民共和国国家质量监督检验检疫总局
中国国家标准化管理委员会　发布

前　言

本部分的全部技术内容为强制性。

GB 14536《家用和类似用途电自动控制器》分为以下两个部分：

第1部分：

GB 14536.1　通用要求

第2部分：

GB 14536.3　电动机热保护器的特殊要求

GB 14536.4　管型荧光灯镇流器热保护器的特殊要求

GB 14536.5　密封和半密封电动机压缩机用电动机-热保护器的特殊要求

GB 14536.6　燃烧器电自动控制系统的特殊要求

GB 14536.7　压力敏感电自动控制器的特殊要求

GB 14536.8　定时器和定时开关的特殊要求

GB 14536.9　电动水阀的特殊要求(包括机械要求)

GB 14536.10　温度敏感控制器的特殊要求

GB 14536.11　电动机用起动继电器的特殊要求

GB 14536.12　能量调节器的特殊要求

GB 14536.13　电动门锁的特殊要求

GB 14536.14　家用洗衣机电脑程序控制器的特殊要求

GB 14536.15　湿度敏感控制器的特殊要求

GB 14536.16　电起动器的特殊要求

GB 14536.17　锅炉器具中使用的浮子型或电极敏感型水位敏感电自动控制器的特殊要求

GB 14536.18　家用和类似使用浮子型水位控制器的特殊要求

GB 14536.19　电动气阀的特殊要求，包括机械要求

……

本部分等同采用国际电工委员会 IEC 60730-2-9:2004(第2.2版)《家用和类似用途电自动控制器　第2-9部分：温度敏感控制器的特殊要求》。

为了便于使用，本部分做了下列编辑性修改：

a)　“本2-9部分”一词改为“本部分”；

b)　用小数点“.”代替作为小数点的逗号“,”；

c)　增加了国家标准的前言。

本部分代替 GB 14536.10—1996《家用和类似用途电自动控制器　温度敏感控制器的特殊要求》(idt IEC 60730-2-9:1992)。

本部分与 GB 14536.10—1996 相比主要变化如下：

a)　增加了附录J、附录DD；

b)　在第17章中，中国用过压试验代替过载试验；

c)　在第23章、第26章、附录H发生较大变化；

d)　“在某些国家”改为具体国家名称。

本部分应与 GB 14536.1—2008(等同采用 IEC 60730-1:2003)配合使用，如果由于版本的差异可能会导致本部分使用出现问题时，应参照相应版本的 IEC 原文标准。

本部分的附录C、附录H、附录J、附录DD为规范性附录;附录D、附录AA、附录BB、附录CC为资料性附录。

本部分由中国电器工业协会提出。

本部分由全国家用自动控制器标准化技术委员会(SAC/TC 212)归口。

本部分起草单位:中国电器科学研究院、佛山通宝股份有限公司。

本部分参加起草单位:思瑞克斯(广州)电器有限公司、佛山市顺德区三春电器实业有限公司、广州日用电器检测所、江苏宝应电器厂、浙江中雁温控器有限公司、广东科龙电器股份有限公司、艾默生电气(深圳)有限公司、珠海格力电器股份有限公司、佛山市九龙机器(温控器)厂、中国赛宝(总部)实验室、宁波出入境检验检疫局电气安全检测中心、上海出入境检验检疫局。

本部分起草人:黄开云、麦丰收、左祥贵、邵志成、孔睿迅、杨风雷、陈永龙、黄晓峰、李勤伟、张辉、朱洲阳、许少辉、孙光炯、甘红胜。

本部分所代替标准的历次版本发布情况为:

——GB 14536.10—1996。

IEC 前言

1） 国际电工委员会(IEC)是由所有国家电工委员会(IEC 国家委员会)组成的世界性标准化组织。IEC 的宗旨是促进各国在电工和电子领域标准化所有问题上的国际合作。为此目的，IEC 除了开展其他活动之外，还出版国际标准、技术规范、技术报告和导则(以下简称为“IEC 出版物”)。这些出版物的制定工作是委托技术委员会来完成的。任何 IEC 国家委员会，只要对此技术感兴趣，均可参加其制定工作。与 IEC 有联系的国际性的、政府的和非政府的组织亦可参加此项工作。IEC 和国际标准化组织(ISO)遵照双方协议规定的条件，密切合作。

2） IEC 有关技术问题的正式决议或协议由所有对此问题特别关注的 IEC 国家委员会参加的技术委员会所制定，并尽可能地表达了对所涉及的问题在国际上的一致意见。

3） IEC 出版物以推荐形式供国际上使用，并在此意义上为各国家委员会所承认，应尽一切努力确保 IEC 标准的技术内容是正确的，IEC 对被终端使用者使用的任何错误翻译不负责任。

4） 为了促进国际上的统一，IEC 各国家委员会应明确地、最大限度地将 IEC 国际标准转化为国家或地区的标准。IEC 标准和相应的国家或地区性标准之间如有任何差异，应在国家标准或地区性标准中清楚地注明。

5） IEC 没有制定任何认可的标志程序。如有某设备声明其符合 IEC 的某一项标准时，IEC 对此不负任何责任。

6） 所有使用者应确保他们有本出版物的最新版本。

7） IEC 或它的管理者、雇员、雇工或代理人包括专家、技术委员会成员和 IEC 国家委员会对使用 IEC 出版物造成的任何个人伤害、财产损失或自然灾害引起的直接或间接的任何损失以及费用(包括法定费用)和超出 IEC 出版物的费用不负责任。

8） 注意本出版物提到的引用标准。出版物中的引用标准对于本标准的正确应用是不可缺少的。

9） 国际出版物的某些标准将涉及到专利权，IEC 对这些专利权问题概不负责。

国际标准 IEC60730-2-9 由 IEC/TC 72:家用自动控制器技术委员会制定。

IEC 60730-2-9 以第二版(2000)[文件 72/431/FDIS 和 72/449/RVD]、修订件 1(2002)[文件 72/544/FDIS 和 72/551/RVD]和修订件 2(2004)[文件 72/643/FDIS 和 72/655/RVD]为基础。

版本号为 2.2。

边界上的垂线表明基础版已被修订件 1 和修订件 2 修改。

本部分与 IEC 60730-1 配套使用。以第三版(1999)出版物为基础。考虑给出 IEC 60730-1 的更新版本或修订件。

本部分补充或修改了 IEC 60730-1 相应章，使之转化为 IEC 标准：温度敏感控制器的安全要求。

在本部分中，凡注明“增加”、“修改”或“替代”之处，GB14536.1 的相应的要求、试验规范或注释应作相应的修改。

凡不需修改之处，在本部分相应的章或条注明适用。

在制定一个完整的国际标准过程中，必须考虑到世界各地的实际情况所形成的不同要求，并且应承认各国家电气系统和布线规则的差异。

注：不同国家的差异，以注“在某些国家”的形式给出，这些差异见下列条款中：

——4.1.101；

——表 7.2，注 102；

——11.4.3.101；

——11.4.101；

——11.101；

——12.101.3；

——13.2；

——17.8.4.101；

——17.15.1.3；

——17.15.1.3.1；

——17.16.102；

——17.16.105；

——18.102.3；

——23.101；

——附录 C；

——附录 D；

——附录 AA；

——CC.2；

——DD.9.2。

注：

在本出版物中：

1 使用下列字体：

——要求正文：罗马字体；

——试验技术规范：斜字体；

——注释事项：小罗马字体。

2 在 GB 14536.1 的基础上增加的条、注或图表从 101 起编号，增加的附录为 AA、附录 BB 等。

委员会已决定本基础出版物和它的修订件的目次在 IEC 网站 http://webstore.iec.ch 公布之前保持不变。在此期间，出版物将被：

- 再确认；
- 取消；
- 被修订版本代替，或
- 修订。

家用和类似用途电自动控制器 温度敏感控制器的特殊要求

1 范围和规范性引用文件

GB 14536.1—2008 的该章,除下述内容外均适用。

1.1 代替:

本部分适用于家用和类似用途的电器设备中使用的电自动温度敏感控制器,或与其连用的电自动温度敏感控制器,这些控制器是用在加热、空调及其类似用途的电自动控制器,其所控制的电器设备可以是使用电、燃气、油、固体燃料、太阳能或它们的组合能源。

本部分适用于使用 NTC 或 PTC 热敏电阻的电自动控制器,其附加要求见附录 J。

1.1.1 本部分适用于温度敏感控制器固有的安全及与设备安全有关的操作值、操作时间和操作程序,也适用于家用和类似用途的电器中或与这些电器连在一起使用的电自动控制器的试验。

注:这些控制器的例子包括有锅炉控温器、风扇控制器、限温器及热切断器。

本部分不适用于专门为工业用途而设计的电自动控制器。

本部分适用于作为控制系统的一部分的单元控制器,也适用于与带有无电量输出的多功能控制器组合为一体的控制器组中的单元控制器。

本部分适用于那些非一般家用电器设计但公众仍然可以使用的设备中的电自动控制器。这些设备包括商业、轻工业及农业领域中的非专业人士使用的设备。

1.1.2 本部分还适用于带有非电量输出的热敏控制器的安全要求,如制冷流量或燃气控制器。

1.1.3 本部分适用于 GB 4706 范围内的电器中用的控制器。

注:整个本部分中的"设备"一词包括"器具"与"控制系统"。

1.1.4 本部分也适用于与自动控制器电气或机械地组成一体的人工控制器。

注:未形成自动控制器一部分的人工开关的要求,见 GB 15092.1。

1.1.5 本部分适用于符合于本部分中术语的一次性操作装置。

1.2 代替:

本部分适用于额定电压不超 690 V,额定电流不超过 63 A 的控制器。

1.3 代替:

本部分未考虑与控制器在设备中的安装方法有关的控制器自动动作的响应值。如果响应值的重要目的是保护使用者或周围环境,则该响应值应采用在相应的家用电器设备标准中确定的响应值,或由制造商规定适用的响应值。

1.4 代替:

本部分还适用于装有电子器件的控制器,其要求见附录 H。

1.5 引用标准

GB 14536.1—2008 的该条款,除以下内容外均适用。

增加:

GB 4706(所有部分) 家用和类似用途电器的安全(对应于 IEC 60335)

GB 9816—1998 热熔断体的要求和应用导则(IEC 60691:1993, IDT)

2 定义

GB 14536.1—2008 的该章,除下述内容外均适用。

2.2 按用途分类的控制器的定义

2.2.9 代替:

2.2.9

一次性操作装置 single operation device;SOD

带有预定仅一次性操作的温度敏感元件的控制器,操作后需要完全更换。

2.2.9.1

双金属一次性操作装置 bi-metallic single operation device

带有双金属温度敏感元件的一次性操作装置。

注 1:双金属一次性操作装置在所声明的温度以上不能复位,参见 11.4.103。

注 2:热熔断器(热熔断器也是不复位的)的要求,参见 GB 9816。

2.2.9.2

非双金属一次性操作装置 non-bi-metallic operation device

控制器的一部分,具有仅能操作一次的非双金属元件,且其动作不能和控制器的其他功能分离,动作后需要部分或彻底的更换。

注:当部件可以单独测试时,该部件被认为是 GB 9816 范围内的热熔断器。

2.2.9.2.1

额定动作温度 rated functioning temperature

T_f

在制造商声明的规定条件下测得的、当非双金属一次性操作装置导致控制器的导电状态发生变化时,其敏感元件的温度。

2.2.9.2.2

保持温度 holding temperature

T_c

在制造商声明的规定条件下,在规定的一段时间内,非双金属一次性操作装置不会导致控制器导电状态发生改变时,其敏感元件上的最高温度。

2.2.9.2.3

极限温度 maximum temperature limit

T_m

制造商声明的非金属一次性操作装置的敏感元件的温度。到此温度时,导电状态发生改变的控制器的机械和电气特性在规定的时间内不会削弱。

2.2.19

操作控制器 operating control

在定义中增加以下注释性语句:

一般情况下,控温器是一种操作控制器。

2.2.20

保护控制器 protective control

在定义中增加以下注释性语句:

一般情况下,热断路器是一种保护控制器。

增加条款:

2.2.101

房间控温器 room thermostat

独立安装式的或装入式的,用于控制居住空间温度的控温器。

2.2.102

风扇控制器　fan control

是指用于控制风扇或鼓风机工作的温度敏感自动控制器。

2.2.103

锅炉控温器　boiler thermostat

是指用于控制锅炉或液体温度的控温器。

2.2.104

调制控温器　modulating thermostat

通过连续的控制负载的输入从而将温度控制在上下限之间的控温器。

2.2.105

电压保持热断路器　voltage maintained thermal cut-out

能由引起切断动作的电压来保持其断开状态的热断路器。

2.2.106

农用控温器　agricultural thermostat

是指用于农业暖房的控制器。

2.3　与控制器的功能相关的定义

2.3.14　增加定义：

2.3.14.101

时间常数　time factor

是指温度敏感控制器对起动量变化的瞬间响应值。

2.5　与不同结构的控制器相关的定义

2.5.101

推-转起动　push-and-turn actuation

通过先推动然后旋转控制器的起动元件以达到起动的两步起动。

2.5.102

拉-转起动　pull-and-turn actuation

通过先拉动然后旋转控制器的起动元件以达到起动的两步起动。

3　一般要求

GB 14536.1—2008 的该章均适用。

4　试验的一般说明

4.1　试验条件

GB 14536.1—2008 的该章，除下述内容外均适用。

4.1.7　不适用。

增加条款：

4.1.101　从本部分试验目的出发，除非另有规定，在非正常操作期间环境温度的偏移超过 T_{max}、引起人工复位热切断器或双金属一次性操作装置动作的驱动温度是可忽略的。

注：在加拿大和美国，上述要求仅适用于双金属一次性操作装置。

4.1.102　对于动作温度超过 T_{max} 的人工复位的热切断器和双金属一次性操作装置，如果需要可以升高敏感元件的温度，以达到测试中所需要的循环数。

4.2　试样要求

4.2.1　增加下述内容：

对于双金属一次性操作装置,需要 6 个试样进行第 15 章的试验。

注:第 17 章的试验需要增加试样。

5 额定值

GB 14536.1—2008 的该章均适用。

6 分类

GB 14536.1—2008 的该章,除以下内容外均适用。

6.4 按自动动作特性分类

6.4.3 增加条款:

6.4.3.101 敏感元件或将敏感元件连接到分断装置上的部件发生泄漏时,操作值无任何增加的敏感动作(2.N 型动作)。

6.4.3.102 按 17.101 规定进行按声明的热循环试验后执行的动作(2.P 型动作)。

一般,只有用于特殊用途的热切断器,例如:加压的水加热系统,可以分类为 2.P 型动作。

6.4.3.103 仅在推-转起动或拉-转起动后触发的动作,其仅依靠转动使起动元件回到复位或断开位置(1.X 或 2.X 型动作)。

6.4.3.104 仅在推-转起动或拉-转起动后触发的动作(1.Z 或 2.Z 型动作)。

6.4.3.105 在电气负载条件下不能复位的动作(1.AK 或 2.AK 型动作)。

6.4.3.106 在指定的农业环境暴露后操作的动作(1.AM 或 2.AM 型动作)。

6.7 按分断装置的极限环境温度分类

增加条款:

6.7.101 用于烹饪器具的控制器

6.7.102 用于自清洁型烤箱的控制器

6.7.103 用于食品加工的器具的控制器

6.8.3 修改:

用下列内容代替第一段:

对于带线控制器、立式控制器、独立安装式控制器或整合了使用非电能源的装置的控制器。

6.15 按结构分类

增加条款:

6.15.101 部件含有液态金属的控制器。

7 资料

GB 14536.1—2008 的该章,除下述内容外均适用:

7.2 提供资料的方式

表 7.2

增加:

资 料	章、条	方 法
101 敏感元件的最高温度(不同于第 105 项的要求)[101]	18.102	X
102 时间常数	2.3.14.101,11.101	X
103 SOD 复位温度(−35 ℃或 0 ℃)	2.2.9,11.4.103	X
104 在 0 ℃复位的双金属一次性操作装置的周期数	17.15.3.1	X

表 7.2(续)

资 料	章、条	方 法
105 进行 17.16.107 试验的敏感元件的最高温度(T_e)	6.7.102,17.16.107	D
106 部件中含有液态金属的控制器[102)]	6.15.101,11.1.101,18.102	D
107 抗拉屈服强度	11.1.101	X
108 进行 23.101 试验的最小电流[103)]	23.101	D
109 T_{max1} 是控制器能够持续保持已动作状态、以使控制器不超过表 14.1 中允许温度的最高环境温度[105)]	14.4.3.1	D
110 时间周期 t_1 是指当控制器动作后环境温度可以高于 T_{max1} 的最长时间[105)]	14.4.3.1	D
111 高于其值时人工复位或是电压保持型热切断器不应产生自动复位的温度限值(不高于−20 ℃)	2.2.105,11.4.106,17.16.104.1,17.16.108	X
112 对于 2.P 型控制器的测试方法	17.101	X
113 进行 CISPR 14-1 试验时的喀呖声率 N 或是每分钟的通断动作次数	23	X
114 额定动作温度(T_f)	2.2.9.2.1,17.15.2	C
115 保持温度(T_c)	2.2.9.2.2,17.15.2	D
116 最高极限温度(T_m)	2.2.9.2.3,17.15.2	D
117 农用控温器	2.2.106,6.4.3.106,11.4.107,11.6.3.101,附录 DD	

注:

增加脚注:

101) 本声明仅适用于含有液态金属的温度敏感控制器。对于用于自清洁的烤箱中的温度敏感控制器,所声明的温度是指进行烹饪操作时的温度。

102) 在中国,不允许在烹饪和食物处理机中使用液态金属。

在德国,使用液态金属的控制器必须在控制器上标上特殊的标志。文档(D)中必须清楚地指明可能产生的实际危险。下述标志用于标识此类控制器:⚠。

103) 当未指定最小值,测试值选用 15 mA。

105) 设备制造商应考虑提供使已动作的电压保持型热切断器能够复位的断开电源最短时间的相关信息。

8 防触电保护

GB 14536.1—2008 的该章,除下述内容外均适用。

8.2 起动元件和起动装置

8.2.3 注:以“对于接在固定线路上的控制器,……”和“与带电部件分开的部件……”开始的段落在考虑中。

9 接地保护措施

GB 14536.1—2008 的该章,除下述内容外均适用。

9.1 一般要求

9.1.2 注:注的第二、三段在考虑中。

9.3 正确接地

9.3.1 注:以“继续试验……”开始的句子在考虑中。

10 端子和端头

GB 14536.1—2008 的该章均适用。

11 结构要求

GB 14536.1—2008 的该章除下述内容外均适用。

11.1 材料

增加条款：

11.1.101 含液体金属的部件

按表 7.2 第 106 项要求所声明的控制器，其含汞(Hg)和含钠(Na)、钾(K)或同时含钠(Na)、钾(K)两者的部件必须由满足下述要求的金属构成：在温度为敏感元件的最高温度(T_e)的 1.2 倍时的环境下，该部件应具有四倍于其所受切向应力或其他应力的抗拉屈服强度。

通过对制造商声明的检查和用 18.102 的试验检查其是否符合要求。

11.3 起动和操作

11.3.9 拉线起动控制器

增加：

注：第 2 段注不适用于 1.X 型，2.X 型，1.Z 型和 2.Z 型的控制器。

11.4 动作

11.4.3 2 型动作

增加条款：

11.4.3.101 不应将电容器并联在热切断器的触头上。

注：在加拿大和美国，电容器不能并联到 2 型动作的控制器的触头上。

11.4.3.102 不允许采用通过软钎焊来使热切断器复位的结构。

11.4.13 代替：

11.4.13 2.K 型动作

增加条款：

11.4.13.101 2.K 型动作的设计，应保证在敏感元件或敏感元件和分断装置之间的任何部件出现破损的情况下，规定的断开或切断要在超过声明的操作值与漂移值之和之前完成。

通过破坏敏感元件检查是否符合要求。可通过预先部分地切开或锉穿一个洞来达到破损的目的。

使温度敏感控制器元件加热到动作温度的 10 K 范围之内，然后温度以不超过 1 K/min 的速率增加。在超过规定的动作值和漂移值的总和之前，触头应断开。

11.4.13.102 如果符合下面的 a)、b)或 c)的要求，亦可实现 2.K 型动作。

a) 二个敏感元件相互独立工作，起动一个分断装置。

b) 双金属敏感元件：

  1) 如带有外露的元件，则在双金属元件两端都至少要有双点焊。或者：

  2) 元件的放置或安装要保证双金属在安装或使用过程中不会造成物理损坏。

c) 如果感温包和毛细管中所充入液体的损失，而引起控制器的触头保持闭合，或者泄漏引起动作温度向上漂移超过规定的最大温度，温度敏感控制器是通过改变感温包和毛细管所装入液体的压力而起动的，则感温包和毛细管应进行下列试验，用图 11.4.13.102 说明中的冲击工具从 0.60 m 的高度坠下一次，使工具的锥形末端垂直打在感温包上或毛细管上时，感温包和毛细管不应损坏到使所装的填充物泄漏。在进行试验时，感温包或毛细管应放在水泥地面上。

注：如果毛细管带有独立的罩或套，在上述的试验中使其保持正常状态。

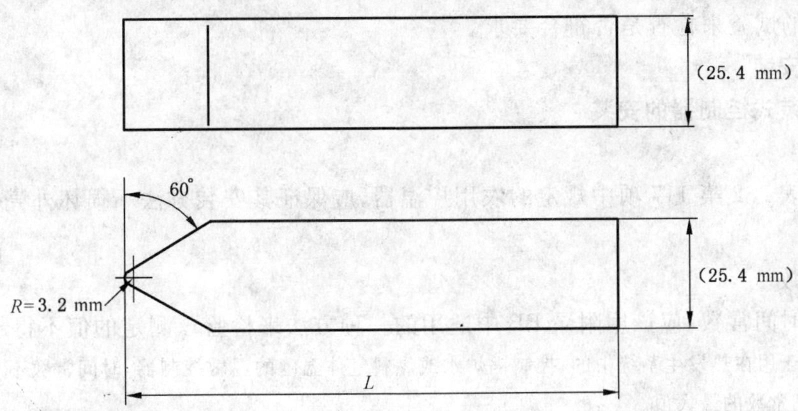

材料:CRS(冷轧钢),锐边倒圆

L——该尺寸的确定使其质量达到0.454 kg。

图 11.4.13.102 冲击工具

增加条款:

11.4.101 2.N型动作

2.N型动作应设计成在敏感元件出现泄漏时,或者当敏感元件和分断装置之间的任何部件泄漏时,规定的断开或切断要在达到声明操作值和漂移值的总和之前完成。

通过以下试验检查是否符合要求:

2.N型控制器的操作值按照在GB 14536.1—2008的第15章规定的条件下测量。如果控制器有设定机构,则将其设定到最高值。

测量后,在敏感元件上人工穿一个孔,然后重复测量2.N型控制器的操作值。

漂移的绝对值不应超过其规定值。

注:本试验可以用动作的物理模型的理论计算来代替。

为了和第18章的要求相一致,可使用独立的罩或套来保护感温包和毛细管。

在加拿大和美国,按11.4.13.102的c)项来检查2.N型动作。

11.4.102 2.P型动作

2.P型动作的设计,应保证在热循环试验后,仍能以预定的方式工作。

用17.101的试验检查其是否符合要求。

11.4.103 双金属一次性操作装置

双金属一次性操作装置的设计,应保证在表7.2第103项中规定的复位值以上不复位。

用17.15的试验检查其是否符合要求。

11.4.104 1.X或2.X型动作

1.X或2.X型动作的设计,应保证旋转的动作仅在推的动作或拉的动作完成后进行。只有旋转动作才能使控制器的起动元件回复到OFF或停止的位置。

用18.101的试验检查是否符合要求。

11.4.105 1.Z或2.Z型动作

1.Z或2.Z型动作的设计,应保证旋转的动作仅在推的动作或拉的动作完成后进行。

用18.101的试验来检查是否符合要求。

11.4.106 电压保持热切断器

电压保持型热切断器应保证在表7.2第111项中规定的复位值以上不复位。

11.4.107 1.AM或2.AM型动作

1.AM或2.AM型动作的设计,应保证控制器经过暴露在声明的农业环境下后,控制器仍能按预定的方式工作。

用附录DD的试验来检查是否符合要求。

11.6 控制器的安装

11.6.3 独立安装式控制器的安装

增加条款：

11.6.3.101 为表7.2第117项中规定的农用控温器，应保证其安装方法不损坏外壳保护的完整性。

增加条款：

11.101 时间常数

如果规定了时间常数，应该用附录BB中适用的一种方法来检验。测定的值不得超过额定值。

注：在德国，对于用在热发生系统中的、控制锅炉水或燃料气体温度的温敏控制器，时间常数不应超过附录BB.1所规定的时间常数的最大值。

12 防潮及防尘

GB 14536.1—2008的该章，除下述内容外均适用。

增加条款：

12.101 制冷控制器

对于敏感元件和分断装置都安装在制冷和类似设备的蒸发器中的控制器，在设备产生超温、结冰和融化条件下，控制器应保持绝缘的完整性。

12.101.1 通过下列试验检查是否符合要求。

12.101.2 使用化合物封装的控制器要进行软化试验。将二个试样放在烘箱中，烘箱的温度为控制器声明的最高动作温度+15 K，加热16 h，加热时使封装表面处于最不利的位置。封装材料不得严重软化、变形、开裂或劣化。

12.101.3 将软化试验中使用的二个试样和一个未经测试的试样(共三个试样)放到温度为90 ℃±5 ℃的水中2 h。然后立即将其转放入盛有低于5 ℃水中的、小的、柔软的容器中，温度为−35 ℃下冷冻2 h。要求进行10次加热-冷冻周期试验。

注：在加拿大和美国，如果除霜控制器的触点机构的爬电距离和电气间隙满足冷控制器的要求，则只需进行一个加热和冷冻周期，否则要做10个周期。

12.101.4 在一个工作日内进行二个加热-冷冻周期试验，10个周期在连续5 d内完成，而在这中间的四个晚上将试样放在温度为室温的水中。

12.101.5 在最后一个周期的冷冻试验之后，将试样放在温度为室温的水中解冻，然后测量载流部件与接地部件以及载流部件与封装表面和/或绝缘材料表面之间的绝缘电阻；使用直流电流电压法测量。绝缘电阻须至少是50 000 Ω。

12.101.6 当试样仍是潮湿的时候，在载流部件与接地部件和封装表面和/或绝缘材料表面之间施加两倍的额定电压再加上1 000 V的电压1 min，施压时频率为额定频率。试验时不得有绝缘的闪络或击穿。

13 电气强度和绝缘电阻

GB 14536.1—2008的该章，除下述内容外均适用。

13.2 增加：

注：在加拿大和美国，用一个在50 V以上工作的、预定直接控制空间电加热设备的独立安装的房间控温器，在其相线和负载端子之间施加900 V的交流电压达1 min而没有击穿。试验期间可以将一片绝缘材料放在控温器触头之间。在支撑触头和端子组合件的绝缘材料表面上不得有穿过和横跨绝缘材料表面的电击穿。这个控制器应和进行本部分17.16.102.1试验的标记为"试样1"的控制器为同一个。

14 发热

GB 14536.1—2008 的该章,除下述内容外均适用。

14.4.3.1 注:1)第二段在考虑中。

2)表 14.1 注 m 在考虑中。

对于电压保持型热切断器,将温度敏感元件的温度升高,直到触头断开,则加热试验 14.4.3.1 完成。在此期间,在 t_1 时间段内,敏感元件的周围环境温度以均匀速度降至 $T_{max.1}$,然后完成 14.5.1 试验。

增加条款:

14.101 下列内容适用于按 6.7.101~6.7.103 分类的控制器

14.101.1 如果绝缘部件的温度超过表 14.1 的允许值,则为了符合表 14.1 脚注[1] 的要求,可在 14.102 和 14.102.1 的处理后才进行 17.16.101 的试验。

14.102 将未经试验的控制器试样,放进烘箱进行条件处理 1 000 h,烘箱的温度保持在 $1.02T_1+20K$ 到 $1.05\ T_1$ 之间,T_1 为第 14 章试验中绝缘部件上测得的最高温度。在试验期间,控制器不应通电。

14.102.1 如果高温只出现在局部范围,例如只集中在端子或端子附近,在进行 1 000 h 条件处理时,控制器温度应在正常条件的 T_{max} 和 $T_{max}+5\%$ 的温度之间进行处理,但触头要闭合且不发生通断循环。必要时,可将触头强制闭合,以产生最严酷的温度条件。与电源并联的双金属片加热器要施加 1.1 倍额定电压,串联的双金属片加热器则通 1.1 倍额定电流。

15 制造偏差和漂移

GB 14536.1—2008 的该章,除下列内容外均适用。

15.1 增加:

制造偏差和漂移值除了制造商另有规定以外,应符合附录 AA 的规定。

注:注释部分不适用。

15.4 增加:

作为另一种选择,声明的制造偏差值和漂移值,可以分别表示为声明操作值的公差值。

15.5.3 增加条款:

15.5.3.101 由用户设定的控制器应设定到最高动作温度,除非制造商另有规定。

15.5.3.102 对于使用双金属或类似敏感部件的控制器,或者预定暴露在所要控制的环境下的控制器,则该控制器应放在空气对流的烘箱中来确定操作值。

15.5.3.103 对于双金属和类似型式的控制器,应将 0.25 mm 的细线热电偶固定到与在空气对流的烘箱中邻近安装的,但没有电气连接的、相同的另一个控制器的敏感部件上来测定。

15.5.3.104 对于流体膨胀型控制器,使用合适的粘合剂,将最大 0.25 mm 的细线热电偶粘到敏感部分。

15.5.3.105 对于流体膨胀和收缩型的控制器,将整个的控制器或按预定使用的那样将感温包或由制造商规定的最小尺寸敏感元件部分,放在空气对流的烘箱中或液体槽中。

15.5.3.106 烘箱或恒温槽的温度可以迅速增加到所期望的动作温度 10 K 以下,或减少到所期望的动作温度 10 K 以上,并达到稳定状态,然后将温度变化的速率减小到最大 0.5 K/min 或减小到所声明的速率,取两者中最小速率。

15.5.3.107 控制器的操作应该用敏感电流不超过 0.05 A 的合适装置来测量。电路电压可以为任何方便值,只要能可靠地监测这一动作并给予指示。

15.5.3.108 应记录控制器的操作值

15.5.3.109 对于双金属一次性操作装置,触头动作以后,使每个双金属一次性操作装置在事先不经受任何潮湿处理的情况下,经受表 13.2 规定的电压来确定是否真正分断。

15.5.4 和 15.5.5 不适用。

15.5.6 增加:

作为另一种选择,制造偏差应符合附录 AA。

16 环境应力

GB 14536.1—2008 的该章,除下述内容外均适用。

增加:

注:该章不适用于一次性操作装置。

17 耐久性

GB 14536.1—2008 的该章,除下述内容外均适用:

17.8.4 增加条款:

17.8.4.101 独立安装式和带线式控制器的自动周期数和手动周期数应符合附录 CC 中 CC.1 的规定,除非制造商规定的周期数更高。

注:在加拿大和美国,周期数如 CC.2 指出的那样。

17.15 GB 14536.1—2008 该条款用下述内容代替:

17.15 一次性操作装置

17.15.1 双金属一次性操作装置

双金属一次性操作装置要经受下列试验:

17.15.1.1 在经过第 15 章相应的试验之后,相同的六个试样应根据表 7.2 第 103 项要求,在-35 ℃或 0 ℃下保持 7 h。在此期间装置不得复位,是否复位通过 15.5.3.109 的试验确定。

17.15.1.2 将六个未经试验的双金属一次性操作装置放置在如下二个温度中较低的一个温度下保持 720 h:

——声明操作值的 90%±1 K,

——或低于声明的操作值 7 K±1 K。

17.15.1.2.1 在此试验期间,双金属一次性操作装置不应动作。双金属一次性操作装置的是否动作应通过 15.5.3.107 中所述来确定。

17.15.1.2.2 进行了 17.15.1.2 试验的六个样品应重复第 15 章的相应测试,且所测得的动作温度的偏差应在规定的限值之内。

17.15.1.3 对于声明复位温度为-35 ℃的双金属一次性操作装置,未经测试的六个样品应在表 17.2-1 或表 17.2-2 所规定的适用的电气条件下进行一个周期的过压(在加拿大和美国则为过载)[1] 耐久性测试。

15.5.3.109 的测试应重复进行。

17.15.1.3.1 对于声明复位温度为 0 ℃的双金属一次性操作装置,一个样品应在表 17.2-1 或表 17.2-2 所规定的适用的电气条件下进行 50 个周期的过压(在加拿大和美国则为过载)耐久性测试。

此后此样品在额定电压和额定电流下按照表 7.2 第 104 项所声明的周期数进行耐久测试。

注:17.15.1.3.1 的目的是用来评估器件由于暴露在低于 0 ℃的环境下而导致的非预期的动作。为了取得所需要的循环,建议试验在试验箱内进行,该试验箱能够将环境温度降至声明的复位温度值以下、且能够将之升至正常操作值。

17.15.1.3.1 试验后,重复进行第 15 章的相应测试,且所测得的动作温度的偏差应在规定的限值之内。

---

1) 中国使用过压试验代替过载试验。

17.15.2 非双金属一次性操作装置

非双金属一次性操作装置的热敏感元件应经受 GB 9816—1998 中第 11 章的试验，需要注意的是采用一个适当的测试装置来对热敏感元件进行加热，且应防止控制器的其他部件暴露在超过其预定使用环境的温度而对其造成损伤。

17.16 专门用途的控制器的试验

增加条款：

17.16.101 **控温器**

——17.1～17.5 适用；

——17.6 适用于动作分类为 1.M 或 2.M 型的控制器，"X"的值为(5±1)K 或初始起动量的 5%，取两者中较大者；

——17.7 适用；

——17.8 适用；

——17.9 仅对慢接通慢断开的自动动作适用；

——17.9.3.1 不适用；

——17.10～17.13 仅适用于具有人工动作(包括提供了可由用户进行调整的起动元件)的控温器；

——17.14 适用；

——17.15 不适用。

注：在加拿大和美国，下述要求适用于房间控温器：

17.16.102 含有电阻性负载额定值、且工作电压在 50 V 以上、预定用于直接控制空间加热设备的独立安装式房间控温器应满足 17.16.102.1～17.16.102.3 的要求。

17.16.102.1 二个(标识为"试样 1"和"试样 2")预定用于直接控制电空间加热设备的房间控温器应按表 17.2-2中规定的电流值，以 6 周期/min 的速率进行 50 周期的通断过流试验。

17.16.102.2 试样 1(见 13.2)和试样 2 应在 110%的额定电压和 110%的额定电流下、以不超过 1 周期/min 的速率进行 6 000 周期的耐久性试验。其"接通"时间应为(50±20)%且其动作由热作用引起。二个控温器都不应有电气或机械故障，其中试样 1 的触头不应有过度的灼烧或蚀痕(见 17.3)。

17.16.102.3 标识为试样 2 的控温器应按照 17.4 中的规定经受 30 000 周期的附加试验，但是此试验在额定电压和额定电流下进行。如果由于触头的无法断开或接通而导致控温器不能工作，试验可以中断。应无着火的迹象和触电的危险。

17.16.103 **限温器**

——17.1～17.5 适用；

——17.6 适用于动作分类为 1.M 或 2.M 型的控制器，"X"的值为(5±1)K 或初始起动量的 5%，取两者中较大者；

——17.7 和 17.8 适用，例外情况是：在必要的情况下，复位操作在需要时可通过起动获得；

只要机械机构允许，此起动应按照 17.4 中对加速的规定进行，或者按表 7.2 第 37 项的制造商声明的进行。

——17.9 仅对带有慢接通慢断开自动动作的限温器适用，试验条件和上述 17.7 和 17.8 中人工动作所规定的相同；

——17.9.3.1 不适用；

——17.10～17.13 不适用于在 17.7～17.9 自动动作试验期间进行试验的正常的人工复位动作。如果限温器有其他在自动动作试验期间未进行试验的人工动作，则这些条款适用；

——17.14 适用；

——17.15 不适用。

17.16.104 **热切断器**

——17.1～17.5 适用；

——17.6 适用于动作分类为 1.M 或 2.M 型的控制器，"X"的值为(5±1)K 或初始起动量的 5%，取二者中较大者；

——17.7 和 17.8 适用，例外情况是：在必要的情况下，复位操作在需要时可通过起动获得；

只要机械机构允许，此起动应按照 17.4 中对加快速度的规定进行，或者按表 7.2 第 37 项的制造商声明的进行。

——17.9 仅对带有慢接通慢断开自动动作的热切断器适用，试验条件和上述 17.7～17.8 中人工动作所指定的相同；

——17.9.3.1 不适用；

——17.10～17.13 不适用于在 17.7～17.9 自动动作试验期间进行试验的正常的人工复位动作。

如果热切断器有其他在自动动作试验期间未进行试验的人工动作，则这些条款适用；

——17.14 适用；

——17.15 不适用。

17.16.104.1　对于电压保持型热切断器，17.16.108 的试验适用。

17.16.105　注：在加拿大和美国，如果控制器有二种或以上的电气额定值(例如感性负载和阻性负载，或不同电压下的不同电流)，每个额定值进行耐久性试验的周期数可以选择为不小于声明值的 25%(如果等于或大于 30 000 周期)，但是在任意一个样品上进行的总的周期数不能超过所声明的值。

但是，至少一个样品的总周期数要等于声明的耐久性。

17.16.106　材料的评估

按照 14.101.1 进行下述试验。

控制器按照 17.7 规定进行 50 周期和 17.8 规定进行 1 000 周期的操作。17.7 和 17.8 的试验在环境温度为(20±5)℃的条件下进行。

试验后，控制器应符合 17.5 的要求。

17.16.107　敏感元件的超温试验

声明了表 7.2 第 105 项参数的控制器，未进行过试验的试样的敏感元件部分进行 250 个热循环。

试验的环境温度以表 7.2 第 37 项规定的最大变化率在 40 ℃和 T_e 之间变化。每个周期中的最高和最低温度各保持 30 min。

试验后，控制器应满足 17.14 的要求。

17.16.108　电压保持型热切断器

六个未经试验的电压保持型热切断器在－20 ℃(如果声明的温度更低，则选用所声明的温度)的温度下保持 7 h。

在试验期间及试验结束后，应无样品动作。

电压保持型热切断器动作与否应按照 15.5.3.107 中的所述来确定。

采用相同的要求，试验在电压保持型热切断器处于已动作的状态下(两端仍保持有电压)重复进行。

增加条款：

17.101　2.P 型循环试验

2.P 型动作的温度敏感控制器应按下述要求进行试验：

17.101.1　进行完 17.16 的相关试验和 17.14 的评估后，控制器进行 50 000 周期的热循环试验，试验的温度保持在 17.14 中记录的断开温度的 50%～90%之间。试验期间，分断装置的温度保持在(20±5)℃。

制造商应声明是否采用 17.101.2 和 17.101.3 中的方法。

试验应按照制造商所声明的表 7.2 第 112 项的要求进行。

17.101.2　双槽法

将两个槽内充满合成油、水或是空气(可使用二个腔体)。第一个槽内的温度保持在 17.14 中记录的断开温度的 90%。第二个槽内的温度保持在 17.14 中记录的断开温度的 50%。

如果所使用的介质不同于附录BB中为本试验所选择的介质，则要对下文所提及的时间常数施加一个适当的转换因子。

温度敏感元件(见2.8.1和表7.2第47项)浸入第一个槽的时间至少为时间常数的5倍。之后温度敏感元件浸入第二个槽保持相同的时间。

试样在不同槽之间的转换要尽可能快地进行，但要注意避免温度敏感元件受到机械应力的作用。

17.101.3 温度变化方法

本方法基于试验使用连续水冷油(合成油)槽。

将一个铝制圆筒(见图17.101.3)浸入槽中。圆筒内放置有进行测试的温度敏感元件和控制圆筒温度在17.14所测的动作温度的50%～90%之间循环的温度敏感元件。

铝制圆筒外绕上电阻丝以加热温度敏感元件。为了消除由于被测温度敏感元件和用于控制试验温度的温度敏感元件两者的时间常数的不同而导致的困难，用和被测温度敏感元件相同的第二个元件来进行温度的控制。

在断开温度值的50%和90%所计算出的用于第二个试样的膜盒的二个位置是通过一个位置传感器来测量，用来控制电阻丝的通电和断电。

除了制造商按照表7.2第37项另行声明之外，升降温的速率应为(35±10)K/min。

图17.101.3 温度变化方法用的铝圆柱

17.101.4 进行完本试验后，除了双金属一次性动作装置外，其余控制器要进行额外的20个周期的循环，温度范围从(20±5)℃到1.1倍的断开温度。

在此试验期间，任何人工复位机构不应复位。17.101.1的其他条件保持不变。

本试验的目的是测试机械操作机构(例如膜盒、波纹管等)的强度。

17.101.5 在对分断装置进行彻底的除油后，按照第15章规定的条件对动作温度进行重新测试，测得的值应仍符合所声明的偏差和漂移。

18 机械强度

GB 14536.1—2008中的该章，除下述内容外均适用。

增加条款：

18.101 推转起动或拉转起动

按动作分类为1.X、2.X类或1.Z、2.Z类的控制器，应进行18.101.1和18.101.2的试验。

使用一个新样品来试验。在这些试验后，控制器应符合18.1.5的要求。

18.101.1

——推动或拉动起动元件所需的轴向力应不小于10 N。

——对起动元件施加140 N的轴向推力或拉力，应仍符合18.1.5。

——对于预定在使用时会带有一个手柄，其把手直径和长度都不大于 50 mm 的控制器，其所提供的用于防止轴在推或拉起动之前转动的措施应能承受 4 Nm 的扭矩，而不会对控制器产生损坏或对其功能产生影响。

——作为另一种选择，如果轴的防止转动装置在施加不小于 2 Nm 的扭矩时被破坏，其造成的结果应是下面中的任一个：

- 限位装置没有被破坏，但是阻碍触头的闭合。在这种情况下，其后的以小于 2 Nm 的扭矩的起动仍需要推转或拉转来操作触头接通。或者，
- 没有触头的操作产生，也不可能使其产生。

——在施加了推动或拉动以后，如果需要，施加扭矩使控制器复位到初始触头状态，则该扭矩的大小应不大于 0.5 Nm。

——对设定装置施加 6 Nm 的扭矩，该装置的任何使轴不能转动的破裂或损坏都不应发生，应仍符合第 8、13 和 20 章的要求。

——对于预定在使用时会带一个手柄直径或长度大于 50 mm 的把手的控制器，扭矩的值应按比例增加。

18.101.2　按动作分类为 1.X、2.X 类或 1.Z、2.Z 类的控制器，应完成所声明的人工周期数。

试验后，控制器应符合 18.101.1 的要求。对于防止旋转的装置没有被损坏但是阻碍触头动作的情况下，则所声明的人工周期数的前 1/6 周期数应在不先推动或拉动起动元件的前提下进行。

18.102　含液态金属的部件

18.102.1　所有部件中含有钠(Na)、钾(K)或两者都有的控制器和按照 6.7.101～6.7.103 定义进行分类的部件含有汞(Hg)的控制器，应该经受历时 1 min 的水压试验而不发生泄漏或破裂，而试验的压力为正常操作是控制器内部所达到的最大压力的 5 倍。

18.102.1.1　试验方法及所需样品数由制造商和检测机构协商确定。

注：可能需要制造商提供为该项试验而特制的样品(例如，不含汞)。可以在液态金属的场所使用任何适当的液体来做试验，只要试验液和试验方法能使所需应力施加到所有液体容器部件。

18.102.1.2　在 18.102.1 的试验后，应增加液压直至发生破裂。破裂应发生在波纹管或膜盒或其他处于分断装置或控制器外壳内部的部分。

18.102.2　当加热到敏感元件的最高温度的 1.2 倍时，控制器不应泄漏或破裂。

采用一个单独的样品进行该项试验。

18.102.3　此外，当故意用尖的、锋利的金属棒刺破波纹管或膜盒时，应发生以下情况：

钠、钾或汞应保留在开关头或控制器外壳内。

注：在加拿大和美国，允许汞流出在开关头或控制器外壳外，在这种情况下，必须声明控制器要评估其用途以确定汞是否会进入烤炉或食物处理箱、接触到食物处理设备或类似情况。

应该评估在家用电器中可接受的破裂位置。

19　螺纹部件及连接

GB 14536.1—2008 中的该章均适用。

20　爬电距离、电气间隙和穿通固体绝缘的距离

GB 14536.1—2008 中的该章均适用。

20.1.10～20.1.10.2，在考虑中。

21　耐热、耐燃和耐漏电起痕

GB 14536.1—2008 中的该章均适用。

22 耐腐蚀性

GB 14536.1—2008 中的该章均适用。

23 电磁兼容性(EMC)要求——发射

GB 14536.1—2008 中的该章,除下述内容外均适用。

增加条款:

23.101 控温器的结构应保证不会产生时间周期超过 20 ms 的无线电干扰。

注:在加拿大和美国,本试验不适用。

是否符合以 23.101.1 和 23.101.2 的试验来检查。

23.101.1 试验条件

三个未预先测试过的样品用于该试验。

电气条件和热条件按 17.2 和 17.3 的规定,除了以下条件:

——试验在所声明的最低电压和最低电流(表 7.2 第 108 项要求)下进行。

——温度变化速率为 α_1 和 β_1。如果没有声明,则采用如下速率:

对于在气体中的敏感元件,1 K/15 min

对于在其他介质中的敏感元件,1 K/min

——对于声明用于感性负载的控制器,功率因数为 0.2。对于声明用于纯阻性负载的控制器,功率因数为 1.0。

23.101.2 测试程序

使控制器进行五个循环的触头断开和五个循环的触头闭合操作。

无线电干扰的持续时间通过连接到控制器上的示波器对触头间的电压降的测量而获得。

注:对于本试验的目的,无线电干扰就是观测到的触头间电压波动,这些波动是触头动作时叠加到电源波形上的。

24 组件

GB 14536.1—2008 中的该章均适用。

25 正常操作

见附录 H。

26 电磁兼容性(EMC)要求——抗扰性

见附录 H。

27 非正常操作

见附录 H。

28 电子断开使用导则

见附录 H。

附　　录

GB 14536.1—2008 的该章,除下述内容外均适用。

附　录　C
(规范性附录)
水银开关试验用的棉花

注:该附录仅对加拿大和美国适用。

附　录　D
(资料性附录)
热、燃和漏电起痕

注:该附录仅在美国适用。

附　录　H
(规范性附录)
电子控制器的要求

代替:

GB 14536.1—2008 的该附录,除下述内容外均适用:

H.6　分类

H.6.18　按软件分类

H.6.18.2　增加下列解释段:

注:一般来说,使用软件的热切断器按 B 类或 C 类软件进行功能分类。

H.6.18.3　增加下列解释段:

注:一般来说,使用在封闭式水加热系统中的热切断器按 C 类软件进行功能分类。

H.7　资料

表 7.2 的修改:

	资　　料	章,条	方　法
58a	增加:见表 H.26.2 的脚注 c		
109	增加要求: 热切断器、2 型控温器和 2 型限温器的动作后的输出条件[104)]	H.26.2.103 H.26.2.104 H.26.2.105	X
117	制造商对整体式和装入式电子控制器要求的试验条件	H.23.1.2	X
增加: 104) 例如:当应用时是导通的或非导通的。			

H.11 结构要求

H.11.12 使用软件的控制器

H.11.12.8 使用下述内容代替解释段：

注：表 7.2 第 71 项要求规定的值可在相应的器具标准中给出。

H.11.12.8.1 在本条款的最后增加下述解释段：

注：表 7.2 第 72 项要求规定的值可在相应的器具标准中给出。

H.23 电磁兼容(EMC)要求——发射

GB 14536.1—2008 的该章，除下述内容外适用：

修改：

H.23.1.2 第二段及注用下述内容代替：

对于整体式和装入式的电子控制器，如果制造商提出要求，则本章试验在规定的条件下进行。

H.26 电磁兼容(EMC)要求——抗扰度

H.26.2 增加条款：

H.26.2.101 控制器应仍然保持在其当前条件，且如果适用此后其应继续在第 15 章确认的限值范围里按照所声明的继续操作。

H.26.2.102 控制器应采用在表 7.2 第 109 项规定的条件，然后按 H.26.2.101 操作。

H.26.2.103 控制器应采用在表 7.2 第 109 项规定的条件，即它不能自动或手工复位。输出波形应是正弦波形或表 7.2 第 53 项中所声明的正常操作时的波形。

H.26.2.104 控制器应保持在表 7.2 第 109 项所声明的条件下，非自动复位的控制器应只能通过人工进行复位。当引起切断动作的温度条件被去除后，控制器应按 H.26.2.101 规定进行操作或保持在 H.26.2.103所声明的条件下。

H.26.2.105 控制器可回复到初始状态，然后按 H.26.2.101 的规定操作。

注：如果控制器处于表 7.2 第 109 项所声明的条件，允许其复位，但如果引起其动作的温度条件依然存在，控制器应恢复其所声明的状态。

H.26.2.106 输出和功能应按表 7.2 第 58a 或 58b 项要求且控制器应符合 17.5 要求。

表 H.26.2

适用 H.26 章试验	允许使用的标准					
热切断器，2 型控温器和 2 型限温器	H.26.2.101	H.26.2.102	H.26.2.103	H.26.2.104	H.26.2.105	H.26.2.106[c]
H.26.4～H.26.12	b	b	b	a	a	x
其他温度敏感控制器	H.26.2.101	H.26.2.102	H.26.2.103	H.26.2.104	H.26.2.105	H.26.2.106[c]
H.26.8，H.26.9	x				x	x
x=除了热切断器外允许 a=当干扰在动作后施加时，允许 b=当干扰在动作前施加时，允许						
[c] 符合标准只适用于整体式或装入式控制器。因为输出的可接受性必须在器具里判断。						

H.26.3 不适用。

H.26.4 电源网络中信号电压影响的试验

注：在考虑中。

H.26.5 电源网络中的电压波动和短时电压中断的影响试验

H.26.5.4 严酷等级

修改：

在第一句中删去“在最小”一词。

删去解释段。

H.26.5.5 注的第一解释段不适用。

增加条款：

H.26.5.5.101 对于表 7.2 第 109 项要求规定的控制器，在规定条件和非规定条件下时，每次试验都各进行三次。

H.26.6 不适用。

H.26.7 交流网络中直流的影响试验

代替：

注：热切断器，2 型动作控温器和 2 型动作限温器在考虑中。

H.26.8 1.2/50μs～8/20μs 电压-电流浪涌试验

H.26.8.5 试验程序

增加条款：

H.26.8.5.101 对于表 7.2 第 109 项要求规定的控制器，三次试验是在规定条件下进行的，二次试验是在非规定条件下进行。

H.26.9 快速瞬时脉冲试验

增加条款：

H.26.9.101 试验程序

控制器经受五次试验。对于表 7.2 第 109 项要求规定的控制器，三次试验是控制器在规定条件下进行的，二次试验是控制器不在规定条件下进行的。

H.26.10 振铃波试验

删除解释段（“在美国……”）

H.26.10.5 试验程序

增加条款：

H.26.10.5.101 对于表 7.2 第 109 项要求规定的控制器，三次试验是控制器在规定条件下进行的，二次试验是控制器不在规定条件下进行的。

H.26.11 静电放电试验

GB 14536.1—2008 中的本条款适用。

H.26.12 辐射电磁场试验

H.26.12.6 试验程序的说明

增加条款：

H.26.12.6.101 对于表 7.2 第 109 项要求规定的控制器，要进行二次扫描。在规定条件下与不在规定条件下各进行一次扫描。

H.26.13 合格评定

本条款用 H.26.2 的评定标准代替。

H.27 非正常操作

H.27.1.2 第一行用下列内容代替：

控制器应在下列条件下操作。另外，对于表 7.2 第 109 项要求规定的控制器应进行二次试验；一次试验是控制器在规定条件下进行的，另一次试验是控制器不在规定条件下进行的。

附 录 J
（规范性附录）
热敏电阻控制器的要求

代替：

GB 14536.1—2008 的该附录，除下述内容外均适用。

J.4 关于试验的一般说明

J.4.3.5 根据用途

增加条款：

J.4.3.5.101 出于按表 7.2 第 64 项要求声明的耐久性周期数的目的，要对热敏电阻在控制器中的功能进行评估。

注：例如：用热敏电阻作敏感元件的 2 型动作控制器，热敏电阻每动作一次，控制器随之动作一次，反之亦然。对此类控制器，第 64 项要求规定的周期数与第 27 项要求所规定的相同。

J.7 资料

表 7.2 增加如下内容：

表 J.7.2

资 料	章，条	方 法
64 周期数	J.4.3.5.101	X

附 录 AA
(资料性附录)
最大的制造偏差和漂移[a,b]

注：在加拿大和美国，附录AA是规范性的附录。

控制器类型	温度范围/℃	与所规定动作值相比的最大允许偏差		与初始测量动作值相比最大允许漂移	
		规定动作值的%	K	规定动作值的%	K
储水式热水器控温器	≤77[e]	—	3	—	6
	>77	—	4	—	6
储水式热水器中的热切断器	任何温度	—	3	5	6
管道加热器、暖气锅炉及开水锅炉的热切断器	<150	—	8	5	—
	≥150	5	—	5	—
电底板加热器的热切断器	任何温度	—	8	+2[d]	—
除上述以外的电器热切断器[c]	<150	—	6	6	6
	≥150～204	4	—	5	—
	>204	5	—	5	—

[a] 表中规定了百分数，又规定了K偏差之处可以取较大值。

[b] 当使用规定动作值的百分数时，将下列值增加到用表计算的最大偏差或漂移值中：

——对5%：0.9 K；

——对4%：0.7 K；

——对2%：0.4 K。

[c] 对于电器热切断器，向下的漂移可以是20%加上4 K，倘若考虑到使用者的情况和控温器性能的重叠或其他可能引起火灾、触电或严重故障的损害类似条件，这些漂移的可接受性必须在应用中确定。

[d] 对于电底板加热器的热切断器，不限制向下的漂移。

[e] 家用控制器制造商整定值≤60 ℃，偏差和漂移要在60 ℃或在最大整定点下进行检查。

附　录　BB
（资料性附录）
时　间　常　数

时间常数应由下列方法之一来确定：

—— 突然的温度变化(见 BB.2)；

—— 温度的线性上升(见 BB.3)。

注：

通常,时间常数是用一阶指数函数描述。

在高阶指数函数中,必须考虑死区时间。

BB.1　确定时间常数 T 的特性和开关点应在稳定状态下进行。

BB.1.1　对于气体或液体活动介质,借助于适合试验装置(如双槽法或梯度法)来确定时间常数。如果试验介质和工作介质不一致,应规定一个转换系数。

BB.1.2　时间常数应按制造厂的规定带有或不带有外壳或感温包进行测量。

BB.1.3　试验介质的速度应是：

0.2 m/s～0.3 m/s——液体

1.0 m/s～1.5 m/s——空气

BB.2　双槽法

在达到稳定温度以后,使敏感元件发生突然温度上升。达到瞬时上升温度的63.2%的输出信号值的时间就确定为时间常数 T(见图 BB.1)。

如果是连续型控温器,应单独使用本方法确定时间常数。

BB.3　梯度法

将温度敏感元件放在槽中,使槽的温度在恒定梯度下升高,时间常数 T 按照延迟时间确定,在这个延迟时间下,敏感元件的温度与槽的温度大致平行升高。从温度上升开始要经过+5T 的时间才会发生平行升高。测量装置的时间常数应考虑进去(见图 BB.2)。

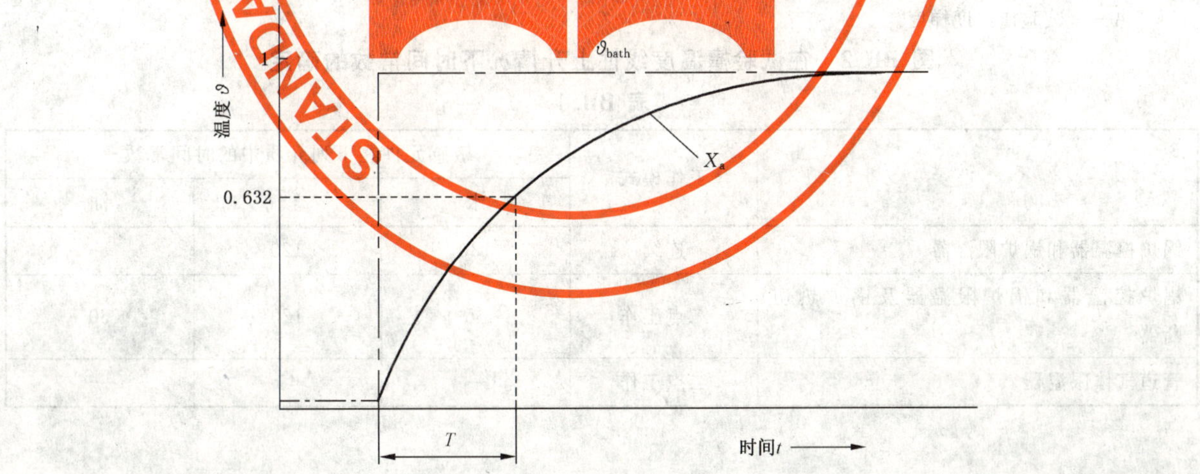

ϑ_{bath}——试验槽温度；

X_a——试样输出信号；

T——时间常数。

图 BB.1　突然温度变化下时间常数确定

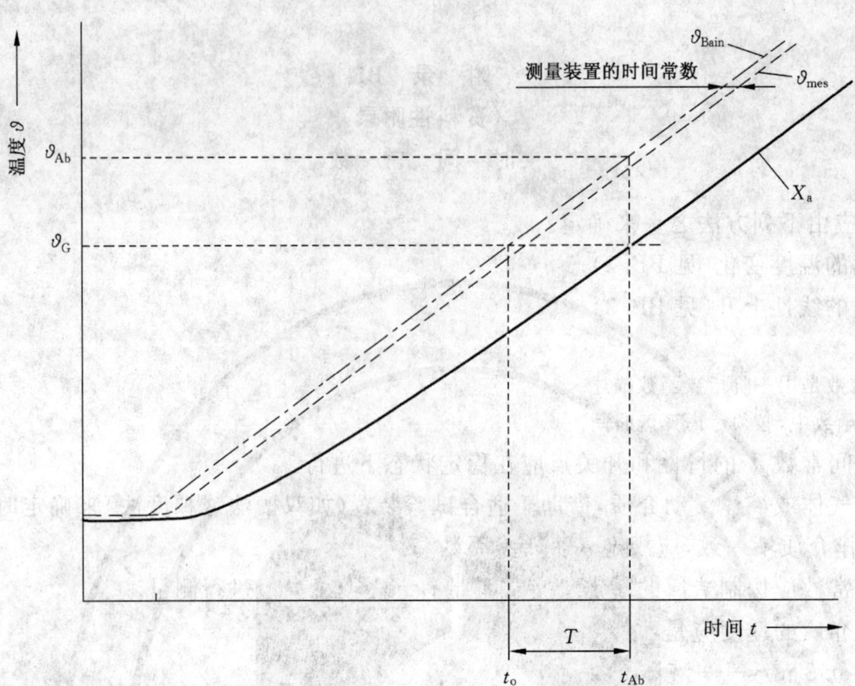

ϑ_{bath}——试验槽温度；

ϑ_{mes}——所测量的槽温；

X_a——试样输出信号；

ϑ_{Ab}——开关断开温度；

ϑ_G——设定极限值；

t_{Ab}——断开时间；

t_o——当 $\vartheta_{bath}=\vartheta_G$ 时的时间；

$T=t_{Ab}-t_o$(时间常数)。

当 T 和 A 是已知时，在试验条件下断开温度 ϑ_{Ab} 的计算：

$$\vartheta_{Ab}{}^{2)} = T \times A + \vartheta_G$$

A——试验槽温度梯度。

图 BB.2 在试验槽温度线性上升情况下时间常数的确定

表 BB.1

	工作模式	敏感元件在下列介质中的时间常数/s		
		水	空气	油
锅炉控温器和锅炉限温器	连续	130	120	—
锅炉控温器和锅炉限温器及锅炉热切断器	二点工作	45	120	60
管道气体限温器	二点工作	—	45	—

2) 从温度开始上升约过了 $5T$ 时的 ϑ_{Ab}。

附 录 CC
(资料性附录)
独立安装控制器和带线式控制器的周期数

表 CC.1 独立安装控制器和带线式控制器的周期数

热 控 制 器	自 动 动 作	人 工 动 作
控温器	6 000	600
房间控温器	100 000	600
自动复位式热切断器	1 000	
非自动复位式热切断器	300	
其他人工动作		300

表 CC.2 独立安装和带线式控制器的最小周期数

(加拿大和美国)

热控制器	自动动作		人工动作		慢接通和慢断开[a]			
	有电流	无电流	有电流	无电流	开始	每分钟最大周期数	最后	每分钟最大周期数
自动复位热切断器	100 000				75 000	6	25 000	1[b]
非自动复位热切断器	1 000*	5 000	1 000**	5 000	1 000	1[b]	5 000	c
自动复位限温器	6 000 30 000[d]				6 000 24 000[d]	1[b] 6[d]	— 6 000[d]	— 1[d]
非自动复位限温器	6 000* 6 000		6 000**		6 000 6 000	1[b] 1[b]	— —	— —
控温器	30 000[d]				24 000[d]	6[d]	6 000[d]	1[d]
其他手动动作			6 000		1 000	6	5 000	1[b]
用于除安全特低电压SELV以外的房间控温器	30 000					6	—	—

* 仅是分断；

** 仅是接通。

[a] 电磁式、手动和电机驱动开关或类似的开关以及当失去运动时没有慢动的瞬动型开关可以用6周期/min进行试验。

[b] 对于所有控制器，用50%±20%的接通时间进行试验，温度驱动的控制器要用慢的变化速率进行试验。

[c] 当无电流时，可以在任何方便速度下使开关动作。

[d] 适用于空调和冰箱。

附 录 DD
（规范性附录）
农业暖房用控制器

DD.1 目的

本附录的目的是提供一套标准的测试方法来判定当温度敏感控制器使用于农业暖房环境时抵抗特定化学物品的侵蚀的能力。本附录的要求是作为对本标准条款的补充。进行本附录试验需要12个新的试样，而如果要求进行DD.7.7.2的试验，则需要13个新的试样。

声明预定用于农业暖房的控制器不应用于IEC TC 31范围内的有潜在爆炸性大气的环境下。

DD.2 定义

DD.2.1

农业暖房 agriculture confinement building

通过人工方式进行加热和冷却的农场建筑物，在其中堆积的动物食物和废弃物可能会导致在空气自由流动的建筑物（如畜棚）中一般较少发现的腐蚀性物质的积聚，且需要在进行类似使用前进行定期消毒。

DD.3 试验装置

试验腔体和试样架子都由能够耐受试验介质带来的腐蚀性作用的材料制成，以防止试验装置由于腐蚀而引起的副作用对试验产生影响。

DD.4 严酷程度

严酷程度的分类见DD.7。

DD.5 预处理

本附录未规定任何的预处理方面的要求。但是提供的试样带有进线口，应提供和安装时所需要的同类型的导线和配件，并在试验时使用。如有为了进线而开的孔或是导线的切口，应该密封以防止试验介质的进入。如有其他的开孔，则不予理会。

DD.6 初始测量

本附录未规定任何初始测量方面的要求。

DD.7 试验

对于下述测试，如果有样品在曝露10 d后不满足DD.9.2的要求，则30 d的测试可不必进行以节约时间和提高试验设备利用率。

DD.7.1 潮态二氧化碳-二氧化硫-空气混合物

二个样品被放置在试验箱中，一个曝露10 d，另一个曝露30 d。每个工作日相当于试验箱容量的1%的二氧化碳和二氧化硫被加入至试验箱中。在每天加入新的前，之前的气体和空气混合物需被清空。本试验持续进行，并保证在10 d的曝露期间添加8次气体，30 d的曝露期间添加22次气体。

每0.003 m^3 的试验箱体积需要10 mL的水，并将水置于试验箱底部以保持湿度。

试验箱内的温度保持在(35±2)℃的范围内。

DD.7.2 潮态硫化氢-空气混合物

二个样品被放置在试验箱中,一个曝露 10 d,另一个曝露 30 d。

每个工作日相当于试验箱容量的 1%的硫化氢被加入至试验箱中。在每天加入新的前,之前的气体和空气混合物需被清空。本试验持续进行,并保证在 10 d 的曝露期间添加 8 次气体,30 d 的曝露期间添加 22 次气体。

每 0.003 m^3 的试验箱体积需要 10 mL 的水,并将水置于试验箱底部以保持湿度。试验箱内的温度保持在(25±5)℃的范围内。

DD.7.3 潮态氨-空气混合物

二个样品被放置在试验箱中,一个曝露 10 d,另一个曝露 30 d。将一氢氧化铵水溶液置于试验箱底部。此溶液的浓度保证能在溶液表面产生 1%体积的氨蒸汽,其余的蒸汽由水和空气构成。此溶液在试验期间不更换亦不进行补充。

试验箱内的温度保持在(35±2)℃的范围内。

DD.7.4 尿素-水蒸气

二个样品被放置在试验箱中,一个曝露 10 d,另一个曝露 30 d。一饱和的尿素-水溶液(每 0.003 m^3 的试验箱体积对应的 10 mL 的水有剩余晶体)置于试验箱底部。此溶液在试验期间不更换亦不进行补充。试验箱内的温度保持在(35±2)℃的范围内。

DD.7.5 热湿空气

二个样品被放置在试验箱中,一个曝露 10 d,另一个曝露 30 d。试验箱内的湿度保持在(98±2)%RH。

试验箱内的温度保持在(60±1)℃的范围内。

DD.7.6 消毒剂-杀菌剂-水混合物曝露

一个样品进行 1 300 周期的间断性的消毒剂-杀菌剂-水混合物的喷洒和阴干。每个喷洒-烘干周期由 10 min 的喷洒和紧接着的 50 min 的阴干组成。

试验箱内的温度保持在(35±2)℃的范围内。

消毒剂-杀菌剂由每升水兑 7.8 mL 的消毒剂-杀菌剂构成。消毒剂-杀菌剂由 15%的二甲基氯化铵和 85%的非有效成分构成。

DD.7.7 尘埃曝露

DD.7.7.1 尘埃侵入

一个样品进行 IEC 60529 中第一个特性数字为 5 的防尘试验。外壳被认为是 1 类或 2 类。

DD.7.7.2 尘埃加热,非正常

对于包含有产生热量的器件(例如变压器、继电器、电子切换器件)的控制器,取 1 个样品在试验箱内按照预定的方式安装好并通电。小麦和玉米尘粒通过试验箱顶部的网孔宽度为 0.075 mm 的筛网垂直下落至样品上直到其在样品顶部的沉积达到稳定为止。鼓风机停止运行。

在此之后,试验箱的温度上升至 T_{max} 或 40 ℃,取两者中较高者,并且样品在 V_r 和 I_r 条件下通电直到试验箱内的温度达到稳定。

DD.8 恢复

按照 DD.7.1~DD.7.7.1 进行完测试的样品,用水进行清洁,并在室温下晾干。

DD.9 评估

DD.9.1 通用

垫圈和其他用于密封外壳的材料不应有过度的损伤。

如有外部的调节机构和其他机械结构,应仍可操作。是否符合要求,通过操作和视检确定。

进行试验的控制器应完成六个腐蚀性曝露试验,应无影响外壳完整性的腐蚀,以致影响本标准意义内的功能。是否符合要求,通过视检确定。

DD.9.2 对于 DD.7.1～DD.7.6 的试验,每个进行试验的样品在室温下进行完 17.1.3.1 的过压试验后,均应满足第 8 章、第 17.5 和第 20 章的要求。

注:在加拿大和美国,过压试验由过载试验代替。

DD.9.3 对于试验 DD.7.7.1,尘粒不应进入外壳内。是否符合要求,通过视检确定。

DD.9.4 对于试验 DD.7.7.2,第 14 章中规定的温度不应当超过多于 15 K。

ICS 29.130.20
K 32

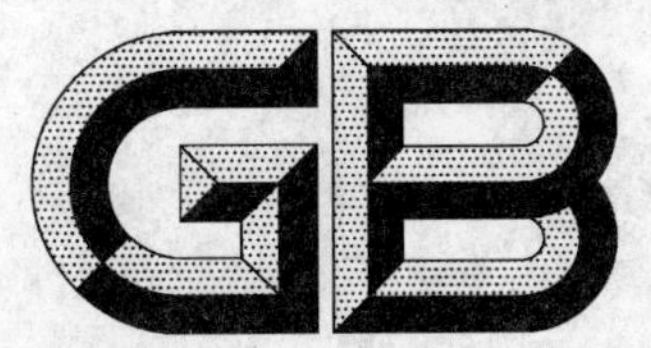

中华人民共和国国家标准

GB 14536.11—2008/IEC 60730-2-10:2006
代替 GB 14536.11—1996

家用和类似用途电自动控制器 电动机用起动继电器的特殊要求

Automatic electrical controls for household and similar use—Particular requirements for motor-starting relays

(IEC 60730-2-10:2006, IDT)

2008-12-30 发布　　　　2010-02-01 实施

中华人民共和国国家质量监督检验检疫总局
中国国家标准化管理委员会　发布

前言

本部分的全部技术内容为强制性。

GB 14536《家用和类似用途电自动控制器》分为以下两个部分：

——第1部分：通用要求；

——第2部分：特殊要求。

特殊要求又由下列部分组成：

——GB 14536.3 电动机热保护器的特殊要求(IEC 60730-2-2,IDT)；

——GB 14536.4 管型荧光灯镇流器热保护器的特殊要求(IEC 60730-2-3,IDT)；

——GB 14536.5 密封和半密封电动机-压缩机用电动机热保护器的特殊要求(IEC 60730-2-4,IDT)；

——GB 14536.6 燃烧器电自动控制系统的特殊要求(IEC 60730-2-5,IDT)；

——GB 14536.7 压力敏感电自动控制器的特殊要求(idt IEC 60730-2-6)；

——GB 14536.8 定时器和定时开关的特殊要求(idt IEC 60730-2-7)；

——GB 14536.9 电动水阀的特殊要求(包括机械要求)(IEC 60730-2-8,IDT)；

——GB 14536.10 温度敏感控制器的特殊要求(IEC 60730-2-9,IDT)；

——GB 14536.11 电动机用起动继电器的特殊要求(IEC 60730-2-10,IDT)；

——GB 14536.12 能量调节器的特殊要求(idt IEC 60730-2-11)；

——GB 14536.13 电动门锁的特殊要求(IEC 60730-2-12,IDT)；

——GB 14536.15 湿度敏感控制器的特殊要求(IEC 60730-2-13,IDT)；

——GB 14536.16 电起动器的特殊要求(idt IEC 60730-2-14)；

——GB 14536.17 锅炉器具中使用的浮子型或电极敏感型水位敏感电自动控制器的特殊要求(IEC 60730-2-15,IDT)；

——GB 14536.18 家用和类似用途浮子型水位控制器的特殊要求(IEC 60730-2-16,IDT)；

——GB 14536.19 电动燃气阀的特殊要求,包括机械要求(IEC 60730-2-17,IDT)；

——GB 14536.20 水流和气流敏感控制器的特殊要求,包括机械要求(IEC 60730-2-18,IDT)；

——GB 14536.21 电动油阀的特殊要求,包括机械要求(IEC 60730-2-19,IDT)；

……

本部分等同采用IEC 60730-2-10:2006《家用和类似用途电自动控制器 第2部分:电动机用起动继电器的特殊要求》。

本部分的结构与IEC 60730-2-10:2006相同。在本部分中,有对应国家标准的,参照引用国家标准;暂无国家标准的,则参照引用所列的IEC标准。

为了便于使用,本部分做了下列编辑性修改：

a) “本标准”一词改为“本部分”；

b) 用小数点“.”代替作为小数点的逗号“,”；

c) 增加了国家标准的前言。

本部分与GB 14536.1—2008《家用和类似用途电自动控制器 第1部分:通用要求》配合使用。

本部分代替GB 14536.11—1996《家用和类似用途电自动控制器 电动机用起动继电器的特殊要求》。

本部分与GB 14536.11—1996相比主要变化如下：

——若干章节的名称根据 GB 14536.1 的变化做了相应的更改；

——第 1 章中适用的额定电压范围根据通用要求做了相应修改；

——第 27 章中的试验内容有差异；

——附录 H 要求的改变。

本部分的附录 C、附录 E 和附录 H 为规范性附录。

本部分由中国电器工业协会提出。

本部分由全国家用自动控制器标准化技术委员会(SAC/TC 212)归口。

本部分起草单位：广州威凯检测技术研究所、广州电器科学研究院、万宝冷机集团广州电器有限公司、杭州星帅尔电器有限公司、佛山通宝股份有限公司、兰溪市越强电器有限公司、浙江中雁温控器有限公司、佛山市顺德区容贵测电器有限公司、中国家用电器研究所。

本部分起草人：孔睿迅、竹利平、黄开云、黄智航、卢文成、麦丰收、高永华、陈永龙、何敦启、贾玉霖。

本部分所代替标准的历次版本发布情况为：

——GB 14536.11—1996。

IEC 前言

1） IEC(国际电工委员会)是由各个国家的电工委员会(IEC 国家委员会)组成的世界性标准化组织。IEC 的宗旨是在电气和电子领域的标准化相关问题上促进国际间的合作。为此目的，IEC 除了开展其他活动之外，还出版国际标准、技术规范、技术报告、公共规范(PAS,Publicly Available Specifications)和导则(今后统称 IEC 出版物)。这些标准的制定工作是委托各技术委员会来完成的。作为 IEC 成员的各国家委员会，只要对所要制定的标准感兴趣，均可参与其制定工作。与 IEC 有联系的国际性的、官方的或非官方的组织亦参与标准的制定工作。IEC 和世界标准化组织(ISO)遵照双方协议所规定的条件，密切合作。

2） 由于每个技术委员会中均有来自对相关问题感兴趣的国家委员会的代表，故 IEC 的有关技术议题的正式决议或协议都在最大限度上表达了国际上对于相关问题的一致看法。

3） IEC 出版物以推荐的形式用于国际用途，并在此意义上为各国家委员会接受。尽管已作了所有可行的努力去确保 IEC 出版物的技术内容是正确的，IEC 也不能为这些出版物所被使用的方式或是任何使用者的错误解释而承担责任。

4） 为了促进国际上的统一，IEC 各国家委员会负责将 IEC 国际标准透明地、最大可能地转化为国家或地区性标准。IEC 标准和相应的国家或地区性标准之间如有任何差异，应在标准转化之后清楚地说明。

5） IEC 并未制定任何认可标志的程序，如有某设备宣称其符合 IEC 的某一出版物时，IEC 对此不负责任。

6） 所有的使用者应确保拥有本出版物的最新版本。

7） IEC 或是其领导人、雇员、服务人员或代理人，包括独立的专家和 IEC 技术委员会、各国家委员会，对于任何由于使用或是信任本 IEC 标准或其他 IEC 出版物而造成的人员伤亡、财产损失或其他对自然环境造成的伤害(不管这些损失是直接的还是间接的)不负担任何责任，对相应产生的费用和花费(包括法律费用)也不承担责任。

8） 要注意本标准所引用的相关标准。使用所引用的标准是正确应用本标准所必不可少的。

9） 值得注意的是本国际标准中的某些部分可能涉及到专利权。IEC 对于鉴别某一或是全部的这一类专利权将不负责任。

IEC 60730-2-11 由 IEC 技术委员会 TC 72:家用自动控制器制定。

本第二版本取消并取代 1991 年颁布的第一版及其 1994 年的修订 1 和 2001 年的修订 2。本第二版组成一个技术修订本并更新本标准在适应当前实践的同时也能配合并行标准的使用。

标准正文基于下述文件：

FDIS	投票报告
72/711/FDIS	72/724/RVD

有关本标准表决通过的详细资料，请见上表所列的投票报告。

该出版物的起草遵从 ISO/IEC 导则:第二部分。

本第二部分预定与 IEC 60730-1 一起使用。此项要求是建立于 IEC 60730-1 的 1999 年第三版及其 2003 年修订 1 的基础上。应考虑 IEC 60730-1 的后续版本或修订。

本部分补充或修改 IEC 60730-1 中相应的条款以便将其转换为相应的 IEC 标准:电动机用起动继电器的特殊要求。

当本部分中出现“增加”、“修改”或“代替”时，则通用要求中相关的要求、试验描述或解释性内容应作相应修改。

当不需要变动时，本部分将注明相应的章节或条款适用。

在制定一个完整的国际标准时，必须考虑世界各个地区的实际情况所形成的不同要求，而且应承认各个国家电气系统和布线规则的差异。

在本部分中使用下列印刷体：

——正文要求：罗马字体；

——试验规范：斜体；

——注释事项：小罗马字体。

对于第一部分来说是属于新增加的分条款、注释、项或是图示将从 101 开始编号，而新增加的附录则以字母 AA、BB 开始。

所有属于 IEC 60730 系列的、归属于“家用和类似用途自动控制器”类别的标准的清单，可以在 IEC 的网站上获得。

委员会决定本出版物的内容在 IEC 的网站 http://webstore. iec. ch 上标明的、和特定出版物相关的下次修订日期之前保持不变。而到了此日期，出版物将被：

- 再次确认；
- 取消；
- 被修订后的版本替代；或
- 修订。

家用和类似用途电自动控制器 电动机用起动继电器的特殊要求

1 范围和规范性引用文件

GB 14536.1 中的该章，除下述内容外均适用：

1.1 代替：

本部分适用于家用和类似用途设备用自动控制单相电动机起动绕组的控制器。

本部分适用于使用 NTC 或 PTC 热敏电阻的电动机用起动继电器，相应的要求见附录 J。

1.1.1 本部分适用于电自动控制器固有的安全，适用于与设备安全有关的操作值、操作时间和操作程序，以及适用于在家用或类似设备中或随设备一起使用的电动机用起动继电器的试验。

不作为一般家用，但用于公共场所，例如商店、轻工业和农场中由非专业人士使用的设备，其使用的电动机用起动继电器也包括在本部分范围内。

本部分不适用于设计只供工业目的使用的电动机用起动继电器。

注：本部分使用的“设备”一词包含“器具和设备”。“起动继电器”一词表示“电动机用起动继电器”。

1.1.2 本部分适用于装有电子装置的起动继电器，亦适用于使用热敏电阻元件、热元件和磁元件的起动继电器。

1.1.3 本部分不适用于 GB 14048 系列范围内的一般用途的继电器或接触器、电动机起动器。本部分不适用于机械计时器和机械操作的电动起动装置。

1.1.4 本部分适用于那些在电气上或机械上与起动继电器相结合的人工控制器。

未构成起动器组成部分的人工开关的要求包含在 GB 15092.1 中。

1.2 代替：

本部分适用于额定电压值不超过 690 V，额定电流不超过 63 A 的起动继电器。

1.3 代替：

本部分为考虑取决于起动继电器在设备中的安装方法的自动动作的响应值。如果响应值对保护使用者及周围环境有意义，则由相应的设备标准规定的或由制造商确定的响应值适用。

1.4 代替：

本部分亦适用于带有电子器件的起动继电器，相应的要求见附录 H。

2 定义

GB 14536.1 中的该章，除下述内容外均适用：

2.2 按用途分类的控制器的定义

增加条款：

2.2.101

电动机用起动继电器 motor-starting relay

预定是整体式或是装入到器具中的、用来在电动机电路中控制主绕组和辅助起动绕组的连接以达到起动家用和类似用途器具中使用的单相电动机的电操作控制器。

注：通常，电动机用起动继电器将提供 1 型动作。

3 一般要求

GB 14536.1 中的该章均适用。

4 试验的一般说明

GB 14536.1 中的该章均适用。

5 额定值

GB 14536.1 中的该章均适用。

6 分类

GB 14536.1 中的该章，除下述内容外均适用：

6.3 按用途分类

增加条款：

6.3.101 ——电动机用起动继电器。

6.3.101.1 ——电压敏感。

6.3.101.2 ——电流敏感。

6.3.101.3 ——PTC。

6.3.101.4 ——热动。

6.13 按所用绝缘材料的耐漏电起痕指数(*PTI*)值分类

6.13.1 不适用。

6.15 按结构分类

代替：

6.15 整体式或装入式

6.15.1 ——电子。

6.15.2 ——电磁。

6.15.3 ——PTC 热敏电阻。

6.15.4 ——热动。

注：尽管 6.15.2 至 6.15.4 所指继电器其主要结构不属于电子构造，但其内部可能装有电子元器件。

7 资料

GB 14536.1 中的该章，除下述内容外均适用：

表 7.2

增加：

资　料	章、条	方法
101　电动机稳定运行电流	14.4	X

8 防触电保护

GB 14536.1 中的该章均适用。

9 接地保护措施

GB 14536.1 中的该章均适用。

10 端子和端头

GB 14536.1 中的该章均适用。

11 结构要求

GB 14536.1 中的该章均适用。

12 防潮及防尘

GB 14536.1 中的该章均适用。

13 电气强度和绝缘电阻

GB 14536.1 中的该章均适用。

14 发热

GB 14536.1 中的该章,除下述内容外均适用:

14.4 代替:

电动机用起动继电器的线圈施加表 7.2 中 101 项声明的电动机稳态运行电流的 1.06 倍。触点应不加载。

14.4.3.1 不适用。

14.4.3.2 不适用。

15 制造偏差和漂移

GB 14536.1 中的该章均适用。

16 环境应力

GB 14536.1 中的该章均适用。

17 耐久性

GB 14536.1 中的该章,除下述内容外均适用:

17.9～17.13 不适用。

18 机械强度

GB 14536.1 中的该章均适用。

19 螺纹部件及连接

GB 14536.1 中的该章均适用。

20 爬电距离、电气间隙和穿通固体绝缘的距离

GB 14536.1 中的该章均适用。

21 耐热、耐燃和耐漏电起痕

GB 14536.1 中的该章均适用。

22 耐腐蚀性

GB 14536.1 中的该章均适用。

23 电磁兼容性(EMC)要求——发射

GB 14536.1 中的该章均适用。

24 组件

GB 14536.1 中的该章均适用。

25 正常操作

GB 14536.1 中的该章均适用。

26 电磁兼容性(EMC)要求——抗扰度

GB 14536.1 中的该章均适用。

27 非正常操作

GB 14536.1 中的该章,除下述内容外均适用:

增加:

27.2 灼烧试验

修改解释段:

注:对于电动机用起动继电器,成功完成第 17 章的试验被认为满足本条款。

代替:

27.3 过电压和欠电压试验

不适用。

28 电子断开使用导则

GB 14536.1 中的该章均适用。

图

GB 14536.1 中的图均适用。

附　录

GB 14536.1 中的附录，除下述内容外均适用：

附　录　C
（规范性附录）
水银开关试验用棉花

不适用。

附　录　E
（规范性附录）
泄漏电流测量的电路

不适用。

附 录 H
(规范性附录)
电子控制器的要求

GB 14536.1 中的该附录,除下述内容外均适用:

H.17 耐久性

GB 14536.1 中的该章,除下述内容外均适用:

H.17.1.4.2 热循环试验

a) 周期

代替:

试验周期为 18 d。

H.26 电磁兼容(EMC)要求——抗扰度

GB 14536.1 中的该章,除下述内容外均适用:

H.26.2.1 代替:

对于电动机用起动继电器,是否符合要求,通过 H.26.8 和 H.26.9 的试验进行。

注:对电动机用起动继电器,H.26.4 和 H.26.9 的其他扰动将不会导致固有的危险。固有的危险和输出的变化由本标准的其他试验来评估。

增加:

H.26.9.101 测试程序

控制器进行 5 项测试。

H.26.13.2 代替第一个解释段:

注:允许控制器试验后不再可操作。在符合第二个选择项的情况下,所声明输出的可接受性必须在最终产品进行评估,以确定此输出不会导致不安全的操作。

ICS 29.130.20
K 32

中华人民共和国国家标准

GB 14536.13—2008/IEC 60730-2-12:2005
代替 GB 14536.13—1996

家用和类似用途电自动控制器
电动门锁的特殊要求

**Automatic electrical controls for household and similar use—
Particular requirements for electrically operated door locks**

(IEC 60730-2-12:2005,IDT)

2008-12-30 发布 　　　　2010-02-01 实施

中华人民共和国国家质量监督检验检疫总局
中国国家标准化管理委员会　发布

前　言

本部分的全部技术内容为强制性。

GB 14536《家用和类似用途电自动控制器》分为以下两个部分：

——第1部分：通用要求；

——第2部分：特殊要求。

特殊要求又由下列部分组成：

——GB 14536.3　电动机热保护器的特殊要求(IEC 60730-2-2,IDT)；

——GB 14536.4　管型荧光灯镇流器热保护器的特殊要求(IEC 60730-2-3,IDT)；

——GB 14536.5　密封和半密封电动机-压缩机用电动机热保护器的特殊要求(IEC 60730-2-4,IDT)；

——GB 14536.6　燃烧器电自动控制系统的特殊要求(IEC 60730-2-5,IDT)；

——GB 14536.7　压力敏感电自动控制器的特殊要求(idt IEC 60730-2-6)；

——GB 14536.8　定时器和定时开关的特殊要求(idt IEC 60730-2-7)；

——GB 14536.9　电动水阀的特殊要求(包括机械要求)(IEC 60730-2-8,IDT)；

——GB 14536.10　温度敏感控制器的特殊要求(IEC 60730-2-9,IDT)；

——GB 14536.11　电动机用起动继电器的特殊要求(IEC 60730-2-10,IDT)；

——GB 14536.12　能量调节器的特殊要求(idt IEC 60730-2-11)；

——GB 14536.13　电动门锁的特殊要求(IEC 60730-2-12,IDT)；

——GB 14536.15　湿度敏感控制器的特殊要求(IEC 60730-2-13,IDT)；

——GB 14536.16　电起动器的特殊要求(idt IEC 60730-2-14)；

——GB 14536.17　锅炉器具中使用的浮子型或电极敏感型水位敏感电自动控制器的特殊要求(IEC 60730-2-15,IDT)；

——GB 14536.18　家用和类似用途浮子型水位控制器的特殊要求(IEC 60730-2-16,IDT)；

——GB 14536.19　电动燃气阀的特殊要求，包括机械要求(IEC 60730-2-17,IDT)；

——GB 14536.20　水流和气流敏感控制器的特殊要求，包括机械要求(IEC 60730-2-18,IDT)；

——GB 14536.21　电动油阀的特殊要求，包括机械要求(IEC 60730-2-19,IDT)；

……

本部分等同采用IEC 60730-2-12:2005《家用和类似用途电自动控制器　第2部分：电动门锁的特殊要求》。

本部分的结构与IEC 60730-2-12:2005完全相同。在本部分中，有对应国家标准的，参照引用国家标准；暂无国家标准的，则参照引用所列的IEC标准。

为了便于使用，本部分做了下列编辑性修改：

a)　用小数点“.”代替作为小数点的逗号“,”；

b)　增加了国家标准的前言；

c)　“本标准”一词改为“本部分”；

d)　用“GB 14536.1”代替“第1部分”。

本部分与GB 14536.1—2008《家用和类似用途电自动控制器　第1部分：通用要求》配合使用。

本部分代替GB 14536.13—1996《家用和类似用途电自动控制器　电动门锁的特殊要求》。

本部分与GB 14536.13—1996相比主要变化如下：

——增加附录 H。

本部分的附录 H 为规范性附录。

本部分由中国电器工业协会提出。

本部分由全国家用自动控制器标准化技术委员会(SAC/TC 212)归口。

本部分起草单位:广州威凯检测技术研究所、广州电器科学研究院、宁波经济技术开发区海鑫电器科技有限公司。

本部分起草人:竹利平、梁鹤鸣、黄开云、柯赐龙。

本部分所代替标准的历次版本发布情况为:

——GB 14536.13—1996。

IEC 前言

1) IEC(国际电工委员会)是由各个国家的电工委员会(IEC 国家委员会)组成的世界性标准化组织。IEC 的宗旨是在电气和电子领域的标准化相关问题上促进国际间的合作。为此目的,IEC 除了开展其他活动之外,还出版国际标准、技术规范、技术报告、公共规范(PAS,Publicly Available Specifications)和导则(今后统称 IEC 出版物)。这些标准的制定工作是委托各技术委员会来完成的。作为 IEC 成员的各国家委员会,只要对所要制定的标准感兴趣,均可参与其制定工作。与 IEC 有联系的国际性的、官方的或非官方的组织亦参与标准的制定工作。IEC 和世界标准化组织(ISO)遵照双方协议所规定的条件,密切合作。
2) 由于每个技术委员会中均有来自对相关问题感兴趣的国家委员会的代表,故 IEC 的有关技术议题的正式决议或协议都在最大限度上表达了国际上对于相关问题的一致看法。
3) IEC 出版物以推荐的形式用于国际用途,并在此意义上为各国家委员会接受。尽管已作了所有可行的努力去确保 IEC 出版物的技术内容是正确的,IEC 也不能为这些出版物所被使用的方式或是任何使用者的错误解释而承担责任。
4) 为了促进国际上的统一,IEC 各国家委员会负责将 IEC 国际标准透明地、最大可能地转化为国家或地区性标准。IEC 标准和相应的国家或地区性标准之间如有任何差异,应在标准转化之后清楚地说明。
5) IEC 并未制定任何认可标志的程序,如有某设备宣称其符合 IEC 的某一出版物时,IEC 对此不负责任。
6) 所有的使用者应确保拥有本出版物的最新版本。
7) IEC 或是其领导人、雇员、服务人员或代理人,包括独立的专家和 IEC 技术委员会、各国家委员会,对于任何由于使用或是信任本 IEC 标准或其他 IEC 出版物而造成的人员伤亡、财产损失或其他对自然环境造成的伤害(不管这些损失是直接的还是间接的)不负担任何责任,对相应产生的费用和花费(包括法律费用)也不承担责任。
8) 要注意本标准所引用的相关标准。使用所引用的标准是正确应用本标准所必不可少的。
9) 值得注意的是本国际标准中的某些部分可能涉及到专利权。IEC 对于鉴别某一或是全部的这一类专利权将不负责任。

国际标准 IEC 60730-2-12 由 IEC 技术委员会 TC72:家用自动控制器技术委员会制定。

本第二版本取消并取代 1993 年颁布的第一版及其 1995 年的修订 1。本第二版整合了附录 H 电子控制器的要求组成一个技术修订本。

标准正文基于下述文件:

FDIS	投票报告
72/672/FDIS	72/679/RVD

有关本部分表决通过的详细资料,请见上表所列的投票报告。

该出版物的起草遵从 ISO/IEC 指令:第二部分。

本部分应与 IEC 60730-1 配合使用。它是基于 IEC 60730-1 的 1999 年第三版及其 2003 年修订 1 的基础而形成的。应考虑 IEC 60730-1 后续版本或修订。

本部分补充或修改 IEC 60730-1 中相应的条款使之转换为 IEC 标准:电动门锁的特殊要求。

当本部分中出现“增加”、“修改”或“代替”时,则第 1 部分中相关的要求、试验描述或解释性内容应作相应修改。

当不需要变动时，本部分将注明相应的章节或条款适用。

在制定一个完整的国际标准时，必须考虑世界各个地区的实际情况所形成的不同要求，而且应承认各个国家电气系统和布线规则的差异。

不同国家的差异，以“注：在某些国家”的形式给出，这些差异见下列条款：

——17.1.3.1；

——17.7；

——17.7.1；

——17.7.7；

——17.10；

——17.10.4。

在本出版物中：

1） 采用下列印刷字型：

——要求正文：罗马字体。

——试验规范：斜体字。

——注：小罗马字体。

2） 在第1部分的基础上增加的条、注释、项目和图从101开始编号。

委员会决定本出版物的内容在IEC网站 http://webstore.iec.ch 上标明的和特定出版物相关的下次修订日期之前保持不变。而到了此日期，出版物将被：

- 再次确认；
- 取消；
- 被修订后的版本替代，或
- 修订。

家用和类似用途电自动控制器 电动门锁的特殊要求

1 范围和规范性引用文件

GB 14536.1 中的该章，除下述内容外均适用。

1.1 代替：

一般情况下，本部分适用于家用和类似用途设备中用于阻止开门的电动门锁。

1.1.1 代替：

本部分适用于电自动控制器固有的安全，适用于与设备安全有关的操作值、操作时间和操作程序，以及适用于在家用或类似设备中或随设备一起使用的门锁的试验。

本部分也适用于 GB 4706.1 范围内的器具所使用的门锁。

注 1：本部分使用的“设备”一词包含“器具和设备”。

注 2：本部分使用的“门”一词表示“门、盖或罩”。“门锁”一词表示“电动门锁”。

本部分不适用于专门用于工业用途的电动门锁。

本部分也适用于作为控制系统一部分的单体门锁或与带有无电量输出的多功能控制器机械地组合在一起的门锁。

不作为一般家用，但用于公共场所，例如给商店、轻工业和农场中由非专业人员使用的设备，其使用的电动门锁也包括在本部分范围内。

也可见附录 J。

1.1.2 代替：

本部分适用于通过双金属、电磁线圈、记忆金属、压力元件、温敏膨胀元件或是电子元件来操动电气和控制电路的门锁。

1.1.3 不适用。

1.1.4 代替：

本部分也适用于在电气上和/或机械上与电动门锁相结合的人工控制器。

注：不构成门锁组成部分的手动开关的要求包含在 GB 15092.1。

1.3 代替：

本部分未规定取决于门锁在设备中的安装方法的自动动作的响应值。如果这些值对保护使用者或周围环境有作用，由相应设备标准规定的或由制造商确定的响应值在本部分中适用。

1.4 代替：

本部分也适用于装有电子装置的门锁。对该种门锁的要求由附录 H 给出。

本部分适用于 NTC(负温度系数)或 PTC(正温度系数)热敏电阻器的门锁。它们的附加要求包括在附录 J 中。

2 定义

GB 14536.1 中的该章，除下述内容外均适用。

2.2 按用途分类的控制器的定义

增加：

2.2.101

电动门锁　electrically operated door lock

借助以物理的方法固定门、盖或罩的机械输出机构，用于控制家用或类似设备中门的一种装入式或整体式的电气操作装置。

2.3　与控制器的功能相关的定义

增加：

2.3.101

释放值　drop-out value

锁定装置释放时的操作值。

2.3.102

锁定　locking

在规定的条件下，阻止门的机械机构以防止门打开的机械动作。

2.3.103

锁定延时　locking delay

锁定信号和完成锁定动作之间所经过的时间。

2.3.104

锁定力　locking force

门锁阻止门打开的最小机械力。

2.3.105

锁定稳固性　locking security

即使门锁被损坏，仍可阻止器具开门或阻止操作器具的一种状态。

2.3.106

开锁延时　unlocking delay

开锁信号和完成释放动作之间所经过的时间。

3　一般要求

GB 14536.1 中的该章适用。

4　试验的一般说明

GB 14536.1 中的该章，除下述内容外均适用。

4.1　试验条件

4.1.1　增加：

注：可采用真实的门或是适当的器具来模拟门以进行本部分的试验。

5　额定值

GB 14536.1 中的该章适用。

6　分类

GB 14536.1 中的该章，除下述内容外均适用。

6.3　按用途分类

增加：

6.3.101　——门锁。

6.3.101.1　——电压敏感。

注：设计包括电压敏感加热元件、电磁线圈或电子元件。

6.3.101.2 ——电流敏感。

注:设计包括电流敏感加热元件、电磁线圈或电子元件。

6.3.101.3 ——热动。

注:由温度敏感元件直接或间接控制锁定。

6.3.101.4 ——压力操作。

注:由压力敏感元件直接或间接控制锁定。

6.4 按自动动作分类

增加:

6.4.101 ——锁定稳固性(1.AA 型或 2.AA 型)。

7 资料

GB 14536.1 中的该章,除下述内容外均适用。

增加:

表 7.2

资　料	章、条	方 法
增加项:		
101 锁定延时[101)]	2.3.103	X
102 开锁延时[101)]	2.3.106	X
103 锁定力(如果声明)[101)]	2.3.104 18.101.1	X
104 释放值	2.3.101	X
105 对被控制输出的影响(如果声明)[102)]	6.4.101 18.101.2	X
106 第 17 章试验用的操作方法	17	X

在表 7.2 注 d 中增加:

对于门锁,起动量的限值或在适用的家用器具标准中规定,或由器具制造商规定或由门锁制造商声明(见 17.7 和 17.8)。

增加注:

101) 或在适用的家用器具标准的第 2 部分中规定,或由器具制造商规定或由门锁制造商声明。

102) 给制造商提供了对门锁出现故障后的输出的说明。

8 防触电保护

GB 14536.1 中的该章适用。

9 接地保护措施

GB 14536.1 中的该章适用。

10 端子和端头

GB 14536.1 中的该章适用。

11 结构要求

GB 14536.1 中的该章适用。

12 防潮及防尘

GB 14536.1 中的该章适用。

13 电气强度和绝缘电阻

GB 14536.1 中的该章适用。

14 发热

GB 14536.1 中的该章适用。

15 制造偏差和漂移

GB 14536.1 中的该章适用。

16 环境应力

GB 14536.1 中的该章适用。

17 耐久性

GB 14536.1 中的该章,除下述内容外均适用。

17.1.3 试验程序和条件

代替:

17.1.3.1 一般的试验程序为:

——进行 17.6 规定的老化试验(仅对分类为 1.M 型动作或 2.M 型动作的门锁进行此试验);

——进行 17.7 规定的加速自动动作的过压试验(在加拿大和美国,由过载试验代替此试验);

——进行 17.8 规定的加速自动动作试验;

——进行 17.10 规定的加速人工动作的过压试验(在加拿大和美国,由过载试验代替此试验);

——进行 17.11 规定的人工动作试验。

17.3 试验的热条件

代替:

17.3.1 门锁适用的热条件:

——当门锁按规定方法安装好时,易触及的部件应暴露在常温下;

——门锁的安装表面应保持在 $T_{s\,max}$ 与 $T_{s\,max}+5$ ℃或 $1.05T_{s\,max}$(取二者中较高者)之间;

——如控制器不在 $T_{s\,max}$ 的安装表面温度下循环,则在(20±5)℃下进行试验。

17.3.2 不适用。

17.4 试验的人工和机械条件

17.4.1 代替:

人工动作应模拟门的操作,每一操作周期由门一次关和开的动作组成。

17.4.2 代替:

试验用模拟门闩的动作速度应为:

——对旋转型动作,9°/s～45°/s

——对直线型动作,(5 ～ 25)mm/s

17.4.3 至 17.4.5 不适用。

17.7 加速自动动作的过压(或某些国家的过载)试验

用下面的题目代替:

17.7 加速自动动作的过压(或加拿大和美国的过载)试验

17.7.1 代替:

自动动作电路的电气条件,除电流敏感型门锁的锁定控制电路外,应是17.2中为过电压(在加拿大和美国为过载)规定的电气条件。

电流传感型门锁的控制电路的电流应按照表7.2中声明。

17.7.3 代替:

操作方法和操作程序应按制造商声明。

17.7.7 代替:

在此试验期间,门锁的锁定装置应处于其动作位置。

注:在加拿大和美国,周期数为50。

17.8 加速自动动作的试验

代替:

17.8.1 除电流传感型门锁的锁定控制电路外,所有自动动作电路的电气条件应是17.2中规定的电气条件。电流传感型门锁的控制电路的电流应按照表7.2中声明。

17.8.2 热条件应按17.3的规定。

17.8.3 操作方法和操作程序应按制造商声明。

17.8.4 自动动作周期数应为表7.2第27项中声明的周期数减去17.7试验期间实际进行的周期数。

17.9 慢速的自动动作试验

不适用。

17.10 加速人工动作的过压(或加拿大和美国的过载)试验

17.10.3 代替:

操作方法和操作程序应按制造商声明。

17.10.4 代替:

人工动作的周期数是表7.2中声明的10%或100,取二者之中较小者。

注:在加拿大和美国,周期数为50。

17.11 慢速人工动作试验

代替:

17.11.1 人工动作电路的电气条件应按17.2的规定。

17.11.2 热条件应按17.3的规定。

17.11.3 操作方法和操作程序应按制造商声明。

17.11.4 人工动作周期数应为表7.2第26项中声明的周期数减去17.10试验期间实际进行的周期数。

17.12 快速的人工试验

不适用。

17.13 加速人工动作试验

不适用。

18 机械强度

GB 14536.1中的该章,除下述内容外均适用。

增加下述条款:

18.101 锁定试验

使用一个试样进行18.101.1和18.101.2的试验。

18.101.1 锁定力

完成锁定过程后,在锁定装置上无冲击地施加规定的锁定力1 min。

试验后，门锁应无机械损伤的痕迹。门锁应继续能够完成其预定的动作，并且符合第 8 章和第 20 章的要求。

18.101.2 锁定稳固性

在 18.101.1 试验后，锁定力应以一恒定的速率增加，并且无冲击地施加直至门锁重新打开。

试验后门锁应符合第 8 章和第 20 章的要求。

另外，对于 6.4.101 条规定的门锁，输出的力应符合表 7.2 中第 105 项声明。

19 螺纹部件及连接

GB 14536.1 中的该章适用。

20 爬电距离、电气间隙和穿通固体绝缘的距离

GB 14536.1 中的该章适用。

21 耐热、耐燃和耐漏电起痕

GB 14536.1 中的该章适用。

22 耐腐蚀性

GB 14536.1 中的该章适用。

23 电磁兼容性(EMC)要求——发射

GB 14536.1 中的该章适用。

24 组件

GB 14536.1 中的该章适用。

25 正常操作

GB 14536.1 中的该章适用。

26 电磁兼容性(EMC)要求——抗扰度

GB 14536.1 中的该章适用。另见附录 H。

27 非正常操作

GB 14536.1 中的该章适用。另见附录 H。

28 电子断开使用导则

GB 14536.1 中的该章适用。

图

GB 14536.1 中的图均适用。

附　　录

GB 14536.1 中的附录，除下述内容外均适用：

附　录　H
（规范性附录）
电子控制器的要求

GB 14536.1 中的该附录，除下述内容外均适用。

H.6.18　按软件分类

H.6.18.2　增加：

注：通常，门锁所使用的软件属于 B 类或 C 类。

H.6.18.3　增加：

注：通常，使用在自洁烤箱上的门锁的软件属于 C 类。

H.11　结构要求

H.11.12　使用软件的控制器

H.11.12.8　代替：

注：在表 H.7.2 第 71 项中声明的值，可以在适用的器具标准中给出。

H.11.12.8.1　增加：

注：在表 H.7.2 第 72 项中声明的值，可以在适用的器具标准中给出。

H.23.1.2　无线电频率发射

代替：

使用软件的立式、独立安装式和带线式的电子控制器，其中的振荡电路、开关电源应满足表 H.23 中的 CISPR 14-1 和/或 GB 9254 中 B 类的要求。

装入式和整体式控制器不进行本章试验，因为这些试验的结果会因为控制器装入器具而受到影响，且也会受到测量辐射的测量装置的影响。如果制造商要求，控制器也可以在声明的条件下进行测试。

H.26　电磁兼容性(EMC)要求——抗扰度

H.26.1　增加：

注：除此之外，对于 1.AA 型或 2.AA 型的门锁，门锁物理上锁住门、盖、罩的能力在每项试验后应不受到影响。而且，辅助电路和电子输出应满足 H.26.13.2 的要求。

H.26.2　代替(包括 H.26.2.1 和 H.26.2.2)：

对于 2 型动作、1.AA 型动作或 2.AA 型动作的门锁，通过完成 H.26.4 至 H26.14 的试验来检查。对于除 1.AA 型动作以外的 1 型动作的门锁，通过完成 H.26.8 和 H.26.9 的试验来检查。

对于 2 型动作、1.AA 型动作或 2.AA 型动作的整体式和装入式门锁，除 H.26.5 之外，其余适用的试验为非强制性，且仅只有当制造商声明了表 H.7.2 中第 58a)项才进行。

对于除 1.AA 型动作以外 1 型动作的整体式和装入式门锁，如果制造商声明了表 H.7.2 中第 58a)项，则通过完成 H.26.8 和 H.26.9 的试验来检查。

H.26.4～H.26.14 的试验应当在门锁处于锁定位置和非锁定位置时进行。

H.26.3 增加：

注：在这种情况下，该试样在完成试验后进行一次 GB 14536.1—2008 中 17.5 的试验。

H.26.6 电压不平衡影响的试验

不适用。

H.26.7 直流对交流网络的影响的试验

代替：

注：对于 2 型动作门锁在考虑中。

H.26.8 浪涌抗扰度试验

H.26.8.3 试验程序

代替：

试验的程序和所用设备应符合 GB/T 17626.5 的要求。根据这个标准，门锁在端子间接上脉冲发生器前提下接上合适的电源在额定电压下操作。

试验以不小于 60 s 的间隔在门锁的每个极（正和负）上各施加 5 个脉冲，脉冲施加于电源的两个端子之间和每个电源端子和中线之间。

增加：

H.26.8.3.101 60％的测试在门锁锁定时进行，40％的试验在门锁非锁定时进行。

H.26.9 电快速瞬变/脉冲试验

H.26.9.2 试验等级

对操作条件进行修改：

"见相应的第 2 部分"用"见 H.26.9.3"代替。

H.26.9.3 试验程序

增加：

相关的操作模式是指门锁处于锁定和非锁定状态。

H.26.10 振铃波试验

H.26.10.5 试验程序

增加：

H.26.10.5.101 60％的测试在门锁锁定时进行，40％的试验在门锁非锁定时进行。

H.26.12 无线电电磁场抗扰度

H.26.12.2.2 试验程序

增加：

相关的操作模式是指门锁处于锁定和非锁定状态。

H.26.12.3.2 试验程序

增加：

相关的操作模式是指门锁处于锁定和非锁定状态。

H.26.14.3 试验程序

增加：

试验应当在门锁处于锁定位置和非锁定位置时进行。

H.26.15 合格评定

H.26.15.4

代替：

进行完测试后，如果门锁仍可动作，则其动作应仍满足其预定设计的要求，未丧失其保护功能，其保护功能通过第15章的试验来验证。如果门锁不能再动作，在2.3.105中定义的锁定稳固性应不受影响。

H.27 非正常操作

H.27.1.2 代替第一行内容：

门锁应在下述条件下操作。此外，门锁应在锁定和非锁定的状态下进行试验。

ICS 29.130.20
K 32

中华人民共和国国家标准

GB 14536.15—2008/IEC 60730-2-13:2006
代替 GB 14536.15—1999

家用和类似用途电自动控制器 湿度敏感控制器的特殊要求

Automatic electrical controls for household and similar use—Particular requirements for humidity sensing controls

(IEC 60730-2-13:2006,IDT)

2008-12-30 发布　　2010-02-01 实施

中华人民共和国国家质量监督检验检疫总局
中国国家标准化管理委员会　发布

前　言

本部分的全部技术内容为强制性。

GB 14536《家用和类似用途电自动控制器》分为以下两个部分：

——第1部分：通用要求；

——第2部分：特殊要求。

特殊要求又由下列部分组成：

——GB 14536.3　电动机热保护器的特殊要求(IEC 60730-2-2,IDT)；

——GB 14536.4　管型荧光灯镇流器热保护器的特殊要求(IEC 60730-2-3,IDT)；

——GB 14536.5　密封和半密封电动机-压缩机用电动机热保护器的特殊要求(IEC 60730-2-4,IDT)；

——GB 14536.6　燃烧器电自动控制系统的特殊要求(IEC 60730-2-5,IDT)；

——GB 14536.7　压力敏感电自动控制器的特殊要求(idt IEC 60730-2-6)；

——GB 14536.8　定时器和定时开关的特殊要求(idt IEC 60730-2-7)；

——GB 14536.9　电动水阀的特殊要求(包括机械要求)(IEC 60730-2-8,IDT)；

——GB 14536.10　温度敏感控制器的特殊要求(IEC 60730-2-9,IDT)；

——GB 14536.11　电动机用起动继电器的特殊要求(IEC 60730-2-10,IDT)；

——GB 14536.12　能量调节器的特殊要求(idt IEC 60730-2-11)；

——GB 14536.13　电动门锁的特殊要求(IEC 60730-2-12,IDT)；

——GB 14536.15　湿度敏感控制器的特殊要求(IEC 60730-2-13,IDT)；

——GB 14536.16　电起动器的特殊要求(idt IEC 60730-2-14)；

——GB 14536.17　锅炉器具中使用的浮子型或电极敏感型水位敏感电自动控制器的特殊要求(IEC 60730-2-15,IDT)；

——GB 14536.18　家用和类似用途浮子型水位控制器的特殊要求(IEC 60730-2-16,IDT)；

——GB 14536.19　电动燃气阀的特殊要求，包括机械要求(IEC 60730-2-17,IDT)；

——GB 14536.20　水流和气流敏感控制器的特殊要求，包括机械要求(IEC 60730-2-18,IDT)；

——GB 14536.21　电动油阀的特殊要求，包括机械要求(IEC 60730-2-19,IDT)；

……

本部分等同采用IEC 60730-2-13:2006《家用和类似用途电自动控制器　湿度敏感控制器的特殊要求》。

本部分的结构与IEC 60730-2-13:2006相同。在本部分中，有对应国家标准的，参照引用国家标准；暂无国家标准的，则参照引用所列的IEC标准。

为了便于使用，本部分做了下列编辑性修改：

a)　用小数点“.”代替作为小数点的逗号“,”；

b)　增加了国家标准的前言；

c)　用“GB 14536.1”代替“第1部分”。

本部分与GB 14536.1—2008《家用和类似用途电自动控制器　第1部分：通用要求》配合使用。

本部分代替GB 14536.15—1999《家用和类似用途电自动控制器　湿度敏感控制器的特殊要求》。

本部分与GB 14536.15—1999相比主要变化如下：

a)　第7章中表7.2有一定变动；

b） 第15章制造偏差和漂移表示方法有增加；

c） 若干章节的名称根据GB 14536.1的变化做了相应的更改；

d） 附录H（电子控制器的要求）做了较大改变。

本部分的附录H和附录AA为规范性附录。

本部分由中国电器工业协会提出。

本部分由全国家用自动控制器标准化技术委员会（SAC/TC 212）归口。

本部分起草单位：广州威凯检测技术研究所、广州电器科学研究院、浙江中雁温控器有限公司、宁波经济技术开发区海鑫电器科技有限公司、广东科龙空调器有限公司。

本部分主要起草人：杜娟、黄开云、陈永龙、柯赐龙、张磊。

本部分所代替标准的历次版本发布情况为：

——GB 14536.15—1999。

IEC 前言

1）IEC(国际电工委员会)是由各个国家的电工委员会(IEC 国家委员会)组成的世界性标准化组织。IEC 的宗旨是在电气和电子领域的标准化相关问题上促进国际间的合作。为此目的，IEC 除了开展其他活动之外，还出版国际标准、技术规范、技术报告、公共规范(PAS，Publicly Available Specifications)和导则(今后统称 IEC 出版物)。这些标准的制定工作是委托各技术委员会来完成的。作为 IEC 成员的各国家委员会，只要对所要制定的标准感兴趣，均可参与其制定工作。与 IEC 有联系的国际性的、官方的或非官方的组织亦参与标准的制定工作。IEC 和世界标准化组织(ISO)遵照双方协议所规定的条件，密切合作。

2）IEC 有关技术问题的正式决议或协议由所有对此问题特别关注的 IEC 国家委员会参加的技术委员会所制定，并尽可能地表达了对所涉及的问题在国际上的一致意见。

3）IEC 出版物以推荐形式供国际上使用，并在此意义上为各国家委员会所承认。尽最大努力确保 IEC 标准的技术内容是正确的同时，IEC 对终端使用者的使用方式或任何错误的翻译不负责任。

4）为了促进国际上的统一，IEC 各国家委员会应明确地、最大限度地将 IEC 国际标准转化为国家或地区的标准。IEC 标准和相应的国家或地区性标准之间如有任何差异，应在国家标准或地区性标准中清楚地注明。

5）IEC 没有制定任何认可的标志程序。如有某设备宣称其符合 IEC 的某一项标准时，IEC 对此不负任何责任。

6）所有使用者应确保所使用的是最新版本。

7）IEC 或是其领导人、雇员、服务人员或代理人，包括独立的专家和 IEC 技术委员会、各国家委员会，对于任何由于使用或是信任本 IEC 标准或其他 IEC 出版物而造成的人员伤亡、财产损失或其他对自然环境造成的伤害(不管这些损失是直接的还是间接的)不负担任何责任，对相应产生的费用和花费(包括法律费用)也不承担责任。

8）注意本出版物提到的引用标准。出版物中的引用标准对于本标准的正确应用是不可缺少的。

9）请注意，本出版物的某些内容可能涉及到专利权，IEC 对这些专利权问题概不负责。

国际标准 IEC 60730-2-13 由 IEC/TC 72：家用自动控制器技术委员会制定。

此第二版将废止并取代第一版(1995 年)及其修订 1(1997 年)和修订 2(2000 年)。第二版标准包括一项技术修订，该修订与附录 H 中对电自动控制器技术要求的修正内容相配合。

标准正文基于下述文件：

FDIS	投 票 报 告
72/713/FDIS	72/726/RVD

有关本部分表决通过的全部资料，请见上表所列的投票报告。

该出版物按照 ISO/IEC 导则的第二部分起草。

本部分应与 IEC 60730-1 配合使用。以 IEC 60730-1 第 3 版(1999 年)及其修订 1(2003 年)为基准，应考虑 IEC 60730-1 后续版本或修订。

本部分补充或修改了 IEC 60730-1 中相应条款，形成了 IEC 标准：湿度敏感控制器的特殊要求。

本部分中，凡注明“增加”、“修改”、“代替”之处，IEC 60730-1 中相应的要求、试验规范或注释应作相应的修改。

不需要修改之处，本部分注明相应的章节或条款适用。

在制定一个完整的国际标准过程中，必须考虑到世界各地实际情况所形成的不同要求，而且应区分各个国家电气系统和布线规则的差异。

不同国家的差异，以“注：在某些国家……”形式给出，这些差异出现在下列条款里：

——11.4.3；

——17.8.4.101；

——17.16.102；

——AA.2。

本出版物使用下列字体：

——试验要求正文：罗马字体；

——试验技术规范：斜体；

——注：小罗马字体。

在 IEC 60730-1 基础上增加的章节、注释、条款从 101 起编号，增加的附录用字母 AA、BB 等表示。

在 IEC 网站，可以查到以通用要求《家用和类似用途电自动控制器》为基础的 IEC 60730 系列所有标准的目录。

委员会决定本出版物的内容在 IEC 网站 http://webstore.iec.ch 上标明的和特定出版物相关的下次修订日期之前保持不变，而到了此日期，出版物将被：

- 再次确认；
- 取消；
- 被修订后的版本代替；或
- 修订。

家用和类似用途电自动控制器 湿度敏感控制器的特殊要求

1 范围和规范性引用文件

GB 14536.1 中的该章，除下述内容外均适用。

1.1 代替：

本部分适用于在家用和类似用途的设备中使用或与这些设备配套使用的电自动湿度敏感控制器，包括用于加热、空调和类似用途的控制器。这些设备可以使用电、气体、油、固体燃料、太阳能等或者它们的组合能源。

1.1.1 下述注代替第二段后的注：

注：本部分中，“设备”一词包含“器具”和“控制系统”。

1.1.2 代替：

本部分适用于机械或电子式操作的能反应或控制湿度的电自动控制器。

1.1.3 不适用。

2 定义

GB 14536.1 中的该章，除下述内容外均适用。

2.2 按用途分类的控制器的定义

2.2.19 增加：

注：通常，湿度敏感控制器是操作控制器。

增加：

2.2.101

湿度敏感控制器 humidity sensing control

用来使湿度保持在某一特定值以上、以下或两个特定值之间的电自动控制器。

2.2.102

房间湿度调节器 room humidistat

用来控制居住空间湿度的独立安装式或装入式湿度敏感控制器。

3 一般要求

GB 14536.1 中的该章适用。

4 试验的一般说明

GB 14536.1 中的该章适用。

5 额定值

GB 14536.1 中的该章适用。

6 分类

GB 14536.1 中的该章，除下述内容外均适用。

6.3.9 增加：

6.3.9.101 ——湿度敏感控制器。

6.3.9.102 ——房间湿度调节器。

7 资料

GB 14536.1 中的该章适用。

8 防触电保护

GB 14536.1 中的该章适用。

9 接地保护措施

GB 14536.1 中的该章适用。

10 端子和端头

GB 14536.1 中的该章适用。

11 结构要求

GB 14536.1 中的该章，除下述内容外均适用。

11.4.3 增加：

注：在加拿大和美国，2 型动作的控制器触点之间可以不连接电容器。

12 防潮及防尘

GB 14536.1 中的该章适用。

13 电气强度和绝缘电阻

GB 14536.1 中的该章，除下述内容外均适用。

表 13.2

在注 e)中增加如下内容：

注：对于湿度敏感控制器而言，可能需要提供经过校准的特殊试样以进行此项试验。

14 发热

GB 14536.1 中的该章适用。

15 制造偏差和漂移

GB 14536.1 中的该章，除下述内容外均适用。

15.1 修改：

15.1 的注不适用。

15.4 增加：

或者，也可以采用声明的操作值加公差值的方法来分别表示声明的制造偏差和漂移。

15.5.3 增加：

15.5.3.101 对于预期由用户自行调节的控制器，除非制造商另有声明，否则要通过调节器设定可调湿度范围的最大值。

15.5.3.102 控制器的操作应由一个传感电流不超过 0.05 A 的传感元件来完成。

回路可采用任何方便的电压，只要其能够可靠显示出所监控的工作状况。

15.5.4 不适用。

16 环境应力

GB 14536.1 中的该章适用。

17 耐久性

GB 14536.1 中的该章,除下述内容外均适用。

17.1.3 试验程序和条件

增加:

17.1.3.101 对湿度敏感控制器,应以制造商和试验机构商定的起动量进行第 17 章的试验。

17.8 加速自动动作的试验

增加:

17.8.4.101 除非制造商声明了更高的周期数,独立安装式控制器和带线控制器的自动动作和人工动作周期数应符合附录 AA 中 AA.1 的规定。

注:加拿大和美国适用的周期数见附录 AA 中 AA.2 的规定。

17.16 专门用途的控制器的试验

增加:

17.16.101 湿度敏感控制器

——17.1～17.5 适用;

——17.6 适用于分类为 1.M 型或 2.M 型的动作,"X"值由制造商和试验机构商定;

——17.7 适用;

——17.8 适用;

——17.9 适用,除:

——17.9.3.1 不适用;

——17.10～17.14 适用。

17.16.102

注:在美国,如果一个控制器有两个或更多个电气额定值(例如:感性的和阻性的,或在不同电压下的不同电流值),该控制器按照不小于声明耐久性次数的 25%的次数对每组额定值进行试验(如果声明的耐久性次数等于或多于 30 000 个周期),但任一试样上的总周期数不得多于其声明的耐久性次数。然而,至少有一个试样进行试验的总周期数要等于其声明的耐久性次数。

18 机械强度

GB 14536.1 中的该章适用。

19 螺纹部件及连接

GB 14536.1 中的该章适用。

20 爬电距离、电气间隙和穿通固体绝缘的距离

GB 14536.1 中的该章适用。

21 耐热、耐燃和耐漏电起痕

GB 14536.1 中的该章适用。

22 耐腐蚀性

GB 14536.1 中的该章适用。

23 电磁兼容性(EMC)要求——发射

GB 14536.1 中的该章适用。

24 组件

GB 14536.1 中的该章适用。

25 正常操作

GB 14536.1 中的该章适用。

26 电磁兼容性(EMC)要求——抗扰度

GB 14536.1 中的该章适用。参见附录 H。

27 非正常操作

GB 14536.1 中的该章适用。参见附录 H。

28 电子断开使用导则

GB 14536.1 中的该章适用。

图

GB 14536.1 中的图适用。

附录

GB 14536.1 中的附录,除下述内容外均适用。

附 录 H
(规范性附录)
电子控制器的要求

GB 14536.1 中的该附录,除下述内容外均适用。

H.6.18 按软件分类

H.6.18.1 ——A 类软件

增加:

注:通常,使用软件的湿度敏感控制器分类为 A 类软件。

H.7 资料

对表 7.2 做以下修改:

	资 料	章、条	方法
58a	增加: 见表 H.26.2.101 脚注 a)		
101	增加要求: 2 型湿度敏感控制器在操作之后的输出条件[101]	H.26.2.103 H.26.2.104 H.26.2.105	X
101) 例如,传导或不传导,如适用。			

H.11 结构要求

H.11.12 使用软件的控制器

H.11.12.8 用下述内容代替解释段:

注:表 H.7.2 中第 71 项规定值可由其适用的器具标准给出。

H.11.12.8.1 在此条款结尾增加如下说明:

注:表 H.7.2 中第 72 项规定值可由其适用的器具标准给出。

H.23 电磁兼容性(EMC)要求——抗扰度

H.23.1.2 无线电频率发射

增加:

整体式和装入式电湿度敏感控制器不经受此条试验,因为这些试验的结果会因为控制器装入器具而受到影响,且也会受到测量辐射的测量装置的影响。如果制造商要求,控制器也可以在声明的条件下进行测试。

H.26 电磁兼容性(EMC)要求——抗扰度

H.26.2 增加:

在每项测试之后，应符合表 H.26.2.101 列出的一项或多项指标。[1)]

增加：

H.26.2.101 如果适用，控制器应该保持其当前的状态，并且在第 15 章所验证的限值以内按照声明方式动作。

H.26.2.102 控制器应满足表 7.2 中第 101 项声明的条件，并且之后应如 H.26.2.101 中所述正常动作。

H.26.2.103 控制器若满足表 7.2 中第 101 项声明的条件，应不能自动或手动复位。正常运行时的输出波形是正弦波或者满足表 7.2 中第 53 项的声明。

H.26.2.104 控制器保持在表 7.2 中第 101 项所声明的状态。非自复位的控制器应该只能手动进行复位。当使其动作的湿度条件撤离，控制器应按照 H.26.2.101 所述动作，或者保持在 H.26.2.103 所声明的状态。

H.26.2.105 控制器可以回到初始状态，之后按 H.26.2.101 所述正常动作。

注：如果控制器在表 7.2 中第 101 项声明的状态下，控制器可以复位，但当使其动作的湿度条件依然存在，应再次回到声明的状态。

H.26.2.106 在控制器的输出和运行按照表 7.2 中第 58a 项或第 58b 项声明的同时，控制器应满足 17.5 的要求。

表 H.26.2.101 依据标准

H26 试验适用的条款	允许的依据标准					
2 型湿度敏感控制器	H.26.2.101	H.26.2.102	H.26.2.103	H.26.2.104	H.26.2.105	H.26.2.106[a)]
H.26.4～H.26.14	b	b	b	a	a	x
其他湿度敏感控制器	H.26.2.101	H.26.2.102	H.26.2.103	H.26.2.104	H.26.2.105	H.26.2.106[a)]
H.26.8，H.26.9	x				x	x
x＝允许；a＝动作之后施加干扰允许；b＝动作之前施加干扰允许						
a) 因为输出可接受性需要在器具上判断，该准则只适用于整体式或装入式控制器。						

H.26.5 电源供电网络的电压跌落和电压中断

H.26.5.4 电压波动测试

代替：

H.26.5.4.3 湿度敏感控制器应经受每个给定的电压试验循环 3 次，每个试验循环间隔 10 s。对于表 7.2 中第 101 项要求声明的湿度敏感控制器，在声明条件下经受每个循环 3 次，在非声明条件下经受每个循环 3 次。

H.26.8 浪涌抗扰度测试

H.26.8.3 试验程序

增加：

H.26.8.3.101 对于表 7.2 中第 101 项要求声明的控制器，在声明条件下经受试验 3 次，在非声明条件下经受 2 次。

1) 在 IEC 原文中为“表 H.26.101”，经过判定为笔误，改为“表 H.26.2.101”。

H.26.9 电快速瞬变/脉冲试验

H.26.9.3 试验程序

增加：

H.26.9.3.101 控制器经受 5 次试验。对于表 7.2 中第 101 项要求声明的控制器，在声明的位置施加 3 次，在非声明的位置施加 2 次。

H.26.10 振铃波试验

H.26.10.5 试验程序

增加：

H.26.10.5.101 对于表 7.2 中第 101 项要求声明的控制器，在声明条件下经受试验 3 次，在非声明条件下经受 2 次。

H.26.12 无线电电磁场抗扰度

H.26.12.2 传导骚扰抗扰度

H.26.12.2.2 试验程序

增加：

对于表 7.2 中第 101 项要求声明的控制器，在声明和非声明的位置分别施加干扰。

H.26.12.3 辐射电磁场辐射场抗扰度评估

增加：

H.26.12.3.101 对于表 7.2 中第 101 项要求声明的控制器，在声明和非声明的条件下分别施加干扰。

H.26.13 电源频率变化影响试验

H.26.13.3 试验程序

增加：

对于表 7.2 中第 101 项要求声明的控制器，在声明和非声明的条件下分别进行试验。

H.26.14 工频磁场抗扰度试验

H.26.14.3 试验程序

增加：

对于表 7.2 中第 101 项要求声明的控制器，在声明和非声明的条件下分别进行试验。

H.26.15 合格评定

H.26.15.2 增加：

依据的判定标准见表 H.26.2.101。

H.26.15.4 增加：

依据的判定标准见表 H.26.2.101。

H.27 非正常操作

H.27.1.2 用下述内容取代第 1 行内容：

控制器应按下述条件操作。并且，对于表 7.2 中第 101 项要求规定的控制器，在声明条件和非声明条件下分别进行试验。

增加附录：

附 录 AA
（规范性附录）
周 期 数

AA.1 独立安装式和带线控制器的周期数

控制器类型	自动动作	人工动作
温度敏感控制器	6 000	600
房间湿度调节器	60 000	600

AA.2 独立安装式和带线控制器的最小周期数（加拿大和美国适用）

湿度敏感控制器				
	加湿[a]		除湿[a]	
	1 型	2 型	1 型	2 型
自动动作 最初 最大周期数/min 最后 最大周期数/min	6 000 6 000 1[b]	100 000 75 000 6 25 000 1[b]	30 000 24 000 6 6 000 1[b]	100 000 75 000 6 25 000 1[b]
人工动作 最初 最大周期数/min 最后 最大周期数/min	6 000 6 000 1[b]	6 000 1 000 1[b] 5 000 [c]	6 000 6 000 1[b]	6 000 1 000 1[b] 5 000 [c]
手动工作 最大周期数/min	6 000 6		6 000 6	

a 磁性的、人工的和马达操动的开关，或类似的开关，以及空转时迅速闭合而不是渐渐闭合的开关，可以以每分钟 6 个循环的速率进行试验。

b 所有的控制器，均以(50±20)%的接通时间进行试验，湿度敏感控制器要采用低的变化速率进行此项试验。

c 不涉及电流的试验，可以采用任何方便的速率。

ICS 29.130.20
K 32

中华人民共和国国家标准

GB 14536.20—2008/IEC 60730-2-18:1997

家用和类似用途电自动控制器 水流和气流敏感控制器的特殊要求，包括机械要求

Automatic electrical controls for household and similar use—Particular requirements for automatic electric water and air flow sensing controls, including mechanical requirements

(IEC 60730-2-18:1997, IDT)

2008-12-30 发布　　2010-02-01 实施

中华人民共和国国家质量监督检验检疫总局
中国国家标准化管理委员会　发布

前　言

本部分的全部技术内容为强制性。

GB 14536《家用和类似用途电自动控制器》分为以下两个部分：

——第 1 部分：通用要求；

——第 2 部分：特殊要求。

特殊要求又由下列部分组成：

——GB 14536.3　电动机热保护器的特殊要求(IEC 60730-2-2,IDT)；

——GB 14536.4　管型荧光灯镇流器热保护器的特殊要求(IEC 60730-2-3,IDT)；

——GB 14536.5　密封和半密封电动机-压缩机用电动机热保护器的特殊要求(IEC 60730-2-4,IDT)；

——GB 14536.6　燃烧器电自动控制系统的特殊要求(IEC 60730-2-5,IDT)；

——GB 14536.7　压力敏感电自动控制器的特殊要求(idt IEC 60730-2-6)；

——GB 14536.8　定时器和定时开关的特殊要求(idt IEC 60730-2-7)；

——GB 14536.9　电动水阀的特殊要求(包括机械要求)(IEC 60730-2-8,IDT)；

——GB 14536.10　温度敏感控制器的特殊要求(IEC 60730-2-9,IDT)；

——GB 14536.11　电动机用起动继电器的特殊要求(IEC 60730-2-10,IDT)；

——GB 14536.12　能量调节器的特殊要求(idt IEC 60730-2-11)；

——GB 14536.13　电动门锁的特殊要求(IEC 60730-2-12,IDT)；

——GB 14536.15　湿度敏感控制器的特殊要求(IEC 60730-2-13,IDT)；

——GB 14536.16　电起动器的特殊要求(idt IEC 60730-2-14)；

——GB 14536.17　锅炉器具中使用的浮子型或电极敏感型水位敏感电自动控制器的特殊要求(IEC 60730-2-15,IDT)；

——GB 14536.18　家用和类似用途浮子型水位控制器的特殊要求(IEC 60730-2-16,IDT)；

——GB 14536.19　电动燃气阀的特殊要求,包括机械要求(IEC 60730-2-17,IDT)；

——GB 14536.20　水流和气流敏感控制器的特殊要求,包括机械要求(IEC 60730-2-18,IDT)；

——GB 14536.21　电动油阀的特殊要求,包括机械要求(IEC 60730-2-19,IDT)；

……

本部分等同采用 IEC 60730-2-18:1997《家用和类似用途电自动控制器　第 2 部分:水流和气流敏感控制器的特殊要求,包括机械要求》。

本部分的结构与 IEC 60730-2-18:1997 完全相同。在本部分中,有对应国家标准的,参照引用国家标准;暂无国家标准的,则参照引用所列的 IEC 标准。本部分第 2 章规范性引用文件的编排顺序与 IEC 60730-2-18 不同。

本部分与 IEC 60730-2-18 相比差异如下：

a)　在第 17 章中,中国用过压试验代替过载试验。

为了便于使用,本部分做了下列编辑性修改：

a)　“本标准”一词改为“本部分”；

b)　用小数点“.”代替作为小数点的逗号“,”；

c)　增加了国家标准的前言；

d)　用“GB 14536.1”代替“第 1 部分”。

本部分与 GB 14536.1—2008《家用和类似用途电自动控制器　第 1 部分:通用要求》配合使用。

本部分的附录 H 为规范性附录。

本部分由中国电器工业协会提出。

本部分由全国家用自动控制器标准化技术委员会(SAC/TC 212)归口。

本部分起草单位:广州威凯检测技术研究所、广州电器科学研究院、宁波经济技术开发区海鑫电器科技有限公司。

本部分起草人:竹利平、梁鹤鸣、黄开云、柯赐龙。

IEC 前言

1) IEC(国际电工委员会)是由各个国家的电工委员会(IEC 国家委员会)组成的世界性标准化组织。IEC 的宗旨是在电气和电子领域的标准化相关问题上促进国际间的合作。为此目的,IEC 除了开展其他活动之外,还出版国际标准。这些标准的制定工作是委托各技术委员会来完成的。作为 IEC 成员的各国家委员会,只要对所要制定的标准感兴趣,均可参与其制定工作。与 IEC 有联系的国际性的、官方的或非官方的组织亦参与标准的制定工作。IEC 和世界标准化组织(ISO)遵照双方协议所规定的条件,密切合作。

2) 由于每个技术委员会中均有来自对相关问题感兴趣的国家委员会的代表,故 IEC 的有关技术议题的正式决议或协议都在最大限度上表达了国际上对于相关问题的一致看法。

3) 产生的文档以推荐的形式用于国际用途,并以标准、技术规范、技术报告或是导则的形式出版,并在此意义上为各国家委员会接受。

4) 为了促进国际上的统一,IEC 各国家委员会负责将 IEC 国际标准透明地、最大可能地转化为国家或地区性标准。IEC 标准和相应的国家或地区性标准之间如有任何差异,应在标准转化之后清楚地说明。

5) IEC 并未制定任何认可标志的程序,如有某设备宣称其符合 IEC 的某一项标准时,IEC 对此不负责任。

6) 值得注意的是本国际标准中的某些部分可能涉及到专利权。IEC 对于鉴别某一或是全部的这一类专利权将不负责任。

国际标准 IEC 60730-2-18 由 IEC TC 72:家用自动控制器技术委员会制定。

标准正文基于下述文件:

FDIS	投票报告
72/349/FDIS	72/372/RVD

有关本标准表决通过的详细资料,请见上表所列的投票报告。

本第 2 部分应与 IEC 60730-1 配合使用。它是基于 IEC 60730-1 第二版(1993 年)和修订 1(1994 年)的基础而形成的。应考虑 IEC 60730-1 日后版本或修订件。

本第 2 部分补充或修改了 IEC 60730-1 中相应的条款,使之转化为 IEC 标准:水流和气流敏感控制器的特殊要求,包括机械要求。

本第 2 部分中,凡注明"增加"、"修改"或"代替"之处,在第 1 部分中相应的要求、试验规范,或注释应作相应的修改。

凡不需要修改之处,本第 2 部分将在相应的条款注明第 1 部分的该章适用。

制定国际标准时,必须考虑各个国家各个地区由于实际情况所形成的不同要求,而且应承认各个国家的电力系统和布线规程的差异。

在本第 2 部分中,不同国家的差异以注"在某些国家"的形式给出;这些差异见:

——10.1.4;

——H.26.9;

——H.26.10;

——H.26.11。

在本出版物中:

1） 采用下列印刷字型：

——要求正文：罗马字体；

——试验规范：斜体字；

——注：小罗马字体。

2） 在第1部分的基础上增加那些条，注释，项目和图从101开始编号。

家用和类似用途电自动控制器 水流和气流敏感控制器的特殊要求，包括机械要求

1 范围和规范性引用文件

GB 14536.1 中的该章，由下述内容代替：

代替：

1.1 本部分适用于家用和类似用途设备(包括加热器，空调器和类似设备)内、设备上或随设备一起使用的电自动水流和气流敏感控制器。该设备用电，煤气，石油，固体燃料，太阳热能等，或是它们的组合。

注：例如：密封锅炉内、空调冷却器和通风设备内用的电自动水流和气流敏感控制器。

1.1.1 本部分适用于与设备保护有关固有安全的操作值及操作程序，和适用于用在家用和类似设备内、设备上或随设备一起使用的电自动水流和气流敏感控制器的试验。

本部分也适用于 GB 4706 范围内电器用的控制器。

不打算作为一般家用但仍可能被公众使用的设备，如打算在商店、轻工行业和农场中由非专业人员使用的设备，其电自动水流和气流敏感控制器也在本部分范围内。

本部分也适用作为控制系统一部分的单独控制器，或与带有无电量输出的多功能控制器机械地组合在一起的控制器。

本部分不适用于压力敏感控制器，这些控制器的要求包含在 GB 14536.7 中。

本部分不适用于专门用于工业用途的电自动水流和气流敏感控制器。

注：在第二部分中，“设备”一词包含“器具和设备”。

1.1.2 本部分适用于机械操作或电操作的、对空气和水流作出响应或控制的电自动控制器。

1.1.3 本部分包含水流和气流敏感控制器的电气性能要求和可能影响到电气安全的机械性能要求。

1.1.4 通常这些水流和气流敏感控制器是整体的或装在设备内的，或者打算成一体化或组合到设备内或设备上的。当这些控制器是独立安装或带线结构时，第二部分不包括在本部分内。

1.2 本部分适用于额定电压不超过 660 V，额定电流不超过 63 A 的控制器。

1.3 本部分没有考虑到控制器的自动动作响应值，如果此响应值取决于控制器在设备上的安装方法。如果响应值对使用者的安全或周围环境有重要影响，则相应家用电器标准规定的或制造厂决定的响应值适用。

1.4 本部分也适用于装有电子装置的控制器，其要求包含在附录 H 中。

1.5 规范性引用文件

下列文件中的条款通过 GB 14536 的本部分的引用而成为本部分的条款。凡是注日期的引用文件，其随后所有的修改单(不包括勘误的内容)或修订版均不适用于本部分，然而，鼓励根据本部分达成协议的各方研究是否可使用这些文件的最新版本。凡是不注日期的引用文件，其最新版本适用于本部分。

增加：

GB 14536.7　家用和类似用途电自动控制器　压力敏感电自动控制器的特殊要求(包括机械要求)(idt GB 14536.7—1996，IEC 60730-2-6:1991)

2 定义

GB 14536.1 中的该章，除下述内容外适用：

2.2 根据控制器用途类型的定义

2.2.19 增加：

注：见2.2.101和2.2.102。

2.2.20 增加：

注：见2.2.103和2.2.104。

增加：

2.2.101

水流操作控制器 water flow operating control

在正常使用条件下打算用于判断或保持水流在两个特定的值之间的一种水流敏感控制器，它可能带有防止用户设定的装置。

注：水流操作控制器是自动复位型的。

2.2.102

气流操作控制器 air flow operating control

在正常使用条件下打算用于判断或保持气流在两个特定的值之间的一种气流敏感控制器，它可能带有防止用户设定的装置。

注：气流操作控制器是自动复位型的。

2.2.103

水流切断器 water flow cut-out

在非正常情况下当水流少于一个特定值时响应，没有提供防止用户设定的装置。

注：水流切断器是自动或人工复位型的。

2.2.104

气流切断器 air flow cut-out

在非正常情况下当气流少于一个特定值时响应，它没有提供防止用户设定的装置。

注：气流切断器是自动或人工复位型的。

3 一般要求

GB 14536.1中的该章适用。

4 试验的一般说明

GB 14536.1中的该章，除下述内容外适用：

4.1 试验条件

4.1.7 表7.2中规定的和用于第17章的流速变化速率（即α_1，β_1，α_2，β_2）的试验容差应由制造商声明。

增加：

4.101 附录AA的值适用于独立安装式水流和气流敏感控制器第17章的试验，除非另有声明。整体式和装入式控制器的值在相应的器具标准中规定。

5 额定值

GB 14536.1中的该章适用。

6 分类

GB 14536.1中的该章，除下述内容外适用：

6.3 按用途分类

6.3.9 增加：

6.3.9.101 ——气流操作控制器。

6.3.9.102 ——水流操作控制器。

6.3.9.103 ——气流切断器。

6.3.9.104 ——水流切断器。

7 资料

GB 14536.1 中的该章，除下述内容外适用：

修改：

表 7.2

资料	章、条	方法
5 不适用		
23 安装表面的极限温度(T_S)	6.12.2,14.1,17.3	D
34 不适用		
38 不适用		
44 不适用		
48 操作值(s)	2.3.11,2.3.12,6.4.3.10,10,11,14,15.6,17	D
101 最高液体温度(T_L)	14.5.1	D
102 最大工作压力，如果适用	2.3.29,18.101	C
103 打算将控制器使用于任何特定环境条件(表 7.2，第 15 项声明的除外)[101)]	12.101	D

表 7.2 的注释：

d)

修改：

“气体流量”改成“气流或水流”。

增加：

101) 这些资料可能从相关的 IEC 设备标准中获得或由制造商声明。

8 防触电保护

GB 14536.1 中的该章适用。

9 接地保护措施

GB 14536.1 中的该章适用。

10 端子与端头

GB 14536.1 的该章，除下述内容外均适用。

10.1 外接铜导线的端子和端头

10.1.4 增加：

注：在美国和加拿大，操作电压大于 50 V 的控制器应配备适当的接线端子或引线来连接固定布线，其电流等级应不低于：

——1.25 倍固定式电热器具的负载电流；

——1.25 倍单相电机的满载电流；

——1.25 倍联合负载的电机满载电流和 1.25 倍固定式电热器具负载；

——1.25 倍最大电动机的满载电流加上其他满载电流；

——1.0 倍全部其他负载。

是否符合通过视检来检查。

11 结构要求

GB 14536.1 中的该章，除下述内容外适用：

增加：

11.101 操作机构相关的结构要求

11.101.1 将部件固定到可移动部件上的螺钉和螺母应采用型锻或者采用锁定。

11.101.2 活动部件应通过隔板或通过从物理位置上与连接到控制器的导线分隔开，以免导线妨碍这些部件的运动。

通过观察检查是否符合 11.101.1 和 11.101.2。

12 防潮及防尘

GB 14536.1 中的该章，除了下述内容外适用：

增加：

12.1.101 使用在表 7.2 中第 103 项声明的特殊环境条件下的水流和气流敏感控制器应在此环境下进行评估。

是否符合通过在相关的 IEC 标准规定的环境条件下测试或由制造商和检测机构协商决定的测试方法来判定。

试验后，如果符合下述要求，控制器认为是符合的：

——没有测试介质的浸渍的迹象；

——所有的自动动作和人工动作仍按预定和声明的方式进行；和

——17.5 的要求仍满足。

13 电气强度和绝缘电阻

GB 14536.1 中的该章适用。

14 发热

GB 14536.1 中的该章，除下述内容外适用：

14.4.3.1 不适用。

14.5.1 增加：

对水流敏感控制器，控制器按规定的方式安装，水位保持在 T_L（表 7.2，101 项）及连接到最大工作压力（表 7.2，102 项）。该试验中控制器的环境温度在 T_{max} 到 T_{max} +5 ℃或 1.05 T_{max}，取较高者。

试验在有水和无水的情况下分别进行。

15 制造偏差和漂移

GB 14536.1 中的该章适用。

16 环境应力

GB 14536.1 中的该章适用。

17 耐久性

GB 14536.1 中的该章,除下述内容外适用:

17.1 一般要求

增加:

17.1.1.101 流量敏感控制器按预定方式安装。当控制器进行第 17 章的试验时,流量敏感控制器应通过模拟实际应用来起动、循环。这种模拟机械循环的方法应由制造商和检测机构协商决定。对液体或流速不作要求。

17.6 不适用。

除必须通过复位操作来起动的情况外,17.7 和 17.8 适用。如果机构允许或者制造商在表 7.2 中声明,则在 17.4 中应规定起动的加速度。

17.10～17.13 不适用。

17.15 不适用。

18 机械强度

GB 14536.1 中的该章,除下述内容外适用:

增加:

18.101 部件强度(流体静力学)

18.101.1 带有布登管(Bourden tube)、易弯曲金属波纹管、膜盒或类似部件的流量敏感控制器,这些部件的额定值在 2 000 kPa 或以上的,并且不包在流量敏感控制器的外壳内,这样的控制器将承受最大工作压力 4 倍的水压试验,历时 1 min,不爆裂。

控制器在测试中充满水把气体排出,并连接到水泵。压力逐步上升到要求的试验压力。

假定泄漏不会引起低于 50% 的规定压力并且测试能继续达到 4 倍的最大工作压力,那么在试验中垫圈或者过滤器的泄漏是允许的。

18.101.2 带有布登管(Bourden tube)、易弯曲金属波纹管、膜盒或类似的部件的流量敏感控制器,这些部件的额定值在 2 000 kPa 或以上的,并且包在流量敏感控制器的外壳内,这样的控制器要满足 18.101.1 的要求或满足:

——承受最大工作压力 2 倍的静态压力 1 min,没有明显的泄漏;及

——承受相当于最大工作压力 4 倍的静态压力 1 min,或如果不破坏设备不能达到这个要求,则至少承受 3 倍最大工作压力。另外,要证明外壳能够解除相当于 4 倍最大工作压力带来的破坏,例如危害人身或周边环境,或证明外壳能承受测试压力。

试验见 18.101.1。

18.101.3 一个水流切断器要能够承受水压试验 1 min 不破裂,其值为 4 倍的最大工作压力。

控制器在测试中充满水把气体排出,并连接到水泵。压力逐步上升到要求的试验压力。

19 螺纹部件及连接

GB 14536.1 中的该章适用。

20 爬电距离、电气间隙和穿通绝缘距离

GB 14536.1 中的该章适用。

21 耐热、耐燃和耐漏电起痕

GB 14536.1 中的该章适用。

22 耐腐蚀性

GB 14536.1 中的该章适用。

23 无线电干扰抑制

GB 14536.1 中的该章适用。

24 组件

GB 14536.1 中的该章适用。

25 正常操作

见附录 H。

26 在电源干扰、磁干扰和电磁干扰下的操作

见附录 H。

27 非正常操作

GB 14536.1 中的该章,除下述内容外适用:

27.2 和 27.3 不适用。

见附录 H。

28 电子断开的使用导则

见附录 H。

图

GB 14536.1 中的图适用。

附　录

GB 14536.1 中的附录除下述内容外均适用：

附　录 E
测量泄漏电流的电路

GB 14536.1 中的该附录不适用。

附　录 H
（规范性附录）
电子控制器的要求

GB 14536.1 中的该附录，除下述内容外均适用：

H.7　资料

增加的项目见表 7.2。

增加下述项目：

资　　料	章、条	方法
58a 增加： 见表 H.26.2 的注 1)。		
73　控制器承受第二种故障分析		
104　动作后水流和气流切断器的输出状态[101)]	H.26.2.102，H.26.2.103，H.26.2.104，H.26.2.105	X
增加： 101) 例如，传导或非传导，如果适用。		

H.11　结构要求

H.11.12　使用软件的控制器

H.11.12.8　解释的注由下述内容代替：

注：声称的时间可以在相应的设备标准中规定。

H.11.12.8.1　增加：

注：表 H.7.2 中第 72 项声明的响应可以在相应设备中规定。

H.26　在电源干扰、磁干扰和电磁干扰下的操作

H.26.2　增加：

每一次试验后，应采用下述一个或多个判断依据，如表 H.26.2 中规定的。

H.26.2.101　如果适用，控制器应保持在其当前条件，此后，应继续按第 15 章声明的极限范围内操作。

H.26.2.102　控制器应采用表 7.2 中第 104 项声明的条件，此后，按 H.26.2.101 的要求操作。

H.26.2.103　控制器应采用表 7.2 中第 104 项声明的条件，使其不能自动或手动地复位。对于正常操

作输出的波形应按正弦波或如表 7.2 第 53 项声明。

H.26.2.104 控制器应保持在表 7.2 中第 104 项规定的状态下，非自复位控制器应只能被人工复位。在引起切断的低气流或水流不再出现后，控制器应按照 H.26.2.101 或应保持在 H.26.2.103 规定的状态。

H.26.2.105 控制器回到初始状态，此后按照 H.26.2.101 操作。

注：如果控制器在表 7.2 第 104 项声明的条件下，控制器可以复位，但如果引起其操作的低气流或水流仍出现的话，应再次采用规定的状态。

H.26.2.106 输出和功能应按表 7.2 中第 58a 项或第 58b 项规定。

表 H.26.2

相应的 H.26 试验	允许的符合性判断依据					
水流和气流切断器	H.26.2.101	H.26.2.102	H.26.2.103	H.26.2.104	H.26.2.105	H.26.2.106[1)]
H.26.4 到 H.26.12(含)	b	b	b	a	a	x
水流和气流操作控制器	H.26.2.101	H.26.2.102	H.26.2.103	H.26.2.104	H.26.2.105	H.26.2.106[1)]
H.26.8，H.26.9	x				x	x

x：除气流和水流切断器外。

a：操作后施加干扰时。

b：操作前施加干扰时。

1) 该符合判断依据仅用于整体式或装入式控制器，因为输出的可接受性必须在器具中判断。

H.26.3 增加：

通过 H.26.4 到 H.26.12(含)的试验后，样品应仍满足第 8 章、17.5 和第 20 章的要求。

H.26.4 电源网络中信号电压的影响

在考虑中。

H.26.5 电源网络中电压跌落和短时电压中断的影响试验

H.26.5.4 严酷等级

修改：

删除第一句中“最低限度”。

删去注释段。

增加：

H.26.5.4.101 每个试验执行三次。对于表 7.2 第 104 项有声明的控制器，三次试验在控制器处于声明的条件下进行，三次试验在控制器不处于声明条件下进行。

H.26.5.5 第二段注释段不适用。

H.26.6 不适用

H.26.7 交流网络中直流的影响试验

注：对气流和水流切断器在考虑中。

H.26.8 1.2/50 μs～8/20 μs 电压-电流冲击试验

H.26.8.5 测试程序

增加：

H.26.8.5.101 对于表 7.2 第 104 项有声明的控制器，三次试验在控制器处于声明的条件下进行，两次试验在控制器不处于声明条件下进行。

H.26.9 快速瞬时冲击试验

代替注释段：

注：在美国和加拿大，本试验在考虑中。

增加：

H.26.9.101　测试程序

控制器进行5次试验。对于表7.2第103项有声明的，3次试验在控制器处于声明的条件下进行，两次试验在控制器不处于声明的条件下进行。

H.26.10　环波试验

代替注释段：

注：在美国和加拿大适用。

H.26.10.5　测试程序

增加：

H.26.10.5.101　对于表7.2第104项规定的控制器，3次试验在控制器处于规定状态下进行，两次试验在控制器不处于声明的条件下进行。

H.26.11　静电放电试验

第8章

代替：

8.2.1　删去第1段、第5段、第6段、第7段、注和第8段以及第9段的第2句，由下述内容代替：

对所有易触及部件进行五次放电。

对于表7.2第104项规定的控制器，两次放电在控制器处于声明的条件下进行，三次试验在控制器不处于声明的条件下进行。

易触及部件包括除去GB 14536.1—2008中8.1.9.5的可拆卸部分后可以触及的部件。

注：在某些国家，易触及部件包括在安装和维护过程中可以触及的部件。

H.26.12　电磁场辐射试验

H.26.12.6　测试程序的注

增加：

对于表7.2第104项规定的控制器，控制器在处于声明的条件和不处于声明的条件下都要进行扫描。

H.26.13　合格性评定

该条由H.26.2和H.26.3的合格评定准则代替。

H.27　非正常操作

H.27.1.2　第一行由下述内容代替：

控制器应在下述条件下操作。增加，在表7.2第104项有声明的控制器应在声明的条件和不在此条件下进行测试。

增加：

H.27.1.3.101　在表7.2第73项有声明的控制器，故障的模拟或应用应引起1)或2)：

1)　控制器应继续在声明的第15章的条件下正常工作。这样，第二个故障应施加，控制器应继续在声明的第15章的条件下正常工作或发生2)；

2)　控制器的输出应按照声明的输出情况。

增加附录：

附 录 AA
独立安装控制器的循环次数[1)]

型 号	自动动作	
	带负载	空载[2)]
自复位切断器	100 000	—
非自复位切断器	1 000	5 000
操作控制器	6 000	—

1) 17.8 的速率为 6 次/min 除非设备本身要求慢速。

2) 控制器的通断通过不超过 0.05 A 传感电流来感知。

ICS 29.130.20
K 32

中华人民共和国国家标准

GB 14536.21—2008/IEC 60730-2-19:1997

家用和类似用途电自动控制器 电动油阀的特殊要求，包括机械要求

Automatic electrical controls for household and similar use—Particular requirements for electrically operated oil valves, including mechanical requirements

（IEC 60730-2-19:1997，IDT）

2008-12-30 发布　　2010-02-01 实施

中华人民共和国国家质量监督检验检疫总局
中国国家标准化管理委员会　发布

前　言

本部分的全部技术内容为强制性。

GB 14536《家用和类似用途电自动控制器》分为以下两个部分：

——第1部分：通用要求；

——第2部分：特殊要求。

特殊要求又由下列部分组成：

——GB 14536.3　电动机热保护器的特殊要求(IEC 60730-2-2,IDT)；

——GB 14536.4　管型荧光灯镇流器热保护器的特殊要求(IEC 60730-2-3,IDT)；

——GB 14536.5　密封和半密封电动机-压缩机用电动机热保护器的特殊要求(IEC 60730-2-4,IDT)；

——GB 14536.6　燃烧器电自动控制系统的特殊要求(IEC 60730-2-5,IDT)；

——GB 14536.7　压力敏感电自动控制器的特殊要求(idt IEC 60730-2-6)；

——GB 14536.8　定时器和定时开关的特殊要求(idt IEC 60730-2-7)；

——GB 14536.9　电动水阀的特殊要求(包括机械要求)(IEC 60730-2-8,IDT)；

——GB 14536.10　温度敏感控制器的特殊要求(IEC 60730-2-9,IDT)；

——GB 14536.11　电动机用起动继电器的特殊要求(IEC 60730-2-10,IDT)；

——GB 14536.12　能量调节器的特殊要求(idt IEC 60730-2-11)；

——GB 14536.13　电动门锁的特殊要求(IEC 60730-2-12,IDT)；

——GB 14536.15　湿度敏感控制器的特殊要求(IEC 60730-2-13,IDT)；

——GB 14536.16　电起动器的特殊要求(idt IEC 60730-2-14)；

——GB 14536.17　锅炉器具中使用的浮子型或电极敏感型水位敏感电自动控制器的特殊要求(IEC 60730-2-15,IDT)；

——GB 14536.18　家用和类似用途浮子型水位控制器的特殊要求(IEC 60730-2-16,IDT)；

——GB 14536.19　电动燃气阀的特殊要求，包括机械要求(IEC 60730-2-17,IDT)；

——GB 14536.20　水流和气流敏感控制器的特殊要求，包括机械要求(IEC 60730-2-18,IDT)；

——GB 14536.21　电动油阀的特殊要求，包括机械要求(IEC 60730-2-19,IDT)；

……

本部分等同采用IEC 60730-2-19《家用和类似用途电自动控制器　第2部分：电动油阀的特殊要求及机械要求》(1997年第一版，2001年修订一，2007年修订二)。

本部分的结构与IEC 60730-2-19相同。在本部分中，有对应国家标准的，参照引用国家标准；暂无国家标准的，则参照引用所列的IEC标准。本部分第2章规范性引用文件的编排顺序与IEC 60730-2-19不同。

为了便于使用，本部分做了下列编辑性修改：

a) “本标准”一词改为“本部分”；

b) 用小数点“.”代替作为小数点的逗号“,”；

c) 增加了国家标准的前言；

d) 用“GB 14536.1”代替“第1部分”。

本部分与GB 14536.1—2008《家用和类似用途电自动控制器　第1部分：通用要求》配合使用。

本部分的附录H为规范性附录。

本部分由中国电器工业协会提出。

本部分由全国家用自动控制器标准化技术委员会(SAC/TC 212)归口。

本部分起草单位:广州威凯检测技术研究所、广州电器科学研究院、宁波经济技术开发区海鑫电器科技有限公司。

本部分起草人:竹利平、梁鹤鸣、黄开云、郑国平。

IEC 前言

1) IEC(国际电工委员会)是由各个国家的电工委员会(IEC 国家委员会)组成的世界性标准化组织。IEC 的宗旨是在电气和电子领域的标准化相关问题上促进国际间的合作。为此目的,IEC 除了开展其他活动之外,还出版国际标准、技术规范、技术报告、公共规范(PAS,Publicly Available Specifications)和导则(今后统称 IEC 出版物)。这些标准的制定工作是委托各技术委员会来完成的。作为 IEC 成员的各国家委员会,只要对所要制定的标准感兴趣,均可参与其制定工作。与 IEC 有联系的国际性的、官方的或非官方的组织亦参与标准的制定工作。IEC 和世界标准化组织(ISO)遵照双方协议所规定的条件,密切合作。
2) 由于每个技术委员会中均有来自对相关问题感兴趣的国家委员会的代表,故 IEC 的有关技术议题的正式决议或协议都在最大限度上表达了国际上对于相关问题的一致看法。
3) IEC 出版物以推荐的形式用于国际用途,并在此意义上为各国家委员会接受。尽管已作了所有可行的努力去确保 IEC 出版物的技术内容是正确的,IEC 也不能为这些出版物所被使用的方式或是任何使用者的错误解释而承担责任。
4) 为了促进国际上的统一,IEC 各国家委员会负责将 IEC 国际标准透明地、最大可能地转化为国家或地区性标准。IEC 标准和相应的国家或地区性标准之间如有任何差异,应在标准转化之后清楚地说明。
5) IEC 并未制定任何认可标志的程序,如有某设备宣称其符合 IEC 的某一出版物时,IEC 对此不负责任。
6) 所有的使用者应确保拥有本出版物的最新版本。
7) IEC 或是其领导人、雇员、服务人员或代理人,包括独立的专家和 IEC 技术委员会、各国家委员会,对于任何由于使用或是信任本 IEC 标准或其他 IEC 出版物而造成的人员伤亡、财产损失或其他对自然环境造成的伤害(不管这些损失是直接的还是间接的)不负担任何责任,对相应产生的费用和花费(包括法律费用)也不承担责任。
8) 要注意本标准所引用的相关标准。使用所引用的标准是正确应用本标准所必不可少的。
9) 值得注意的是本国际标准中的某些部分可能涉及到专利权。IEC 对于鉴别某一或是全部的这一类专利权将不负责任。

国际标准 IEC 60730-2-19 由 IEC/TC 72:家用自动控制器技术委员会制定。

IEC 60730-2-19 基于其第一版(1997 年)[文档 72/350/FDIS 和 72/373/RVD]和修订件 1(2000 年)[文档 72/467/FDIS 和 72/491/RVD]和修订件 2(2007 年)[文档 72/745/FDIS 和 72/750/RVD]。

版本号为 1.2。

页边上的垂线表明基础版已被修订件 1 和修订件 2 修改。

本第 2 部分应与 IEC 60730-1 配合使用。它是基于 IEC 60730-1 第三版(1999 年)和其修订件 1(2003)的基础而形成的。应考虑 IEC 60730-1 日后版本或修订件。

本第 2 部分补充或修改了 IEC 60730-1 中相应的条款,使之转化为 IEC 标准:电动油阀的安全要求(包括机械要求)。

本第 2 部分中,凡注明“增加”、“修改”或“代替”之处,在第 1 部分中相应的要求、试验规范,或注释应作相应的修改。

该出版物遵从 ISO/IEC 指令:第三部分。

凡不需要修改之处,本第2部分将在相应的条款注明第1部分的该章适用。

制定国际标准时,必须考虑各个国家各个地区由于实际情况所形成的不同要求,而且应承认各个国家的电力系统和布线规程的差异。

在本第2部分中,不同国家的差异以注"在某些国家"的形式给出;这些差异见:

——表7.2,第120项要求;

——表7.2,注102;

——11.103;

——11.105.1;

——11.105.2;

——11.113;

——18.102;

——H.27.2.101.1;

——H.26.10。

在本出版物中:

1) 采用下列印刷字型:

——要求正文:罗马字体;

——试验规范:斜体字;

——注:小罗马字体。

2) 在第1部分的基础上增加那些条,注释,项目和图从101开始编号。

委员会决定本出版物的内容在IEC网站 http://webstore.iec.ch 上标明的和特定出版物相关的下次修订日期之前保持不变。而到了此日期,出版物将被:

- 再次确认;
- 取消;
- 被修订后的版本代替;或
- 修订。

家用和类似用途电自动控制器
电动油阀的特殊要求，包括机械要求

1 范围和规范性引用文件

GB 14536.1 中的该章，用下述内容代替：

代替：

1.1 本部分适用于家用和类似用途设备中或随这些设备一起使用的电动油阀，这些设备可以是使用电、燃气、油、固体燃料、太阳能等能源或是它们的组合，应用范围包括加热、空气调节及类似用途。

本部分也适用于使用 NTC 或 PTC 热敏电阻的电动油阀，其要求包含在附录 J 中。

1.1.1 本部分适用于电动油阀固有的安全性，适用于涉及到设备保护的操作值和操作程序，适用于家用和类似用途设备中或随这些设备一起使用的电自动控制器的试验。也适用于工业用途的，没有相应标准的，如中央加热、空调、热处理等用的电动油阀。

本部分也适用于 GB 4706.1 所涉及的各类器具用的电动油阀。

本部分包含了对油阀的电气性能和阀的机械性能的要求，这两者会影响油阀预期操作。

注：在本部分中，“设备”一词包括“器具和控制系统”。

本部分不适用于专门用于工业设备的电动油阀。

对于非一般家用设备用电动油阀，而这些设备是由诸如商店或轻工工厂或农场的非专业人员使用的，也包含在本部分范围内。

本部分说明了一些机械特征在“在考虑中”。直到机械要求包含在本部分中，每个使用本部分的国家应说明这些要求。

注：满足本部分的电动油阀的要求不表示对这些机械特征不需要进行进一步测试。

1.1.2 本部分适用于那些人工控制器，当其电气上或机械上构成电动油阀。

注：不属于电动油阀一部分的手动开关的要求包含在 GB 15092.1 中。

本部分不适用于标称连接尺寸在 DN 150 以上的电动油阀。

“阀”一词指电动油阀(包括原动机构和阀体组件)。

1.1.3 与电动油阀一起送到测试试验室的电起动器在本部分中评估。独立的电起动器在 GB 14536.16 中评估，该标准为电起动器的特殊要求。

1.1.4 本部分适用于单个的阀、作为系统部件的阀和与多功能控制器机械地组合在一起的无电气输出的阀。

1.5 规范性引用文件

下列文件中的条款通过 GB 14536 的本部分的引用而成为本部分的条款。凡是注日期的引用文件，其随后所有的修改单(不包括勘误的内容)或修订版均不适用于本部分，然而，鼓励根据本部分达成协议的各方研究是否可使用这些文件的最新版本。凡是不注日期的引用文件，其最新版本适用于本部分。

增加：

GB 4208 外壳防护等级(IP 代码)(GB 4208—2008，IEC 60529:2001，IDT)

GB 14536.16 家用和类似用途电自动控制器 电起动器的特殊要求(idt GB 14536.16—2000，IEC 60730-2-14:1995)

GB/T 17626.2—2006 电磁兼容 试验和测量技术 静电放电抗扰度试验(IEC 61000-4-2:2001，IDT)

ISO 7-1:1994(所有部分) 55°密封管螺纹

ISO 228-1:1994 55°非密封管螺纹

ISO 274:1975 铜电缆的盘状截面 尺寸

ISO 301:1981 铸造用锌合金锭

ISO 4400:1994 流体传动系统和元件 带接地触点的三脚电插头 特性和要求

ISO 6952:1994 流体传动系统和元件 带接地触点的两脚电插头 特性和要求

ISO 7005-1:1992 突面带颈螺纹钢制管法兰

ISO 7005-2:1988 金属法兰 第2部分:铸铁管法兰

2 定义

GB 14536.1 中的该章,除下述内容外均适用。

2.2 按用途分类的控制器的定义

2.2.17.101

电动油阀 electrically operated oil valve

由电气原动机构来实施传递,其操作来控制油的流动的自动阀。

注:人工打开自动关闭或自动打开人工关闭的半自动阀也属于这一定义范畴。

2.2.17.102

阀体 valve body

阀体组件的一部分,是限制主压力的部件。它和端接头一起提供油流的通道。

2.2.17.103

端接头 end connection

用来与液体传导系统形成密封连接的阀体结构。

2.2.17.104

标称尺寸 nominal size

一种尺寸的数字表示,这种尺寸对液体传导系统中,除了用外围直径或螺纹尺寸表示的部件之外的所有部件是通用的。

注1:这种尺寸可以由DN之后跟一适宜的已圆整的数来表示,这个数是仅供参考用的。

注2:一些较早的国际标准的标称尺寸是指标称直径,对本部分的目的而言,两个术语是同义语。

2.3 与控制器的功能相关的定义

增加:

2.3.101

开-关阀 on-off valve

开或关,没有任何中间状态的阀。

2.3.102

常闭阀 normally closed valve

在未通电时是闭合的阀。

2.3.103

常开阀 normally open valve

在未通电时是打开的阀。

2.3.103.1

带锁的半自动常开阀 semi-automatic normally open valve with latch

在通电时闭合,在移开电源后阀不能自动打开,必须人工复位。

2.3.103.2

自动的常开阀　normally open valve，automatic

在不通电时是打开的，当电源移开后阀会自动打开。

2.3.104

调节阀　modulating valve

在预定的流速范围内可以调节流速的阀。

2.3.104.1

多级阀　multi-stage valve

允许在额定流速下或在额定流速下多个预定的流速下操作的阀。

2.3.105

闭合件　closure member

阀的可活动部件，定位于油流通道的用来改变流过阀的流速。

2.3.106

闭合位置　closed position

阀的出口侧在无油流时闭合件所处的位置。

2.3.107

打开位置　open position

当预定的油流过阀的出口时的闭合件的位置。

2.3.107.1

全开位置　fully open position

油流过阀的流速符合额定流速时的闭合件的位置。

2.3.108

流速　flow rate

在单位时间内流过阀的油量。

2.3.109

额定流速　rated flow rate（capacity）

在给定的压力差下规定的温度压力和黏度的标准参考条件下的流量。

2.3.110

入口压力　inlet pressure

阀的入口处的压力。

2.3.111

出口压力　outlet pressure

阀的出口处的压力。

2.3.112

压力差　pressure difference

入口和出口之间的压力差。

2.3.113

最大操作压力差　maximum operating pressure difference

声明的起动器使闭合件动作所要克服的最大压力差。

2.3.114

最小操作压力差　minimum operating pressure difference

声明的阀打开或闭合时的最小压力差。

2.3.115

最大工作压力　maximum working pressure

可使阀起动的、声明的最大入口压力。

注：可以由字母 PN 表示(亦指压力值)有一个方便的整数，仅供参考用。

2.3.116

安全关闭阀　safety shutoff valve

通过限温器、热切断器或燃烧控制系统的动作来防止油传递的常闭阀。

注1：安全关闭阀被认为是保护控制器，也可以作为操作控制器。

注2：安全关闭阀可以是自动动作或半自动动作的类型。

2.3.117

油的泄漏，外部的　oil leakage, external

从阀体漏油到大气中。

2.3.118

油的泄漏，内部的　oil leakage, internal

闭合元件在闭合位置时，从外部管道连接口泄漏的油。

2.3.119

打开时间　opening time

用来打开阀的电气信号到最大或其他定义的流量实现之间的时间间隔。

2.3.120

闭合时间　closing time

电信号撤除和达到闭合位置的时间间隔。

2.3.121

延时　delay time

打开阀和开始流动两个电气信号之间的时间间隔。

2.3.122

带闭合件位置指示的开关　proof of closure switch

作为联锁装置用来监视阀的闭合件的闭合位置的电气开关。

2.3.123

开关装置　switching devices

一种由阀起动器起动的电气开关，作为电气输出。

2.3.124

阀起动器　valve actuator

用来实施阀的开合动作的电动机构或原动机构。

3　一般要求

GB 14536.1 中的该章，均适用。

4　试验的一般说明

GB 14536.1 中的该章除下述内容外适用。

4.1　测试条件

4.1.7　不适用。

4.3　试验说明

代替：

4.3.2.6 对于标明或规定的额定值多于一组的控制器，第17章的测试在最高额定电压下测试。

增加：

4.3.101 对于制造商在6.103中规定的那些对相同的阀体装配有不同的接头尺寸，18.101将在最大的接头上进行试验。

5 额定值

GB 14536.1中的该章适用。

6 分类

GB 14536.1中的该章除下述内容外适用：

6.3 按用途分类

6.3.12 增加：

6.3.12.101 开-关阀。

6.3.12.102 常闭阀。

6.3.12.103 常开阀。

6.3.12.103.1 常开阀，自动的。

6.3.12.103.2 常开阀，带锁半自动。

6.3.12.104 调节阀。

6.3.12.105 多级阀。

6.3.12.106 安全关闭阀，自动的。

6.3.12.107 安全关闭阀，半自动的。

6.7 按分断装置的极限环境温度分类

修改：

用"阀"代替"控制器"，用"原动机构"代替"分断装置"。

6.12 代替：

按流过阀的油的液态温度分类。

6.15 按结构分类

增加：

6.15.101 按油的类型分类

例：

第1号、第2号、第3号、第4号、第5号或第6号燃油

6.15.102 按油的黏度，SSU黏度(第二赛氏通用黏度)

增加：

6.101 按端接头的类型分类

6.101.1 装有螺纹为下列之一的内螺纹的端接头的阀：

——螺纹密封的管螺纹连接时，用ISO 7-1或NPT(美国国家标准锥管螺纹)；或

——螺纹密封不是在螺纹上，是通过一个附加的封面垫圈时，用ISO 228-1螺纹。

6.101.2 装有螺纹为下列之一的外螺纹的端接头的阀：

a) 压合接头；或

b) 垫圈管子连接；或

c) 锥座管子接头;或

d) ISO 7-1,ISO 228-1 或 NPT(美国国家标准锥管螺纹)的螺纹管接头。

6.101.3 装有适用于连接有或无转换接头的法兰的法兰端接头的阀。

6.101.4 带有用于软焊接头或熔接接头的端接头的阀。

6.102 按电动油阀的特性分类

6.102.1 按额定流速分类

尺寸由入口和出口接头的尺寸和额定流速规定。

6.102.2 按功能分类

按水管接头的个数和不通电时阀的位置的功能分类。

6.102.3 按原动机构的类型分类

例子:

——电磁:螺线管;

——电动机;

——电热:电加热蜡,双金属片;

——电动液压泵;

——辅助操作原动机构。

6.102.4 按操作顺序分类:

多级阀……。

6.103 按端接头的标称管子尺寸分类:

螺纹规格	标称尺寸
1/8	DN6
1/4	DN8
3/8	DN10
1/2	DN15
3/4	DN20
1	DN25
1 1/4	DN32
1 1/2	DN40
2	DN50
2 1/2	DN65
3	DN80
4	DN100
5	DN125
6	DN150

注:根据 ISO 7005-1 或 ISO 7005-2 中标称的法兰尺寸来命名标称的尺寸。

7 资料

GB 14536.1 中的该章,除下述内容外适用:

表 7.2

资　料	章、条	方法
修改：		
用下列内容代替以下相对应的各项：		
7　每个电路所控制的负载的类型[7)]	6.2,14,17	D
15　外壳防护等级[8)]	6.5.1,6.5.2,11.5,11.102	C
22　分断装置的极限温度，如果 T_{min} 低于 0 ℃，或 T_{max} 不是 55 ℃	6.7,14.5,14.7,17.3	D
23　不适用		
26　每种人工动作的起动周期数(M)[101)]	6.10	X
28　不适用		
29　每个电路提供的断开或切断的类型(对于带有开关装置的阀)	6.9	X
31　允许的安装位置[5)]	11.6	D
36　不适用		
37　不适用		
38　不适用		
39　1 型或 2 型动作(对于带有开关装置的阀)[102)]	6.4	D
40　1 型或 2 型动作的附加特性(对于带有开关装置的阀)	6.4.3	D
41　制造偏差以及相应于这些偏差的试验条件(对于带有开关装置的阀)	11.4.3,15,17.14	X
42　漂移(对于带有开关装置的阀)	11.4.3,15,16.2.4,17.14	X
43　不适用		
44　不适用		
47　不适用		
48　操作值或操作时间(对于带有开关装置的阀)	15	D
增加：		
101　用 W 或 VA 或额定电流表示的功率损耗		C
102　用 MPa(或 bar)表示的最大操作压力差	2.3.115	C
103　用 MPa(或 bar)表示的最小操作压力差	2.3.113	D
104　用 MPa(或 bar)表示的最大工作压力	2.3.114	D
105　用箭头表示的流向(在阀体上)	2.2.17.102	C
106　额定流速和测试方法	2.3.109,6.102.1,11.111	D
107　阀的类型	2.3.101,2.3.102,2.3.103, 2.3.104,2.3.110,2.3.111, 2.3.112,6.3.12,11.106.1	D
108　油的类型和黏度值	1.1,6.15.101,6.15.102	D
109　油的限制温度(T_0)	6.12	D
110　阀的特性	6.102	D
111　维护或更换的部件	11.3.4.103,11.104.5	D

表 7.2(续)

<table>
<tr><th colspan="2">资 料</th><th>章、条</th><th>方法</th></tr>
<tr><td>112</td><td>阀的打开时间,特性和测试方法</td><td>11.109</td><td>X</td></tr>
<tr><td>113</td><td>阀的关闭时间,特性和测试方法</td><td>11.110</td><td>X</td></tr>
<tr><td>114</td><td>端接头的类型</td><td>6.101,6.103,11.105,18.101</td><td>D</td></tr>
<tr><td>115</td><td>最大外部泄漏量和测试方法</td><td>2.3.119,11.108.2,15,17</td><td>X</td></tr>
<tr><td>116</td><td>最大内部泄漏量和测试方法</td><td>2.3.119,11.108.1,15,17</td><td>X</td></tr>
<tr><td>117</td><td>扭矩值和测试方法</td><td>18.101.1</td><td>X</td></tr>
<tr><td>118</td><td>弯曲力矩试验的值和测试方法</td><td>18.101.2</td><td>X</td></tr>
<tr><td>119</td><td>非金属材料符合性的测试参数</td><td>11.107</td><td>X</td></tr>
<tr><td>120</td><td>在美国和加拿大,安全关闭阀,杠杆,手柄的起动方法</td><td>2.3.116</td><td>X</td></tr>
<tr><td>121</td><td>等同与常开和常闭类型的阀</td><td>2.3.102,2.3.103,11.103</td><td>C</td></tr>
<tr><td colspan="4">7.2 的注释:
注 3) 不适用
注 4) 不适用
增加注:
101) 人工起动最小数目为 6 000 次。
102) 在美国和加拿大,1 型独立安装安全关闭阀应标注:“不能当作安全开关使用”。</td></tr>
</table>

7.4.5 不适用。

8 防触电保护

GB 14536.1 中的该章适用。

9 接地保护措施

GB 14536.1 中的该章适用。

10 端子和端头

GB 14536.1 中的该章,除下述内容外均适用。

增加:

10.101 使用 ISO 4400 或 ISO 6952 的电气接头,插销应按下述方法连接:

插脚 1——阀的中线连接;

插脚 2——阀的初级火线连接;

插脚 3——阀的次级火线连接;

插脚 4——(或标注接地符号)接地连接。

除了下述内容外:

a) 插脚 3 不能用于连接单级阀。

b) 带插脚 4 或接地符号的阀不能用于连接Ⅱ类结构的阀。

c) 插脚 4 或接地符号不能用于连接Ⅱ类结构,该类阀接地连接为外接至连接器。

d) 插脚 4 或接地符号能用于两个单级阀之间的连接,通过串联或并联方式。

e) 带有附加端子或端头的联合控制器需标识为不同于 1、2、3、4 或接地符号。

11 结构要求

GB 14536.1 中的该章，除下述内容外适用：

11.3 起动和操作

11.3.4 由制造商进行的设定

代替：

在实际应用中应提供防护以免未经培训的人员触及或声明类似的防护来保护调节装置。

注：例如：这些方法可能是：

a) 由合适的材料封装，在阀的使用温度范围内封装明显；或

b) 只能专用工具才能接触到；或

c) 附有说明，需要设备制造商来安装阀，调节装置是不可触及的。

是否合格，通过视检检测。用了封装化合物的，通过对样品在第17章试验前后分别视检来检测。

增加：

11.3.4.101 应提供保持所有的调节装置在位的方法。

注：由弹簧或压力来支撑锁定螺钉或调节螺钉认为是可以的，除非它们的调节会被偶然性地破坏。

11.3.4.102 在整合、安装或维护过程中用来设置或调节的必要的装置应被保护以免被瞬时或意外改变。

是否合格，通过观察检查。

11.3.4.103 如果不使用特殊的工具就能把一个阀的部分或全部拆卸，这样的结构应该是：

a) 阀的一部分不能被快速不正确地重装，这个重装会引起不安全的状况；或

b) 带螺纹的紧固件由密封的方法盖住以防被拆卸。这个密封方法应适合暴露在规定的阀的最低或最高环境温度下。

注：这个子条款不适用在阀中用来代替或维护的部分(见表7.2第111项的规定)。

本条由下述内容代替：

11.3.9 拉线起动控制器

11.3.9.101 阀的人工起动机构的起动应不会使部件损坏或破坏到预定的功能损坏。

是否符合，通过视检和操作来检查。

11.3.9.102 可活动部件应与连接到阀的导线通过挡板隔开或通过物理位置隔开，以致这样的可移动部件不会被导线阻碍。

是否符合，通过视检和操作来检查。

增加：

11.101

空缺。

11.102 对于预定暴露在室外环境下的阀，通过外壳保护的电气部分的保护等级应确定至少为IP54，除非由设备提供防护。

是否符合，通过视检和放置一个样品在12章中说明的条件下预处理，然后经受GB 4208的试验来检验。

11.103 常闭(常开)阀应被构造成在供电电压减低时释放。

是否符合通过连接常闭(常开)阀到电源上，在额定电压，室温条件及按照表7.2第31项规定的最不利的位置上，在连接到阀的入口的最高工作压力下，有油或没油，看哪个更不利。电压慢慢降到最小额定值的15%，在达到这个值前，阀应自动闭合(打开)。

该试验重复3次。

注1：在美国和加拿大，对于d.c.值，电压慢慢减少到最小额定电压的2%。

注2：额定值的15%是基于普通的常闭阀，其剩磁、摩擦力及为了控制的目的可能的剩余电流和信号电流能够影响关闭力。

11.104　各种结构要求

11.104.1　对于常闭阀,常开阀和安全相关的自动阀,不应有暴露的轴或操作杆,否则会干扰影响阀的闭合。

11.104.2　用于装配部件或安装阀的螺钉、插脚等的孔不应穿透油的出入口。

11.104.3　直接或间接把输油管与大气隔开的部件只能用熔点不低于450 ℃的金属材料。

焊接或其他处理其结点的材料熔点低于450 ℃不应用于连接输油部件。

11.104.4　在制造时,需用到的孔、油的出入口跟大气连接,但是不会影响阀的功能的孔应永久地用金属方法密封。可另外使用合适的密封剂。

11.104.5　阀的结构应设计成符合11.108的泄漏要求的机械方法来实现(例如:金属与金属的接头,O型密封圈)。

如果制造商规定的服务或维护要求接触或拆卸,则按规定拆开或重装后仍应保持气密。

11.104.6　弹簧应被保护防止磨损和被引导或安排成减少绑定、扣紧或其他的对自由移动的干扰。

11.104.7　任何与油接触的部件其动作应被限制。

11.104.8　由空气或液压制动的阀,其孔堵塞会相反地影响常开的阀的打开,影响常闭阀的关闭,应提供防止任何这种阻塞的保护。

11.104.9　与膜片会接触的阀的部件不应有可能引起损坏或擦伤的尖锐的边缘。

11.104.10　螺纹端接头应设计成可以用扳手来安装和拆卸到管子件和管道上。

11.104.11　把操动部件连接到可移动部件的螺纹紧固件应防止松脱。

注:可接受的方法的例子为锁定螺母,由弹簧支持的调节螺母,或镦粗螺纹。

11.104.12　11.104.1～11.104.11是否符合,通过视检检查。

11.104.13　用软隔膜、波纹管或类似的结构作为唯一的液体封口的阀,应把大气一侧包含在一个箱子里面来限制膜盒或波纹管的损坏或管子件或管道的连接防护引起的外部泄漏。

是否符合通过损坏孔或波纹管和根据11.108.2测量泄漏来检验。

注:包括通过无螺纹的打开孔的泄漏。通过用来提供管道和管子件连接所打开的孔的泄漏不包含在里面。

11.105　管道和管子件系统的连接

11.105.1　当管道的连接带螺纹时,入口和出口的螺纹应符合ISO 7-1或ISO 228-1对螺纹的要求。

当管子件的连接带螺纹时,接头和配件应符合圆截面的铜管子件的尺寸标准要求。

注:在美国和加拿大,管道螺纹应满足ANSI/ASME B1.20.1和管子件端子符合ANSI/SAEJ512或J 514规定。

带有接头尺寸大于DN80或3英寸的油阀应用法兰接头。

11.105.2　接头尺寸大于DN50用法兰的阀,应适用于符合ISO 7005-1或ISO 7005-2,PN6或PN16的法兰。接头尺寸小于等于DN50用法兰的阀,应适用于符合ISO 7005-1或ISO 7005-2或适合的适配器应被使用来确保连接到标准的法兰或螺纹上。

连接到带螺纹的管道的法兰应带螺纹满足11.105.1的要求。

注:在美国和加拿大,法兰应满足ANSI/ASME B16.1(生铁)或B16.5(钢)对尺寸的要求。

11.105.3　是否符合11.105.1和11.105.2的要求通过视检检查。

11.106　安全关闭阀

11.106.1　阀被定义为安全关闭阀(见表7.2,107项要求):

a)　应独立于由油流过阀供应的能源关闭;

b)　不应装入旁路来防止完全关闭;

c)　应独立于任何的外部操作杆或复位装置关闭;

d)　若也定义为半自动阀,人工起动装置永久阻碍应用适当的方法来解除;和

注:适用的方法为:加强起动力,按钮或手柄用盖子保护,按钮应低于外壳表面。

e)　如果适用,除了手动复位机构外不应配置一个装置使其保持在打开位置。

是否符合通过视检和测试来检查。

11.107 非金属材料的要求

非金属材料的应用应适用。

是否符合通过对制造商提供的参数的评估来考核(表 7.2 第 119 项要求)。

11.108 油的泄漏的要求

油的泄漏和测试方法在考虑中。

11.108.1 内部油泄漏

11.108.2 外部油泄漏

11.109 阀的打开时间和特性

阀的打开时间,特性(包括延时时间,若适用)和测试方法由制造商在表 7.2 第 112 项中规定。是否符合通过制造商规定的测试方法来检查。

11.110 阀的关闭时间和特性

阀的关闭时间,特性和测试方法由制造商在表 7.2 第 113 项中规定。

是否符合通过制造商规定的测试方法来检查。

11.111 额定流速

额定流速(包括调节阀和多级阀的流量特性)和测试方法由制造商在表 7.2 第 106 项中规定。

是否符合通过制造商规定的测试方法来检查。

11.112 与 11.109～11.111 相关的测试,应与第 15 章和第 17 章的条款一起处理。

11.113 在美国和加拿大,如果接地或电路短路会引起阀的关闭的失败,一个独立安装的安全关闭阀利用安全特低电压端子应被封住。

11.114 常开阀的打开或关闭与流过阀的油流量无关。

是否符合由 27.3 检查。

12 防潮及防尘

GB 14536.1 中的该章适用。

13 电气强度和绝缘电阻

GB 14536.1 中的该章除下述内容外适用:

13.3 不适用于油阀。

14 发热

GB 14536.1 中的该章除下述内容外适用:

代替:

14.5 阀按照 14.5.1～14.5.4 的条件测试和安装。

14.5.1 阀的温度保持在 T_{max}。

14.5.2 阀按照表 7.2,109 项的规定,T_0 大于 25 ℃应在有油,T_0 温度下及无油两种情况下测试。

14.5.3 如果阀带有开关装置或其他辅助电路,在这个温度测试时,所有的这种负载应接上额定电流进行测试。

14.5.4 调节阀应能执行连续完整的调节动作循环,直到达到恒定的温度。连续循环之间的时间根据制造商的说明书来选择。

14.5.5 电动机型的阀,电机温度上升,当停止后,不应超过表 14.1 的规定,如果停顿是正常操作的一部分。

代替:

14.6 规定的阀的温度和流通的油的温度 T_0 需在近似 1 h 内获得。

代替：

14.7 放置阀的介质的温度的测量应该在仅可能靠近样品放置的空间的中部大约离阀 50 mm 的距离。

14.4.101 如果电动机驱动的起动器的传动轴停顿是正常操作的一部分，则电动机驱动的起动器的传动轴应该停顿，达到稳定状态条件温度测量。这个温度应满足表 14.1 的要求，另外，如果任何提供的保护装置在停顿状态下不循环，则这个起动器仍应满足标准 27.2.101 的要求。

14.4.102 如果电动机驱动的电起动器传动轴的停顿不是正常操作的一部分，则表 14.1 的限值不适用于停顿期间。电起动器应满足 27.2.101 的要求。

15 制造偏差和漂移

GB 14536.1 中的该章除下述内容外适用：

15.101 油阀

代替：

15.1 是否符合 15.1 通过 11.108～11.111 的试验检测。

15.3 不适用。

15.5.2 不适用。

15.5.3 不适用。

15.5.4 第二段只适用于开关设备。

15.5.5 不适用。

15.5.6 不适用。

代替：

15.6.2 每个样品需记录准确的阀的打开时间，特性，关闭时间和特性，额定流速，漏油量，应在 11.108 的限值和制造商规定范围内。

15.102 2 型开关设备

GB 14536.1 中的该章适用于 2 型开关设备。

16 环境应力

GB 14536.1 中的该章适用。

17 耐久性

GB 14536.1 中的该章，除下述内容外适用：

17.1 一般要求

增加：

17.1.1 是否符合通过 17.16 的测试检验。

代替：

17.1.2 对油阀，每个样品需记录准确的阀的打开时间、特性、关闭时间和特性、额定流速和漏油量应在 11.108 的限值和企业规定范围内。

2 型开关设备应能操作，其操作值、操作时间和操作程序的改变量不超过表 7.2 第 42 项规定的漂移值。

17.1.2.1 不适用。

17.1.3.1 不适用。

17.16 特殊目的的控制器的测试

增加：

17.16.101 电动阀

——在17.16.101前，阀进行15.1的测试，记录数据；

——17.1除上述说明的情况外适用；

——17.2，17.5和17.8适用；

——17.3测试的热条件。

代替：

——7.3.1温度应保持在T_{max}到$T_{min}+5$ ℃或$1.05T_{max}$之间，看哪个更高。如果T_{min}低于0 ℃，要进行T_{min}到$T_{min}-5$ ℃之间的温度的附加测试；

——17.3.2如果T_0（表7.2，109项）规定大于25 ℃，则进行T_{max}部分试验时要用热油测试。

如果T_0低于25 ℃，则进行T_{min}部分试验时用冷油。

如果规定的温度是25 ℃，则用（25±5）℃的油。

在17.7、17.8和17.13测试期间，每次试验的50%在T_{min}下进行，另50%在T_{max}下进行。

——7.6和17.9不适用；

——17.7由下述内容代替：

自动操作的阀应实现表7.2第27项规定的操作次数。

入口应接上表7.2第108项规定的最低型号的，最低黏度的油。在每个循环中实现最大操作压力偏差（表7.2第103项）。在每个循环中，阀应达到全开或全闭位置。操作速率和操作方法由测试机构和制造商协商。

在试验期间，开关设备应接上制造商规定的额定负载。

——17.4和17.13适用于半自动阀；

——第四个破折号的段落由下述内容代替的除外，17.4适用：

——对阀，阀的打开时间和打开特性，关闭时间和关闭特性，额定流速，漏油量应符合制造商在表7.2，第106项，第113项，第115项和第116项中的规定。对于2型开关设备，重复第15章的恰当的试验，操作值，操作时间和操作程序仍应在规定的漂移值内或在漂移和制造偏差的组合值内，按规定。

18 机械强度

GB 14536.1中的该章除下述内容外适用：

增加：

18.101 转矩和弯曲力矩

阀和它们的端接头应承受它们在安装和维护期间承受的应力。

转矩和弯曲力矩用制造商规定的测试方法和值来检验。

18.101.1 转矩

18.101.2 弯曲力矩

18.102 静水压强度试验

注1：在美国和加拿大，要求进行静水压强度试验。

注2：用一个单独的样品，先进行18.101的测试，出口被封住。阀在打开的位置，样品接受1 min入口压力为5倍的规定最高工作压力，试验后，样品应满足11.108.2（外部泄漏）。

注3：对于一个振动膜型油阀，压力应施加在膜盒的两侧，慢慢升高以免在膜盒上产生压力。

19 螺纹部件及连接

GB 14536.1中的该章，除下述内容外适用：

19.1 在安装和维护期间会移动的螺纹部件

增加：

19.1.7　这个要求不适用于这些部件：为了限制接触调节装置用的盖子或调节装置如流量调节。

20　爬电距离、电气间隙和穿通固体绝缘的距离

GB 14536.1 中的该章适用。

21　耐热、耐燃和耐漏电起痕

GB 14536.1 中的该章适用。

22　耐腐蚀性

GB 14536.1 中的该章适用。

23　电磁兼容性(EMC)要求——发射

GB 14536.1 中的该章适用。

24　组件

GB 14536.1 中的该章适用。

25　正常操作

GB 14536.1 中的该章适用。

26　电磁兼容性(EMC)要求——抗扰度

GB 14536.1 中的该章适用。

27　非正常操作

GB 14536.1 中的该章，除下述内容外适用：

增加：

27.2～27.2.2，对装入式电磁阀适用。

27.2　灼烧试验：

代替：

带有电磁机构的电动阀应承受阀的机构的堵转影响。

是否符合通过 27.2.1 和 27.2.2 的测试检查。

注：除了在外壳底部有开口的阀，通过第 17 章试验被认为是符合的。

27.2.1　适用。

27.2.2　适用。

增加：

27.2.101　输出堵塞测试(温度)

带电动机的电起动器应承受输出堵塞的影响，温度不超过表 27.2.101 的规定。温度的测试方法在 14.7.1 中规定。

注：这个测试不在满足 14.4.101 要求的带电动机的电起动器上进行。

27.2.101.1　带电动机的电起动器在额定电压下于室温 15 ℃～30 ℃间放置 24 h，输出堵塞。测得的温度校准到 25 ℃参考值。

注：在美国和加拿大，测试在 17.2.3.1 和 17.2.3.2 规定的电压下进行。

对于三相操作的带电动机的电起动器,测试在任何一相断开情况下进行。

表 27.2.101　绕组的最高温度(输出堵塞,表 7.2 中第 110 项声明的阀的试验)

条　　件	绝缘等级的温度[d]/℃							
	A	E	B	F	H	200	220	250
如果有保护阻抗	150	165	175	190	210	230	250	280
如果由保护装置保护:								
第一个小时 ——最大值[a,b]	200	215	225	240	260	280	300	330
第一个小时后								
——最大值[a]	175	190	200	215	235	255	275	305
——平均值[a,c]	150	165	175	190	210	230	250	280

a　适用于带电机热保护器的起动器

b　适用于装入保险丝或热切断器的起动器

c　适用于不带保护器的起动器

d　这些热等级是根据 GB 11021《电气绝缘的耐热性评定和分级》来分类的

27.2.101.2　在第二个小时及 24 h 的测试期间平均温度应在限值范围内。

注:绕组的平均温度是在一小时周期内绕组的最大、最小值的算术平均值。

27.2.101.3　在试验期间,电源应持续给起动器供电。

27.2.101.4　电起动器完成测试后立即进行第 13 章中规定的电气强度试验,没有事先经过 12.2 的湿度处理。

27.3　过电压和欠电压试验

代替:

阀应按预定方式在最低额定电压的 85%到最高额定电压的 110%之间的任何电压值下操作。是否符合由规定的最高和最低温度,用最低油号和最低黏度值的油,在阀的入口的最大工作压力下经受下述试验来考核。仅对 T_{min} 小于 0 ℃的阀在 T_{min} 下测试。T_0 小于 25 ℃在 T_0 下测试。

阀安装在表 7.2 第 31 项规定的最不利的位置上,经受 1.1 倍的 VR_{max} 直到达到平衡温度,立即在 1.1VR_{max} 和额定电压下操作试验。阀还要经受 0.85VR_{min} 直到温度达到稳定后,立即在 0.85VR_{min} 下操作进行试验。阀在最低测试压力下重复这个测试(表 7.2 第 104 项规定)。

是否符合通过阀经受下述试验来检验:T_{max} 和 T_{min},有油和无油看哪个最不利,连接到阀的入口的最高工作压力下(见表 7.2 要求第 102 项)。对于带膜盒的阀,试验在阀的入口的最低工作压力下进行。

28　电子断开的使用导则

GB 14536.1 中的该章适用。

图

GB 14536.1 中的该章的图适用。

附　录

GB 14536.1 中的该附录，除下述内容外均适用：

附 录 H
（规范性附录）
电子控制器的要求

GB 14536.1 中的该附录，除下述内容外均适用：

H.6　分类

H.6.18　不适用。

H.7　资料

GB 14536.1 中的该章，除下述内容外适用：

表 7.2[12] 附加的项目修改：

资　料	章、条	方　法
52 不适用		
66 不适用		
67 不适用		
68 不适用		
69 不适用		
70 不适用		
71 不适用		
72 不适用	H.27.1.3.101	X

表 7.2 增加注：

注 12～注 19，不适用。

H.11　结构要求

H.11.12　不适用。

H.17　耐久性

GB 14536.1 中的该章，除下述内容外适用：

H.17.1.4　不适用。

H.17.1.4.1　代替：

H.17.1.4.101　电子阀应经受 H.17.1.4.2 描述的条件下的热循环测试。

H.17.1.4.2　热循环测试

修改：

第二段由下述内容代替：

记录执行的操作次数，如果它大于或等于表 7.2 第 27 项规定的值，则不需执行 17.16.101 的机械耐久测试。如果数目小于表 7.2 第 27 项规定的值,执行 17.16.101 的机械耐久测试直到满足规定的操作次数。

a)项第三段由下述内容代替:

a)试验时间

14d

H.26 电磁兼容性(EMC)要求——抗扰度

GB 14536.1 中的该章,除下述内容外适用:

H.26.2

代替:

装有电子元件的阀,是否符合通过 H.26.5、H.26.7、H.26.12 的试验来检测。

每个试验用一个递交的单独的样品。制造商的观点,H.26.13 应用后,每个合适的试验用一个单独的样品。

H.26.3

代替:

除了 H.26.5 之外,测试的评定标准在 H.26.13 中给出。

H.26.5

增加:

除了规定关闭时间(表 7.2 第 113 项)的阀,阀应假设释放位置间隔大于 0.5 s,但是可以假定在释放位置时间小于 0.5 s。

当掉电时,阀应保持在当前位置或假定的释放位置。

H.26.6 对油阀不适用。

H.26.8.5 试验程序

H.26.9 电气快速瞬变/脉冲试验

增加:

阀在得电位置时,施加脉冲。

H.26.10 振铃波试验

代替注释段:

注:本试验在美国和加拿大适用。

增加:

注:阀在得电位置时,施加脉冲。

H.26.11 静电放电试验

本试验根据 GB/T 17626.2—2006 第 5 章,严酷等级 3 和等级 4 来进行。

对于等级 3,易触及金属部件的接触放电应满足 6 kV,或易触及绝缘材料的空气放电应满足 8 kV。

对于等级 4,易触及金属部件的接触放电应满足 8 kV,或易触及绝缘材料的空气放电应满足 15 kV。

严酷等级 3 的试验适用于阀在得电和释放位置两种位置。接着阀应满足 H.26.15.4 的要求。

严酷等级 4 的试验适用于阀在得电和释放位置两种位置。接着阀应满足 H.26.15.4 的要求。

然后严酷等级 2 的试验适用于阀在得电和释放位置两种位置。阀应满足 H.26.13 或假定释放的位置,满足 11.108 和 17.5 的要求。

H.26.12 无线电电磁场抗扰度

增加:

本试验适用于阀在得电或释放位置。

只装有电源元件(如整流二极管,电阻器,变阻器,浪涌抑制器,或感应器)的控制器不用经受此条款的试验。

注:当使用这样的元件,伴随阻尼振荡发生时能量是可忽略的,不会影响控制器的操作。

子条款由下述内容代替:

H.26.13 电源频率变化影响试验

代替:

H.26.13.101 H.26.8~H.26.12试验后:

阀可以保持在得电位置,但当释放时应满足11.108和17.5的要求。

H.27 非正常操作

GB 14536.1中的该章除下述内容外适用:

代替:(H.27.1.3最后一段,包括第一点和第二点):

电子阀在故障的模拟或应用中会应引起1)和2)项:

1) 阀应继续正常工作在第15章声明的核查范围内。在这种情况下,应实施第二个故障,阀应继续正常工作在第15章或核查的声明范围内或发生2)项。

2) 阀应处于和保持在释放位置。

H.28 电子断开的使用导则

增加:

注:油阀的电子断开还在考虑中。

ICS 13.300
A 65

中华人民共和国国家标准

GB 14544—2008
代替 GB 14544—1993

电石乙炔法生产
氯乙烯安全技术规程

Production of vinyl chloride from calcium carbide and acetylene—Safety technology code

2008-12-23 发布　　2009-12-01 实施

中华人民共和国国家质量监督检验检疫总局
中国国家标准化管理委员会　发布

前　言

本标准 4.1.1、4.1.3、4.1.4、4.1.5、4.1.7、4.1.8、4.2.1、4.2.2、4.3.1、4.3.2、4.4.1～4.4.4、4.5、4.7.1～4.7.2、4.8.1～4.8.2、5.1.1、5.1.2、5.2.1～5.2.4、5.2.6、5.2.7、5.3.2～5.3.6、5.4.1、5.4.3、5.4.4～5.4.7、5.5～5.12、5.13.2、6.1、6.3.2、6.5.1～6.5.2、6.5.4、6.5.5、6.5.7、6.6.1、6.6.3、7.2.1～7.2.2、7.3.1.1～7.3.1.2、7.3.2 **为强制性的，其余为推荐性的。**

本标准代替 GB 14544—1993《氯乙烯安全技术规程》。

本标准与 GB 14544—1993 相比主要差异如下：

——根据现有技术修改了标准名称；

——扩大了标准的适用范围(见第 1 章)；

——增加了规范性引用文件(见第 2 章)；

——根据现有技术重新定义术语动火作业(见 3.1)；

——增加了新、改、扩建氯乙烯相关生产单位的安全许可要求(见 4.1.1)；

——修改了氯乙烯相关生产单位安全生产管理机构的设置和人员配备的要求(见 4.1.4)；

——将设备巡检并入后续章节(1993 年版 4.1.5，本版 5.8)；

——修改了安全标志的使用、设置要求(1993 年版 4.1.6，本版 4.1.5)；

——修改了压力容器诸方面的规定(1993 年版 4.1.7，本版 4.1.6)；

——增加了氯乙烯事故应急预案的有关要求(本版 4.1.8)；

——根据现有技术修改了对氯乙烯及聚氯乙烯装置的消防设施的要求，且增加了对报警装置的要求(见本版 4.2)；

——根据现有技术修改了氯乙烯系统及聚合系统的电气安全要求(见 4.3)；

——根据现有技术修改了防雷、防静电接地要求(见 4.4)；

——取消了关于液体、气体氯乙烯流速的条文(1993 年版 4.4.4)；

——根据现有技术修改了聚氯乙烯厂房的通风设计(见 4.5)；

——根据现有技术修改了对岗位、作业人员个体防护器具的要求(1993 年版 4.7.2、8.1.2、9.2，本版 4.7.2、7.3.1.2、8.2)；

——根据现有技术修改了作业场所氯乙烯浓度要求(见 4.8.1)；

——增加了聚氯乙烯糊用树脂生产安全要求(见第 4 章～第 8 章)；

——根据现有技术修改了新、改、扩建氯乙烯相关生产企业的区域布置要求(见 5.1.1)；

——根据现有技术修改了厂房结构要求，并增加了防爆要求(见 5.1.2)；

——根据现有技术修改了对物料中控指标的管理(见 5.3.1)；

——根据现有技术修改了氯乙烯管道系统的静电接地电阻值(见 5.4.2)；

——根据现有技术修改了合成混合器、聚合釜的防火、防爆要求(见 5.4.4)；

——根据现有技术修改了对自控系统的气动仪表的气源的要求(见 5.4.6)；

——根据现有技术修改了自控装置的安全要求(见 5.4.7)；

——将粘釜物的清除与防粘釜并为一条(1993 年版 5.9、5.10，本版 5.9)；

——合并了紧急情况处理时的应急措施(1993 年版 5.12，本版 5.11、5.12)；

——根据现有技术修改了精馏尾排废气中氯乙烯的排放标准(见 5.13.1)；

——增加了管道布置要求(本版 6.2)；

——根据现有技术修改了管道敷设的要求(1993 年版 6.2，本版 6.3)；

——增加了管道的压力试验，且修改了管道泄漏试验(1993 年版 6.3，本版 6.4)；

——根据现有技术修改了对氯乙烯气柜的消防设施要求(1993 年版 6.4.1，本版 6.5.1)；

——增加了对液体氯乙烯通入气柜的限制(1993 年版 6.4.4，本版 6.5.4)；

——将第 7 章和第 8 章合并为一章“检维修安全”(1993 年版第 7 章、第 8 章，本版第 7 章)；

——根据现有技术修改了清釜作业时釜内氯乙烯浓度的允许值(1993 年版 8.1.1，本版 7.3.1.1)；

——增加了大量外溢氯乙烯事故处理(本版 8.5)；

——修改了有关安全管理制度(1993 年版 10.3，本版 9.3)；

——根据现有技术修改了涉及 1211 灭火剂的条文(见附录 A)。

本标准的附录 A 为规范性附录，附录 B 为资料性附录。

本标准由国家安全生产监督管理总局提出。

本标准由全国安全生产标准化技术委员会化学品安全分技术委员会(SAC/TC 288/SC 3)归口。

本标准负责起草单位：安徽省安全生产科学研究院。

本标准主要起草人：吴玉昆、方诚、党宏斌、郑昕。

本标准于 1993 年首次发布，本次修订为第一次修订。

电石乙炔法生产
氯乙烯安全技术规程

1 范围

本标准规定了氯乙烯及其聚合物生产的基本规定、生产安全、管道与设备、检维修安全、现场应急处理、安全管理。

本标准适用于新建、改建和扩建的采用电石乙炔法生产氯乙烯和氯乙烯聚合物的单位。与聚氯乙烯生产有关的部门,亦应参照使用。

2 规范性引用文件

下列文件中的条款通过本标准的引用而成为本标准的条款。凡是注日期的引用文件,其随后所有的修改单(不包括勘误的内容)或修订版均不适用于本标准,然而,鼓励根据本标准达成协议的各方研究是否可使用这些文件的最新版本。凡是不注日期的引用文件,其最新版本适用于本标准。

GB 151—1999 管壳式换热器

GB 2894 安全标志及其使用导则

GB 3836 爆炸性气体环境用电气设备

GB/T 4830 工业自动化仪表气源压力范围和质量

GB/T 5761 悬浮法通用聚氯乙烯树脂

GB 7231 工业管道的基本识别色、识别符号和安全标识

GB 11658 聚氯乙烯树脂厂卫生防护距离标准

GB/T 12801 生产过程安全卫生要求总则

GB 15592 聚氯乙烯糊用树脂

GB/T 20801 压力管道规范 工业管道

GB 50016 建筑设计防火规范

GB 50057 建筑物防雷设计规范

GB 50058 爆炸和火灾危险环境电力装置设计规范

GB 50160—1992 石油化工企业设计防火规范

GB 50235 工业金属管道工程施工及验收规范

GB 50236 现场设备、工业管道焊接工程施工及验收规范

GB 50257 电气装置安装工程爆炸和火灾危险环境电气装置施工及验收规范

AQ 3009 危险场所电气防爆安全规范

AQ/T 9002 生产经营单位安全生产事故应急预案编制导则

HG 2367 氯乙烯聚合反应釜技术条件

HG/T 20517 钢制低压湿式气柜

HG/T 20549 化工装置管道布置设计规定

HG/T 20675 化工企业静电接地设计规程

HG/T 23008 化工检修现场安全管理检查标准

HGJ 212 金属焊接结构湿式气柜施工及验收规范

SH/T 3054 石油化工厂区管线综合设计规范

3 术语和定义

下列术语和定义适用于本标准。

3.1

动火作业 work with flame

指在氯乙烯制备和聚氯乙烯生产厂(车间)内,在禁火区进行焊接与切割作业及在易燃易爆场所使用喷灯、电钻、砂轮等可能产生火焰、火花和赤热表面的临时性作业。

3.2

清釜作业 cleaning caldron work

指在聚合釜内进行清除粘釜物和防粘釜涂布的作业。

4 基本规定

4.1 通用要求

4.1.1 新建、改建和扩建的氯乙烯制备和聚氯乙烯生产厂(车间),安全设施应与主体工程同时设计、同时施工、同时投产,依法经过安全许可。

4.1.2 氯乙烯防护应选择先进的生产工艺和在生产装置上采取措施,使生产系统的安全卫生条件符合GB/T 12801的规定。

4.1.3 氯乙烯属于危害程度为Ⅰ级(极度危害)的职业性接触毒物,直接接触氯乙烯的危险化学品从业人员,应进行安全生产教育和培训。考试合格取得合格证,方可上岗操作。

4.1.4 氯乙烯制备和聚氯乙烯生产厂应设置安全生产管理机构,配备专职或兼职的安全生产管理人员,生产厂的主要负责人和安全生产管理人员应具备与本单位所从事的生产活动相应的安全生产知识和管理能力。

4.1.5 在容易发生事故或危险性较大的场所,及其他有必要提醒人们注意安全的场所,应按GB 2894的要求设置安全标志。

4.1.6 压力容器的设计、制造、安装、使用、检验、修理和改造,应符合压力容器的有关规定。

4.1.7 贮存、运输氯乙烯,应符合有关危险化学品安全管理规定。

4.1.8 氯乙烯生产、贮存和使用单位应制定氯乙烯泄漏应急预案,预案的编制应符合AQ/T 9002中的有关内容,并按规定向有关部门备案,定期组织应急人员培训、演练和适时修订。

4.2 消防设施

4.2.1 氯乙烯及聚氯乙烯装置的消防通道宜为环形。其防火应按GB 50016的规定,设置消防给水管网和固定灭火装置。并应根据火源及着火物质性质,配备适当种类、足够数量的消防器材,见附录A。

4.2.2 合成、压缩、精馏和聚合等主要生产岗位应设置火灾自动报警和可燃、有毒气体报警装置。

4.3 电气安全

4.3.1 氯乙烯和聚氯乙烯生产装置中爆炸和火灾危险环境电力装置的设计、安装和验收应符合GB 50058、GB 50257的规定。爆炸性气体环境的防爆电气产品应符合GB 3836的要求。

4.3.2 聚合系统供电应为一级负荷,其中自控仪表、通信、照明等尚应增设应急电源供电,应急电源供电时间按生产技术上要求的停车时间确定。

4.4 防雷、防静电

4.4.1 厂(车间)内各类建、构筑物,露天装置,贮罐应按GB 50057的规定设置防雷设施。氯乙烯合成、精馏、聚合系统属第Ⅱ类防雷建、构筑物。

4.4.2 厂(车间)内的氯乙烯设备、管道应按HG/T 20675要求采取防静电措施,并在避雷保护范围之内。

4.4.3 除装置有特殊要求外,防雷接地线与防静电接地线应等电位连接。

4.4.4 传动带应采用抗静电的皮带。

4.5 通风设施

有氯乙烯外逸场所，应根据不同的氯乙烯外逸污染情况配置相应的机械通风装置。聚氯乙烯厂房通风换气设计不少于12次/h。

4.6 管道的颜色及标志

管道外壁颜色、标志应执行GB 7231的规定。气、液氯乙烯管道应标明介质流向，反扣(向)阀门应指示旋向。

4.7 个人防护

4.7.1 直接从事氯乙烯作业的人员应采取个人防护措施，操作人员应配备有效的防毒面具。

4.7.2 氯乙烯生产、使用、贮存岗位应配备适量的长管式空气呼吸器和正压式氧气呼吸器或正压式空气呼吸器。

4.8 气体浓度的测定

4.8.1 氯乙烯作业场所(如合成、压缩机房、精馏、种子制备、聚合、汽提、沉析、离心、干燥、包装等岗位)的氯乙烯浓度应定期测定，并及时公布于现场。其空气中氯乙烯时间加权平均容许浓度为10 mg/m^3。

4.8.2 在特殊场所(如种子釜、聚合釜、沉析槽、过滤器或密闭设备等)内部作业过程中，应监测作业环境空气中易燃易爆气体(如氯乙烯)和氧气浓度的变化，至少每隔2 h测定一次。

5 生产安全

5.1 设计要求

5.1.1 区域布置

a) 新建、改建和扩建聚氯乙烯生产厂(车间)应按有关规定进行安全评价。

b) 氯乙烯合成、聚合系统的装置区域应布置在居民区和生活服务区的夏季最小频率风向的上风侧。其厂区边缘距居民区边缘的卫生防护距离应符合GB 11658的规定；其与相邻工厂或设施的防火间距应符合GB 50160—1992的有关规定。

c) 氯乙烯净制、压缩、精馏、浆料(或乳胶)处理、离心及干燥系统的设备，应布置在宽敞的地区，保证设备间有良好的通风。

d) 厂区内的仪表控制室应独立设置，室内应设有电话等通讯装置。爆炸危险区域内的仪表控制室应符合AQ 3009的有关规定。

5.1.2 厂房结构

a) 氯乙烯合成、净制、压缩、精馏、灌装和聚合厂房，生产类别(火灾危险性)属于甲类，厂房的耐火等级应不低于2级。离心、干燥、包装厂房，生产类别属于丙类。各厂房的布置应符合GB 50016的要求。

b) 氯乙烯厂房，应充分利用自然通风条件换气，在环境、气候条件允许下，可采用敞开式或半敞开式结构，应采用墙不承重的框架结构，必要时局部砖墙采用耐火极限不低于3.5 h的不燃烧体墙；不能采用自然通风的场所，应采取强制通风措施。厂房的安全出入口及楼梯应符合GB 50016的要求。

c) 氯乙烯厂房和聚合厂房应设置泄压设施。包装厂房内表面应平整、光滑，且易于清扫。

5.2 设备与零部件

5.2.1 氯乙烯合成转化器的列管、管板选用材质应符合GB 151—1999的有关规定，下盖内面覆盖层应选用防腐蚀材料衬里。

新安装和大修后的转化器列管和管板连接处应按GB 151—1999中3.17.3的规定进行气密性试验，符合有关检验要求，方可投入使用。

5.2.2 氯乙烯压缩机铜部件的铜含量应小于70%。

5.2.3 氯乙烯合成、精馏系统与氯乙烯接触的设备、管道、阀门、仪表应选用钢材、铸铁、铸钢或有色金属(如铝、钛、镍)材料，符合有关国家、行业标准的规定，不应用铜、银(包括银焊)、汞材质。

5.2.4 种子釜、聚合釜及浆料(或乳胶)槽等设备宜选用不锈钢板及搪瓷材料。转动轴瓦可采用铜含量小于70%的铜合金材料。种子釜、聚合釜上阀门应选用不锈钢材料。

5.2.5 氯乙烯设备、管道、阀门、仪表的连接应紧密。设备、管道和附件的连接可采用法兰，其他部位应采用焊接。法兰连接处的垫片应选用石棉板、氟塑料、用石墨处理过的石棉织物等柔性填料或垫片，不应使用普通橡胶垫。

5.2.6 所有合成、净制、精馏、气柜、种子制备、过滤、聚合、贮槽、汽提、沉析等的设备，均应进行气密性试验，且符合5.2.1的检验要求。

5.2.7 压缩机、均化器、种子釜、聚合釜、浆料(或乳胶)槽、沉析槽、离心机、泵和其他机器设备的转动轴均应符合机械密封有关标准的规定。

5.3 物料的中控指标及操作

5.3.1 物料的中间控制指标，制订时要反复核对、严格控制，执行时应进行三级(厂部、车间、工段)考核，重要厂控指标应设立“关键点”。更改时应有相应的安全措施，并经厂长或总工程师批准。

5.3.2 物料在合成、净制、压缩、精馏、种子制备、聚合和浆料(或乳胶)处理系统的贮运、使用中应符合其工艺控制指标和安全生产要求。其中氯化氢不含游离氯，含氧体积分数小于0.4%。乙炔纯度大于98.5%，不含硫磷。送气柜氯乙烯含氧应小于3%。

5.3.3 氯乙烯合成混合器温度控制不应超过50 ℃。

5.3.4 氯乙烯合成转化器大盖拆卸前，应先充氮置换并将转化器内温度降至60 ℃以下，减少汞污染。

5.3.5 氯乙烯压缩机进口处设备和管道的操作压力，应保持正压。

5.3.6 氯乙烯贮槽和计量槽装载量不应超过其容积的85%。

5.3.7 聚合系统投料用原辅料应专人称量和复核。氯乙烯单体计量应根据不同季节气温变化进行体积-质量换算，保证投料准确，防止聚合釜内引起超温、超压等事故。

5.4 安全装置

5.4.1 生产厂房顶部及其设备的防雷装置应按4.4.1规定设置。

5.4.2 氯乙烯管道系统的防静电接地电阻值应符合GB 50160—1992中8.3.5的规定。

5.4.3 凡有氯乙烯气体放空的设备均应设放空装置。室内设备放空装置的出口，应高出屋顶。室外设备的放空装置出口应高于附近操作面2 m以上。

放空装置应选用金属材料，不应使用塑料管或橡皮管。装置上应设有阻火器，应采取静电接地。管口上应有挡雨、阻雪的伞盖。

5.4.4 氯乙烯贮槽、计量槽、种子釜、聚合釜等压力容器，应装有安全阀、压力表，应使用两个测压点，并定期校验；需装液位计的应使用符合要求的液位计。合成混合器、种子釜、聚合釜应装设超温、超压信号报警装置和安全联锁装置。

5.4.5 合成、聚合系统的氮气管应设止回阀，防止氯乙烯倒入其管内。

5.4.6 自动控制系统的气动阀门及仪表，供气气源应符合GB/T 4830的规定。

5.4.7 自控装置应按冗余原则设计备用装置，且应安设接地装置。

5.5 生产区域内，不应有明火和可能产生明火、火花的作业(固定动火区应距离生产区30 m以上)。生产需要或检修期间需动火时，应办理动火审批手续，并按7.2规定执行。

5.6 氯乙烯生产系统运行时，不应用铁制工具撞击，不应未采取安全措施时带压修理和紧固，不应穿带钉鞋和易产生静电的服装等进入生产现场。

5.7 精馏系统未经氮气置换时，不应直接用压缩空气置换。

5.8 运行中的设备应按国家有关规定进行操作和维护，并进行巡回检查。阀门、仪表和安全装置应定期检查，发现问题及时上报，紧急情况下可停机处理。

5.9 种子釜、聚合釜内壁粘结的反应生成物应进行定期清除，并按7.3.1的规定执行。为减轻清釜作业强度和污染，应采取有效的防粘釜措施。

5.10 聚合釜出料作业时，不应使用压缩空气向釜内加压。

5.11 发现氯乙烯合成原料气氯化氢中含游离氯超标时，应立即关闭乙炔进口总阀，紧急停车处理，防止发生氯乙炔燃烧、爆炸事故。

5.12 突然停水、断电，造成种子釜、聚合釜内温度、压力上升时，应及时加入终止剂终止聚合反应或将釜内物料排至沉析槽(或乳胶贮槽)，确需大量排空时，应采取应急措施，防止事故蔓延。

5.13 为控制精馏尾气和聚合浆料(或乳胶)中氯乙烯流失，防止污染，应采用下列措施：

5.13.1 在低沸塔后装设防止精馏尾气氯乙烯流失的吸附(吸收)装置。装置的设计应使精馏尾排废气中氯乙烯浓度为10 mg/m^3。

5.13.2 建立聚合釜、沉析槽等设备的出料回收装置。

5.13.3 在干燥系统前，设置浆料或乳胶脱除氯乙烯的汽提装置或控制措施。方案的选择应使经脱除措施处理后的聚氯乙烯成品中残留氯乙烯单体含量符合GB/T 5761或GB 15592的规定。

6 管道与设备

6.1 管道的施工、验收及焊接应符合GB 50235和GB 50236的规定。

6.2 厂区管线综合布置、生产单元内的管道布置应分别按SH/T 3054、HG/T 20549的要求执行。

6.3 管道敷设

6.3.1 管道的敷设方式，应根据管道内介质的性质、厂区地形、生产安全、交通运输、施工、检修等因素综合考虑确定。

6.3.2 氯乙烯管道宜采用架空敷设，必要时可沿地敷设，但不宜埋地敷设。

6.4 压力试验和泄漏试验

6.4.1 压力试验

管道压力试验分为液压试验和气压试验。

a) 液压试验：压力依据设计压力、管道结构等因素确定，在试验压力下稳压10 min，再将试验压力降至设计压力，保压30 min，以压力不降，无渗漏为合格。

b) 气压试验：压力依据设计压力确定，升压应逐级进行，首先升至50%的试验压力进行检查，如无泄漏及异常现象，继续以10%的试验压力级差逐级升压，直至达到试验压力，然后将压力降至设计压力检查，以发泡剂检验不泄漏为合格。

   试验时，应经厂安全部门批准，并有安全措施，应使用不易燃和无毒气体作试验介质。

c) 管道压力试验合格后，应按照GB/T 20801和设计文件的规定进行吹扫或者清洗，吹扫时应设置禁区，排放的废水和废液应符合国家有关法规、标准的规定。

6.4.2 泄漏试验

管道压力试验合格后应做泄漏试验。

6.4.2.1 管道泄漏试验应采用气压试验。

6.4.2.2 压力为设计压力，应逐级缓慢上升，当达到试验压力，且停压10 min后，用涂刷中性发泡剂的方法，巡回检查所有密封点，以不泄漏为合格。

6.5 氯乙烯气柜

6.5.1 气柜周围应依据GB 50016设有消防车道和消防设施。

6.5.2 新建气柜应布置在通风良好的地方。气柜的防火要求以及与建、构筑物、堆场的防火间距，按GB 50016的规定执行。

6.5.3 气柜的滑道和滑轮应灵活好用。气柜的基础和支承应牢固。

6.5.4 气柜的合成氯乙烯入口管和聚合回收氯乙烯入口管应分开设置，出入口管道最低处应设排水器。液体氯乙烯不应直接通入气柜。

6.5.5 气柜应装有防雷装置,且应有容积指示装置,允许使用容积为全容积的15%～85%,雷雨或七级以上大风天气使用容积不应超过全容积的60%。在气柜30 m内严禁烟火,在此范围内的电气设备应按1区爆炸性气体环境防爆要求设计。

6.5.6 在寒冷地带,气柜水封应采取相应的防冻措施。

6.5.7 气柜在施工完毕或大修后,应按其结构类型检查是否符合设计要求,并应做泄漏试验,符合HG/T 20517、HGJ 212的检验要求后,才能投入使用。

6.6 氯乙烯聚合釜

6.6.1 种子釜、聚合釜应遵守4.1～4.3、5.2～5.9有关规定。

6.6.2 种子釜、聚合釜应尽量安装在半敞开式框架结构的厂房内,规格相同的可集中布置。

6.6.3 种子釜、聚合釜各项技术条件应符合HG 2367的要求。

7 检维修安全

7.1 氯乙烯生产、贮运、使用有关单位进行动火、设备内等各种作业应符合HG/T 23008的有关规定。

7.2 动火作业

7.2.1 在生产、贮运、使用氯乙烯的管道、容器、设备上动火,除应事先办理动火手续外,尚应采取下列措施:

7.2.1.1 动火前,管道、容器、设备内应泄压、放尽物料,应与运行系统采取隔绝措施(如加盲板或拆除一段联接管道),以切断物料来源,然后再进行置换、吹风;对可能存有易燃易爆气体的死角,应设法排净。

7.2.1.2 动火时,作业场所动火点的空间和管道、容器、设备内的氯乙烯体积分数均应小于0.4%。安全分析取样时间不应早于动火前0.5 h,动火作业中每2 h应重新分析;动火作业中断后恢复工作前0.5 h,也要重新分析。取样要有代表性。

7.2.1.3 动火点周围10 m以内的其他易燃可燃物质,应清除干净。

7.2.1.4 动火作业场所应设灭火器材,操作时应有专人监护。

7.2.1.5 动火后开车前,管道、容器、设备应进行气密性检漏试验,符合要求后,再以纯度大于97%的氮气置换至含氧体积分数小于3%。

7.2.2 进入种子釜、聚合釜、沉析槽、乳胶贮槽等设备内动火检修时,除应遵守7.2.1规定外,尚应执行7.3.1有关规定。

7.3 设备内作业

7.3.1 清釜作业

7.3.1.1 作业前

a) 应按清釜作业要求办理“入釜作业证”;
b) 应采取安全停电的措施,由两人负责切断电源,电源钥匙交清釜人员随身携带,搅拌按钮挂封牌;
c) 釜上氯乙烯单体阀、氮气阀应堵上盲板,应拆除聚合釜底阀与出料阀间的短管,其他所有阀门应严密关闭;
d) 清釜前,应先置换,排除釜内残留氯乙烯,取样分析釜内氯乙烯体积分数不大于0.2%、含氧体积分数大于18%后方可进入作业。分析取样时间应在进釜前0.5 h之内,取样要有代表性。

7.3.1.2 作业中

a) 要向釜内继续吹送压缩空气或釜底抽真空排除釜内残存挥发的氯乙烯;
b) 应由熟悉聚氯乙烯生产并能进行救护工作的人员釜外守釜监护,密切监视作业状况,发现异常情况时,应及时采取有效措施;

c 作业人员应穿戴适用的个人防护用品，系好安全带，并将安全绳系于釜外的人孔旁，清釜人员还应戴好安全帽，釜外应备有长管式空气呼吸器和其他急救器材，以便紧急情况时使用；

d 所用照明灯具应符合防潮、防爆安全要求，应先开启灯具照亮后才可放入设备内，并应有足够的照明，照明电压不应超过 12 V。

7.3.2 进入沉析槽、浆料(或乳胶)槽、氯乙烯贮槽、过滤器和计量槽等设备内进行作业时，应按 7.3.1 规定执行。

8 现场应急处理

8.1 发生氯乙烯中毒、燃烧、爆炸和大量外溢氯乙烯等事故，应立即采取应急措施，切断氯乙烯来源，并报告厂调度。

8.2 抢救事故的所有人员，应服从统一领导和指挥，进入事故现场的抢救人员，应佩戴好有效防护器具。进入种子釜、聚合釜、沉析槽内的抢救人员应佩戴长管式空气呼吸器。

8.3 对氯乙烯中毒者，应进行不同情况下的抢救和治疗，见附录 B。

8.4 氯乙烯贮罐起火，可借罐体外大量水的喷淋，使氯乙烯单体降温冷却，氯乙烯管道起火，应迅速关闭氯乙烯阀门。氯乙烯隔断装置、压力表和蒸汽、氮气接头，应有专人控制操作。

8.5 氯乙烯大量外溢，应立即切断上、下流程离泄漏点最近的阀门，以使泄漏降低至最小限度，同时报告有关部门，以组织抢险。

9 安全管理

9.1 应根据氯乙烯防护、治理系统装置的数量和复杂程度，建立与此相适应的管理及装置维修组织。实行氯乙烯防护、治理措施及其装置各级人员负责制，并应有人负责运行操作，其维修、监测、监督专业人员和分管领导，应接受安全技术、安全防护知识教育和业务学习，取得资格后方可承担相应的工作。

9.2 抢救器材、消防器材及防护用具的管理和维修要落实到人，并定期检查，保证其处于良好有效状态。

9.3 应制定以下的安全规章制度：安全生产责任制、禁火安全制、动火安全制、设备内作业安全制、物料中间控制指标管理制、设备管理制、要害岗位管理制、值班人员守则、操作规程、运行记录、故障报告及事故管理、计划检修、建立安全防护系统技术档案、安全防护工作奖惩制以及人员培训制度等。各项安全防护工作制度均应有人管理并认真贯彻执行。

9.4 氯乙烯作业人员应进行入岗前体检，每年还应进行一次职业危害体检，体检结果记入“职工健康监护卡片”，不符合要求者，不应从事氯乙烯作业。

9.5 定期测定氯乙烯防护、治理装置的技术效果，发现不符合国家卫生标准或排放标准时，要查明原因，及时解决。

9.6 应有专人监督检查各防护装置的运行操作及备品备件的情况，发现问题应及时解决。

附 录 A
（规范性附录）
消防器材的正确使用

A.1 氯乙烯单体起火，应使用干粉、七氟丙烷、二氧化碳灭火器或砂土、氮气、蒸汽扑救。

A.2 乙炔系统应配备足够的安全用氮，一旦起火，应首先充入氮气灭火，并辅以二氧化碳或干粉灭火器，不应使用水或泡沫灭火器扑救，以防救火者触电。

A.3 电器起火，应立即切断电源，并使用二氧化碳、七氟丙烷或干粉灭火器。不应使用水或泡沫灭火器扑救。

A.4 其他可燃、易燃物（如泡沫塑料、橡胶垫、油类、房屋和木材等）起火，可使用水、砂土、七氟丙烷、干粉或泡沫灭火器扑救。

附 录 B
（资料性附录）
氯乙烯中毒者一般抢救方法

B.1 首先将中毒者迅速及早地移离作业现场，抬到空气新鲜的地方，解除一切阻碍呼吸的衣物，静卧保暖。救护场所应保持清静、通风，并指派专人维持秩序。皮肤或眼睛被液体污染者，应尽快用大量清水冲洗，严重者立即就医。

B.2 急性中毒轻微者，如发现头痛、恶心、胸闷等症状，可直接送附近医疗机构治疗。

B.3 急性中毒严重者，如清釜作业人员患中毒窒息综合症而停止呼吸者，应立即进行口对口人工呼吸和体外心脏按压，同时通知附近医疗机构赶到现场急救。

有条件的企业，应供氧气或设高压氧舱抢救和治疗。

ICS 13.260
F 20

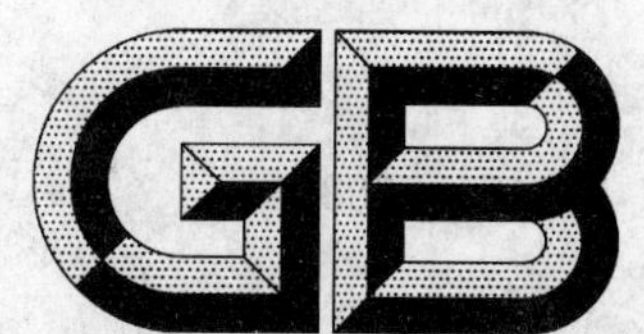

中华人民共和国国家标准

GB/T 14545—2008
代替 GB/T 14545—2003

带电作业用小水量冲洗工具（长水柱短水枪型）

Washing tools with limited water for live working (Short water gun with long water column)

2008-09-24 发布　　2009-08-01 实施

中华人民共和国国家质量监督检验检疫总局
中国国家标准化管理委员会　发布

前 言

本标准代替 GB/T 14545—2003《带电作业用小水量冲洗工具(长水柱短水枪型)》。

本标准与 GB/T 14545—2003 相比主要修改和增加了以下内容：

——修改了部分术语，与相关标准保持一致；

——增加了验收试验项目，并将检验规则中的全部试验项目以表 3 的形式列出；

——增加了规范性附录 A：标志符号。

本标准的附录 A 为规范性附录。

本标准由中国电力企业联合会提出。

本标准由全国带电作业标准化技术委员会归口并负责解释。

本标准主要起草单位：国网武汉高压研究院、上海超高压输变电公司、上海市电力公司。

本标准主要起草人：张丽华、刘新平、胡毅、易辉、孙鑫茂、张锦秀。

本标准所代替标准的历次版本发布情况为：

——GB/T 14545—1993；GB/T 14545—2003。

带电作业用小水量冲洗工具
（长水柱短水枪型）

1 范围

本标准规定了带电作业用长水柱短水枪型小水量冲洗工具适用范围、术语和定义、技术要求、试验方法、检验规则及标志、运输和包装。

本标准适用于交流电压220 kV及以下的电力线路和变电站的电气设备电瓷和玻璃外绝缘且以水柱为主绝缘的带电作业用小水量冲洗工具。

2 规范性引用文件

下列文件中的条款通过本标准的引用而成为本标准的条款。凡是注日期的引用文件，其随后所有的修改单或修订版(不包括勘误的内容)均不适用于本标准，然而，鼓励根据本标准达成协议的各方研究是否可使用这些文件的最新版本。凡是不注日期的引用文件，其最新版本适用于本标准。

GB/T 14286 带电作业工具设备术语(GB/T 14286—2008，IEC 60743:2001，MOD)

DL 409 电业安全工作规程(电力线路部分)

3 术语和定义

GB/T 14286确立的以及下列术语和定义适用于本标准。

3.1

带电水冲洗 hot-line washing

用压力水柱清洗电力设备电瓷外绝缘的一种带电作业方式。

3.2

带电小水量冲洗 hot-line washing limited quantity water

水枪喷口直径为3 mm及以下的带电水冲洗方式。

3.3

水柱 water-column

指水枪喷射出的水，从水嘴到接触电气设备间水流的柱状部分。

3.4

水柱长度 water-column length

从水枪喷射出来的直柱状态水射流的有效直线长度。

3.5

带电小水量冲洗工具 hot-line washing tools with limited quantity water

系携带型的冲洗工具。包括：水枪及其辅助连接件、引水管、水泵、接地装置、储水容器和水电阻率测量仪。

3.6

水枪 water gun

水冲洗时，喷射水的工具。由把手、喷嘴、绝缘硬管及接头等组成，如图1所示。

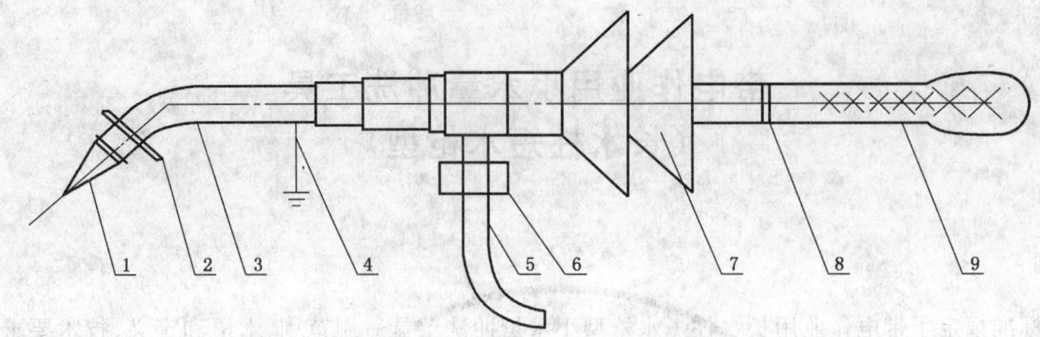

1——喷嘴；
2——挡水环；
3——枪管；
4——接地线；
5——引水管；
6——连接头；
7——防水罩；
8——标志环；
9——手柄。

图1 水枪

3.7

喷嘴 nozzles

指水枪出水口的部件。

3.8

防水罩 cover for protect rains

一种防止水流成线的绝缘部件，呈倒漏斗状。

3.9

引水管 water-carriage

连接水泵与水枪的输水管。

3.10

长水柱短水枪 short water gun with long water column

作业时以水柱为主绝缘的短水枪。

4 技术要求

4.1 水枪

4.1.1 水枪的挡水环、枪管、三用接头、防水罩、操做手柄应采用绝缘材料制成。

水枪的通水部件的内径与水枪喷口直径之比为4：1。

枪管应弯曲成140°弓形。

操作手柄的长度一般取1 m。

4.1.2 水枪的通水部件应能承受配套水泵的额定排水压力，且应无渗漏。

4.1.3 水枪喷嘴一般采用铜材或工程塑料制成，内表面应平整光滑。在实际使用压力下，喷射的水柱在规定长度内应呈直柱状态。

喷嘴的形状和内表面粗糙度要求可参照图2。

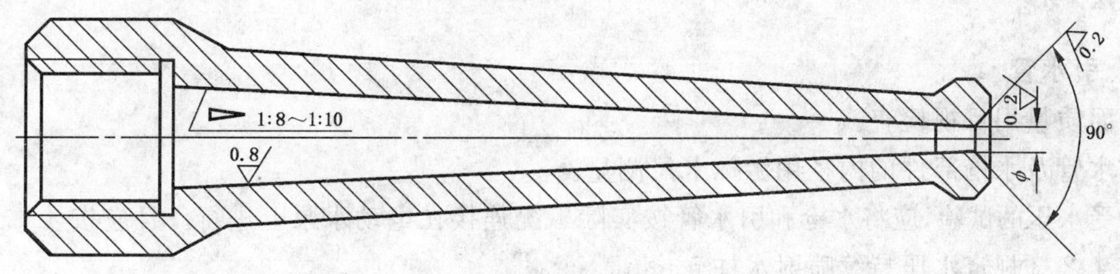

图 2 喷嘴

4.2 引水管

4.2.1 引水管应采用绝缘管，应无气泡、缩径及裂纹等缺陷。其内径与水枪喷口直径之比取 4∶1。

4.2.2 引水管应能承受 1.2 倍的配套水泵额定排出压力，应无明显的扩径、渗漏。

4.2.3 引水管与水泵的连接头应能承受 1.2 倍的配套水泵额定排出压力，其内径应与引水管内径相适应，连接应方便。

4.3 水泵

4.3.1 水泵主要性能应不低于表 1 要求。

表 1 水泵额定排出压力和流量

技 术 要 求	额定排出压力/kPa	流量/(L/min)
手动水泵	785	8
机动水泵	1 961	20
注：水柱长度超过 1.0 m 的宜采用机动水泵。		

4.3.2 机动水泵应有稳压、调压、回水装置、控制阀门和压力表。原动力机的转速应与水泵匹配，功率储备系数应不小于 1.5。

4.3.3 机动水泵在额定压力和额定转速时，泵的容积效率不得小于 90%，轴效率应达到 85%；在最大排出压力时，泵的压力波动应不超过±0.6%。

4.3.4 机动水泵曲轴箱内的润滑油的温升不允许超过 30 K。

4.3.5 水泵应有接地装置；进水口应装设过滤网。

4.4 储水容器

4.4.1 应采用不影响水电阻率的材料制成。

4.4.2 进水口应设防尘盖和过滤网。

4.4.3 对不易明辨水位变化的储水容器，应设水位监察装置。

4.4.4 储水容器应有足够的机械强度，且应便于携带和使用。

4.5 水电阻率测量仪

4.5.1 水电阻率测量仪应为多量限的携带型的读数值式仪表。表面刻度应清晰、均匀，指针应平直；表壳应密封、牢固。

4.5.2 水电阻率测量仪应能在周围环境温度 0 ℃～40 ℃、相对湿度不大于 85%的条件下正常工作。

4.5.3 水电阻率测量仪应能防振、防潮，且能在 5.0 kV/m 的电场强度下正常工作。

4.6 整体技术要求

在仰角 45°喷射时，按 DL 409 的规定，呈直柱状态的水柱长度，不得小于表 2 规定。

表 2 喷射的水柱长度

额定电压/kV	水柱长度/m
63(66)及以下	0.8
110	1.2
220	1.8

5 试验方法

5.1 水枪、引水管

5.1.1 表面质量用目视检查。

5.1.2 引水管及水枪部件的内径用游标卡尺测量。

5.1.3 耐受水压的试验，应将水枪和引水管按实际工况连接在电动水泵上进行。且应按 4.1.2～4.1.3 和 4.2.2～4.2.3 规定水压持续喷射水柱 5 min。

5.2 水泵

5.2.1 手动水泵试验前应在出口处加装精度为 0.01 级的 0 Pa～1 000 kPa 的压力表；试验时间每次不得少于 5 min；其流量统计应取 L/min 平均值。

5.2.2 机动水泵试验时应先用转速表核定水泵轴转速后，再统计其压力和流量。

5.2.3 机动水泵的流量测定应用精度为 0.01 级的流量表。

5.2.4 机动水泵曲轴箱内润滑油温升测定应在水泵连续运转 15 min 后立即进行。

5.2.5 水泵试验过程中不能断水，以免损坏机件。

5.3 储水容器

在容器中储满电阻率为 1 500 Ω·cm 的水，24 h 后进行水电阻率测量。

5.4 水电阻率测量仪

5.4.1 试验时应将水电阻率测量仪置于 4.5.2～4.5.3 所述的环境中进行。

5.4.2 试验用的水的电阻率应不少于 800 Ω·cm、1 000 Ω·cm、1 500 Ω·cm、2 000 Ω·cm、3 000 Ω·cm、5 000 Ω·cm、10 000 Ω·cm、30 000 Ω·cm、50 000 Ω·cm 十种，且都应经电导率仪核准，量出接近于 1 500 Ω·cm、3 000 Ω·cm、10 000 Ω·cm、50 000 Ω·cm 四种。

5.5 整组试验

5.5.1 试验前应将试品按实际工况组装成整体，且应连接牢固。

5.5.2 每次试验冲水时间不得少于 5 min。

6 检验规则

6.1 型式试验

在下列情况下，应对产品进行型式试验：

a) 新产品投产前的定型鉴定；

b) 产品的结构、材料或制造工艺有较大改变，影响到产品的主要性能时；

c) 原型式试验超过 5 年时。

型式试验的项目包括全部试验项目(见表 3)。

表 3 试验项目

序号	试验项目	本标准条文	型式试验	抽样试验	例行试验	验收试验
1	外观检查	5.1.1	√	√	√	√
2	引水管及水枪部件	5.1.2	√	√	—	—
3	耐受水压试验	5.1.3	√	√	—	—
4	水泵试验	5.2	√	—	—	√
5	储水容器试验	5.3	√	—	√	—
6	水电阻率测量仪试验	5.4	√	—	√	—
7	整组试验	5.5	√	√	√	√

型式试验需要三套水冲洗工具，检查结果应满足本标准第 4 章中各项技术要求。

6.2 抽样试验

抽样试验按表 3 中所规定的试验项目进行。抽样试品的数量，第一次抽样 3 套，经检验如有 1 套不合格，应加倍抽样做第二次检验；如再有 1 套不合格，则该批产品不合格。

6.3 例行试验

例行试验按表 3 中所规定的试验项目进行。

6.4 验收试验

验收试验项目按表 3 进行，也可以按例行试验项目进行，也可以抽样做部分或全部试验项目。验收试验可在双方指定的有资质和试验条件的单位进行。

7 标志、运输和包装

7.1 标志

水枪上应有如下标志：

a) 符号(双三角形)(见附录 A)；

b) 制造厂或商标；

c) 型号、规格；

d) 生产日期；

e) 电压等级范围。

7.2 运输和包装

7.2.1 引水管、水枪等绝缘工具应用塑料或人造革袋封装后再装入木箱内。

7.2.2 水泵应用防雨木箱包装。箱板厚度不小于 12 mm，且应使水泵紧固在箱中。

7.2.3 水电阻率测量仪应用泡沫塑料专用盒封装。如随水泵等工具一并装运时，应固定在木箱内。

7.2.4 产品托运应在包装箱外注有防潮、防压等标志。

7.2.5 包装箱内必须附有产品装箱单及合格证。

附 录 A
（规范性附录）
标志符号

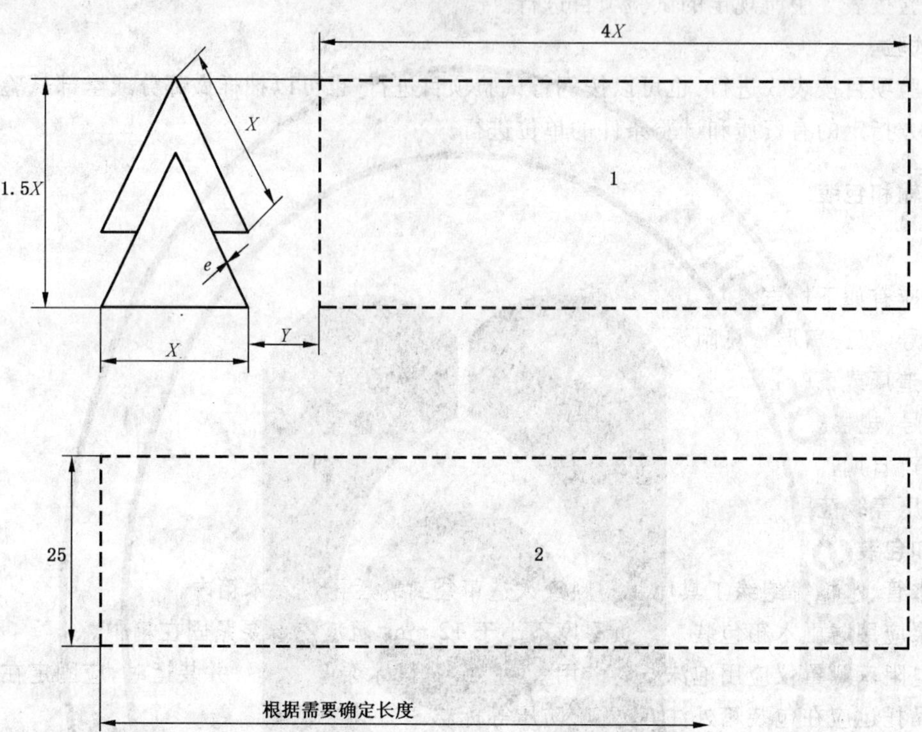

注1：制造厂名、商标、型号及制造日期等信息在“1”中标明。

注2：检验周期和检测日期在“2”中标明。

注3：X——可以是16、25或40，$Y=X/2$，单位为mm。

注4：e——线条的宽度，为2 mm。

图 A.1 标志符号

ICS 27.120.20
F 83

中华人民共和国国家标准

GB/T 14546—2008
代替 GB/T 14546—1993

核电厂直流电力系统设计推荐实施方法

Recommended practice for the design of DC auxiliary power system for nuclear power stations

2008-09-19 发布 2009-08-01 实施

中华人民共和国国家质量监督检验检疫总局
中国国家标准化管理委员会 发布

前　言

本标准代替 GB/T 14546—1993《核电厂安全级直流电力系统设计准则》。本标准在修订过程中参考了 IEEE 946:2004《核电厂直流电力系统设计推荐实施方法》(英文版)。

本标准与 GB/T 14546—1993 相比主要变化如下：

——标准名称修订为《核电厂直流电力系统设计推荐实施方法》,增加了对核电厂非 1E 级直流系统的要求；

——增加了第 3 章“术语和定义”；

——在 4.2“蓄电池组数”中增加了非 1E 级直流系统的要求；

——在 4.5“实体布置”中增加了非 1E 级直流系统的要求；

——增加了 5.1“总则”；

——在 5.2 中增加了蓄电池容量计算时应考虑的附加设计裕量；

——在 5.3“安装设计”中增加了环境温度对蓄电池的影响的描述；

——增加了 6.3“安装设计”；

——在 6.4.1“输出纹波”中增加了充电器的滤波器对缓冲冲击电流的作用；

——增加了 6.4.3“并联充电装置的负载分配”；

——增加了 7.4.2“直流系统接地和接地监测”；

——增加了 7.4.3“直流母线低电压报警”；

——在 7.5.2“恒功率直流负载”中增加了逆变器负载的电流计算方法；

——增加了 7.5.4“电气噪声”；

——在 7.7“母线间联络线”中增加了非 1E 级母线间以及 1E 级母线间联络线的要求；

——在 7.8.2“充电装置”中增加了充电器的短路电流瞬态描述；

——在 7.8.3“电动机”中增加了对电动机短路电流值的估算；

——增加了附录 C 和附录 D。

本标准是对 GB/T 12788《核电厂安全级电力系统准则》的补充。

本标准的附录 A、附录 B、附录 C 和附录 D 都是资料性附录。

本标准由中国核工业集团公司提出。

本标准由核工业标准化研究所归口。

本标准起草单位:上海核工程研究设计院。

本标准主要起草人:冯玉萍。

本标准所代替标准的历次版本发布情况为：

——GB/T 14546—1993。

核电厂直流电力系统设计推荐实施方法

1 范围

本标准规定了核电厂直流电力系统设计的实施方法。

本标准适用于铅酸蓄电池、静止式充电装置及直流配电设备的设计，包括设备的数量和类型的选择；设备额定值的确定；相互连接；仪表、控制和保护等的选择。

本标准不适用于充电装置的交流电源和直流系统供电的负载（除非它们影响直流系统的设计），也不适用于机车专用的启动型蓄电池系统。

2 规范性引用文件

下列文件中的条款通过本标准的引用而成为本标准的条款。凡是注日期的引用文件，其随后所有的修改单（不包括勘误的内容）或修订版均不适用于本标准，然而，鼓励根据本标准达成协议的各方研究是否可使用这些文件的最新版本。凡是不注日期的引用文件，其最新版本适用于本标准。

GB/T 3797 电气控制设备

GB/T 3859 半导体变流器

GB/T 12727 核电厂安全系统电气设备质量鉴定

GB/T 12788 核电厂安全级电力系统准则

GB/T 13286 核电厂安全级电气设备和电路独立性准则

EJ/T 518 核电厂安全级电动机控制中心质量鉴定

EJ/T 525.1 核电厂用蓄电池 第1部分：容量的确定

EJ/T 525.2 核电厂用蓄电池 第2部分：安装设计和安装准则

EJ/T 525.4 核电厂用蓄电池 第4部分：维护、试验和更换方法

EJ/T 573 核电厂安全级蓄电池质量鉴定

EJ/T 705 核电厂安全级电缆及现场电缆连接的型式检验

3 术语和定义

下列术语和定义适用于本标准。

3.1

蓄电池容量 battery capacity

通过试验测量得到的已安装蓄电池的可用安时容量。这个测试通常是在均充后通过性能或更改性能试验实施的。蓄电池的容量也许大于或小于额定容量，以给定放电时间的额定容量的百分数表示。对于铅酸蓄电池，这取决于很多物质的衰退：极板、与极板有接口连接的部分、焊接和铅氧化物的晶状表面以及铅氧化物与电解液的接触面、电解液浓度、正负极间氢氧迁移阻力。由于影响蓄电池性能的因素是变化的，被测蓄电池在较长放电时间与较短放电时间的测试容量可能不同。

3.2

蓄电池额定容量 battery rated capacity

蓄电池在100%充电时的额定可用安时容量。额定安时容量可能由于不同的放电持续时间而不同，一般来讲，较长的放电持续时间能够充分利用蓄电池内的有效物质。

注：制造厂的容量曲线举例见 EJ/T 525.1。

4 总则

4.1 运行描述

所有核电厂都要求直流系统向失去交流电源时应工作的直流用电设备供电，这些设备如厂用电动机、断路器、继电器、电磁阀和逆变装置等。直流电源可以为动力和控制两者设置一组共用的蓄电池，也可以分开设置二组蓄电池——一组用于动力，另一组用于控制和仪表。作为专用设施，例如作为柴油机的启动电源，可另外设置专用的蓄电池组。

在正常运行时蓄电池组和充电装置一起接到直流配电母线上，作并联电源运行，向负载供电。充电装置除了对蓄电池充电外带正常的连续运行负载，充电器一般设有典型的限流回路用于过负载保护，当过负载时，输出电压随之下降，使超出充电装置额定容量的所有负载由蓄电池供电，因而保护了充电装置免遭过负载的损坏。在下列事故时蓄电池应在设计时间内向所有需要直流电力的负载供电：

a) 充电装置的交流电源故障时；

b) 充电装置故障(或者充电装置退出运行)时。

4.2 蓄电池组数

每台机组至少应有一组蓄电池。如果一台机组的负载分为二个或更多独立的系统，则每个系统需要一组单独的蓄电池。如果所需的最大直流负载超过了单个蓄电池的容量，则需考虑两组独立的系统。如果合适的话，这两个系统之间应装设母联。

对于核电厂 1E 级系统，一台机组的每个专设安全设施的通道至少应有一组独立的蓄电池为它供电，以满足安全级冗余电力系统的独立性要求。在由直流供电的反应堆保护系统的设计中，为了提高运行的灵活性，其安全级蓄电池的组数应等于独立的冗余反应堆保护系统的通道个数。如某一机组设有 4 个反应堆保护系统通道，则应设有 4 组蓄电池，按 5.2 确定每组蓄电池容量的额定值。

4.3 充电装置及其配电屏的套数

每一组蓄电池至少应设有一套充电装置和配电屏，为了提高运行的灵活性和电厂的可用性应考虑设置备用的充电装置(详见第 7 章)。

4.4 直流系统电压和蓄电池的容量

核电厂蓄电池组额定电压一般采用 220 V、110 V、48 V 和 24 V。应根据用电设备类型、额定容量、价格、适用性和安装地点等确定具体选用的蓄电池组的合适的额定电压。电压可按下列要求确定：

a) 泵电动机、大型阀门操作机构和大容量逆变装置等动力负载一般由 220 V 蓄电池组供电；

b) 小容量的逆变器、直流电源、继电器逻辑回路和配电装置断路器的合闸和跳闸的控制电源一般采用 110 V 蓄电池；

c) 如果动力负载和控制负载共用一组蓄电池，电压可以采用 110 V 或 220 V；

d) 48 V 和 24 V 蓄电池组一般用在专用仪表控制系统和通讯系统等。

对于一组已设置的蓄电池，接入的设备决定了最高和最低电压的运行限值。各类设备和继电器的电压运行范围见 6.3 。设备的运行电压超过限值，有可能会影响设备的寿命、运行的速度、有效的转距，或装置的运行能力。在蓄电池系统的电压范围确定后，应确定蓄电池的数量和容量，以及运行方式等。参见 EJ/T 525。

4.5 实体布置

为了减小电压降并且便于维修和试验工作，每个通道的设备(包括蓄电池、充电装置和主配电屏)应尽量紧凑布置，并且靠近电气设备负荷中心。如果交流电源系统分成两个或多个独立的通道，每个交流通道都有相应通道的独立的直流辅助电源，则每个直流辅助电源通道的设备和电缆都应与其他通道的设备和电缆相隔离，其隔离要求应和适用于交流系统的要求相一致。

当直流电源是用于控制和仪表的目的，则它们的电缆的敷设应和容易引起浪涌的配电系统电缆相隔离。浪涌容易在交流系统、高压直流系统和接地电缆中在切换、雷击和故障时产生。

安全级直流冗余设备(包括电缆)的布置应满足GB/T 13286的实体分隔要求。

4.6 质量鉴定

1E级直流系统的设备应按照它们所安装的环境条件进行质量鉴定，应满足GB/T 12727的要求。1E级蓄电池应按照EJ/T 573进行质量鉴定(环境条件和抗震要求)，对于1E级配电设备应按EJ/T 518进行鉴定，安全级电缆、现场接头应按照EJ/T 705进行鉴定。

5 蓄电池

5.1 总则

在失去所有交流电源时，蓄电池应向直流负载供电。

5.2 蓄电池工作周期和容量的确定

蓄电池工作周期的确定是电厂一项特殊的工作。因为每个工作周期的总负载电流和持续时间是考虑厂内特定设备在要求的时间内各个运行负载电流的总和。

此外，整个工作周期(蓄电池总放电时间)不能小于从丧失厂外电源到恢复交流电源(来自厂内柴油发电机或厂外电源)向蓄电池充电装置和其他辅助设施供电所需的估计时间间隔。这段时间间隔根据工程判断决定，它受运行经验以及特定的厂外电源(发电机和输配电系统设备)和厂内电源(柴油发电机及其配电系统)的数量、可靠性和灵活性等因素的影响。

例如，放电最小的情况是需要蓄电池向系统放电约1 min(失去交流电源和柴油机带载之间的时间)，1 min后，充电器输出和直流负载恢复正常。然而更多的情况是蓄电池的工作周期估计为1 h、2 h、4 h或8 h。时间-负载电流的特性曲线应考虑电厂所有运行方式的要求，例如，在蓄电池充电装置因维修退出运行时，或者在切换投入备用充电装置运行时。如果蓄电池的工作周期需手动切除部分负载(如在失去所有交流电源时出现)，则蓄电池需提供足够的容量，以便有足够的时间进行该手动操作。因此，要列出这类假想事件通常需要有几个蓄电池工作周期。

根据每个负载电流和工作持续时间以及整个工作时间确定每组蓄电池工作周期，以及根据EJ/T 525.1选择蓄电池的容量。从每个工作周期中计算得出的最大蓄电池容量被认为是蓄电池系统的最严酷设计工况。

当蓄电池在下列工况下要完成在役功能时，应考虑附加的设计裕量：

a) 如果解除一个或多个蓄电池是必需的，则在蓄电池容量计算时应提高蓄电池的放电终止电压；

b) 在放电后需要快速将蓄电池恢复到可用状态。

5.3 安装设计

每组蓄电池的安装设计应符合EJ/T 525.2的要求，并且包括安装、检查和试验的规定。

许多化学蓄电池例如铅酸蓄电池对温度的变化(高于或低于制造厂推荐的额定温度，例如美国制造商推荐的温度是25 ℃，欧洲制造商推荐的温度是20 ℃)是相当敏感的。虽然在设计蓄电池系统时通过遵守EJ/T 525.1可以抵消由于温度的变化而引起的蓄电池特性的改变，但蓄电池的安装地点仍需考虑温度的因素，使之变化不超过5 ℃。

5.4 维护、试验以及更换

蓄电池应按照EJ/T 525.4规定进行维护、试验以及更换。

6 蓄电池充电装置

6.1 概述

核电厂蓄电池充电装置在正常运行时是将交流电变换为直流电，为厂内蓄电池充电以及正常运行时向直流负载供电。

6.2 额定容量的确定

稳流充电器以恒流输出，允许电压升高，由于恒流充电在充电末期的端电压有可能超过直流系统设备的最高电压，因此在电厂中一般不使用恒流充电。恒压充电首先是充电器以限流值恒流充电一段时间，蓄电池容量大约充到60%到85%，然后是恒压充电，电流以指数下降，直到蓄电池100%充满。延长恒压充电器在限流均充的时间，增加充电电流可减少充电时间。恒流充电的时间约是恒压充电时间的95%。

蓄电池充电装置应按式(1)和式(2)选择容量：

$$I_1 = I_{LC} + 1.1 \times Q/T \quad \cdots\cdots (1)$$

$$I_2 = I_{LC} + I_{LN} \quad \cdots\cdots (2)$$

式中：

I_1——充电装置所需的最小额定输出电流，单位为安培(A)；蓄电池制造商推荐限流充电，典型的限流值是蓄电池10 h容量的10%到20%。I_1应考虑I_{LC}的最大值和最小值。

I_2——充电装置所需的最小输出电流，单位为安培(A)；应能向最大运行负载供电。

I_{LC}——持续直流负载电流，单位为安培(A)；包括预增的负载。

I_{LN}——在电厂正常运行时有可能同时接到母线的最大间断负载(在EJ/T 525.1中有定义)组合，单位为安培(A)；包括直流元件的周期试验，例如应急照明和应急油泵。

1.1——蓄电池内部损失补偿系数。

Q——蓄电池放电安时，单位为安培时(A·h)；Q采用10 h的安时额定值。按照EJ/T 525.4的要求进行放电试验，从试验中可以很容易的确认放电安时数可以在8 h到24 h小时内得到补充。按照GB/T 12788的要求，根据工作周期计算得到的安时应是合适的。

T——蓄电池重新充电到约95%容量时所需的充电时间，单位为小时(h)；为了缩短直流系统不工作时间，应选择合理的充电时间，推荐采用8 h～12 h。对于T值小于8 h，建议与蓄电池制造厂商议。

充电装置的输出电流应取I_1和I_2中的大者。

蓄电池充电装置的技术规格书应包括(或考虑)所有异常工作条件(例如环境温度、海拔高度等)，详见GB/T 3797。

在附录A中给出了蓄电池充电装置额定值计算实例。

6.3 安装设计

当进行环境控制设计时，应考虑房间温度控制。蓄电池的容量有可能按照温度高、正常或低来选择，然而标准的浮充系统在对蓄电池进行浮充时不会根据温度进行补偿。如果房间温度不是维持在很窄的范围内(正常温度为25℃)，标准浮充系统在高温时会过充，在正常温度时维持正常充电，在低温时欠充。在高温时，自放电将导致蓄电池内的化学反应增加，氢气产生增加和标准的浮充电压将对正极板过充，增加极板腐蚀。当电解液的温度被监测并维持在19 ℃至31 ℃之间，可以得到合适的运行特性和预期寿命。对于1E级蓄电池，为了得到一致的特性，安全相关的暖通系统可作为支持系统。

6.4 输出特性

所有核电厂蓄电池充电装置应满足GB/T 3859和6.4.1～6.4.3的要求。

6.4.1 输出纹波

一般充电装置(不另加滤波)，如果接入一组充满电的蓄电池，其10 h额定的安时值至少是充电装置额定输出电流的4倍，允许产生小于2%的纹波。某些直流负载(如固态电路仪表)可能要求改善纹波，通过对充电装置附加滤波器，最大纹波通常能限制到30 mV(均方根值)。如果谐波导致蓄电池充电装置的电压低于最小蓄电池电压，那么充电装置和电气负载的谐波电流将会影响蓄电池寿命。

当蓄电池提供大的初始冲击电流时，可产生瞬间电压跌落现象，当蓄电池和没有滤波器的充电器并联运行时，直流系统在提供大的初始冲击电流时会产生系统电压下降，所以充电器需设计成滤波器能从交流系统或直流系统充电。当滤波器从直流侧充电，则会变成蓄电池的大的负载，随之系统电压下降。交流充电的滤波器在投入运行前需要一定的充电时间。

6.4.2 与蓄电池解列运行

有些设计可以使蓄电池与直流系统解列，以便维护蓄电池。这时，没连接蓄电池的充电装置应有能力向负载供电，并应说明用于这些运行工况。当与蓄电池解列，则由它的并列极板形成的大电容将不能再提供滤波作用，可以预计系统电压波动范围和输出纹波会增大。如果电压波动范围和输出纹波增大是不容许的，则应指明最大允许值。

6.4.3 并联充电装置的负载分配

如果两个充电装置并联接入直流母线，那么技术规范书中应提出充电装置应有均分负载的回路。

7 配电系统及其设备

7.1 保护装置的简述和额定参数

在蓄电池与主配电母线之间应设置断路器，或熔断器和手动隔离装置。考虑到人身保护和减少母线故障的概率，在主配电屏内母线应绝缘，并且应在设计中设有手动隔离装置以隔离母线。无论那一种布置，主电源正负极引出电缆都应分别敷设在各自的保护管中，保证任一电缆故障可能导致极对极故障之前先极对地短路，应考虑选用非磁性保护管，这样可以降低回路的感抗，并降低当大电流负载(例如电动机、逆变器和故障)断电时产生并反映到直流系统中的尖峰电压的幅值。另外，高感抗回路也许会损害限流熔断器的特性。主配电屏正负极出线之间也应提供一个屏障。保护或隔离装置的额定持续电流应按蓄电池工作周期里提供的最大工作电流选择。

保护装置的跳闸整定值如下：

a) 应具有足够高的值，以防止在蓄电池 1 min 额定放电电流下熔断器熔断或开关跳闸；

b) 应具有足够低的值，以保护电缆。

如果蓄电池组设计成能够向秒级冲击负载供电，那么保护设备应能够具有足够大的额定电流以防止熔断器熔断或断路器跳闸。向蓄电池制造商咨询放电持续时间小于 1 min 的放电电流。

如果 1 min 周期的负载电流为最大电流，则熔断器 1 min(最小)熔断电流应高于蓄电池 1 min 额定电流。

主保护设备应与所有下一级的保护设备配合。所有配电母线保护设备的额定电压应与系统最大工作电压相一致，并且其遮断容量应超过实际最大短路电流。配电母线以及手动隔离装置的短路承受容量应超过实际最大短路电流。所有时间-电流配合曲线和额定值应以直流为基础(不是交流)。

7.2 典型接线

一座核电厂最佳直流电力及其配电系统取决于核电厂的各种条件和设计准则。图 1 是适用于 220 V 直流系统的示意图，图 2 是适用于安全级 220 V 直流系统的示意图。

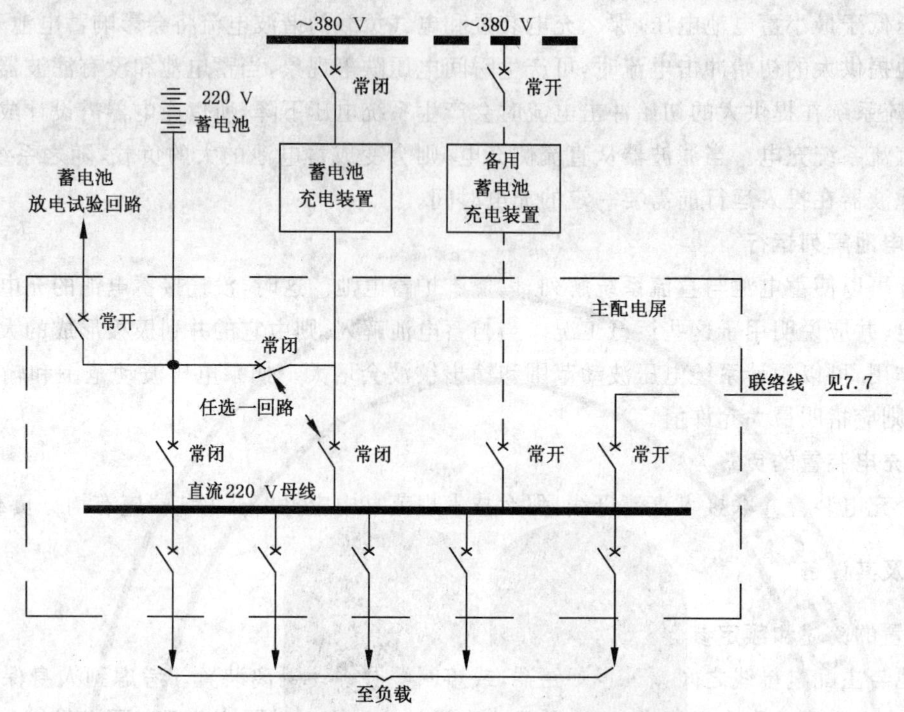

图 1 220 V 直流系统的示意图

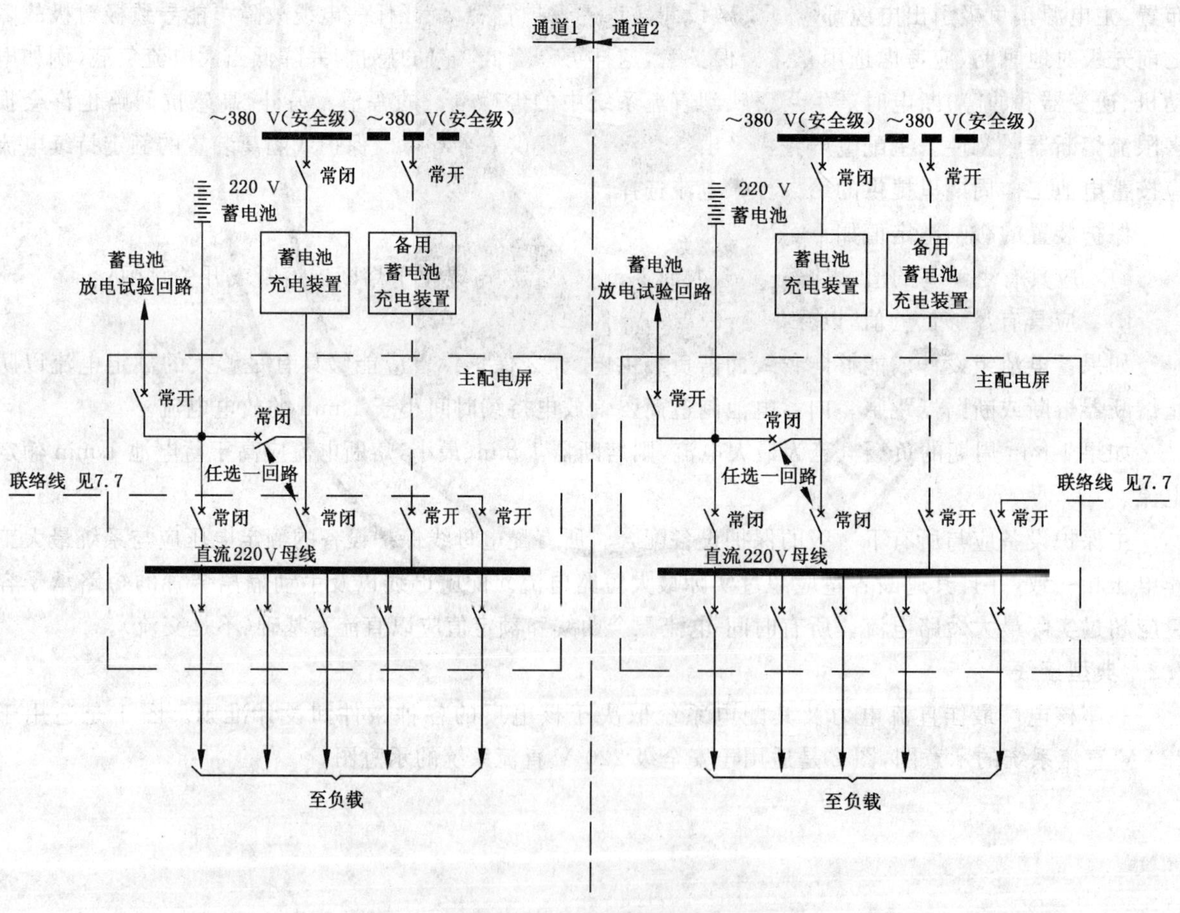

图 2 安全级 220 V 直流系统示意图

注 1：联络线仅在蓄电池组维修和试验时使用。

注 2：虚线部分表示任选或替代的设施。

7.3 直流受电设备的额定电压

由直流系统供电的设备，其技术规格书应要求该设备的输入端电压在蓄电池端电压变化相对应的范围内，按设计要求无故障地运行，如在设计中考虑蓄电池均衡充电同时接入负载，这个范围应包括从均衡充电到放电末期电压的波动（例如，一组由54个蓄电池组成的110 V直流系统在97 V～124 V内变化，一组由106个蓄电池组成的220 V直流系统在194 V～248 V内变化）。

蓄电池末端到用电设备端的电压降应考虑在内，除此之外，大的负载，如电机启动和电容器充电都可能导致系统电压降低。因此，设备的额定（铭牌）最高和最低电压决定了蓄电池组端电压的最高和最低允许值，并且也决定了允许的电缆压降。表1给出了蓄电池组均衡充电同时接入负载设计的一些（典型）直流受电设备的电压推荐范围。注意直流设备的电压允许波动范围也许会超过±10%，这个值是交流设备的典型值。

对于不接地直流系统，影响接地网的外部瞬态例如雷电和线路故障，可导致相对支架电压的明显升高。对于室内安装的设备，应能承受对地2 kV的瞬态电压而不损坏。这包括浪涌保护装置和滤波器。对于室外安装的设备，应能承受对地4 kV的瞬态电压而不损坏。

表1 额定电压220 V和110 V直流设备的电压推荐范围

序号	设备名称	电压范围（最小）/V	
		110 V直流（额定电压）	220 V直流（额定电压）
1	断路器合闸线圈	88～124	176～248
2	断路器跳闸线圈	71.5～124	143～248
3	电动机启动器线圈	88～124	176～248
4	电磁阀	88～124	176～248
5	阀门电动装置	88～124	176～248
6	辅助电动机	93.5～124	187～248
7	机电式继电器线圈	93.5～124	187～248
8	固态电路继电器	93.5～124	187～248
9	仪表	93.5～124	187～248
10	指示灯	93.5～124	187～248
11	静止式电源（逆变或变频器装置）	93.5～124	187～248

注1：上述所列的电压范围也许和设备的其他工业标准不一致，但这是主配电屏母线电压为97 V～124 V和187 V～248 V时推荐的设备正常运行电压范围。

注2：表中电压范围适用于蓄电池均衡充电同时接入负载的设计。

用于向直流设备供电的电缆，除了考虑载流量外，还应按照单台设备在最严酷运行条件下正常工作提供足够的电压来选择电缆截面。对于经常性负载例如逆变器，最严酷的工况也许发生在蓄电池末端电压降低时，此时负载电流将增加。阀门直流电动装置堵转（起动）时的电流可达额定满负载电流的400%～1 110%，因此阀门电动装置起动时的电压降是最严酷的运行条件。此外，从启动器到电动机的4根馈电线上的电压降应包括在总的电压降内，因为阀门电动机反转时应反接串激绕组。电缆应按此选择截面。对于小容量的电动机，热继电器的电压降也许较大，在电缆选择时应考虑。

7.4 仪表、控制和报警

7.4.1 概述

图3表示图2所示的220 V安全级直流系统的仪表和报警示意图，推荐的仪表、控制、报警及其安装位置列在表2。

蓄电池及其充电装置的控制一般设在蓄电池区域，与蓄电池系统有关的全部开关应在就地设备上操作，不应采用遥控。

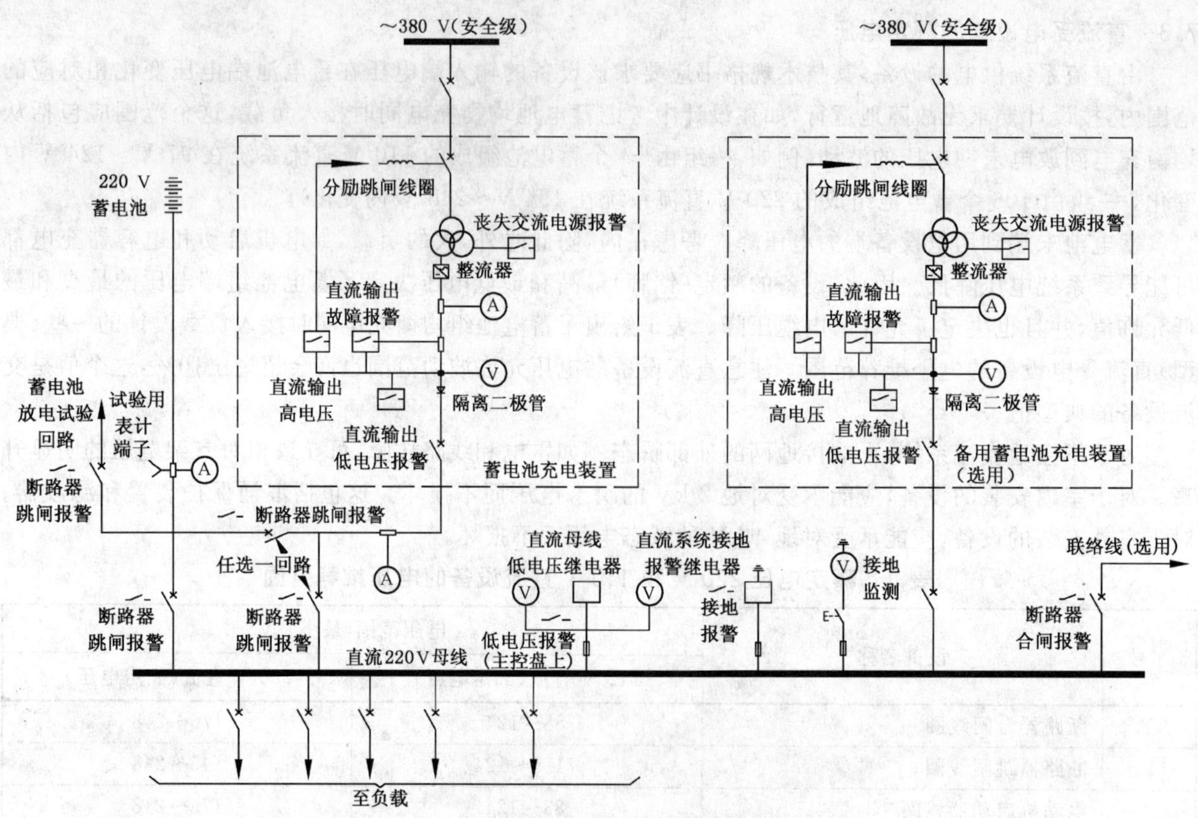

图3 安全级220 V直流系统仪表和报警示意图

表2 直流系统仪表、报警、控制的地点

序号	仪表、报警、控制	安装位置	
		主控室	就地
1	蓄电池电流(充放电电流表)	—	×[a]
2	蓄电池充电装置输出电流(电流表)	—	×
3	直流母线电压(电压表)	×	×
4	蓄电池充电装置输出电压(电压表)	—	×
5	接地监测器(电压表)	—	×
6	直流母线低电压报警	×	—
7	直流系统接地报警	×[b]	—
8	蓄电池断路器、熔断器断开报警	×	—
9	蓄电池充电装置输出断路器断开报警	×[b]	—
10	蓄电池充电装置直流输出故障报警	×[b]	—
11	联络开关合闸报警	×[b]	—
12	蓄电池充电装置交流电源故障报警	×[b]	—
13	充电装置直流低电压报警	×[b]	—
14	充电装置直流高电压停机继电器(断开充电装置交流主电源的断路器)	—	×
15	蓄电池试验断路器合闸报警	×[b]	—

a 可以提供一个霍尔仪表,或一个插孔(接至蓄电池电流表分流器)用于携带式试验仪表(毫伏表)以读出蓄电池充电电流,从而确定充电状态。详见 EJ/T 525。

b 如果能迅速识别动作参数,则可与其他报警信号组成一个(或多个)共同报警。

应考虑提供蓄电池电流、电压表用以确定蓄电池的能力和用以提供有用的趋势信息。浮充电流能有效确定蓄电池充电状态，对于阀控铅酸蓄电池(VRLA)，可以有效评估电池干涸状况。浮充电流一般在100 mA～300 mA范围内。浮充电流表应能够经受充放电时的尖峰电流。单个蓄电池电压能确定蓄电池短路及状况的变化，蓄电池组端电压能确定充电系统状态。

7.4.2 直流系统接地和接地监测

典型的直流系统一般设计成不接地系统，那么两极中的一极的低阻抗接地故障不会影响到系统运行，从而增加了系统可靠性和运行的连续性。

如果想通过保护装置隔离低阻抗接地故障，则可以设计成接地系统。通讯系统是采用正极接地系统，无线通讯是采用负极接地系统。

不接地系统应采用接地故障监测，同时应监测接地故障的电阻值，这样可以减少由于多点接地引起的低阻抗(极对极)故障而影响直流系统的运行。当系统中被监测的所有导体绝缘电阻同时下降，则会发生对称下降。当绝缘电阻例如一个导体的绝缘电阻明显比另一个导体下降快，则会发生不对称下降。

绝缘的对称和不对称下降都应被监测。因为在配电屏内多点高阻接地是经常发生的，接地故障监测装置应能有效和连续的同时监测直流系统的正极和负极。

图4显示了针对不接地系统设计的平衡接地监测设计，可以通过手动按钮用于不平衡接地监测。检流计和毫安表将提供指示和记录。接地监测装置将提供一个高的极对地电阻值，这样当系统发生单一接地故障时不会影响系统的正常运行，为了确定能引起正常不带电的负载带电和正常带电的负载失电的接地电阻幅值，应考虑每个负载(装置)的特性。确定直流系统接地监测装置报警整定值的保守方法是测量系统正常运行时的漏电流，然后根据工程经验加适当的裕量。这方法将导致接地监测装置非常灵敏，当高电阻接地时就会报警。在附录B中提供了一个合适的，低灵敏度的接地报警值。

附录B提供了确定下列参数的方法：

1) 在不接地直流系统中如果第二点接地有可能影响设备运行的接地故障电阻阈值；

2) 一个合适的、低灵敏度的接地报警值。

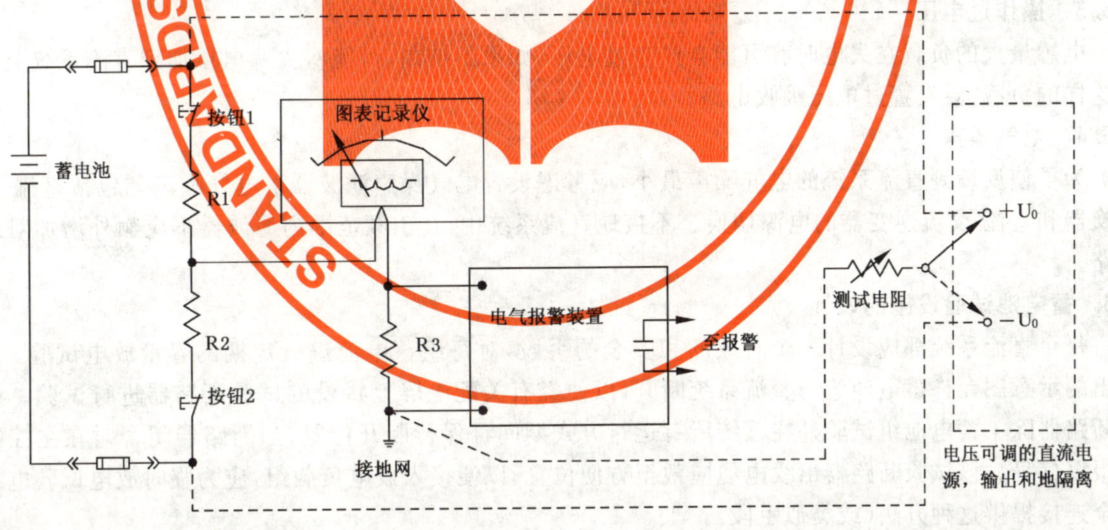

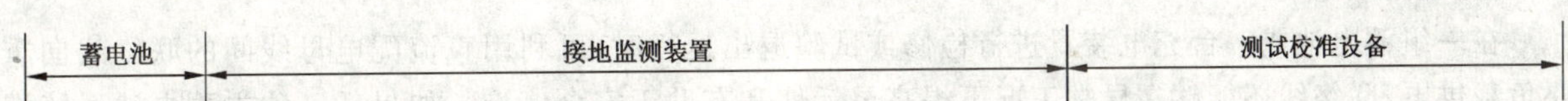

注1：—≪—▭—≫—熔断器。

注2：虚线为试验设备。

注3：电阻根据不同情况阻值可以改变。

图4 不接地系统的接地监测

7.4.3 直流母线低电压报警

直流母线低电压报警的功能是在蓄电池放电时向操作员发出警报。直流母线低电压报警值应能被调整并整定到稍低于蓄电池开口电压，而不是系统最小允许电压。一旦蓄电池向直流母线负载供电（例如，负载超过充电器的容量），稍高的整定值将会较早的向操作员发出报警，从而能及时地采取适当的纠正措施。

7.5 特殊直流负载

在设备选型和确定容量时应考虑7.5.1～7.5.4的负载性能和系统设计特性。

7.5.1 负载切换

假如直流系统是按在均衡充电或试验时能把一组负载切换到另一直流电源进行设计，那么，该电源（蓄电池、充电装置及其配电设备）的容量应能向二组负载供电（原负载加上切换后负载），这是一种带有联络线的典型系统。

对于蓄电池组均衡充电同时接入负载，包括有正常交流电源（变压器/整流装置）供电的逆变器，交流电源应设计成即使充电装置处于均衡充电电压时也向逆变器供电。如果交流电源不是这样设计的，蓄电池均充电压高于变压器/整流装置的输出电压，那么逆变器负载将由变压器/整流装置供电切换到由直流系统供电，蓄电池充电器增加了额外的负载。在这种情况下，当确定充电装置容量时应包括全部逆变装置负载。

7.5.2 恒功率直流负载

对于逆变装置这类要求恒功率的直流负载，如果电源电压下降（例如，蓄电池处于放电时）就要增大电流。这部分电流会加速蓄电池放电。虽然这种影响可以由另一些负载（电阻性负载）部分或全部弥补，这类负载在直流供电电压下降时，电流也随之下降，但这一点在蓄电池容量选择时仍应加以考虑。如果逆变器在蓄电池负载中占有很大比例，那么用最严酷时即蓄电池放电周期末端电压来计算逆变器电流将导致不经济的蓄电池的设计裕量，在这种情况下可以利用更灵活的计算方法，即采用蓄电池的额定电压和放电周期末端电压的平均值来计算逆变器的电流。

7.5.3 操作过电压

电感量大的负载在失电时有可能会产生过电压，如果不抑制，可能将尖峰电压加到直流系统上。对于这样的负载，要设置过电压吸收电路。

7.5.4 电气噪声

为了使反馈到直流系统的电气噪声最小，应考虑设置电气噪声滤波器。电气噪声源包括直流-直流变换器和直流-交流逆变器的电源切换。不接地直流系统中，在工频范围内滤波器不应额外增加对地的通路。

7.6 蓄电池试验设施的设计

每个直流系统都应设计一个有效的和安全的手段，对每组蓄电池进行定期的容量放电试验。图1给出的示意图允许蓄电池组与直流系统断开，以便经有关配电屏上特设的试验断路器进行试验。该试验断路器除了蓄电池组试验外在系统所有运行方式期间都保持断开位置，当断路器闭合时在主控制室有报警信号。该试验断路器出线电缆应敷至方便位置，以便接入放电负载组，应为临时放电试验电缆的安全连接提供这种方法（或类似手段）。

7.7 母线间联络线

在一组蓄电池或一台充电装置进行检修或试验退出运行时，可利用直流配电母线间的联络线向重要负载供电，联络线还能够在异常工况下提高灵活性和有助于安全停堆。如果任一独立蓄电池系统满足7.5.1的容量要求，则该独立蓄电池系统设联络线是可以接受的。一种可行的设计是在联络线两端各设置一台手动操作的断路器，正常时两台联络断路器都应断开。如果其中任意一台闭合都应在主控制室有报警，运行规程对联络断路器的操作应有明确的规定。如果联络线能导致两组蓄电池的并列运行，那么并列运行的持续时间应限制在一定的切换时间范围内，从而减小环路电流可能对蓄电池组容量的影响。如果需要较长的并列运行时间,由于并列电源而导致增加的有效短路电流也应考虑。

对于1E级直流系统,除了冗余安全通道的直流系统之外,任一独立直流系统之间的联络线,只有在冷停堆或者换料模式,以及只有在证明联络线不会削弱安全级直流系统安全功能的情况下是可接受的。多机组核电站中,机组间不应共用安全级直流系统,除非能证明这种机组间的共用不会削弱它们的安全功能。

7.8 实际的短路电流

确定最大实际短路电流的目的是为了选择馈电断路器或熔断器的遮断容量。总的短路电流是蓄电池、充电装置以及正在运行的电动机所提供的短路电流之和。如果要得到更为精确的最大有效短路电流值,就需要考虑连接电缆的阻抗。

7.8.1 蓄电池

由蓄电池组提供的短路电流取决于回路的总电阻,保守的近似值可以采用可能达到的最大短路电流为蓄电池1 min的电流额定值(在25 ℃,密度为1.215 g/m^3 时每个蓄电池降至1.75 V)的10倍。如果要求比较准确的值,具体采用的短路电流值应进行计算(参见附录C)或从制造厂获得实测试验数据。计算最大短路电流时用到正常运行时的蓄电池电压。试验证明,电解液温度升高或者升高蓄电池端电压(高于额定电压)不会对电池短路电流幅值产生明显影响。

7.8.2 充电装置

充电器的限流回路也许需要2个周波(ac)才能限制住电流。这个时间以后的和最大蓄电池短路电流同时发生的由充电装置提供的最大短路电流由限流回路决定(参见附录D)。当蓄电池和充电器并联连接时,蓄电池的电容将阻止充电器剧烈的瞬态变化,因此由充电装置提供的短路电流最大值一般不超出充电装置额定电流的150%。蓄电池充电器的瞬态电流仅当蓄电池断开时需要考虑。

7.8.3 电动机

正在运行的直流电动机会提供短路电流。直流电动机在其端部向短路回路提供的最大短路电流由电动机瞬态电枢阻抗限制。通常用在电厂的不同类型、转速、电压和容量的直流电动机,瞬态电枢阻抗在0.1至0.15范围内。那么,电动机端部短路电流通常是电动机额定电流的(7～10)倍。因此可以保守地估计,电动机提供的最大短路电流是其满载时额定电流的10倍。如果要求比较精确的短路电流值,就需要用到该电动机的瞬态电枢阻抗进行计算或者需要从电动机制造商那里得到实测的试验数据。对于更为精确的计算,需要考虑电动机和故障点之间的电缆阻抗。

8 备品备件

备品备件的需要由系统设计的特点以及电厂技术规格书对系统和电厂运行的要求和限制而定。在确定应保存备品备件的特定部件时,应考虑运行经验、备品利用率、厂内维修能力和部件故障率等因素。如果系统设计选择的备用蓄电池充电装置是容易得到的,则可以减少或不考虑备品备件的需要。

另外要考虑存放寿期,一般不希望在电厂寿期的早期阶段得到备品备件。例如备用蓄电池一般在干的状态下能保存时间仅为一年,而后应像运行中的蓄电池组一样进行浮充电和维护。蓄电池组有足够的设计裕度,一个或几个蓄电池退出时仍能满足要求。已设置的蓄电池数量和通过联络线利用后备蓄电池容量的能力,都可能是确定获得蓄电池备件的必要性和迫切性的因素。

总之,应经过分析,根据系统设计的特点和运行要求二者综合考虑确定备品备件的需要。

附 录 A
（资料性附录）
蓄电池充电装置额定值计算举例

A.1 引言

本附录概述 6.2 推荐的方法，包括确定蓄电池充电装置所要求的额定值计算举例。

A.2 公式

核电站蓄电池充电装置按式（A.1）选择容量：

$$I_1 = I_{LC} + 1.1 \times Q/T \qquad \cdots\cdots(A.1)$$

$$I_2 = I_{LC} + L_{LN} \qquad \cdots\cdots(A.2)$$

式中：

I_1——充电装置所需的最小额定输出电流，单位为安培（A）；蓄电池制造商推荐限流充电，典型的限流值是蓄电池 10 h 容量的 10%到 20%。I_1 应考虑 I_{LC}的最大值和最小值。

I_2——充电装置所需的最小输出电流，单位为安培（A）；应能向最大运行负载供电。

I_{LC}——持续直流负载电流，单位为安培（A）；包括预增的负载。

I_{LN}——在电厂正常运行时有可能同时接到母线的最大间断负载（在 EJ/T 525.1 中有定义）组合，单位为安培（A）；包括直流元件的周期试验，例如应急照明和应急油泵。

1.1——蓄电池内部损失补偿系数。

Q——蓄电池放电安时，单位为安培时（A·h）；Q 采用 10 h 的安时额定值。按照 EJ/T 525.4 的要求进行放电试验，从试验中可以很容易的确认放电安时数可以在 8 h 到 24 h 小时内得到补充。按照 GB/T 12788 的要求，根据工作周期计算得到的安时应是合适的。

T——蓄电池重新充电到约 95%容量时所需的充电时间，单位为小时（h）；为了缩短直流系统不工作时间，应选择合理的充电时间，推荐采用 8 h～12 h。对于 T 值小于 8 h，建议与蓄电池制造厂商议。

充电装置的输出电流应取 I_1 和 I_2 中的大者。

蓄电池充电装置的技术规格书应包括（或考虑）所有异常工作条件（例如环境温度、海拔高度等），详见 GB/T 3797。

A.3 计算举例

示例 1：持续直流负载（包括将来的负载增长）为 100 A，最大的间断负载组合为 80 A。蓄电池组已放电 400 A·h（8 h 放电率的额定值），在非异常工况下重新充电 12 h，确定该蓄电组所需的充电装置额定电流值。

$$I_1 = 100 + \frac{(1.1) \times 400}{12} = 100 + 36.7 = 136.7\ \mathrm{A} \qquad \cdots\cdots(A.3)$$

计入单一间断负载，如式：

$$I_2 = 100 + 80 = 180\ \mathrm{A} \qquad \cdots\cdots(A.4)$$

计算结果：按 180 A（或更大）额定输出电流选择蓄电池充电装置。

示例 2：持续直流负载（包括将来的负载增长）为 300 A，最大的间断负载组合为 100 A。蓄电池组已放电 1 200 A·h（8 h 放电率的额定值）在非异常工况下重新充电 10 h，确定该蓄电池组所需的充电装置额定电流值。

$$I_1 = 300 + \frac{(1.1) \times 1\,200}{10} = 300 + 132 = 432 \text{ A} \qquad \cdots\cdots\cdots\cdots\cdots\cdots(\text{A}.5)$$

计入单一最大间断负载组合，如式：

$$I_2 = 300 + 100 = 400 \text{ A} \qquad \cdots\cdots\cdots\cdots\cdots\cdots(\text{A}.6)$$

计算结果：按 432 A（或更大）电流选择蓄电池充电装置。

附　录　B
（资料性附录）
运行的直流辅助电源系统的接地效应

B.1　引言

本附录提供了确定下列参数的方法：

1)　在不接地直流系统中如果第二点接地有可能影响设备运行的接地故障电阻阈值；

2)　一个合适的、低灵敏度的接地报警值。

B.2　讨论

不接地的直流辅助电源系统两极中的任一一极发生低阻抗接地不会影响系统的运行。然而，当一极接地的电阻足够小，随之发生同一极二次接地的话，会产生一个足够大的接地电流驱动一个不带电的设备动作或使一个带电设备无法断电。图 B.1a)的接地结构表明多点接地如何驱动一个不带电的设备动作，这种情况会导致一个平时不带电的设备误动作。图 B.1b)的接地结构会出现在正常时带电的逻辑回路，例如专设安全系统或反应堆保护系统，二次接地会使带电设备无法断电。图 B.2 表示了三种会导致驱动线圈和(或)直流电源短路的接地组合。低阻抗接地时，熔丝或断路器会因为过载和故障保护使回路断开，清除故障回路，在图 B.2b)中使所有带电设备断电；在图 B.2a)和 c)中防止不带电的设备动作。图 B.2a)和 c)中的故障会使开关柜、发电机或大电机的断路器无法跳闸。图 B.3a)和图 B.3b)中的接地结构表明一个回路中设备的继电器触点影响其他回路同样接地的设备的动作。

为了确定一个接地故障的阻抗阈值，在随之发生第二点直接接地时，会触发一个不带电的设备动作或使一个带电设备无法断电，必须确定最敏感的直流负载并且计算它们的最小启动电流和最大脱扣电流。

B.3　计算举例

例 1(低阻抗设备)：

XYZ 型开关柜断路器脱扣装置的控制机构的额定电压为直流 125 V，合闸线圈和分闸线圈如下所示。

假设直流系统的工作(浮充)电压为 130 V，流过合闸线圈或分闸线圈及和控制触点并联的 20 kΩ 接地电阻的电流为 130 V/(20 kΩ+20.83 Ω)＝6.5mA[如图 B.1a)所示]。合闸回路线圈的最小启动电流为 4.32 A，分闸回路线圈的最小启动电流为 3.36 A，这些值远高于总的接地故障电阻为 20 kΩ 时的电流(6.5 mA)。因此，有一个 20 kΩ 接地点，随之发生第二点直接接地，不会使开关柜断路器误动。忽略接地监测装置的电阻，接地故障电阻的阈值为(130 V/3.36 A)－20.83 Ω＝17.86 Ω。

假设断路器脱扣线圈是连接至直流辅助电源系统的设备中最敏感的设备(启动电流和返回电流最小)，接地监测报警器的整定值只需大于 17.86 Ω，并基于工程判断给予适当的裕量(高于阈值)即可。整定值为 20 Ω 时接地故障电流报警值为 3.18 A，比最小启动电流(3.36 A)小 5.4%。这个例子仅仅是举例说明，因为绝大多数的接地监测装置的整定值都远大于 20 Ω。

例 2(高阻抗设备)：

XYZ 型常带电直流继电器的运行特性如下所示。

假设直流系统的工作(浮充)电压为 130 V，控制触点打开时，流过继电器线圈及和控制触点并联的 20 kΩ 接地电阻的电流为 130 V/(20 kΩ+2 kΩ)＝5.91 mA[如图 B.1b)所示]。因为继电器的最大返回电流为 6.25 mA，如有一个 20 kΩ 接地点，随之发生第二点直接接地，总的接地电阻足够高使之产生一个足够低的接地电流，当控制触点打开时，它不会阻止继电器跳闸。忽略接地监测装置的电阻，接地故障电阻的阈值为(130 V/0.006 25 A)－2 000 Ω＝18 800 Ω。假设该继电器是连接至直流辅助电源系统的设备中最敏感的设备(启动电流和返回电流最小)，接地监测报警器的整定值只需大于 18 800 Ω 并基于工程判断给予适当的裕量(高于阈值)即可。整定值为 20 kΩ 时接地故障电流报警值为 5.91 mA，比最大返回电流(6.25 mA)小 5.4%。

图 B.1　接地故障会使一个不带电设备带电或使一个带电设备无法断电

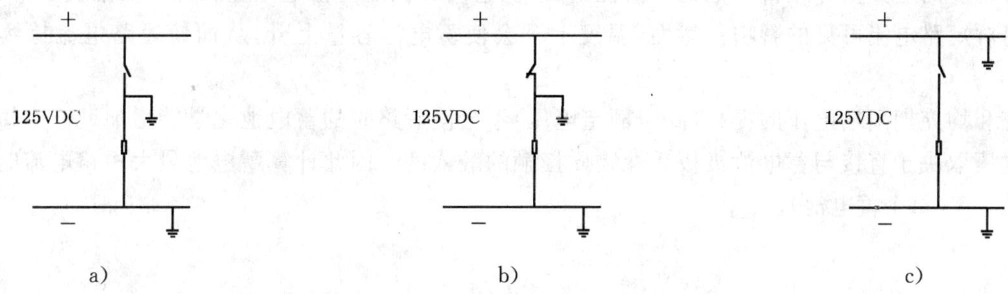

图 B.2　接地故障会导致驱动线圈和(或)直流电源短路的情况发生

图 B.3　接地故障会导致一个电路的连接驱动其他电路设备的情况发生

附 录 C
（资料性附录）
蓄电池组的短路电流计算举例

C.1 引言

由蓄电池组提供的短路电流取决于短路回路的总电阻。保守的近似值可以采用可能达到的最大短路电流为蓄电池 1 min 电流额定值(在 25 ℃,密度为 1.215 g/m^3 时每个蓄电池降至 1.75 V)的 10 倍。按 7.8.1 推荐的,根据具体情况一个比较准确的短路电流值可以通过计算得到,或从制造厂获得实测数据。试验已经证明电解液温度和蓄电池端电压的升高(高于 25 ℃和额定电压)不会对短路电流产生可见的影响。

尽管温度的上升会导致蓄电池化学活性增加,但它同时也是使蓄电池金属部件的阻抗上升,因此抵消了任何对短路电流可见的影响。然而,温度上升会使蓄电池容量上升,从而使短路电流持续更加长时间。

浮充和均充期间端电压的提高(高于额定电压)不会使短路时的蓄电池化学能增加。产生短路电流的有效电压取决于直接与蓄电池极板活性物质接触的酸浓度。因此计算蓄电池最大短路电流时电压取额定电压 2 V(每个蓄电池)。

C.2 讨论

短路回路的总电阻由蓄电池组视在内阻和外部电路的电阻组成。

蓄电池组视在内阻是所有蓄电池内阻加上蓄电池相互间各连接电阻的总和。蓄电池内阻值是受许多因素(例如温度、老化和充电状态等)严重影响的一个变量。外部回路的总电阻是各个部件电阻(例如各连接电缆的电阻和故障总电阻)的总和。

下面举例说明一种计算蓄电池内阻的方法(引用制造厂提供的该蓄电池放电特性曲线),然后计算在下述情况下该蓄电池提供的电流：

a) 在蓄电池端柱螺栓处短路(外电阻为零,即端电压趋于 0.0 V);

b) 经一定的外接电阻(即相当于每个蓄电池端电压为 0.5 V 的等效电阻)短路。

C.3 计算举例

C.3.1 一个蓄电池的内阻可以从内部电压降的斜率上计算[如式(C.1)]。图 C.1 表示有 7 至 15 块极板的典型蓄电池的放电特性曲线。

$$R_t = R_p / N_p \qquad \cdots\cdots\cdots\cdots(\text{C.1})$$

式中：

R_t——蓄电池总的内阻,单位为欧姆(Ω);

R_p——每块正极板的电阻,单位为欧姆(Ω);

N_p——正极板块数。

$R_p=(U_1-U_2)/(I_2-I_1)$为曲线上任意两点电压和电流所决定的每块正极板的欧姆值。

如果取 U_1 为 1.90 V 和 U_2 为 1.50 V,可以找出正极板 I_1 为 60 A 和 I_2 为 370 A,计算：

$$R_p = (1.9-1.5)/(370-60) = 0.40/310 = 0.001\ 29\ \Omega/\text{极} \qquad \cdots\cdots(\text{C.2})$$

假定所算的蓄电池有 15 块极板(总数),由于蓄电池有 7 块正极板(并联),总的内阻为：

$$R_t = 0.001\ 29/7 = 0.000\ 18\ \Omega \qquad \cdots\cdots(\text{C.3})$$

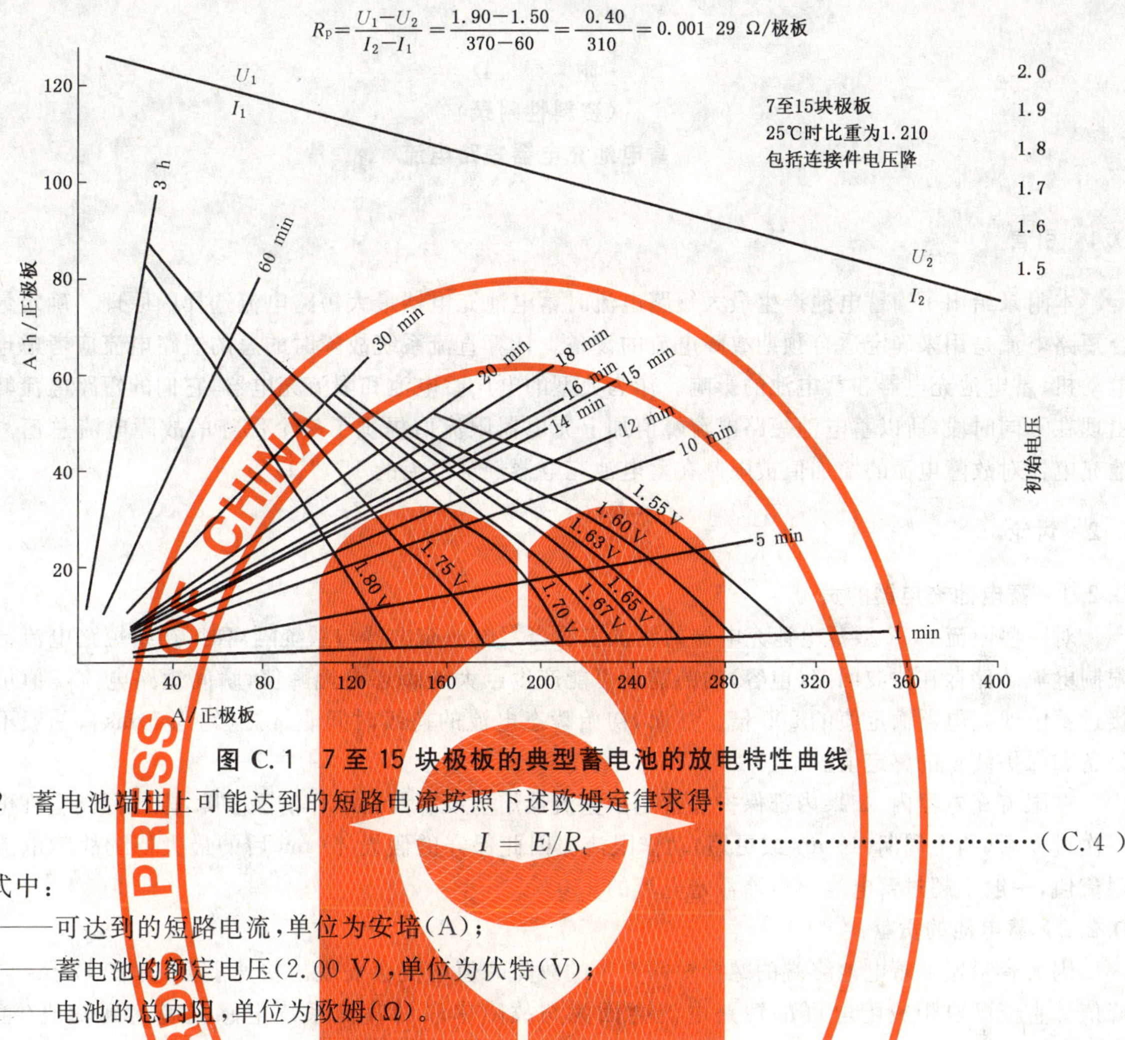

图 C.1 7至15块极板的典型蓄电池的放电特性曲线

C.3.2 蓄电池端柱上可能达到的短路电流按照下述欧姆定律求得：

$$I=E/R_t \qquad \text{(C.4)}$$

式中：

I——可达到的短路电流，单位为安培(A)；

E——蓄电池的额定电压(2.00 V)，单位为伏特(V)；

R_t——电池的总内阻，单位为欧姆(Ω)。

$$I=2.00/0.000\ 18=11\ 111\ \text{A} \qquad \text{(C.5)}$$

C.3.3 主配电母线(主/蓄电池回路断路器的负载端)的短路电流来自由58个蓄电池(在式C.3中已得内阻为0.000 18 Ω)串联而成的蓄电池组，外部电阻总值为0.010 Ω，不计及充电器和电动机的贡献，短路电流按照欧姆定律求得：

$$I_B=E_B/(R_B+R_X)=E_B/R_T \qquad \text{(C.6)}$$

式中：

I_B——主/蓄电池回路断路器的负载端的短路电流，单位为安培(A)；

E_B——蓄电池组额定电压，单位为伏特(V)；$E_B=2\ \text{V}\times 58=116\ \text{V}$；

R_B——蓄电池的总内阻，单位为欧姆(Ω)；$R_B=0.000\ 18\ \Omega\times 58=0.010\ 44\ \Omega$；

R_X——外部回路的总电阻(包括主电缆，连接条(如果没有包括在R_B内)，层间连接，支架间连接，主回路断路器或熔丝)，单位为欧姆(Ω)；$R_X=0.010\ 0\ \Omega$；

R_T——电路的总电阻，单位为欧姆(Ω)；

$$R_T=R_B+R_X=0.010\ 44+0.010\ 0=0.020\ 44\ \Omega$$

$$I_B=116\ \text{V}/0.020\ 44\ \Omega=5\ 675\ \text{A} \qquad \text{(C.7)}$$

可采用式(C.7)计算短路电流。当计及充电器和电动机的贡献时，按7.8所述，确定所需的断路器或熔断器的遮断容量。

注：作一比较，10倍蓄电池1min放电电流额定值(对应每个蓄电池电压为1.75 V)为10×1 139 A=11 390 A。

附 录 D
（资料性附录）
蓄电池充电器短路电流

D.1 引言

本附录给出了当蓄电池产生最大短路电流时蓄电池充电器最大短路电流选择的原理。确定最大组合短路电流是用来确定适合预期故障电流的设备。计算直流系统故障时的总的短路电流应考虑连接的电动机、蓄电池充电器和蓄电池的影响。作为典型的电厂蓄电池和限流充电器，它们的短路电流峰值会出现在不同时段，所以蓄电池短路电流峰值加上充电器限流值提供了一个保守的故障电流总值。蓄电池充电器对故障电流的增加值被限制在蓄电池充电器额定电流的150%以下。

D.2 讨论

D.2.1 蓄电池充电器的贡献

对一些限流SCR型蓄电池充电器的测试表明当蓄电池充电器与系统隔离时，初始短路电流会超过限制电流。储存在滤波回路（电容）内的能量可能产生巨大的瞬态电流峰值，瞬间短路电流峰值可能会接近蓄电池充电器额定值的200倍。然而，初始瞬态电流的持续时间非常短（约为5 ms），一般不影响设备和保护装置的整定值。

在限流充电器内，如果内部保护装置例如整流器熔丝没有及时动作清除故障，限流回路会在电流第一次过零后（两个周期，40 ms或更短）动作限流。因此保守的假设40 ms后的最大持续故障电流就是限流值，一般不超过蓄电池充电器额定电流的150%。

D.2.2 蓄电池的贡献

因大容量铅酸蓄电池终端的螺栓短路产生的故障峰值电流会表现出快速上升，并在17 ms内达到峰值。直流配电柜或配电屏的短路电流会因为与故障串联的直流系统电感稍晚达到峰值（通常在34 ms～50 ms内）。由于蓄电池终端与母线间电缆的阻抗，配电母线上的短路电流会比蓄电池端的低。

D.2.3 蓄电池和蓄电池充电器的贡献

在典型的直流系统中，蓄电池充电器的短路电流在蓄电池的短路电流达到峰值以前已经过了峰值并且衰减了。根据蓄电池时间常数，蓄电池短路电流峰值与蓄电池充电器限流电流之和可以保守地作为最大同时短路电流（见图D.1）。

设计者必须评估每一种安装方式，计算来自蓄电池、蓄电池充电器、电动机等的短路电流。设计者必须评估每个非典型安装方式以确定蓄电池和蓄电池充电器的短路电流峰值不会同时出现。

D.3 计算举例

以下的例子说明了一种计算方法，在配电母线上发生故障时，蓄电池和限流充电器所产生的相应的故障电流。

充电器和馈线电缆：

充电器额定电流：$I=300$ A。

充电器限流值：$I_C=1.5\times300=450$ A。

电缆和断路器的电阻：$R_C=0.022\,8\ \Omega$。

蓄电池和馈线电缆：

蓄电池：60个电池，8 h额定容量1 950 A·h。

故障时蓄电池的电阻：$R_b=0.000\,113\,1\ \Omega\times60=0.006\,786\ \Omega$。

达到短路峰值电流的时间:5 倍时间常数=11 ms。

蓄电池电缆:2 根截面积为 185 mm^2,每根长度为 12.35 m。

总的回路计算电阻:R_2=0.001 7 Ω。

总的计算电感:L=36.2 μH。

短路时的蓄电池时间常数和电感计算如下:

蓄电池时间常数:T=11 ms/5=2.2 ms。

蓄电池电感:$L_b=T\times R_b$=0.002 2 s×0.006 786 Ω=14.9 μH。

蓄电池和电缆的组合时间常数:

$$T_1=(L_b+L)/(R_b+R_2)$$

$$=(14.9\times10^{-6}+36.2E\times10^{-6})\text{H}/(0.006\ 786+0.001\ 7)\Omega=6\ \text{ms}。$$

配电母线出现故障:

蓄电池故障电流:I_b=2 V×60/(R_b+R_2)

=120 V/(0.006 786+0.000 17)Ω

=14 141 A

蓄电池故障峰值电流出现时间:5×T_1=5×6 ms=30 ms

充电器短路电流:I_C=450 A

结论:

如图 D.1 所示,组合短路电流在故障发生后 30 ms 达到最大,最大组合短路电流为 14 141+450=14 591 A。

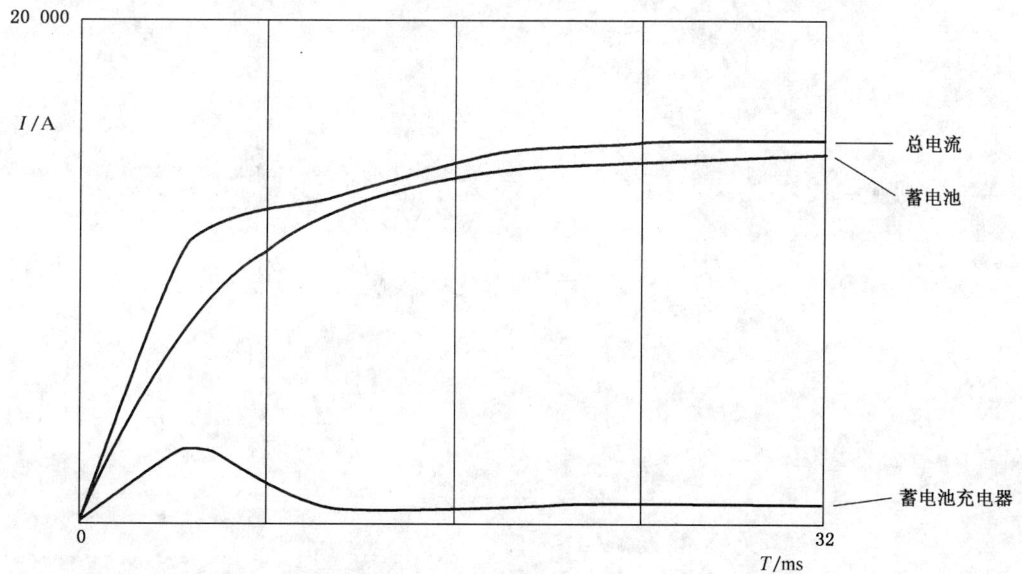

图 D.1 直流母线带限流充电器的典型故障电流曲线

ICS 73.080
Q 69

中华人民共和国国家标准

GB/T 14563—2008
代替 GB/T 14563～14565—1993

高岭土及其试验方法

Specification and test method of Kaolin clay

2008-02-16 发布　　2008-08-01 实施

中华人民共和国国家质量监督检验检疫总局
中国国家标准化管理委员会　发布

前　言

本标准代替 GB/T 14563—1993《高岭土》、GB/T 14564—1993《高岭土物理性能试验方法》、GB/T 14565—1993《高岭土化学分析方法》。

本标准与 GB/T 14563—1993 相比，主要变化如下：

——“范围”中，新增加适用于软质、砂质、煤系高岭土和煅烧高岭土；

——“产品分类”中，将“橡胶工业”改为“橡塑工业”；

——新增加煅烧高岭土和涂料用高岭土，分别用“(D)”和“TL-×”表示；

——表 2 中，煅烧 1 300℃改为 1 280℃；

——造纸工业用高岭土中，ZT-0A 的白度从 90%降低到 88%，小于 2 μm 含量从 90%提高到 92%，45 μm 筛余量从 0.02%降低到 0.005%，分散沉降物指标从 0.02%降低到 0.01%，粘度浓度指标从 68%提高到 70%；

——新增“表 4　造纸工业用煅烧高岭土化学成分和物理性能要求”；

——新增“表 7　橡塑工业用煅烧高岭土化学成分和物理性能要求”；

——陶瓷工业用高岭土中，TC-0 和 TC-1 指标要求进行了如下调整：Al_2O_3 从 36%、35%调整为 35%、33%，Fe_2O_3 从 0.5%、0.8%调整为 0.4%、0.6%，TiO_2 从 0.2%调整为 0.1%，筛余量从 0.5%(63 μm)调整为 1.0%(45 μm)，新增 1 280℃烧成白度要求，TC-0 的 SO_3 指标从0.3%调整为 0.2%；TC-2、TC-3 的筛余量从 0.5%(63 μm)调整为 1.0%(63 μm)；

——新增 4.2.5 涂料行业用高岭土的技术要求(表 9、表 10)；

——型式检验、判定规则和包装要求重新改写。

本标准与 GB/T 14564—1993 相比，主要变化如下：

——粒度的测定中增加了“可以使用各类粒度仪快速检验”的规定(5.3.10.6)；

——增加了吸油量(5.3.12)、遮盖力(5.3.13)、在有机体系中的分散性的测定方法(5.3.14)。

本标准与 GB/T 14565—1993 相比，主要变化如下：

——将“允许误差”修改为“精密度”。

本标准附录 A 为规范性附录。

本标准由中国建筑材料联合会提出。

本标准由咸阳非金属矿研究设计院技术归口。

本标准负责起草单位：中国高岭土公司。

本标准参加起草单位：苏州中材非金属矿工业设计研究院有限公司、茂名高岭科技有限公司、龙岩高岭土有限公司、淮北金岩高岭土开发有限责任公司、兖矿北海高岭土有限公司、蒙西高岭粉体股份有限公司。

本标准主要起草人：陈丽昆、尤振根、唐靖炎、曾伟能、陈文瑞、耿万义、邓元臣、冯欲晓、钱前、吴巧英。

本标准所代替标准的历次版本发布情况为：

——GB/T 14563—1993；

——GB/T 14564—1993；

——GB/T 14565—1993。

高岭土及其试验方法

1 范围

本标准规定了高岭土产品的分类、要求、检验规则、包装、标志、运输和贮存,规定了高岭土中的二氧化硅、三氧化二铁、二氧化钛、三氧化二铝、氧化钙、氧化镁、氧化钾、氧化钠、三氧化硫、氧化锰的含量和烧失量的化学测定方法以及高岭土产品的二苯胍吸着率、pH 值、白度、吸附水、筛余量、沉降体积、分散沉降物、悬浮度、粒度、粘度浓度、吸油量、遮盖力、在有机体系中的分散性的物理性能试验方法。

本标准适用于造纸、搪瓷、橡塑、陶瓷和涂料工业用软质、砂质、煤系高岭土、煅烧高岭土及其物理性能和化学组分的测定。其他工业用高岭土也可参照使用。

2 规范性引用文件

下列文件中的条款通过本标准的引用而成为本标准的条款。凡是注日期的引用文件,其随后所有的修改单(不包括勘误的内容)或修订版均不适用于本标准,然而,鼓励根据本标准达成协议的各方研究是否可使用这些文件的最新版本。凡是不注日期的引用文件,其最新版本适用于本标准。

GB/T 5950 建筑材料与非金属矿产品白度测量方法

GB/T 5211.15 颜料吸油量的测定

GB/T 5211.17 白色颜料对比率(遮盖力)的比较

GB/T 9287 颜料易分散程度的比较振荡法

GB/T 6003.1 金属丝编织网试验筛(GB/T 6003.1—1997,eqv ISO 3310-1:1990)

3 产品分类

3.1 高岭土产品按工业用途分为造纸工业用高岭土、搪瓷工业用高岭土、橡塑工业用高岭土、陶瓷工业用高岭土和涂料行业用高岭土五类。

3.2 产品类别、代号及主要用途见表1。

表 1 产品类别、代号及主要用途

产品代号	类别	等级	主要用途
ZT-0A	造纸工业用	优级高岭土	高级加工纸涂料
ZT-0B			
ZT-1		一级高岭土	加工纸涂料
ZT-2		二级高岭土	
ZT-3		三级高岭土	一般加工纸涂料
ZT-(D)1		煅烧一级高岭土	加工纸涂料
ZT-(D)2		煅烧二级高岭土	
TT-0	搪瓷工业用	优级高岭土	釉料
TT-1		一级高岭土	
TT-2		二级高岭土	

表 1(续)

产品代号	类别	等级	主要用途
XT-0	橡塑工业用	优级高岭土粉	白色或浅色橡塑制品半补强填料
XT-1		一级高岭土粉	
XT-2		二级高岭土粉	一般橡塑制品半补强填料
XT-(D)0		煅烧优级高岭土	白色或浅色橡塑制品半补强填料
XT-(D)1		煅烧一级高岭土	
XT-(D)2		煅烧二级高岭土	
TC-0	陶瓷工业用	优级高岭土	电子元件、电瓷、高档釉料及坯料等
TC-1		一级高岭土	电子元件、光学玻璃坩埚、砂轮、电瓷及高档陶瓷釉料、坯料等
TC-2		二级高岭土	电瓷、日用陶瓷、建筑卫生瓷坯料及高级钵料等
TC-3		三级高岭土	
TL-(D)1	涂料行业用	煅烧一级高岭土	高级涂料填料
TL-(D)2		煅烧二级高岭土	涂料填料
TL-(D)3		煅烧三级高岭土	一般涂料填料
TL-1		水洗一级高岭土	高级涂料填料
TL-2		水洗二级高岭土	涂料填料
TL-3		水洗三级高岭土	一般涂料填料

4 要求

4.1 产品外观质量

产品外观质量应符合表2规定。

表 2 各级产品外观质量要求

产品代号	外观质量要求
ZT-0A	白色,无可见杂质
ZT-0B	
ZT-1	
ZT-2	
ZT-3	白色、稍带淡黄、淡灰及其他浅色,无可见杂质
ZT-(D)1	白色,无可见杂质,色泽均匀
ZT-(D)2	
TT-0	白色,无可见杂质
TT-1	
TT-2	白色、稍带淡黄、淡灰及其他浅色,无可见杂质
XT-0	白色
XT-1	灰白色、微黄色及其他浅色

表 2(续)

产　品　代　号	外观质量要求
XT-2	米黄、浅灰等色
XT-(D)0	白色,无可见杂质,色泽均匀
XT-(D)1	
XT-(D)2	浅白色,无可见杂质,色泽均匀
TC-0	1 280℃锻烧为白色,无明显斑点
TC-1	
TC-2	1 280℃锻烧为白色,稍带其他浅色
TC-3	1 280℃锻烧呈米黄、浅灰或带其他浅色
TL-(D)1	白色,无可见杂质,色泽均匀
TL-(D)2	
TL-(D)3	浅白色,无可见杂质,色泽均匀
TL-1	白色,无可见杂质,色泽均匀
TL-2	
TL-3	

4.2　化学成分和物理性能

4.2.1　造纸工业用高岭土和煅烧高岭土

造纸工业用高岭土和煅烧高岭土产品化学成分和物理性能应符合表 3、表 4 规定。

表 3　造纸工业用高岭土产品化学成分和物理性能要求

产品代号	白度	小于 2 μm 含量(质量分数)	45 μm 筛余量(质量分数)	分散沉降物(质量分数)	pH 值	粘度浓度(500 mPa·s 固含量)	Al_2O_3(质量分数)	Fe_2O_3(质量分数)	SiO_2(质量分数)	烧失量(质量分数)
	%						%			
	≥		≤		≥	≥		≤		
ZT-0A	88.0	92.0	0.005	0.01		70.0	37.00	0.60	48.00	
ZT-0B	87.0	85.0	0.04	0.05		66.0				
ZT-1	85.0	80.0		0.10	4.0	65.0	36.00	0.70	49.00	15.00
ZT-2	82.0	75.0	0.05				35.00	0.80	50.00	
ZT-3	80.0	70.0		0.50		60.0		1.00		

表 4　造纸工业用煅烧高岭土产品化学成分和物理性能要求

产品代号	白度	小于 2 μm 含量(质量分数)	45 μm 筛余量(质量分数)	分散沉降物(质量分数)	pH 值	Al_2O_3(质量分数)	Fe_2O_3(质量分数)	SiO_2(质量分数)
	%					%		
	≥		≤		≥	≥	≤	
ZT-(D)1	92.0	86.0	0.01	0.01	5.0	42.00	0.80	54.00
ZT-(D)2	88.0	80.0	0.02	0.02			1.00	

4.2.2 搪瓷工业用高岭土

搪瓷工业用高岭土产品化学成分和物理性能应符合表5规定。

表5 搪瓷工业用高岭土产品化学成分和物理性能要求

<table>
<tr><th rowspan="3">产品代号</th><th>Al_2O_3
（质量分数）</th><th>Fe_2O_3
（质量分数）</th><th>SO_3
（质量分数）</th><th>白度</th><th>45 μm 筛余量
（质量分数）</th><th>悬浮度</th></tr>
<tr><th colspan="3">%</th><th>%</th><th>%</th><th>mL</th></tr>
<tr><th>≥</th><th colspan="2">≤</th><th>≥</th><th colspan="2">≤</th></tr>
<tr><td>TT-0</td><td>37.00</td><td>0.60</td><td rowspan="3">1.50</td><td>80.0</td><td rowspan="2">0.07</td><td>40</td></tr>
<tr><td>TT-1</td><td>36.00</td><td>0.80</td><td>78.0</td><td>60</td></tr>
<tr><td>TT-2</td><td>35.00</td><td>1.00</td><td>75.0</td><td>0.10</td><td>80</td></tr>
</table>

4.2.3 橡塑工业用高岭土粉和煅烧高岭土粉

橡塑工业用高岭土粉和煅烧高岭土粉化学成分和物理性能应符合表6、表7规定。

表6 橡塑工业用高岭土粉化学成分和物理性能要求

<table>
<tr><th rowspan="3">产品代号</th><th rowspan="3">二苯胍吸着率/%</th><th rowspan="3">pH 值</th><th>沉降体积</th><th>125 μm
筛余量
（质量分数）</th><th>Cu
（质量分数）</th><th>Mn
（质量分数）</th><th>水分
（质量分数）</th><th rowspan="2">SiO_2/Al_2O_3
（质量分数）</th><th>白度</th></tr>
<tr><th>mL/g</th><th colspan="4">%</th><th>%</th></tr>
<tr><th>≥</th><th colspan="5">≤</th><th>≥</th></tr>
<tr><td>XT-0</td><td rowspan="2">6.0～10.0</td><td rowspan="3">5.0～8.0</td><td>4.0</td><td rowspan="2">0.02</td><td rowspan="3">0.005</td><td rowspan="3">0.01</td><td rowspan="3">1.50</td><td rowspan="2">1.5</td><td>78.0</td></tr>
<tr><td>XT-1</td><td>3.0</td><td>65.0</td></tr>
<tr><td>XT-2</td><td>4.0～10.0</td><td>—</td><td>0.05</td><td>1.8</td><td>—</td></tr>
</table>

表7 橡塑工业用煅烧高岭土粉化学成分和物理性能要求

<table>
<tr><th rowspan="3">产品代号</th><th rowspan="3">pH 值</th><th>45 μm
筛余量
（质量分数）</th><th>水分
（质量分数）</th><th>SiO_2
（质量分数）</th><th>Al_2O_3
（质量分数）</th><th>小于 2 μm 含量
（质量分数）</th><th>白度</th></tr>
<tr><th colspan="6">%</th></tr>
<tr><th colspan="3">≤</th><th colspan="3">≥</th></tr>
<tr><td>XT-(D)0</td><td rowspan="3">5.0～8.0</td><td>0.03</td><td rowspan="3">1.00</td><td rowspan="3">55.00</td><td rowspan="3">42.00</td><td>80.00</td><td>90.0</td></tr>
<tr><td>XT-(D)1</td><td>0.05</td><td>70.00</td><td>86.0</td></tr>
<tr><td>XT-(D)2</td><td>0.10</td><td>60.00</td><td>80.0</td></tr>
</table>

4.2.4 陶瓷工业用高岭土

陶瓷工业用高岭土化学成分和物理性能应符合表8规定。

表8 陶瓷工业用高岭土产品化学成分和物理性能要求

<table>
<tr><th rowspan="3">产品代号</th><th>Al_2O_3
（质量分数）</th><th>Fe_2O_3
（质量分数）</th><th>TiO_2
（质量分数）</th><th>SO_3
（质量分数）</th><th>筛余量
（质量分数）</th><th>1 280℃烧成白度</th></tr>
<tr><th colspan="6">%</th></tr>
<tr><th>≥</th><th colspan="4">≤</th><th>≥</th></tr>
<tr><td>TC-0</td><td>35.00</td><td>0.40</td><td>0.10</td><td>0.20</td><td>1.0(45 μm)</td><td>90</td></tr>
</table>

表 8(续)

产品代号	Al_2O_3（质量分数）	Fe_2O_3（质量分数）	TiO_2（质量分数）	SO_3（质量分数）	筛余量（质量分数）	1 280℃烧成白度
	%					
	≥	≤				≥
TC-1	33.00	0.60	0.10	0.30	1.0(45 μm)	88
TC-2	32.00	1.20	0.40	0.80	1.0(63 μm)	—
TC-3	28.00	1.80	0.60	1.00	1.0(63 μm)	—

4.2.5 涂料行业用高岭土和煅烧高岭土

涂料行业用高岭土和煅烧高岭土化学成分和物理性能应符合表 9、表 10 规定。

4.3 产品水分

各类高岭土产品的水分应符合表 11 规定。

表 9 涂料行业用高岭土产品化学成分和物理性能要求

产品代号	SiO_2（质量分数）	Al_2O_3（质量分数）	白度	pH 值	45 μm 筛余量（质量分数）	小于 10 μm 含量（质量分数）
	%				%	
	≤	≥			≤	≥
TL-1	50.00	35.00	85.0	5.0～8.0	0.05	90.00
TL-2			82.0		0.10	80.00
TL-3			78.0		0.20	70.00

表 10 涂料行业用煅烧高岭土产品化学成分和物理性能要求

产品代号	SiO_2（质量分数）	Al_2O_3（质量分数）	白度	水分（质量分数）	pH 值	45 μm 筛余量（质量分数）	小于 10 μm 含量（质量分数）
	%					%	
	≤	≥		≤		≤	≥
TL-(D)1	55.00	42.00	92.0	0.80	5.0～8.0	0.05	90.0
TL-(D)2			88.0			0.10	80.0
TL-(D)3			85.0			0.20	70.0

表 11 各类产品水分要求

产 品 形 态	水分要求(质量分数)/% ≤
膏 状	35.0
块(粒) 状	18.0
粉 状	10.0
干粉状	2.0
注:上述要求仅作双方数量补差依据,不作质量验收标准。	

5 试验方法

5.1 外观质量用目测

5.2 化学成分的测定

5.2.1 总则

5.2.1.1 除测定水分及有特殊要求之项目外，试样均应在105℃～110℃下烘2 h并在干燥器中冷却至室温后方可称量(多水高岭土类矿物可根据试样特性适当降低烘样温度)。

5.2.1.2 除非另有说明，试样称量均应精确至0.1 mg。本标准中所指“恒重”系指两次称量之差不大于0.2 mg。

5.2.1.3 除非另有说明，在分析中仅使用确认为分析纯的试剂和蒸馏水或去离子水或相当纯度的水。

5.2.1.4 所用溶液如无特殊指明，均系水溶液。

5.2.1.5 每项分析(烧失量测定除外)均应进行“空白试验”。空白试验应与测定平行进行，采用相同的分析步骤，取相同量的所有试剂(滴定法中的标准滴定溶液的用量除外)，但空白试验不加试料。

5.2.1.6 除非另有说明，计算结果的百分含量表示到小数点后两位。

5.2.2 试样制备

将按照6.1和6.2采取和加工的样品，在以高锰钢为内衬的圆盘粉碎机上粉碎，使全部通过孔径为0.25 mm的试样筛(如果加工后的样品粒度小于0.25 mm，则不需再进行粉碎和过筛)，充分混匀后以四分法缩分至最后试样为50 g。将此试样在玛瑙研钵中研磨，使全部通过孔径为0.15 mm的试样筛(应符合GB/T 6003.1的规定)，充分混匀，备用。

5.2.3 试剂和仪器设备

5.2.3.1 试剂

5.2.3.1.1 氢氧化钠(粒状)。

5.2.3.1.2 盐酸：密度1.19 g/cm^3。

5.2.3.1.3 硝酸：密度1.42 g/cm^3。

5.2.3.1.4 氯化钾。

5.2.3.1.5 无水乙醇。

5.2.3.1.6 氯酸钾。

5.2.3.1.7 无水碳酸钠。

5.2.3.1.8 硫酸：密度1.84 g/cm^3。

5.2.3.1.9 氨水：密度0.9 g/cm^3。

5.2.3.1.10 高碘酸钾。

5.2.3.1.11 苯二甲酸氢钾。

5.2.3.1.12 焦硫酸钾。

5.2.3.1.13 氢氟酸：密度1.15 g/cm^3。

5.2.3.1.14 氯化钾溶液(50 g/L)：

准确称取5.000 0 g氯化钾，溶于适量水中，用水稀释至100 mL。

5.2.3.1.15 氯化钾-乙醇溶液(50 g/L)：

准确称取50.000 0 g氯化钾，溶于500 mL水中，以无水乙醇稀释至1 L。

5.2.3.1.16 氟化钾溶液(100 g/L)：

准确称取16.201 8 g二水氟化钾($KF \cdot 2H_2O$)，溶于适量水中，用水稀释至100 mL。

5.2.3.1.17 盐酸溶液(体积分数)：2 %。

准确量取2 mL盐酸(5.2.3.1.2)，与98 mL水混合。

5.2.3.1.18 磺基水杨酸溶液(250 g/L)：

准确称取25.000 0 g磺基水杨酸，溶于适量水中，用水稀释至100 mL。

5.2.3.1.19　氨水溶液(1+1)：

将氨水(5.2.3.1.9)与水等体积混合。

5.2.3.1.20　盐酸溶液[c(HCl)=1 mol/L]：

将 84 mL 盐酸(5.2.3.1.2)与 916 mL 水混合。

5.2.3.1.21　磺基水杨酸溶液(100 g/L)：

将 10.000 0 g 磺基水杨酸，溶于适量水中，稀释至 100 mL。

5.2.3.1.22　硫酸溶液(体积分数)：3%。

将 3 mL 硫酸(5.2.3.1.8)在不断搅拌下慢慢倒入 97 mL 水中(必要时应在冷水浴中进行)。

5.2.3.1.23　硫酸溶液(1+5)：

将 1 份硫酸(5.2.3.1.8)在不断搅拌下慢慢倒入 5 份水中(必要时应在冷水浴中进行)。

5.2.3.1.24　硫酸溶液(1+1)：

将硫酸(5.2.3.1.8)在不断搅拌下慢慢倒入等体积的水中(必要时应在冷水浴中进行)。

5.2.3.1.25　磷酸溶液(1+1)：

将密度为 1.69 g/cm^3 的磷酸在不断搅拌下倒入等体积的水中。

5.2.3.1.26　过氧化氢溶液(1+9)：

将 1 份 30%的过氧化氢与 9 份水混合。

5.2.3.1.27　硫酸铜溶液[$c(CuSO_4)$=0.035 mol/L]：

将 8.738 8 g 五水硫酸铜($CuSO_4 \cdot 5H_2O$)溶于有 5 滴硫酸溶液(5.2.3.1.24)的 200 mL 水中，以水稀释至 1 L。

比较：准确吸取 EDTA 标准溶液(5.2.3.1.40)20 mL 于 250 mL 烧杯中，以水稀释至 100 mL，加乙酸-乙酸铵缓冲溶液(5.2.3.1.35)20 mL 及亚硝基红盐指示剂(5.2.3.1.52)2 mL，以硫酸铜溶液进行滴定，溶液由黄色经翠绿突变为草绿色为终点。

比较结果按式(1)计算：

$$K = \frac{V_{EDTA}}{V} \qquad (1)$$

式中：

K——每毫升硫酸铜溶液相当于 EDTA 标准溶液体积；

V_{EDTA}——吸取 EDTA 标准溶液体积，单位为毫升(mL)；

V——滴定时消耗硫酸铜溶液体积，单位为毫升(mL)。

5.2.3.1.28　盐酸溶液(1+4)：

将 1 份盐酸(5.2.3.1.2)与 4 份水混合。

5.2.3.1.29　三乙醇胺溶液(1+2)：

将 1 份三乙醇胺与 2 份水混合。

5.2.3.1.30　氢氧化钾溶液(200 g/L)：

将 20.000 0 g 氢氧化钾溶于适量水中，稀释至 100 mL(现配现用或贮于塑料瓶中防止吸收二氧化碳)。

5.2.3.1.31　酒石酸钾钠溶液(200 g/L)：

将 20.000 0 g 酒石酸钾钠溶于适量水中，稀释至 100 mL。

5.2.3.1.32　盐酸溶液(1+1)：

将盐酸(5.2.3.1.2)与水等体积混合。

5.2.3.1.33　碳酸钠溶液(20 g/L)：

将 2.000 0 g 无水碳酸钠溶于适量水中，稀释至 100 mL。

5.2.3.1.34　氯化钡溶液(100 g/L)：

将 10.000 0 g 二水氯化钡($BaCl_2 \cdot 2H_2O$)溶于适量水中，稀至 100 mL。

5.2.3.1.35　乙酸-乙酸铵缓冲溶液(pH=4.5)：

将 77.000 0 g 乙酸铵溶于 500 mL 水中，加入 58.9 mL 冰乙酸，再用水稀释至 1 L。此溶液 pH 为 4.5。

5.2.3.1.36 氯化铵-氢氧化铵缓冲溶液(pH=10)：

将 67.500 0 g 氯化铵溶于 200 mL 水中，加入密度为 0.9 g/cm^3 的氢氧化铵 570 mL，再用水稀释至 1 L。此溶液 pH 为 10。

5.2.3.1.37 乙酸-乙酸钠缓冲溶液(pH=6)：

将 136.000 0 g 乙酸钠(NaAc·3H_2O)溶于适量水中，加冰乙酸 3.3 mL，再用水稀至 1 L。此溶液 pH 为 6。

5.2.3.1.38 氢氧化钠标准溶液[c(NaOH)=0.15 moL/L]：

将 5.999 6 g 氢氧化钠溶于 300 mL 水中，加热至近沸，加氯化钡溶液(5.1.34)2 mL，煮沸使沉淀凝聚，取下冷却，以定性滤纸过滤并以除去二氧化碳的水稀释至 1 L。以苯二甲酸氢钾进行标定。

标定：称取在 105℃～110℃烘过 2 h 的苯二甲酸氢钾 0.612 6 g 于 250 mL 烧杯中，加入经煮沸除去二氧化碳的水 150 mL，搅拌使溶解，稍冷，加酚酞指示剂(5.1.51)3 滴，以氢氧化钠标准溶液进行滴定，至溶液出现稳定的微红色为终点。

氢氧化钠标准溶液的浓度 c(mol/L)按式(2)计算：

$$c = \frac{m \times 1\,000}{204.21 \times V} \qquad \cdots\cdots(2)$$

氢氧化钠标准溶液对二氧化硅的滴定度 T(mg/mL)按式(3)计算：

$$T = c \times 15.02 \qquad \cdots\cdots(3)$$

式中：

V——滴定时消耗氢氧化钠标准溶液体积，单位为毫升(mL)；

m——苯二甲酸氢钾质量，单位为克(g)；

204.21——苯二甲酸氢钾的摩尔质量的数值，单位为克每摩尔(g/mol)；

15.02——与 1.00 mL 氢氧化钠标准溶液[c(NaOH)=1.00 mol/L]相当的二氧化硅的质量，单位为毫克(mg)。

5.2.3.1.39 EDTA 标准溶液[c(EDTA)=0.01 mol/L]：

将 3.700 0 g 乙二胺四乙酸二钠溶于 200 mL 水中，再用水稀释至 1 L。

标定：准确吸取氧化锌标准溶液(5.2.3.1.46)10 mL 于 250 mL 烧杯中，以水稀释至 100 mL，加乙酸—乙酸钠缓冲溶液(5.2.3.1.37)20 mL 及二甲酚橙指示剂(5.2.3.1.54)3 滴，以 EDTA 标准溶液进行滴定，溶液由红色变为黄色为终点。

EDTA 标准溶液的浓度 c(mol/L)按式(4)计算：

$$c = \frac{M_{ZnO} \cdot V_{ZnO}}{V_{EDTA}} \qquad \cdots\cdots(4)$$

式中：

M_{ZnO}——氧化锌标准溶液的浓度，单位为摩尔每升(mol/L)；

V_{ZnO}——吸取氧化锌标准溶液体积，单位为毫升(mL)；

V_{EDTA}——滴定时消耗 EDTA 标准溶液体积，单位为毫升(mL)。

EDTA 标准溶液对三氧化二铁、氧化钙及氧化镁的滴定度分别按式(5)、式(6)、式(7)计算：

$$T_1 = c \times 79.85 \qquad \cdots\cdots(5)$$

$$T_2 = c \times 56.08 \qquad \cdots\cdots(6)$$

$$T_3 = c \times 40.31 \qquad \cdots\cdots(7)$$

式中：

T_1——EDTA 标准溶液对三氧化二铁的滴定度，单位为毫克每毫升(mg/mL)；

T_2——EDTA 标准溶液对氧化钙的滴定度，单位为毫克每毫升(mg/mL)；

T_3——EDTA 标准溶液对氧化镁的滴定度，单位为毫克每毫升(mg/mL)；

79.85——与 1.00 mL EDTA 标准溶液[c(EDTA)＝1.00 mol/L]相当的三氧化二铁的质量，单位为毫克(mg)；

56.08——与 1.00 mL EDTA 标准溶液[c(EDTA)＝1.00 mol/L]相当的氧化钙的质量，单位为毫克(mg)；

40.31——与 1.00 mL EDTA 标准溶液[c(EDTA)＝1.00 mol/L]相当的氧化镁的质量，单位为毫克(mg)。

5.2.3.1.40　EDTA 标准溶液[c(EDTA)＝0.035 mol/L]：

将 13.000 0 g 乙二胺四乙酸二钠溶于 300 mL 水中，再用水稀释至 1 L。

标定：准确吸取氧化锌标准溶液(5.2.3.1.46)20 mL 于 250 mL 烧杯中，按第 5.2.3.1.39 条标定方法及计算步骤进行。

EDTA 标准溶液对三氧化二铝的滴定度 T_4(mg/mL)按式(8)计算：

$$T_4 = c \times 50.98 \tag{8}$$

式中：

c——EDTA 标准溶液浓度，单位为摩尔每升(mol/L)；

50.98——与 1.00 mL EDTA 标准溶液[c(EDTA)＝1.00 mol/L]相当的三氧化二铝的质量，单位为毫克(mg)。

5.2.3.1.41　二氧化钛标准溶液(0.1 mg/mL)：

准确称取于 950℃灼烧过的基准二氧化钛 0.250 0 g 于瓷坩埚中，以 6 g～8 g 焦硫酸钾在 750℃熔 20 min，取出冷却，以 100 mL 热的硫酸溶液(5.2.3.1.23)浸取熔块，冷却后移入 250 mL 容量瓶中，以水稀释至刻度摇匀。

准确吸取上述溶液 50 mL 于 500 mL 容量瓶中，以水稀释至刻度，摇匀。此溶液 1 mL 相当于 0.1 mg二氧化钛(TiO_2)。

5.2.3.1.42　氧化钾、氧化钠标准溶液(0.1 mg/mL)：

称取在 600℃灼烧过的基准氯化钾 0.158 4 g 和氯化钠 0.188 6 g 溶于 100 mL 水中，移入 1 L 容量瓶，以水稀释至刻度，摇匀。此溶液 1 mL 相当于 0.1 mg 氧化钾(K_2O)＋0.1 mg 氧化钠(Na_2O)。

5.2.3.1.43　氢氧化钠标准溶液[c(NaOH)＝0.05 moL/L]：

将 1.999 9 g 氢氧化钠溶于 300 mL 水中，加热至近沸，加氯化钡溶液(5.2.3.1.34)2 mL，煮沸使沉淀凝聚，取下冷却，以定性滤纸过滤并用除去二氧化碳的水稀释至 1 L。

标定：称取在 105℃～110℃烘过 2 h 的苯二甲酸氢钾 0.204 2 g 于 250 mL 烧杯中，按第5.2.3.1.38 条之标定方法和计算步骤进行。

5.2.3.1.44　三氧化二铁标准溶液(0.1 mg/mL)：

称取纯铁丝(或基准铁粉)0.069 9 g，以 25 mL 盐酸(5.2.3.1.32)溶解后移入 1 L 容量瓶，用水稀释至刻度，摇匀。此溶液 1 mL 相当于 0.1 mg 三氧化二铁(Fe_2O_3)。

5.2.3.1.45　氧化锰标准溶液(0.05 mg/mL)：

称取电解金属锰 0.38 3 g 溶于 100 mL 硫酸溶液(5.2.3.1.22)中，冷至室温，移入 1 L 容量瓶，用水稀释至刻度，摇匀。

准确吸取上述溶液 50 mL 于 500 mL 容量瓶中，以水稀释至刻度，摇匀。此溶液 1 mL 相当于 0.05 mg 氧化锰(MnO)。

5.2.3.1.46　氧化锌标准溶液[c(ZnO)＝0.01 mol/L]：

称取经 900℃灼烧过的基准氧化锌 0.813 8 g 于 250 mL 烧杯中，以 20 mL 盐酸溶液(5.2.3.1.32)溶解，移入 1 L 容量瓶，用水稀释至刻度，摇匀。

5.2.3.1.47　硝酸溶液(1+1)：

将硝酸(5.1.3)与水等体积混合。

5.2.3.1.48　硝酸铜标准溶液(0.05 mg/mL)：

准确称取金属铜(纯度≥99.9%)0.010 0 g于150 mL烧杯中加硝酸溶液(5.2.3.1.47)10 mL，加热溶解，冷却后移入200 mL容量瓶中，用水稀释到刻度，摇匀。此溶液1mL相当于0.05 mg铜(Cu)。

5.2.3.1.49　钙指示剂。

5.2.3.1.50　酸性铬蓝K-萘酚绿B混合指示剂：

将1份酸性铬蓝K与2份萘酚绿B混合。

5.2.3.1.51　酚酞指示剂(10 g/L)：

将1.000 0 g酚酞溶于100 mL无水乙醇中。

5.2.3.1.52　亚硝基红盐指示剂(2 g/L)：

将0.200 0 g亚硝基红盐溶于100 mL水中。

5.2.3.1.53　甲基红指示剂(1 g/L)：

将0.100 0 g甲基红溶于100 mL无水乙醇中。

5.2.3.1.54　0.2%二甲酚橙指示剂(2 g/L)：

将0.200 0 g二甲酚橙溶于100 mL水中。

5.2.3.2　仪器设备

5.2.3.2.1　瓷坩埚。

5.2.3.2.2　银坩埚。

5.2.3.2.3　铂坩埚。

5.2.3.2.4　马福炉。

5.2.3.2.5　电炉。

5.2.3.2.6　恒温干燥箱。

5.2.3.2.7　药物天平：感量为1 g，0.1 g。

5.2.3.2.8　分析天平：感量为1 mg，0.1 mg。

5.2.3.2.9　分光光度计。

5.2.3.2.10　火焰光度计。

5.2.3.2.11　原子吸收光谱仪。

5.2.3.2.12　管式燃烧炉(附瓷舟、瓷管)。

5.2.3.2.13　烧杯：100 mL，150 mL，250 mL，300 mL。

5.2.3.2.14　塑料杯：250 mL。

5.2.3.2.15　滴定管：10 mL，25 mL。

5.2.3.2.16　容量瓶：100 mL，200 mL，250 mL。

5.2.3.2.17　移液管：10 mL，20 mL，50 mL，100 mL。

5.2.3.2.18　干燥器。

5.2.3.2.19　称量瓶。

5.2.3.3　二氧化硅的测定

5.2.3.3.1　二次盐酸脱水重量法(仲裁法)

5.2.3.3.1.1　方法提要

试样经分解、酸化、蒸干后在105℃～110℃烘干脱水分离二氧化硅，一次分离后的滤液再经蒸干，进行二次烘干脱水，将二次分离出的二氧化硅合并灼烧、称量，计算二氧化硅含量。

5.2.3.3.1.2　分析步骤

准确称取0.500 0 g试样，放入底部有一薄层无水碳酸钠的铂坩埚中，加无水碳酸钠4 g～5 g，以尖头玻璃棒搅匀，用滤纸角擦净玻璃棒上沾附物一并置于坩埚中，表面再加盖一薄层无水碳酸钠。将坩埚加盖，放入马福炉，于 950℃～1 000℃熔融 30 min。取出坩埚冷却至室温。将坩埚连盖一同放入 250 mL烧杯中，以 50 mL 热的盐酸溶液(5.2.3.1.32)浸取熔块，待熔块全部脱落后以热水和淀帚洗净坩埚及坩埚盖，以玻璃棒压碎熔块。将溶液加热蒸发至干，放入恒温干燥箱中于 105℃～110℃烘 1 h，取出烧杯，加盐酸 5 mL，放置数分钟，加沸水 50 mL，搅拌使盐类溶解，以中速定量滤纸过滤，用热的盐酸溶液(5.2.3.1.17)以倾泻法洗烧杯 2 次～3 次，将沉淀全部移到滤纸上，以淀帚及盐酸溶液(5.2.3.1.17)洗净烧杯并继续洗沉淀 5 次～6 次，最后以热水洗至无氯离子。

将上述滤液按前步骤再次蒸干、烘干脱水、过滤、洗涤，滤液以 300 mL 烧杯承接。

将两张盛有硅酸沉淀的滤纸置于同一铂坩埚中，低温灰化后放入马福炉于 950℃～1 000℃灼烧 40 min，取出坩埚放入干燥器中冷至室温，称量，反复灼烧至恒重。

向坩埚中加硫酸溶液(5.2.3.1.24)0.5 mL 及氢氟酸(5.2.3.1.13)5 mL，将坩埚置于通风厨内加热直至冒白烟，再加氢氟酸(5.2.3.1.13)5 mL，加热蒸干并加强热使白烟冒尽，将坩埚放入马福炉内于 1 000℃灼烧 10 min 取出放入干燥器中冷至室温，称量，反复灼烧，直至恒重。

两次滤液合并，蒸发至适当体积，移入 200 mL 容量瓶，稀释至刻度，摇匀。此溶液为溶液 A，可用于其他化学组分的测定。

当沉淀经氢氟酸处理后如仍有明显残渣存在，应以焦硫酸钾处理，其滤液与溶液 A 合并。

5.2.3.3.1.3　结果计算

二氧化硅质量分数 X_1(%)按式(9)计算：

$$X_1 = \frac{m_1 - m_2}{m_0} \times 100 \qquad (9)$$

式中：

m_1——氢氟酸处理前沉淀及坩埚质量，单位为克(g)；

m_2——氢氟酸处理后坩埚质量，单位为克(g)；

m_0——试样质量，单位为克(g)。

5.2.3.3.1.4　精密度

在重复性条件下获得的两次独立测试结果的绝对差值不大于 0.4%，以大于 0.4%的情况不超过 5%为前提。

5.2.3.3.2　氟硅酸钾容量法

5.2.3.3.2.1　方法提要

试样经分解，在硝酸介质中加入足够 K^+ 和 F^-，使硅酸呈氟硅酸钾沉淀析出。沉淀经过滤、洗涤、中和后加沸水使氟硅酸钾水解，以氢氧化钠标准溶液滴定沉淀水解形成的氟氢酸，根据氢氧化钠标准溶液消耗量计算二氧化硅含量：

$$SiO_3^{2-} + 2K^+ + 6F^- + 6H^+ \longrightarrow K_2SiF_6 \downarrow + 3H_2O$$

$$K_2SiF_6 + 3H_2O \longrightarrow 2KF + H_2SiO_3 + 4HF$$

$$HF + NaOH \longrightarrow NaF + H_2O$$

5.2.3.3.2.2　分析步骤

准确称取 0.500 0 g 试样放入银坩埚中，加数滴无水乙醇使试样润湿，加氢氧化钠 4 g～6 g，加坩埚盖并将坩埚置于马福炉中，逐渐升温至 600℃～650℃，在此温度保持 10 min，取出冷却。

将坩埚外部擦净，连盖一同放入 250 mL 烧杯中，以沸水浸取熔块，用热水及淀帚洗净坩埚及坩埚盖，在不断搅拌下一次加入 25 mL 盐酸(5.2.3.1.2)使沉淀全部溶解，冷至室温，将溶液移入 200 mL 容量瓶中，以水稀释至刻度，摇匀。此溶液为溶液 B，可用于其他化学组分的测定。

用移液管准确吸取上述溶液 20 mL 于塑料杯中，加氯化钾 2 g～3 g 及硝酸(5.2.3.1.3)10 mL，搅拌使氯化钾溶解，溶液经流水冷却后，加氟化钾溶液(5.2.3.1.16)10 mL，充分搅拌数次，静置 5 min，以快速定性滤纸过滤，以氯化钾溶液(5.2.3.1.14)洗塑料杯及沉淀4次～5次，将沉淀连同滤纸放入原塑料杯中，加氯化钾-乙醇溶液(5.2.3.1.15)10 mL及酚酞指示剂(5.2.3.1.51)10滴，以氢氧化钠标准溶液(5.2.3.1.38)边中和边将滤纸捣碎，直至溶液出现稳定的粉红色，以杯中碎滤纸擦拭杯壁，并继续中和至红色不退为止。加入经煮沸除去二氧化碳的水150 mL，充分搅拌使沉淀水解完全，以氢氧化钠标准溶液(5.2.3.1.38)进行滴定，至溶液出现稳定的微红色为终点。

为防止沉淀水解，过滤、洗涤等操作应尽量缩短时间，当试样较多时，应分批进行沉淀，每一批不宜超过5只～6只。

注：室温在32℃以上可用冰水冷却。

5.2.3.3.2.3 结果计算

二氧化硅质量分数 X_2(%)按式(10)计算：

$$X_2 = \frac{T \cdot V \times 10}{m_0 \times 1\,000} \times 100 \qquad \cdots\cdots(10)$$

式中：

T——氢氧化钠标准溶液对二氧化硅的滴定度，单位为毫克每毫升(mg/mL)；

V——滴定时消耗氢氧化钠标准溶液的体积，单位为毫升(mL)；

m_0——试样质量，单位为克(g)。

5.2.3.3.2.4 精密度

同第5.2.3.3.1.4条。

5.2.3.4 三氧化二铁的制定

5.2.3.4.1 比色法(仲裁法)

5.2.3.4.1.1 方法提要

在氨性溶液中，铁离子与磺基水杨酸生成黄色络合物，以分光光度计于420 nm波长处测定溶液吸光度，根据标准曲线查得的质量(mg)，计算三氧化二铁含量。

5.2.3.4.1.2 分析步骤

5.2.3.4.1.2.1 标准曲线的绘制

以滴定管准确分取0 mL、1 mL、3 mL、5 mL、7 mL、10 mL、15 mL三氧化二铁标准溶液(5.2.3.1.44)分别置于100 mL容量瓶中，以水稀释至40 mL，加25%磺基水杨酸溶液(5.2.3.1.18)10 mL，在不断摇动下逐滴加入氨水(5.2.3.1.19)至溶液出现黄色并过量2 mL，以水稀释至刻度，摇匀，在分光光度计上于420 nm波长处以5 cm比色槽测定吸光度，并绘制标准曲线。

5.2.3.4.1.2.2 试样分析

用移液管吸取溶液A或溶液B 20 mL于100 mL容量瓶中，以水稀释至40 mL，以下按第5.2.3.4.1.2.1条标准曲线绘制之操作步骤进行，在分光光度计上测定吸光度。

以溶液B进行测定时，氨水加入速度宜快，显色后在15 min内比色完毕，以防止溶液出现浑浊。

5.2.3.4.1.3 结果计算

三氧化二铁质量分数 X_3(%)按式(11)计算：

$$X_3 = \frac{m_3 \times 10}{m_0 \times 1\,000} \times 100 \qquad \cdots\cdots(11)$$

式中：

m_3——自标准曲线中查得之三氧化二铁质量，单位为毫克(mg)；

m_0——试样质量，单位为克(g)。

5.2.3.4.1.4 精密度

当三氧化二铁含量(质量分数)小于0.50%时，在重复性条件下获得的两次独立测试结果的绝对差值不大于0.06%，以大于0.06%的情况不超过5%为前提。

当三氧化二铁含量(质量分数)等于或大于 0.50%时,在重复性条件下获得的两次独立测试结果的绝对差值不大于这两个测定值的算术平均值的 15%,以大于这两个测定值的算术平均值的 15%的情况不超过 5%为前提。

5.2.3.4.2 络合滴定法

5.2.3.4.2.1 方法提要

铁离子在 pH 为 1~3 范围内能与 EDTA 定量络合,借磺基水杨酸为指示剂,以 EDTA 标准溶液进行滴定,溶液由紫红色突变为亮黄色为终点,根据 EDTA 标准溶液消耗量计算三氧化二铁含量。

5.2.3.4.2.2 分析步骤

以移液管吸取溶液 A 或溶液 B 20 mL 于 250 mL 烧杯中,加氯酸钾 0.1 g,以水稀释到 100 mL,将烧杯置于电炉上加热,使氯酸钾溶解并继续加热至近沸,取下烧杯以氨水(5.2.3.1.19)中和至 pH 为 6~7,加 1 mol/L 盐酸 3 mL~4 mL,搅拌使沉淀溶解,加 10%磺基水杨酸溶液 2 mL,以盐酸溶液(5.2.3.1.20)调节溶液酸度使 pH 在 1.3~1.5 范围内,以 EDTA 标准溶液(5.2.3.1.39)进行滴定,溶液由紫红色突变为亮黄色(含铁较低时为无色)为终点。

5.2.3.4.2.3 结果计算

三氧化二铁质量分数 X_4(%)按式(12)计算:

$$X_4 = \frac{T_1 \cdot V_1 \times 10}{m_0 \times 1\,000} \times 100 \qquad \cdots\cdots (12)$$

式中:

T_1——EDTA 标准溶液对三氧化二铁的滴定度,单位为毫克每毫升(mg/mL);

V_1——滴定时消耗 EDTA 标准溶液体积,单位为毫升(mL);

m_0——试样质量,单位为克(g)。

5.2.3.4.2.4 精密度

同第 5.2.3.3.1.4 条。

5.2.4 **二氧化钛的测定**

5.2.4.1 方法提要

钛离子与过氧化氢在酸性介质中生成黄色络合物,以磷酸作掩蔽剂消除 Fe^{3+} 的干扰,以分光光度计于 420 nm 波长处测定溶液吸光度,根据标准曲线查得的质量(mg)计算二氧化钛含量。

5.2.4.2 分析步骤

5.2.4.2.1 标准曲线的绘制

以滴定管准确分取 0 mL、1 mL、2 mL、3 mL、5 mL、7 mL、10 mL 二氧化钛标准溶液(5.2.3.1.41)分别置于 100 mL 容量瓶中,以水稀释至 50 mL,加硫酸溶液(5.2.3.1.24)10 mL、磷酸溶液(5.2.3.1.25)2 mL 和过氧化氢溶液(5.2.3.1.26)5 mL,以水稀释至刻度,摇匀,在分光光度计上于 420 nm 波长处以 5 cm 比色槽测定吸光度并绘制标准曲线。

5.2.4.2.2 试样分析

以移液管吸取溶液 A 或溶液 B 20 mL 于 100 mL 烧杯中,加硫酸溶液(5.2.3.1.24)10 mL 于通风橱内加热蒸发至冒白烟,取下冷却,以水冲洗杯壁并稀释至 40 mL,以定性滤纸过滤,以水洗烧杯 3 次,洗沉淀 5 次~6 次,滤液用 100 mL 容量瓶承接。加磷酸溶液(5.2.3.1.25)2 mL 和过氧化氢溶液(5.2.3.1.26)5 mL,以水稀释至刻度,摇匀,在分光光度计上于 420 nm 波长处以 5 cm 比色槽测定吸光度。

注:冒白烟后如无沉淀析出,可不进行过滤。

5.2.4.3 结果计算

二氧化钛质量分数 X_5(%)按式(13)计算:

$$X_5 = \frac{m_4 \times 10}{m_0 \times 1\,000} \times 100 \qquad \cdots\cdots (13)$$

式中：

m_4——自标准曲线中查得之二氧化钛质量，单位为毫克(mg)；

m_0——试样质量，单位为克(g)。

5.2.4.4 精密度

当二氧化钛含量(质量分数)小于0.10%时，在重复性条件下获得的两次独立测试结果的绝对差值不大于0.03%，以大于0.03%的情况不超过5%为前提。

当二氧化钛含量(质量分数)等于或大于0.10%时，在重复性条件下获得的两次独立测试结果的绝对差值不大于这两个测定值的算术平均值的30%，以大于这两个测定值的算术平均值的30%的情况不超过5%为前提。

5.2.5 三氧化二铝的测定

5.2.5.1 方法提要

铝离子与EDTA在pH为3～6范围内可定量络合，但由于常温条件下络合速度缓慢，必须先加入过量EDTA，加热促使反应加速进行。本法以亚硝基红盐为指示剂，以铜盐进行返滴定，在pH为4.5条件下，指示剂由黄色经翠绿色突变为草绿色为终点，根据硫酸铜溶液消耗量计算三氧化二铝含量。

5.2.5.2 分析步骤

以移液管吸取溶液A或溶液B 20 mL于250 mL烧杯中，准确加入EDTA标准溶液(5.2.3.1.40)20 mL和乙酸-乙酸铵缓冲溶液(5.2.3.1.35)20 mL，以水稀释至100 mL，取小块滤纸压于玻璃棒下，加盖表面皿，加热煮沸3 min，取下冷却至室温，以水冲洗表面皿及杯壁，加亚硝基红盐(5.2.3.1.52)2 mL，以硫酸铜溶液(5.2.3.1.27)进行滴定，溶液由黄色经翠绿色突变为草绿色为终点。

此法测定结果为铁、铝、钛合量。

如以铁、铝连续测定法进行三氧化二铝的测定，则向以络合滴定法测定过三氧化二铁的溶液中加入EDTA标准溶液(5.2.3.1.40)20 mL和乙酸-乙酸铵缓冲溶液(5.2.3.1.35)20 mL，以下均同上述操作步骤进行。此法测得结果为铝、钛合量。

5.2.5.3 结果计算

三氧化二铝质量分数X_6(%)按式(14)计算：

$$X_6=\frac{(20-V_2\cdot K)\times T_4\times 10}{m_0\times 1\,000}\times 100-X_5\times 0.638\,1-X_4\times 0.638\,4 \quad \cdots\cdots(14)$$

式中：

V_2——滴定时消耗硫酸铜溶液体积，单位为毫升(mL)；

K——每毫升硫酸铜溶液相当于EDTA标准榕液的体积，单位为毫升(mL)；

T_4——EDTA标准溶液对三氧化二铝的滴定度，单位为毫克每毫升(mg/mL)；

m_0——试样质量，单位为克(g)；

0.638 1——二氧化钛对三氧化二铝的换算因数；

0.638 4——三氧化二铁对三氧化二铝的换算因数。

注：铁、铝连续测定不作三氧化二铁(Fe_2O_3)项校正。

5.2.5.4 精密度

在重复性条件下获得的两次独立测试结果的绝对差值不大于0.4%，以大于0.4%的情况不超过5%为前提。

5.2.6 氧化钙和氧化镁的测定

5.2.6.1 方法提要

在pH为10的碱性溶液中，钙离子和镁离子能和EDTA定量络合，当pH≥12时，镁离子形成氢氧化物沉淀，可单独测定钙的含量。本法以强碱分离法分离大量硅、铝及其他干扰元素，以酸性铬蓝K-萘酚绿B混合指示剂测定钙、镁合量,以钙指示剂测定钙的含量,以差减法求得镁的含量。

5.2.6.2 分析步骤

以移液管吸取溶液A或溶液B 100 mL于250 mL烧杯中,加热近沸,以氢氧化钾溶液(5.2.3.1.30)中和至溶液有大量沉淀出现并过量20 mL~25 mL,加无水碳酸钠2 g,搅拌使溶解,烧杯置于电炉上加热煮沸3 min,取下放置使慢慢冷却至室温(或放置过夜)。

以慢速滤纸过滤,以碳酸钠溶液(5.2.3.1.33)洗烧杯3次,将沉淀全部移至滤纸上,继续洗沉淀3次。

以20 mL热盐酸溶液(5.2.3.1.28)分次将沉淀溶于原烧杯中,以热水洗滤纸5次~6次,转动烧杯使杯壁残余沉淀溶解,将溶液移入250 mL容量瓶中,以水稀释至刻度,摇匀。

5.2.6.2.1 氧化钙的测定

以移液管吸取上述溶液50 mL于250 mL烧杯中,以水稀释至100 mL,加三乙醇胺溶液(5.2.3.1.29)2 mL~3 mL,搅匀,加甲基红指示剂(5.2.3.1.53)1滴以氢氧化钾溶液(5.2.3.1.30)中和至溶液出现黄色并过量6 mL~8 mL使溶液pH不小于12,加适量钙指示剂,以EDTA标准溶液(5.2.3.1.39)进行滴定,溶液由酒红色突变为纯蓝色为终点。

5.2.6.2.2 氧化镁的测定

以移液管吸取上述溶液50 mL于250 mL烧杯中,以水稀释至100 mL,加三乙醇胺溶液(5.2.3.1.29)和酒石酸钾钠溶液(5.2.3.1.31)各2 mL~3 mL,搅匀,加甲基红指示剂(5.2.3.1.53)1滴,以氢氧化钾溶液(5.2.3.1.30)中和至溶液出现黄色,加氯化铵-氢氧化铵缓冲溶液(5.2.3.1.36)8 mL~10 mL及适量酸性铬蓝K-萘酚绿B混合指示剂(5.2.3.1.50),以EDTA标准溶液(5.2.3.1.39)进行滴定,溶液由酒红色突变为钢蓝色为终点。

注:试样或蒸馏水中如有微量重金属或有色金属离子存在,可在滴定前加入1 mL~2 mL 10%硫化钠或0.2%铜试剂溶液以消除干扰。如有少量锰离子存在,可在加三乙醇胺前加2%盐酸羟胺溶液2 mL消除干扰。

5.2.6.3 结果计算

氧化钙质量分数X_7(%)和氧化镁质量分数X_8(%)分别按式(15)、式(16)计算:

$$X_7=\frac{V_3\cdot T_2\times 10}{m_0\times 1\,000}\times 100 \qquad (15)$$

$$X_8=\frac{(V_4-V_3)\cdot T_3\times 10}{m_0\times 1\,000}\times 100 \qquad (16)$$

式中:

V_3——滴定氧化钙时消耗EDTA标准溶液的体积,单位为毫升(mL);

V_4——滴定钙镁合量时消耗EDTA标准溶液的体积,单位为毫升(mL);

T_2——EDTA标准溶液对氧化钙的滴定度,单位为毫克每毫升(mg/mL);

T_3——EDTA标准溶液对氧化镁的滴定度,单位为毫克每毫升(mg/mL);

m_0——试样质量,单位为克(g)。

5.2.6.4 精密度

当氧化钙含量(质量分数)小于0.50%时,在重复性条件下获得的两次独立测试结果的绝对差值不大于0.06%,以大于0.06%的情况不超过5%为前提;当氧化钙含量(质量分数)等于或大于0.50%时,在重复性条件下获得的两次独立测试结果的绝对差值不大于这两个测定值的算术平均值的20%,以大于这两个测定值的算术平均值的20%的情况不超过5%为前提。

当氧化镁含量(质量分数)小于0.20%时,在重复性条件下获得的两次独立测试结果的绝对差值不大于0.04%,以大于0.04%的情况不超过5%为前提;当氧化镁含量(质量分数)等于或大于0.20%时,在重复性条件下获得的两次独立测试结果的绝对差值不大于这两个测定值的算术平均值的20%,以大于这两个测定值的算术平均值的20%的情况不超过5%为前提。

5.2.7 氧化钾和氧化钠的测定

5.2.7.1 方法提要

试样经酸分解后，过滤于100 mL容量瓶中，稀释，摇匀，在火焰光度计上分别测量钾、钠发射光谱强度，自标准曲线中查出相应毫克数，计算试样中氧化钾和氧化钠含量。

5.2.7.2 分析步骤

5.2.7.2.1 标准曲线的绘制

以10 mL滴定管准确分取氧化钾、氧化钠标准溶液(5.2.3.1.42)0 mL、1 mL、2 mL、3 mL、4 mL、5 mL、6 mL、7 mL分别置于100 mL容量瓶中，以水稀释至刻度，摇匀。在火焰光度计上分别测定各溶液氧化钾、氧化钠的发射光谱强度，并绘制标准曲线。

5.2.7.2.2 试样的测定

准确称取0.500 0 g试样放入铂坩埚中，以少量水润湿，加硫酸溶液(5.2.3.1.24)5 mL及氢氟酸(5.2.3.1.13)10 mL，加热分解试样并蒸发至冒白烟，继续加热使白烟冒尽并在600℃～700℃灼烧5 min，取出坩埚冷却，加水20 mL，以玻璃棒将坩埚中残渣捣碎，加热至沸，以慢速滤纸过滤，滤液以100 mL容量瓶承接，以热水洗坩埚3次～4次，洗沉淀5次～6次，以水稀释至刻度，摇匀。在火焰光度计上分别测定氧化钾和氧化钠之发射光谱强度。

注：滤液如有浑浊可以加数滴盐酸(1+1)使澄清。

5.2.7.3 结果计算

氧化钾质量分数X_9(%)和氧化钠质量分数X_{10}(%)分别按式(17)、(18)计算：

$$X_9 = \frac{m_5}{m_0 \times 1\,000} \times 100 \qquad \cdots\cdots(17)$$

$$X_{10} = \frac{m_6}{m_0 \times 1\,000} \times 100 \qquad \cdots\cdots(18)$$

式中：

m_5——自标准曲线中查得氧化钾质量，单位为毫克(mg)；

m_6——自标准曲线中查得氧化钠质量，单位为毫克(mg)；

m_0——试样质量，单位为克(g)。

5.2.7.4 精密度

当氧化钾含量(质量分数)小于0.50%时，在重复性条件下获得的两次独立测试结果的绝对差值不大于0.06%，以大于0.06%的情况不超过5%为前提；当氧化钾含量(质量分数)等于或大于0.50%时，在重复性条件下获得的两次独立测试结果的绝对差值不大于这两个测定值的算术平均值的20%，以大于这两个测定值的算术平均值的20%的情况不超过5%为前提。

当氧化钠含量(质量分数)小于0.20%时，在重复性条件下获得的两次独立测试结果的绝对差值不大于0.04%，以大于0.04%的情况不超过5%为前提；当氧化钠含量(质量分数)等于或大于0.20%时，在重复性条件下获得的两次独立测试结果的绝对差值不大于这两个测定值的算术平均值的20%，以大于这两个测定值的算术平均值的20%的情况不超过5%为前提。

5.2.8 三氧化硫的测定

5.2.8.1 方法提要

试样在1 250℃～1 300℃灼烧放出二氧化硫和部分三氧化硫，经过氧化氢吸收液吸收转为硫酸后，以氢氧化钠标准溶液进行滴定，根据氢氧化钠标准溶液消耗量，计算三氧化硫的含量。

$$SO_2 + H_2O_2 \longrightarrow H_2SO_4$$

$$SO_3 + H_2O \longrightarrow H_2SO_4$$

$$H_2SO_4 + 2NaOH \longrightarrow Na_2SO_4 + 2H_2O$$

5.2.8.2 仪器装置

测定三氧化硫的仪器装置见图 1。

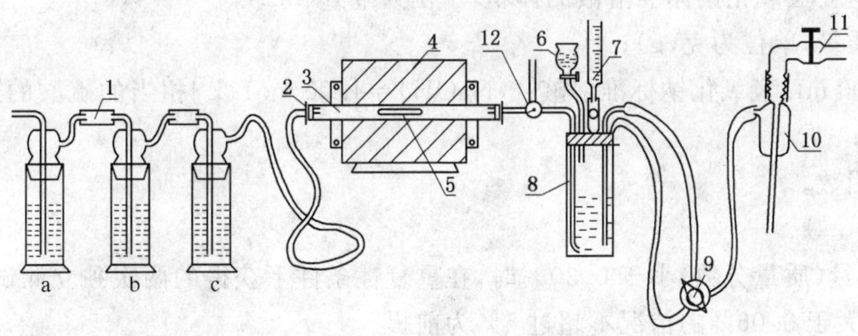

1——洗气瓶(a 中 10%硫酸铜;b 中 5%高锰酸钾,c 中浓硫酸);

2——橡胶塞;

3——燃烧管;

4——燃烧炉;

5——瓷舟;

6——分液漏斗;

7——碱式滴定管;

8——吸收瓶;

9——三通活塞;

10——抽气管;

11——水龙头;

12——三通活塞。

图 1 三氧化硫测定仪器装置示意图

5.2.8.3 分析步骤

5.2.8.3.1 准备工作

a) 按管式炉规定之升温速度将炉温升至 1 250℃。

b) 检查仪器各接头处是否漏气(如有漏气应重新装配或以石蜡封闭)。

c) 将瓷舟及燃烧管在 1 000℃~1 100℃预烧 1 h,冷却备用。

d) 调节自来水之流量使洗气瓶中气泡速度达 300 个/min。

e) 从分液漏斗向吸收瓶中加入过氧化氢溶液(5.2.3.1.26)20 mL 、0.1% 甲基红指示剂(5.2.3.1.53)10 滴及盐酸溶液(5.2.3.1.20)1 滴,以水稀释至 100 mL,将三通活塞转向水平直通状态,在抽气条件下,以氢氧化钠标准溶液(5.2.3.1.43)滴定,使溶液刚变黄色。

5.2.8.3.2 试样的测定

准确称取 0.500 0 g 试样放入瓷舟中,在抽气的情况下将瓷舟用粗镍铬丝(或紫铜丝)送至管内最高温处(含硫化物的试样先送至管内低温处),迅速塞紧管端橡胶塞,待吸收液出现红色后以 0.05 mol/L 氢氧化钠标准溶液(5.2.3.1.43)进行滴定,至出现 1 min 不变的黄色(含硫化物的试样当滴定至红色出现缓慢时,将瓷舟再送至管内最高温处继续滴定到 1 min 不变的黄色)将三通活塞转向上支口与吸收瓶通路,以洗瓶将水由三通活塞上支口加入,冲洗管壁三次,再以氢氧化钠标准溶液(5.2.3.1.43)滴定到出现 1 min 不变的黄色为终点。将三通活塞再转向水平直通状态以备下一个试样的测定。

5.2.8.4 结果计算

三氧化硫质量分数 X_{11}(%)按式(19)计算:

$$X_{11} = \frac{c \cdot V \times 49 \times 0.816\,3}{m_0 \times 1\,000} \times 100 \quad \cdots\cdots (19)$$

式中：

c——氢氧化钠标准溶液的浓度，单位为摩尔每升(mol/L)；

V——滴定消耗氢氧化钠标准溶液的体积，单位为毫升(mL)；

m_0——试样质量，单位为克(g)；

49——与1.00 mL氢氧化钠标准溶液[c(NaOH)=1.00 mol/L]相当的硫酸的质量，单位为毫克(mg)；

0.816 3——换算因数。

5.2.8.5 精密度

当三氧化硫含量(质量分数)小于0.30%时，在重复性条件下获得的两次独立测试结果的绝对差值不大于0.06%，以大于0.06%的情况不超过5%为前提。

当三氧化硫含量(质量分数)等于或大于0.30%时，在重复性条件下获得的两次独立测试结果的绝对差值不大于这两个测定值的算术平均值的20%，以大于这两个测定值的算术平均值的20%的情况不超过5%为前提。

5.2.9 氧化锰的测定

5.2.9.1 分光光度法(仲裁法)

5.2.9.1.1 方法提要

试液以硫酸驱赶氯离子后在磷酸介质中以高碘酸钾将二价锰氧化为七价锰，借分光光度计于520 nm波长处测定试液吸光度，自标准曲线中查出氧化锰质量(mg)，计算含量。

5.2.9.1.2 分析步骤

5.2.9.1.2.1 标准曲线的绘制

以10 mL滴定管准确分取氧化锰标准溶液(5.2.3.1.45)0 mL、1 mL、2 mL、3 mL、5 mL、7 mL、10 mL分别置于150 mL烧杯中，加硫酸溶液(5.2.3.1.24)10 mL及磷酸溶液(5.2.3.1.25)10 mL，以水稀释至80 mL，加高碘酸钾0.5 g，煮沸3 min并保温10 min，取下冷至室温，移入100 mL容量瓶中以水稀释至刻度，摇匀，在分光光度计上于520 nm波长处以5 cm比色槽测定吸光度并绘制标准曲线。

5.2.9.1.2.2 试样的测定

以移液管吸取溶液A或溶液B 20 mL于100 mL烧杯中，加硫酸溶液(5.2.3.1.24)10 mL于通风橱内加热蒸发至冒白烟，取下冷却，以水冲洗杯壁并稀释至40 mL，以定性滤纸过滤，以水洗烧杯3次，洗沉淀5次～6次，滤液以150 mL烧杯承接，加磷酸溶液(5.2.3.1.25)10 mL及高碘酸钾约0.5 g，以下按第5.2.9.1.2.1条标准曲线绘制步骤进行。

注：冒白烟后无沉淀析出可不进行过滤。

5.2.9.1.3 结果计算

氧化锰质量分数X_{12}(%)按式(20)计算：

$$X_{12}=\frac{m_7\times 10}{m_0\times 1\,000}\times 100 \quad \cdots\cdots(20)$$

式中：

m_7——自标准曲线中查得之氧化锰质量，单位为毫克(mg)；

m_0——试样质量，单位为克(g)。

5.2.9.1.4 精密度

当氧化锰含量(质量分数)小于0.10%时，在重复性条件下获得的两次独立测试结果的绝对差值不大于0.02%，以大于0.02%的情况不超过5%为前提。

当氧化锰含量(质量分数)等于或大于0.10%时，在重复性条件下获得的两次独立测试结果的绝对差值不大于这两个测定值的算术平均值的20%，以大于这两个测定值的算术平均值的20%的情况不超过5%为前提。

5.2.9.2 原子吸收光谱法

5.2.9.2.1 方法提要

试样经硫酸、氢氟酸分解，加水溶解后干过滤，滤液与标准系列同在原子吸收光谱仪上测定吸收度。根据标准曲线查出的毫克数计算氧化锰的百分含量。

5.2.9.2.2 分析步骤

5.2.9.2.2.1 标准曲线的绘制

以 10 mL 滴定管准确分取氧化锰标准溶液(5.2.3.1.45)0 mL、1 mL、2 mL、3 mL、5 mL、7 mL、10 mL于 50 mL 容量瓶中，加硫酸溶液(5.2.3.1.24)4 mL，以水稀释至刻度，摇匀，在原子吸收光谱仪上按仪器说明书规定的技术条件调试仪器并分别测定吸收度，绘制标准曲线。

5.2.9.2.2.2 试样的测定

准确称取 0.500 0 g 试样放于铂坩埚中，加硫酸溶液(5.2.3.1.24)2 mL、氢氟酸(5.2.3.1.13) 5 mL，将坩埚置于通风橱内加热分解试样至冒白烟，取下冷却，残渣以少量水加热溶解后移入 50 mL 容量瓶中，加硫酸溶液(5.2.3.1.24)4 mL，以水稀至刻度摇匀，干过滤，滤液与标准系列一同在原子吸收光谱仪上测定吸收度。

5.2.9.2.3 结果计算

氧化锰质量分数 X_{13}(%)按式(21)计算：

$$X_{13}=\frac{m_8}{m_0\times 1\,000}\times 100 \qquad \cdots\cdots(21)$$

式中：

m_8——自标准曲线查得的氧化锰质量，单位为毫克(mg)；

m_0——试样质量，单位为克(g)。

5.2.9.2.4 精密度

同第 5.2.9.1.4 条。

5.2.10 烧失量的测定

5.2.10.1 方法提要

试样在 950℃～1 000℃灼烧使结构水及有机物挥发，根据试样灼烧前后质量差，计算烧失量含量。

5.2.10.2 分析步骤

准确称取 1.000 0 g 试样放入已恒重的瓷坩埚中，将坩埚放入马福炉，自低温逐渐升至 950℃～1 000℃并保温 1 h，取出坩埚置于干燥器中冷至室温，称量，反复灼烧称至恒重。

5.2.10.3 结果计算

烧失量质量分数 X_{14}(%)按式(22)计算：

$$X_{14}=\frac{m_9-m_{10}}{m_0}\times 100 \qquad \cdots\cdots(22)$$

式中：

m_9——灼烧前坩埚及试样质量，单位为克(g)；

m_{10}——灼烧后坩埚及试样质量，单位为克(g)；

m_0——试样质量，单位为克(g)。

5.2.10.4 精密度

在重复性条件下获得的两次独立测试结果的绝对差值不大于 0.50%，以大于 0.50%的情况不超过 5%为前提。

5.2.11 铜的测定

5.2.11.1 方法提要

试样经酸分解后，蒸至湿盐状，加适量水溶解，移入容量瓶中进行干过滤，滤液与标准系列同在原子吸收光谱仪上测定吸收度。根据标准曲线查出铜的质量(mg),计算含量。

5.2.11.2 分析步骤

5.2.11.2.1 标准曲线的绘制

以 10 mL 滴定管准确分取硝酸铜标准溶液(5.2.3.1.48)0 mL、0.5 mL、1 mL、2 mL、3 mL、4 mL、6 mL、8 mL,分别置于 50 mL 容量瓶中,以水稀至刻度,摇匀,在原子吸收光谱仪上按仪器说明书规定的技术条件调试仪器并分别测定吸收度,绘制标准曲线。

5.2.11.2.2 试样的测定

准确称取 0.500 0 g 试样放入 200 mL 烧杯中,以水润湿试样后加盐酸(5.2.3.1.2)15 mL 加热分解,待硫化氢气体逸出后加硝酸(5.2.3.1.3)5 mL,继续加热分解试样并蒸至湿盐状,取下烧杯,加 5 mL 盐酸(5.2.3.1.2)和 5 mL 水,加热溶解盐类,移入 50 mL 容量瓶后以水稀释至刻度,摇匀,进行干过滤。滤液与标准系列一同在原子吸收光谱仪上测定吸收度。

5.2.11.3 结果计算

铜的质量分数 X_{15}(%)按式(23)计算:

$$X_{15}=\frac{m_{11}}{m_0\times 1\,000}\times 100 \qquad (23)$$

式中:

m_{11}——自标准曲线查得铜的质量,单位为毫克(mg);

m_0——试样质量,单位为克(g)。

5.2.11.4 精密度

在重复性条件下获得的两次独立测试结果的绝对差值不大于这两个测定值的算术平均值的 20%,以大于这两个测定值的算术平均值的 20%的情况不超过 5%为前提。

5.3 物理性能和水分的测定

5.3.1 试样制备

除试验方法有特殊规定外,按 5.2.1.1 和 5.2.2 制备试样。

5.3.2 二苯胍吸着率的测定

5.3.2.1 方法提要

借二苯胍溶于乙醇呈碱性反应之特性,以酸碱滴定法测定二苯胍乙醇溶液与试样作用前后之不同碱量,计算试样的二苯胍吸着率。

5.3.2.2 试剂和仪器设备

a) 0.01 mol/L 二苯胍乙醇溶液(以体积分数为 95%乙醇配制)。

b) 0.01 mol/L 盐酸。

c) 0.1%(质量分数)溴甲酚绿-0.2%(质量分数)甲基红混合指示剂,(三份 0.1%溴甲酚绿指示剂与一份 0.2%甲基红指示剂混合)。

d) 移液管:25 mL、50 mL。

e) 酸式滴定管:50 mL。

f) 具塞三角瓶:250 mL。

g) 振荡机:振荡频率 243 次/min。

h) 分析天平:感量 0.1 mg。

i) 漏斗、滤纸。

5.3.2.3 测定步骤

称取 1.000 g 试样,放于 250 mL 烘干的具塞三角瓶中,以移液管准确加入二苯胍乙醇溶液 50 mL,加塞,于振荡机上摇振 30 min,取下进行干过滤(漏斗及滤液盛接容器上均加盖表面皿,以减少乙醇的挥发),最初 5 mL 滤液弃去。

用移液管准确吸取滤液 25 mL 于另一三角瓶中，加混合指示剂 4 滴，以 0.01 mol/L 盐酸进行滴定，溶液由翠绿经灰白突变为酒红色为终点。随同试样作空白试验。

5.3.2.4 结果计算

二苯胍吸着率 w_1(%)按式(24)进行计算：

$$w_1 = \frac{V_0 - V}{V_0} \times 100 \qquad \cdots\cdots(24)$$

式中：

V_0——滴定空白消耗 0.01 mol/L 盐酸体积，单位为毫升(mL)；

V——滴定试样消耗 0.01 mol/L 盐酸体积，单位为毫升(mL)。

所得结果修约至二位小数。

5.3.2.5 复验规则

同一试样两次测定结果绝对误差不得大于 0.5%。

当测定结果在允许误差范围内时，取两者算术平均值为试验报告值，如测定结果超过允许误差，应另行称样进行复验。

复验结果与原测定之任一结果绝对误差不超过 0.5%时，取其算术平均值作为试验报告值。

5.3.3 pH 值的测定

5.3.3.1 方法提要

试样分散于一定量的水中，经搅拌，用酸度计测定泥浆的酸碱度，其量值以 pH 值表示。

5.3.3.2 仪器设备

a) 酸度计：精度 0.1 pH。

b) 烧杯：50 mL，250 mL。

c) 天平：感量 0.1 g。

d) 电动搅拌器。

5.3.3.3 测定步骤

称取 10.0 g 试样，放入 250 mL 烧杯中，加 100 mL pH 为 6.8～7.2 的蒸馏水，以电动搅拌器搅拌 5 min，将部分悬浮液移入 50 mL 烧杯中，用酸度计测定悬浮液 pH 值。

所得结果表示至一位小数。

5.3.3.4 复验规则

同一试样两次测定结果绝对误差不大于 0.2。

当测定结果在允许误差范围内时，取两者算术平均值作为试验报告值，如测定结果超过允许误差，应另行称样复验，复验结果与原测定之任一结果误差不大于 0.2 时，取其算术平均值作为试验报告值。

5.3.4 白度的测定

5.3.4.1 1 280℃烧成样品的制备

称取用 5.2.2 方法制备成的样品约 100 g，置入瓷坩埚中煅烧缓慢升温至 1 280℃，并保温 60 min，自然冷却至室温，再次按 5.2.2 方法制备得到 1 280℃烧成白度的测试样品。

5.3.4.2 测定白度和烧成白度按 GB/T 5950 进行。

5.3.5 水分的测定

5.3.5.1 方法提要

试样在 105℃～110℃条件下烘干，根据吸附水挥发量的多少计算试样水分含量。

5.3.5.2 仪器设备

a) 搪瓷盘。

b) 恒温干燥箱。

c) 天平：感量 1 g，1 mg。

d) 称量瓶。

e) 干燥器。

5.3.5.3 测定步骤

5.3.5.3.1 块状试样

称取500 g～1 000 g试样，准确到2 g，放入已称量的搪瓷盘中，将搪瓷盘放入恒温干燥箱于105℃～110℃烘3 h。取出冷却至室温，称量，以后每烘1 h冷却称量一次，直到两次称量差不大于2 g止。

5.3.5.3.2 粉状试样

称取约10 g试样，精确至0.001 g，放入已称量的称量瓶中，将称量瓶放入恒温干燥箱于105℃～110℃烘2 h，加盖取出放入干燥器中冷却至室温，称量，以后每烘1 h称量一次，直至两次称量差不大于0.002 g止。

5.3.5.4 结果计算

水分含量(质量分数)w_2(%) 按式(25)进行计算：

$$w_2 = \frac{m_1 - m_2}{m_0} \times 100 \qquad \cdots\cdots(25)$$

式中：

m_1——烘干前试样及搪瓷盘或称量瓶质量，单位为克(g)；

m_2——烘干后试样及搪瓷盘或称量瓶质量，单位为克(g)；

m_0——试样质量，单位为克(g)。

所得结果修约至一位小数。

5.3.5.5 复验规则

同一试样两次测定结果块状试样绝对误差不大于0.5%，粉状试样绝对误差不大于0.1%。当测试结果在允许误差范围内时，取两者算术平均值作为试验报告值，如测定结果超过允许误差应另行称样复验，复验结果与原测定之任一结果误差不大于规定误差时，取其算术平均值作为试验报告值。

5.3.6 筛余量的测定

5.3.6.1 干筛法(适用于颗粒直径大于0.1 mm的试样)

5.3.6.1.1 方法提要

试样通过标准规定孔径的试样筛后，对筛上剩余物进行称量，计算筛余物百分含量。

5.3.6.1.2 仪器设备

a) 试样筛：应符合GB/T 6003.1的规定。

b) 中楷羊毛笔：毛长25 mm～30 mm。

c) 天平：感量0.1 mg。

5.3.6.1.3 测定步骤

称取约10 g试样，精确至0.01 g，放入按产品标准规定选用的试样筛内。手持筛子的上端轻轻摇动，用中楷羊毛笔将试样轻轻刷下，直至无粉粒下落为止，然后将剩余物仔细刷出称量，精确至0.1 mg。

5.3.6.1.4 结果计算

干筛法筛余量(质量分数)w_3(%)按式(26)进行计算：

$$w_3 = \frac{m}{m_0} \times 100 \qquad \cdots\cdots(26)$$

式中：

m——筛余物质量，单位为克(g)；

m_0——试样质量，单位为克(g)。

所得结果修约至二位小数。

5.3.6.1.5 复验规则

同一试样两次测定结果平均相对误差不得大于15%。当测定结果在允许误差范围内时,取其算术平均值为试验报告值,如测定结果超过允许误差,应另行称样复验,复验结果与原测定之任一结果平均相对误差不大于15%时,取其算术平均值作为试验报告值。

5.3.6.2 湿筛法(适用于颗粒直径小于0.1 mm的试样)

5.3.6.2.1 方法提要

试样经搅拌分散后,移入产品标准规定孔径的筛内,试样筛应符合GB/T 6003.1中的规定,以压力为0.03 MPa~0.05 MPa的水冲洗旋转筛,筛上物经干燥后称量,计算筛余物含量。

5.3.6.2.2 试剂和仪器设备

a) 六偏磷酸钠溶液(质量分数):10%。

b) 恒温干燥箱。

c) 电动搅拌器。

d) 带旋转筛座的试样筛:应符合GB/T 6003.1的规定。

e) 中楷羊毛笔:毛长25 mm~30 mm。

f) 喷头:可控制水压在0.03 MPa~0.05 MPa。

g) 天平:感量0.1 g,0.1 mg。

5.3.6.2.3 测定步骤

称取约100 g试样,精确至0.1 g,放于适当容器中,加六偏磷酸钠溶液10 mL及水400 mL,浸泡10 min,将容器置于搅拌机下以1 200 r/min转速搅拌30 min,以水冲净搅拌叶片后取出容器。

将容器内的悬浮液和沉淀物全部倒入置于水池内的旋转筛中,洗净容器并控制水压在0.03 MPa~0.05 MPa范围内,连续冲洗筛内残余物,直至筛座下溢出的全部是清水时为止。

将试样筛从筛座上取下,于105℃~110℃的恒温干燥箱内烘1 h,取出冷却,用毛笔刷出筛中残余物,进行称量,精确至0.1 mg。

5.3.6.2.4 结果计算

湿筛法筛余量(质量分数)w_4(%)按式(27)进行计算:

$$w_4 = \frac{m}{m_0} \times 100 \qquad (27)$$

式中:

m——筛余物质量,单位为克(g);

m_0——试样质量,单位为克(g)。

所得结果修约至三位小数。

5.3.6.2.5 复验规则

同一试样两次测定结果平均相对误差不得大于25%。当测定结果在允许误差范围内时,取其算术平均值为试验报告值,如测定结果超过允许误差,应另行称样复验,复验结果与原测定之任一结果平均相对误差不大于25%时,取其算术平均值作为试验报告值。

5.3.7 沉降体积的测定

5.3.7.1 方法提要

试样加水浸润后经充分振荡,使试样均匀分散于水中,经一定时间后观察试样沉降所占的体积大小。

5.3.7.2 仪器设备

a) 具塞量筒:100 mL(每刻度1 mL)。

b) 天平:感量0.1 g。

c) 振荡机:振荡频率243次/min。

5.3.7.3 测定步骤

准确称取 10.0 g 试样，仔细倒入预先盛有 40 mL 蒸馏水的具塞量筒中，以少量 L 蒸馏水冲洗筒壁，轻轻摇动量筒数次，使试样完全浸润，静置 10 min，以 L 蒸馏水稀释至 100 mL，盖好玻塞，将具塞量筒水平固定于振荡机上，振荡 2 min，取下量筒，竖立静置 3 h，读取试样沉降毫升数。

5.3.7.4 结果计算

沉降体积 w_5(mL/g)按式(28)进行计算：

$$w_5 = \frac{V_1}{m_0} \qquad \cdots\cdots (28)$$

式中：

V_1——试样沉降后所占体积，单位为毫升(mL)；

m_0——试样质量，单位为克(g)。

所得结果修约至一位小数。

5.3.7.5 复验规则

同一试样两次测定结果绝对误差不得大于 0.5 mL/g。当测定结果在允许误差范围内时，取两者算术平均值作为试验报告值，如测定结果超过允许误差，应另行称样复验，复验结果与原测定之任一结果误差不大于 0.5 mL/g 时，取其算术平均值作为试验报告值。

5.3.8 分散沉降物的测定

5.3.8.1 方法提要

在有分散剂存在的条件下，加水将试样制成均匀分散体，由于细粒级非塑性物质不受分散剂影响，经一定时间后沉积于容器底部，根据沉积量的多少计算分散沉降物含量。

5.3.8.2 试剂和仪器设备

a) 六偏磷酸钠溶液(质量分数)：10%。

b) 烧杯：50 mL，600 mL(距杯底 5 cm 高度处有刻度标记)。

c) 天平：感量 0.1 g，0.1 mg。

d) 恒温干燥箱。

e) 电动搅拌器。

5.3.8.3 测定步骤

称取约 50 g 试样，精确至 0.1 g，放入适当容器中，加 10%(质量分数)六偏磷酸钠溶液 10 mL，加水 200 mL，浸泡 10 min 后，将容器置于电动搅拌器下以 1 700 r/min 转速搅拌 30 min，用水洗净搅拌叶片后取出容器，将容器内的悬浮液和沉淀物全部移入 600 mL 烧杯内，洗涤容器的水也倒入该烧杯内。向烧杯内加水稀释至 500 mL 刻度处，用玻璃棒将悬浮液搅匀后放置 1 min，仔细将上层浑浊液慢慢倒出，注意防止将杯底沉淀物倒出。再加水至刻度，同上操作直至加入的清水不再出现浑浊止。

仔细将杯中清水倒出，将沉淀物全部移至已知质量(准确到 0.1 mg)的 50 mL 烧杯中，将沉淀物冲洗干净后放置 1 min，仔细倒出烧杯上层清水，将烧杯置于恒温干燥箱中于 105℃～110℃烘干，取出置于干燥器中冷至室温，称量(准确到 0.1 mg)。

5.3.8.4 结果计算

分散沉降物含量(质量分数)w_6(%)按式(29)进行计算：

$$w_6 = \frac{m_4 - m_3}{m_0} \times 100 \qquad \cdots\cdots (29)$$

式中：

m_4——沉降物及烧杯质量，单位为克(g)；

m_3——烧杯质量，单位为克(g)；

m_0——试样质量,单位为克(g)。

所得结果修约至二位小数。

5.3.8.5 复验规则

同一试样两次测定结果平均相对误差不得大于20%。当测定结果在允许误差范围内时,取两者算术平均值作试验报告值,如测定结果超过允许误差,应另行称样复验,复验结果与原测定之任一结果平均相对误差不大于20%时,取其算术平均值作为试验报告值。

5.3.9 **悬浮度的测定**

5.3.9.1 方法提要

试样经加水搅拌成均匀分散体后移入1 000 mL量筒中,经一定时间后,观察由于泥浆沉降出现之清液面体积大小。

5.3.9.2 仪器设备

a) 量筒:1 000 mL(每刻度不大于10 mL)。

b) 烧杯:600 mL 。

c) 恒温干燥箱。

d) 天平,感量0.1 g。

e) 搅棒:⊥形漏板状。

f) 电动搅拌器。

5.3.9.3 测定步骤

准确称取于105℃～110℃烘干的块状试样30.0 g,将块样破碎成最大尺寸不大于5 mm的细粒置于600 mL烧杯中,加蒸馏水200 mL浸泡10 min,将烧杯置于搅拌器下以1 200 r/min的转速搅拌10 min,用蒸馏水洗净搅拌叶片取出烧杯,将杯中悬浮液全部移入1 000 mL量筒中,用蒸馏水洗净烧杯并稀释至刻度,以专用搅棒(⊥形漏板状)上下搅动0.5 min,取出搅棒静置20 min,读取上层清液毫升数。

5.3.9.4 复验规则

同一试样两次测定结果绝对误差不得大于10 mL 。当测定结果在允许误差范围内时,取其算术平均值作为试验报告值,如测定结果超过允许误差,应另行称样复验,复验结果与原测定之任一结果误差不大于10 mL时,取其算术平均值作为试验报告值。

5.3.10 **粒度的测定**(适用于颗粒直径小于45 μm试样)

5.3.10.1 方法提要

将试样预分散成均匀悬浮体,根据Stokes定律以Andreasen移液管法测定各当量球径粒级含量。

5.3.10.2 试剂和仪器设备

a) 六偏磷酸钠溶液(质量分数):10%。

b) 氢氧化铵(1+1)。

c) 蒸馏水。

d) 恒温干燥箱。

e) 烧杯:250 mL。

f) 超声波振荡器(功率250 W,频率26 kHz)

g) Andreasen沉降瓶(零位沉降高度20 cm,总体积约550 mL)。

h) 恒温干燥箱。

i) 吸气球。

j) 电炉。

k) 干燥器。

l) 天平:感量0.1 mg。

m） 烧杯：50 mL。

5.3.10.3 测定步骤

称取约 5 g 试样，精确到 0.001 g，放入 250 mL 烧杯中，加 10%（质量分数）六偏磷酸钠溶液 10 mL 及氢氧化铵（1+1）0.5 mL，加水稀释至 100 mL 搅匀，将烧杯置于超声波振荡器内振荡 15 min，取出烧杯，将杯中悬浮液全部移入沉降瓶中，洗净烧杯，以水稀释至沉降瓶上部刻度下 5 mm 处。

将沉降瓶移液管插入沉降瓶中并转动三通活塞使移液管与沉降瓶接通，用吸气球将悬浮液吸至三通活塞处，转动三通活塞使移液管与沉降瓶断路，提起移液管少许，逐滴加水使插入移液管后悬浮液正好达到刻度高度，将沉降瓶静置 2 h 使与室温平衡，转动三通活塞使移液管与沉降瓶接通，由移液管上口加压将移液管三通活塞以下悬浮液压入沉降瓶中，关闭三通活塞。

用手指封闭沉降瓶出气孔，将沉降瓶用力摇动 2 min，将沉降瓶直立于台面后转动三通活塞使移液管与沉降瓶接通，立即吸取 10 mL 悬浮液由三通活塞侧口放入已知质量（准确到 0.1 mg）的 50 mL 烧杯中，用水洗净移液管，洗涤液一并放入烧杯中，将沉降瓶再次摇动 1 min 直立后立即记录沉降起始时间。

同上操作按预先计算好的时间（沉降时间计算方法见附录 A）分别定时吸取不同粒级悬浮液于各已知质量的烧杯中，将小烧杯放于电炉上蒸发至近干后放入恒温干燥箱于 105℃～110℃ 烘 1 h，将烧杯取出放入干燥器中冷却至室温，称量。

吸取悬浮液时如超过移液管刻度，可将多余悬浮液放回沉降瓶，但操作必须缓慢进行防止沉降物泛起。

吸取悬浮液不宜过快，一般控制在 15 s～20 s 范围内。

在测试过程中应保持温度变化不超过 1℃。

为达到充分分散的目的，根据不同试样特性，可调整分散剂加入量或选用其他分散剂和分散方法。

5.3.10.4 结果计算（见附录 A）

小于 D_1 的颗粒含量（质量分数）w_7（%）按式（30）进行计算：

$$w_7 = \frac{m_7 - m_6}{m_5 - m_6} \times 100 \qquad (30)$$

小于 D_2 的颗粒含量（质量分数）w_8（%）按式（31）进行计算：

$$w_8 = \frac{m_8 - m_6}{m_5 - m_6} \times 100 \qquad (31)$$

以此类推。

式中：

m_5——零位吸取悬浮液干量，单位为克（g）；

m_6——分散剂空白干量，单位为克（g）；

m_7——零位后第一次吸取悬浮液干量，单位为克（g）；

m_8——零位后第二次吸取悬浮液干量，单位为克（g）。

所得结果修约至一位小数。

5.3.10.5 复验规则

同一试样小于某粒级累计含量两次测定结果绝对误差不得大于 3%。测定结果在允许误差范围内时，取两者的算术平均值作为试验报告值，如测定结果超过允许误差，应另行称样复验，复验结果与原测定之任一结果绝对误差不大于 3% 时，取其算术平均值作为试验报告值。

5.3.10.6 代用方法

在实际应用时，为提高测试效率，可以使用依据离心、沉降、光散射原理制作的各类粒度仪快速检验，有分歧时用上述沉降瓶法仲裁复验。

5.3.11 **粘度浓度的测定**

5.3.11.1 方法提要

试样在最佳分散条件下测定试样在不同固含量时的粘度值 η(mPa·s)，由于 $1/\sqrt{\eta}$ 与 c（试样浓度，%）呈负相关关系，根据相应固含量和粘度值计算试样在 500 mPa·s 时的固含量。

5.3.11.2 试剂和仪器设备

a) 六偏磷酸钠溶液（质量分数）：10%。
b) 氢氧化铵（1+1）。
c) 聚丙烯酸钠溶液（体积分数）：20%。
d) 蒸馏水。
e) 恒温干燥箱。
f) 天平：感量 0.1 g。
g) 烧杯：100 mL（高型）、200 mL。
h) 滴定管：25 mL。
i) 电动搅拌器。
j) 旋转式粘度计。

5.3.11.3 测定步骤

5.3.11.3.1 试样流动固含量的测定

准确称取 20.0 g 试样，放入 200 mL 烧杯中，加入 10%（质量分数）六偏磷酸钠溶液 1 mL，氢氧化铵（1+1）1 滴及水 4 mL，用搅棒搅匀。然后用滴定管加水，每加 0.2 mL 水搅匀并用搅棒试挑悬浮液一次，直到悬浮液用搅棒挑起刚能顺搅棒连续流下为止。

试样流动固含量 w_9（%）按式（32）进行计算：

$$w_9 = \frac{20}{\text{悬浮液总量}} \times 100 \qquad \cdots\cdots (32)$$

5.3.11.3.2 最佳分散剂用量试验

将 200.0 g 烘干的试样分成 100.0 g，65.0 g 和 35.0 g 三份备用。

先将 100.0 g 试样倒入搅拌容器中，加 10% 六偏磷酸钠溶液 3 mL 和氢氧化铵（1+1）0.5 mL 并按“流动固含量加 2%”计算加水量加入容器中，将电动搅拌器逐渐调到转速为（3 000～4 000）r/min 并保持这一转速，继续向容器中加入 65.0 g 试样，分散后再加入 35.0 g 试样，直至分散完全。

如在加入 65.0 g 试样时有分散不开情况出现，可向悬浮液中补加 20% 聚丙烯酸钠 2 mL 搅拌并继续加样分散；如在加入 35.0 g 试样时有分散不开现象出现，可加 20% 聚丙烯酸钠 1 mL 继续搅拌直至分散完全。

对粘度特别大的试样两次加入聚丙烯酸钠溶液后仍不能完全分散，则以每次降低 0.5% 固含量的方式逐次加水以促使分散完全。

将完全分散后的悬浮液在 3 000 r/min 转速下搅拌 10 min，取下在 60 r/min 测定粘度值（不管粘度值能否测出均继续以下操作）。

将测定粘度后的悬浮液全部移入搅拌容器中，以滴定管向泥浆中每加 20% 聚丙烯酸钠 0.1 mL 搅匀测定一次粘度，直至取得最低粘度值。记录最低粘度值时加水量及所加各分散剂总量。

5.3.11.3.3 粘度浓度的测定

将根据第 5.3.11.3.2 条试验得出的最低粘度值时的加水量及各分散剂总量加入搅拌容器中，在不断搅拌下慢慢加入 200.0 g 试样，加完试样后在 3 000 r/min 转速下搅拌 10 min，将泥浆移入 100 mL 高型烧杯中在 60 r/min 下测定粘度值 η_1（此时固含量 S_1 可根据所加试剂及水量计算求得）。

将测定粘度后的悬浮液全部返回搅拌容器中，加水 10 mL 以电动搅拌器搅匀后再测定粘度值 η_2，并取部分悬浮液以烘干法测定固含量 S_2。

粘度浓度测定中，两次粘度测定均应在24℃±1℃条件下进行并在20 min内完成。

操作过程中出现以下情况，分别处理：

a) 试样完全分散后如连续两次加入调节分散剂均测不出粘度，应以每次降低0.5%固含量的方式逐次加水直到刚可测出粘度值止，此后继续进行下步操作。

b) 对粘度特别低的试样进行最佳分散剂用量试验时，初始分散剂10%六偏磷酸钠加入1 mL～2 mL，加水量按"流动固含量加3%"进行计算，以25%(质量分数)六偏磷酸钠或10%(体积分数)聚丙烯酸钠进行调节。

注：为达到试样充分分散的目的，根据不同试样特性也可选用其他分散剂进行分散。

5.3.11.4 结果计算

粘度浓度含量 w_{10}(%)按式(33)进行计算：

$$w_{10} = S_1 - \frac{(S_1 - S_2)(1/\sqrt{\eta_1} - 1/\sqrt{500})}{1/\sqrt{\eta_1} - 1/\sqrt{\eta_2}} \quad \cdots\cdots (33)$$

式中：

S_1——测定 η_1 时的固含量(计算值)，%；

S_2——测定 η_2 时的固含量(测定值)，%；

η_1——固含量为 S_1 时测定的粘度值，单位为厘泊/秒(mPa·s)；

η_2——固含量为 S_2 时测定的粘度值，单位为厘泊/秒(mPa·s)。

5.3.11.5 复验规则

同一试样两次测定结果绝对误差不得大于0.5%。当测定结果在允许误差范围内时，取其算术平均值作为试验报告值，如测定结果超过允许误差应另行称样复验，复验结果与原测定之任一结果误差不大于0.5%时，取其算术平均值作为试验报告值。

5.3.12 吸油量的测定

高岭土的吸油量的测定，按GB/T 5211.15进行。

5.3.13 遮盖力的测定

高岭土的遮盖力的测定，按GB/T 5211.17进行。

5.3.14 在有机体系中的分散性的测定

高岭土在有机体系中的分散性的测定，按GB/T 9287进行。

6 检验规则

6.1 组批与抽样

6.1.1 袋装产品以2 000袋为一批(不足2 000袋按一批计)，按表12规定进行随机抽样。块状产品每袋取样不少于2 kg；粉状产品每袋取样不少于100 g。

表12 袋装产品随机取样表

批装运量/袋	<100	100～500	501～1 000	1 001～2 000
取样量/袋	5～10	15	20	30

6.1.2 散装产品以30 t为取样单位(不足30 t按30 t计)，在矿堆之不同部位进行随机取样，取样点不应少于20个，每点取样2 kg。大于30 t时，将各个取样单位的样品混合作为总混合试样。

6.2 样品加工

6.2.1 将所取块状试样全部混合，将试样破碎至最大尺寸不超过30 mm，混匀，以四分法缩分一次(装运量500袋以上或散装30 t以上缩分两次)。将缩分后试样继续破碎至最大尺寸不超过10 mm，混匀，再缩分至最后试样为2 kg。取1 kg送试验室，其余部分封存备查。

6.2.2 粉状试样可直接混匀，以四分法缩分至最后试样为 0.5 kg。取 0.25 kg 送试验室，其余部分封存备查。

6.3 检验分类

6.3.1 出厂检验

出厂检验项目应符合表 13 规定。

表 13 出厂检验项目

产品代号	出厂检验项目
ZT-0A～ZT-3	白度、小于 2 μm 含量、分散沉降物、粘度浓度、Al_2O_3
ZT-(D)1～ZT-(D)2	白度、小于 2 μm 含量、45 μm 筛余量、分散沉降物、Al_2O_3
TT-0～TT-2	外观、Fe_2O_3、Al_2O_3、悬浮度
XT-0～XT-2	沉降体积、125 μm 筛余量、水分
XT-(D)0～XT-(D)2	白度、小于 2 μm 含量、45 μm 筛余量、Al_2O_3
TC-0～TC-3	外观、Fe_2O_3、TiO_2、Al_2O_3
TL-1～TL-3	白度、水分、小于 10 μm 含量、45 μm 筛余量、Al_2O_3
TL-(D)1～TL-(D)3	白度、小于 10 μm 含量、45 μm 筛余量、Al_2O_3

6.3.2 型式检验

型式检验项目为第 4 章规定的所有项目。有下情况之一时，应进行型式检验：

a） 正常生产情况下一年进行一次；

b） 当矿源质量波动较大时；

c） 加工工艺变更时；

d） 长期停产后刚恢复生产时；

e） 出厂检验结果与上次型式检验结果有较大差异时；

f） 国家质量监督机构提出型式检验要求时。

6.4 判定规则

产品的各项质量指标全部符合第 4 章的要求时，判定该批产品合格。当产品的某项质量指标不符合第 4 章的要求时，应重新抽样复验不合格项，若复验结果全部符合第 4 章的要求时，仍判定该批产品合格；若复验结果至少有一项不符合第 4 章的要求时，则判定该批产品不合格。

7 标志、包装、运输和贮存

7.1 标志

袋装产品外包装袋上均应有产品名称、生产单位名称、净重等标志。

产品应附“质量检验证书”，质量检验证书内容包括：

a） 生产企业的名称；

b） 产品名称和代号；

c） 质量检验证书号码和日期；

d） 批发货量；

e） 产品检验和测试结果；

f） 标准编号。

7.2 包装

袋装产品可以内衬塑料薄膜的塑料编结袋、以单层塑料编结袋、涂塑袋、各种类型纸袋进行包装，不能造成显著的粉尘外漏，每袋净重 50 kg±1 kg 或 25 kg±0.5 kg。需方如有特殊要求可按协议进行。

经双方协商可由需方自备包装物进行包装或散装。

7.3 运输和贮存

7.3.1 各种运输工具均应有防雨设施，防止产品受潮。

7.3.2 产品贮存、中转堆放应有防雨设施，防止产品受潮。

7.3.3 装卸过程中应小心轻放，严禁抛掷和用钩子提拉。严防铁屑、煤屑、黄砂等杂质污染。

附 录 A
(规范性附录)
粒度测定沉降时间计算方法

A.1 根据 Stokes 定律求某极限 Stokes 直径颗粒沉降所需时间,按式(A.1)进行计算:

$$t=\frac{18\eta\cdot h}{(\sigma-\rho)g\cdot d^{2}}\times10^{8} \qquad \cdots\cdots(A.1)$$

式中:

T——某极限 Stokes 直径颗粒所需沉降时间,单位为秒(s);

η——介质粘度,单位为 0.1 帕秒(1/10 Pa·s);

h——沉降高度,单位为厘米(cm);

σ——试样密度,单位为克每立方厘米(g/cm³);

ρ——介质密度,单位为克每立方厘米(g/cm³);

g——重力加速度,单位为厘米每平方秒(cm/s²);

d——所求极限 Stokes 直径,单位为微米(μm)。

A.2 高岭土以水作分散介质时,不同温度下所需沉降时间可按式(A.2)~式(A.7)进行计算:

$$t_{15}=13\,000h/d^{2} \qquad \cdots\cdots(A.2)$$

$$t_{18}=12\,100h/d^{2} \qquad \cdots\cdots(A.3)$$

$$t_{20}=11\,500h/d^{2} \qquad \cdots\cdots(A.4)$$

$$t_{22}=10\,800h/d^{2} \qquad \cdots\cdots(A.5)$$

$$t_{25}=10\,200h/d^{2} \qquad \cdots\cdots(A.6)$$

$$t_{30}=9\,200h/d^{2} \qquad \cdots\cdots(A.7)$$

A.3 悬浮液每吸取一次,沉降高度下降 0.4 cm~0.5 cm,准确数值应以所用仪器反复试验确定。

ICS 71.080.60
G 16

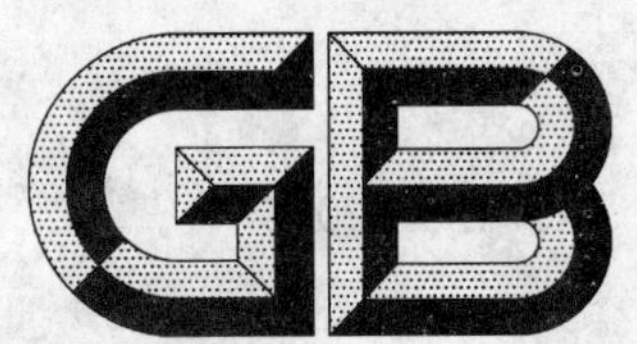

中华人民共和国国家标准

GB/T 14571.3—2008
代替 GB/T 14571.3—1993

工业用乙二醇中醛含量的测定 分光光度法

Ethylene glycol for industrial use—Determination of content of total aldehydes present—Spectrophotometric method

2008-02-26 发布 2008-08-01 实施

中华人民共和国国家质量监督检验检疫总局
中国国家标准化管理委员会 发布

前　言

GB/T 14571 共分为四个部分：

——第 1 部分：工业用乙二醇酸度的测定；

——第 2 部分：工业用乙二醇中二乙二醇和三乙二醇含量的测定　气相色谱法；

——第 3 部分：工业用乙二醇中醛含量的测定　分光光度法；

——第 4 部分：工业用乙二醇紫外透光率的测定　紫外分光光度法。

本部分为 GB/T 14571 的第 3 部分。

本部分修改采用 ASTM E 2313—2004《分光光度法测定乙二醇中醛含量的标准试验方法》(英文版)。本部分与 ASTM E 2313—2004 的结构差异参见附录 A。本部分与 ASTM E 2313 的主要技术差异为：

——测定波长由 635 nm 改为 620 nm。

——比色容量由 100 mL 改为 50 mL。

——稀释剂由丙酮或甲醇改为水。

——采用了自行确定的重复性限(r)。

——规范性引用文件中采用现行国家标准。

本部分代替 GB/T 14571.3—1993《工业用乙二醇中醛含量的测定　分光光度法》，与 GB/T 14571.3—1993相比主要变化如下：

——3-甲基-2-苯并噻唑酮腙(MBTH)试剂由 0.20%(质量分数)改为 0.30%(质量分数)，比色容量由 25 mL 改为 50 mL，测定范围由 0.000 01%～0.003%(质量分数)改为 0.000 01%～0.005 %(质量分数)。

——重新确定了重复性限(r)。

本部分的附录 A 为资料性附录。

本部分由中国石油化工集团公司提出。

本部分由全国化学标准化技术委员会石油化学分技术委员会(SAC/TC 63/SC 4)归口。

本部分起草单位：上海石油化工研究院。

本部分主要起草人：庄海青、冯钰安。

本部分所代替标准的历次版本发布情况为：

——GB/T 14571.3—1993。

工业用乙二醇中醛含量的测定 分光光度法

1 范围

本部分规定了工业用乙二醇中醛含量测定的分光光度法。本部分适用于工业用乙二醇中醛含量的测定，测定范围为0.000 01%～0.005%(质量分数)。

本部分并不是旨在说明与其使用有关的所有安全问题。因此，使用者有责任采取适当的安全与健康措施，并保证符合国家有关法规的规定。

2 规范性引用文件

下列文件中的条款通过本部分的引用而成为本部分的条款。凡是注日期的引用文件，其随后所有的修改单(不包括勘误的内容)或修订版均不适用于本部分，然而，鼓励根据本部分达成协议的各方研究是否可使用这些文件的最新版本。凡是不注日期的引用文件，其最新版本适用于本部分。

GB/T 6680—2003 液体化工产品采样通则

GB/T 6682—1992 分析实验室用水规格和试验方法(neq ISO 3639:1987)

GB/T 8170—1987 数值修约规则

GB/T 9009—1998 工业甲醛溶液

3 方法提要

试样中脂肪族醛，在氯化铁存在下，与3-甲基-2-苯并噻唑酮腙(MBTH)反应，生成蓝-绿色稠合阳离子，在波长620 nm处用分光光度计测量吸光度。

4 试剂与材料

除非另有规定，仅使用分析纯试剂。

4.1 水，GB/T 6682，三级。

4.2 0.3%3-甲基-2-苯并噻唑酮腙(MBTH)溶液：称取0.40 g MBTH(盐酸盐的单水合物)溶于适量水中，然后移入100 mL容量瓶中，并用水稀释至刻度。溶液应呈无色，如浑浊应予过滤。宜贮存于棕色瓶中，并放置于暗冷处，每天新鲜配制。

注：MBTH全名为：3-methyl-2-Benzothiazolinone hydrazone。

4.3 氧化剂溶液(1.0%氯化铁+1.2%氨基磺酸)：分别称取六水合氯化铁1.67 g和氨基磺酸1.20 g溶于适量水中，并稀释至100 mL。

4.4 甲醛(>36%的水溶液)：使用前，按GB/T 9009—1998规定方法标定。

4.5 甲醛标准溶液：称取约50 μL的甲醛(4.4)，精确至0.1 mg，置于50 mL容量瓶中(瓶中先放置约40 mL水)，然后用水稀释至刻度，摇匀。用移液管准确吸取该溶液1.00 mL注入100 mL容量瓶，再用水稀释至刻度，摇匀备用。该标准溶液甲醛含量约为4 μg/mL(按4.4甲醛实际标定浓度进行计算)。该标准溶液临用前配制。

5 仪器

5.1 分光光度计：精度：0.001 A。

5.2 吸收池:光径 10 mm。

6 采样

按 GB/T 6680—2003 规定的技术要求采取样品。

7 分析步骤

7.1 工作曲线的绘制

在6个50 mL容量瓶中分别加入标准溶液(4.5)0 mL、1.0 mL、2.0 mL、3.0 mL、4.0 mL、5.0 mL,再依次分别加入水5.0 mL、4.0 mL、3.0 mL、2.0 mL、1.0 mL、0 mL,摇匀。然后各加入5.0 mL MBTH溶液(4.2),充分摇匀,室温反应30 min。然后再各加入氧化剂溶液(4.3)5.0 mL,充分摇匀,放置20 min。最后用蒸馏水稀释至刻度,于620 nm处,以水作参比液,使用10 mm吸收池测定其吸光度。

以甲醛的质量(μg)为横坐标,以相应的净吸光度(扣去试剂空白的吸光度)为纵坐标,绘制工作曲线。工作曲线的方程以 $C=K\times A+B$ 表示,相关系数应大于0.99。

注:操作场所应避免阳光直射,试剂空白的吸光度应小于0.070。如果空白溶液的吸光度超过控制的上限,则必须重新清洗玻璃器皿,并再重新进行校准。

7.2 试样测定

于50 mL容量瓶中称取适量试样(精确至0.000 2 g),加入4.0 mL水,以后步骤同7.1。

同时做一试剂空白试验。

8 结果计算

8.1 计算

在工作曲线方程(7.1)上,根据净吸光度计算醛的质量(μg),然后按式(1)计算试样中醛的质量分数(以甲醛计):

$$w=\frac{m_1}{m}\times 10^{-4} \qquad \cdots\cdots(1)$$

式中:

w——试样中醛的质量分数,%;

m_1——工作曲线上查得的醛的质量,单位为微克(μg);

m——试样质量,单位为克(g)。

8.2 分析结果

取二次重复测定结果的算术平均值作为分析结果。其数值按GB/T 8170—1987的规定进行修约,精确至0.000 01%。

9 重复性

在同一实验室,由同一操作者使用相同设备,按相同的测试方法,并在短时间内对同一被测对象相互独立进行测试获得的两次独立测试结果的绝对值,不应超过下列重复性限(r),以超过重复性限(r)的情况不超过5%为前提:

醛的质量分数≤0.005%,r 为其平均值的10%。

10 报告

报告应包括下列内容:

a) 有关样品的全部资料,例如样品名称、批号、采样地点、采样日期、采样时间等。

b） 本部分代号。

c） 分析结果。

d） 测定中观察到的任何异常现象的细节及其说明。

e） 分析人员的姓名及分析日期等。

附　录　A
（资料性附录）
本部分章条编号与 ASTM E2313—2004 章条编号对照

表 A.1 给出了本部分章条编号与 ASTM E 2313—2004 章条编号对照一览表

表 A.1　本标准章条编号与 ASTM E 2313—2004 章条编号对照

本部分章条编号	ASTM E 2313—2004 章条编号
1	1.1、1.4
2	2
3	3
4	6
4.1	6.2
4.2	6.3.4
4.3	6.3.3
4.4～4.5	6.3.1
5	5
5.1～5.2	5.1
6	7
7	9
7.1	9.1～9.5
7.2	10
8	11
8.1	11.1～11.2
9	13.1.1
10	—

ICS 71.080.60
G 16

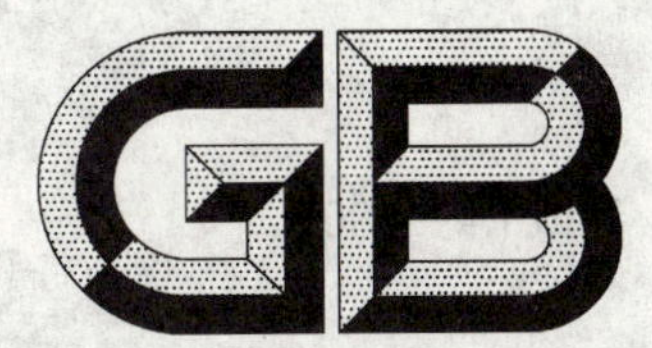

中华人民共和国国家标准

GB/T 14571.4—2008

工业用乙二醇紫外透光率的测定 紫外分光光度法

Ethylene glycol for industrial use—Determination of ultraviolet transmittance—Ultraviolet spectrophotometric method

2008-02-26 发布

2008-08-01 实施

中华人民共和国国家质量监督检验检疫总局
中国国家标准化管理委员会 发布

前　言

GB/T 14571 共分为四个部分：

——第 1 部分：工业用乙二醇酸度的测定；

——第 2 部分：工业用乙二醇中二乙二醇和三乙二醇含量的测定　气相色谱法；

——第 3 部分：工业用乙二醇中醛含量的测定　分光光度法；

——第 4 部分：工业用乙二醇紫外透光率的测定　紫外分光光度法。

本部分为 GB/T 14571 的第 4 部分。

本标准修改采用 ASTM E2193—2004《乙二醇紫外透光率测定的标准试验方法　紫外分光光度法》(英文版)。本部分与 ASTM E2193—2004 的结构差异参见附录 A。本部分与 ASTM E2193—2004 的主要技术差异为：

——未推荐使用单光束分光光度计测定乙二醇的紫外透光率；

——补充了脱除试样中溶解氧所需的氮气流量；

——规范性引用文件中采用现行国家标准；

——采用了本部分自行确定的重复性限(r)；

——增加了附录 B。

本部分的附录 B 为规范性附录，附录 A 为资料性附录。

本部分由中国石油化工集团公司提出。

本部分由全国化学标准化技术委员会石油化学分技术委员会(SAC/TC63/SC4)归口。

本部分起草单位：上海石油化工研究院。

本部分主要起草人：张育红、冯钰安。

本部分为第一次发布。

工业用乙二醇紫外透光率的测定 紫外分光光度法

1 范围

本部分规定了工业用乙二醇在 200 nm～350 nm 波长范围内紫外透光率的测定方法。

本部分并不是旨在说明与其使用有关的所有安全问题。因此,使用者有责任采取适当的安全与健康措施,并保证符合国家有关法规的规定。

2 规范性引用文件

下列文件中的条款通过本部分的引用而成为本部分的条款。凡是注日期的引用文件,其随后所有的修改单(不包括勘误的内容)或修订版均不适用于本部分,然而,鼓励根据本部分达成协议的各方研究是否可使用这些文件的最新版本。凡是不注日期的引用文件,其最新版本适用于本部分。

GB/T 6680—2003 液体化工产品采样通则

GB/T 6682—1992 分析实验室用水规格和试验方法(neq ISO 3696:1987)

GB/T 8170—1987 数值修约规则

JJG 682—1990 双光束紫外可见分光光度计检定规程

3 方法概要

将试样置于 50 mm 或 10 mm 吸收池中,以水为参比,测定其在 220 nm、275 nm 和 350 nm 处的吸光度,计算得到在 10 mm 光径下试样的紫外透光率。必要时,可通入氮气脱除试样中的溶解氧,再测定其紫外透光率。

4 试剂与材料

试剂纯度——除非另有说明,所用化学品均为分析纯。

水的纯度——除非另有说明,所用水均符合 GB/T 6682—1992 中规定的三级水的规格。

4.1 萘溶液(1 mg/L):溶解 1 mg 萘于 1 000 mL 光谱纯异辛烷中。

4.2 氧化钬标准溶液(质量分数为 4%):按 JJG 682—1990 中 3.12 配制。

4.3 氧化钬波长校准滤光片,经校准。

4.4 重铬酸钾标准溶液(质量分数为 0.6%):按 JJG 682—1990 中 3.12 配制。

4.5 标准吸光度滤光片,经校准。

4.6 碘化钠(或碘化钾)溶液(10 g/L):溶解 10 g 碘化钠(或碘化钾)于 1 L 水中。

4.7 杂散光滤光片。

4.8 氮气:体积分数＞99.99%,无油。

4.9 参比水:吸光度符合附录 B 中 B.1 规定的实验室用水。

5 仪器

5.1 紫外分光光度计:双光束,测定波长 200 nm～400 nm。在 220 nm 处,带宽不大于 2.0 nm,波长准确度为±0.5 nm,波长重复性为±0.3 nm。透光率大于 50%时,透光率准确度为±0.5%。在 220 nm处杂散光不大于 0.1%。配备光径分别为 50 mm±0.1 mm 或 10 mm±0.01 mm 的配对的石英吸收池。

5.2 氮气吹脱装置:将无油减压阀固定在氮气钢瓶上,并通过适当材质的管线(如聚乙烯管)与流量控制阀及插入 25 mL 容量瓶中的收口玻璃管(5.5)相连。各部件需清洁、无污染。试样应避免与含有增塑剂的塑料制品接触。

5.3 试剂瓶:容量至少 500 mL,配备密封性较好的磨口瓶盖。

5.4 容量瓶:25 mL。

5.5 收口玻璃管。

6 采样

按 GB/T 6680—2003 的规定,以平缓流速采取样品,当液面与瓶口的距离少于 10 mm 时,停止采样,立即加盖保存样品。样品应避免剧烈振荡,并尽快分析。

7 仪器的准备

7.1 紫外分光光度计:根据以下步骤,按 JJG 682—1990 规定的方法,检验光度计的性能。

7.1.1 波长准确度:建议使用萘溶液(4.1),检验光度计在 220 nm 处的波长准确度。以光谱纯异辛烷为参比,用 10 mm 吸收池测定萘的最大吸收波长,测定值应在 220.6 nm±0.3 nm 范围内,否则应在低于此测定值 0.6 nm 的波长处测定乙二醇试样的吸光度。

也可使用氧化钬标准溶液(4.2)或氧化钬校准滤光片(4.3)检验波长准确度,应满足 5.1 要求。

注:乙二醇的吸光度在 220 nm 附近变化较大,因此应确保光度计在 220 nm 处的波长准确性。

7.1.2 透光率准确度:用重铬酸钾标准溶液(4.4)或标准吸光度滤光片(4.5),检验光度计透光率准确度,应满足 5.1 要求。

7.1.3 杂散光:用碘化钠或碘化钾溶液(4.6),或杂散光滤光片(4.7)测定光度计在 220 nm 处的透光率(即杂散光),应满足 5.1 要求。

7.2 玻璃器皿:使用盐酸-水-甲醇溶液(1:3:4,体积比)或铬酸洗液,彻底清洗吸收池及其他玻璃器皿。

7.3 氮气吹脱装置:用氮气彻底吹扫管路。在 25 mL 容量瓶中加入 20 mL 乙二醇试样,通入氮气,考察试样在 220 nm 处的吸光度是否随着乙二醇中溶解氧的脱除而降低直到基本保持不变,以检查氮气的纯度。

8 试样预处理

8.1 通常情况下,可按第 9 章直接测定所采集的试样的吸光度。如果测定结果可疑,或试样在 220 nm 处的透光率低于规定的临界值(如产品指标),可按 8.2 要求,对试样进行预处理。

8.2 在 25 mL 容量瓶中加入约 20 mL 乙二醇试样,用一个干净的收口玻璃管(5.5)向试样底部通入氮气 15 min,具塞保存。

注:乙二醇在远紫外区 180 nm 处有一吸收峰。当试样中有溶解氧(空气)时,溶解氧与乙二醇发生缔合,导致乙二醇的吸收峰向长波方向转移,并使乙二醇在 220 nm 处的透光率降低。因此向试样中通入氮气可排除溶解氧对 220 nm 处乙二醇透光率的影响。对新鲜试样(贮存时间在三天之内)进行通氮处理时,氮气流量应大于 50 mL/min,同时以鼓泡时溶液不溅出为限。

9 分析步骤

9.1 调节光度计至最佳设置,一般采用 2.0 nm 的带宽,因为带宽太小会引起基线噪声的增大。

9.2 在两个配对的 50 mm 或 10 mm 石英吸收池中装入参比水(4.9)。将吸收池放入光度计的池架中,注意吸收池的方向,并测定在 220 nm、275 nm 和 350 nm 波长处或相关产品规格所规定的其他波长处的吸光度。以吸光度值较高的吸收池作为样品池，另一个作为参比池，记录吸光度值作为在不同波长处吸收池的校正值。

注：对于配对的吸收池，其吸收池校正值应不大于 0.01 AU。

9.3 将样品池中的水倒出，用氮气干燥。在样品池中装入待测试样，以水(4.9)为参比，测定并记录9.2中各波长处试样的吸光度值。注意池架中吸收池的方向应与 9.2 中的一致。进行每套测定(9.2 和 9.3)时应更换参比池中的水。

注：转移试样时应十分小心，以免产生气泡，影响测试结果。

9.4 倒空吸收池并用水淋洗，按 7.2 要求清洗吸收池，装满水贮存。

10 结果计算

10.1 使用 50 mm 吸收池时，按式(1)计算 10 mm 光径下试样在各波长处的净吸光度 A_λ：

$$A_\lambda = \frac{A_S - A_C}{5} \qquad \cdots\cdots(1)$$

式中：

A_S——在相关波长处测定的试样的吸光度；

A_C——在相关波长处吸收池的吸光度校正值。

如使用 10 mm 吸收池，按式(2)计算 10 mm 光径下试样在各波长处的净吸光度 A_λ。

$$A_\lambda = A_S - A_C \qquad \cdots\cdots(2)$$

10.2 按式(3)计算 10 mm 光径下试样在各波长处的透光率 T_λ，数值以百分数表示。

$$T_\lambda = 10^{(2-A_\lambda)} \qquad \cdots\cdots(3)$$

10.3 分析结果

取两次重复测定结果的算术平均值报告试样在相关波长处的透光率，按 GB/T 8170—1987 的规定修约，精确至 0.1%。

11 重复性限(经氮气吹脱处理)

在同一实验室，由同一操作者使用相同设备，按相同的测试方法，并在短时间内对同一被测对象相互独立进行测试获得的两次独立测试结果的绝对值，不应超过表 1 中列出的重复性限(r)，以超过重复性限(r)的情况不超过 5% 为前提。

表 1 乙二醇紫外透光率的重复性限(经氮气吹脱处理)

波长/nm	透光率范围/%	r/%
220	75.7～89.0	1.4
275	89.0～97.1	0.5
350	98.9～99.8	0.4

12 报告

报告应包括下列内容：

a) 有关试样的全部资料，例如试样名称、批号、采样地点、采样日期、采样时间等。报告中还应包括试样是否经氮气吹脱处理，吸收池光径等内容。

b) 本部分代号。

c) 分析结果。

d) 测定中观察到的任何异常现象的细节及其说明。

e) 分析人员的姓名及分析日期等。

附 录 A
（资料性附录）
本部分章条编号与 ASTM E2193—2004 章条编号对照

表 A.1 给出了本部分章条编号与 ASTM E2193—2004 章条编号对照一览表。

表 A.1 本部分章条编号与 ASTM E2193—2004 章条编号对照

本部分章条编号	对应的 ASTM E2193—2004 章条编号
1	1
2	2
3	3
4	6
4.1	6.5
4.2	—
4.3	6.2
4.4	6.7
4.5	6.3
4.6	6.8
4.7	6.4
4.8	6.6
4.9	—
5	5
5.1	5.1
5.2	5.2
5.3	5.3
5.4	5.4.1
5.5	5.2
6	7
7	8
7.1	8.1
7.1.1～7.1.3	8.1.1～8.1.3
7.2～7.3	8.2～8.3
8	9
8.1	4.2.2
8.2	9.1
9	10
9.1～9.4	10.1～10.4
10	11
10.1～10.2	11.1～11.2
10.3	—
11	13
第 11 章与 E2193 中 13.1.1.1～13.2.1.1 形式对应，内容不同	
12	12

附 录 B
（规范性附录）
参比水的吸光度指标及水的吸光度测试方法

B.1 参比水的吸光度指标(10 mm 光径)

见表 B.1。

表 B.1 参比水的吸光度指标(10 mm 光径)

波长/nm	300	254	210	200
吸光度/AU ≤	0.005	0.005	0.010	0.010

B.2 水的吸光度测试方法

将待测水样分别注入 10 mm 光径的石英吸收池中，在 200 nm～300 nm 波长范围内自动校正光度计基线。将样品池换成 20 mm 光径的石英吸收池，分别在 300 nm、254 nm、210 nm 和 200 nm 波长处，以 10 mm 吸收池中水样为参比，测定 20 mm 吸收池中水样的吸光度。

本部分中参比水的吸光度值应满足 B.1 的规定。

注：参比水的吸光度指标参见 Reagent chemicals，American chemical society specification，American chemical society，p686，2002，10th ed.。水的吸光度测试方法参见 ISO 3696:1987 Water for analytical laboratory use-Specification and test methods。

ICS 59.060.10
W 21

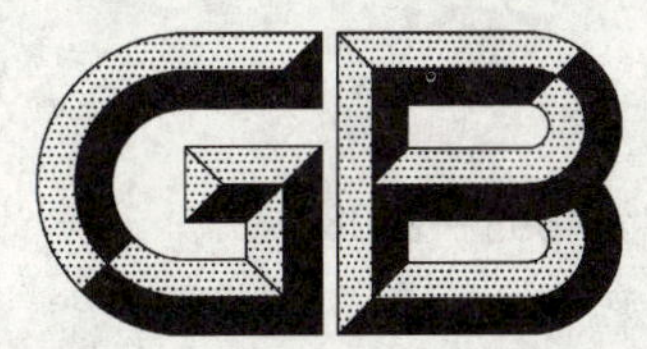

中华人民共和国国家标准

GB/T 14593—2008
代替 GB/T 14593—1993

山羊绒、绵羊毛及其混合纤维定量分析方法 扫描电镜法

Quantitative analysis method of cashmere, wool and their blends—Scanning electron microscope method

2008-08-20 发布 2008-12-01 实施

中华人民共和国国家质量监督检验检疫总局
中国国家标准化管理委员会 发布

前　言

本标准代替 GB/T 14593—1993《山羊绒、绵羊毛及其混合纤维定量分析方法》。

本标准与 GB/T 14593—1993 相比主要变化如下：

——增加了“2　规范性引用文件”；

——修改了有关“鳞片密度、鳞片厚度”定义中相关的英文表达(1993 版的 2.4、2.5；本版的 3.2、3.3)；

——将原标准的“方法提要”修改为“原理”，并修改了文字叙述(1993 版的第 3 章；本版的第 4 章)；

——修改了各种状态样品的准备方法，并将用以制取纤维检测样的纤维小段的长度修订为 0.4 mm；并且添加了注意事项(1993 版的 7.1～7.4 以及 7.5；本版的 8.1～8.4 以及 8.3 的注)；

——修改了需要测量细度的纤维根数，由原来的每根必测减少为每组分纤维测量 120 根(1993 版的 8.3；本版的 9.3)；

——计算结果的表述修改为纤维含量的计算，增加了直径和均方差的计算公式(1993 版的第 9 章；本版的第 10 章)；

——将固定格式的检测报告删除(1993 版的第 10 章)；

——附录 A 内增加了非典型性羊绒外观形态特征的描述及相应的扫描电镜图片(本版的图 A.1～图 A.8)，同时增加了本标准适用范围内的其他特种动物纤维的扫描电镜图片(本版的图 A.9～图 A.14)；

——附录 B 内新增了驼绒、马海毛及牦牛绒的纤维密度数据并修改了山羊绒的密度数据(本版的表 B.1)。

本标准的附录 B 为规范性附录，附录 A 为资料性附录。

本标准由中国纤维检验局提出并归口。

本标准主要起草单位：内蒙古纤维检验局、内蒙古鄂尔多斯羊绒集团有限公司。

本标准主要起草人：曹渭芳、杨桂芬、邱瑞卿、孟令红、红霞、王翠芳。

本标准所代替标准的历次版本发布情况为：

——GB/T 14593—1993。

山羊绒、绵羊毛及其混合纤维定量分析方法　扫描电镜法

1　范围

本标准规定了使用扫描电子显微镜对山羊绒、绵羊毛及其混合与混纺产品等各类纤维含量进行定量分析的方法。

本标准适用于山羊绒、绵羊毛及其混合纤维与混纺产品。本标准也适用于下列各类纤维及其混纺产品：马海毛、驼绒、兔毛和牦牛绒等。

2　规范性引用文件

下列文件中的条款通过本标准的引用而成为本标准的条款。凡是注日期的引用文件，其随后所有的修改单(不包括勘误的内容)或修订版均不适用于本标准，然而，鼓励根据本标准达成协议的各方研究是否可使用这些文件的最新版本。凡是不注日期的引用文件，其最新版本适用于本标准。

GB/T 8170　数值修约规则

3　术语和定义

下列术语和定义适用于本标准。

3.1

鳞片　scale

绒毛表面上有规则排列的片状物。

3.2

鳞片密度　scale frequency

沿纤维轴向单位长度内的鳞片个数。

3.3

鳞片厚度　scale height

鳞片末端边缘的高度。

4　原理

扫描电子显微镜利用被聚集的、具有一定能量的电子束在样品表面扫描，激发产生二次电子，获得样品表面形态的扫描图像。依据山羊绒、绵羊毛及其他特种动物纤维的鳞片结构特征，如鳞片形态、鳞片密度和鳞片厚度的差异分辨出各类纤维，并分别记录根数和测得的直径，然后计算出各类纤维的含量(质量分数，%)。

5　试剂与材料

试剂与材料包括：

a)　乙酸乙酯(分析纯)；

b)　双面胶纸；

c)　导电胶；

d)　金。

6 仪器设备及工具

仪器设备及工具包括：

a) 扫描电子显微镜；

b) 真空喷镀仪或溅射仪；

c) 哈氏切片器或其他类型的纤维切断器；

d) 直径为 10 mm～15 mm 的玻璃试管；

e) 直径约 1 mm 的不锈钢棒；

f) 尺寸大于 15 cm×15 cm 的玻璃板；

g) 镊子、剪刀；

h) 铜或铝制样品座。

7 试验条件

7.1 环境条件

7.1.1 相对湿度：小于 70%。

7.1.2 温度：(20±5)℃。

7.2 扫描电子显微镜工作条件

7.2.1 加速电压：5 kV～20 kV。

7.2.2 束流：小于 5.0×10^{10} A。

7.2.3 图像方式：二次电子图像。

7.2.4 二次电子图像分辨率：优于 20 nm。

7.2.5 放大倍数：30 倍～10 000 倍。

8 试样制备

8.1 取样

8.1.1 散纤维

8.1.1.1 将样品总量均匀混合后平铺在试验台上，用镊子在不同部位等量镊取约 50 mg(不少于 20 点)，混合均匀并平分成两个试验样品，一份为测试的代表样品，另一份为备样。

8.1.1.2 用纤维切断器把纤维切成 0.4 mm 长的纤维小段，所切纤维小段总量应在 10 mg 左右。

8.1.2 纱线

8.1.2.1 取至少 2 m 长的纱(线)。

8.1.2.2 将纱(线)随机切成 5 cm 长的纱(线)段，从中选取至少 20 段，如有必要，可选取 40 段，平分成两组，一份为测试样，另一份为备样。

8.1.2.3 将所选 5 cm 长的纱(线)段用纤维切断器切成约 0.4 mm 长的纤维小段，所切纤维小段总量应在 10 mg 左右。

8.1.3 机织物

8.1.3.1 避开织物各边至少 3 cm 沿经向及纬向取尺寸为 5 cm×5 cm 的织物小片 3 片，注意取样位置要涵盖整个测试批次的不同部位，使其具有该测试批次的典型代表性。

8.1.3.2 将所取织物小片的经、纬纱线全部拆散并均匀混合后排列整齐。

8.1.3.3 将排列整齐的经、纬向纱线用纤维切断器切成约 0.4 mm 长的纤维小段，所切纤维小段总量应在 10 mg 左右。

8.1.4 针织物

拆出纱线后，按 8.2 所述各步操作。

8.2 混样

将切成约 0.4 mm 长的纤维小段收集并放入直径为 10 mm～15 mm 的玻璃试管内，滴入 1 mL～2 mL 乙酸乙酯，用直径约 1 mm 的不锈钢棒搅拌均匀后，倒在准备好的玻璃板上，大约分布在直径约 10 cm 的范围内。

8.3 移样

将双面胶带纸粘贴在样品座上，用剪刀剪去多余的胶带纸。待玻璃板上的纤维悬混液中的乙酸乙酯蒸发后，将样品座粘有胶带纸的一端轻轻按在玻璃板上（按图 1 所示位置）。混合均匀的纤维段就粘贴在样品座的胶带纸上。

注：如果纤维悬混液中的乙酸乙酯蒸发后，纤维小段全都聚集在一起，则应用刀片将其从玻璃板上刮起并重复 8.2 步骤中关于制取纤维段悬混液的操作。

图 1 样品座取样位置排列图

8.4 样品镀膜

将沾有试样小段的样品座用真空喷镀仪或溅射仪在样品上镀上一层约 15 nm～25 nm 厚的金膜。

9 测试

9.1 纤维鉴别

将喷镀后的样品放入仪器的样品室内，使用扫描电子显微镜观察纤维的二次电子图像。

在显示屏上，观察时先在较低的放大倍数下确定所观测样品的位置，然后切换至较高的放大倍数，仔细观测纤维图像。依据山羊绒、绵羊毛和其他动物纤维的鳞片结构特征鉴别纤维的种类（参见附录 A）。

9.2 纤维计数

在 9.1 进行的同时，对各类纤维计数，每个样品座上至少鉴别 200 根，其总数至少为 1 000 根，分别记录下各类纤维的根数。

9.3 纤维直径的测量

在 9.1、9.2 进行的同时或以后，在 1 000 倍放大倍数下测量 5 个样品座上每个组分纤维首先被识别到的前 24 根纤维（不足 24 根的按实际根数计）的直径（以微米表示）。5 个样品座共计测量 120 根纤维的直径。

10 纤维含量的计算

10.1 纤维直径按式(1)计算。

$$\overline{D}=\frac{\sum_{i=1}^{n}d_i}{120} \quad \cdots\cdots(1)$$

式中：

$\overline{D}$——某一类纤维的平均直径，单位为微米(μm)；

d_i——某一类纤维中第 i 根纤维的实测直径，单位为微米(μm)。

10.2 直径均方差按式(2)计算。

$$S=\sqrt{\frac{\sum_{i=1}^{n}(d_i-\overline{D})^2}{n-1}} \quad \cdots\cdots(2)$$

式中：

S——某一类纤维平均直径的均方差，单位为微米(μm)。

10.3 将纤维的根数、平均直径、直径均方差和相应的纤维的密度(见附录 B)代入式(3)，计算纤维的含量。

$$X_i=\frac{N_i\times D_i^2\times S_i}{\sum_{i=1}^{n}(N_i\times D_i\times S_i)}\times 100\% \quad \cdots\cdots(3)$$

式中：

X_i——第 i 类纤维的含量，%；

N_i——第 i 类纤维的根数；

D_i——第 i 类纤维的平均直径，单位为微米(μm)；

S_i——第 i 类纤维的密度，单位为克每立方厘米(g/cm³)。

结果按 GB/T 8170 修约至 1 位小数。

附 录 A
(资料性附录)
山羊绒、绵羊毛纤维的鳞片结构

A.1 山羊绒纤维鳞片结构

A.1.1 山羊绒纤维特征

毛干上被环状或类似环状的鳞片所覆盖，具体见下述外观形态分类。山羊绒纤维鳞片密度比绵羊毛的鳞片密度要低，单位纤维长度(1 mm)上的平均鳞片密度值范围在 57 个/mm～64 个/mm，平均鳞片密度 60 个/mm 左右。山羊绒纤维鳞片厚度较薄，平均鳞片厚度范围在 0.30 μm～0.50 μm 之间。

A.1.2 山羊绒纤维鳞片外观形态

A.1.2.1 典型的山羊绒鳞片结构如图 A.1 所示，其特征是绒毛上被环状鳞片所围绕；鳞片边缘线细而清晰，与毛干的倾斜角度小；鳞片表面平而光滑；鳞片暴露部分大，因而鳞片密度小。

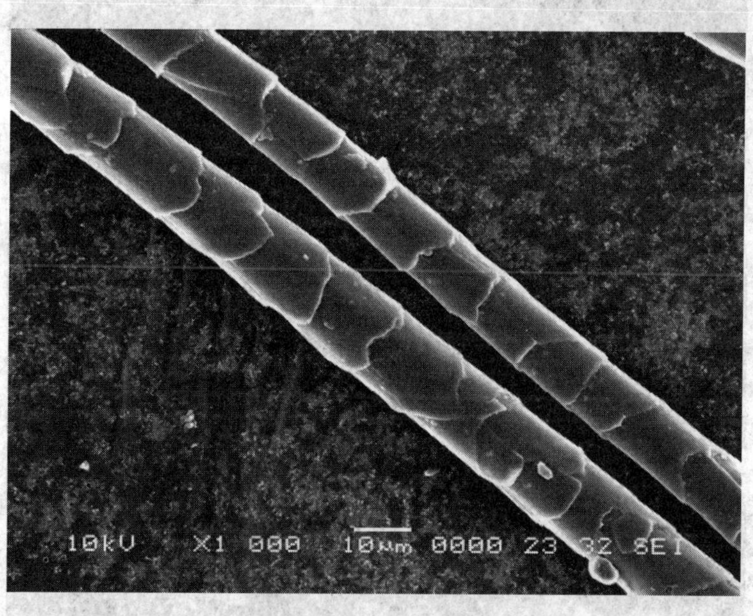

图 A.1 典型山羊绒外观形态

A.1.2.2 变化山羊绒鳞片结构如图 A.2 所示：其特征与典型环状形态的鳞片相比略有不同，鳞片形状有部分不规则，边缘不整齐，或鳞片较密、较厚，但鳞片平整包覆毛干，辉纹不明显，纤维纵向均匀。

图 A.2 变化山羊绒外观形态

A.1.2.3 变异山羊绒鳞片形态如图 A.3 所示。其形态偏离山羊绒纤维鳞片形态特征。

图 A.3 变异山羊绒外观形态

A.1.2.4 山羊绒纤维鳞片厚度的测量见图 A.4。

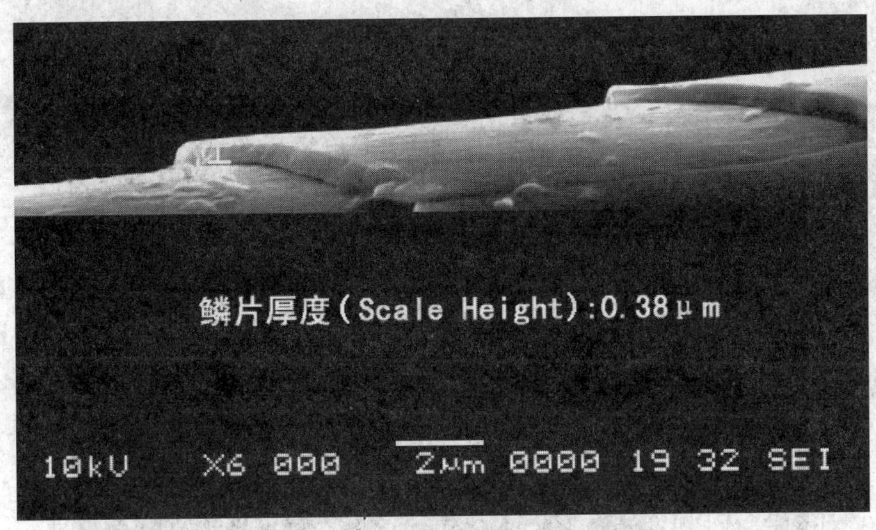

图 A.4 山羊绒鳞片厚度

A.2 绵羊毛纤维鳞片结构

A.2.1 绵羊毛纤维特征

绵羊毛根据其细度范围可分为粗、中、细三种。绵羊毛鳞片结构如图 A.5～图 A.7 所示。绵羊毛鳞片密度大，单位纤维长度(1 mm)的鳞片数目约 90 个左右；绵羊毛的鳞片厚度约 0.8 μm(见图 A.8)。

A.2.2 绵羊毛纤维鳞片外观形态

A.2.2.1 粗绵羊毛的鳞片结构如图 A.5 所示。其特征是鳞片呈扁形、不规则形或近似方形，暴露面积更大或全部暴露，鳞片仅是相互衔接；鳞片表面粗糙、不光滑，辉纹明显；鳞片边缘线粗而不清晰。

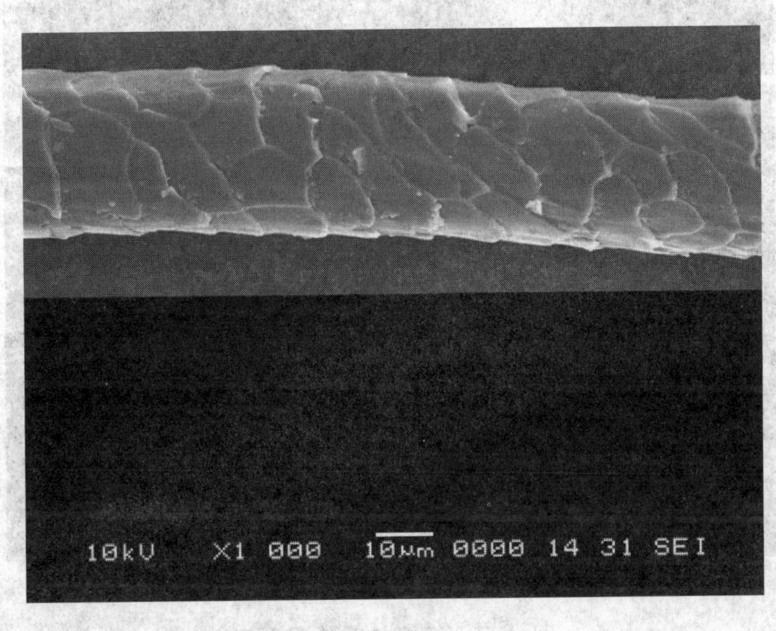

图 A.5 粗绵羊毛外观形态

A.2.2.2 中间型绵羊毛的鳞片结构如图 A.6 所示，其特征是鳞片形状呈片段状或近似长方形鳞片，鳞片互相覆盖或互相衔接；鳞片暴露面比细羊毛大，鳞片表面粗糙、不光滑，辉纹明显；鳞片边缘线粗而不清晰。

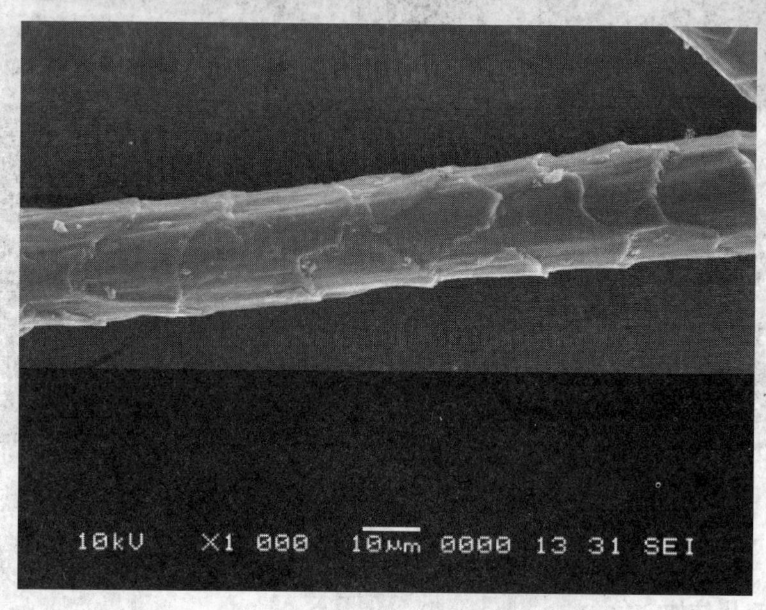

图 A.6 中粗绵羊毛外观形态

A.2.2.3 细绵羊毛的鳞片结构如图 A.7 所示。其特征是绒毛上大部分由一个环状鳞片所围绕；鳞片边缘线粗而不太清晰，与毛干形成较大倾斜，侧面有较多锯齿向外突出；鳞片表面粗糙、不光滑，辉纹明显；鳞片暴露部分比山羊绒小。

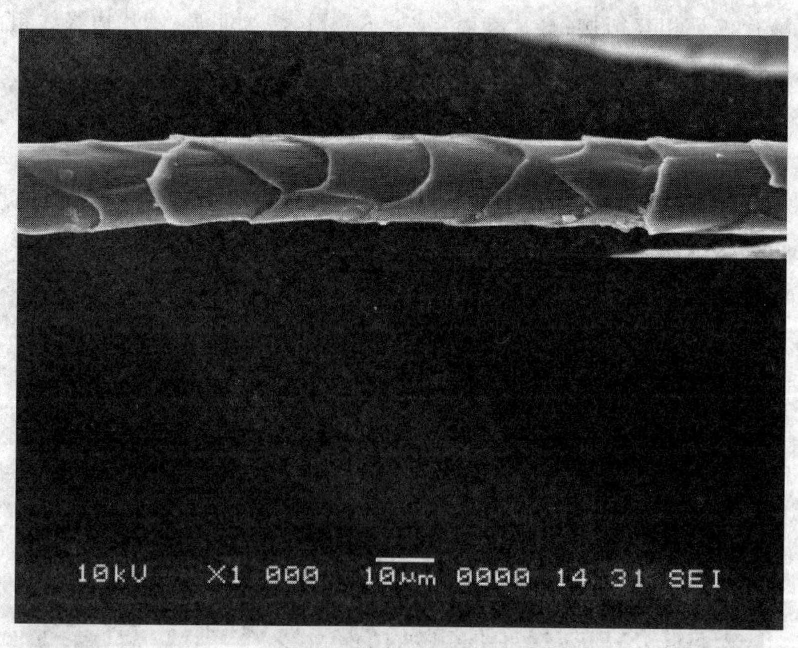

图 A.7 细绵羊毛外观形态

A.2.2.4 绵羊毛纤维鳞片厚度的测量见图 A.8。

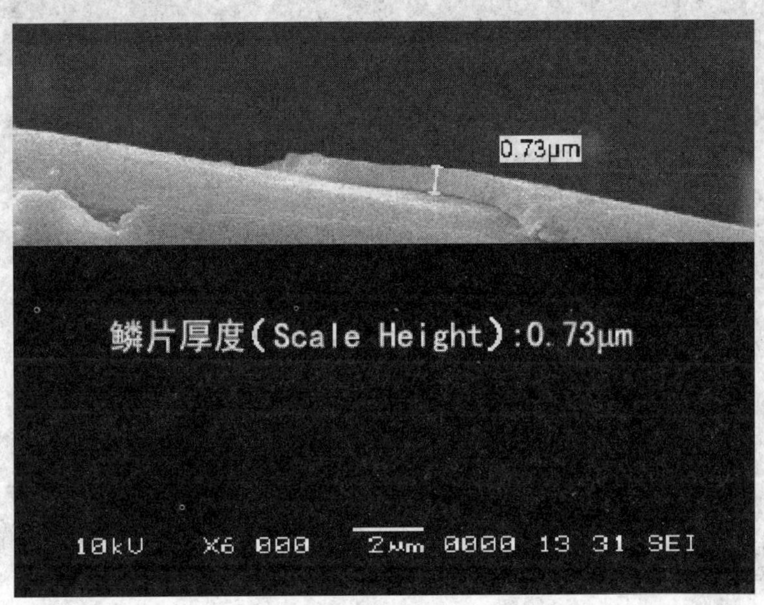

图 A.8 绵羊毛鳞片厚度

A.3 其他特种动物纤维外观形态

驼绒、牦牛绒、马海毛、藏羚羊绒、羊驼绒、兔毛纤维的外观形态见图 A.9～图 A.14。

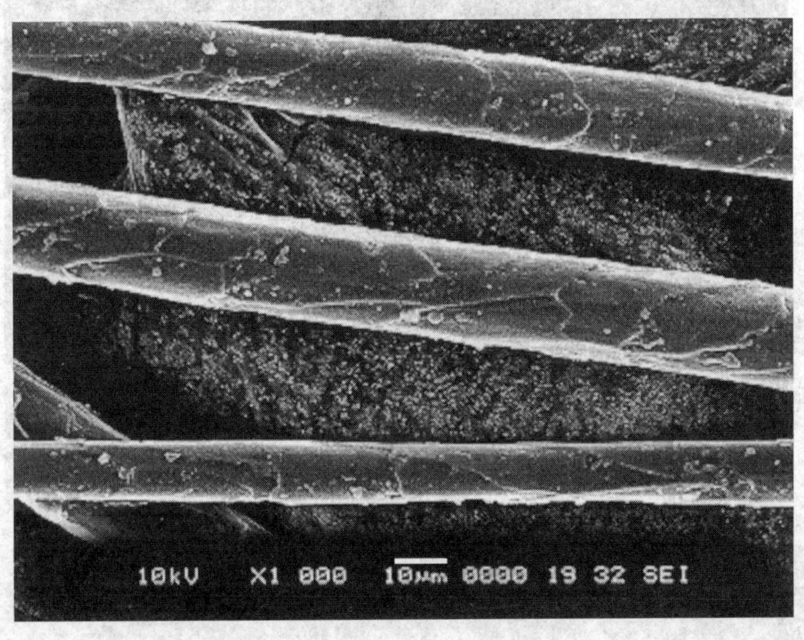

图 A.9 驼绒

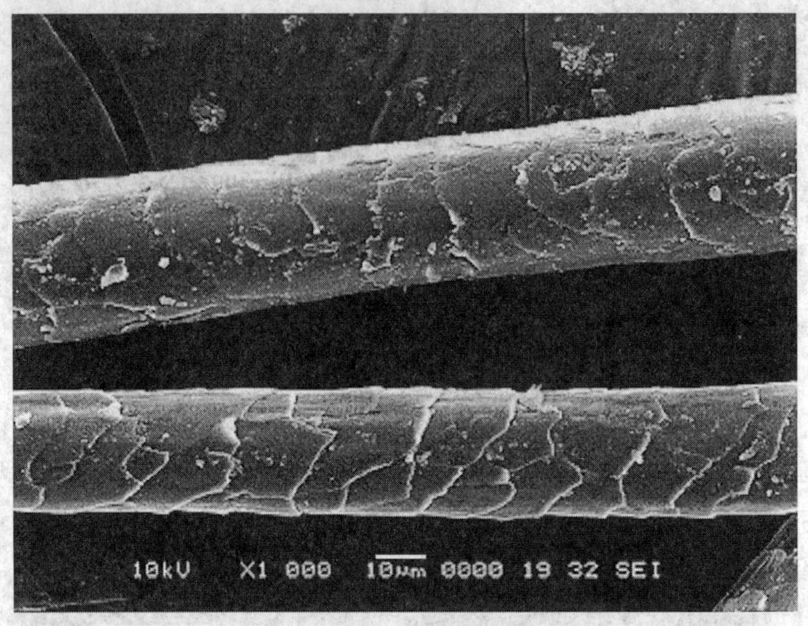

图 A.10 牦牛绒

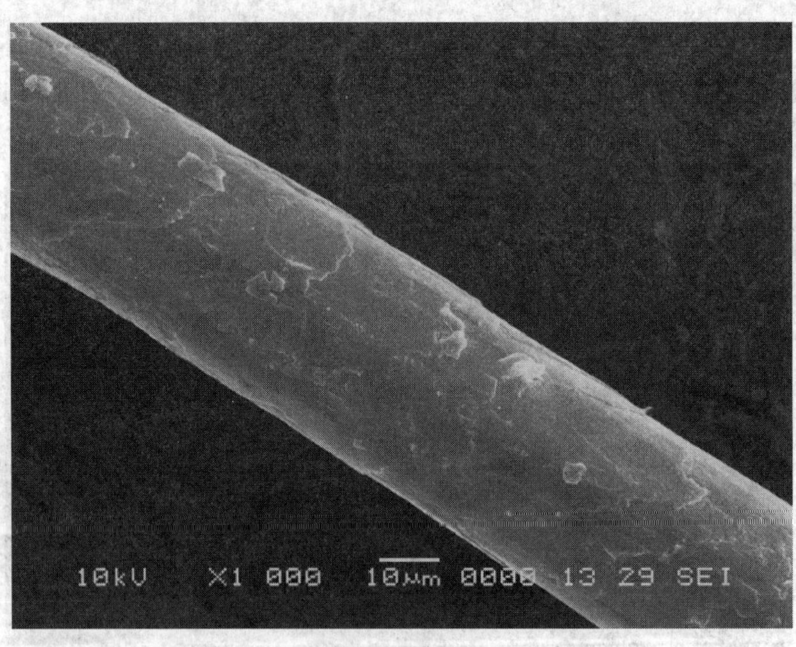

图 A.11 马海毛

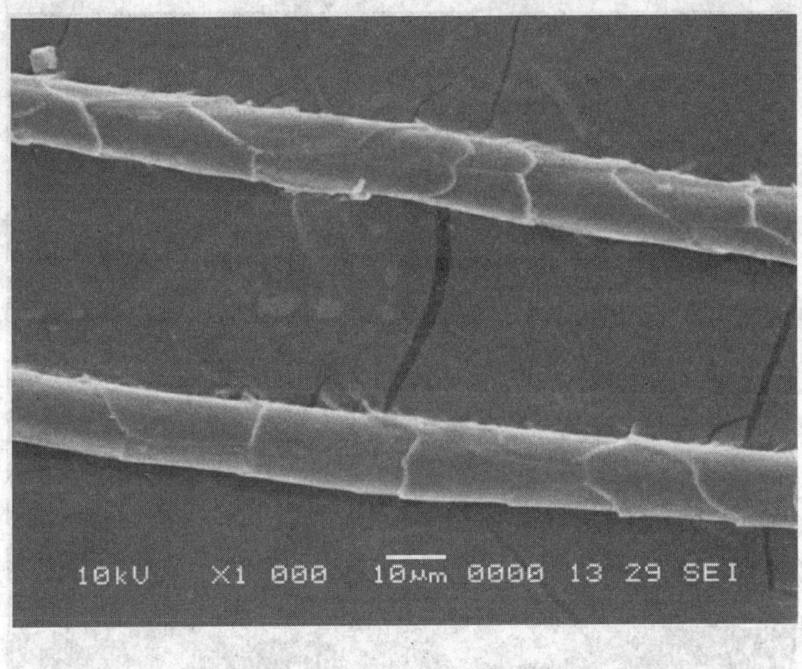

图 A.12 藏羚羊绒

图 A.13 羊驼绒

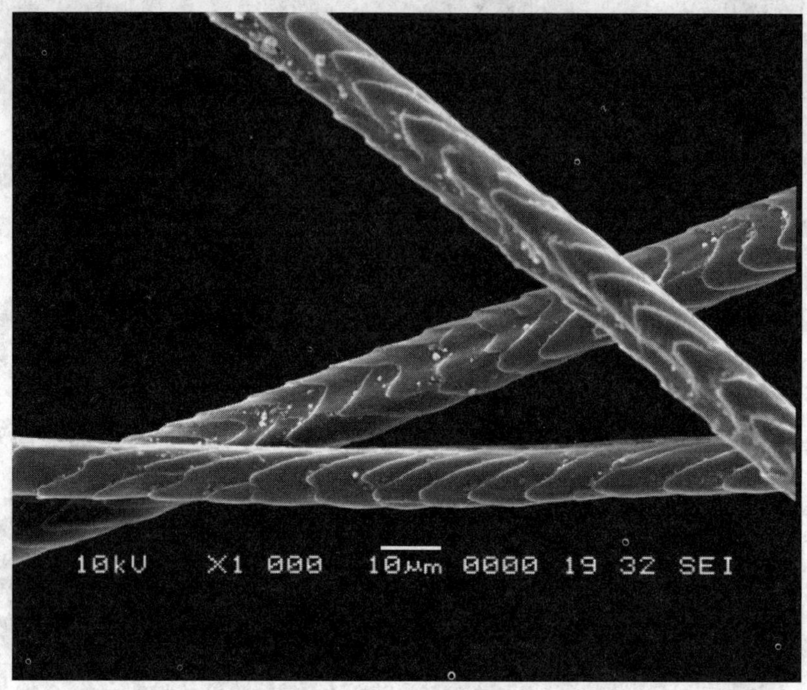

图 A.14 兔毛

附　录　B
（规范性附录）
常用动物毛纤维密度

常用动物毛纤维密度见表B.1。

表B.1　常用动物毛纤维密度表

纤维类型	密度/(g/cm^3)	纤维类型	密度/(g/cm^3)
山羊绒	1.30	兔毛	1.10
绵羊毛	1.31	驼绒	1.31
山羊毛	1.22	马海毛	1.32
牦牛绒	1.32		

ICS 29.120.70
K 45

中华人民共和国国家标准

GB/T 14598.8—2008
代替 GB/T 14598.8—1995

电气继电器　第20部分：保护系统

Electrical relays—Part 20: Protection systems

(IEC 60255-20:1984,MOD)

2008-06-18 发布　　2009-03-01 实施

中华人民共和国国家质量监督检验检疫总局
中国国家标准化管理委员会　发布

前　言

本部分修改采用国际标准 IEC 60255-20:1984《电气继电器　第 20 部分:保护系统》(英文版)。

为便于使用,本部分作了下列编辑性修改:

a) ‘本国际标准’一词改为‘本部分’;

b) 用小数点‘.’代替作为小数点的‘,’;

c) 删除国际标准的前言。

本部分代替 GB/T 14598.8—1995《电气继电器 第 20 部分:保护系统》。

本部分与 GB/T 14598.8—1995 相比主要变化如下:

——增加了“规范性引用文件”一章及所引用的标准;

——附录 B 中注 2 改为 3°;

——删除了附录 H。

本部分的附录 A、附录 B、附录 C、附录 D、附录 E、附录 F、附录 G 为资料性附录。

本部分由中国电器工业协会提出。

本部分由全国量度继电器和保护设备标准化技术委员会归口。

本部分主要起草单位:积成电子股份有限公司、许昌继电器研究所、许继电气股份有限公司、南京南瑞继保电气有限公司、北京四方继保自动化股份有限公司、国电南京自动化股份有限公司、北京紫光测控有限公司。

本部分主要起草人:袁文广、李志勇、张学深、文继锋、刘建飞、刘效孟、胡家为。

本部分所代替标准的历次版本发布情况为:

——GB/T 14598.8—1995。

电气继电器　第20部分:保护系统

1　范围

GB/T 14598 的本部分规定了整个保护系统及各组成部分的性能要求。

本部分适用于保护系统中的保护装置及与保护装置相连的对其性能有影响的器件。

本部分适用于下列对象:

——保护系统或其部件的制造厂;

——保护系统的用户;

——控制屏制造厂;

——电气设备安装人员;

——顾问工程师。

不同的 IEC 标准规定了保护系统各组成部分的技术要求,本部分备有关部分引用了这些标准。

附录 A 列出了某一保护系统的方框图,该图还示出了制定保护系统各组成部分技术规范的有关 IEC 技术委员会。

建议用户作出的决定应与涉及到的各技术委员会的规定一致,这些技术委员会对整个保护系统负责。

2　规范性引用文件

下列文件中的条款通过 GB/T 14598 的本部分的引用而成为本部分的条款。凡是注日期的引用文件,其随后所有的修改单(不包括勘误的内容)或修订版均不适用于本部分,然而,鼓励根据本部分达成协议的各方研究是否可使用这些文件的最新版本。凡是不注日期的引用文件,其最新版本适用于本部分。

GB/T 2900.49—2004　电工术语　电力系统保护(IEC 60050-448:1995,IDT)

GB 1207—2006　电磁式电压互感器(IEC 60044-2:2003,MOD)

GB 1208—2006　电流互感器(IEC 60044-1:2003,MOD)

GB/T 8367　量度继电器和保护装置辅助激励量的中断与交流分量(纹波)(GB/T 8367—1987,eqv IEC 60255-11:1980)

GB/T 14047　量度继电器和保护装置(GB/T 14047—1993,idt IEC 60255:1988)

GB/T 14598.1　电气继电器　第 23 部分:触点性能(GB/T 14598.1—2002,IEC 60255-23:1994,IDT)

GB/T 14598.3—2006　电气继电器　第 5 部分:量度继电器和保护装置的绝缘配合要求和试验(IEC 60255-5:2000,IDT)

GB/T 14598.7　电气继电器　第 3 部分:它定时限或自定时限单输入激励量量度继电器(GB/T 14598.7—1995,idt IEC 60255-3:1989)

GB/T 14598.13　电气继电器　第 22-1 部分:量度继电器和保护装置的电气骚扰试验——1 MHz 脉冲群抗扰度试验(GB/T 14598.13—2008,IEC 60255-22-1:2007,MOD)

GB/T 15166(所有部分)　交流高压断路器

3 术语和定义

GB/T 2900.49 确立的以及下列术语和定义适用于本部分。

3.1

保护系统 protection system

完成某项规定保护功能,由一个或多个保护装置和其他器件组成。

[GB/T 2900.49—2004,448-01-04]

3.2

加速式距离保护系统 accelerated distance protection system

一种辅以通讯联系的距离保护系统,在该系统中当接到信号时,容许对任何测量区减少总的动作时间。

3.3

闭锁方案 blocking scheme

当检测出保护区外故障时,发出使其他各端禁止跳闸信号的一种保护系统。

3.4

空载分路中的电流互感器 current transformers in idle shunt

与保护系统相连,但不载一次电流的电流互感器。

3.5

断路器失灵保护系统 circuit-breaker fail protection system

预定在相应的断路器跳闸失败的情况下,通过启动其他断路器跳闸来切除系统故障的一种保护系统。

3.6

解除闭锁方案的系统 de-blocking scheme system

从保护区的每一端传送连续的闭锁信号,在任一端检测出故障电流输入时便解除闭锁的方案。

3.7

方向比较保护系统 direction comparison protection system

用本处取得的电压或电流为基准,比较保护区各端电流方向的一种保护系统。

3.8

与信号发送系统结合的保护系统 protection system associated with signalling system

在被保护电路的各端之间要求有通讯联系的一种保护系统。

3.9

区内故障电流试验 internal fault current test

模拟被保护区内故障电流的试验。

3.10

远方跳闸系统 intertripping system

送出信号使远方的断路器直接跳闸,而不要求远方的保护装置动作。

3.11

(纵联)差动导引线系统 (longitudinal) differeiitial pilot wire system

差动电流等于流入被保护区各电流代数和的一种差动保护系统。

3.12

保护系统的参数 parameter of a protection system

一个不受其他量变化影响的量,而且在不同的情况下可以给定不同数值的量。例如器件的特性,引线的功耗等。

3.13

允许式超范围距离保护系统 permissive overreach distance protection system

在故障检测中，一端保护在检测到故障发生在保护正方向时便将一个信号送至其他各端，其他端接收到该信号，则通过判定故障发生在该端保护正方向的方向继电器触点，使该端断路器跳闸的一种保护系统。

3.14

允许式欠范围距离保护系统 permissive underneath distance protection system

在保护区任一端的距离保护第Ⅰ段检测到故障时，便将一个信号送至其他各端，其他端接收到该信号，则通过不具有方向性的检测故障的保护触点，使该端断路器跳闸的一种保护系统。

3.15

相位比较载波系统 phase comparison carrier system

比较被保护区段各端电流之间相角量的一种保护系统。

3.16

一次试验 primary test

向作为保护系统组成部分的仪用互感器初级绕组施加电流所作的试验。

3.17

保护的稳定极限 protection stability limit

在除了设计规定动作之外的所有情况下，使保护不动作的任何激励电量或影响电量的极限值。

3.18

剩余连接 residual connection

为了要在多相系统中获得所有线电流或相电压的代数和的仪用互感器二次绕组的接法。

3.19

灵敏度 sensitivity

在规定条件下，恰好使继电器动作所要求的激励量的最小值。

3.20

穿越性电流 through-current

穿过被保护区流向该区外某一点的电流。

3.21

穿越性故障试验 through fault test

用于单元保护电路的一种试验，此时故障电流穿过被保护区而流向区外故障处。

4 保护系统用的仪用互感器

4.1 一般要求

某一给定型式的保护装置(如某一给定型式的距离保护)的制造厂，为了保证保护装置的预定性能，按照相应的 IEC 标准或相应的国家标准，对仪用互感器应规定其必需的技术要求。如果有必要提出特殊要求，则制造厂应按附录 B 或有关标准确定其内容(例如暂态过程、饱和程度等)。

所有这些要求适用于主仪用互感器，也通用于辅助仪用互感器。

4.2 电流互感器

电流互感器应符合 GB 1208—2006 的要求，或相应的国家标准的要求。关于暂态性能的特殊要求由制造厂和用户商定。

4.3 电压互感器和电容式电压互感器

电压互感器和电容式电压互感器应符合 GB 1207—2006 或相应的国家标准的要求。

5 交流输入激励电路

5.1 一般要求

保护装置的制造厂应提供构成交流输入激励电路所必须的资料及技术说明。

GB/T 14598.3—2006 规定，与仪用互感器直接连接的电路应能耐受至少为 2 kV 电压的介质强度试验。因此，在仪用互感器、导线及装置之间，应进行绝缘配合。

保护系统耐受冲击电压，按 GB/T 14598.3—2006 中规定的 0 kV、1 kV、5 kV 等级。

应采取措施以避免在交流导线中出现超过保护装置耐受能力的浪涌过电压能力，但是，任何可能导致电压(或电流)幅值及波形畸变的设备，应避免使用。

关于接地和屏蔽，见第 12 章及附录 E。

5.2 电压电路

对于具有电压输入量的保护装置，制造厂应说明由于某种原因，例如负载电流下二次电压消失，是否可能导致保护装置的误动作及装置是否会发出警报和(或)进行失压闭锁。

5.3 电流电路

在电流互感器二次电流电路中的插入式继电器或试验连接器等，在所有插入和抽出过程中，电流电路应不会出现开路现象。当一保护系统包括某些用于短接电流互感器二次回路的特殊部件。插入式继电器、试验器件等)时，有关的 IEC 标准应规定这些设备的电流耐受值。在任何电流电路中，最大故障电流时的最大峰值电压应与交流导线和电流互感器二次绕组的绝缘水平一致(例如在高阻抗差动接线方案中)。

为了平衡或稳定特殊型式的保护系统，保护装置的制造厂应规定电流互感器二次负担的特殊要求(例如差动电流系统、零序电流系统等)。

6 辅助电源

6.1 一般要求

保护装置的制造厂应提供为确保保护装置有一个满意的辅助电源所必需的资料和技术要求，见附录 C。应采取措施以避免辅助电源产生超过保护装置耐受能力的浪涌过电压，见附录 E。

6.2 直流辅助电源

6.2.1 优选的标准额定值

根据 GB/T 14598.7 和 GB/T 14047，直流辅助电源电压优先选用的标准额定值为：24 V、48 V、60 V、110 V、125 V、220 V 和 250 V。

辅助激励量工作范围的优先极限值为：额定值的 80%和 110%。

在由电池激励等情况下，使工作范围的极限值不同于上述优先值时，保护装置的制造厂应规定其工作范围的极限值及相应的额定值。

关于接地问题，见第 12 章及附录 D。

6.2.2 直流辅助电压的中断

有关直流辅助电压的中断要求，已在 GB/T 8367 中规定。

保护装置的制造厂应说明装置是否能监视直流辅助电源的失压。

在直流辅助电源使用或中断时，或者反极性激励时保护装置不应损坏或误动作。

6.2.3 直流/直流变换器

在本标准中不包括直流/直流变换器(例如用于激励并联工作的几个保护装置)的输出特性。

关于输入与输出电路之间的电隔离，见 12.3。

当输出端子短路时或者当突然施加输入电压时，应限制输入电流。

7 跳闸与合闸电路

见附录F。

7.1 一般要求

跳闸电路具有多种配置方式。如果采用自动快速重合闸或慢速重合闸，而重合闸又是由保护装置启动的，则合闸电路是保护系统的一部分。

7.2 跳闸及合闸触点

保护系统的跳闸及合闸触点应能闭合断路器的跳闸和合闸电流。并能在规定的时间内通过该电流。如果恰当排列(电流保持继电器、辅助触点等)，这些触点则不需要断开该跳闸和合闸电流。见GB/T 14598.1。

7.3 断路器的内部电路

断路器的辅助触点、合闸和跳闸线圈的特性、闭锁特性(如果有)以及防跳特性，应符合GB/T 15166的规定。

8 逻辑电路

8.1 一般要求

一个电站开关设备可能需要配置切换保护系统的测量和跳闸电路。这些切换电路在本标准中称为交流和直流逻辑电路，它下包括保护装置内部的逻辑电路，例如在距离保护内部的任何切换。

如果需要进行交替切换，例如切换至旁路断路器或另一组母线等，保护系统应具有适应电站这种情况的逻辑电路。为了使保护系统适应电站中的高压配电装置，通常是需要在保护装置和跳闸、合闸电路之间具有逻辑电路(直流逻辑)，有时在输入激励电路中还需要具有逻辑电路(交流逻辑)。

逻辑电路的切换可以手动或自动完成。在自动切换情况下，逻辑电路由隔离开关和断路器的辅助触点控制。

8.2 交流电路中的逻辑

在电流互感器和电压互感器电路(例如母线保护)中可以进行切换。见5.3。

8.3 直流电路中的逻辑

直流逻辑切换电路应能闭合、载送和断开正常操作时的最大电流，并能在规定时间内耐受规定的短路电流。

9 保护系统的通讯联系要求

9.1 一般要求

由于多种原因，保护系统可能需要具有联系远方变电站的通讯通道。

有时传送模拟量到电力线的对端，并在那里与该端的电气量相比较(例如导引线方案)。

保护系统的通讯联系可以是导引线联系、电力线载波联系或无线电联系人。

9.2 远方跳闸方案

应采用高可靠度的信号(如编码信号)，以避免因噪声(电压)而引起的误动作。

如果采用电力线载波作通讯媒介，则应在非故障线上进行(信号)传送。

应当规定信号从本端至远端的最长允许传送时间。

9.3 距离保护发送信号方案

9.3.1 一般要求

有许多不同的发送信号方案，最常用的是：加速方案、闭锁方案、解除闭锁方案、允许式超范围方案、允许式欠范围方案、方向比较方案。

9.3.2 技术要求

本条所列的技术要求适用于9.3.1规定的所有方案：

a) 保护系统下能由于噪声(电压)或因断路器与隔离开关操作引起的信号衰减而发生误动作(见GB/T 14598.13)；

b) 当两平行线路之一发送信号时间内，不应引起非故障线路的保护系统误动作；

c) 在电力线故障状态下信号传输时，电路中可能引入附加的噪声和衰减，保护系统应能接收到保护发出的信号；

d) 用户应规定信号从本端传送至远端的最长允许时间。

(发信和收信继电器的要求，制造厂和用户之间应协商一致)。

9.4 纵联差动导引线系统

导引线故障时，保护系统的误动或拒动取决于保护系统的设计。

可采用监视继电器来监视寻引线路，导引线故障时发出警报。

当采用监视时，监视装置应能在导引线路的绝缘电阻值下降到可能引起保护系统误动作之前，检测出其降低程度。

该绝缘电阻值及允许的回路电阻和导引线电容的最大值均由制造厂规定。

9.5 电力线载波联系

当使用电力线载波联系时，通常不连续发送信号，而仅在检出故障时才允许传送信号。

然而，可以按整定时间自动地开启短时间的信号传送，以便能够检查出由于气候条件而引起信号通路的任何品质降低情况。

包括高频耦合设备在内允许的通道最大衰耗，应由制造厂规定。

根据采用的耦合是相对相或相对地，还根据使用哪一相以及保护区内是否存在导线换位、衰减会有所不同。

10 信号指示

有关保护装置动作情况的信息要求应用适当的方法指示出来。

信号指示可以在保护装置上就地显示，也可以传送至远方的控制中心或(和)送入事件记录器。

就地信号指示应具有保持功能，等待确认的信号指示应不妨碍保护装置重复动作，甚至在确认期间也应如此。

通常由保护装置触点产生的远方信号指示的信息仅在故障持续期间获得，例如在保护复归时动合触点断开，信息的存贮是信号指示装置的功能之一。

11 绝缘

11.1 一次连线

如果保护系统直接由主电路中的电流和(或)电压激励或通过分流器激励而没有中间仪用互感器，则绝缘要求与主电路的额定绝缘电压有关。

11.2 二次连线

如果保护系统由仪用互感器激励，则与仪用互感器直接连接的电路，在电气上分开的电路之间以及这些电路对地，至少应能耐受2 kV交流有效值的介质强度试验电压历时60 s。

当保护装置和主仪用互感器之间接入隔离变压器时，接在二次侧的装置所加的介质强度试验电压可由制造厂和用户之间协商降低。但不得低于500 V。

11.3 仪用互感器的绝缘要求

仪用互感器的绝缘要求应符合GB 1207—2006和GB 1208—2006或相应国家标准规定。

11.4 继电器的绝缘要求

用于保护中的继电器的一般绝缘应符合 GB/T 14598.3—2006 标准的要求。

对于特定型式继电器，必须补充的要求已于 IEC 60255 的有关部分中规定。

11.5 直流辅助电路（包括跳闸及信号指示电路，但不包括导引线电路）的绝缘要求

向继电器供电的辅助电路的绝缘要求应符合 GB/T 14598.3—2006 的规定。跳闸电路的绝缘要求已规定于 GB/T 15166 中。

12 接地

12.1 一般要求

设计接地系统和选择接地点，应考虑可能的暂态过程影响以及电力系统频繁操作的要求。除非已考虑接地和(或)屏蔽措施，否则二次电路中会出现由切换而感应出不可忽视的暂态过电压。

12.2 仪用互感器

仪用互感器的二次电路应直接接地，并只在一个公共点上进行接地，该点是与每个单独的金属系统相连的。接至保护接地端子的连接线的横截面应符合国家标准，中间接入的互感器的二次电路不一定需要接地。

在附录 G 中给出仪用互感器接地的实例。

12.3 辅助电路

保护装置内部的辅助电源可接地，也可不接地，若装置要求采用单极接地，则辅助电源和内部辅助电压(电路)之间应当隔离，例如使用直流/直流变换器。

在附录 D 中给出辅助电路接地实例。

12.4 屏蔽

为了减少干扰影响，控制(测量、信号指示等)电缆的金属屏蔽层应当接地，对于高频，要给予特别注意；见附录 E。

13 通用性能和试验要求

13.1 试验要求

一次侧的试验电流和电压应为正弦波，并满足下列要求：

a) 多相对称系统的每个电压。任何两相之间以及每相与中性点之间的电压，与这些电压的平均值之差不应大于 1%；

b) 相电流与系统电流平均值之差不应大于 1%；

c) 每个电流与其对应的相对中性点电压之间的相角应当相同，允许误差应为 2°电角。

此外，试验设备应能模拟实际的一次系统故障情况，并提供所要求的电流值和所要求的直流暂态分量值。

13.1.1 方法

在下列情况下，允许采用在仪用互感器二次侧施加电流和电压的方法来模拟一次电流试验。

a) 由各自独立的电源输入，以模拟负载偏置等；

b) 在额定频率之外的其他频率下的试验应提供在该频率下经验证过的一次试验法与输入试验法之间的相互关系。

在其他情况下，应按制造厂与用户之间的协议办理。

13.1.2 直流暂态分量

对于所有穿越性故障试验和内部故障电流试验(见 14.1.2.2 和 14.1.2.3)，一次试验电流中直流暂态分量的时间常数应按制造厂对特定试验条件所给出的最大值进行。

13.2 型式试验中对使用的元件或模拟元件的性能和试验要求

除非制造厂和用户之间有协议的个别元件可以是：

a) 临时改动的，以便于模拟其他试验条件；

b) 临时省去的，而其功能由其他某些手段所体现，这些手段能表明所省去的元件的特性是非关键性的。

作为型式试验所用的元件应符合下列各条要求：

13.2.1 继电器

继电器应为规定的型号，并且应整定在整个规定的范围内能得到正确性能的整定值上，这些继电器的特性应予规定或参照 IEC 60255 的有关部分。

13.2.2 电流互感器

电流互感器的性能应符合 GB 1208—2006 的有关条文或相应国家标准，这些标准对各种等级的电流互感器的使用也给予指导，并且应提供正如制造厂所规定的保护系统所要求的特性。

允许低电抗互感器有专用的试验绕组(见 13.1.1)。

如果互感器是高电抗型的，应使用实际的互感器，否则制造厂和用户间应另行商定。

采用低电抗电流互感器，按制造厂的意见，为了维持二次绕组的有效电阻，用于试验的一次和(或)二次绕组匝数可能与设计规定的匝数不同。而互感器仍然是在低电抗互感器范畴内并且一次安匝不变。

尤其是，当使用小气隙的电流互感器时，其二次励磁曲线和剩磁系数也应一致。

应在合适的变比和二次过电流倍数下做试验。

13.2.3 电压互感器

电磁式电压互感器的性能应符合 GB 1207—2006 或相应的国家标准。并具有如制造厂所规定的由保护系统所要求的特性。

注：在一定条件下，目前 GB 1207—2006 中规定的电容式电压互感器的暂态性能作为快速保护系统(特别是快速保护继电器)的电压基准是不适当的，由此出现的任何限制应由制造厂与用户之间协商。

13.2.4 其他辅助装置

辅助装置包括中间电流互感器、综合互感器、稳定电阻器、整流器、电阻器、电容器、传感器等。辅助装置的性能应与保护系统所要求的特性相符。

接线中的任何特别注意事项应由制造厂规定。

13.2.5 通讯通道特性

保护系统各端在电力系统频率下通过导引线进行电流比较的情况下，通道特性应当按表示导引电路的电阻，以及与之相关的分布电容和(或)电感的方式来模拟。

当导引线监视是保护方案的一部分时，则整个装置的试验亦应包括这部分。

其他通讯通道，诸如通过电力线的高频通道或靠微波联系的超高频通道，都应按适当考虑传播时间和衰减来予以模拟。

13.2.6 电流互感器、电压互感器及电容式电压互感器的引线负担

引线负担用电阻表示。制造厂可以规定用引线及互感器二次绕组的电阻之和来表示的总的电阻值。

13.3 制造厂对某一保护系统的性能和特性的规定

按照 14.1.1.2，制造厂应证明，被试验的保护系统的参数符合本部分相应的规定。试验应确定，保护系统所规定的应用范围和(或)按制造厂发布的特性范围使用各组元件是合理的。

制造厂应规定继电器、电流互感器和电压互感器的特性和所用的辅助装置，在有关情况下，还应规定引线的特性及所用元件之间的导引线负担。

另一些特性可能是限制使用的因素，例如导引线上的最大电压，应由制造厂加以规定。

根据型式试验的结果,制造厂可按下列项目规定保护系统的性能:

灵敏度,按14.1.2.1确定;

动作时间,按14.1.2.2规定;

稳定极限,按14.1.2.3规定。

14 试验

14.1 型式试验

14.1.1 一般要求

本条所规定的各项型式试验是在各元件满足相应的技术规范的有关要求下进行的。

保护系统应当与有关的元件一起进行整套的型式试验。这些元件可以是元件本身或是模拟部件(如电流互感器、电压互感器、断路器等),它们可能由几个制造厂提供,这种试验通常由保护装置的制造厂家进行一次。

如果对保护系统作了重大的设计更改,应重做型式试验,这种情况下型式试验的部分项目可以省略。

除14.1.1.1和(或)14.1.1.2免做的试验项目外,每个保护系统都应按照14.1.1.1和14.1.1.2规定进行试验。

14.1.1.1 参数试验

在型式试验中,为了确定保护系统将来的使用性能,对影响其性能的保护系统所有特性都应加以研究,并可确定所有参数与性能之间的确切关系。

如果保护系统特殊应用的参数,已被以上关系表明获得满意的结果,则仅对保护系统的元件部分作试验即可,无需作进一步的型式试验。

14.1.1.2 特殊试验

当进行特殊试验时,仅需要证明保护性能对于特殊的使用要求是满意的即可。

14.1.2 性能试验

本条包括灵敏度、动作时间、稳定性和短时额定值的试验。

所有试验应在商定或规定的整定值下进行。

14.1.2.1 电流操作的保护系统的灵敏度

若为了确定特定的继电器的灵敏度,则应按照下列给出的要求对保护系统进行型式试验。

试验电流应逐渐增加直到继电器动作,对于包含脉冲启动的系统,或与被测电气量的变化速率或其暂态响应有关的系统,确定灵敏度所用的方法应由制造厂和用户之间协商。

用下列类型故障来确定灵敏度的试验是合理的。

——相对地;

——相对相;

——两相对地。

注:这种试验方法和应用范围应属制造厂与用户之间协商的问题。

对于灵敏度随相间故障及相对地故障的不同而变化的保护系统,除非其灵敏度值能用数学方法确定外,上述试验应对不同的相别组合重复进行。

对于所有各端的灵敏度均相同的差动系统,确定每一端的灵敏度可在任一端施加故障电流。在各端的灵敏度明显不同的情况下,除另有协议外,确定每一端对于故障的灵敏度则应依次在其他各端的每一端施加故障电流。此外,必要时,应同时从各端施加故障电流来确定灵敏度。

对于具有负载偏置特性的差动系统,最大灵敏度应在穿越性电流为零时确定,而最小灵敏度应在电流等于保护方案的额定电流或由制造厂与用户商定的更高的电流下确定。

重复测量灵敏度仅需对按本条上述确定给出最大和最小灵敏度的故障类型下进行。

当差动系统应用于三端及三端以上多端的电路时：

——应在按制造厂与用户间商定的空载分路电流互感器的数量最少的情况下确定最大灵敏度；

——应在空载分路电流互感器处于某一商定的数量下确定最小灵敏度。制造厂规定用下列方式之一的试验来确定最小灵敏度：

a) 使用正确数量的电流互感器；

b) 使用少于正确数量的电流互感器，对其余电流互感器用等效分路阻抗代替；

c) 对于可应用推算法的系统，使用少于正确数量的电流互感器，但应计算其余电流互感器的影响。

注：对于前面已提到的那些故障情况，确定施加电流及负载偏置影响可以分别予以限定(按 14.1.2.1 规定的试验)，以得到最大和最小的灵敏度。

14.1.2.2 暂态条件下的动作时间

动作时间应在基准条件下测量(在可能情况下，以 GB/T 14047 的有关部分作为根据)。

按照 GB/T 14047 适用于被试验系统的有关规定，制造厂应说明，在基于取得额定动作性能而施加的一个(或几个)电流值下保护方案的动作时间。

如有必要，为了确定任一电流互感器可能发生的饱和影响，应在区内故障条件下，在规定的最大故障电流和(或)最小故障电压下测量动作时间。

应采用下列一次电流测量动作时间：

a) 交流稳态电流

应施加三次无直流暂态分量的故障电流来测量动作时间，记下每次测量的动作时间。

b) 含有直流暂态分量的交流电流

用相位合闸器施加三次含最大直流暂态分量的故障电流，而三次电流相位在 180°范围内变动，动作时间为每次测量到的最长动作时间，确定一次电流的直流暂态分量的时间常数取决于指定的用途。其实际值由制造厂规定(见 14.1.1.2)。

除非另有规定，任何辅助激励量均应为额定值。

14.1.2.3 保护系统的稳定性

下述条文中对稳定性试验的要求主要与差动及相位比较方案有关。

用相位合闸器施加三次含最大直流暂态分量的电流，而三次电流相位应在 180°范围内变动。

确定一次电路的直流暂态分量的时间常数取决于指定的用途(见 13.1.2)，其实际值由制造厂规定。

施加试验电流历时不应少于 0.2 s，或是保护规定动作时间的二倍，取最大值。

试验电流对称分量的有效值应与额定稳定极限值相对应。

如电流互感器发生稳态或暂态饱和，检验系统的稳定性必需在电流强度低于额定的稳定极限值时进行。

按下列故障电流的分布情况做检验稳定度的试验是合理的：

——相对地故障；

——相间故障；

——三相故障；

——零序电流。

注：可能还有其他情况，例如在三相中的电流分配为 2I、I、I 或励磁涌流。对于除变压器保护以外的其他型式保护的稳定性，可能需考虑因切换引起的励磁涌流，例如馈线保护。对此种情况或其他特殊情况(例如，故障转化)，应由制造厂与用户之间商定合适的试验。

14.2 验收试验

该试验通常在制造厂内进行，试验大纲应在制造厂与用户之间商定。

14.3 委托试验

该试验在用户的厂站内进行，且一般在保护系统所保护的厂站部分设备投入运行之前进行。

委托试验项目由制造厂与用户之间商定。

在适当情况下，应在保护系统上作下列试验。

14.3.1 仪用互感器和接线

包括互感器与继电器之间接线在内的电流互感器和(或)电压互感器电路的连续(通电)试验和绝缘试验。

14.3.2 仪用互感器特性

在规定值下检查仪用互感器特性。

14.3.3 接地

检查二次绕组、辅助电路等的接地。

14.3.4 电源等

检查电源、熔断器、小型空气开关等。

14.3.5 报警系统

报警系统试验。

14.3.6 整定值

实际整定参数的试验。

14.3.7 跳闸电路等

包括断路器操作在内的跳闸电路试验。

14.3.8 一次试验

可以采用负载电流、其他电流(例如发电机电路)或一次输入的试验设备来作试验，这种试验可用于检查差动系统的各电流互感器之间，或者方向保护系统的电流互感器和电压互感器之间的变比及相对极性的正确性，或者用于检查导引线通讯通道的正确性。

14.4 运行试验

本试验应周期性地进行。

本试验不象委托试验那样全面，但要检查其主要继电器的特性，逻辑电路和跳闸电路，一般不必测量仪用互感器的特性或极性。

附　录　A
（资料性附录）
保护系统方框图

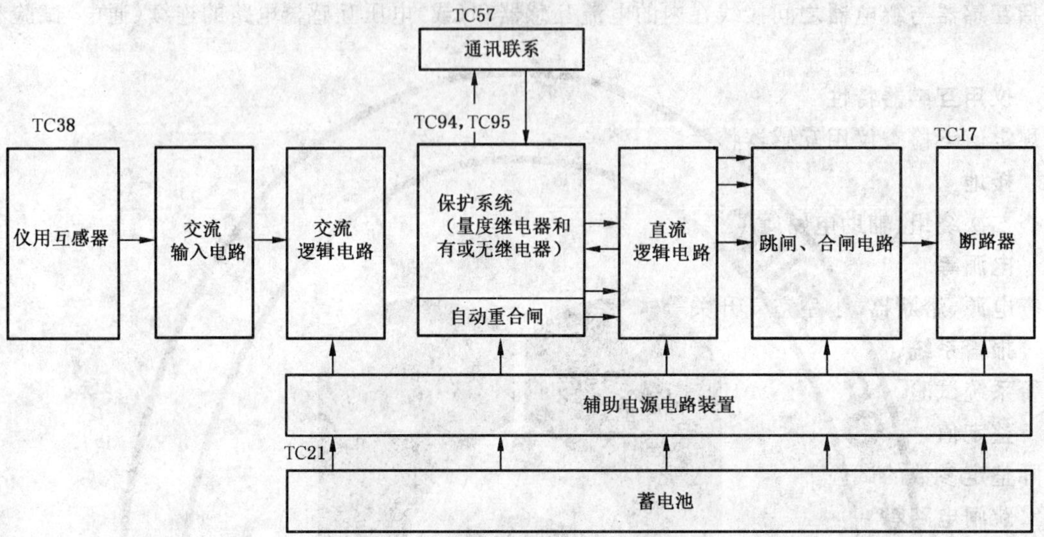

附 录 B
（资料性附录）
电流互感器的特性和暂态响应对保护装置性能的影响

B.1 概述

保护系统的性能。动作和返回值，动作和返回时间，对穿越性电流的稳定性等，通常受仪用互感器的特性和暂态响应的影响。

对于普通类型的保护装置（例如，对所有的距离保护），不可能规定仪用互感器的型号、特性和性能要求。

对于给定型号的保护装置（例如，已给定型号的距离保护），保护装置的制造厂应使量度继电器、输入滤过器等的设计与仪用互感器的特性和暂态响应相协调。

B.2 电流互感器

由于铁心的初始剩磁和（或）暂态磁通而导致电流互感器的暂态饱和，使二次电流产生较大的波形畸变及过零位移，可能导致保护系统的性能变坏，如：测量误差增加、动作值增加、动作时间增加、保护超范围、动作鉴别失误（对区外故障）、输出触点抖动等。有些类型的保护装置对暂态饱和可能非常敏感，而另外一些类型的保护装置对暂态饱和可能不敏感或很不敏感。

电流互感器铁心带有小气隙，便降低了剩磁系数至较低值（小于 0.1），电流互感器铁心带盲大气隙，便能同时降低剩磁系数（接近零）和暂态磁通至一个较低值，当一次电流的直流暂态分量重复出现时，误差便增加。

在后一种情况（大气隙）下，直流暂态分量引起的误差是很大的，同时，在故障切除后，由于带气隙铁心的快速去磁，在二次电路中出现大幅值直流暂态分量。有些类型的保护装置不容许这种现象，另外一些类型的保护装置设计成对直流暂态分量不敏感。

在另一种情况（小气隙）下，保护装置对（电流互感器）准确度的要求可以用下列方式表达，从二次测看，最大瞬时误差应不超过二次对称短路电流峰值的百分之…[1]，且电流过零点的误差不大于…度[2]。

1） 例如 5%。

2） 例如 3°。

附 录 C
（资料性附录）
保护装置的辅助电源

保护装置的辅助电源配置可以有很多方式。不可能在保护系统的一般技术规范中规定辅助电源和电路的任何具体的电路或结构。

保护装置的许多元件需要直流电源(例如来自蓄电池,由接到就地备用的低压电源。其他的低压电源、柴油发电机或电动发电机等)上的整流器来保证蓄电他的持续充电,自中央(控制)室或就地设置的继电器室中的直流电源至保护装置、跳闸电路等的辅助直流电路可以按多种方式配置。通常来自直流电源的直流电路用接在尽可能靠近直流电源处的熔断器和(或)低压空气开关来对短路以及最好对过负荷予以保护。

静态保护装置的许多元件需用直流/直流变换器,从而对静态电路提供合适的直流电源的电平和特性。直流/直流变换器可装在保护装置内部,也可以用来给几个并联工作的保护装置的元件供电。

附 录 D
（资料性附录）
辅助电路的接地

辅助电源可以不接地运行或在一点接地下运行。

在用高抗阻接地（不接地系统）运行的情况下，因为单极接地故障不易察觉，故监视绝缘电阻是需要的。可用电压表进行监视，电压表指示各极与地之间的电压。绝缘电阻也可自动地进行监视。例如用图 D.1 中所示的电阻型电桥来监视蓄电池中点与地之间的电压，或是用图 D.2 中所示的负偏置直流系统。

后两种辅助电源的接线方法是有利的，因为这样运行不受单极接地故障的扰乱，当带接地运行的单极有接地故障时便导致短路。

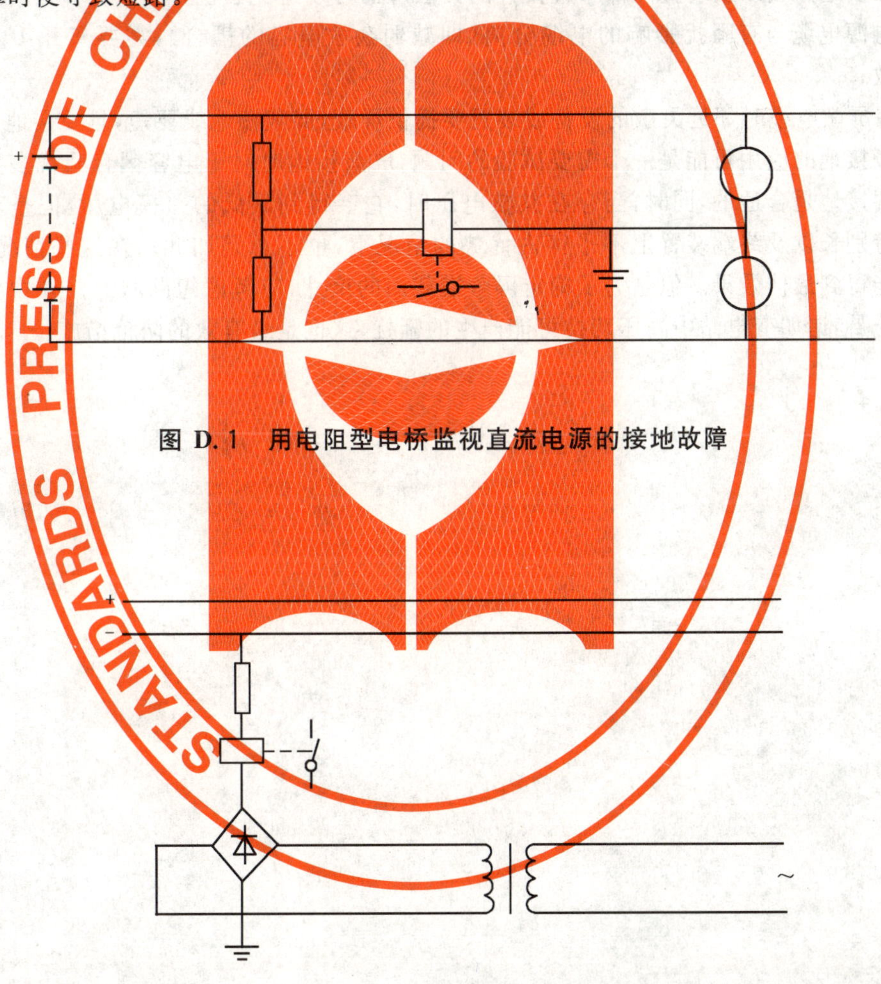

图 D.1　用电阻型电桥监视直流电源的接地故障

图 D.2　用负偏置系统监视直流电源的接地故障

附 录 E
（资料性附录）
抗外部骚扰的保护

由其他电路产生的共(纵)模及差(横)模两种电气骚扰可能传入直流和交流电路中，对此电气骚扰应按照保护系统容许的最大值予以保护，防止保护出现拒动和(或)误动作。

为了把高压减少到低于保护装置绝缘耐受强度的电压下，通常推荐以下几种方法：

a) 用与继电器或接触器线圈并接二极管、非线性电阻和 RC 电路来抑制电源上的骚扰电压。在使用电子保护装置的情况下，由低压电路的切换(快速切断高感性电路)而产生的差模过电压，可用滤过器或在装置输入端用一些其他器件作为最后的屏蔽层予以限制，但应注意电缆屏障层的接地方法以及装置内部布置设计的方法从而可以避免骚扰；

b) 把电源电缆与有骚扰影响的电缆分离(即减弱杂散电容的耦合)，需要离开 10 cm 或更多才有效；

c) 采用屏敞电缆时邻近灵敏的设备或装置要提供屏蔽，屏蔽棱地线要短，且要接地良好；

d) 屏蔽接地的应用可能是一个需要试验的问题，屏蔽接地时对于电容耦合骚扰多数情况下采用单端接地是合适的，同时，当存在共核电压时，它会得到最低的差模电压，但是对于辅助电缆不特别长以及终端装置上不平衡占优势的情况下，也不总是如此。在这些情况下，双端接地可能得到最佳效果。但是为了确定屏蔽横截面的尺寸，应考虑短路状态。在中频范围直至数百千赫，诸如变电站中高压切换可能产生的骚扰，这也是最有效的防范措施。

附 录 F
（资料性附录）
跳闸和合闸电路

F.1 概述

跳闸和合闸电路的配置有很多方式。它们主要由跳闸和合闸触点、导线、闭锁二极管、断路器的辅助触点以及跳闸和合闸线圈组成。

在许多应用场合，量度继电器的触点直接去激励跳闸线圈，而不用任何辅助继电器。

F.2 跳闸和合闸线圈

跳闸和合闸电路可以是三相公用的线圈，或者是断路器每一相有一个线圈。

F.3 跳闸脉冲的延长

在大多数情况下，跳闸脉冲宽度取决于故障持续时间和保护系统的切断时间。在大多数情况下，都能给出满意的脉冲持续时间。

然而，在某些保护系统的变换器里能给出的信号太短，以致为了完成断路器的动作，有必要延长跳闸脉冲。

这种延长应与快速重合闸方案的其他延时整定值相协调。跳闸脉冲的持续时间可处在 100 ms 范围内。

F.4 重复配置

当跳闸电路是双重化时，断路器经常也配置两个跳闸线圈。有时甚至合闸线圈也可能是双重化的。

F.5 跳闸电路的监视

跳闸电路的监视方案是经常使用的。通常在电路中允许流过一个不致引起断路器跳闸的微小电流。当此电流中断时，即发出警报。

有时，当断路器分断时，也采用监视电路方案。

F.6 双极切换

通常跳闸和合闸线圈的一端是不经任何继电器触点而直接接到蓄电池的负极上。当继电器的触点把正极接到线圈上时，断路器便动作。

也可以在负极上用一个继电器触点来配备两个电路，当跳闸继电器动作时，其触点同时在线圈的正端和负端上将电路闭合。采用这种方案是为了避免在直流系统上发生两点接地故障时引起误动作。为了避免电腐蚀的影响，有时用一电阻器与负极的触点并联。

附 录 G
（资料性附录）
仪用互感器的接地

G.1 电流互感器

在图G.1中示出电流互感器二次电路接地的示例。

如果测量点远离电流互感器，则可采用中间辅助互感器以缩短主互感器的接线。

当安装环形电流互感器时，电缆头套管必须绝缘，同时必须确定通过互感器接地连线的路线，如果环形电流互感器单独采用铅包电缆，为了测量接地故障，上述措施尤为重要。

G.2 电压互感器

图G.2示出接在相与地之间具有测量绕组和开口三角形接线的电压互感器二次电路接地的示例。

开口三角形接线的接地可仅在三个互感器中的一个上进行。

带有抽头的二次绕组，仅二次电路的一个接合点需要接地。

电压互感器二次侧已接地的话，相间电压上的二次负载的连接要求使用中间辅助电压互感器。

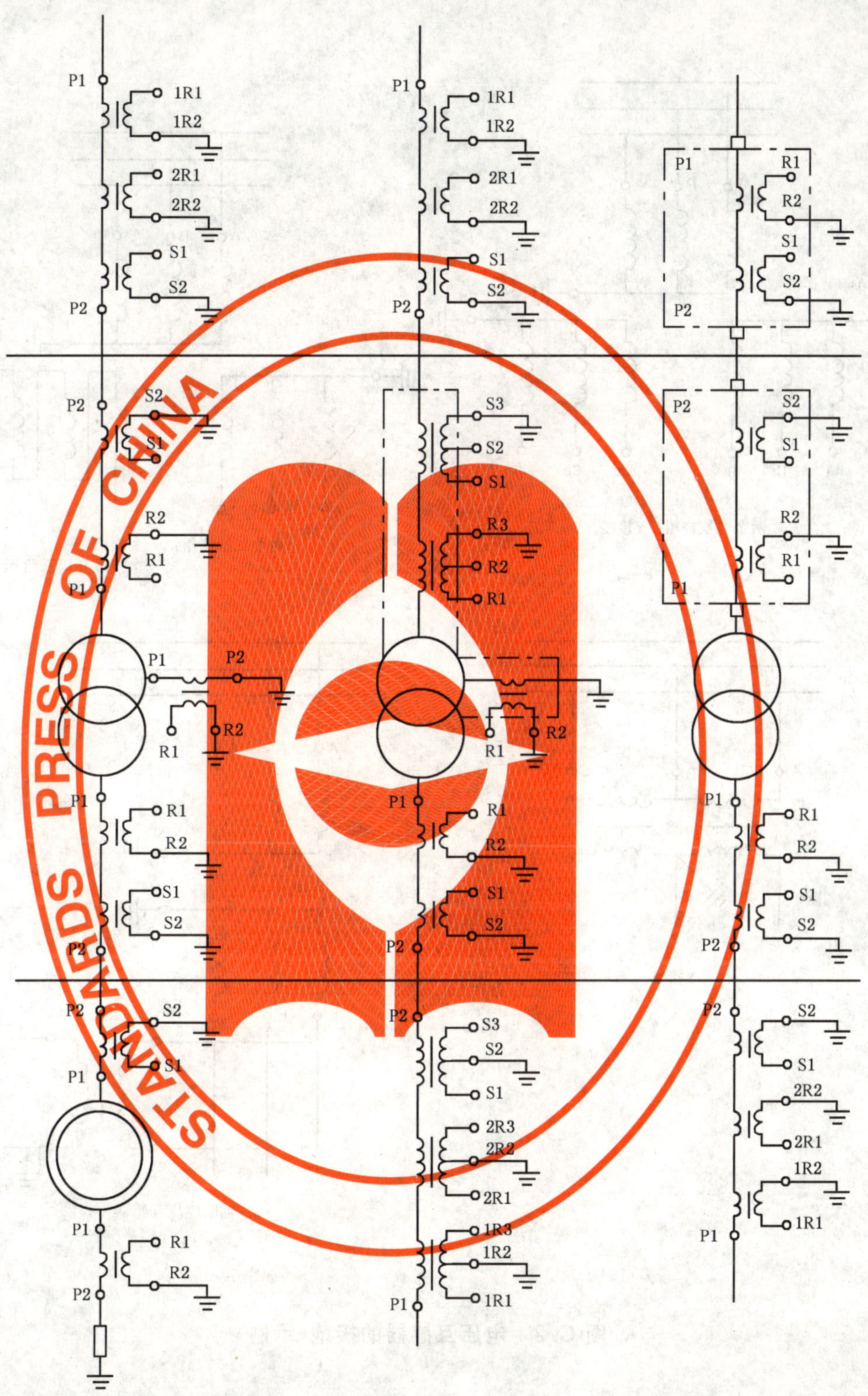

图 G.1　电流互感器的接地(示例)

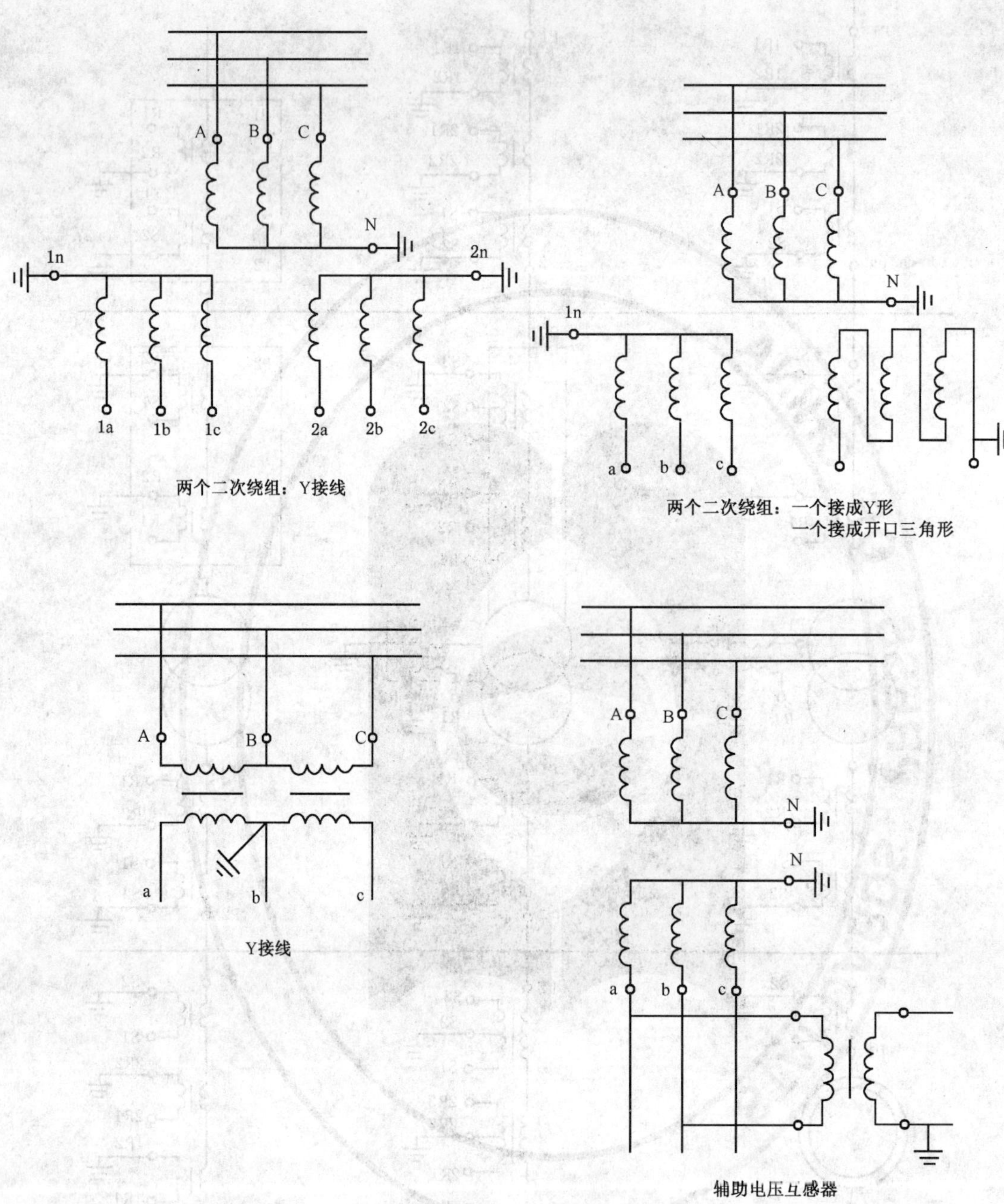

图 G.2 电压互感器的接地(示例)

ICS 29.120.70
K 45

中华人民共和国国家标准

GB/T 14598.13—2008
代替 GB/T 14598.13—1998

电气继电器
第 22-1 部分：量度继电器和保护装置的电气骚扰试验
1 MHz 脉冲群抗扰度试验

Electrical relays—
Part 22-1: Electrical disturbance tests for measuring relays and protection equipment—1 MHz burst immunity tests

(IEC 60255-22-1:2007, MOD)

2008-06-18 发布　　　　2009-03-01 实施

中华人民共和国国家质量监督检验检疫总局
中国国家标准化管理委员会　发布

前　言

本部分修改采用国际标准IEC 60255-22-1:2007《电气继电器　第22-1部分:量度继电器和保护装置的电气骚扰试验——1 MHz脉冲群抗扰度试验》(英文版)。

根据电力系统的实际情况，本部分在采用IEC 60255-22-1:2007制定国家标准时，保留了GB/T 14598.13—1998中100 kHz脉冲群试验的内容，并采用了IEC 61000-4-18:2006中100 kHz脉冲群试验的规定。

为便于使用，本部分作了下列编辑性修改：

a) ‘本国际标准’一词改为‘本部分’；

b) 用小数点‘.’代替作为小数点的‘,’；

c) 删除国际标准的前言。

本部分代替GB/T 14598.13—1998《量度继电器和保护装置的电气干扰试验　第1部分:1 MHz脉冲群干扰试验》。

本部分与GB/T 14598.13—1998相比主要变化如下：

——本部分以IEC 61000-4-18为基础；

——只有一端接地的屏蔽通信线试验时，增加了耦合电容；

——明确了通信端口的试验程序；

——通信电缆的试验长度固定为10 m；

——去掉了图4中试验发生器端子的接地；

——提出了“端口”的概念，并按不同的端口规定试验的严酷等级及试验电压；

——详细描述了试验配置；

——试验的严酷等级为固定级(相当于原标准的3级)；

——按照装置的不同功能规定验收准则；

——去掉了附录A。

本部分由中国电器工业协会提出。

本部分由全国量度继电器和保护设备标准化技术委员会归口。

本部分主要起草单位:国家继电保护及自动化设备质量监督检验中心、南京南瑞继保电气有限公司、北京四方继保自动化股份有限公司、国电南京自动化股份有限公司、北京紫光测控有限公司、河北省电力公司、珠海万力达电气股份有限公司、烟台东方电子信息产业股份有限公司、许继电气股份有限公司、许昌继电器研究所。

本部分主要起草人:李全喜、李抗、范暐、耿岩、葛荣尚、曹树江、王磊、赵国刚、金全仁、杨惠霞。

本部分所代替标准的历次版本发布情况为：

——GB/T 14598.13—1998。

电气继电器
第22-1部分:量度继电器和保护装置的电气骚扰试验
1 MHz脉冲群抗扰度试验

1 范围

GB/T 14598的本部分以IEC 61000-4-18为基础,参考了该出版物的适用部分,规定了对1 MHz和100 kHz脉冲群抗扰度试验的一般要求,这些试验适用于电力系统继电保护所用的量度继电器和保护装置。包括与这些装置一起使用的控制、监视和过程接口设备。

试验目的是验证被试装置在受到激励,并受到由诸如在高压变电站或电厂中发生的断路器或隔离刀闸的断开或闭合等引起的重复的阻尼振荡波骚扰时能否正确工作。

本部分的各项要求适用于新的量度继电器和保护装置,本部分所规定的所有试验仅为型式试验。

本部分的目的是规定:

——所用术语的定义;

——试验严酷等级;

——试验设备;

——试验配置;

——试验程序;

——验收准则;

——试验报告。

2 规范性引用文件

下列文件中的条款通过GB/T 14598的本部分的引用而成为本部分的条款。凡是注日期的引用文件,其随后所有的修改单(不包括勘误的内容)或修订版均不适用于本部分,然而,鼓励根据本部分达成协议的各方研究是否可使用这些文件的最新版本。凡是不注日期的引用文件,其最新版本适用于本部分。

GB/T 14047—1993 量度继电器和保护装置(idt IEC 60255-6:1988)

IEC 61000-4-18:2006 电磁兼容 第4-18部分:试验和测量技术——阻尼振荡波抗扰度试验

3 术语和定义

下列术语和定义适用于本部分。

3.1

辅助设备 auxiliary equipment

为被试装置正常工作提供所需信号和用来验证被试装置性能的设备。

3.2

辅助电源端口 auxiliary power supply port

被试装置的交流或直流辅助激励量输入接口。

3.3

脉冲群 burst

数量有限且清晰可辨的脉冲系列或持续时间有限的振荡。

[GB/T 4365—2003,定义 161-02-07]

3.4

通信端口　communication port

使用低功率信号并与被试装置固定连接的通信和/或控制系统的端口。

3.5

被试装置　Equipment Under Test;EUT

被试验的装置,可以是一只量度继电器或一台保护装置。

3.6

功能地端口　functional earth port

被试装置上除了以电气安全为目的之外的与大地连接的端口。

3.7

输入端口　input port

用于对被试装置输入激励量或控制,以实现其功能的端口,如电流电压变换器、状态输入等。

3.8

输出端口　output port

用于输出被试装置所产生的预定变化的端口,如触点、光耦、模拟量输出等。

3.9

端口　port

被试装置与外部电磁环境的特定接口(见图 1)。

[IEC 61000-4-18:2006,3.10]

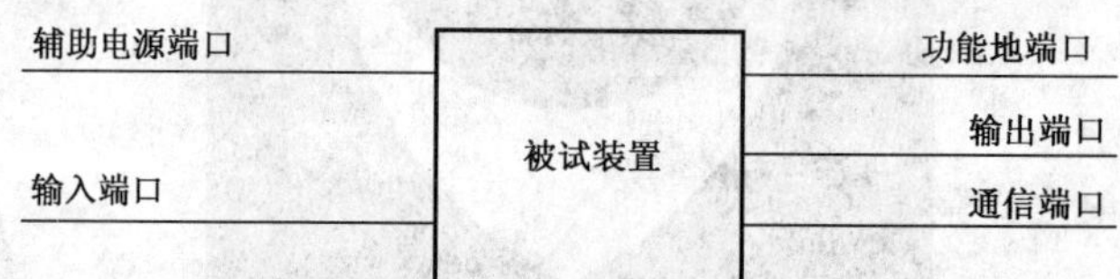

图 1　量度继电器和保护装置的端口

4　试验严酷等级

被试装置相应端口的试验电压见表 1。

通信端口如果与电缆无固定连接,或按制造厂的功能规范,连接电缆总长度始终小于 3 m,则该通信端口不适用于 1 MHz 和 100 kHz 试验。

表 1　被试装置端口的试验电压

被试端口	试验电压(kV±10%峰值) 振荡频率 1 MHz 或 100 kHz[b]	
	共模试验	差模试验
辅助电源	2.5	1
输入/输出[a]	2.5	1
通信	1	0
功能地	0	0

a 在更为严酷的环境中,可能要求电流、电压变换器的输入的差模试验电压为 2.5 kV。

b 采用 IEC 61000-4-18:2006 关于 100 kHz 脉冲群抗扰度试验的要求。

5 试验设备

试验发生器及其特性和性能应符合 IEC 61000-4-18:2006 的规定。

耦合和去耦网络应按图 2、图 3 和图 4 进行布置。

6 试验配置

一般的试验配置应符合 IEC 61000-4-18:2006 的规定。

为被试装置正常工作提供所需信号和用于验证被试装置正常运行的所有辅助设备,必须去耦,以防止受试验电压的影响。

试验发生器与耦合去耦网络之间的连接导线应尽可能的短,被试装置与耦合去耦网络之间的测试线不应超过 2 m。

被试装置和试验导线应放置在距接地基准板上方 0.1 m 高的绝缘支座上。除置于被试装置下方的接地基准板之外,被试装置和其他所有导电结构(如屏蔽室的墙)的最小距离应为 0.5 m。

被试装置试验时各盖板及门板应安装在正常工作位置。

当被试装置专门安装于一个机柜内时,试验可施加于机柜内的被试装置。机柜、试验导线和系统内部电缆宜被安放在一个距接地基准板上方 0.1 m 高的绝缘支座上。

被试装置的所有预期接地部分应接地。

共模和差模的试验配置见图 2、图 3 和图 4。

对于通信端口,按图 5 进行试验配置,两台被试装置间带屏蔽电缆或不带屏蔽电缆的长度应为 10 m。

对于只有一端屏蔽接地的电缆,非接地端的屏蔽层应通过 0.5 μF 的耦合电容连接到被试装置的外壳上。

7 试验程序

试验应在 GB/T 14047—1993 规定的基准条件下进行。

被试装置的延时应设置为它们预期应用的最小使用值。

试验进行时,应将辅助激励量施加到相应电路上,其值应等于额定值。输入激励量的值应在动作值上、下给定暂态误差的两倍之内。

试验电压应按下述施加:

a) 每个独立端口和地之间(共模),按图 2 接线;

b) 每个独立端口和所有对地耦合在一起的其他独立端口之间(共模),按图 3 接线;

c) 同一端口端子之间(差模),按图 4 接线;

d) 电缆连接的通信端口和地之间(共模),按图 5 接线。试验应对通信电缆单独施加,即一根电缆对应一次试验。需要多根电缆才能保证被试装置通信电路正确动作的情况,应对保证通信电路正确动作的最少数量的电缆进行试验。

独立端口应由制造厂描述并包括在试验报告中。

试验电压应按两种极性分别施加,端口的每种组合施加时间至少 2 s。

被试装置的动作时间超过 2 s 时,试验电压施加时间应长于被试装置的实际动作时间。

两次完整的试验之间的最小时间间隔应为 1 s。

8 验收准则

验收准则在表 2 中给出,在试验中宜监视这些功能。

如果被试装置符合表 2 给出的验收准则,且试验结束后仍符合有关的性能要求,则被试装置脉冲群试验合格。

表 2 验收准则

功　能	验　收　准　则
保护	规定限值内性能正常
命令与控制	规定限值内性能正常
测量	试验期间性能暂时下降,试验后自行恢复。存储数据无丢失
人机接口和可视报警	试验期间性能暂时下降或功能丧失,试验后自行恢复。存储数据无丢失
数据通信	误码率可能增加,但传输数据无丢失

9 试验报告

试验报告应包括:

——被试装置的标识与配置;

——试验条件;

——试验的配置文档;

——被试装置的动作条件,例如继电器的整定以及输入激励量值;

——试验严酷等级;

——试验结论(合格/不合格)。

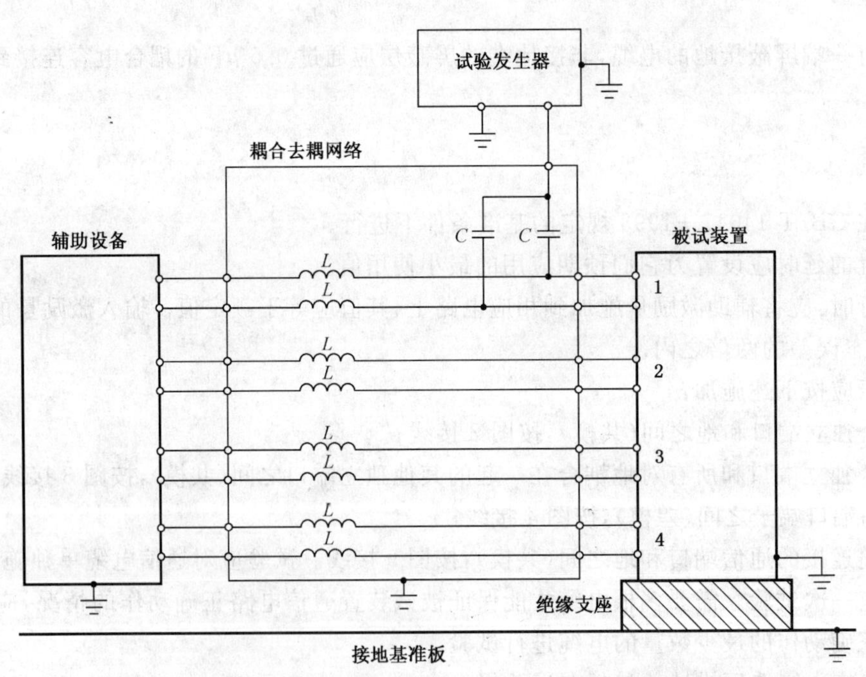

L——高频阻塞电感器,1.5 mH;

C——高频耦合电容器,0.5 μF;

1,2,3,4——被试装置输入、输出端口。

图 2 独立端口与地之间的共模试验

L——高频阻塞电感器，1.5 mH；

C——高频耦合电容器，0.5 μF；

1,2,3,4——被试装置输入、输出端口。

图 3　每个独立端口与所有其他独立端口对地耦合之间的共模试验

L——高频阻塞电感器，1.5 mH；

C——高频耦合电容器，0.5 μF；

1,2,3,4——被试装置输入、输出端口。

图 4　差模试验

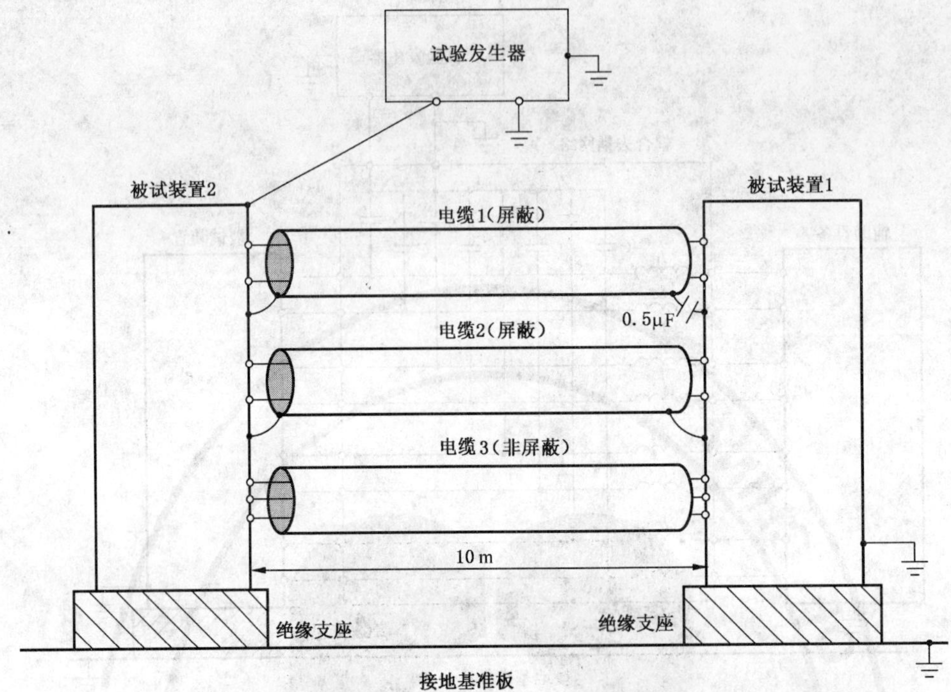

图5 带屏蔽电缆和不带屏蔽电缆的通信端口的试验配置

ICS 29.120.70
K 45

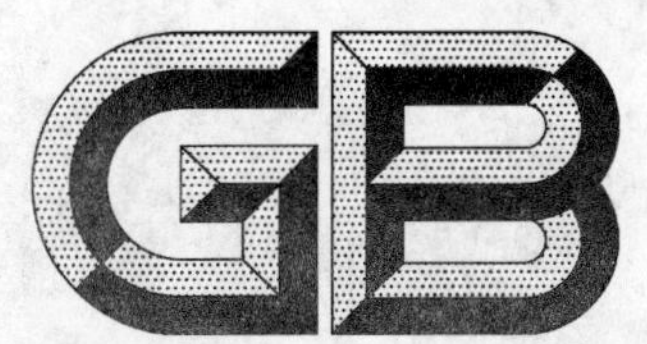

中华人民共和国国家标准

GB 14598.27—2008
代替 GB 16836—2003

量度继电器和保护装置
第27部分:产品安全要求

**Measuring relays and protection equipment—
Part 27:Product safety requirements**

(IEC 60255-27:2005,MOD)

2008-09-24 发布　　2009-08-01 实施

中华人民共和国国家质量监督检验检疫总局
中国国家标准化管理委员会 发布

前　言

本部分强制性条文为 5.1.1.2、5.1.2.2、5.1.3、5.1.5、5.1.6、5.1.7、5.1.9、5.2、第 6 章、7.2.2、7.5、7.9、7.10 和第 9 章，其余为推荐性条文。

本部分修改采用 IEC 60255-27:2005 第 1 版《量度继电器和保护装置　第 27 部分:产品安全要求》(英文版),并包含了其勘误 Corrigendum1:2007-03。

本部分的层次和结构与 IEC 60255-27:2005 基本保持一致,主要的差异是:

——在 D.2.2 中增加了额定绝缘电压为 250 V 时确定爬电距离的方法,以及对于印制电路板类材料在电气间隙和爬电距离不大于 2 mm 时的确定方法;

——增加了附录 M(资料性附录):单一故障条件的概念、评估和试验;

——对 IEC 60255-27:2005 中的明显错误做了更改,并以采标注的形式指明。

为便于使用,本部分作了下列编辑性修改:

a) ‘本国际标准’一词改为‘本部分’;

b) 用小数点‘.’代替作为小数点的‘,’;

c) 删除国际标准的前言。

本部分的插图采用 IEC 60255-27:2005 的原图,部分插图可能与我国的制图标准有差异,但并不影响理解。

本部分代替 GB 16836—2003。

本部分的附录 A、附录 C、附录 D 和附录 F 为规范性附录,附录 B、附录 E、附录 G～附录 M 为资料性附录。

本部分由中国电器工业协会提出。

本部分由全国量度继电器和保护装置标准化技术委员会归口。

本部分主要起草单位:北京四方继保自动化股份有限公司、国电南京自动化股份有限公司、许继电气股份有限公司、南京南瑞继保电气有限公司、国家继电保护及自动化设备质量监督检验中心、积成电子股份有限公司、上海天正明日电力自动化有限公司、北京紫光测控有限公司。

本部分主要起草人:田蔚、王胜、李瑞生、夏雨、陈卓、袁文广、毛亚胜、李明、郑蔚。

本部分所代替标准的历次发布情况为:

——GB 16836—1997,GB 16836—2003。

引 言

为了证明设备的安全性,有必要参考除了 GB/T 16935.1 以外的一些通用安全标准,例如 GB 4793.1。

为了减小着火、电击的危险或者对用户的伤害,这些通用安全标准规定了对一般的产品类型或产品族的要求。这些产品的种类不包括量度继电器和保护装置。这些标准也考虑到了单一故障条件的情况。对于安全问题,本标准优先于其他通用标准。

由于要求的不一致,采用这些所有种类繁多的标准时会产生混淆,例如对于同样的额定电压会产生不同的电气间隙、爬电距离和试验电压等。

本部分的目的是:

——消除由于现存标准间要求的不一致而产生的混乱状态;

——在整个量度继电器和保护装置的国际工业领域获得一个统一的方法。

本部分以这些通用标准和 GB/T 16935.1 为基础,考虑了 GB/T 14598.3 中的所有要求,规定了量度继电器和保护装置产品安全问题的细节。

本部分包括下列各章:

1. 范围;

2. 规范性引用文件;

3. 术语和定义;

4. 一般安全要求;

5. 电击防护;

6. 机械要求;

7. 可燃性及防火;

8. 通用和基本的安全设计要求;

9. 标志、文件和包装;

10. 型式试验和例行试验。

规范性和资料性的试验由表 11 给出。

设备通常被安装在发电厂、变电站或工业(商业)环境中的一个限制靠近的区域内。设备应用的环境条件采用 IEC 60255 系列标准的规定。本部分考虑了正常情况下因潮湿而导致的腐蚀,但不包括大气污染所引起的腐蚀。

为保证安全,一般假定只有懂得工作规程的人员,才能靠近正常运行的设备。尽管如此,运行人员也宜对预料不到的危险有所防护。

本部分适用于至少在下列环境条件下设备的安全设计:

——户内使用;

——海拔高度不超过 2 000 m;

——外部工作温度范围与 GB/T 14047 一致;

——最大外部相对湿度 93%,无凝露;

——电源的电压波动与 GB/T 14047 一致;

——适用的电源过电压类别;

——外部污染等级 1 和外部污染等级 2。

量度继电器和保护装置
第 27 部分：产品安全要求

1 范围

本部分规定了额定交流电压最高为 1 000 V、额定频率最大为 65 Hz，或额定直流电压最高为 1 500 V 的量度继电器和保护装置的产品安全要求。在此限值之上的设备宜由 GB 311.1 和 GB/T 311.2 确定其电气间隙、爬电距离和耐受试验电压[1]。

本部分详述了基本的安全要求，以使由着火、电击产生的危险或对用户的伤害降至最小。

本部分不包括安装的安全要求，包括安装和使用在机柜、机架和屏上以及再测试的所有方式的设备。本部分也适用于仅仅与量度继电器和保护装置一起使用和试验的辅助器件，例如分流器、串联电阻、互感器等。

与量度继电器和保护装置联合使用的辅助设备，可能需要符合附加的安全要求。

本部分仅规定产品的安全要求，因此不涉及设备的功能特性。

包括 EMC 在内的功能性安全要求不包括在本部分中，功能性安全风险分析也不在本部分的范围之内。

本部分不对单一设备或电路和元器件的如何实现作出规定。

本部分旨在提供一个覆盖量度继电器和保护装置产品安全问题的所有方面，以及相关的型式试验和例行试验的综合标准。

2 规范性引用文件

下列文件中的条款通过本部分的引用而成为本部分的条款。凡是注日期的引用文件，其随后所有的修改单（不包括勘误的内容）或修订版均不适用于本部分，然而，鼓励根据本部分达成协议的各方研究是否可使用这些文件的最新版本。凡是不注日期的引用文件，其最新版本适用于本部分。

GB/T 191 包装储运图示标志（GB/T 191—2008，ISO 780：1997，MOD）

GB 311.1 高压输变电设备的绝缘配合（GB 311.1—1997，neq IEC 60071-1：1993）[1]

GB/T 311.2 绝缘配合 第 2 部分：高压输变电设备的绝缘配合 使用导则（GB/T 311.2—2002，eqv IEC 60071-2：1996）[1]

GB/T 2423.1—2001 电工电子产品环境试验 第 2 部分：试验方法 试验 A：低温（idt IEC 60068-2-1：1990）

GB/T 2423.2—2001 电工电子产品环境试验 第 2 部分：试验方法 试验 B：高温（idt IEC 60068-2-2：1974）

GB/T 2423.3—2006 电工电子产品环境试验 第 2 部分：试验方法 试验 Cab：恒定湿热试验（IEC 60068-2-78：2001，IDT）

GB/T 2423.4—1993 电工电子产品基本环境试验规程 试验 Db：交变湿热试验方法（eqv IEC 60068-2-30：1980）

GB 4208—2008 外壳防护等级（IP 代码）（IEC 60529：2001，IDT）

GB/T 5169.16—2008 电工电子产品着火危险试验 第 16 部分：试验火焰 50 W 水平与垂直火

采标注：

1 IEC 原文误为 IEC 60664-1，应为 IEC 60071-1，即 GB 311.1 以及 GB/T 311.2。

焰试验方法(IEC 60695-11-10:2003,IDT)

GB/T 5465.2—1996 电气设备用图形符号(idt IEC 60417:1994)

GB 7247.1 激光产品的安全 第1部分:设备分类、要求和用户指南(GB 7247.1—2001,idt IEC 60825-1:1993)

GB 9364.1 小型熔断器 第1部分:小型熔断器定义和小微型熔断体通用要求(GB 9364.1—1997,idt IEC 60127-1:1988)

GB/T 11287 电气继电器 第21部分:量度继电器和保护装置的振动、冲击、碰撞和地震试验 第1篇:振动试验(正弦)(GB/T 11287—2000,idt IEC 60255-21-1:1988)

GB/T 12113—2003 接触电流和保护导体电流的测量方法(IEC 60990:1999,IDT)

GB/T 14047 量度继电器和保护装置(GB/T 14047—1993,idt IEC 60255-6:1988)

GB/T 14537 量度继电器和保护装置的冲击与碰撞试验(GB/T 14537—1993,idt IEC 60255-21-2:1988)

GB/T 14598.3—2006 电气继电器 第5部分:量度继电器和保护装置的绝缘配合要求和试验(IEC 60255-5:2000,IDT)

GB/T 14598.18—2007 电气继电器 第22-5部分:量度继电器和保护装置的电气骚扰试验——浪涌抗扰度试验(IEC 60255-22-5:2002,IDT)

GB/T 16935.1—1997 低压系统内设备的绝缘配合 第一部分:原理、要求和试验(idt IEC 60664-1:1992)

GB/T 16935.3 低压系统内设备的绝缘配合 第3部分:利用涂层、罐封和模压进行防污保护(GB/T 16935.3—2005,IEC 60664-3:2003,IDT)

GB/T 17045—2006 电击防护 装置和设备的通用部分(IEC 61140:2001,IDT)

GB/T 17627.1 低压电气设备的高电压试验技术 第1部分:定义和试验要求(GB/T 17627.1—1998,eqv IEC 61180-1:1992)

GB/T 17627.2 低压电气设备的高电压试验技术 第2部分:测量系统和试验设备(GB/T 17627.2—1998,eqv IEC 61180-2:1994)

GB/T 18290.2—2000 无焊连接 第2部分:无焊压接连接 一般要求、试验方法和使用导则(idt IEC 60352-2:1996)

IEC 60085:2004 电气绝缘 耐热性分级

IEC 60255-21-3:1993 电气继电器 第21部分:量度继电器和保护装置的振动、冲击、碰撞和地震试验 第3部分:地震试验

IEC 60352-1:1997 无焊连接 第1部分:无焊绕接 一般要求、试验方法和实用指南

IEC 60417-DB:2005 设备用图形符号[1)]

IEC 60529 修改件1(1999)[2)]

IEC 60664-1 修改件1(2000)

IEC 60664-1 修改件2(2002)[3)]

IEC 60664-5:2003 低压系统内设备的绝缘配合 第5部分:确定不大于2 mm的电气间隙和爬电距离的综合方法

IEC 60695-2-20:2004 着火危险试验 第2-20部分:基于灼热丝/热丝的基本试验方法 材料的

IEC原注:

1) "DB"参见IEC在线数据库。

2) 存在一个包括2.0版及其修改件1的整理版2.1(2001)。

3) 存在一个包括1.0版及其修改件1和修改件2的整理版1.2(2002)。

发热线圈起燃性　仪器、试验方法和指南

IEC 60695-11-10　修改件 1(2003)

IEC 60825-1　修改件 1(1997)

IEC 60825-1　修改件 2(2001)[4)]

IEC 62151:2000　与电信网络电气连接的设备安全

ISO 7000-DB:2005[5)]　设备用图形符号　索引和大纲

3　术语和定义

下列术语和定义适用于本部分。

注:本部分未给出的通用术语的定义,宜参考基本安全标准 GB/T 16935.1—1997 中 1.3 和 IEC 60050(151 及 447[2])。

3.1

(部件的)可接近　accessible (of a part)

正常使用时能够用附录 F 中的标准刚性试验指或铰接式试验指触及。

[IEV 442-01-15,修改]

注 1:在本部分中,正常使用时的可接近仅适用于设备的前部。

注 2:可连接并引出机柜或设备,或在设备前部面板上无需打开盖子或挡板就可接近的通信电路(网络),宜认为是可接近的,即是保护等电位联结(PEB)、保护特低电压(PELV)、安全特低电压(SELV)电路或等同级别的电路。

3.2

相邻电路　adjacent circuits

由必要的基本绝缘或双重绝缘(加强绝缘)与所考虑的电路隔离的电气回路。由优于双重绝缘或加强绝缘隔离的电路不认为是相邻电路。

3.3

环境温度　ambient temperature

由规定条件确定的整个设备周围空气的温度。

[IEV 441-11-13,修改]

注 1:对于安装在外壳内部的设备,环境温度为外壳外部的空气温度。

注 2:环境温度在任何相邻设备距离的一半、距离设备壳体不超过 300 mm 的设备高度的中点处测量,并防止来自设备的直接热辐射。

3.4

遮栏　barrier

对来自任何经常靠近方向上的直接接触提供防护的部件。

[IEV 826-12-23]

注:遮栏可以对着火蔓延提供防护(见第 7 章)。

3.5

基本绝缘　basic insulation

为危险带电部分提供基本防护的绝缘。

IEC 原注:

4)　存在一个包括 1.0 版及其修改件 1 和修改件 2 的整理版 1.2(2001)。

5)　"DB"参见 ISO 在线数据库。

采标注:

2　IEC 原文误为"(151-448)",应为"(151 及 447)"。

[IEV 826-12-14,修改]

注:本概念不适用于专用于功能性目的的绝缘。

3.6

边界面　bounding surface

设备壳体的外表面。对于可接近的绝缘材料表面,则认为贴压了金属箔。

3.7

Ⅰ类设备　Class Ⅰ equipment

依靠基本绝缘提供基本的电击防护以及依靠保护连接提供故障防护,使设备壳体外部的可导电部分在基本绝缘失效后不会成为带电部件的设备。

3.8

Ⅱ类设备　Class Ⅱ equipment

设备依靠:

——基本绝缘提供基本电击防护,和

——附加绝缘提供故障防护,或者

——加强绝缘提供基本的防护和故障防护。

注:出于安全目的,不应提供保护导体或依赖于安装条件。但是对于功能性目的(例如 EMC),允许把接地导体连接于Ⅱ类设备上。

3.9

Ⅲ类设备　Class Ⅲ equipment

依靠安全特低电压(SELV)或保护特低电压(PELV)电路供电提供电击防护,并且不产生危险电压的设备或设备部件。

3.10

电气间隙　clearance

两导电部件之间或一个导电部件与无论是否导电的设备外部的边界面之间,在空气中测量的最短距离。

3.11

相比电痕化指数　comparative tracking index;*CTI*

在规定的试验条件下,材料不出现电痕化所能够耐受的最高电压(单位为伏特)的数值。

[IEV 212-01-44]

3.12

通信电路/网络　communication ciruit/network

用于接收和(或)传输数字或模拟信号的电路(网络)。它可以通过光纤、磁或电磁发射方式或金属性连接与其他电路通信。

3.13

爬电距离　creepage distance

两导电部分之间或一个导电部分与设备的边界面(可接近部分)之间,沿着固体绝缘材料表面测量的最短距离。

[IEV 151-15-50,修改]

3.14

直接接触　direct contact

人与带电部分的电气接触。

[IEV 826-03-08]

3.15

双重绝缘　double insulation

由基本绝缘和附加绝缘两者组成的绝缘。

[IEV 195-06-08]

注：基本绝缘和附加绝缘是独立的，各自用于基本的电击防护设计。

3.16

特低电压　extra low voltage；ELV

参见表 A.1。

3.17

机壳　enclosure

外壳

为预期的应用提供适当的防护类型和等级的外壳。

[IEV 195-02-35]

注：机壳可以提供对着火蔓延的防护（见第7章）。

3.18

设备　equipment

量度继电器和保护装置。

3.19

被试设备　EUT

被试验的设备。

3.20

外露可导电部分　exposed conductive part

正常条件下不带电，但在单一故障条件下可能带电并可接近的电气设备的导电部分。

[IEV 826-03-02，修改]

注1：对于未封闭的设备，其机架、安装的器件等可能成为外露可导电部分。

注2：对于封闭的设备，当设备装配在其正常使用的位置时，包括其安装表面的可接近的导电部件构成外露可导电部分。

3.21

防火外壳　fire enclosure

用来使来自设备内部的着火或火焰的蔓延减少到最低限度的设备部件。

3.22

功能接地　functional earthing；functional grounding（US）

除了电气安全目的之外，在系统或设施或设备内的一点或多点接地。

3.23

功能绝缘　functional insulation

为了设备正常功能所必需的，在可导电部分之间所设置的绝缘。

[IEV 195-02-41]

3.24

危险能量等级　hazardous energy level

在电压不小于2 V时，不小于240 VA、持续时间不小于60 s的有效功率等级，或者不小于20 J（例如来自一个或多个电容器）的储存能量等级。

3.25

危险带电部分　hazardous live part

电压超过交流33 V或直流70 V的带电部分。

[IEV 826-03-15,修改]

3.26

危险带电电压　hazardous live voltage;HLV

正常运行条件下,超过交流 33 V 或直流 70 V 的电压。

3.27

HBF 级泡沫材料　HBF class foamed material

以所使用的最小有效厚度试验并依据 ISO 9772 分类为 HBF 的泡沫材料。

3.28

HB40 级材料　HB40 class material

以所使用的最小有效厚度试验并依据 GB/T 5169.16 分类为 HB40 的材料。

3.29

HB75 级材料　HB75 class material

以所使用的最小有效厚度试验并依据 GB/T 5169.16 分类为 HB75 级的材料。

3.30

高集成度　high-integrity

高集成度的部件或元件不会有引起本标准含意上的危险的缺陷。在施加单一故障条件时,高集成度的部件或元件可认为不易失效。

3.31

限能电路　limited-energy circuit

在 7.11 中规定。

3.32

带电部分　live part

在正常使用中预期被激励的导体或导电部分,包括中性导体。

[IEV 195-02-19,修改]

注:本概念并不意味电击危险。

3.33

微观环境　micro-environment

在不考虑正常运行中由设备自身产生污染的情况下,直接围绕在爬电距离和电气间隙周围的环境条件。

[IEV 442-01-29,修改]

注:爬电距离或电气间隙的微观环境决定绝缘的效果,而不是由设备的环境决定。

3.34

非一次电路　non-primary circuit

与直流或交流电源以及外部的电压互感器和电流互感器电气隔离的电路。

3.35

正常使用　normal operational use

在现场具备全部覆板和防护措施的设备,在正常工作条件下安装和操作。

3.36

过电压类别　overvoltage category

用数字表示的瞬态过电压条件。过电压类别详见 D.1.6。

注:过电压类别用Ⅰ、Ⅱ、Ⅲ级表示。

3.37

保护等电位联结电路　protective equipotential bonding circuit

PEB 电路　PEB-circuit

见表A.1。

3.38

保护特低电压电路 protective extra low voltage circuit

PELV电路 PELV-circuit

见表A.1。

3.39

污染 pollution

任何固体、液体或气体等外来附加物质能够导致绝缘体的介质强度或表面电阻率永久下降的现象。

[IEV 442-01-28]

注：暂态的电离气体不作为污染考虑。

3.40

污染等级 pollution degree

用数字表征微观环境受预期污染的程度。

3.41

污染等级1 pollution degree 1

一般无污染或只出现干燥的、非导电性的污染。此种污染无影响。

3.42

污染等级2 pollution degree 2

除了可能有时会出现由凝露造成的暂时性导电之外，一般只出现非导电性的污染。

3.43

污染等级3 pollution degree 3

一般有导电性污染出现，或者由于可能出现的凝露使得干燥的、非导电性的污染变成导电性污染。

3.44

污染等级4 pollution degree 4

这种污染一般会由于导电性灰尘或雨雪而造成持久的导电性。

3.45

一次电路 primary circuit

直接与交流或直流电源输入连接的电路。与电压互感器或电流互感器连接的设备的电路也视为一次电路(见5.1.9.1.1和附录A)。

注：符合表A.1中特低电压(ELV)电路的要求并且由外部交流或直流电源供电的量度继电器的电路可作为非一次电路，该电路在电源输出端提供不超过图I.1要求的任何瞬态或脉冲电压。

3.46

保护联结 protective bonding

把外露可导电部分或保护屏蔽体连接到一个与大地安全贯通的外部保护导体，为其提供电气连续性的一种电气连接。

3.47

保护联结电阻 protective bonding resistance

保护导体端子与要求连接到保护导体的导电部件之间的电阻。

3.48

保护导体 protective conductor

为了达到安全目的，例如电击防护，为下列任一部分提供电气连接的导体：

- 主接地端子；
- 外露可导电部分；

- 接地电极；
- 电源的接地点或人工中性接地点。

[IEV 195-02-09,修改]

3.49

保护接地 protective earthing; protective grounding(US)

设备中用于对故障情况下提供电击防护的一点接地。

3.50

保护阻抗 protective impedance

导电部分与外露可导电部分之间的连接阻抗。在设备正常操作和可能的故障条件下，其阻抗值可使电流限制在一个安全值，以维持设备在整个寿命期的可靠性。

[IEV 442-04-24,修改]

注：保护阻抗宜耐受双重绝缘的介质电压试验，保护阻抗的选择宜考虑它的主要的故障模式。

3.51

保护屏蔽 protective screening; protective shielding(US)

通过连接到保护等电位联结系统的电气保护屏蔽体，实现电路和(或)导体与危险带电部分隔离，旨在提供电击防护。

[IEV 195-06-18]

3.52

保护分隔 protective separation

一个电路与另一个电路通过以下方式进行隔离：

- 双重绝缘，或
- 基本绝缘和电气保护屏障，或
- 加强绝缘。

3.53

额定冲击电压 rated impulse voltage

由制造厂对设备或其中的某一部分指定的冲击电压值，用以表征其绝缘对瞬态过电压的规定的耐受能力。电气间隙与此有关。

3.54

额定绝缘电压 rated insulation voltage; RIV

由制造厂对设备或其部件规定的电压值，用以表征其绝缘规定的(长期)耐受能力，与介质电压试验和爬电距离有关。

[IEV 442-06-39,修改]

注1：额定绝缘电压不一定与设备的额定电压相等，后者主要与设备的功能特性有关。

注2：额定绝缘电压与电路之间的绝缘有关。

注3：对电气间隙和固体绝缘来说，以其出现的电压峰值作为其额定绝缘电压确定值；对爬电距离来说，交流有效值或直流电压值作为额定绝缘电压的确定值。

3.55

额定电压 rated voltage

由制造厂指定的元件、器件或设备在规定工作条件下的电压值。

注：设备可以有多个额定电压值，或具有一额定的电压范围。

3.56

加强绝缘 reinforced insulation

提供的电击防护等级相当于双重绝缘的危险带电部分的绝缘。

注：加强绝缘可以由几个不能按基本绝缘或附加绝缘那样单独试验的绝缘层组成。

[IEV 195-06-09]

3.57

限制进入区域　restricted access area

只有经过特别授权并具有一定安全知识的电气专业人员和受过培训的人员进入的区域。

[IEV 195-04-04,修改]

注：这些区域包括在金属外壳内或其他封闭设施内的开关场、配电场、成套开关设备、变压器、配电系统等。

3.58

例行试验　routine test

在制造中或制造后对每一独立项目所进行的符合性试验。

[IEV 151-16-17]

3.59

屏蔽体　screen;shield(US)

封闭或隔离电气电路和(或)导体的可导电部件。

3.60

分隔的/安全特低电压电路　separate/safety extra low voltage circuit

SELV 电路　SELV-circuit

见表 A.1。

3.61

附加绝缘　supplementary insulation

除基本绝缘之外,另外再设置的独立绝缘,其目的是万一基本绝缘失效时提供电击防护。

[IEV 195-06-07,修改]

3.62

电痕化　tracking

固体绝缘材料由于局部放电形成导电或部分导电通路而造成的表面逐渐老化。

[IEV 212-01-42]

注：电痕化通常是由表面污染物造成的。

3.63

型式试验　type test

对某一特定设计的一个或多个装置进行的试验,以检验这些装置是否符合有关标准的要求。

[IEV 851-02-09]

3.64

用户　user

经过适当培训并具有必要经验的工作人员,他们在限制进入的区域内操作设备时能够意识到所面临的危险,而且通晓采用一些措施使自己和他人的危险降至最小。

3.65

耐受　withstand

在施加有关的环境或试验条件(例如冲击电压)下,设备的生存状态。

3.66

工作电压　working voltage

设备在额定电压下供电,能够通过任一特定绝缘出现的最高交流电压有效值或最高直流电压值。

注 1：忽略瞬态电压。

注 2：开路条件和正常操作条件两者均考虑在内。

4 一般安全要求

设备不应危及人身和财产的安全。

用于Ⅰ类、Ⅱ类、Ⅲ类设备的电击防护适用于那些在正常运行下可接近的部分。

特低电压(ELV)、保护等电位联结(PEB)、安全特低电压(SELV)和保护特低电压(PELV)电路对来自危险带电电压的电击提供防护,没有必要与Ⅰ、Ⅱ、Ⅲ类的设备分类联系。

4.1 接地要求(接地和屏蔽)

设备中的接地要求不仅仅是减少干扰的影响,而更重要的是出于对人身安全的考虑。两者之间若存在任何冲突,人身安全总应占据优先地位。

出于安全目的,对于Ⅱ类设备来说,不应提供保护导体或者依赖安装条件。然而,出于功能方面(如EMC)的目的,允许接地导体连接于Ⅱ类设备(见表A.2)。

5 电击防护

5.1 电击防护要求

应采用良好的结构和工程规范保护用户免受电击的危害。

有关电击防护的构件和设备的试验,应按第10章中规定的型式试验和例行试验进行。

应提供对可接近的危险带电部分的接触防护。

任何没有至少是通过基本绝缘与危险带电部分隔离的导电部分,应认为是带电部分。

如果可接近的金属部分的表面是裸露的,或者由不符合基本绝缘要求的绝缘层覆盖,则被认为是导电的。

对设备施加单一故障条件不应导致电击危险。

在单一故障条件下可能危险带电的未接地的可接近的导电部分,应以双重绝缘或加强绝缘与危险带电体隔离,或与保护导体连接,或符合5.1～5.1.10的要求。

附录A包含设备的绝缘分类。

附录D用于确定电气间隙、爬电距离以及型式试验的耐受电压。

5.1.1 可接近部分

除非很明显,在正常使用中确定一个部分是否"可接近",应根据以下及5.1.1.1的规定进行。

预期连接到外部可接近电路的电路,应考虑为可接近的导电部分,例如通信电路。

除非要求施加作用力,采用5.1.1.1中规定的合适的试验指时不应施加作用力。如果能够用试验指或试验探针触及,或者在正常操作下触及时防护物没有提供适当的保护,则这些部分被认为是"可接近的"(见后注)。

在可接近的导电部分或电路,由双重绝缘或加强绝缘与依照5.1.4的规定通过元件跨接的其他部分隔离,可接近的导电部分或电路在正常运行状态下的电流限值应符合5.1.1.2.1的规定,在单一故障条件下应符合5.2.4.1.1的规定。这些要求应适用在介质电压试验之后。

对地电压超过交流有效值1 kV或直流1.5 kV的危险带电部分,如果试验指或试验探针与危险带电部分之间的距离小于由GB/T 16935.1—1997规定的工作电压下基本绝缘所适用的电气间隙,则认为这一部分是"可接近的",见5.1.9.1[3]。

对于接入插入式模件的设备,那些距离设备开口达180 mm能被铰接式试验指(见5.1.1.1)触及

采标注:

3 IEC原文误为5.1.5.4。

到的部分,被认为是“可接近的”。

注:易损的材料例如油漆、搪瓷、氧化物及阳性膜等,不认为能提供适当的绝缘。未浸渍的材料,例如纸、纤维、纤维材料等,也不认为能提供适当的绝缘。

5.1.1.1 **可接近部分的确定**

在正常运行中,如果用户需要执行任何可能增加部件可接近性的操作,无论是否借助工具(例如螺丝刀、硬币、钥匙等),这些操作都应在履行5.1.1.1.1~5.1.1.1.3的检查之前进行。例如包括:

- 拆除覆板;
- 调整控制;
- 更换耗材;
- 拆除部件。

5.1.1.1.1 **一般性检查**

铰接式试验指(见图F.2)应施加于每个可能的位置。如果设备的某一部分可能通过施加作用力而变为可接近部分,应采用施加10 N力的刚性试验指(见图F.1)。该作用力应从试验指的顶部施加,以避免楔入和产生杠杆作用。本试验应对包括底部的所有外表面施加。

5.1.1.1.2 **外壳封闭的危险带电部分上的开口**

一个长100 mm、直径4 mm的金属试验探针应插入设备外壳的任一开口,试验探针应自由悬挂,而插入外壳深度达100 mm的部分应是危险带电部分。本试验不应对端子施加。

5.1.1.1.3 **预设置控制器的开口**

一个直径3 mm的金属试验探针应从设备外壳的孔插入,以接近需要使用螺丝刀或其他工具进行预设置的控制器。试验探针应从该孔的任一可能方向插入。插入的深度不能超过从设备外壳表面到控制器轴的距离的3倍,或者不能超过100 mm,取两者中的较小值。

5.1.1.1.4 **特低电压(ELV)等级或移开覆板时可接近的带电部分**

如果不借助工具而将覆板移开时,特低电压(ELV)等级(例如可更换的电池或机电式继电器的触点)或带电部分是可接近的,当覆板移开时要求有一个醒目的警示标志。该警示标志应包含表9中的符号14和/或符号12。

5.1.1.1.5 **接线端子**

正常运行条件下,不能触及的以及在限制进入区域内或面板后的配线端子应认为是不可接近的。然而,宜按照GB 4208—2008中5.1规定的至少为IP1X的防护等级提供对于偶然接触造成电击的防护。

如果没有提供按照GB 4208—2008中5.1规定的IP1X防护等级,应在外露的危险带电接线端子附近标记表9中的警示符号12。

应通过目测或试验验证与5.1.1~5.1.1.1.5的符合性。

5.1.1.2 **可接近部分的允许限值**

在可接近部分和基准试验地之间,或在设备同一部分上相距1.8 m(沿着表面或通过空气)之内的任意两个可接近部分之间的电压、电流、电荷或能量,在正常运行条件下不应超过5.1.1.2.1中的规定值,在单一故障条件下不应超过5.2.4.1.1中的规定值。

5.1.1.2.1 **正常运行条件下的限值**

正常运行条件下,超过下列a)~c)水平(限值)的被认为是危险带电。只有当电压超过a)中的限值时,才采用b)和c)中的限值。

a) 电压水平:交流33 V,或直流70 V;

   作为潮湿场所使用的设备,电压限值为:交流25 V,或直流37.5 V;

b) 电流限值见表1;

表 1　正常运行条件下的电流限值

安装地点	GB/T 12113—2003 中图 3 和图 4 采用的测量电路	正弦波形有效值/mA	非正弦或混合频率波形峰值/mA	直流/mA
干燥	图 4	0.5	0.7	2
潮湿	图 3，R_S=375 Ω(代替 1 500 Ω)	0.5	0.7	2
干燥	图 3，R_B=75 Ω； 关系到 30 kHz～500 kHz 频率范围内可能的燃烧	70	—	—

c)　电容水平的电荷或能量限值见表 2。

表 2　正常运行条件下电容的电荷或能量限值

最大水平	交流峰值或直流电压
45 μC	最大 15 kV
350 mJ	≥15 kV
注：图 I.2 表明了正常运行和单一故障两种状态下相对于电容值的最大可接受电压。	

5.1.2　与危险带电部分接触的防护

对可接近危险带电部分的直接接触防护应由足够的绝缘、设备外壳或遮栏提供。

5.1.2.1　绝缘

绝缘要求应在考虑下列影响因素后确定：

- 所考虑的电路的标称额定电压(见附录 B)；
- 过电压类别(见附录 C 和附录 D)；
- 污染等级(见附录 D)；
- 绝缘水平，例如特低电压、安全特低电压、保护特低电压或保护等电位联结(见附录 A)；
- 绝缘的规定(见附录 A 和附录 D)。

5.1.2.2　设备外壳和遮栏

危险带电部分应置于至少符合 GB 4208—2008 中 5.1 中防护等级 IP2X 要求的外壳内或遮栏之后，以便在正常运行中是不可接近的。如果不使用工具能移开覆板，表 9 中序号 12 的警示符号应可见。

在正常运行中，易接近的遮栏的顶部表面至少应符合 GB 4208—2008 中 5.1 规定的防护等级 IP4X 的要求。任何这样的遮栏应有足够的力学强度、稳定性和持久性，以保持所规定的防护等级，并稳固地安放在适当的位置，只能借助工具才可移开。

由于人工更改设置等原因而可能偶然触及的危险带电部分，应至少符合 GB 4208—2008 中 5.1 的防护等级 IP2X 的要求。

注：IP2X 提供对手指的防护，IP4X 提供对直径 1 mm 的金属线进入的防护。

采用附录 F 规定的试验指验证与 5.1.2.2 的符合性。

5.1.2.3　采用多股导线的危险带电端

在导线承受接触压力的情况下，除非采用压接方法以降低由于焊料的冷态流动引起不良接触的可能性，多股导线末端不应采用软钎焊加固。补偿冷态流动的弹簧端子能满足此要求，压紧螺钉不足以能够预防旋转。

端子应固定、防护或绝缘，以使得在安装多股软导线时，如果导线中的某一股脱落，不应有类似的单股芯线与下列部件之间存在偶然接触的可能：

- 可接近的导电部分；或
- 仅通过附加绝缘与易接近的导电部分隔离的未接地的导电部分。

通常情况下，考虑用一根标称长度为 8 mm 的松散的多股线来评估这种风险。

如果确定有这样的风险，制造厂应在文档中给予说明并在设备上标记表 9 中 14 的警示符号。此风险能够通过采用诸如一个绝缘压接端头或单股导线消除。

通过检验验证与 5.1.2.3 的符合性。

5.1.3 电容器放电

设备断开以后，电容器应在 5 s 内放电至残留电荷 50 μC 或电压 20 V。对于已安装设备，如果插头插座式器件上的电压会被触及，并且这些器件在带电时不使用工具就能被拔出，则电容器应在 1 s 内放电至 50 μC，或电压至 20 V。

对于以上两种放电情况，应在关闭设备 5 s 或 1 s 之后，通过计算能量或测量电压进行试验。如果几个电容器通过电路相互连接，应以同样的计算予以确定。

如果由于设计的限制不能满足以上参数的要求，那么在设备上应有一个容易发现的警示标志，以便在退出期间电容器能安全放电。

通过计算或测量验证与 5.1.3 的符合性。

5.1.4 保护阻抗

为了使未接地的可接近的导电部分在单一故障条件下不致成为危险带电部分，保护阻抗应为下面的一种或多种：

- 一个高集成度元件，例如在最小额定电压有效值 3 250 V 时至少耐受 1 min 的高耐压电容器和电阻器，并且满足正常运行条件下 5.1.1.2.1 和单一故障条件下 5.2.4.1.1 的要求；
  在正常运行条件下，高集成度电阻器在最高环境温度时的额定功率至少应为该电阻器实际功耗的两倍。如果元件的主要失效模式是短路，不应采用单一元件；
- 元件的组合，例如两个串联的 Y 级电容器，每一电容器的额定值均以施加在此电容器组的总工作电压为额定值。每一个电容器应有相同的标称电容值和有效值至少为 2 000 V 历时 1 min 的耐受电压等级。据此提供在单一故障条件下基本的电击防护；
- 基本绝缘与限流或限压器件的组合。

注 1：允许通过满足保护阻抗要求的元件实现双重绝缘或加强绝缘的跨接。

注 2：对于前两种情况，可通过采用表 D.7～表 D.10 中海拔高度 2 000 m 的适当的双重绝缘或加强绝缘电压试验，对保护阻抗进行合格验证。海拔高度不同于 2 000 m 的，试验电压宜按表 D.11 进行调整。

应按照正常运行及适当的单一故障这两种条件下的要求评价元件、导线及连接。

验证 5.1.4 的元件及其任一基本绝缘的符合性，应在依照 10.5.4.5 的单一故障条件评估或试验之后进行。任何相关的基本绝缘均应通过依据附录 D 和附录 E 的评估、测量或试验来检验。

5.1.5 与保护导体的联结

5.1.5.1 带电部分和外露可导电部分之间的绝缘

如果在 5.1.1 中规定的固有的防护方法出现单一故障时，可接近的导电部分可能变为危险带电部分，它们应与保护导体端子联结。或者，这种“可接近”的导电部分应通过联结到保护导体端子的导电防护罩或遮栏与危险带电部分隔离。对于测量和试验设备，允许以间接联结替代直接联结。

未接地的可接近的导电部分，例如设备门或挡板、手柄等，应满足下列其中之一的规定：

- 未接地的可接近的导电部分，如果已通过双重绝缘或加强绝缘与所有危险带电部分隔离，无需与保护接地导体相连；
- 防护等级Ⅰ类设备：未接地的可接近的导电部分和带电部分之间有最低限度的基本绝缘，其前提是此绝缘不得因任何单一故障（包括机械冲击、导线或端子松动等）降低而低于基本绝缘。

可以采用机械保持力[6]确保维持单一故障条件下的基本绝缘。

如果对符合性有任何怀疑时，应通过测量对电气间隙进行验证。

5.1.5.2 保护联结

外露可导电部分应与保护导体相连。但当满足下列条件之一时除外：

- 当未接地的可接近的导电部分仅与带有符合5.1.2要求的直接接触防护、且电压不大于特低电压(ELV)限值(见附录A)的电路有关时；
- 当使用了磁芯时，例如变压器、扼流线圈和接触器；
- 未接地的可接近的导电部件尺寸较小，在正常使用下不会有意抓握，被接触的可能性很小，并且至少通过基本绝缘与危险带电部分隔离。

5.1.5.3 连接到保护导体的部件联结

保护联结试验的要求见10.5.3.4。

设备的设计宜确保保护接地联结电路任一表面的油漆或涂覆层不应影响该电路的保护联结阻抗。

5.1.5.4 对腐蚀的防护

保护接地端子和连接的导电接触部分，在与设备一起提供的说明书中指定的任何工作、贮存或运输环境条件下，不应因电化学反应而遭受导致失效的腐蚀。

可通过适当的电镀或涂覆层实现防腐。

验证是否符合5.1.5.4要求的方法是测定不同金属之间的电化学电位差，也可在通常进行的湿热型式试验之后进行检验。

5.1.5.5 保护联结的中断

当借助作为导体或带电体的插头和插座将保护连接于设备的组件时，保护连接不应在带电导体之前断开。重接时，保护导体应在带电连接前重接，或至少和带电导体一起重接。

5.1.6 保护导体联结

具有内部保护联结的设备，应在各个带电导体的端子附近具有能与外部保护导体连接的手段。

此保护导体端子应抗腐蚀。它至少应能容纳横截面积与具有最大电流(保护元件)等级、可能引起接地故障的设备电路一样大的电缆。

保护导体的连接手段不应被用作设备机械组件的一部分。

5.1.7 高泄漏电流

在正常运行时，如果设备持续出现交流超过3.5 mA或直流超过10 mA的漏电电流，则电源输入应作为永久性连接设备连接(见J.1)，并应在设备文档中规定。

任何电流的测量应采用GB/T 12113—2003中图4的测量电路进行。设备应与地以及连接在保护导体端子与保护导体之间的测量电路绝缘。

5.1.8 固体绝缘

5.1.8.1 总则

固体绝缘的设计应能承受发生的各种应力，特别是正常运行时预期出现的机械的、电的、热的以及气候应力，并应有效阻止设备在其寿命周期的老化。

固体绝缘应被设计为能够承受在运输、贮存、安装和使用期间可能出现的机械振动或冲击。

导线的绝缘应按照固体绝缘考虑。

薄的、易受损的材料，例如油漆或氧化物涂覆层以及阳极涂覆层，被认为不足以满足这些要求。

5.1.8.2 要求

在最高环境温度的正常运行条件下，固体绝缘的最高温度应低于7.10.2中表6所给出的适用等级

IEC原注：

6) 具有锁紧垫圈的螺钉或螺母，或是不仅仅以钎焊进行机械紧固的金属线被认为不易松动。

的温度。

固体绝缘的符合性应通过介质电压及冲击电压耐受试验进行验证,试验等级根据表 D.1～表 D.10 和表 D.11 相关的额定工作电压和过电压类别确定。

注:术语“固体绝缘”是指在两个相对表面之间,而不是沿着一个外表面提供电气绝缘的材料。对它的特性要求的规定为穿过绝缘的实际最小距离,或者沿用本标准中其他的要求和试验代替这个最小距离。因此,任何试验均只验证穿过绝缘的最小距离,而不是跨过绝缘表面的爬电距离。

可通过目测、测量和试验验证与 5.1.8 的符合性。

5.1.9 电气间隙和爬电距离

电气间隙和爬电距离应由表 D.1～表 D.10 中合适的部分确定。

最小爬电距离不应小于空气中的最小电气间隙。这些爬电距离和电气间隙都是最小值,制造公差应额外考虑。

电气间隙和爬电距离的设计示例见附录 E。

非均匀电场通常适用于设备。

对于冲击电压波形的功能绝缘,在确定所要求的电气间隙和爬电距离时,应以波形的有效电压作为工作电压计算和使用。短期[7]的重复峰值电压的幅值不宜超过用于确定最小爬电距离的额定工作电压有效值的 175%。

对所要求的电气间隙和爬电距离的符合性存在任何怀疑时,应进行测量。

如果适用,应根据第 10 章的规定进行电气间隙的例行试验和型式试验或抽样试验以确定 5.1.9 的符合性。

5.1.9.1 电气间隙

电气间隙是为了耐受无论是由于外部事件(例如雷击或通断的瞬态)或是设备的动作引起而在回路中出现的最大瞬态过电压。电气间隙的确定应参见附录 A 和附录 D。一次电路电气间隙的确定还宜参见表 C.1。

任意两个电路之间的电气间隙的设计应符合两者之中的较大者。

为保证确定的耐受试验电压,位于海拔高度超过 2 000 m 处的设备的电气间隙应乘以下面给出的系数:

海拔高度/m	电气间隙乘数
2 000	1.00
3 000	1.14
4 000	1.29
5 000	1.48

海拔 2 000 m 以上的设备的耐受试验电压参见表 D.11。若有必要,应考虑采用适当的方法限制设备承受的冲击电压。例如,采用火花放电器或瞬变干扰抑制器等。

5.1.9.1.1 一次电路的电气间隙

有关在空气中一次电路的电气间隙由额定冲击电压确定(见 D.1.3)。

一次电路与包括可接近部件和接地部件在内的其他电路(一次或非一次电路)之间的基本绝缘是最低要求。根据绝缘分类的不同(见附录 A),也可能需要额外的绝缘(例如功能绝缘或附加绝缘)。为使着火风险减至最小,有必要正确地设计功能绝缘,例如功能绝缘跨越一次电路。

当电气间隙不符合表 D.3～表 D.10 中的相关情况时,可通过合适的海拔高度倍增系数(见表 D.

IEC 原注:

7) 小于波形周期 2%的被定义为短期。

11)采用倍增的耐受电压作为试验电压进行验证。当电气间隙小于最小的规定值时,除非冲击电压发生器的特性和冲击电压幅值符合 GB/T 14598.18,否则检验产品安全的方法应首选表中给定的交流或直流值,而不是冲击电压的值。

注:表 D.1～表 D.10 中的耐受电压为非均匀电场中的值。在很多情况下,设备的两个部件之间在空气中的电气间隙介于非均匀电场和均匀电场之间。因此,电气间隙可以通过试验得到证明。

对于基本绝缘、附加绝缘、加强绝缘和双重绝缘,不允许对附录 D 各表中的电气间隙值进行插补。而对于功能绝缘,电气间隙值可以插补。

5.1.9.1.2 非一次电路的电气间隙

非一次电路的电气间隙应耐受电路中出现的最大瞬态过电压。若瞬态过电压不会发生,则电气间隙值基于最高标称工作电压。

对于非一次电路,表 D.1～表 D.12 中的电气间隙值允许插补。

5.1.9.2 爬电距离

应假定在本部分范围内的设备长时间连续地承受电压应力,因而需要设计适当的爬电距离。

爬电距离应参考附录 A 和附录 D 确定。

爬电距离的设计示例见附录 E。

任意两电路之间的爬电距离应符合两者中的较大者。

如果污染等级 3 级或 4 级导致了持久的导电性,例如由碳或金属尘埃所致,则不能规定爬电距离的尺寸。而必须使得绝缘表面的设计能够避免出现导电性污染的连续通路(例如依靠高度或深度至少为 2 mm 的筋或凹槽)。

表 D.12 指出了可用于降低设备内污染等级的附加防护。如果采用表 D.12 确定减小了的爬电距离,则宜确保此距离不小于所允许的最小电气间隙。

如果有怀疑,应通过测量验证 5.1.9.2 爬电距离的符合性,但不能通过电压耐受试验验证。

对于一次和非一次电路,附录 D 表中的爬电距离值允许插补。

5.1.10 功能接地

如果可接近的导电部件或其他导电部件的功能接地是必需的,采用下列方式:

- 允许功能接地电路连接到保护接地端子或保护连接导体上;
- 功能(或保护)接地电路至少应通过功能绝缘与特低电压(ELV)、保护等电位联结(PEB)、保护特低电压(PELV)和安全特低电压(SELV)电路隔离;
- 功能接地电路应通过下列任一种绝缘方式与装置内的危险电压部分隔离:
  ——双重绝缘或加强绝缘;或
  ——保护接地屏障或其他保护接地导电部件至少通过基本绝缘与危险电压部分隔离。

通过目测检验与 5.1.10 的符合性。

5.2 单一故障条件

5.2.1 单一故障条件试验

设备不应在单一故障试验后出现电击或着火风险,试验后对于设备的功能不作要求。

有关单一故障条件的概念、评估及试验,参见附录 M(资料性附录)[4]。

下列要求适用:

- 为了能发现易导致电击或着火风险的故障状态,应检查设备及其电路图;
- 除非可以证明由于个别的单一故障条件不可能引起危险,否则应进行故障测试;
- 不要求将单一故障条件施加于双重绝缘或加强绝缘;

采标注:

4 此条是根据我国的实际需要增加的条款。

● 设备应在最不利的组合基准试验条件下运行。

这些条件包括：额定电压和电流最差的误差条件、设备方位最差、正常操作时覆板或其他可动部件可能没安装、外部熔断丝已达规定的最大额定值等情况。

注：如果一些诸如螺钉、铆钉等小部件是不可接近的，并且至少通过基本绝缘与危险带电电压(HLV)电路隔离，可以不予考虑。

7.10 给出了另一个在单一故障条件下着火蔓延防护测试的可选方法，但不适用于电击危险。

5.2.2 单一故障条件的施加

一次只应施加一个故障条件，并且应按照最便利的顺序依次进行。不应同时施加多个故障，不过它们有可能是因同一个单一故障条件的施加而引起的。

单一故障条件施加后，设备或相关部件应满足 5.2.4 的要求。

单一故障条件的评估应包括以下方面。

5.2.2.1 保护阻抗

下列要求适用：

● 如果保护阻抗由多个元件组成，则每个元件都应按最不利的情况予以短路或断开；

● 如果保护阻抗由基本绝缘和一个限压或限流器件组成，此基本绝缘和限压或限流器件均应施加单一故障条件，一次施加一个。基本绝缘应被短路。限压或限流器件应按最不利的情况予以短路或断开。

高集成元件的保护阻抗部件无需短路或断开。

5.2.2.2 短时或间歇运行的设备或部件

如果在单一故障条件下设备或部件可能会连续运行，应在单一故障条件的试验中让它们连续运行。单个部件可能包括电动机、继电器、其他磁性器件和加热器。

5.2.2.3 互感器

在正常运行中带有负载的互感器的非一次绕组和多抽头绕组的各部分应依次进行试验，每次做一个，以模拟负载上的短路。所有其他的绕组按最不利的情况或带或不带负载。如果互感器的一次和非一次绕组通过加强或双重绝缘隔离，不应在它们之间进行短路试验。

短路也应施加于任何直接与线圈相连的限流阻抗或过电流保护器件的负载侧。

5.2.2.4 输出

输出应每次逐一短路。

5.2.2.5 电路和部件间的绝缘

如果电路和部件之间的功能绝缘可能导致任何材料过热而引发着火风险，应将此功能绝缘短路，除非那种材料的可燃性等级达到或优于 GB/T 5169.16 中规定的 V-1 级。

小于规定电气间隙或爬电距离的一次电路中的基本绝缘应桥接，以检验防止着火蔓延。

除非绝缘受到的热损伤可能引发电击危险，附加绝缘、加强绝缘和双重绝缘无需短路。

5.2.2.6 一次电路和带危险电压的非一次电路

单一故障条件应通过开路或短路元件施加于设备中的一次电路和带危险电压的非一次电路上那些可能引发着火或电击风险的地方。

5.2.2.7 过负荷

单一故障条件应施加于电路或元件因过负荷可能引发着火或电击风险的地方。此类情况包括最不利的负载阻抗连接到传送功率或信号输出的设备端子及连接器上。

允许采用可熔性连接、过流保护器件等提供足够的保护。

如果同一内部电路有多个引出线，则单一故障试验可以仅限于一个引出线。

5.2.2.8 间歇工作电阻器

对于设计为间歇功耗的电阻器，在单一故障条件下的评估中应考虑连续功耗。

5.2.3 试验持续时间

每个测试一般限于 2 h,因为在此时间内任何由单一故障条件引发的二次故障通常都会自行表现出来,并且被试设备的温度宜达到稳定状态。如果在 2 h 结束时,有迹象表明可能最终会发生电击、着火蔓延或人身伤害的风险,试验应继续进行直至这些危险中的某一个危险发生,或者达到 4 h 的最长时限。

5.2.4 符合性

5.2.4.1 电击防护的符合性要求

为验证设备在单一故障条件下不会出现电击危险,有必要按照 10.5.3.2 的规定进行电压耐受试验。

在施加单一故障条件后,保护等电位联结电路、保护特低电压电路和安全特低电压电路应保持安全可接触。

按照 5.2.4.1.1 的规定,单一故障条件下可接近部分不应是危险带电部分。

5.2.4.1.1 单一故障条件下的限值

单一故障条件下的数值超过 a)～c)的水平(限值)时被认为是危险带电。仅在电压超过 a)中规定数值时,才采用 b)和 c)的限值。

a) 电压水平为交流有效值 55 V 或直流 140 V;

用于潮湿场所的设备,电压限值为交流有效值 33 V 或直流 70 V。对于暂态电压,其限值是通过一个 50 kΩ 电阻测量获得的图 I.1 中的值;

b) 电流限值见表 3;

表 3 单一故障条件下的电流限值

安装地点	采用 GB/T 12113—2003 的测量电路	正弦波形有效值/mA	非正弦或混合频率波形,峰值/mA	直流/mA
干燥	图 4	3.5	5	15
潮湿	图 3,R_S=375 Ω(代替 1 500 Ω)	3.5	5	15
干燥	图 3,R_B=75 Ω 关系到 30 kHz～500 kHz 频率范围内可能的燃烧	500	—	—

c) 电容限值见图 I.2。

5.2.4.2 温度防护的符合性要求

见 7.2.1。

5.2.4.3 着火蔓延防护的符合性要求

见 7.10。

5.2.4.4 危险气体和化学制品的符合性要求

见 7.2.2。

5.2.4.5 机械防护的符合性要求

通过目测验证与 5.2.4.5 的符合性,以确保所有部分不会由于部件的向外爆炸或向内爆裂而脱离设备,也不会由于单一故障条件的施加而导致机械危险。

防爆部件宜借助工具才可移动。如果防爆部件不借助工具就可移动,则应标记符号 14,并在说明文件中提供适当的警示。

6 机械要求

6.1 机械危险防护

6.1.1 稳定性

在正常使用中，设备不应出现物理上的不稳定而造成对用户的伤害。

6.1.2 运动部件

在可能接触时，运动部件不应挤压、划伤或刺伤用户身体的任何部位。在正常使用和维护中，也不能严重地夹伤用户的皮肤。这一要求不适用于明显依靠设备外部部件的操作而易触及的运动部件，例如跳闸机构。设备的设计应将无意中接触此类运动部件的可能降至最小(例如装设挡板、手柄等)。

通过目测验证与6.1.2的符合性。

6.1.3 边和角

设备外壳上所有易触及的边沿、凸起、转角、开孔、挡板、手柄之类宜是平滑的、圆润的，以避免在正常使用时造成伤害。

通过目测验证与6.1.3的符合性。

6.2 机械要求

设备宜按照10.5.2.1.1～10.5.2.1.4的规定进行机械试验。

如果要求更高的试验严酷等级，应由制造厂与用户协商一致。

6.3 端子的机械安全

见J.1。

7 可燃性及防火

7.1 总则

本章通过下列措施之一，提供了降低与设备有关的着火风险而达到安全水平的方法和步骤：

- 消除或减少设备内部的引燃源；
- 减少设备中易燃或可燃材料的数量；
- 一旦发生着火，宜将其限制在设备内部。

基本原理：

由于正常的或异常的运行，设备或设备部件可能出现温度过高而导致在设备内部或其周围产生着火风险。

设备内出现着火风险应具备下列所有三个基本要素：

- 设备电路应有足够的功率或能量作为引燃源；
- 应存在氧气(空气中含氧量大约为21%)；
- 应具有维持燃烧过程的易燃材料。

采用本章提供的方法和步骤有下列优点：

- 无需试验即可符合防火要求；
- 减少单一故障条件试验；
- 提供了可以通过目测检验着火防护的设计规范；
- 减少了检验机构之间解释的差异及测试的可变因素。

本章还详细规定了在最高温度限值和限能电路条件下着火蔓延防护的要求。

着火蔓延防护的要求见图1的流程图。

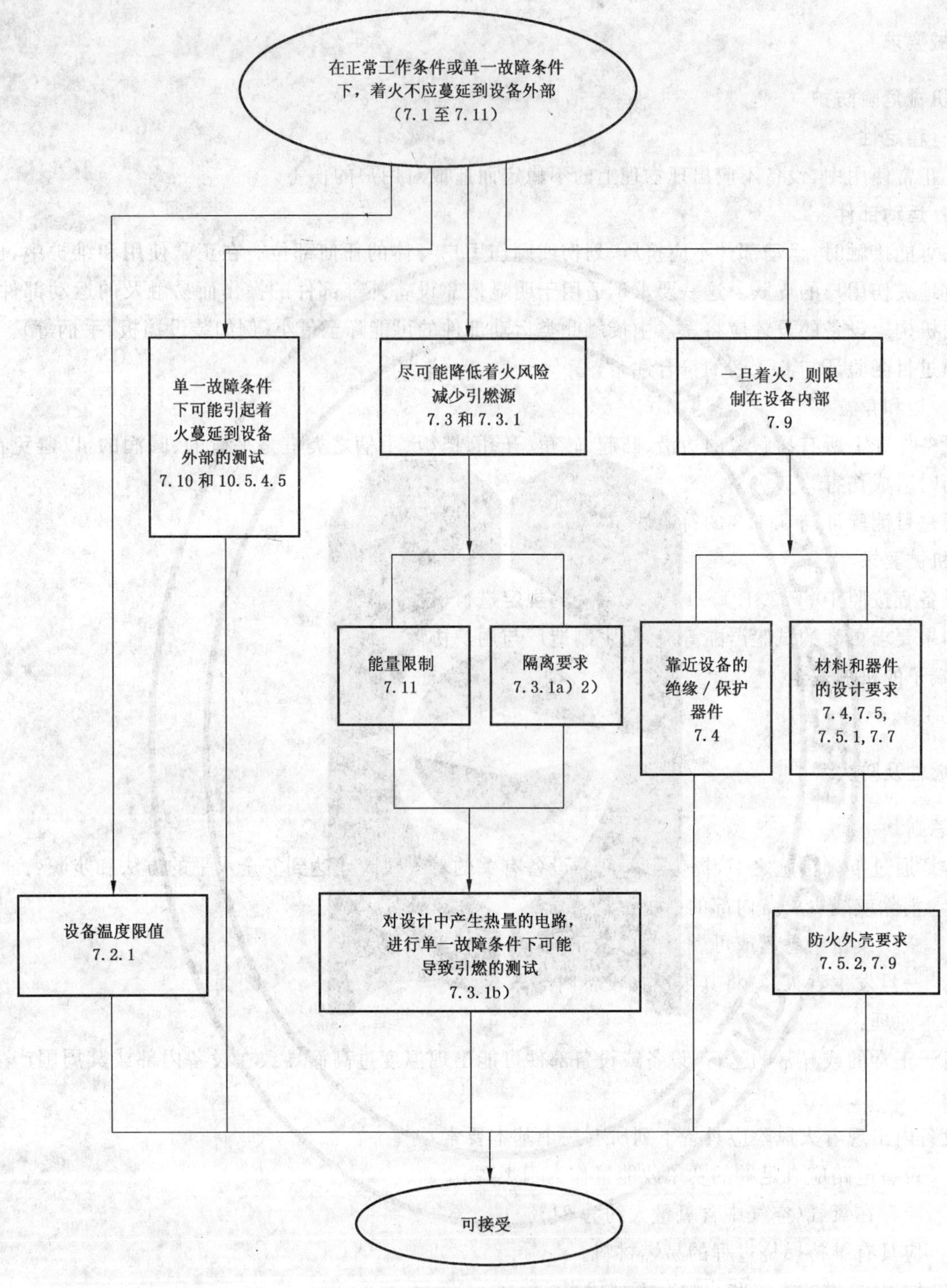

图 1　着火蔓延防护要求的流程图

7.2　过热与着火的一般危险

7.2.1　设备温度限值

在正常条件或单一故障条件下，任何加热都不应导致危险，也不应导致设备外的着火蔓延。表 4 规定了最高环境温度下正常使用时设备最高的可接受温度。

单一故障条件下最高可接受温度见 7.10.1。

如果因为功能原因必须有易接触的热表面，则可允许其超过表 4 中的规定值，但应在外观或功能上可以辨认或贴上标志。表 9 中的符号 13 宜用于指示某表面或部件是热的。

宜考虑到这样的事实，基于长期原因某些绝缘材料的电气和机械性能可能会受到不良影响，例如在低于材料正常软化温度时软化剂的蒸发。

所给定材料的相对热指数(RTI)规定了最高连续工作的温度。在此温度下工作7年后，材料的电气和机械性能最多可能降低50%。

表4 环境温度为40 ℃时正常操作中的最高温度

正常操作时可接近的部件	最高温度(见注1和注2) ℃	
	金属	非金属
仅在短时间内持握或接触的手柄、旋钮、把手等	60	85
正常操作时连续持握的手柄、旋钮、把手等	55	70
可能触及的设备外表面	70	80
可能触及的设备内部部件	70	80
注1：对于不大可能触及的、尺寸不大于50 mm的区域，允许其温度达100 ℃。 注2：如果不大可能被无意中触及，并且该部件有热警示(例如表9中的符号13或14)标记，允许其温度超过表中给出的环境温度为40 ℃时的限值。		

通过对挡板和覆板的测量或目测验证与7.2.1的符合性，检验它们对于温度高于表4各值的表面意外触及的防护。试验时所有挡板和覆板应就位。若挡板和覆板不借助工具就可移动，应采用表9中符号13或14警示。

7.2.2 危险气体、化学品及易燃品

正常运行时，设备不应释放危险数量的有毒或有害性气体。

制造厂提供的文件中应说明设备可能释放出哪些有毒或有害性气体，及其可能的释放量。

通过查看制造厂提供的文件验证其符合性。由于气体种类的广泛性，使规定基于极限值的符合性试验难以做到，因此宜采用职业(有害物)的阈限值表。

7.3 着火风险的最小限度

设备内部以及敷设的电缆和布线的着火风险最小限度应该是主要考虑的问题。应提供与可靠性和运行要求一致的防护。

单一故障条件下，任何损害均应限制在设备内部，见7.10。

选择和使用元件和材料时，应保证因元件失效或可能的短路造成的着火风险可以忽略。

在一次电路和超过特低电压限值的电路中，关键性的安全元件宜符合相关的IEC标准。

应检查设备及其电路图，以确定采用单一故障条件验证着火风险的试验是否必要。

7.3.1 设备内部引燃源的消除或减少

如果每个引燃源符合下列要求，则认为引燃和着火风险的发生降低到了可以容许的水平：

a) 满足1)或2)

1) 对电路或设备部件有效的电压、电流和功率的限制与7.11相同；

按照7.11的规定，通过限能值的测量检验其符合性；

2) 不同电位的各部分之间的绝缘满足基本绝缘的要求，或者能证明将此绝缘桥接不会导致引燃；

通过目测验证其符合性，如果有怀疑，施加7.10规定的试验；

b) 对于产生热量的电路，在任何可能导致引燃的单一故障条件(见5.2)下的试验中均未发生引燃。设备中不属于限能电路(见7.11)的所有电路均被认为是引燃源，此时应采用下列方法1)或方法2)：

1) 单一故障条件下可能导致设备外部着火蔓延的试验(见 5.2);

2) 依据 7.10 验证,如果发生着火是否将其限制在设备内部。

采用 7.10 的评估方法,以 5.2 中的相关试验检验其符合性。

7.4 电缆敷设及熔断

为了使交流或直流电源和保护导体,或其他由该产品供电的设备发生着火风险和热负荷过载的可能性降至最小,考虑到最不利的单一故障条件,制造厂应做出下列推荐:

- 连接电缆:最小横截面及电压额定值;
- 保护器件:熔断器或断路器的额定参数,宜包括保护器件特性、电压额定值,并且该器件宜靠近设备。

注 1:当出现下列情况时,上述特别重要:

——在预期使用时,设备中的某一故障可能引起设备的输出电流超过额定值,由此导致保护导体或由设备供电的其他设备的热负荷过载;

——设备故障后不能自动断开交流或直流电源。

注 2:失效或故障可能是由于设备内部的短路,或外露可导电部分的故障、接地故障,输出电路短路或控制电路失效。

7.5 材料和元件的可燃性

包括可燃性试验的试验概览见表 11。

除了 7.5.1~7.5.3 的规定之外,所有材料和元件应符合下列要求:

- 绝缘导线的可燃性等级不应低于 GB/T 5169.16—2008 中 V-1 级,或符合 7.7.2 的规定;
- 装配了元件的连接器或绝缘材料的可燃性等级不应低于 GB/T 5169.16—2008 中 V-2 级。

通过查看材料的数据,或按 GB/T 5169.16 中规定的可燃性试验对相关部件的三个试样进行合格性验证(见表 11 和 10.5.4.2)。该试样可以是下列任何一种:

- 完整的部件;
- 部件的某部分,包括具有最小壁厚和任何通风口的区域;
- 符合 GB/T 5169.16—2008 的样品。

当涉及到安全时,元件应满足下列要求之一:

- 符合包含此类要求的相关 IEC 元件标准的可燃性要求;
- 没有相关 IEC 标准的,符合本标准的可燃性要求;
- 如果元件已被某一公认的检验机构认定为符合某一非 IEC 标准的可燃性要求,该要求至少与相关 IEC 标准中规定的要求等同。

7.5.1 防火外壳内部的元件和其他部件的材料

在下列情况下,免除 7.5 的要求:

- 当依照 5.2 进行试验时,在非正常运行条件下没有出现着火风险的电气元件;
- 在全部由金属材料构成并且没有通风口、体积不大于 0.06 m^3 的设备外壳中的材料和元件,或在一个充有惰性气体的密封单元内的材料和元件;
- 直接用于防火外壳中包括载流器件表面的任何表面的一层或多层薄绝缘材料,例如粘性胶带,前提是薄绝缘材料的组合物及其应用表面的可燃性等级都不应低于 GB/T 5169.16—2008 中 V-2 级;

注:如果上述薄绝缘材料在防火外壳自身的内表面,则采用 7.9 对防火外壳结构的要求。

- 安装有诸如集成电路器件、光耦器件、电容器或其他小型器件的电子元件的材料,其可燃性等级不低于 GB/T 5169.16 中的 V-1 级;
- 以 PVC、TFE、PTFE、FEP 或氯丁橡胶或聚酰亚胺绝缘的导线、电缆及连接器;
- 用于线束固定的独立的线夹(不包括螺旋状的或其他连续形式缠绕物)、系带、捆绑绳以及电缆扣。

通过检查设备或材料的数据验证与7.5和7.5.1的符合性。

7.5.2 防火外壳的材料

填充于防火外壳开孔中及预期安装于该开孔的元件所用的材料，应满足：

- 可燃性等级不低于GB/T 5169.16—2008中的V-1级；或
- 通过GB/T 5169.16—2008中的可燃性试验；或
- 符合相关IEC元件标准的可燃性要求。

注：熔丝架、开关、连接器和器具的插入口等，就是这些元件的实例。

防火外壳的塑料材料应放置在与起弧部件(例如未封闭的开关触点)的空气距离13 mm以外的地方。

防火外壳的塑料材料放置在与非起弧部件空气距离13 mm以内时，如果在任何正常或异常工作条件下，该部件均能达到足以引燃该材料的温度，则该材料应通过IEC 60695-2-20的试验。试样引燃的平均时间不应少于15 s。如果试样熔化而未引燃，出现此状况的时间不认为是引燃时间。

通过检查设备或材料的数据验证与7.5.2的符合性，如有必要可进行适当的可燃性试验。

7.5.3 防火外壳外部的元件和其他部件的材料

除非下文另有说明，位于防火外壳外部的元件或其他部件(包括机械外壳、电气外壳和装饰性部件)所用的材料，如果最薄处的有效厚度小于3 mm，其最低的可燃性等级应达到HB75。如果其最薄处的有效厚度不小于3 mm，则可燃性等级应达到HB40，或者其可燃性等级应达到HBF。

注：如果机械的或电气的外壳也作为防火外壳，则采用对防火外壳的要求(见7.5.2和7.9)。

连接器应符合下列要求之一：

- 制造材料的可燃性等级不低于GB/T 5169.16—2008中的V-2级；
- 通过GB/T 5169.16—2008的试验；
- 符合相关IEC元件标准的可燃性要求；
- 安装材料的可燃性等级不低于GB/T 5169.16—2008中的V-1级，且尺寸较小；
- 安装在由一种电源供电的二次电路中，该电源在设备正常工作条件下和单一故障条件(见5.2)后，其最大输出被限制在15 VA或者符合限能电路的要求(见7.11)。

元件或其他部件所用的材料达到可燃性等级HB40、HB75或HBF的要求不适用于下列任一情况：

- 当依照5.2试验时，在非正常运行条件下没有出现着火风险的电气元件；
- 体积不大于0.06 m^3 的全部由金属构成并且没有通风口的外壳内的材料和元件，或在一个充有某种惰性气体的密封单元内的材料和元件；
- 符合包括此类要求的相关IEC元件标准可燃性要求的元件；
- 诸如集成电路器件、光耦器件、电容器和其他小型器件的电子元件：
  ——安装在可燃性等级不低于GB/T 5169.16—2008中的V-1级材料上；
  ——在正常工作条件下或发生单一故障之后的设备内，并且安装在可燃性等级达到HB75、最薄处有效厚度小于3 mm的材料上，由不大于15 VA或者由符合限能电路要求(见7.11)的电源供电；
  ——最薄处的有效厚度不小于3 mm时，安装在可燃性等级达到HB40的材料上。

7.6 着火引燃源

归类于一次电路或超过特低电压限值的设备的所有电路(见上文)均应认为是着火的引燃源。此类电路的所有电气元件均认为是可能的着火引燃源。

7.7 采用防火外壳的条件

当故障条件下部件的温度能够足以造成引燃时，要求采用防火外壳。

7.7.1 需要防火外壳的部件

除非被试设备的一次电路和非一次电路都进行了5.2中所有适用的单一故障试验，或者符合7.7.2的要求，否则下列元件或部件均认为具有引燃危险而需要采用防火外壳：

- 一次电路中的元件；
- 由超过 7.11 规定限值的电源供电的非一次电路中的元件；
- 由符合 7.11 规定的限能电路供电的非一次电路中的元件，并且没有安装在可燃性等级不低于 GB/T 5169.16—2008 中的 V-1 级材料上；
- 在电源单元内，或在有一个输出符合 7.11 限能电路要求的组件中的元件，这类组件包括符合限能电路源输出判据的过流保护器件、限制阻抗、调节网络和导线(7.7.2 除外)；
- 具有未封闭的起弧部件的元件，例如危险电压或危险能量级的电路中未封闭的开关和继电器触点；
- 除了 7.7.2 之外的绝缘配线。

7.7.2 无需防火外壳的部件

下列部件无需防火外壳：

- 电动机；
- 互感器；
- 符合 7.5 要求的机电元件；
- 填充防火外壳的开孔、符合 7.9 中要求的元件，包括连接器；
- 具有 PVC(聚氯乙烯)、PTFE(聚四氟乙烯)、TFE(四氟乙烯)、FEP(氟化乙丙烯)、氯丁橡胶或聚酰亚胺绝缘的导线和电缆；
- 成为电源线或互连电缆的一部分的插头和连接器；
- 在正常工作条件下和发生单一故障之后的设备中，由最大限值在 15 VA 的电源供电的非一次电路中的连接器；
- 由符合 7.11 规定的限能电路供电的非一次电路中的连接器；
- 非一次电路中的其他元件：
  ——由符合 7.11 规定的限能电路供电，并且安装材料的可燃性等级不低于 GB/T 5169.16—2008 中的 V-1 级；
  ——在正常运行状态下和发生单故障之后的设备中，由最大限值为 15 VA 的内部或外部电源供电，并且安装在可燃性等级为 HB75、最薄处的有效厚度小于 3 mm，或可燃性等级为 HB40、最薄处的有效厚度不小于 3 mm 的材料上；
  ——一次电路和非一次电路都已进行了 5.2 中所有适用的单一故障试验的设备；
- 不超过 1 500 mm^2 的小型部件，例如纸质标签。

通过目测及评估由制造厂提供的数据验证是否符合 7.7.1 和 7.7.2。如果没有提供数据，应通过试验验证。

注：如果元件在单一故障条件下变得非常热，并且安装位置距离可燃性等级不优于 V-2 的非金属材料 13 mm 以内，则可以在此非金属材料的最小厚度处施加 GB/T 5169.12 中灼热丝可燃性(HWF[5])试验，以确定是否存在着火危险。

7.8 对一次电路和超过 ELV 限值的电路的要求

如果设备的一次电路和超过特低电压限值的电路以及符合 7.9 中的结构要求的设备外壳，或者变换器等具有符合相关 IEC 标准的过电流或过热保护，则认为这些电路的着火风险降低到了一个可以容许的等级。

7.9 防火外壳和火焰遮栏

防火外壳应符合下列要求：

采标注：

5 IEC 原文误为 HWI。

- 底部不应有开孔；或者在图3的范围内应具有图2的挡板结构；或者是由金属制成并按表5规定的开孔的挡板；或者是一个以相邻网眼的中心距离不超过2 mm×2 mm、导线直径至少为0.45 mm的金属网；
- 在图3中斜线C以内所包括的区域里的侧面不应有开孔；
- 设备外壳、任何挡板或火焰遮栏应由金属(镁除外)或可燃性等级不低于GB/T 5169.16中V-1级的非金属材料制造；
- 设备外壳、任何挡板或火焰遮栏应具有足够的刚性。

如果火焰遮栏和防火外壳底部最小厚度处的材料的可燃性等级达到或优于GB/T 5169.16—2008中的V-1级，则无需试验即可认为它们是符合要求的。

通过目测验证与7.9的符合性。如果怀疑材料的可燃性等级是否达到或优于V-1级，根据GB/T 5169.16通过三个试样验证。

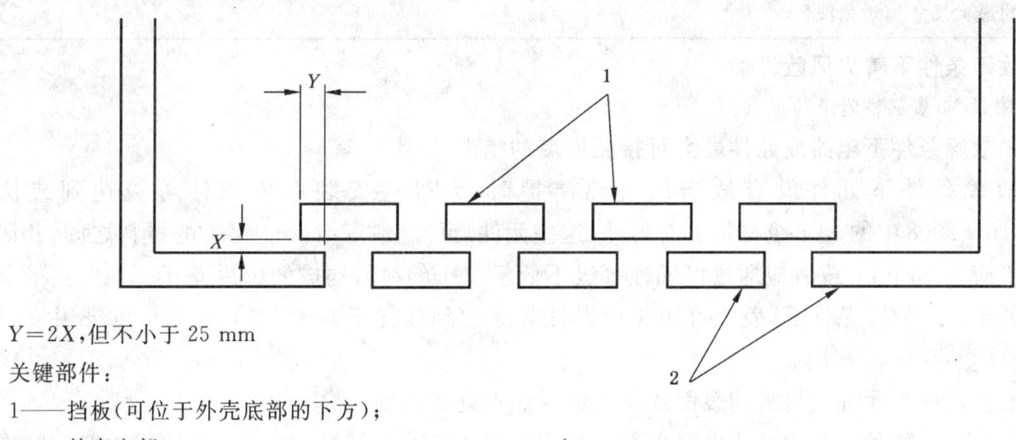

$Y=2X$，但不小于25 mm

关键部件：

1——挡板(可位于外壳底部的下方)；

2——外壳底部。

图2 挡板

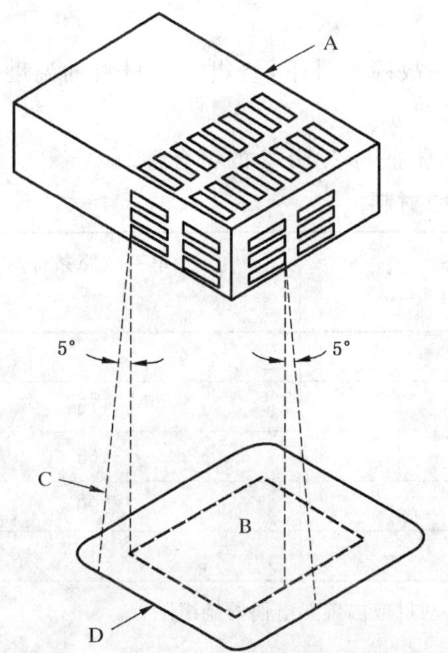

A——被认为是着火危险源的设备的部件或元件。它由无其他遮挡的设备的元件或部件的整体，或有外壳部分遮挡的元件的未遮挡部分构成。

B——A的轮廓在水平面上的投影。

C——描绘出按照7.9的规定所构成的底部和侧面的最小面积的斜线。该线与沿A的周边上任何一点的垂线呈5°夹角为走向，以描绘出最大面积。

D——按照7.9的规定所构建底部的最小范围。

图3 非易燃火焰遮栏的位置和范围

表 5 设备外壳底部可接受的开孔

最小厚度/mm	孔的最大直径/mm (见注)	孔的最小间隔/mm(中心对中心)
0.76	1.15	1.70
0.76	1.19	2.36
0.81	1.91	3.18(72 个孔/645 mm^2)
0.89	1.90	3.18
0.91	1.60	2.77
0.91	1.98	3.18
1.00	1.60	2.77
1.00	2.00	3.00
注：方孔的最大尺寸为对角线。		

7.10 单一故障条件下着火风险评估

注：参见附录 M(资料性附录)。

7.10.1 单一故障条件下电路或元件最大可接受温度的指南

在单一故障条件下元件没有适当的过热防护时，元件应安装在可燃性等级达到或优于 GB/T 5169.16—2008中的 V-1 级材料上。另外，这些元件与可燃性等级低于 V-1 的材料之间，相隔的空气距离至少应为 13 mm，或者应通过可燃性等级不低于 V-1 的材料构成的遮栏隔开。

当电路处于单一故障条件下，表 6 可用于可燃性等级达到或优于 GB/T 5169.16—2008 中的 V-1 级材料。

所规定的温度应为元件或材料的表面或其内部最热点处的温度。

如果由于单一故障条件下元件或电路承受过热而不可能符合上述要求，这些元件或电路宜被有效地遮栏或隔离，以免造成周围材料或元件的过热(见 7.9)。或者作为选择，按照正常使用安装的设备可施加 7.10.3 的符合性试验。

7.10.2 正常运行条件和单一故障条件下绕组的温度

如果温度过高可能导致危险，在正常运行条件或单一故障条件下，绕组绝缘材料的温度不应超过表 6 中的值。

通过正常运行条件或适用的单一故障条件下的测量，验证与 7.10.2 的符合性。

表 6 绕组的绝缘材料

绝缘等级 (见 IEC 60085)	正常运行状态/ ℃	单一故障条件/ ℃
等级 A	105	150
等级 B	130	175
等级 E	120	165
等级 F	155	190
等级 H	180	210
注 1：如果绕组的温度由热电偶测定，则这些值降低 10 ℃，电动机或内置热电偶的绕组除外。 注 2：本条与短时的过负载无关。		

7.10.3 设备着火蔓延防护要求的符合性

见 10.5.4.5 的单一故障试验。

作为安全型式试验，为了确定设备是否符合 7.10.3 着火蔓延防护的要求，应把盖有单层粗棉布的设备置于表面覆盖包装棉纸的软木材上。不应有熔融的金属、燃烧的绝缘物、有焰的微粒等掉落在放置设备的表面上，并且此棉纸或粗棉布也不应炭化、灼热或起焰。根据本标准的要求，绝缘材料的熔化并不重要而应被忽略。

注1：粗棉布应为大约40 g/m²的漂白棉布。

注2：包装棉纸在ISO 4046中定义：一种柔软而结实的轻型包装纸，每平米克重在12 g/m²～30 g/m²之间，主要用于精致物品的保护性包装和礼品包装。

7.11 限能电路

符合下列所有准则的电路为限能电路：

a) 电路中出现的交流电压有效值不大于33 V，或直流电压不大于70 V；

b) 由下列措施之一限制电路中出现的电流：

1) 由固有限制或由阻抗限制最大的可出现的电流，使其不会超过表7中相应的值；

2) 由符合表8的过电流保护器件限制电流；

3) 由一个可调节的网络限制最大可出现的电流，使其在正常使用条件下或者该可调节的网络发生单一故障之后，不会超过表7中相应的值；

c) 至少是由基本绝缘与其他可能导致能量值超出上述a)和b)规则的电路隔离。

如果采用过电流保护器件，它应是某种熔断器，或者是不可调节的、非自复位的机电式器件。

在下列条件下，通过目测和测量电路中的电压和最大可出现的电流验证与7.11的符合性：

- 在电压达到最大的负载条件下测量电路中出现的电位；
- 以产生最大电流的电阻负载（包括短路），在运行60 s后测量输出电流。

表7 最大可用电流的限值

开路输出电压 U/V			最大可用电流/A
交流有效值	直流	峰值（见注）	
≤20	≤20	≤28.3	8
20<U≤30	20<U≤30	28.3<U≤42.4	8
—	30<U≤60	—	150/U

注：峰值适用于非正弦的交流和纹波大于10%的直流。

表8 过电流保护器件

电路中出现的电压 U/V			在不超过120 s的时间之内由保护器件切断的电流（见注2和注3）/A
交流有效值	直流	峰值（见注1）	
≤20	≤ 20	≤ 28.3	10
20<U≤30	20<U≤60	28.3<U≤42.4	200/U

注1：峰值适用于非正弦交流和纹波大于10 %的直流。

注2：评估宜基于规定的该保护器件的时间—电流分断特性之上，而不同于额定的分断电流（例如，一个符合GB 9364.1的4 A的T型的保险丝规定用于在120 s切断8.4 A或更小的电流）。

注3：保险丝的分断电流与温度有关。如果熔断器周围的温度比室内环境温度高出许多，宜考虑温度的影响。

8 通用和基本的安全设计要求

8.1 安全的气候条件

设备的气候条件表示设备的直接环境条件。

设备的安全不应在制造厂声明的环境范围内受到削弱，这些环境条件包括：

- 运行的和贮存的温度；
- 湿度(无凝露)；
- 大气压力。

8.2 电气连接

电气端子和连接点的设计应使设备在其寿命期间保持预期的可靠性。应对运行中通常遇到的情况留有裕度，例如由于潮湿产生的腐蚀、振动、发热和蠕变等。

应通过试验验证保护联结与8.2的符合性。

导线和电缆应符合IEC标准。

导体及其横截面应完全符合本标准的电气的、机械的和气候的要求。此外，导体的结构及其横截面应与采用的连接方式匹配(例如，无螺钉或钎焊的连接方法应符合IEC 60352-1或GB/T 18290.2标准)。

载流部件宜具有预期使用中必要的力学强度及载流容量。

对于电气连接，除了陶瓷或其他特性更合适的材料之外，不宜通过绝缘材料传递接触压力，除非金属部件有足够的弹性能补偿绝缘材料任何可能的收缩或弯曲。

8.3 元件

本部分范围内的设备所使用的元件，与其安全相关的设计和应用指南见附录H。

8.3.1 高集成度的部件或元件

高集成度的部件或元件应使用于发生短路或断开将导致单一故障条件下违背某一要求的地方(见5.1.4和5.2.2.1)。高集成度的部件和元件的结构、参数和试验结果应达到IEC标准(适用部分)的要求，以确保预期使用的安全和可靠性。对于本标准而言，它们可以被认为是无故障的。

这些要求和试验举例如下：

- 适当的双重绝缘或加强绝缘的介质电压试验；
- 至少两倍功耗(电阻)的设计；
- 保证设备预期寿命内可靠性的气候试验和耐久试验；
- 电阻器的耐受试验，即依据GB/T 17627.1的源阻抗为2 Ω的冲击电压耐受试验，或者介质电压试验。耐受试验电压应由表D.9或表D.10确定。

在真空、气体或半导体中使用电子传导的单个电子器件，不能认为是高集成度的部件。

通过相关试验验证对8.3的符合性。

8.4 与通信网络的连接

预定与通信网络连接的端口应采用IEC 62151。

8.5 与其他设备的连接

当设备预期连接到其他产品、附件或通信电路/网络时，互连电路应按表A.1的要求选择，以提供连续的性能。

注1：通常是通过特低电压(ELV)电路连接到ELV电路、安全特低电压(SELV)电路连接到SELV电路、保护特低电压(PELV)电路连接到PELV电路、保护等电位联结(PEB)电路连接到PEB电路以及通信网络电压(TNV)[8]电路连接到TNV电路达到。

注2：倘若多个电路(SELV电路、TNV电路、ELV电路、危险电压电路等)按照本标准的要求隔离，允许采用一根互连电缆承载。

注3：危险带电电压(HLV)电路可以连接于具有兼容的电气额定值的其他设备的HLV电路。

通过目测验证与8.5的符合性。

当附加设备是主(第一)设备的特定补充(例如设备独立的控制接口)时，如果设备连接在一起时仍

IEC原注：

8) 有关TNV电路的定义和信息见IEC 62151。

然符合本标准的要求，允许特低电压(ELV)电路作为这些设备之间的互连电路。

8.6 激光源

设备应按照GB 7247.1设计。

如果设备中包含激光或者二级及以上的高强度红外线二极管，则设备应按照9.1.6标记。

8.7 爆炸

有关元件的信息见8.3和附录H，而不在8.7中提及。

8.7.1 有爆炸危险的元件

当不具备释压器件的元件因过热或过载有爆炸倾向时，对用户的防护应在设备中体现，见5.2.4.5。

应设置释压器件以便卸压而不对用户造成危险。其结构应使任何释压器不被阻塞。

8.7.1.1 电池

电池在过载或卸载或极性装反时不应引起爆炸或着火风险。除非制造厂的说明书指明只能使用具有内置保护的电池，否则有必要在设备中配置保护。电池保护电路的例子见附录K。

如果装入错误型号的电池(例如在规定使用内置保护电池的地方)能够导致发生爆炸或着火的危险，应在电池仓或支架上或其附近贴有警示标志(见9.1.10)，并在制造厂的说明书中给出警示。可接受的标志是表9符号14(参见说明)。

如果设备有可充电式电池，并且不可充电电池也能够装入和连接在此电池仓内，应在电池仓内或其附近有警示标志(见9.1.8和9.1.10)。

电池仓的设计应做到不能由于可燃性气体的聚积引起爆炸或着火。电池的安装不应因为电解液的泄露而削弱安全性能。

预期由用户更换的电池，即使电池极性装反也不应发生危险。

通过目测验证符合性，包括检查电池的数据，以确保单个元件(除了电池本身)的失效不会导致爆炸或着火风险。必要时，对因其失效能够导致这些危险的任何单个元件(电池本身除外)实施短路和开路试验。

9 标志、文件和包装

9.1 标志

9.1.1 总则

当设备安装在其正常工作位置时，在可能的情况下宜带有符合9.1.2～9.2所包含内容的标志。如果可能，这些标志应从设备外部看到，或者用户对预期可移动的覆板或开口不借助工具打开时能够看到。

如果受空间限制，这些标志在正常工作位置或设备的其他地方难以看到时，应在设备说明书中包含对这些符号的解释(见表9中对这些符号的描述)。

对于机架或屏上的设备，标志符号的位置允许在设备从机架或屏上移开后可见的任何表面上。

适用于整个设备的标志不应标在用户不借助工具就可移开的部件上。

对于优先选用的电压、电流、频率及其偏差值宜查阅GB/T 14047。

第9章列出的标志应认为与安全相关。

在任何情况下，安全标志均应优先于任何功能性标志。

9.1.2 标识

设备至少应标记以下内容：

- 制造厂或供应商的名称或商标；
- 型号或基本类型；
- 如果设备具有同一名称(型号)而产自一个以上的地区，应标记产地。

注：工厂地址的标记可以采用代码。

以上是在设备上进行标识的最低的强制性要求。

通过目测验证与9.1.1和9.1.2的符合性。

9.1.3 辅助电源、VT、CT、I/O[9]

9.1.3.1 标志的一般要求

对于标志宜考虑下列内容：

- 交流——采用表9中的符号2，并给出额定频率或频率范围；
- 直流——采用表9中的符号1；
- 对于交流和直流电源，在设备上采用表9中的符号3；
- 对于三相交流电源，在设备上采用表9中的符号4；
- 应采用连接号"—"分隔标称电压的最低和最高值，例如125 V—230 V；
- 应采用波浪式连接号"～"分隔被测量电压的最低和最高值，例如125 V～230 V[6]；
- 可选择的电压或电流标志：

  ——最低和最高的可选值应采用斜线分隔符"/"分隔，例如125 V/230 V、1 A/5 A；

  ——设备采用自动切换的电压或频率时，应按照表9中的符号15或标识"自动"("AUTO")标志，见表9的示例；

  ——如果工作电压是由外部的、单独的器件提供，例如一个附加的串联电阻，则应采用该工作电压符号紧随"＋外部电阻"标记设备，例如"125 V＋外部电阻"。
- 与全部附件或插入式模块连接的负载，其功耗以瓦特(有功功率)或伏安(视在功率)或额定输入电流表示；

  说明文件应详细指明那些带重要负载的独立的数字输入、输出继电器和其他I/O端口的负载，以便于用户计算设备在最恶劣情况下使用的负载；

  负载值的测量应施加设备的标称电压而不是工作电压，测量值不应超过标示值的10%；
- 电源额定电压或电源额定电压的范围：

  如果设备能在多于一个的电压范围内使用，应标上各自不同的电压范围，除非它们的最大和最小值与中间值相差不超过20%；

  如果用户能够在设备上设置不同的电源额定电压，则设备上应提供电压设置方法的指示。如果不借助工具就能改变电源的交流和直流设置，则改变设置的操作也应改变这一指示。

9.1.3.2 辅助电源

应提供下列信息：

- 在设备上和文件中：

  ——交流和(或)直流电源；

  ——额定值；
- 在文件中：

  ——功耗。

9.1.3.3 被测物理量

应提供下列信息：

- 在设备上和文件中：

  ——标称值，例如电压、电流、频率；

IEC原注：

9) I/O是设备输入或输出的缩写，VT是电压互感器的缩写，CT是电流互感器的缩写。

采标注：

6 按照GB/T 15835—1995的规定，在我国不采用半字线"-"和三点"..."。

- 在文件中：
  ——功耗；
  ——过负荷耐受值。

9.1.3.4 **输入**

应提供下列信息：

- 在文件中：
  ——交流和(或)直流电源；
  ——额定值；
  ——电源输入功耗。

9.1.3.5 **输出**

应提供以下信息：

- 在文件中：
  ——输出类型,例如继电器、光耦等；
  ——电源输入功耗；
  ——接通(断开)容量；
  ——切换电压；
  ——容许的电流的连续值和 1 s 的短时值；
  ——动合触点的耐受电压。

通过目测或测量检验与 9.1.3.1～9.1.3.5 的符合性。

9.1.4 **熔断器**

在采用可以更换的熔断器时,应邻近熔断器标记其额定值和类型(例如熔断速度的标志)并在用户手册中提供详细资料。如果熔断器焊接在印制板上或印制板上没有足够的空间标记时,那么熔断器的详细资料可以仅提供在用户手册中。

宜采用如下的 GB 9364.1 中的切断速度代码：

- 高速反应:FF 或黑色；
- 快速反应:F 或红色；
- 中延迟:M 或黄色；
- 延迟:T 或蓝色；
- 长延迟:TT 或灰色。

不是由用户更换的设备熔断器也应具有上述相同信息,并且应在设备说明书中提供这些信息。

保护熔断器或其他有必要确保设备在单一故障条件下安全的外部保护器件的推荐额定值,应在设备的安装和技术文件中详细说明。

通过目测验证与 9.1.4 的符合性。

9.1.5 **测量电路端子**

标志应邻近测量端子。若没有足够空间(例如在多端口设备中),允许在标志牌上标记或采用表 9 中的符号 14 对端子标记。

当空间允许时,测量电路的电压和电流端子应标示允许采用的额定最大工作电压或电流。否则,应采用表 9 中的符号 14 标记。

如果由于意外接触端子而对用户有直接的电击风险,即端子的接口不符合 GB 4208—2008 中 5.1 的 IP1X 防护等级,则应采用表 9 中的符号 14 和(或)12 标记。

除非设备清楚地标明它不能连接到超过交流 33 V 或直流 70 V 的对地电压上,用户可接近的输入电路的电压和电流端子应标明额定对地电压。

当电路端子以某种方式标识其只作为与另一台设备连接的特定端子,可以不做要求。例如,两个保护装置之间测量电路的互联。

通过目测验证与 9.1.5 的符合性。

9.1.6 端子和操作器件

出于安全的需要，所有端子、连接器、控制器和指示器都应采用文字、数字或符号指示其用途，并包括操作顺序。如果空间不足，允许采用表 9 中的符号 14。在这种情况下，应在设备文件中提供相关信息。

交流或直流电源输入连接端子应是可识别的。

其他端子和操作器件应按下列方式标记，标志宜靠近端子或在端子上，但最好不宜在无需借助工具就被移开的部件上：

- 功能接地端子采用表 9 中的符号 5；
- 保护导体端子采用表 9 中的符号 6。

如果保护导体端子是某元件(例如接线座)或组件的一部分，而又没有足够的空间，可采用表 9 中的符号 5 标记。

标志不宜位于螺钉等易更换的固定件上。由接插器件提供的电源和接地连接不要求在其旁边标记接地连接。

设计为可接近的、电压波动不至于造成危险带电的电路端子，允许连接到公共的功能接地端子或系统(例如同轴屏蔽系统)。如果该连接本身不明显，应采用表 9 中的符号 7 标记。

如果设备中包含激光、或二级及以上的高强度红外线二极管，并且在正常使用或维护状态下能够观察到它们的输出，则设备应按照 GB 7247.1 标记。

通过目测验证与 9.1.6 的符合性。

9.1.7 双重绝缘或加强绝缘防护的设备

双重绝缘或加强绝缘防护的设备应采用表 9 中的符号 11 标记，但提供保护导体端子的设备或在正常运行中能够形成功能地连接(例如通过电缆屏蔽)的设备除外。

仅仅局部受到双重绝缘或加强绝缘防护的设备不应采用表 9 中的符号 11 标记。

注：如果只有在维护时才接近，过电压类别Ⅱ[7] 设备的端子区域的基本绝缘是可接受的。

通过目测验证与 9.1.7 的符合性。

9.1.8 电池

9.1.8.1 可更换电池

若设备中有可更换电池，并且更换错误类型的电池能够引起爆炸(例如某种锂电池)，则：

- 如果用户能够靠近电池，则应在电池近旁作标记或在操作说明和维修说明中均有声明；
- 如果电池在设备中的其他地方，则要求有标志，此标志应在电池近旁或者包含在维修说明的声明中。

标志或声明应类似如下所示：

当心——以错误的类型或极性更换电池有着火风险。
按说明书处置废旧电池

设备的空间有限时，允许采用表 9 中的符号 14。

除非电池极性不可能装反，在设备上应标出电池的极性。

9.1.8.2 充电

具有内部电池重复充电设施的设备，如果不可充电电池也可能装入并连接在电池仓内，在该电池仓内或其附近应有警示标志，以防止对不可充电电池充电。该警示还应标明应该接入充电电路的可充电电池的型号。

采标注：

7 IEC 原文误为Ⅱ类绝缘设备。

当空间不允许时，该信息应在设备说明书中提供。在此情况下，采用表9中的符号14在电池附近标记作为首选。

通过目测验证与9.1.8.1和9.1.8.2的符合性。

表9 符号

序号	符号	出版物	说明
1	⎓	IEC 60417, No. 5031	直流
2	∼	IEC 60417, No. 5032	交流
3	≂	IEC 60417, No. 5033	直流和交流两用
4	3∼	IEC 60417-2, No. 02-02-06	三相交流
5	⏚	IEC 60417, No. 5017	接地端子
6		IEC 60417, No. 5019	保护导体端子
7		IEC 60417, No. 5020	机架或机箱端子
8		IEC 60417, No. 5021	等电位
9A	|	IEC 60417, No. 5007	通(电源)
9B	○	IEC 60417, No. 5008	开(电源)
10		IEC 60417, No. 5010	通/断(电源)
11	⧈	IEC 60417, No. 5172	全部由双重绝缘或加强绝缘防护的设备(相当于GB/T 17045—2006中的Ⅱ类设备)
12		IEC 60417, No. 5036	小心:电击危险
13		IEC 60417, No. 5041	小心烫伤
14		ISO 7000-0434	小心:查阅随机文件
15		ISO 7000-017	230/110 V自动 或230/110 V

注1：警示符号的尺寸宜查阅GB/T 5465.2。

注2：如果设备上标记的模制或雕刻的符号高度或深度达到0.5 mm，或符号和外框与背景在颜色上有反差，则颜色要求不适用于符号12、13和14。

9.1.9 试验电压标志

如果制造厂选择在设备上标记试验电压，应采用表10中指定的符号标记。

表10 试验电压标志符号

介质试验电压	符 号
试验电压500 V	☆
试验电压高于500 V (例如2 kV)	☆ 2
冲击试验电压	符 号
试验电压1 kV	▽ 1
试验电压5 kV	▽ 5

9.1.10 警示标志

通常，用于安装在机架或屏上的设备，允许在设备从机架或屏上移开后可见的任何表面上标记。

这一方法也适用于没有足够空间的架装或屏装设备的背板上的警示标志。在此情况下，应采用表9中的符号14和(或)符号12的标志并尽可能靠近背板。

如果在正常操作中接近设备有电击危险的地方，应采用表9中的符号12作警示标志，并且此标志应从前面板可见，或者在不借助工具移开覆板或打开门或挡板后可见。

如果用户需要查阅设备文件或说明资料，设备应以表9中的符号14标记。

如果设备文件中规定，允许用户在正常操作中使用工具接近可能危险带电的任一部件，设备上应带有警示说明，陈述在接近设备之前应将其与危险带电电压隔离或断开。

警示标志的大小应符合下列要求：

- 符号的高度至少应为2.75 mm，文字的高度至少应为1.5 mm，并且与背景颜色形成反差；
- 模制、铭刻或雕刻在材料上的符号或文字的高度至少应为2.0 mm。如果没有颜色反差，它们的深度或凸起高度至少应达到0.5 mm。

注1：对电池的要求见9.1.8。

注2：除非是手持式设备或者空间受限，标志不宜位于设备底部。

通过目测验证与9.1.9和9.1.10的符合性。

9.1.11 标志的耐久性

在正常运行状态下，所有的标志应保持清晰易识别，并应能承受制造厂指定的清洗剂的影响。此外，还不应受自然光和人造光的影响。

应采用永久性粘合剂以保证粘贴标签的可靠。

在符合性试验后，标签不应松动或卷角卷边。

应以目检并用手施加不过分的力擦拭验证其符合性：

- 用制造厂指定清洗剂浸渍的布擦拭15 s；
- 如果没有指定清洗剂，则用水代替。

9.2 文件

9.2.1 总则

设备文件应清楚地指明设备及其制造厂或代理商的名称和地址。安全信息应与设备一并交付。

根据要求，制造厂应提供包含设备技术说明书、调试和使用说明的文件。在相关处，文件应包括设备及其任何可更换部件的校准、维修和其后的安全处置与退役。

根据要求，制造厂应提供设备型式试验和例行试验的相关文件。

如果适用，设备文件中应包含警示声明和对设备上标记的警示符号的清楚解释。特别是在采用了表9中的符号14时，应当给出一段声明，说明应查阅此文件，以便弄清任一潜在危险的性质以及需要采取的任何消除或减小该危险的措施。

文件应包含以下内容：

- 用户在进行其他任何操作之前，应有责任保证任一保护导体连接的完整性的声明；
- 用户在调试或维护之前，应有责任核实设备的额定参数、操作说明和安装说明的声明；
- 9.2.2～9.2.5 中规定的信息；
- 设备的预期使用。

9.2.2 设备额定值

设备文件应包含以下内容：

- 设备预期的安装类别(过电压类别)，这与设备承受瞬态过电压的能力有关；
- 设备的电源电压或电压范围、额定频率或频率范围以及功率或电流的额定值；
- 标称工作值的允许波动幅度也宜说明，例如工作电压的最大值和最小值；
- 所有输入输出连接的描述。

9.2.2.1 熔断器和外部保护器件

任何内部熔断器的类型、额定电流和额定电压都应按照 9.1.4 的要求说明，包括由用户更换的可接近或不可接近的熔断器。

推荐的熔断器类型或其他保护方式应考虑通断容量和切断速度。

在产品文件中应给出设备安全操作需要的所有外部熔断器或保护器件的类型、额定电流和额定电压。

如果有外部开关、断路器或其他保护器件就近连接到设备的建议，应对此作出说明。

9.2.2.2 环境要求

设备文件应规定以下内容：

- 当设备安装于正常使用的位置时，设备前面的 IP 等级；
- 设备的污染等级，例如安装于正常使用位置时的污染等级为 2。
- 设备的过电压类别，例如安装于正常使用位置时过电压类别为 I[8]。

通过目测验证与 9.2.1～9.2.2.2 的符合性。

9.2.3 设备的安装

为便于安装，设备文件中应适当包含：

- 与设备的安全安装有关的说明，包括任何特定的场所和组装要求；
- 与设备的保护接地有关的说明，包括推荐采用的导线尺寸和指明设备激励时保护连接不宜断开的声明；
- 应说明任何特殊的通风要求，这与设备的散热有关；
- 制造厂还应指出在最高环境温度下，可同时被激励的数字信号输入电路或输出继电器的个数或百分比；
- 正确安装设备所必需的导线型号、尺寸和额定参数；
- 与 9.2.2.1 一样，设备安全运行要求和所需任何外部器件规格的相关说明。

通过目测验证与 9.2.3 的符合性。

9.2.4 设备调试和维护

提供给用户的涉及预防性维护和检查的设备说明书应足够详细，以确保这些步骤的安全性。如果适用，说明书应包括与设备安全接地和断开激励有关的建议。

如果适用，还应包括以下内容：

采标注：

8 IEC 原文把“过电压类别”误为“绝缘分类”。

- 适用于用户的包括与操作和维护有关的故障测定和维修的说明；
- 制造厂应列出只能由制造厂或其代理商检查或提供的所有部件的清单；
- 制造厂应规定更换和处置以下部件的安全方法：
  ——用户可接近的任何熔断器，包括如同 9.1.4 中规定类型和额定值的熔断器；
  ——任何可更换的电池，例如锂电池和(或)适用的替代品；
  ——可充电电池的安全充电方法和(或)可更换电池的合适的替代品的建议；
  ——应警示用户，不宜直视安装的光纤通信输出器件。

通过目测验证与 9.2.4 的符合性。

9.2.5 设备的操作

设备的操作说明书应包括以下内容：

- 在 CT 电路上工作之前应先将它们短路；
- 应说明，为了达到设备的预期功能，用户有责任确保设备按照制造厂规定的方法安装、操作和使用，否则可能削弱设备所提供的任何安全防护；
- 对设备上按照 9.1 可能采用的图形符号的解释。

9.3 包装

9.3.1 总则

本部分的范围不包括设备从制造厂到用户的运输。但制造厂应有责任确保所实施的运输方式对设备、运输方和用户都是安全的。

对设备被运输到用户所在地期间可能经受的任何振动与碰撞不可能完全量化。

因此，制造厂应确保对设备的适当包装，使其能够耐受适于运输方式的合理的搬运和环境条件，送达用户的交货地址而没有损坏。

用户宜以目测检查设备在运输过程中是否损坏。

9.3.2 包装的标志

如果适用，设备的包装应作如下标记：

电气设备，易碎，小心轻放。

- 制造厂的名称和(或)商标；
- 设备型号；
- 如果适用，包含有多个部分的设备的包装宜标记全部的“多个包装”的总重(采用公制单位)，以有助于运输。

9.3.2.1 适当情况下的附加警示标签

下面是 GB/T 191—2000 中表 1 所示的典型例子。

如果认为该表中其他的符号适合于设备的安全搬运和交付以及所使用的运输条件，可以在包装上使用。

- “易碎”警示，可用被认可的语言、依据 GB/T 191—2000 表 1 中的图示符号 1 或两者兼用书写；
- “向上”，依据 GB/T 191—2000 表 1 中的符号 3[9] 的方向指示；
- “怕雨”，依据 GB/T 191—2000 表 1 中的符号 6；
- “由此起吊”，依据 GB/T 191—2000 表 1 中的符号 16；
- “重心”，依据 GB/T 191—2000 表 1 中的符号 7。

10 型式试验和例行试验

本章规定的试验是为了验证设备完全符合本部分中规定的安全要求以及制造厂的要求。

采标注：

9 IEC 原文误为 ISO 780：1997 表 1 的符号 2。

表 11　检验项目一览表

试　　验	标准条款	型式试验[b]		例行试验[c]
		确认[a]（资料性）	安全（规范性）	
环境试验				
高温试验——运行的	10.5.1.1	√	—	—
低温试验——运行的	10.5.1.2	√	—	—
最高贮存温度下的高温试验	10.5.1.3	√	—	—
最低贮存温度下的低温试验	10.5.1.4	√	—	—
湿热试验	10.5.1.5	√	—	—
交变湿热试验(与湿热试验二者选一)	10.5.1.6	√	—	—
振动	10.5.2.1.1	√	—	—
冲击	10.5.2.1.2	√	—	—
碰撞	10.5.2.1.3	√	—	—
地震	10.5.2.1.4	√	—	—
安全试验				
电气间隙和爬电距离	10.5.2.2	—	√	—
IP 等级	10.5.2.3	—	√	—
冲击电压	10.5.3.1	—	√	—
交流或直流介质电压	10.5.3.2	—	√	√
绝缘电阻	10.5.3.3	√	—	—
保护联结阻抗	10.5.3.4.1	—	√	—
保护联结的连续性	10.5.3.4.2	—	—	√
绝缘材料、元件和防火外壳的可燃性[d]	10.5.4.2	—	√[d]	—
单一故障条件	10.5.4.5	—	√	—
电气环境试验				
部件和材料的最高温度	10.5.4.1	√	—	—
短时耐热	10.5.4.3	√	—	—
输出继电器,接通和承载	10.5.4.4	√	—	—

[a] 确认试验通常在产品研发阶段作为型式试验进行,但他们可能会对产品的安全有影响。确认试验之后,宜对被试设备是否符合安全要求进行检查,例如由于绝缘部件的破裂或变形。

[b] 是否符合型式试验的要求可以通过适当的试验、测量、目测或评估来检查。例如,电气间隙和爬电距离的测量(或者在间距明显很大时进行目测);或技术论证,例如对结论可知的单一故障条件的评估。为验证是否符合要求,在正常施加的型式试验中或试验后不应有电击或着火风险。

[c] 抽样试验见 10.5.3.2.1.3。

[d] 当材料不能满足第 7 章规定的最低可燃性等级,或材料厚度低于规定的最低可燃性等级要求的最小厚度值时,可能需要对塑料部件进行试验。

√:适用。

—:不适用。

除非能够证明某个特殊的单一故障条件不可能引起危险,否则都应进行单一故障试验,见 5.2。

10.1 安全型式试验

安全型式试验是规范性的,以验证设备符合本标准的安全要求。除非另有规定,安全型式试验可按任一合理顺序进行。安全型式试验可对一台试制样机或同一型号的不同样机进行。

除非另外达成协议,安全型式试验应在没有进行过令人满意的安全型式试验的所有设备上,或者在可能影响设备性能的改进项目上进行。

当设备的某一细微部分改变时,由此改动而受到影响的那些特定的安全型式试验项目应重复进行。

安全型式试验可由制造厂或独立的试验机构进行。当用户要求时,制造厂应向其提供获取令人满意的试验结果的证明文件的途径。

10.2 例行试验或抽样试验

例行试验或抽样试验[10]是规范性的,用以确认设备是否保持了电击防护的设计特性。除非另有规定,这些试验可按任一顺序进行。

10.3 试验条件

例行试验应在 GB/T 14047 规定的通用试验条件下进行。

所施加的每项试验的下列数据应达到制造厂的要求:

- 连接电缆的横截面积和长度,如果这些可能影响型式试验的结果,例如温度升高;
- 对于振动试验,包括导线支架位置在内的电缆端子和支架的详细资料;
- 所有测量项目的测量精度和允许误差。

如果适用,测量数据还应包括:

- 初始测量的数据;
- 单独试验中测量的数据;
- 最终测量的数据。

10.4 确认程序

确认程序应保证设备符合其规范,而且设备的功能在试验程序开始时的初始测量期间正常,设计特性在所有规定的全部后续的单独试验中均保持不变。

初始测量、单独试验中的测量、最终测量:

例外的情况是在单一故障条件试验之后,只需要确认的是该设备未引起火灾或电击危险。

在某一试验程序中,如果前期试验的最终测量与随后的单独试验的初始测量一致,就没有必要将这些测量做两次,即一次就足够了。

上述测量包含目测和简化的性能试验。

10.5 试验

10.5.1 气候环境试验

10.5.1.1 高温试验——运行的

高温运行试验应根据表 12 的规定进行,以证明设备在运行时对高温的承受能力。

表 12 高温试验——运行的

项 目	试 验 条 件
试验标准	GB/T 2423.2 试验 Bd
预处理	依照制造厂说明书
初始测量	依照 10.4 和 10.5.3.2

IEC 原注:

10) 有关例行试验的细节见 10.5.3.2.1.2,抽样试验必需的要求见 10.5.3.2.1.3。

表 12（续）

项　　目	试　验　条　件
条件	在制造厂规定的额定负载/额定电流下运行[a]
运行温度	按照制造厂规定的最高运行温度，温度值宜从 GB/T 2423.2—2001 中 37.1 选择。 在 5 min 时间内，温度的最大变化率为 1 ℃/min
精确度	±2 ℃（见 GB/T 2423.2—2001 中 37.1）
湿度	依照 GB/T 2423.2—2001 中 36.1.5，试验 Bd
暴露时间	至少 16 h
测量和/或负荷	在额定负荷/电流下功能正常
恢复过程 ——时间 ——气候条件 ——电源	（见 GB/T 2423.2—2001 第 42 章） 至少 1 h 但不超过 2 h，所有试验在这一时间结束前完成 GB/T 14047 的标准基准条件 电源断开
最终测量	依照 10.4 和 10.5.3.2
[a] 制造厂宜声明试验过程中被激励的数字输入电路和输出继电器的数目，以及承载的最大额定电流。	

10.5.1.2　低温试验——运行的

低温运行试验应根据表 13 进行，以证明设备在运行时对低温的承受能力。

表 13　低温试验——运行的

项　　目	试　验　条　件
试验标准	GB/T 2423.1 试验 Ad
预处理	依照制造厂说明书
初始测量	依照 10.4 和 10.5.3.2
条件	在制造厂规定的额定负载/额定电流下运行[a]
运行温度	按照制造厂规定的最低运行温度，温度值宜从 GB/T 2423.1—2001 中 26.1 选择。 在 5 min 时间内，温度的最大变化率为 1 ℃/min
精确度	±3 ℃（见 GB/T 2423.1—2001 中 26.1）
湿度	不适用
暴露时间	至少 16 h
测量和/或负荷	在额定负荷/电流下功能正常
恢复过程： ——时间 ——气候条件 ——电源	（见 GB/T 2423.1—2001 第 31 章） 至少 1 h 但不超过 2 h，所有试验在这一时间结束前完成 GB/T 14047 的标准基准条件 电源断开
最终测量	依照 10.4 和 10.5.3.2
[a] 制造厂宜声明试验过程中被激励的数字输入电路和输出继电器的数目，以及承载的最大额定电流。	

10.5.1.3 最高贮存温度下的高温试验

高温贮存试验应根据表14进行,以证明设备在贮存时对高温的承受能力。

表14 高温试验——贮存温度

项目	试验条件
试验标准	GB/T 2423.2 试验 Bb
预处理	依照制造厂说明书
初始测量	依照10.4和10.5.3.2
条件	不激励
贮存温度	按照制造厂规定的最高贮存温度,温度值宜从GB/T 2423.2—2001的15.1选择。 在5 min时间内,温度的最大变化率为1 ℃/min
精确度	±2 ℃(见GB/T 2423.2—2001的15.1)
湿度	依照GB/T 2423.2—2001的14.3,试验Bb
暴露时间	至少16 h
测量和/或负荷	不适用
恢复过程: ——时间 ——气候条件 ——电源	(见GB/T 2423.2—2001第20章) 至少1 h但不超过2 h,所有试验在这一时间结束前完成 GB/T 14047的标准基准条件 电源断开
最终测量	依照10.4和10.5.3.2

10.5.1.4 最低贮存温度下的低温试验

低温贮存试验应根据表15进行,以证明设备在贮存时对低温的承受能力。

表15 低温试验——贮存温度

项目	试验条件
试验标准	GB/T 2423.1 试验 Ab
预处理	依照制造厂说明书
初始测量	依照10.4和10.5.3.2
条件	不激励
贮存温度	按照制造厂规定的最低贮存温度,温度值宜从GB/T 2423.1—2001的15.1选择。 在5 min时间内,温度的最大变化率为1 ℃/min
精确度	±3 ℃(见GB/T 2423.1—2001的15.1)
湿度	不适用
暴露时间	至少16 h
测量和/或负荷	不适用
恢复过程 ——时间 ——气候条件 ——电源	(见GB/T 2423.1—2001第20章) 至少1 h但不超过2 h,所有试验在这一时间结束前完成 GB/T 14047的标准基准条件 电源断开
最终测量	依照10.4和10.5.3.2

10.5.1.5 湿热试验

为证明设备对潮湿的承受能力，应按表16进行湿热试验。

交变湿热试验可以作为一种替代试验，详见表17。

表16 湿热试验

项目	试验条件
试验标准	GB/T 2423.3 试验 Cab
预处理	依照制造厂说明书
初始测量	依照10.4
条件	试验期间设备应连续激励并保持在工作状态或依照制造厂的另行规定，将影响量设定为它的基准条件
温度	制造厂宣布的温度(温度值宜从GB/T 2423.3中选择，偏差±2 ℃)
湿度	(93±3)%
暴露时间	至少10天
测量和/或负荷	见本表"条件"一栏
恢复过程 ——时间 ——气候条件 ——电源	(见GB/T 2423.3—2006的第9章) 至少1 h但不超过2 h，所有试验在这一时间结束前完成 GB/T 14047的标准基准试验条件 设备不激励
最终测量	依照10.4

注1：在设备与电源重新连接前，宜用气流将所有内部和外部的冷凝物去除。

注2：当确定采用湿热试验时，宜参见GB/T 2424.2导则。

注3：制造厂宜声明在整个试验过程中被激励的数字输入电路和输出器件的数目。

如果组成设备的各组件、元件和部件均以可以比较的试验组合通过了这一试验，则也认为满足了试验要求。如有必要，只需对那些没有做过试验的组件进行试验就足够了。

10.5.1.6 交变湿热试验

表17 交变湿热试验

项目	试验条件
试验标准	24 h周期(12 h +12 h)的6次循环
预处理	1　在温度25 ℃±3 ℃、相对湿度60%±10%的试验箱中达到稳态； 2　稳定后，在1 h之内应将相对湿度增至95 %或更高，同时保持在该同一温度
初始测量	依照10.4
条件	试验期间设备应连续激励并保持在工作状态，将影响量设定为它的基准条件
温度	低温周期：25 ℃±3 ℃； 高温周期：规定用于户内的设备，40 ℃±2 ℃； 规定用于户外的设备：55 ℃±2 ℃； 试验周期，包括依照GB/T 2423.4—1993图2b的渐升和渐降
湿度	在较低温度时97% $^{+3\%}_{-2\%}$； 在较高温度时93%±3%； 试验循环，包括依照GB/T 2423.4—1993图2b的渐升和渐降

表 17（续）

项　　目	试　验　条　件
暴露时间	24 h(12 h ＋ 12 h)循环，6 次
测量和/或负荷	见上述条件
恢复过程 ——时间 ——气候条件 ——电源	（见 GB/T 2423.4—1993 第 8 章） 至少 1 h 但不超过 2 h，所有试验在这一时间结束前完成 GB/T 14047 的标准基准试验条件 电源断开
最终测量	依照 10.4
注：制造厂宜声明在试验过程中被激励的数字输入电路和出口继电器的数目，以及承载的最大额定电流。	

10.5.2　机械试验

10.5.2.1　机械试验

10.5.2.1.1　振动

GB/T 11287，响应(激励)，耐久(不激励)。

10.5.2.1.2　冲击

GB/T 14537，响应(激励)，耐久(不激励)。

10.5.2.1.3　碰撞

GB/T 14537(不激励)。

10.5.2.1.4　地震

IEC 60255-21-3(激励)。

符合性：在正常适用的型式试验过程中或试验之后应没有电击或着火风险，以此证明是否符合 10.5.2.1.1～10.5.2.1.4 的要求。

10.5.2.2　电气间隙和爬电距离

当对所要求的电气间隙和爬电距离是否符合附录 D 适当的表格中数值有任何怀疑时，应进行测量。不满足最小电气间隙值时，可通过试验验证电气间隙(见 5.1.9.1.1)。验证空气中电气间隙的试验不能用于证明相关的爬电距离的符合性。

在采用瞬态抑制器件以降低过电压时，应对该电路进行试验以显示其对施加源阻抗为 2 Ω 的 10 次正的和 10 次负的脉冲的耐受能力。应采用依据 GB/T 14598.18 的浪涌试验发生器特性以及差模和(或)共模输入源的脉冲电压幅值。

10.5.2.3　IP 等级试验

本试验是为了验证在正常操作时，设备的外壳、遮栏或安装板能否防止接近危险带电部分。

本试验应作为设备的型式试验进行，以验证危险带电部分不能被附录 F 的标准铰接式试验指接近。同时，在正常操作时试验指的电压和能量不应超过 5.1.1.2.1 中的安全限值。

除非另有协议，应进行试验以确认在正常操作时设备外壳满足制造厂声明的 IP 等级。该试验应符合 GB 4208 中设备外壳等级的那些规定。

10.5.3　与安全相关的电气试验

本条中电压试验的目的是验证电气间隙和固体绝缘。

试验电压电平应为发生器连接到设备之前的开路电压。

10.5.3.1　冲击电压试验

冲击电压型式试验施加的电压波形为 1.2/50 μs(见 GB/T 17627.1—1998 中图 1)，用以模拟来源于大气的过电压，它也包括由低压设备的通断引起的过电压。

10.5.3.1.1 **试验程序**

冲击电压试验应符合下列要求：

冲击电压应施加到从设备外部可接近的合适的点上，其他电路和外露的可导电部分应连接在一起并接地。

电气间隙的验证试验应在每一极性至少施加三次冲击，且冲击间隔至少为 1 s。

同样的试验程序也适用于对固体绝缘能力的验证。然而在此种情况下每个极性应施加 5 次冲击，并应记录每次冲击的波形。

用于电气间隙和固体绝缘的这两个试验可以合并为一个通用的试验程序。

10.5.3.1.2 **波形和发生器特性**

应采用符合 GB/T 17627.1—1998 的标准冲击电压（更多的信息见附录 G）。发生器特性应依据 GB/T 17627.2—1998 校准。

发生器的参数为：

- 波前时间：1.2(1±30%)μs；
- 半峰值时间：50(1±20%)μs；
- 输出阻抗：500(1±10%)Ω；
- 输出能量：0.5(1±10%)J。

每根试验导线的长度不应超过 2 m。

10.5.3.1.3 **冲击试验电压的选择**

可采用的额定冲击试验电压应从下列标称峰值之一选择：0 kV、1 kV、5 kV。

当特定的设备电路规定为零值的额定冲击试验时，这些电路应免除冲击电压试验。

规定的 5 kV 峰值冲击试验适用于海拔高度至 2 000[10] m。当海拔高度超过 2 000 m 时，应采用表 D.11 降低试验电压。

推荐的冲击试验发生器电路在图 G.1 中给出。

试验电压允差为$^{0\%}_{-10\%}$。

当试验在设备的两个独立电路之间进行时，应采用这两个额定冲击电压中的较高值。

10.5.3.1.3.1 **在 5 kV 标称峰值下的被试设备**

根据第 3 章，分类为一次电路的设备电路，按 10.5.3.1.3 规定的 5 kV 标称峰值进行试验。

10.5.3.1.3.2 **在 1 kV 标称峰值下的被试设备**

若符合下列情况，设备电路可按 10.5.3.1.3 规定的 1 kV 额定峰值进行试验：

- 辅助（电源）电路与本标准所适用的设备电源的专用电池相连接。此电池不应用于开关感性负载；
- 设备不通过电流互感器或电压互感器激励；
- 需要试验的 I/O 电路不承受峰值超过 1 kV 的感性或感应的负载瞬变。

10.5.3.1.4 **试验的实施**

无论被试设备是否配置浪涌抑制，冲击电压型式试验均适用。

除非另有规定，冲击电压试验应在下列部位进行：

- 在规定采用同一冲击电压的每个电路（或每组电路）与外露可导电部分之间，对该电路（或该组电路）施加规定的冲击电压；
- 独立的电路之间进行，每个独立电路的端子连接在一起；
- 给定电路的端子之间进行，以验证制造厂承诺的要求。

采标注：

10 IEC 原文误为 200 m。

试验中未涉及的电路应连接在一起并接地。

除非很明显，独立电路是由制造厂描述的那些电路。

对于具有绝缘外壳的设备，外露可导电部件应由一个金属箔代表。此金属箔覆盖除端子之外的整个设备外壳，各端子四周应留出合适的间隙以避免对端子发生闪络。除非另有规定，两个独立电路之间的试验，应以这两个电路所规定的较高的冲击电压施加。

如果并非由于电气击穿引起，施加到与浪涌抑制、感性器件或分压器件连接的各测试点上的冲击电压波形允许衰减或畸变。除非绝缘不能耐受冲击电压试验，施加到没有和这些器件连接的测试点上的波形将不显著衰减或畸变。

10.5.3.1.5 试验验收准则

试验期间不应出现破坏性放电（火花、闪络或击穿）。未造成击穿的电气间隙的局部放电可被忽略。此项型式试验后，设备应满足所有相关的性能要求。

10.5.3.1.6 冲击电压试验的重复

如有必要，对于新的设备可重复进行冲击电压试验以验证其性能。该试验电压值应等于原来规定值的 0.75 倍，或由制造厂指明。

10.5.3.2 交流或直流介质电压试验

表 18 列出了适用于安全的介质电压例行和抽样试验的指南，试验的抽样方案见 10.5.3.2.1.3。

表 18 针对安全的介质电压例行和抽样试验指南（资料性表格）

风险	可能性	例行试验		抽样试验
		组装板或模件	组装的设备	组装的设备
制造或设计相关问题的典型原因： ● PCB 电路（焊盘）的桥接； ● 元件引线既没有剪到规定的长度也没有弯曲到正确的方向； ● 元件绝缘失效； ● PCB 上低劣的阻焊或图形涂敷； ● 操作	中	√ 见注 1 和注 3	√ 见注 1 和注 3	—
组装问题——导致电气间隙降低的典型错误，例如： ● 导电元件（散热等）没有正确安装； ● 固定螺钉太长； ● 导电部件代替非导电部件使用； ● 无关的零件如螺钉、螺母及导线余料	低	—	√ 见注 2 和注 3	√ 见注 2 和注 3
注 1：例行试验可施加在一个组装板/模件或组装的设备上，或两者都施加。 注 2：例行试验和抽样试验同样适用。 注 3：所有试验都是施加额定介质试验电压 1 min，或施加 110% 的额定介质试验电压 1 s。				

10.5.3.2.1 介质电压试验的实施

10.5.3.2.1.1 型式试验

型式试验应施加于以下电路：

- 每个电路和可接近的导电部分之间，每个独立电路的端子连接在一起；
- 独立电路之间，每个独立电路的端子连接在一起。

除非很明显，独立电路是由制造厂描述的那些电路。

如果适用,制造厂应声明动合触点的介质电压耐受并通过型式试验验证。如果安装了瞬态抑制器件,不宜对触点间进行试验。试验中未涉及的电路应连接在一起并接地。

在对外露可导电部分试验时,同一额定绝缘电压的电路可以连接在一起。

试验电压应直接施加于端子。

对于具有绝缘外壳的设备,除了在端子周围留出一个适当的间隙以避免对端子产生闪络之外,外露可导电部分应以覆盖整个外壳的金属箔代替,这种金属箔的绝缘试验只应作为型式试验。

10.5.3.2.1.2 **例行试验**

例行介质电压试验应施加在以下电路:

- 所有独立电路与可接近的导电部分之间,所有独立电路的端子连接在一起;
- 各独立电路之间,所有其他电路的端子连接在一起。如果风险评估表明某些特定电路的试验没有必要进行,则这些电路的试验可以省略。

10.5.3.2.1.3 **采用抽样的例行试验**

若满足下列要求,组装的设备可以进行抽样试验:

- 组装完整的印制电路板卡件或模件为100%例行试验;
- 当例行试验项目组合到设备中时,由于设备设计和构造的原因,制造厂对所有构造的变化进行了风险分析并形成文件,任何构造和操作问题的安全风险具有非常低的可能性;
- 任何例行试验均按照文件规定的抽样计划实施。

组装设备的抽样试验应在10.5.3.2.1.2规定的相同电路之间进行。

最少的样品数量应为被试批次中随机抽取2台。

安全试验的可接受准则应是:零缺陷为合格,一个缺陷为不合格。

在某批次被拒绝的情况下,该批次或者应进行100%试验,或者经调查和纠正缺陷后该批可以重新按照文件规定的抽样计划实施。

10.5.3.2.2 **介质试验电压值**

介质电压试验应依据表19中合适的电压施加。该试验电压宜由制造厂指明。

表19 交流试验电压

额定绝缘电压/V	交流试验电压/kV,1 min
≤63	0.5
125~500	2.0
630	2.3
800	2.6
1 000	3.0

对于由仪用互感器(VT或标准CT)直接激励或连接于站内电源的电路,试验电压不应小于2.0 kV(有效值)历时1 min。对于其他电路[11],可采用表19确定合适的试验电压。

制造厂可以规定在CT电路上施加较高的试验电压2.5 kV(有效值),历时1 min。当导引线上可能出现短路电流感应的过电压时,在导引线电路上应规定较高的试验电压。这种情况下应由制造厂规定合适的试验电压。

以共模连接到地或中性线的诸如CT、VT或数字输入等共模电路,可以采用500 V试验电压。如果适用,制造厂应声明动合触点间的介质电压耐受值并通过型式试验验证。如果配置了瞬态抑制器件,不应对触点间进行试验。

IEC原注:

11) 由不同电源激励的电路的额定绝缘电压的确定见D.12。

10.5.3.2.3 试验电压源

试验电压源应满足在对被试设备施加的电压达到规定值的一半时，所观察到的电压降小于10%。

源电压值的校准精度应高于5%。

试验电压应为标准的正弦波电压，频率在45 Hz～65 Hz之间。但也可选用其值应等于表19中所给定值1.4倍的直流电压进行试验。

注：为符合电磁兼容要求而采用电容器接地将导致试验电流增大，并使得判断击穿条件困难。这一难题可以通过采用直流电压($\sqrt{2}$倍的有效值)试验，或只测量交流电阻性电流来解决。

10.5.3.2.4 试验方法

对于型式试验，试验发生器的开路电压应在零伏时施加到设备上。试验电压应以不引发可感知的瞬变方式平稳地上升至规定值，并应保持至少1 min。然后应尽可能快地平稳降至零。

对于例行试验，试验电压可以保持至少1 s。在此情况下，试验电压应比所规定的1 min型式试验电压高出10%。

10.5.3.2.5 试验验收准则

在介质电压试验期间，不应发生击穿或闪络。只要不超过制造厂规定的最大试验电流值的局部放电，均应忽略。

10.5.3.2.6 介质电压试验的重复(交流电源频率高压试验)

如有必要，对于新的设备可以重复进行介质电压耐受试验以检验其性能。试验电压值应等于制造厂规定值的0.75倍。

10.5.3.3 绝缘电阻

绝缘电阻的测量可以作为环境试验之后的一个试验进行，以保证绝缘没有因施加的试验超出强度而被削弱。

测量电压应直接施加于设备端子。

应在施加500(1±10%)V的直流电压达到稳态值并至少5 s之后再确定绝缘电阻。

对于新的设备，施加直流500 V时的绝缘电阻[12]不应小于100 MΩ。经过湿热型式试验且恢复1 h～2 h后，在基准环境条件下施加直流500 V时的绝缘电阻不应小于10 MΩ。

10.5.3.4 保护联结试验

10.5.3.4.1 保护联结阻抗——型式试验

外露可导电部分和与用于防止电击危险的保护导体连接的端子之间不应有过大的电阻。

依靠多芯电缆中的一条芯线实现保护导体连接的设备，如果已经为该电缆提供了一个将此保护导体的尺寸考虑在内的合适等级的保护器件，在测量中则不考虑该电缆。

这些部件是否符合保护联结阻抗型式试验要求，应通过采用下列的试验参数检验：

- 试验电流应为用户文件规定的过流保护方式中最大电流额定值的两倍；
- 试验电压不应超过交流12 V有效值或直流12 V；
- 试验持续时间应为60 s；
- 保护导体端子和被试部件之间的电阻不应超过0.1 Ω。

10.5.3.4.2 保护联结的连续性——例行试验

在单一故障条件下可能带电的可接近部分，应进行低电流连续性试验，以验证它们与保护接地导体的联结。

建议以避免损害电路为原则来选择连续性测试仪的开路电压和短路电流。

IEC原注：

12) 当EMC抑制或其他功能元件以并联方式连接于被试电路时，可采用较低的绝缘电阻值。

10.5.4 电气环境及可燃性

10.5.4.1 部件和材料的最高温度

可能要求通过试验确定包括操作跳闸状态在内的正常使用(见 7.2.1)和单一故障条件下(见 7.10.1)元件和材料的最高温度。

10.5.4.2 绝缘材料、元件和防火外壳的可燃性

当塑料部件的材料不满足第 7 章规定的最低可燃性要求，或其厚度小于材料达到要求的最低可燃性规定的最小值时，可能需要对塑料部件进行测试。

可能需要通过试验确定绝缘材料和元件(见 7.5.1～7.5.3)以及防火外壳(见 7.9)的可燃性。

10.5.4.3 短时耐热试验

在下列试验期间，绝缘材料的最高温度应在 7.10.2 表 6 中适当的绝缘等级所规定的限值之内。

过电压：

设备的 VT 输入电路应耐受制造厂声明的过电压，在连续的和持续 10 s 的时间内均没有损坏。

过电流：

设备的 CT 输入电路应耐受制造厂声明的过电流，在连续的和持续 1 s 的时间内均没有引起着火或电击风险。

然而，制造厂仅应规定安全的耐受值。

在 CT 的额定电流为 0.5 A～5 A 时，保护设备的安全要求为：

- 最少 1 s 的过电流耐受宜为 100 I_n；
- 连续耐受电流至少为 4 I_n。

对不能满足这些要求的量度继电器和保护装置，制造厂应规定过电流耐受值和连续耐受值。

对没有规定额定电流值的 CT，例如用于灵敏的接地故障，制造厂应规定安全的连续和 1 s 的过电流耐受值。

10.5.4.4 输出继电器，接通(动合)和承载

设备的输出继电器应能承受制造厂规定的连续电流及接通(动合)和承载电流，而没有损害。

10.5.4.5 单一故障条件

在组装完整的设备上进行单一故障型式试验时，参见 5.2 的单一故障条件评估和 7.10.3 的着火蔓延防护要求的符合性。对于在整个平台范围使用的公用模件，只需要在一个特定变化的模件上实施一次单一故障试验就足够了。

任何单一故障测试的需求将依据单一故障条件的评估结果确定(参见 M.5.1)。

附 录 A
（规范性附录）
绝缘分类要求和图例

A.1 概述

本附录以典型的示例为不同的电路类型提供了关于绝缘分类和绝缘要求的指南。连同附录 B 和附录 C 的绝缘要求宜由附录 D 确定电气间隙和爬电距离。

A.1.1 危险带电电压(HLV)

危险带电电压适用于以下情况：

- 电压互感器、电流互感器、输出继电器；
- 与交流或直流电源的连接；
- 超过交流有效值 33 V 或直流 70 V 的模拟和数字输入/输出。

表 A.1 产品电路/组的绝缘分类

电路的绝缘分类	产品电路/组
特低电压电路 (ELV)	在正常运行条件下，符合下列的非一次电路： ● 不超过交流 33 V 有效值或直流 70 V，即不超过特低电压限值； ● 至少通过基本绝缘与危险带电电压隔离。 见图 A.4。 注：在正常运行条件下 ELV 电路不宜是可接近的。 例如： ● 非一次电路； ● 符合特低电压限值的模拟(数字)输入和输出； ● 与其他产品的特低电压端子的连接。
安全特低电压电路 (SELV)	符合特低电压限值和下列条件的非一次电路： ● 通过加强绝缘(双重绝缘)与危险带电电压隔离； ● 不应提供接地连接。 见图 A.1 注 1：SELV 电路可以是可接近的，并且在正常运行和单一故障这两种条件下触及也是安全的。 注 2：SELV 电路不允许与地连接，例如不允许与接地的电缆屏蔽或接地的通信电路连接。需要接地时，电路的定义宜根据图 A.2(PELV)改变。 例如： ● 可以直接连接于不接地的通信网络或电路的模拟(数字)输入和输出； ● 适合与其他设备的 SELV 端口连接的 SELV 端口。
保护特低电压电路 (PELV)	符合特低电压限值和下列条件的非一次电路： ● PELV 电路应通过加强绝缘(双重绝缘)与危险带电电压隔离； ● PELV 电路可连接到功能地、保护(接地)导体，或提供接地连接。 见图 A.2。 注：PELV 电路是可接近的，并且在正常工作和单一故障条件下触及也是安全的。 例如： ● 可直接连接于通信网络或电路的模拟(数字)输入和输出； ● 适合与其他设备的 PELV 端口连接的 PELV 端口。

表 A.1（续）

电路的绝缘分类	产品电路/组
保护等电位联结电路（PEB）	符合 ELV 电压限值和下列条件的非一次电路： ● 以基本绝缘把 PEB 电路和危险带电电压隔离以提供基本的电击防护； ● 对于故障保护，PEB 电路和可接近的导电部件应连接到保护导体端子并应符合 10.5.3.4.1 的规定，以防止 PEB 电路中出现危险带电电压。 见图 A.3。 注 1：PEB 电路是可接近的，并且在正常运行和单一故障条件下触及也是安全的。 注 2：PEB 电路可考虑作为保护接地电路或接地的可接近部分，以达到表 A.2 的目的。 例如： ● 可直接连接于通信网络或电路的模拟(数字)输入和输出； ● 适合与其他设备的 PEB 端口连接的 PEB 端口。

A.1.2 符号

下列符号适用于表 A.2 和图 A.1～图 A.4：

a) 要求

B：基本绝缘或附加绝缘；

D：双重绝缘或加强绝缘；

F：功能绝缘。

b) 电路和部件

A：可接近部件，不与保护导体端子连接；

C：设备外壳；

ELV：正常运行条件下，不超过表 A.1 的 ELV 限值的电路或部件；

HLV：正常运行条件下，本标准 3.26 中定义的危险带电电路或部件；

PEB、PELV、SELV：在正常运行和单一故障两种条件下，由表 A.1 规定的安全可触及的电路；

Z：二次电路阻抗。

典型电路的绝缘要求见 A.2。

表 A.2 任意两个电路间的绝缘要求

	HLV 一次电路[a]	ELV 电路	SELV 电路	PELV 电路	PEB 电路[b]	非一次电路的接地的 HLV[b,c]	非一次电路的未接地的 HLV[c]
HLV 一次电路[a]	F/B[a,f] (D.1～D.6)/ (D.3～D.6)	B (D.3～D.6)	D (D.7～D.10)	D (D.7-D.10)	B[e] (D.3～D.6)	B (D.3～D.6)	B (D.3～D.6)
ELV 电路	B (D.3～D.6)	F/B[f] (D.1～D.2)/ (D.3～D.6)	B (D.3～D.6)	B (D.3～D.6)	F/B[e,f] (D.1～D.6)/ (D.3～D.6)	B (D.3～D.6)	B (D.3～D.6)
SELV 电路	D (D.7～D.10)	B (D.3～D.6)	F/B[f] (D.1～D.6)/ (D.3～D.6)	B (D.3～D.6)	B (D.3～D.6)	D (D.7～D.10)	D (D.7～D.10)
PELV 电路[b]	D (D.7～D.10)	B (D.3～D.6)	B (D.3～D.6)	F/B[f] (D.1～D.6)/ (D.3～D.6)	B (D.3～D.6)	D (D.7～D.10)	D (D.7～D.10)

表 A.2（续）

	HLV 一次电路[a]	ELV 电路	SELV 电路	PELV 电路	PEB 电路[b]	非一次电路的接地的 HLV[b,c]	非一次电路的未接地的 HLV[c]
PEB 电路[b]	B[e] (D.3～D.6)	F/B[e,f] (D.1～D.6)/ (D.3～D.6)	B (D.3～D.6)	B (D.3～D.6)	F/B[e] (D.1～D.6)/ (D.3～D.6)	B (D.3～D.6)	B (D.3～D.6)
非一次电路的保护接地的 HLV[b,c]	B (D.3～D.6)	B (D.3～D.6)	D (D.7～D.10)	D (D.7～D.10)	B (D.3～D.6)	F/B[e] (D.1～D.6)/ (D.3～D.6)	B (D.3～D.6)
非一次电路的未接地的 HLV[c]	B (D.3～D.6)	B (D.3～D.6)	D (D.7～D.10)	D (D.7～D.10)	B (D.3～D.6)	B (D.3～D.6)	F/B[f] (D.1～D.6)/ (D.3～D.6)
未接地的可接近部分[g]	D (D.7～D.10)	B (D.3～D.6)	B (D.3～D.6)	F/B[f] (D.1～D.6)/ (D.3～D.6)	B (D.3～D.6)	D (D.7～D.10)	B/D[d] (D.3～D.6)/ (D.7～D.10)
保护接地的可接近部分[b,g]	B (D.3～D.6)	F/B[f] (D.1～D.6)/ (D.3～D.6)	B (D.3～D.6)	F (D.1～D.2)	F/B[f] (D.1～D.6)/ (D.3～D.6)	B (D.3～D.6)	B (D.3～D.6)

本表中以括号表示表 D.1～表 D.10。根据电压类别和污染等级选择这些表。

B——基本绝缘；D——双重绝缘或加强绝缘；F——功能绝缘；S——附加绝缘。

[a] 如果功能性电压(与地无关)大于额定绝缘电压，功能绝缘的爬电距离可以大于基本绝缘的爬电距离。例如一个功能性的相对相电压为 400 V 有效值的端子座。电痕化指数(*CTI*)在 100 到 399 之间时，400 V 功能绝缘的爬电距离为 4.0 mm(表 D.2)，而 230 V 有效值的相对地(300 V 基本绝缘)的爬电距离为 3.0 mm(表 D.6)。

[b] 与保护导体的连接应符合 10.5.3.4.1 的要求，否则应视其为一个未接地的电路。

[c] 在 HLV 非一次电路和 HLV 一次电路之间至少应采用基本绝缘。

[d] 在危险电压下的未接地的非一次电路与未接地的可接近的导电部分(表 A.2 中的 B/D[d])之间的绝缘应满足更严格的下列要求：

- 双重(加强)绝缘，其工作电压等于危险电压；或
- 附加绝缘，其工作电压等于处于危险电压下的非一次电路与下列电路之间的电压：
  - 另一个处于危险电压下的非一次电路；或
  - 一个一次电路。

[e] PEB 基本绝缘的应用条件见图 A.3。

[f] 设备安装时，如果其电路之一是独立电路或邻近可以接地的导电部分，应采用附加绝缘或基本绝缘。该绝缘要求将取决于过电压类别。设备的正常的过电压类别为过电压类别Ⅲ(见表 D.5 或表 D.6)。然而在某些应用中，若设备由下列任一情况供电，瞬态现象限制在过电压类别Ⅱ，可采用表 D.3 或表 D.4：

- 不与保护继电器或测量设备连接的电池*；或
- 办公环境的交流电源*。

*电源上最大瞬态电压幅值应为 2 500 V(p)。

[g] 功能接地电路应视为一个未接地的可接近部分。例外的情况是，功能接地与保护导体相连且能满足 PEB 要求，则可视为接地的可接近部分。

A.2 符合表 A.2 要求的典型绝缘示例

不同电路/部件之间的绝缘要求见表 A.2。

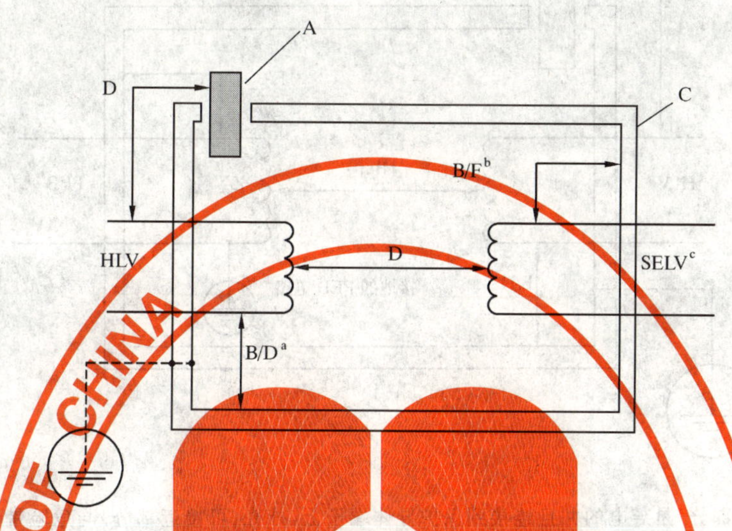

[a] 如果外壳(可接近部分)是导电的并且连接到保护导体端子上,外壳(可接近部分)与危险带电电压(HLV)间仅要求基本绝缘(B)。否则,外壳(可接近部分)与危险带电电压(HLV)间应采用双重绝缘(D)。

[b] 如果外壳是导电的,外壳与安全特低电压(SELV)电路之间应采用基本绝缘。否则,可采用功能绝缘。

[c] 不允许安全特低电压(SELV)电路与地连接。

图 A.1 带安全特低电压输入/输出(I/O)的设备

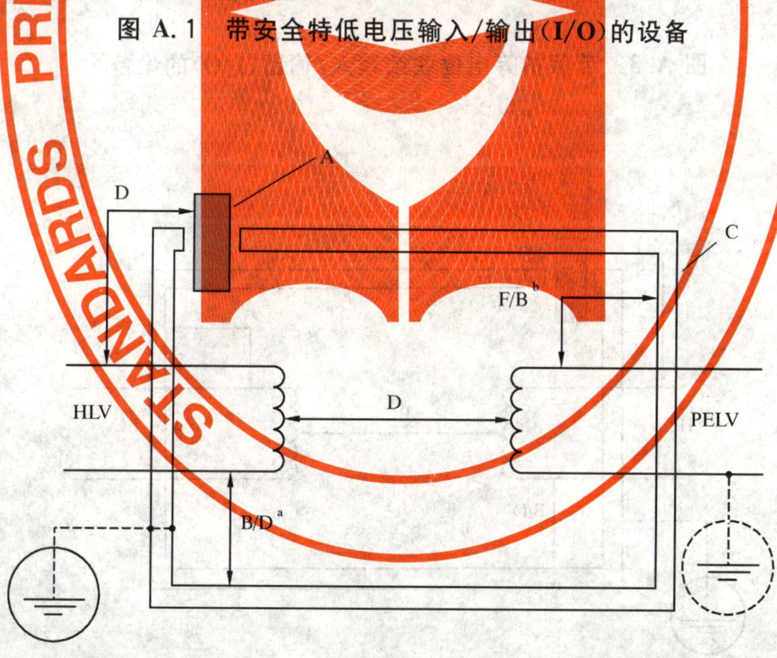

[a] 如果外壳(可接近部分)是导电的并且连接到保护导体端子上,外壳(可接近部分)与危险带电电压(HLV)间仅要求基本绝缘。否则,外壳(可接近部分)与危险带电电压(HLV)间要求双重绝缘。

[b] 如果外壳导电并接地,外壳与保护特低电压(PELV)间应采用基本绝缘。否则,可采用功能绝缘。

注:只有出于功能性(EMC)目的,才允许接地导体连接到Ⅱ类设备上,例如电缆屏蔽接地。但该屏蔽宜通过以基于相邻电路额定电压的基本绝缘作为防护。

图 A.2 带保护特低电压输入/输出(I/O)的设备

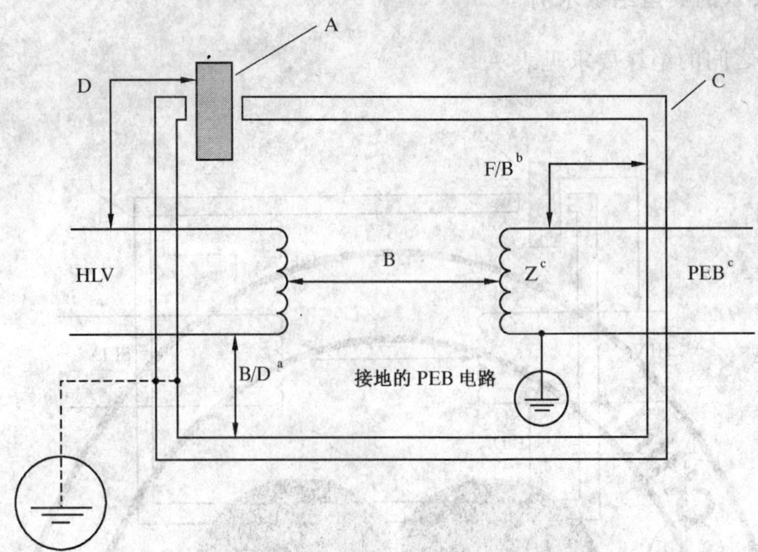

[a] 如果外壳(可接近部分)是导电的并且连接到保护导体端子上,外壳(可接近部分)与危险带电电压(HLV)间仅要求基本绝缘。否则,外壳(可接近部分)与危险带电电压(HLV)间要求采用双重绝缘。

[b] 如果外壳导电并接地,外壳与保护特低电压(PELV)间应采用基本绝缘。否则,可采用功能绝缘。

[c] 保护等电位联结(PEB)电路与保护导体端子包括阻抗 Z 的连接路径应符合 10.5.3.4.1。在单一故障条件下,如果某一危险带电电压(HLV)导体与保护等电位联结(PEB)电路短路,该保护等电位联结(PEB)电路不会变为危险带电。

图 A.3 带保护等电位联结输入/输出(I/O)的设备

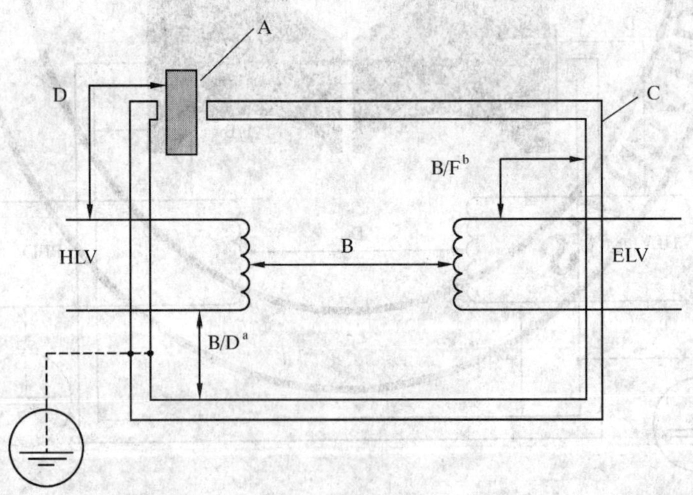

[a] 如果外壳(可接近部分)是导电的并且连接到保护导体端子上,外壳(可接近部分)与危险带电电压(HLV)间仅要求基本绝缘。否则,外壳(可接近部分)与危险带电电压(HLV)间要求采用双重绝缘。

[b] 如果外壳是导电的,外壳与特低电压(ELV)间应采用基本绝缘。否则,可采用功能绝缘。

图 A.4 带特低电压输入/输出(I/O)的设备

附 录 B
（资料性附录）
电源系统的标称电压

本附录旨在为交、直流电源系统的标称电压提供信息，以确定合适的工作电压，与附录A、附录C、附录D一并用于确定电路的电气间隙和爬电距离要求。

表 B.1 交、直流电源系统的标称电压

从标称额定电压或工作电压导出的线对中性点的电压，交流有效值或直流值，最大至 V	目前世界上采用的标称电压			
	中性点接地的三相四线系统 （星形） 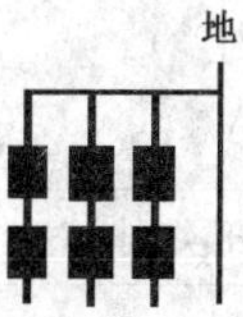 V	不接地的三相三线系统 （三角形）  V	单相二线系统 （交流或直流） V	单相三线系统 （交流或直流）  V
50	—	—	12.5,24, 25,30, 42,48	30～60
100	66/115	66	60	—
150	120/208,127/220	115,120,127	110,120	110～220, 120～240
300	220/380,230/400, 240/415,260/440, 277/480	220,230,240, 260,277,347, 380,400,415, 440,480	220	220～440
600	347/600,380/660, 400/690,417/720, 480/830	500,577,600	480	480～960
1 000	—	660,690,720, 830,1 000	1 000	—

附 录 C
（规范性附录）
额定冲击电压

本附录旨在为提供出现在供电线路上的相对于中性点(地)的冲击电压耐受要求的信息。标称额定电源电压或工作电压可通过附录B确定。

采用相关的额定电压和过压类别以及污染等级，通过选择附录D的适当的表确定出于安全考虑的电气间隙和爬电距离。对于大多数的应用，300 V和过压类别Ⅲ的情况是合适的(见D.1.1)。

额定冲击电压决定空气中的电气间隙。

表C.1 额定冲击电压(波形：1.2/50 μs)

从标称额定电压或工作电压导出的线对中性点电压，交流有效值或直流值，最大至 V (见注1和注2)	额定冲击电压 (见注3) V 过电压类别		
	Ⅰ	Ⅱ	Ⅲ
50	330	500	800
100	500	800	1 500
150	800	1 500	2 500
300	1 500	2 500	4 000
600	2 500	4 000	6 000
1 000	4 000	6 000	8 000

注1：对于现存的低压电源及其标称值不同的应用，优先选择线对中性点的电压，见表B.1。

注2：额定冲击耐受电压给出的是海拔高度为2 000 m的值，更高海拔高度的试验电压的倍增系数见表D.11。

注3：与一次电路连接的电路不允许插补额定冲击电压。

注4：对于过电压类别Ⅳ的数值，参见GB/T 16935.1。

附 录 D
（规范性附录）
确定电气间隙、爬电距离和耐受电压的指南

D.1 总则

本附录为包括海拔影响的设备绝缘提供了确定最小电气间隙、爬电距离和耐受电压的指南。

电气间隙和爬电距离应在考虑以下影响因素后选择：

- 污染等级；
- 过电压类别；
- 额定绝缘电压；
- 绝缘要求（功能绝缘、基本绝缘、双重绝缘和加强绝缘）；
- 绝缘的场合（例如承受机械力等）。

基本绝缘提供基本的电击防护，通常由相对于地的工作电压以及确定冲击电压级别的适当的过电压类别确定。

功能绝缘是设备的功能所要求的，它不能提供电击防护。冲击电压一般对确定功能绝缘的影响很小，通常采用表 D.2 或表 D.1 确定功能绝缘。但是，根据可能跨越功能电路的瞬态现象或冲击电压，采用其他的表，例如表 D.3～表 D.6，来确定功能绝缘也可能是合适的。因此，表 D.3～表 D.6 对功能绝缘或基本绝缘或附加绝缘可能是适用的。

包括多层印制电路板的内层在内的无空隙模压部件内部的固体绝缘，没有电气间隙或爬电距离要求。固体绝缘应按照 10.5.3.2 的介质电压试验验证。

D.1.1 额定绝缘电压

设备的一个或所有电路的额定绝缘电压可以由本附录的各表确定。但是，对于由仪用互感器直接激励的设备或直接连接于站内电源[13]的电路，其额定绝缘电压不应低于 250 V。这适用于 0 V 和 250 V 之间的激励电压。

直接由低压交流电源激励的设备的额定冲击电压应根据规定的相应过电压类别（通常为Ⅲ级）和设备的标称电压由表 C.1 确定。

对于基本绝缘、附加绝缘、加强绝缘和双重绝缘，表 D.3～表 D.10 的第一列是相对于地或中性点的电压值。

注：表 D.1 和表 D.2 是特定用于功能绝缘的工作电压，它可能与对地或中性点无关。

D.1.2 额定绝缘电压的确定

额定绝缘电压应按如下确定：

a） 对于带电部分和外露可导电部分之间的绝缘，不低于被考虑电路的额定电压；

b） 除 e）中给出的情况之外，对于一个电路各部分之间的绝缘，不低于被考虑电路的额定电压；

c） 对于两个独立电路的各部分之间的绝缘，至少宜等于这些电路中的较高的额定电压；

d） 除非制造厂与用户达成协议，对于动合触点之间的间隙，不规定额定绝缘电压；

e） 对于额定电压超过 1 000 V 的设备电路，应采用 GB 311.1 和 GB/T 311.2 确定电气间隙、爬电距离和耐受电压。

关于 D.1.1 中某些电路的最低适用的额定绝缘参数，应由表 B.1 的第一列确定。

IEC 原注：

13） 如果 24 V 或 48 V 电源只用于通信电路，即没有量度继电器和保护装置连接到该电源，根据表 C.1，50 V 是适当的工作电压，相应的过电压类别Ⅲ的冲击电压是 800 V(p)。然而，连接到通信网络相关的较高的过电压是否合适，宜依据 IEC 62151 确定。

D.1.3　**额定冲击电压的确定**

运行过程中预期出现的瞬态过电压被当作确定额定冲击电压的基础(一次电路见 5.1.9.1.1,非一次电路见 5.1.9.1.2,并且作为试验参考)。

首先,应确定额定绝缘电压,见 D.1.2。

然后,应采用表 C.1 的额定绝缘电压和适当的过电压类别确定额定冲击电压。

D.1.3.1　**额定冲击电压的选择**

设备的额定冲击电压应根据规定的过电压类别和设备的标称电压采用表 B.1 和表 C.1 确定。

D.1.3.2　**设备内部冲击电压的绝缘配合**

设备的额定冲击电压适用于明显受外部瞬态过电压影响的设备内的部件或电路。由设备运行可能引起的瞬态过电压对外部电路的影响不应超过 D.1.4 的规定。

对于设备内部具有特别瞬态过电压防护的其他部件或电路,通过瞬态抑制以至不受外部瞬态过电压的显著影响,其绝缘所要求的冲击耐受电压与设备的额定冲击电压无关,而与部件或电路的实际状态有关,其电气间隙应由表 D.1～表 D.10 确定。但瞬态保护电路应符合 10.5.2.2 的试验要求,不能降低电路的整个的过电压类别,除非在差模和共模两种情况下均采用合适的瞬态抑制。

D.1.4　**由设备产生的通断过电压**

对于可能在其端子上产生过电压的设备,例如开关器件,额定冲击电压意味着当设备按照相关标准和制造厂的说明书使用时,不应产生大于这个值的过电压。否则,用户应采取措施以限制通断过电压的影响。

D.1.5　**绝缘材料**

相比电痕化指数(*CTI*)值用于对绝缘材料作如下的分类:

材料组别Ⅰ　　600≤*CTI*

材料组别Ⅱ　　400≤*CTI*<600

材料组别Ⅲa　　175≤*CTI*<400

材料组别Ⅲb　　100≤*CTI*<175

注 1:上述 *CTI* 值是按照 GB/T 4207—2003 的方法 A 从所用绝缘材料获得的。

注 2:对于不会发生电痕化的无机绝缘材料,例如玻璃或陶瓷,爬电距离无需大于相应的电气间隙。但是,宜考虑破坏性放电的风险。

D.1.6　**过电压类别**

确定适用的过电压类别应以下列准则为基础:

类别Ⅰ

类别Ⅰ适用于采用了特殊措施(例如具有良好防护的电子电路)将瞬态电压限制在合适值的设备。

注:为了达到类别Ⅰ的要求,对共模电路和差模电路均宜采取特殊的电压测量措施。

类别Ⅱ

类别Ⅱ适用于下列所有条件:

a)　设备的辅助激励[11]电路(电源电路)连接于一个只用于为静态设备供电的电源;

注:这种情况仅仅是,当导线较短并且连接到该交流或直流电源的其他电路没有切换操作,电源导线上的瞬态电压将比过电压类别Ⅲ规定的低。

b)　设备的输入激励电路没有直接连接于电压互感器或电流互感器,并且连接导线采取了良好的屏蔽和接地措施;

c)　输出电路通过短导线连接于负载。

类别Ⅲ

类别Ⅲ适用于多数设备的实际应用情况,应特别用于:

a)　设备的辅助激励电路(电源电路)连接于一个公用电源,并且(或)由于导线较长,电源导线上可能出现较高的共模瞬态过电压,以及由于另一个连接于同一电池或电源的其他电路的通断可

采标注:

11　原文遗漏"激励"(energizing)。

能产生差模电压；

b) 设备的输入激励电路连接于电流互感器和电压互感器；

c) 输出电路通过长导线连接于负载，在输出端子上可能出现一个相对较高的共模瞬态电压。

D.2 电气间隙、爬电距离和耐受电压的确定

D.2.1 确定电气间隙、爬电距离和耐受电压的导则

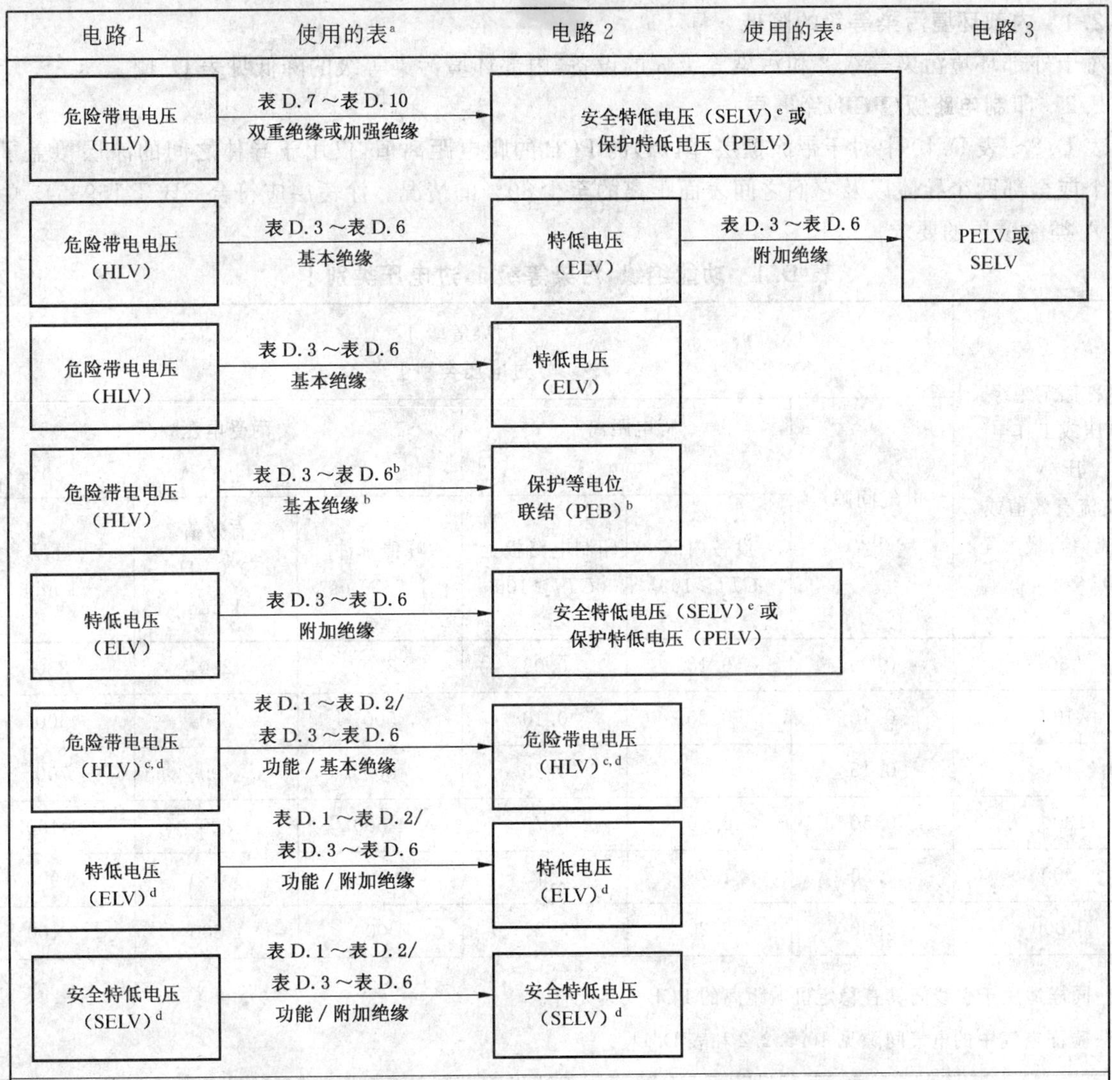

注 1：电路的绝缘等级见表 A.1。

注 2：任意两个电路之间的绝缘要求见表 A.2。

注 3：ELV、PEB、PELV、SELV 电路之间的典型绝缘示例及绝缘要求见图 A.1～图 A.4。

[a] 依据过电压类别和污染等级选择表格。

[b] 前提是 PEB 电路不能成为危险带电电路，见图 A.3。

[c] 如果功能电压（与地无关）大于额定绝缘电压，则功能绝缘的爬电距离可以大于基本绝缘的爬电距离，实例之一是功能的相电压的有效值为 400 V 的接线座。当相比电痕化指数为 100～399 时，400 V 的功能绝缘的爬电距离为 4.0 mm（表 D.2），而相对地电压的有效值为 230 V（300 V 基本绝缘）时的爬电距离为 3.0 mm（表 D.6）。

[d] 如果电路中有一个是独立的电路，即由规范要求的两个电路之间的耐受电压为 2 kV 有效值 1 min，应采用附加绝缘或基本绝缘（表 D.3～表 D.6）。

[e] SELV：安全特低电压也用作隔离的特低电压。

图 D.1 确定电气间隙、爬电距离和耐受电压的指南

D.2.2 电气间隙、爬电距离和耐受电压的确定

设备在污染等级 3 和污染等级 4 的环境中使用时，电气间隙和爬电距离应按照 GB/T 16935.1 确定。可能要求采用合适的外壳对设备进行遮蔽，以保证满足污染等级 3 和污染等级 4 的要求。

额定电压为 250 V 时的爬电距离，应按照 GB/T 14598.3—2006 中的表 4 确定。对于印制电路板类的部件，当电气间隙和爬电距离不大于 2 mm 时，可按照 IEC 60664-5:2003 确定其电气间隙和爬电距离[12]。

D.2.2.1 内部环境污染等级的降低

对于外部环境污染等级 2 和污染等级 3 的设备，内部环境污染等级的降低见表 D.12。

D.2.2.2 印制电路板(PCB)涂覆层

表 D.2～表 D.10 中对于带涂覆层(阻焊)的 PCB 的爬电距离值，仅用于导体之间的涂层覆盖了其中一个或全部两个导体以及它们之间表面距离的至少 80%的情况。涂覆层应符合 GB/T 16935.3 中给出的 A 类涂覆层的要求。

表 D.1 功能绝缘，污染等级 1，过电压类别Ⅰ

标称额定绝缘电压或工作电压/V（交流有效值或直流值），最大至	污染等级 1 过电压类别Ⅰ					
	电气间隙/mm	爬电距离/mm		耐受电压[b]/V		
		设备内部 *CTI*≥100	印制电路板上[a] *CTI*≥100	峰值脉冲 1.2/50 μs	有效值 50/60 Hz 1 min	直流 1 min
50	0.05	0.18	0.05	330	230	330
100	0.10	0.25	0.10	500	350	500
150	0.15	0.30	0.25	800	490	700
300	0.50	0.70	0.70	1 500	820	1 150
600	1.50	1.70	1.70	2 500	1 350	1 900
1 000	3.00	3.20	3.20	4 000	2 200	3 100

a 同样适用于引线间具有稳定机械距离的 PCB 安装元件。

b 验证空气中的电气间隙见 10.5.2.2 和表 D.11。

采标注：

12 为达到与有关绝缘配合标准之间的协调，此条款是在 IEC 原文之外增加的。

表 D.2 功能绝缘,污染等级 2,过电压类别Ⅰ

标称额定绝缘电压或工作电压/V(交流有效值或直流值),最大至	污染等级 2 过电压类别Ⅰ								
	电气间隙/mm	爬电距离/mm					耐受电压[c]/V		
		设备内部			印制电路板上		峰值脉冲 1.2/50 μs	有效值 50/60 Hz 1 min	直流 1 min
		材料组别			未涂覆	涂覆[a,b]			
		Ⅰ CTI≥600	Ⅱ CTI≥400	Ⅲ CTI≥100	CTI≥175	CTI≥100			
50	0.05	0.60	0.85	1.20	0.10	0.05	330	230	330
100	0.10	0.70	1.00	1.40	0.16	0.10	500	350	500
150	0.15	0.75	1.05	1.50	0.40	0.25	800	490	700
300	0.50	1.50	2.10	3.00	1.50	0.70	1 500	820	1 150
600	1.50	3.00	4.30	6.00	3.00	1.70	2 500	1 350	1 900
1 000	3.00	5.00	7.00	10.00	5.00	3.20	4 000	2 200	3 100

a 同样适用于引线间具有稳定机械距离的 PCB 安装元件。

b 对涂覆层的最低要求见 D.2.2。

c 验证空气中的电气间隙见 10.5.2.2 和表 D.11。

表 D.3 功能绝缘、基本绝缘或附加绝缘,污染等级 1,过电压类别Ⅱ

标称额定绝缘电压或工作电压/V(交流有效值或直流值),最大至	污染等级 1 过电压类别Ⅱ					
	电气间隙/mm	爬电距离/mm		耐受电压[b]/V		
		设备内部 CTI≥100	印制电路板上[a] CTI≥100	峰值脉冲 1.2/50 μs	有效值 50/60 Hz 1 min	直流 1 min
50	0.10	0.18	0.10	500	350	500
100	0.15	0.25	0.15	800	490	700
150	0.50	0.50	0.50	1 500	820	1 150
300	1.50	1.50	1.50	2 500	1 350	1 900
600	3.00	3.00	3.00	4 000	2 200	3 100
1 000	5.50	5.50	5.50	6 000	3 250	4 600

a 同样适用于引线间具有稳定机械距离的 PCB 安装元件。

b 验证空气中的电气间隙见 10.5.2.2 和表 D.11。

表 D.4 功能绝缘、基本绝缘或附加绝缘，污染等级 2，过电压类别Ⅱ

标称额定绝缘电压或工作电压/V（交流有效值或直流值），最大至	污染等级 2 过电压类别Ⅱ								
	电气间隙/mm	爬电距离/mm					耐受电压[c]/V		
		设备内部			印制电路板上		峰值脉冲 1.2/50 μs	有效值 50/60 Hz 1 min	直流 1 min
		材料组别			未涂覆	涂覆[a,b]			
		Ⅰ *CTI*≥600	Ⅱ *CTI*≥400	Ⅲ *CTI*≥100	*CTI*≥175	*CTI*≥100			
50	0.10	0.60	0.85	1.20	0.10	0.10	500	350	500
100	0.15	0.70	1.00	1.40	0.16	0.15	800	490	700
150	0.50	0.75	1.05	1.50	0.50	0.50	1 500	820	1 150
300	1.50	1.50	2.10	3.00	1.50	1.50	2 500	1 350	1 900
600	3.00	3.00	4.30	6.00	3.00	3.00	4 000	2 200	3 100
1 000	5.50	5.50	7.00	10.00	5.50	5.50	6 000	3 250	4 600

a 同样适用于引线间具有稳定机械距离的 PCB 安装元件。

b 对涂覆层的最低要求见 D.2.2。

c 验证空气中的电气间隙见 10.5.2.2 和表 D.11。

表 D.5 功能绝缘、基本绝缘或附加绝缘，污染等级 1，过电压类别Ⅲ

标称额定绝缘电压或工作电压/V（交流有效值或直流值），最大至	污染等级 1 过电压类别Ⅲ					
	电气间隙/mm	爬电距离/mm		耐受电压[b]/V		
		设备内部 *CTI*≥100	印制电路板上[a] *CTI*≥100	峰值脉冲 1.2/50 μs	有效值 50/60 Hz 1 min	直流 1 min
50	0.15	0.18	0.15	800	490	700
100	0.50	0.50	0.50	1 500	820	1 150
150	1.50	1.50	1.50	2 500	1 350	1 900
300	3.00	3.00	3.00	4 000	2 200	3 100
600	5.50	5.50	5.50	6 000	3 250	4 600
1 000	8.00	8.00	8.00	8 000	4 350	6 150

a 同样适用于引线间具有稳定机械距离的 PCB 安装元件。

b 验证空气中的电气间隙见 10.5.2.2 和表 D.11。

表 D.6 功能绝缘、基本绝缘或附加绝缘,污染等级 2,过电压类别Ⅲ

标称额定绝缘电压或工作电压(交流有效值或直流值),最大至/V	污染等级 2 过电压类别Ⅲ								
	电气间隙/mm	爬电距离/mm					耐受电压[c]/V		
		设备内部			印制电路板上		峰值脉冲 1.2/50 μs	有效值 50/60 Hz 1 min	直流 1 min
		材料组别			未涂覆	涂覆[a,b]			
		Ⅰ CTI≥600	Ⅱ CTI≥400	Ⅲ CTI≥100	CTI≥175	CTI≥100			
50	0.15	0.60	0.85	1.20	0.15	0.10	800	490	700
100	0.50	0.70	1.00	1.40	0.50	0.50	1 500	820	1 150
150	1.50	1.50	1.50	1.50	1.50	1.50	2 500	1 350	1 900
300	3.00	3.00	3.00	3.00	3.00	3.00	4 000	2 200	3 100
600	5.50	5.50	5.50	6.00	5.50	5.50	6 000	3 250	4 600
1 000	8.00	8.00	8.00	10.00	8.00	8.00	8 000	4 350	6 150

a 同样适用于引线间具有稳定机械距离的 PCB 安装元件。

b 对涂覆层的最低要求见 D.2.2。

c 验证空气中的电气间隙见 10.5.2.2 和表 D.11。

表 D.7 双重绝缘或加强绝缘,污染等级 1,过电压类别Ⅱ

标称额定绝缘电压或工作电压(交流有效值或直流值),最大至/V	污染等级 1 过电压类别Ⅱ					
	电气间隙/mm	爬电距离/mm		耐受电压[b]/V		
		设备内部 CTI≥100	印制电路板上[a] CTI≥100	峰值脉冲 1.2/50 μs	有效值 50/60 Hz 1 min	直流 1 min
50	0.15	0.36	0.15	800	490	700
100	0.50	0.50	0.50	1 500	820	1 150
150	1.50	1.50	1.50	2 500	1 350	1 900
300	3.00	3.00	3.00	4 000	2 200	3 100
600	5.50	5.50	5.50	6 000	3 250	4 600
1 000	8.00	8.00	8.00	8 000	4 350	6 150

a 同样适用于引线间具有稳定机械距离的 PCB 安装元件。

b 验证空气中的电气间隙见 10.5.2.2 和表 D.11。

表 D.8 双重绝缘或加强绝缘,污染等级 2,过电压类别Ⅱ

标称额定绝缘电压或工作电压（交流有效值或直流值），最大至/V	污染等级 2 过电压类别Ⅱ								
	电气间隙/mm	爬电距离/mm					耐受电压[c]/V		
		设备内部			印制电路板上		峰值脉冲 1.2/50 μs	有效值 50/60 Hz 1 min	直流 1 min
		材料组别			未涂覆	涂覆[a,b]			
		Ⅰ CTI≥600	Ⅱ CTI≥400	Ⅲ CTI≥100	CTI≥175	CTI≥100			
50	0.15	1.20	1.70	2.40	0.15	0.15	800	490	700
100	0.50	1.40	2.00	2.80	0.50	0.50	1 500	820	1 150
150	1.50	1.50	2.10	3.00	1.50	1.50	2 500	1 350	1 900
300	3.00	3.00	4.20	6.00	3.00	3.00	4 000	2 200	3 100
600	5.50	6.00	8.60	12.00	6.00	5.50	6 000	3 250	4 600
1 000	8.00	10.00	14.00	20.00	10.00	8.00	8 000	4 350	6 150

[a] 同样适用于引线间具有稳定机械距离的 PCB 安装元件。

[b] 对涂覆层的最低要求见 D.2.2。

[c] 验证空气中的电气间隙见 10.5.2.2 和表 D.11。

表 D.9 双重绝缘或加强绝缘,污染等级 1,过电压类别Ⅲ

标称额定绝缘电压或工作电压（交流有效值或直流值），最大至/V	污染等级 1 过电压类别Ⅲ					
	电气间隙/mm	爬电距离/mm		耐受电压[b]/V		
		设备内部 CTI≥100	印制电路板上[a] CTI≥100	峰值脉冲 1.2/50 μs	有效值 50/60 Hz 1 min	直流 1 min
50	0.50	0.50	0.50	1 500	820	1 150
100	1.50	1.50	1.50	2 500	1 350	1 900
150	3.00	3.00	3.00	4 000	2 200	3 100
300	5.50	5.50	5.50	6 000	3 250	4 600
600	8.00	8.00	8.00	8 000	4 350	6 150
1 000	14.00	14.00	14.00	12 000	6 500	9 200

[a] 同样适用于引线间具有稳定机械距离的 PCB 安装元件。

[b] 验证空气中的电气间隙见 10.5.2.2 和表 D.11。

表 D.10 双重绝缘或加强绝缘,污染等级 2,过电压类别Ⅲ

标称额定绝缘电压或工作电压(交流有效值或直流值),最大至/V	污染等级 2 过电压类别Ⅲ								
	电气间隙/mm	爬电距离/mm					耐受电压[c]/V		
		设备内部 材料组别			印制电路板上		峰值脉冲 1.2/50 μs	有效值 50/60 Hz 1 min	直流 1 min
		Ⅰ $CTI \geqslant 600$	Ⅱ $CTI \geqslant 400$	Ⅲ $CTI \geqslant 100$	未涂覆 $CTI \geqslant 175$	涂覆[a,b] $CTI \geqslant 100$			
50	0.50	1.20	1.70	2.40	0.50	0.50	1 500	820	1 150
100	1.50	1.50	2.00	2.80	1.50	1.50	2 500	1 350	1 900
150	3.00	3.00	3.00	3.00	3.00	3.00	4 000	2 200	3 100
300	5.50	5.50	5.50	6.00	5.50	5.50	6 000	3 250	4 600
600	8.00	8.00	11.00	12.00	8.00	8.00	8 000	4 350	6 150
1 000	14.00	14.00	14.00	20.00	14.00	14.00	12 000	6 500	9 200

[a] 同样适用于引线间具有稳定机械距离的 PCB 安装元件。

[b] 对涂覆层的最低要求见 D.2.2。

[c] 验证空气中的电气间隙见 10.5.2.2 和表 D.11。

表 D.11 校验空气中的电气间隙的试验电压倍增系数

试验海拔高度/m	0～200	500	1 000	1 500	2 000	3 000	4 000	5 000
试验电压倍增系数	1.20	1.15	1.10	1.05	1.00	0.87	0.77	0.67

表 D.12 通过在设备内采用附加防护降低内部环境的污染等级

设备内的附加防护	从外部环境污染等级 2 到	从外部环境污染等级 3 到
持续加热(见注 1)	1	1
封装(见注 2)	1	1
涂覆(见注 3)	1	2
外壳密封	1	1
外壳防护符合 GB 4208 的 IPX4	2	2

注 1:如果设备内部环境温度升高至少 5 ℃,则可以采用。

注 2:封装——作为固体绝缘考虑时,封装是指完全包裹在诸如环氧树脂之类封装材料中的这些部分,包括印制电路板内层上的线条和焊盘。它为被封装的表面、元件和导体表面之间提供了对任何凝露的屏障。

注 3:涂覆——适用于被阻焊剂覆盖的印制电路导线或被敷形涂覆的导体或元件。

注 4:如果用表 D.12 确定减少了爬电距离,宜确保其不小于允许的最小电气间隙。

附 录 E
（资料性附录）
电气间隙和爬电距离的测量

本附录给出了不同情况下电气间隙和爬电距离测量的示例。

E.1 基本原则

例 1～例 11 中规定的沟槽宽度适用于以下的以污染等级为函数的所有示例。

表 E.1 污染等级与凹槽宽度 X 对应关系

污染等级	沟槽宽度 X 的最小值/mm
1	0.25
2	1.0
3	1.5
4	2.5

如果相应的电气间隙不大于 3 mm，最小沟槽宽度可以降至该电气间隙的 1/3。

测量爬电距离和电气间隙的方法示于例 1～例 11。这些示例不区分间隙和沟槽之间或绝缘类型之间的差异。

给出如下假设：

- 假定任意沟槽被长度等于规定宽度为 X 的绝缘连接线在最不利的位置下桥接（见例 3）；
- 当跨越沟槽的距离不小于规定宽度 X 时，沿着沟槽的轮廓测量爬电距离（见例 2）；
- 假定部件之间的爬电距离和电气间隙可能呈现不同位置时，以最不利的位置测量。

E.2 电气间隙和爬电距离的测量示例

例 1：

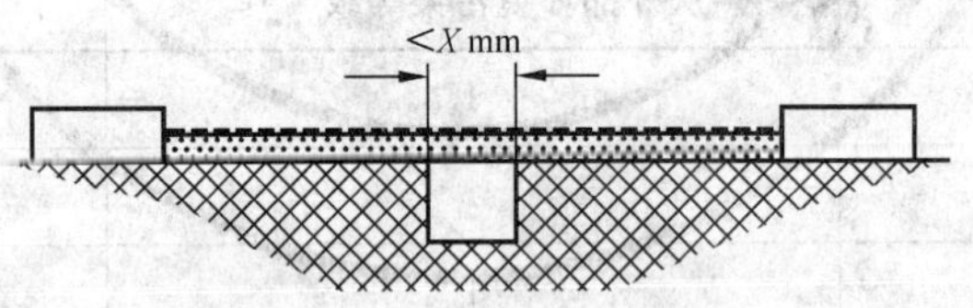

条件：所考虑的路径包含一个宽度小于 X mm、任意深度的两边平行或收敛形的沟槽。

规则：如图所示，爬电距离和电气间隙直接跨过沟槽测量。

电气间隙 -------------　　　　爬电距离

例 2：

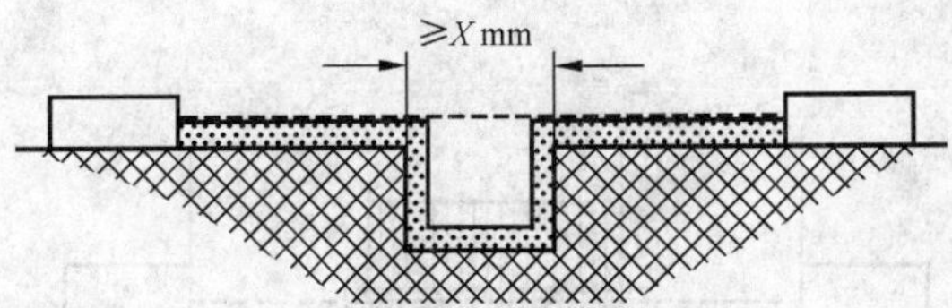

条件：所考虑的路径包括一个任意深度而宽度不小于 X mm 的两边平行的沟槽。

规则：电气间隙是“虚线”的距离。

爬电路径沿着沟槽的轮廓。

例 3：

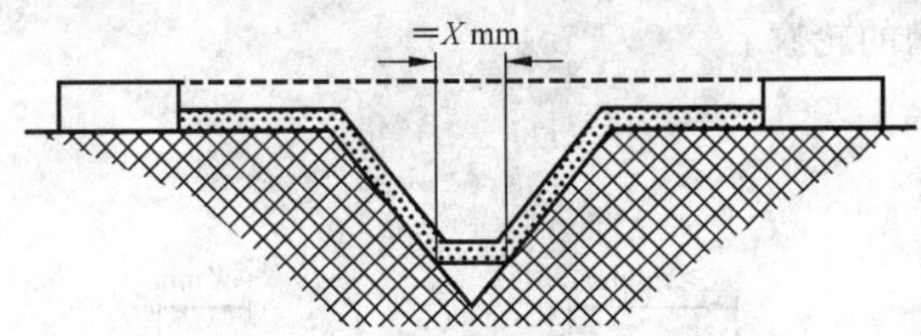

条件：所考虑的路径包括一个宽度大于 X mm 的 V 形槽。

规则：电气间隙是“虚线”的距离。

爬电路径沿着沟槽的轮廓但被 X mm 的连接线把槽底“短路”。

例 4：

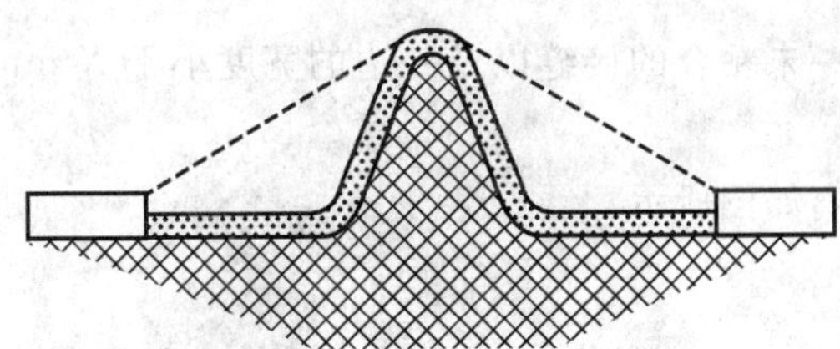

条件：所考虑的路径包括一条筋。

规则：电气间隙是通过筋的顶部最短的直接空气路径。

爬电路径沿着筋的轮廓。

例 5：

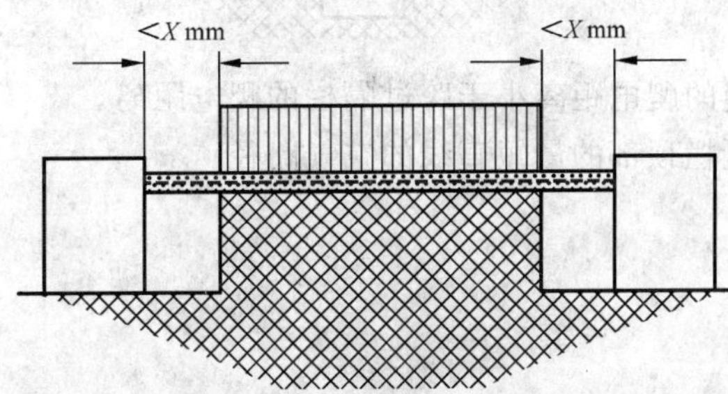

条件：所考虑的路径包括一未粘合的接缝以及每边宽度小于 X mm 的沟槽。

规则：电气间隙和爬电距离为图示的“虚线”距离。

电气间隙 -------------　　　　爬电距离

例 6：

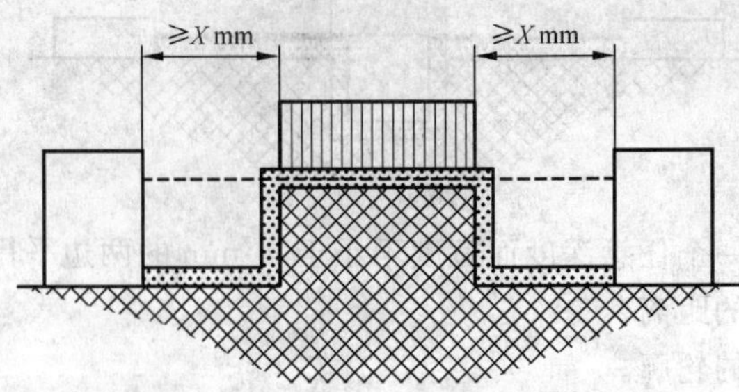

条件：所考虑的路径包括一未粘合的接缝以及每边宽度不小于 X mm 的沟槽。

规则：电气间隙为“虚线”距离。

爬电路径沿着沟槽的轮廓。

例 7：

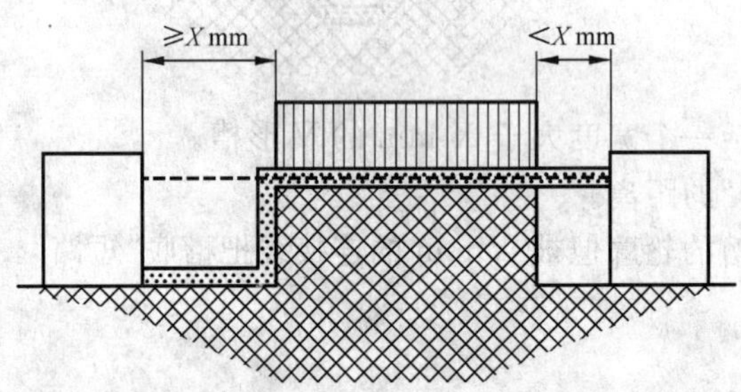

条件：所考虑的路径包括一未粘合的接缝以及一边的宽度小于 X mm，另一边的宽度不小于 X mm 的沟槽。

规则：电气间隙和爬电距离如图所示。

例 8：

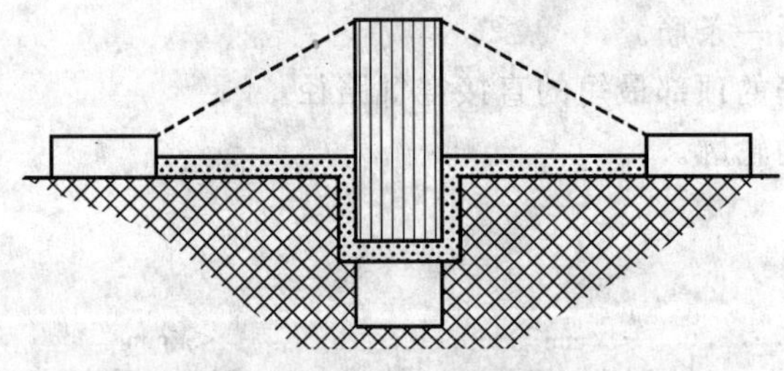

条件：通过未粘合的接缝的爬电距离小于跨过隔栏的爬电距离。

规则：电气间隙是通过隔栏顶部的最短直线的空气路径。

电气间隙 -------------　　　　爬电距离

例 9：

条件：螺钉头与沟槽壁之间的间隙足够宽而加以考虑。

规则：爬电距离的测量如图所示。

例 10：

条件：螺钉头和凹槽壁之间的间隙过分窄小考虑而不予考虑。

规则：当距离等于 X mm 时，测量爬电距离是从螺钉至沟槽壁。

电气间隙 -------------　　　　爬电距离

例 11：

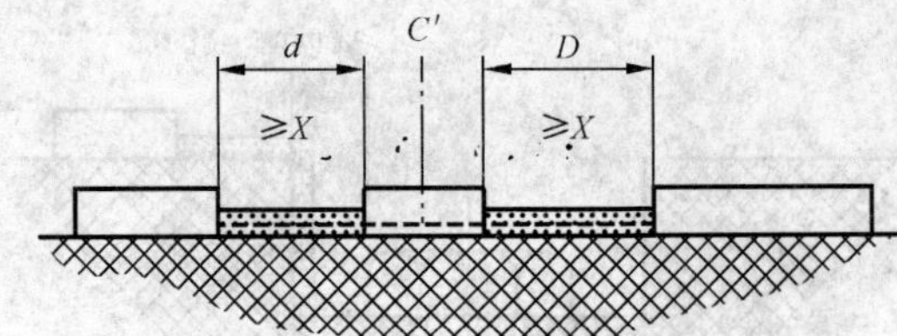

C′浮动部分

条件：电气间隙和爬电距离中有浮起部分。

规则：电气间隙 $= d + D$

爬电距离 $= d + D$

电气间隙 -------------　　爬电距离

附 录 F
（规范性附录）
标准试验指

本附录提供了标准的固定式和铰接式试验指的详细尺寸。它们用以验证人的手指在触及带电部分时是否存在危险。

与正文有关的标准试验指的试验见 10.5.2.3。

尺寸单位为毫米

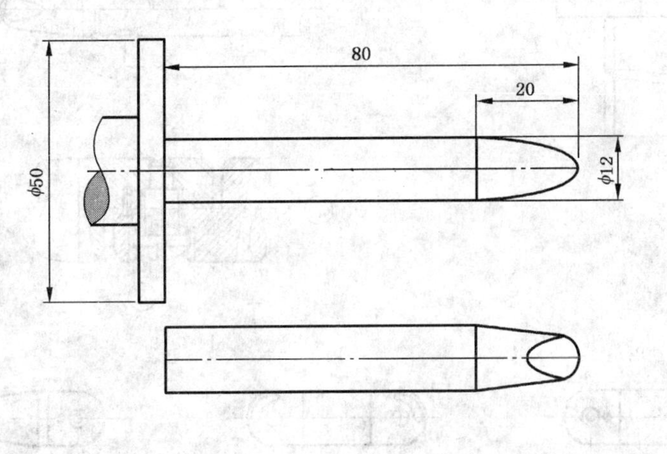

注：公差和指端的尺寸见图 F.2。

图 F.1 刚性试验指

尺寸单位为毫米

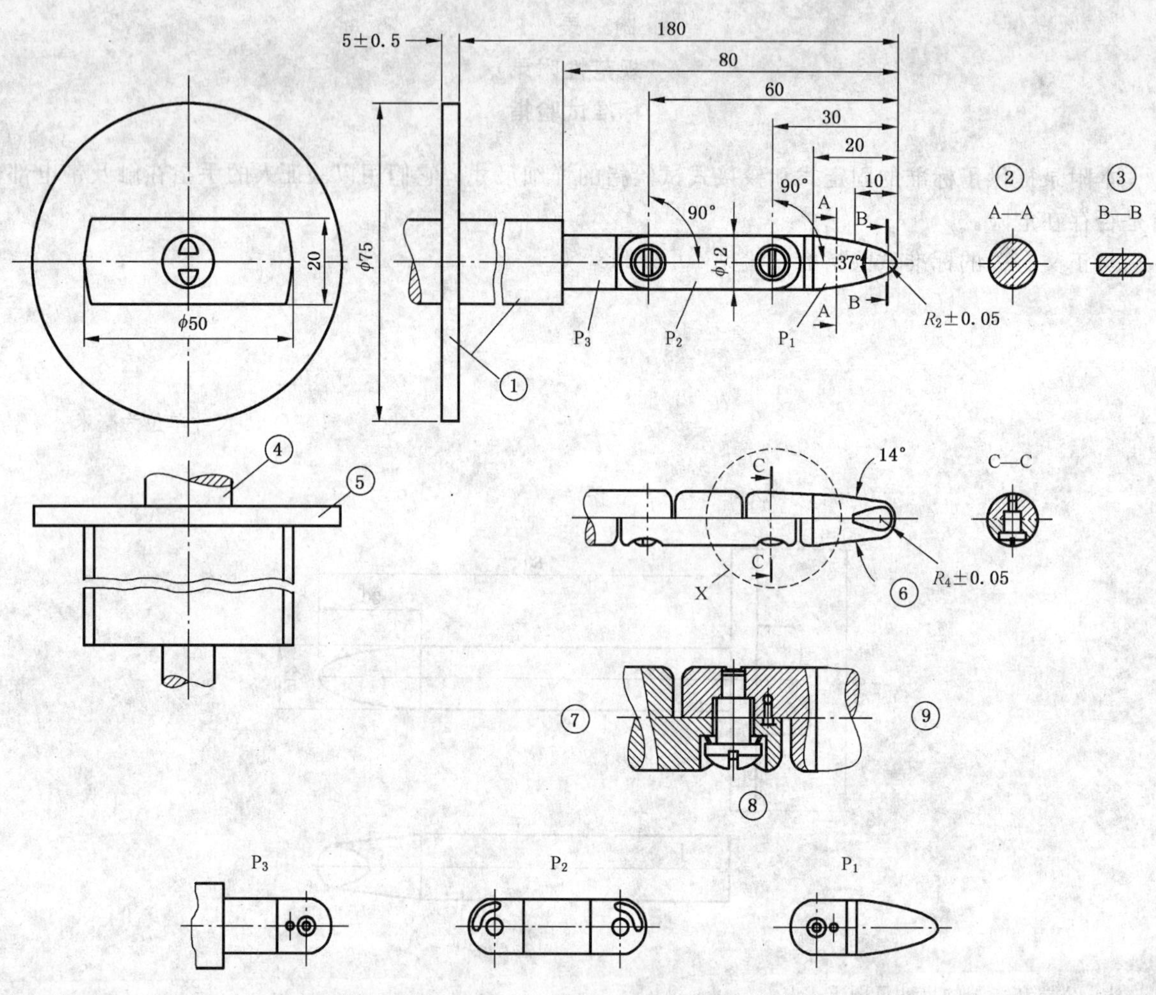

图解：

1——绝缘材料；

2——截面 A—A；

3——截面 B—B；

4——手柄；

5——挡板；

6——球形；

7——细节 X（示例）；

8——侧视；

9——斜切所有边缘。

未规定公差的尺寸公差：

——角度公差：$^{\ 0}_{-10'}$；

——线性尺寸公差：

$\leqslant$25 mm：$^{\ \ 0}_{-0.05}$mm；

$>$25 mm：±0.2 mm。

试验指的材料：热处理过的钢等。

试验指的两个节点均可以弯折($90^{+10'}_{\ 0}$)°，但只能向同一个方向。

采用销钉和凹槽的方案只是用于限制弯折角度为90°的可能的方法之一。因此，这些细节的尺寸和公差未在图中给出。实际的设计应保证($90^{+10'}_{\ 0}$)°的弯折角。

图 F.2 铰接式试验指

附　录　G
（资料性附录）
冲击电压试验指南

本附录给出了用于本部分规定的设备过电压耐受试验的试验发生器的设计细节。

为了产生 10.5.3.1.3 中规定的冲击电压，发生器的推荐配置如图 G.1 所示，用于 1 kV 和 5 kV 试验电压的组成元件见表 G.1。

表 G.1　试验发生器的元件

试验电压/kV	R_1/kΩ	R_2/kΩ	C_1/μF	C_2/nF
1.0	0.068	0.5	1.0	0.8
5.0	1.8	0.5	0.039	0.8

每个元件参数值的公差为±1%。

用于 1 kV 和 5 kV 之外的冲击电压下的元件参数，可由以下表达式算出：

$R_1=0.068\times10^{-3}\times V_T^2(\Omega)$　　　　$R_2=500\ \Omega$

$C_1=1/V_T^2(\mathrm{nF})$　　　　$C_2=0.8\ \mathrm{nF}$

其中，V_T 的单位为伏特(V)。

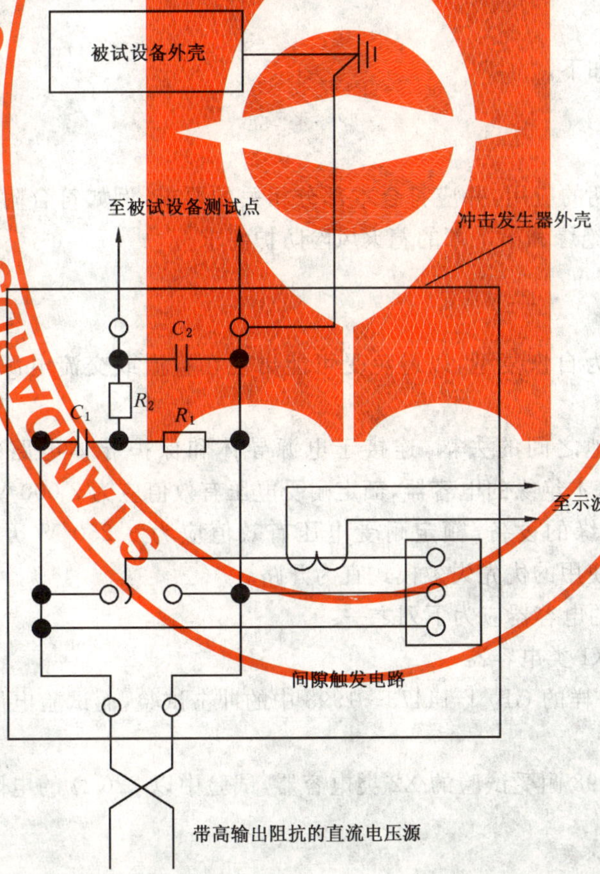

图 G.1　冲击电压试验发生器配置

附 录 H
（资料性附录）
元 件

本附录对由于不恰当的设计和布局可能引起安全危险的元件的设计提供了指南。

H.1 概述

出于安全的原因，元件应符合本部分的要求，或者符合相关IEC元件标准安全方面的要求。

注1：只有当问题所涉及的元件明显属于某一元件IEC标准的适用范围时，才认为该IEC元件标准是相关的。

连接到保护等电位联结电路、保护特低电压电路或安全特低电压电路，以及连接到特低电压电路或危险电压的部分的元件，应符合下列保护等电位联结、保护特低电压或安全特低电压电路电路的要求。

在正常运行条件下以及单一故障之后，例如基本绝缘层击穿或单个元件的故障，保护等电位联结、保护特低电压或安全特低电压电路呈现的电压应可以安全触及。

注2：不同电源连接于不同部分(线圈和触点)的继电器，是这类元件的一个例子。

制造厂应确保所有与安全有关的元件都符合本部分的安全要求。

关于电池，见8.7.1.1。

与安全有关的元件的规定如下。

H.2 互感器

互感器的类型应适合其预期的应用，并应符合本部分相关的要求，例如符合附录D的电气间隙和爬电距离、5.1.8的适当的固体绝缘和第7章的着火风险防护要求。

H.3 设备一次电路的电容器

用于一次电路的电容器应为自恢复型，以避免受可能出现在直流或交流电源上瞬态电压影响的短路。

为了满足EMC要求的与地之间的去耦，连接于电源导体和保护导体电路之间的电容器应为GB/T 14472中的Y类。用于基本绝缘的电容器，额定耐受电压有效值应为2 000 V历时1 min或有效值2 200 V 、1 s。对于双重绝缘的设备，额定耐受电压有效值应为3 250 V历时1 min或有效值3 575 V历时1 s。Y级电容器使用的优先失效模式宜为开路。

连接于两个电源导休之间的电容器应为下列之一：

a) 符合GB/T 14472的X1类电容器；

b) 通过对X1类电容器一样的GB/T 14473—1998中的冲击试验，而试验电压减少至2.5 kV的X2类电容器；

c) 通过GB/T 14472—1998耐受试验的X2类电容器，试验中以220 Ω的电阻短路(见该标准的附录B)。

H.4 绕组器件——互感器、仪用互感器和变换器、电抗器及带多绕组/屏蔽的继电器和接触器的线圈

H.4.1 线圈绕组

为了保持绕组间所要求的最短隔离距离，宜采取措施以防止：

a) 绕组或匝间不期望的位移，尤其是在绕组层的边缘；

b) 在连接处附近发生破损或者连接松动、脱落的情况下，匝间或内部连接不期望的位移。

防止绕组或导线不期望的位移而进行的测量可包括：

a) 在带线圈骨架或不带线圈骨架的绕组的分支处；
b) 线圈骨架不同隔室内的绕组。如果隔室的隔板只是插入就位的，宜确保对插入接缝的充分覆盖；
c) 当采用无凸缘的绕组时，由硬质绝缘材料(例如层压板)制成的中间层能充分伸展至绕组之外，或采用带凸缘的线圈骨架时能完全填满凸缘宽度之间的间隙；在后一种情况下，插入点到凸缘之间的空间也应当被充分覆盖；
d) 以绝缘材料完全填充绕组层间的空隙；
e) 防止由多层薄片组成的中间层在宽度方向进入线圈骨架的凸缘，以预防个别的绕组边缘滑脱；
f) 带中间绝缘层的层叠绕组，例如带薄片隔层的层叠绕组；
g) 以胶带或其他合适的绑扎方式对绕组边缘的防护；
h) 采用能够加固或完全填满中间空隙并可靠支撑绕组边缘的材料对绕组进行的填充或浇铸。为充分排除形成的气泡(气泡可能引发局部放电)，建议采用真空填充或浇铸。

只有在确保固化之前不发生绕组不期望的位移的前提下，这样的填充或浇铸才可以达到要求的目的。产品缺陷、机械作用或热效会引起此类不期望的位移。

宜注意确保任何电气间隙或爬电距离至少符合5.1.9和附录D中规定的值(它们可能引起气隙扩大以及线圈骨架的连接开裂，或越过中间层，这些不可能通过填充或浇铸有效地消除)。

H.4.2 绝缘箔

如果采用绝缘箔绝缘，此绝缘箔层宜至少有两层以达到基本绝缘的目的。对于加强绝缘，宜至少三层。导线的漆面或釉面绝缘不宜视为对另一个电路或外露可导电部分的绝缘。

H.4.3 插入式保护屏蔽体

同心绕制的绕组之间的保护屏蔽体宜在整个宽度和长度上覆盖相邻绕组，并且(或)绕组之间应有足够的电气间隙和爬电距离。此保护屏蔽体也可由一个设计合理的屏蔽线圈构成。

H.4.4 安全隔离变压器

在保护隔离电路之间的双重绝缘或加强绝缘不产生可能降低绝缘耐受能力的局部放电的条件下，可采用符合GB 13028的安全隔离变压器(遵守GB 13028应用范围的限制条件，例如额定频率<500 Hz)。

500 Hz以上的安全隔离变压器在考虑中。

注：当根据GB 13028进行安全隔离变压器的电压试验时，存在由于发生局部放电而损坏输入侧与输出侧之间绝缘的危险。上述规定的局部放电试验用于对不适用的变压器的鉴别。

H.5 机电元件

构成不同电路之间接口的机电元件(开关、有或无继电器、接触器、断路器)：

a) 对于封装的机电元件(例如有或无继电器，见IEC 61810-1)，至关重要的一点是，确保可移动部分(例如触点片、触点弹簧之类)的松动或脱离不会导致用于保护分隔的绝缘损坏；
b) 在外部连接产生强电弧的情况下，用于保护分隔的爬电距离宜以保持它们长期绝缘功能的方式设置。例如，可通过保证足够大的物理分隔或通过封装提供防护。

H.6 半导体元件和半导体的配置

不允许采用半导体连接作为电路的隔离防护。

对于半导体的配置(也包括混合电路)，例如半导体接触器、电子式互感器和变换器、光耦器件、隔离放大器、紧凑型电源等，如果它们的设计能够通过合适的电压耐受试验而没有电痕化，则允许采用基本绝缘和加强绝缘。可采用绝缘电阻试验确定是否发生有害的电痕化。

用于保护分隔的能量或信息转换接口宜满足对线圈(依据 H.4.1)或对光耦器件的要求。

激光元件应符合 GB 7247.1 的要求。

H.7 连接器和接线座

连接器内部的连接线或电气连接装配的绝缘可省略,或者由不相连的引出端或引出点(例如形成间隔)的方法实现。引出端或引出点的弯曲或损坏不宜使该绝缘削弱到不再满足基本绝缘要求的程度。

IEC 62103:2003 的 5.2.8.5.和 7.1.9 中的要求适用于不具备互换性和极性颠倒的连接器防护。

对用于组件和装置连接的接线座(除了足够的电气间隙和爬电距离之外),还要求采取额外措施以有效预防对此类设备无意的错误连接。这些措施宜最少通过下列之一实现:

a) 至少一个端子夹宽度的隔离间隔;

b) 一个未连接的端子夹;

c) 一个连接于保护接地导体的端子夹;

d) 一个延伸至连接侧的端子之上的中间绝缘片;

e) 一个延伸至连接侧的端子之上的保护屏蔽体;

f) 为这些电路选用不同大小的端子;

g) 采用非常明显的标识,例如外观上的色彩代码。

又见 8.2。

当切断连接器和接线座的连接,以及切断、松开或分离一根引线的机械动作发生危险,而使该绝缘可能受损而不再满足基本绝缘的要求时,宜采取有效的措施防止此类伤害。

附 录 I
（资料性附录）
单一故障条件下最大的安全短时电压持续时间和电容值

本附录提供了确定单一故障条件下最大安全短时持续电压，以及正常操作和单一故障条件下相对于不同电压值的最大安全电容值的曲线图。

图解：
A——潮湿条件下的交流电压限值；
B——干燥条件下的交流电压限值；
C——潮湿条件下的直流电压限值；
D——干燥条件下的直流电压限值。

图 I.1 单一故障条件下短时暂态可接近电压的最长持续时间

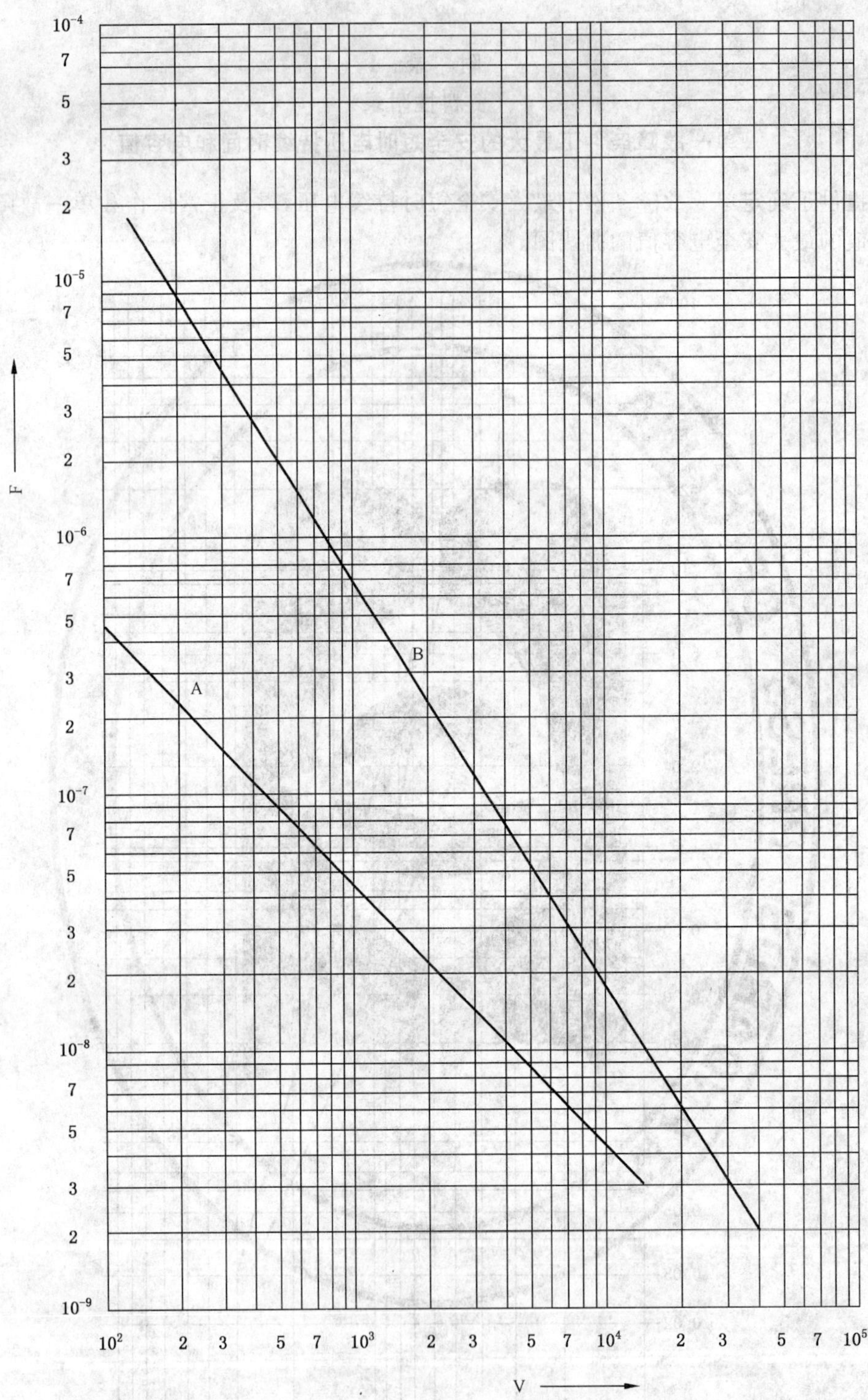

图解：

A——正常操作；

B——单一故障条件。

图 I.2 正常运行和单一故障条件下的充电电容限值

附 录 J
（资料性附录）
外部配线端子

本附录为本部分范围内设备的外部配线端子提供指南。

J.1 永久连接的设备

永久连接的设备应具备：

a） 一套端子；或

b） 一条不可分离的电源电缆。

用于永久连接的设备和带有不可分离电源电缆的设备，它们的端子应通过螺钉[14]、螺母或具有同等效用的器件连接以达到机械安全。

除了对辅助电源和保护导体的连接之外，这也适用于电流互感器和电压互感器的连接。它还适用于电压超过 ELV 的输入和输出连接。

夹紧外部电源导体的螺钉和螺母应具有符合 GB/T 193 或 GB/T 9144 的螺纹或可匹配的螺距以及力学强度（例如统一标准的螺纹）。

螺钉和螺母不应用作夹紧元件。然而，倘若它们不太可能以电源或保护导体的接入或切除的方式配置时，允许夹紧内部导体。

电源电缆的应用要求是：

a） 假设两处独立的安装不会同时松动；

b） 夹紧的导体应具有机械保持性，例如借助绝缘夹或在此端子附近的附加的紧固。

通过目测验证与 J.1 的符合性。

J.2 导体

端子应允许连接具有表 J.1 中所示的额定横截面积的导体。

采用更大规格导体的地方，端子的大小应与之符合。

验证是否符合要求的方法是进行检查及装配具有表 J.1 中所示适当范围内最小和最大横截面积的电缆。

表 J.1 端子可接受的导体尺寸范围

电缆终端的应用	推荐的电缆尺寸/mm^2
CT 电路	2.5～6.0
告警和信号，例如 SCADA	最小 0.5
通信电路，例如 RS232	由制造厂推荐
其他电路，例如 VT 电路、辅助电路等	1.0～2.5

J.3 端子

端子应具有表 J.2 中所示的最小尺寸。螺栓状端子应带垫圈。

IEC 原注：

14） 具有锁紧垫圈的螺钉或螺母，或者不仅仅以钎焊进行机械紧固的金属线被认为不易松动。

表 J.2 螺栓或螺钉直接紧固的电源导体的端子尺寸

设备的额定电流	最小标称螺纹直径/mm	
	接线柱或螺栓的尺寸	螺钉尺寸[a,b]
≤10 A	3.0	3.5
10 A ～16 A	3.5	4.0

[a] 螺钉尺寸是指具有或没有垫圈的螺钉头下面夹住导体的端子。这也不排除通过其他方法采用较小螺钉尺寸对导体的间接紧固，例如"笼式弹簧夹"。

[b] 如果螺钉尺寸不能满足这些要求，制造厂有必要通过型式试验验证其符合性。在最大电流和最高环境温度下的综合温度不应超过所用材料的额定值。端子应保持机械上的可靠。

端子在设计上应使其能以足够的接触压力将导体夹持在金属表面之间而不会损伤导体。

端子的设计或定位应在拧紧夹紧螺钉或螺母时导体不能滑脱。

端子的固定应在拧紧或松开导体时确保：

a） 端子本身不松动；

b） 内部配线不受力；

c） 爬电距离和电气间隙不至低于附录 D 中的规定值。

以目测和测量验证与 J.3 的符合性。

对于普通的不可拆的电源电缆，每个引出端均宜就近固定在对应的端子或具有不同电位的接线端上。

以目测检验不可拆的电源电缆的符合性。

附 录 K
（资料性附录）
电池保护示例

本附录给出了在单一故障条件下，为降低过热或爆炸危险的电池保护的典型示例。

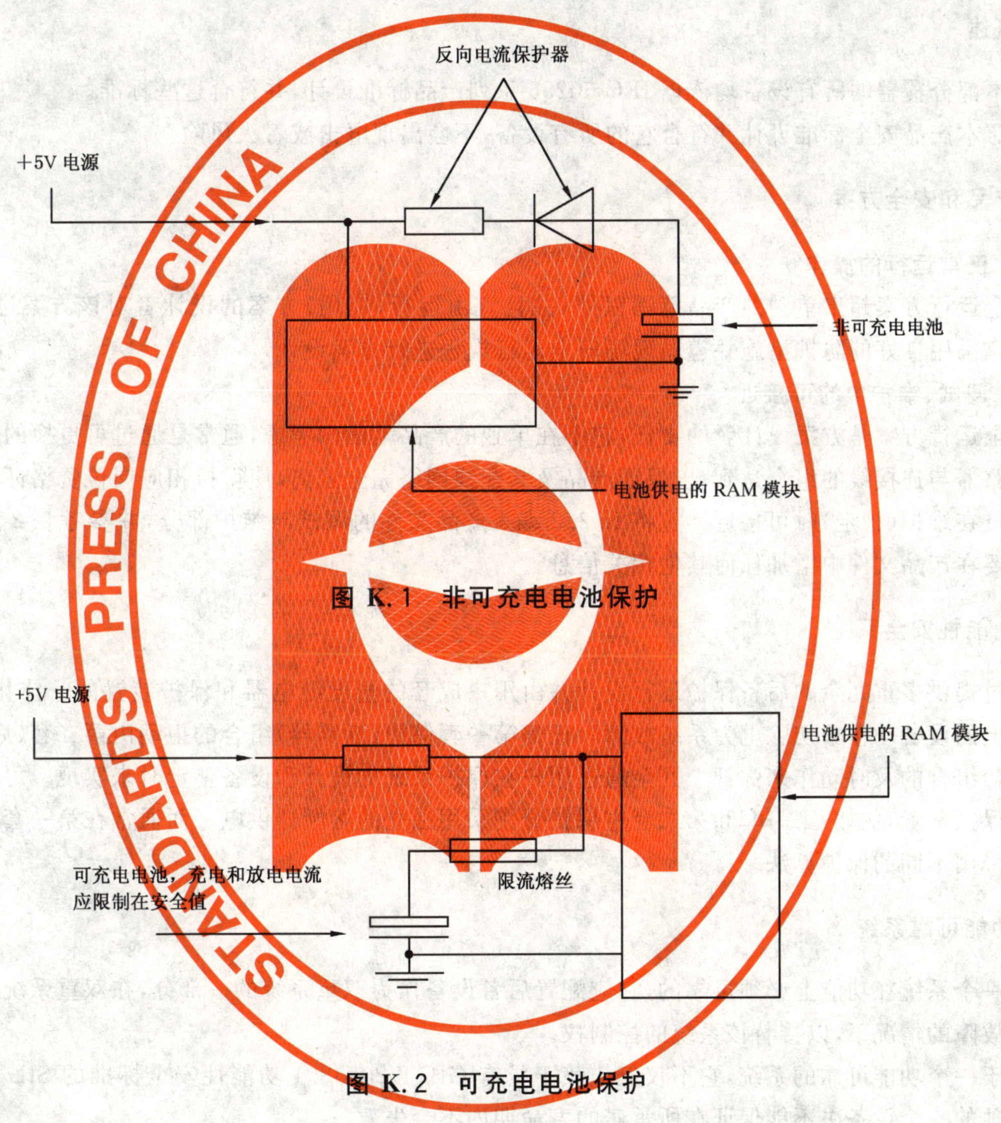

图 K.1 非可充电电池保护

图 K.2 可充电电池保护

附　录　L
(资料性附录)
功能性安全不属于本部分范围的原因

本附录给出了功能性安全要求不属于本部分范围的原因。

L.1　概述

由本部分覆盖的所有设备均依据 IEC 60255 系列产品标准设计,并符合这些标准。

依照本产品安全标准设计并符合它的所有设备,不会出现电击或着火风险。

L.2　产品和安全方案

L.2.1　正常运行的操作

安全运行方案超出单独的产品范围以外,并且宜由运行(应用)方案的设计者对该方案进行设计。设计者宜采用良好的防护措施并遵循现场安全运行规程进行方案设计。

L.2.2　调试、维护中的可接近

安全运行方案是方案设计者的责任,它不在单独的产品范围内考虑,通常是通过可更换的熔断器或微型断路器与连接线的组合达到,以保证产品及其配线网络完全隔离,使得持相应岗位资格证书的工程技术人员在维护(检定)时可接近。宜将 L.2.2 编入产品文件的调试与维护部分,并参考 9.2 以确定是否有必要在产品文件中增加任何其他相关信息。

L.3　功能性安全系统

通过提供多重冗余的后备保护运行设计并由用户成套的量度继电器和保护装置的一体化系统,由一个以上的设备动作来切除电力系统故障。任何第一套保护(断路器)组合的拒动由第二套(后备)保护(断路器)组合的及时动作来弥补。冗余通过用户在保护系统的设计和设备整定时来实现。可能有多重的冗余保护配置,例如,第一套和第二套主保护分别采用独立的熔断器供电。而通常在第一套和第二套保护中采用不同的保护算法。

L.4　功能可靠系统

若一个系统在功能上必须可靠的,它应配置后备设备作为双重系统的一部分,在双重系统的一个分支出现故障的情况下,以接替该系统的控制权。

对于一个功能可靠的系统,它不仅仅依赖于具有 GB/T 20438.1 功能性安全标准的 SIL 等级的设备。单独的一个设备决不能保证在所承诺的寿命期内不会失效。

L.5　变电站类型的环境

L.5.1　限制接近的区域

变电站的环境类型是一个限制接近的区域,一般情况下关闭,只有持适当的资格证书的工程技术人员在准许工作时才允许进入。当需要执行具体操作时,设备的操作和试验通常由签发许可的系统运行人员控制,并且当需要执行具体操作时,通常需要保留许可和操作的详细记录。

L.5.2　人员培训

对于变电站这样的正规环境,只有具备潜在风险意识和经过现场安全运行规程培训的人员才允许在这样的环境中工作。在变电站内,根据工作人员的不同的工作级别和权限来授权。

L.5.3 制定现场安全运行规程

每个国家(或电力公司)已制定了成文的现场安全运行规程,以保证人员作业或进入变电站类型环境的安全。这些现场安全运行规程是强制性的并严格遵守、不得违反。

在通常情况下,变电站内工作人员不在带电设备上工作。

当需要在带电母线上安全地作业而又没有采取带电作业的预防措施时,隔离带电母线并通过将它们接地以确保安全。断路器或锁定在断开状态,或以操动机构操作,使其仅能通过手动或独立的操动马达实现合闸操作。

其他有关安全运行规程的信息如下:

a) 图 L.1 和图 L.2 给出了在严格的安全程序之下的断开和接地实现带电线路安全的方法。不仅是连接到断路器的电路,各种带电线路均由合格的人员以同样的断开方法以实现安全;

b) 对需要在带电线路环境中工作的人员进行安全作业方法的专门培训,例如,绝缘(隔离)工具、绝缘橡胶垫、绝缘靴和绝缘手套的使用等。

综上概述,当具备资格的人员在可能实施带电线路隔离作业时,本部分所涉及的设备不宜依赖于单一的路径系统作为功能性安全的措施。

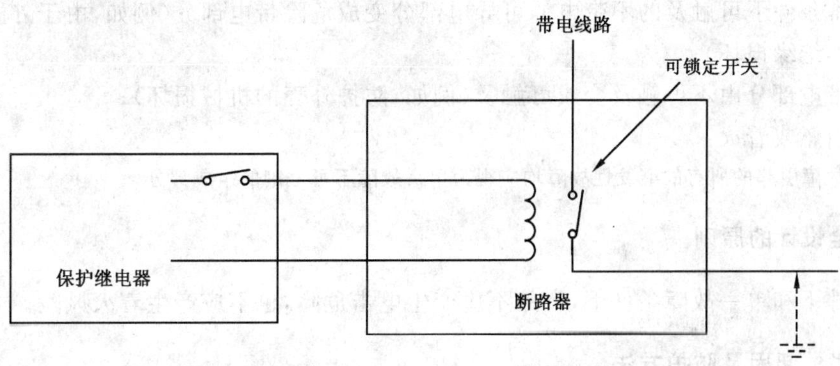

图 L.1 保护继电器使断路器断开带电线路的简明方框图,断开的带电线路通过接地后达到安全

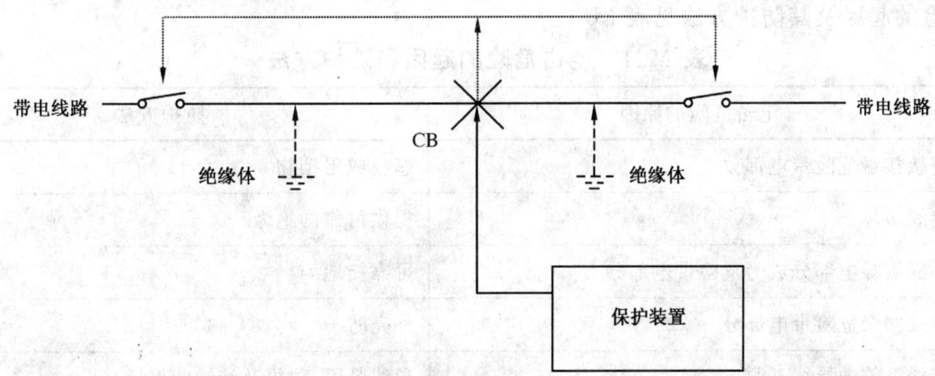

图 L.2 通过与断路器机械联动或机电联动的隔离开关隔离的带电线路,断开的带电线路通过接地后达到安全

附 录 M[13]

（资料性附录）

单一故障条件的概念、评估和试验

M.1 单一故障条件的基本概念

M.1.1 正常条件

正常条件是指预期使用并且没有故障的条件。

注：预期使用是根据供方提供的信息对产品、过程或服务的使用。

M.1.2 单一故障条件

由于任何绝缘（双重绝缘或加强绝缘除外）或任何元器件（具有双重绝缘或加强绝缘的元器件除外）的失效引发，产生下列任何一种情况时，均认为是单一故障（条件）：

——可触及的非危险带电部分变成危险的带电部分（例如，限制稳态接触电流和电荷的措施失效）；

——在正常条件下可触及的不带电的可导电部分变成危险带电部分（例如，由于外露的可导电部分的基本绝缘损坏）；

——危险带电部分由不可触及变成可触及（例如，防护外壳的机械损坏）；

——发生引燃或着火。

注：由单一故障引起的所有的继发性故障均应视为单一故障不可分割的组成部分。

M.2 产品安全设计的原则

在正常条件下和单一故障条件下，产品不应产生电击危险，也不应产生着火风险。

M.3 单一故障的起因及防护方法

M.3.1 电击危险的起因及防护方法

电击危险的起因及其防护方法见表 M.1。

表 M.1 电击危险的起因和防护方法

序号	电击危险的原因	防护方法
1	直接接触危险带电部分	遮栏或阻挡物
2	绝缘破坏	提供可靠的绝缘
3	外露可导电部分成为危险带电部分	可靠接地
4	间接接触危险带电部分	外壳防护
5	布线系统的导线开脱	导线紧固、防松及绝缘的保持
6	电容器存储电荷的放电	电容器放电控制在危险范围以下
7	意外接触	配置对意外接触防护的速断装置
8	带电维护	安全联锁装置

采标注：

13 为便于对“单一故障条件”的理解和本部分的实施，特增加本附录。本附录是依据 GB/T 17045—2006 和欧洲计算机协会标准 ECMA 287 等标准，并与本部分中的相关内容整合后编制的。

M.3.2 着火风险的起因及防护方法

着火风险的起因及防护方法见表 M.2。

表 M.2 着火风险的起因和防护方法

序号	着火风险的起因	防护方法
1	正常条件下着火	● 限制易燃材料的温度 ● 限制可能的桥接 ● 限制外部导电零部件进入设备内部
2	在异常情况下的着火	● 限制易燃材料的温度
3	在异常情况下的着火蔓延	● 阻止着火蔓延
4	在异常情况下的着火及着火蔓延	● 阻止着火 ● 阻止着火蔓延
5	过热、导线的不良连接	● 采用正确的导线 ● 采用正确的导线护套 ● 正确使用端子 ● 正确配置电源输入插座
6	存在可燃性固体、液体、气体、蒸汽和引燃源	● 采用低可燃性的代用材料 ● 将可燃性材料与引燃源隔离 ● 采用排风设施减小可燃气体聚积 ● 对可能的危险张贴警示标记

M.4 设计要求

M.4.1 电击防护设计要求

电击防护的设计要求简述如下:

1) 可触及的导电部分应以加强绝缘或双重绝缘与危险的带电部分实施隔离。否则,应与保护接地端子或接地极相连;
2) 装置的前部采用防护等级最少是 IP20 的外壳,以防在运行时触及内部的危险带电部分;
3) 装置外壳实现导电性互连并可靠接地,采用齿形垫圈是实现导电连续性的有效方法;
4) 在装置运行中气候的、机械的、电气的、热的作用下,电气绝缘应得到有效的保持;
5) 保护导体的最小截面应满足表 M.3 的要求,保护连接导线为黄绿双色;

表 M.3 保护导体的最小截面积 单位为平方毫米

电路上的导线截面积 S	相应的保护导体的最小截面积
＜16	S
＞16～35	16
＞35	$S/2$

6) 在工作、运输及贮存的环境中,实现导电性互连的各连接点不应因化学的和电化学的原因产生腐蚀。可采用电镀或涂覆涂层的方法实现防腐,合理选择接触面的金属材料或镀层以获得合理的电化学组合;
7) 当采用插头插座作为保护连接时,保护连接不应在带电部件断电前断开。当重接保护导体时,

应在带电部件连接前重接或至少同时重接；

8） 设计安全联锁装置，保证在进入、打开或取下外壳时，触及任何危险带电部分之前已没有电击危险。

M.4.2 着火风险防护设计要求

M.4.2.1 正常条件下的着火

1） 限制易燃材料、元器件达到引燃温度；

2） 确保足够的电气间隙和爬电距离；

3） 限制可能的导电性桥接；

4） 限制导电零部件进入设备内部造成的短路。

M.4.2.2 单一故障条件下的着火及着火蔓延

1） 限制引燃材料的温度；

2） 采用 V-1 级及以上材料。

M.4.2.3 单一故障条件下的着火蔓延

设置防火挡板或外壳。

M.4.2.4 限制着火及着火蔓延

1） 无引燃材料和器件，例如采用 V-1 级及以上材料；

2） 设置防火挡板或外壳。

M.4.2.5 单一故障条件下的着火

1） 限制引燃材料的温度；

2） 采用 V-1 级及以上材料。

M.4.2.6 单一故障条件下的着火蔓延

设置防火挡板或外壳。

M.4.2.7 过热或电源线、导线的不良连接

1） 选用适当的电源软线；

2） 选用适当的电源软线护套；

3） 正确选用接线端子；

4） 正确选用电源输入插座；

5） 合理选用导线；

6） 设备的所有电气连接点实现可靠连接；

7） 避免一切过热。

M.4.2.8 存在可燃的固体、液体、气体、蒸汽和引燃源而可能引起着火和爆炸

1） 选用低可燃性的材料；

2） 可燃性材料与引燃源隔离；

3） 采用排风措施减少可燃气体聚集；

4） 对可能的危险提供警示标志。

M.4.2.9 元器件、零部件及其材料的防火

1） 正确选择材料，例如金属材料、达到一定要求的阻燃性工程塑料；

2） 正确选择元器件，使之达到：

——元器件的功率对其实际功率有一定的冗余；

——对元器件的过负荷有适当的保护措施；

——由元器件的最大故障功率限制其自燃。

3） 利用通风、散热设计或热屏蔽措施防止元器件着火，例如通风机、散热器、防火隔板、防火外壳等；

4） 保持发热元器件与热敏感器件之间有足够的距离，以便散热；

5） 确保电气连接的可靠性，以降低因接触不良造成的火花、闪烙、飞弧等；

6） 利用附加的装置或电路对危险元器件或电路保护，例如限压或限流装置；

7） 采用着火蔓延的防护设计。

M.5 单一故障的评估和试验

M.5.1 单一故障条件的评估

单一故障条件的评估宜尊照以下原则进行：

1） 任何单一故障试验的需求将依据单一故障条件的评估结果确定；

2） 应通过检查设备、电路图和元器件规范来确定出可以合理预计到会发生的那些故障条件；

3） 检查设备及其电路图以发现易导致电击或着火风险的故障状态。

具备以下条件的设备，可以免除相关的单一故障试验：

1） 满足本标准 M.4 设计要求的；

2） 在干燥条件下电压不超过 33 V(交流)或 70 V(直流)，潮湿条件下电压不超过 25 V(交流)或 37.5 V(直流)的电路；

3） 在任何负载及短路条件下持续输出 2 min 以上、电流限制在 0.2 A 以下的电路。

M.5.2 单一故障试验

M.5.2.1 单一故障试验的选择

根据单一故障的评估结果，可在 M.5.2.2 中选择合适的单一故障试验。

M.5.2.2 单一故障试验项目

M.5.2.2.1 保护阻抗

对保护阻抗的单一故障试验如下：

——多元件组成的保护阻抗分别断开或短路(按最不利的一种)；

——由基本绝缘和一个限压或限流器件组成的保护阻抗，基本绝缘短路，限压或限流元件短路或断开(按最不利的一种)；

——高集成度元件的保护阻抗无需短路或断开。

M.5.2.2.2 短时或间歇运行的设备或部件

对短时或间歇运行的设备或部件的单一故障试验如下：

——在故障状态下，短时或间歇运行的设备或部件会连续运行，例如电动机、继电器、加热器、磁性元件等；

——对这些器件连续运行进行单一故障试验。

M.5.2.2.3 互感器

对互感器的单一故障试验如下：

——对一次绕组和非一次绕组及多抽头绕组分别进行模拟短路试验；

——所有其他绕组带或不带负载(按最不利的一种)；

——一次和二次间是加强或双重绝缘的不进行短路试验；

——直接与线圈连接的限流阻抗或保护器件的负载侧也进行短路试验。

M.5.2.2.4 输出

对设备输出的单一故障试验如下：

——每一输出分别进行短路试验。

M.5.2.2.5 绝缘

对绝缘输出的单一故障试验如下：

——对可能发生着火的功能性绝缘进行短路试验；

——对小于规定的电气间隙和爬电距离的一次电路进行桥接试验；

——附加绝缘、加强绝缘和双重绝缘无需进行短路试验。

M.5.2.2.6 一次电路和带危险电压的非一次电路

对一次电路和带危险电压的非一次电路的单一故障试验如下：

——以短路或开路施加于一次电路和具有危险电压的非一次电路。

M.5.2.2.7 过负荷

对过负荷的单一故障试验如下：

——对过负荷敏感的元件或电路，易产生着火风险或电击；

——以最不利的负载阻抗施加于功率或信号输出端子；

——如果是多个引线，可只施加一个。

M.5.3 单一故障试验的持续时间

对单一故障试验的时间要求如下：

——2 h；

——2 h结束时，如果有迹象表明可能发生电击或着火风险，最长可延长至4 h。此时，如果没有电击或着火风险，则判定为单一故障试验合格。

参考文献

GB/T 193 普通螺纹 直径与螺距系列(GB/T 193—2003,ISO 261:1998 通用米制螺纹 螺钉、螺栓和螺母的尺寸选择,MOD)

GB/T 2424.2 电子产品环境试验 湿热试验导则(GB/T 2424.2—2005,IEC 60068-3-4:2001,IDT)

GB/T 2893.1 图形符号 安全色和安全标志 第1部分:工作场所和公共区域中安全标志的设计原则(GB/T 2893.1—2004,ISO 3864-1:2002,MOD)

GB 4793.1 测量、控制和实验室用电气设备的安全要求 第1部分:通用要求(GB 4793.1—2007,IEC 61010:2001,IDT)

GB/T 5169.12—2006 电工电子产品着火危险试验 第12部分:灼热丝/热丝基本试验方法 材料的灼热丝可燃性试验方法(IEC 60695-2-12:2000,IDT)[14]

GB/T 5169.13—2006 电工电子产品着火风险试验 第13部分:灼热丝/热丝基本试验方法 材料的灼热丝起燃性试验方法(IEC 60695-2-13:2000,IDT)

GB/T 9144 普通螺纹 优选系列(GB/T 9144—2003,ISO 262:1998,MOD)

GB 13028 隔离变压器和安全隔离变压器 技术要求(GB 13028—1991,eqv IEC 60742:1983)[14]

GB/T 14472 电子设备用固定电容器 第14部分:分规范 抑制电源电磁干扰用固定电容器(GB/T 14472—1998,idt IEC 60384-14:1993)

GB/T 14598.3 电气继电器 第5部分:量度继电器和保护装置的绝缘配合要求和试验(GB/T 14598.3—2006,IEC 60255-5:2000,IDT)

GB/T 15835—1995 出版物上数字用法的规定[14]

GB/T 17045—2006 电击防护 装置和设备的通用部分(IEC 61140:2001,IDT)[14]

GB/T 20438.1 电气/电子/可编程电子安全相关系统的功能安全 第1部分:一般要求(GB/T 20438.1—2006,IEC 61508-1:1998,IDT)

IEC 60112:2003 固体绝缘材料相比电痕化指数和耐电痕化的测定方法

IEC 60384-14 修改件1(1995)

IEC 60255(所有部分) 电气继电器[14]

IEC 61558(所有部分) 电力变压器、电源和类似设备的安全

IEC 61810-1:2003 电磁式基础继电器 第1部分:通用和安全要求

IEC 62103:2003 电力设施用电子设备

ISO 262:1998 通用米制螺纹 螺钉、螺栓和螺母的尺寸选择

ISO 4046(所有部分) 纸、纸板和纸浆术语——词汇

ISO 9772:2001 泡沫塑料 承受小火焰的小型样品的水平燃烧特性的确定

ECMA 287 电子设备的安全[14]

采标注:

14 IEC原文中未列出的标准。考虑到在本部分中出现或与本部分相关,为便于查询而增加。

ICS 29.240.30
K 45

中华人民共和国国家标准

GB/T 14598.300—2008
代替 GB/T 19262—2003

微机变压器保护装置通用技术要求

General specification for microcomputer-based transformer protection equipment

2008-06-18 发布　　2009-03-01 实施

中华人民共和国国家质量监督检验检疫总局
中国国家标准化管理委员会　发布

前 言

本部分根据国内主要产品技术条件和用户要求，并参照 IEC 60255 系列标准的通用基本性能指标，采用 GB/T 7261 等国家标准的试验方法有关条文制定。

本部分代替 GB/T 19262—2003《微机变压器保护装置通用技术要求》。

本部分与 GB/T 19262—2003 相比主要变化如下：

——增加了射频场感应的传导骚扰的抗扰度试验；

——增加了浪涌抗扰度试验；

——增加工频抗扰度试验；

——增加了方向元件在最大灵敏角下的要求；

——增加了直流电源变化对性能的影响试验；

——增加了环境温度变化对性能的影响试验；

——删除了“连续通电”型式检验项目。

本部分由中国电器工业协会提出。

本部分由全国量度继电器和保护设备标准化技术委员会归口。

本部分主要起草单位：许继电气股份有限公司、清华大学、南京南瑞继保电气有限公司、北京四方继保自动化股份有限公司、国电南京自动化股份有限公司、北京紫光测控有限公司、河北省电力公司、烟台东方电子信息产业股份有限公司、积成电子股份有限公司、珠海万力达电气股份有限公司、上海继电器有限公司、上海天正明日电力自动化有限公司、ABB（中国）有限公司、施耐德（中国）投资有限公司、河北北恒电气科技有限公司、许昌继电器研究所。

本部分主要起草人：王维俭、张学深、文继锋、刘建飞、刘效孟、胡家为、萧彦、权宪军、袁文广、林存利、艾志明、毛亚胜、李燕、姚莉、田建军、刘文。

本部分所代替标准的历次版本发布情况为：

——GB/T 19262—2003。

微机变压器保护装置通用技术要求

1 范围

GB/T 14598 的本部分规定了微机电力变压器保护装置(以下简称装置或产品)的分类及命名,技术要求,试验方法,检验规则,标志、标签、使用说明书,包装、运输、贮存,供货的成套性及质量保证。

本部分适用于变电站和发电厂的变压器微机保护装置。

2 规范性引用文件

下列文件中的条款通过 GB/T 14598 的本部分的引用而成为本部分的条款。凡是注日期的引用文件,其随后所有的修改单(不包括勘误的内容)或修订版均不适用于本部分,然而,鼓励根据本部分达成协议的各方研究是否可使用这些文件的最新版本。凡是不注日期的引用文件,其最新版本适用于本部分。

GB/T 2887—2000 电子计算机场地通用规范

GB/T 2900.17 电工术语 电气继电器(GB/T 2900.17—1994,eqv IEC 60050(446):1983)

GB/T 2900.49 电工术语 电力系统保护(GB/T 2900.49—2004,IEC 60050(448):1995,IDT)

GB/T 7261—2008 继电保护及安全自动装置基本试验方法

GB/T 9361 计算机场地安全要求

GB/T 11287—2000 电气继电器 第 21 部分:量度继电器和保护装置的振动、冲击、碰撞和地震试验 第 1 篇:振动试验(正弦)(idt IEC 60255-21-1:1988)

GB/T 14537—1993 量度继电器和保护装置的冲击、碰撞试验(idt IEC 60255-21-2:1988)

GB/T 14598.9—2002 电气继电器 第 22-3 部分:量度继电器和保护装置的电气骚扰试验 辐射电磁场骚扰试验(IEC 60255-22-3:2000,IDT)

GB/T 14598.10—2007 电气继电器 第 22-4 部分:量度继电器和保护装置的电气骚扰试验——电快速瞬变/脉冲群抗扰度试验(IEC 60255-22-4:2002,IDT)

GB/T 14598.13—2008 电气继电器 第 22-1 部分:量度继电器和保护装置的电气骚扰试验——1 MHz 脉冲群抗扰度试验(IEC 60255-22-1:2007,MOD)

GB/T 14598.14—1998 量度继电器和保护装置的电气干扰试验 第 2 部分:静电放电试验(idt IEC 60255-22-2:1996)

GB/T 14598.16—2002 电气继电器 第 25 部分:量度继电器和保护装置的电磁发射试验(IEC 60255-25:2000,IDT)

GB/T 14598.17—2005 电气继电器 第 22-6 部分:量度继电器和保护装置的电气骚扰试验——射频场感应的传导骚扰的抗扰度(IEC 60255-22-6:2001,IDT)

GB/T 14598.18—2007 电气继电器 第 22-5 部分:量度继电器和保护装置的电气骚扰试验——浪涌抗扰度试验(IEC 60255-22-5:2002,IDT)

GB/T 14598.19—2007 电气继电器 第 22-7 部分:量度继电器和保护装置的电气骚扰试验——工频抗扰度试验(IEC 60255-22-7:2003,IDT)

IEC 60255-24:2001 电气继电器 第 24 部分:电力系统用暂态数据交换通用格式(COMTRADE)

IEC 60255-27:2005 量度继电器和保护装置 第 27 部分:产品安全要求

3 术语和定义

GB/T 2900.17 和 GB/T 2900.49 确立的术语和定义适用于本部分。

4 装置的分类及命名

由企业产品标准规定。

5 技术要求

5.1 额定参数

a) 交流电流:5 A、1 A;

b) 交流电压:100 V、$100/\sqrt{3}$ V;

c) 频率:50 Hz。

5.2 影响量和影响因素的标准基准值

影响量和影响因素的标准基准值及试验允差见表 1。

表 1 影响量和影响因素的标准基准值和试验允差

影响量或影响因素		基准条件	试验允差
环境温度		20 ℃	±2 ℃
大气压力		86 kPa～106 kPa	—
相对湿度		45%～75%	见注[a]
工作位置		垂直安装于与地平面垂直的立面	任一方向 2°
外磁场感应强度		零	任一方向不大于 0.5 mT
频率		额定值	±0.5%[b]
交流电源波形		正弦	畸变因数 2%[cd]
直流中的交流分量[e]		零	量度继电器 6%[f]
交流中的直流分量		零	暂态为峰值的 5% 稳态为峰值的 2%
平衡多相电源	各电压(线电压或相电压)值	相等	平均值的 1%
	各相(对中性点)电压之间的相角	相等	2°电角
	各相电流	相等	平均值的 1%
	各相电流与其对应的相(对中性点)电压之间夹角	相等	2°电角

a 在试验期间当温度变化时,只要不出现凝露,此湿度范围可以超过。

b 如果产品的性能与频率无关,试验允差可以大些。当产品性能与频率关系大并要求高的准确度时,可由企业产品标准规定较小的试验允差。

c 如果性能与波形关系很大,可由企业产品标准规定较小的试验允差。

d 畸变因数:从非正弦周期量中减去基波所得的谐波含量的有效值与非正弦量的有效值之间的比值,它通常用百分比表示。

e 直流中的交流分量定义为:$\frac{U_{max}-U_{min}}{U_{DC}}\times 100\%$

式中:

U_{max}——最大瞬时电压;

U_{min}——最小瞬时电压;

U_{DC}——直流分量电压。

f 在某些情况下,经制造厂和用户协商,可以要求较小的试验允差。

5.3 影响量和影响因素的标称范围的标准极限值

5.3.1 运行环境温度的标称范围

运行环境温度从下列数值中选取：

0 ℃～45 ℃，−5 ℃～＋40 ℃，−10 ℃～＋55 ℃。

5.3.2 其他影响量和影响因素的标称范围

其他影响量和影响因素的标称范围的极限值见表2。

表2 影响量和影响因素的标称范围

影响量或影响因素	标称范围
环境温度	见5.3.1
大气压力	80 kPa～110 kPa
相对湿度	最湿月的月平均相对湿度为90%，同时该月的平均最低温度为25 ℃，并且在产品上不应出现凝露
工作位置	任一方向偏离基准不大于5°
外磁场	不大于1.5 mT或由企业产品标准规定
输入激励电压	由企业产品标准规定
输入激励电流	
输入激励量之间的相位角	
输入激励量的变化范围	直流：额定值的80%～115% 交流：额定值的85%～115%
交流电源波形	畸变因数不大于5%
频率	不超过额定值的±2%
交流中的直流分量[a]	暂态：不大于峰值的10%；稳态：不大于峰值的5%
直流中的交流分量[b]	不大于直流额定值的12%
辅助激励量的变化范围	直流电源额定电压110 V和220 V时为额定值的80%～115%，48 V及以下时为额定值的90%～115%，交流电源额定电压为额定值的85%～115%

a 如果交流中的直流暂态分量影响显著，即影响达到与准确度等级指数相同或更高的数量级时，制造厂应给出进行校正的条件及其影响。

b 同表1脚注e。

5.4 对使用场所的其他要求

5.4.1 使用场所不应有超过本部分规定的振动、冲击和电气骚扰。

5.4.2 使用场所不应有火灾、爆炸危险的介质，不应有腐蚀、破坏绝缘的气体及导电介质，不应充满水蒸气及有严重的霉菌。

5.4.3 户内装置的使用场所应有防御雨、雪、风、沙的设施。

5.4.4 产品的使用场地应符合GB/T 9361的规定，接地电阻应符合GB/T 2887—2000中4.4的规定。

5.5 环境温度极端范围的极限值

产品环境温度极端范围的极限值为−25 ℃和＋70 ℃。在运输、贮存条件下，不施加激励量的产品应能耐受此范围内的温度而不出现不可逆变化的损坏。

5.6 装置的主要功能

5.6.1 装置应具有完整性、成套性。装置应能反映变压器各种故障及异常状态,并动作于跳闸或给出信号。

5.6.2 装置中不同种类保护功能应设置方便的投退功能。

5.6.3 装置应具有必要的实时参数监视功能。

5.6.4 装置应具有自恢复功能,当软件工作不正常时,应能自动恢复;恢复后仍不能正常工作时,应能发出装置异常信号或信息,而装置不应误动。

装置应具有在线自动检测功能,包括对装置硬件损坏、功能失效和二次电路异常运行状态的自动检测。

装置的任一元件(出口继电器可除外)损坏后,装置不应误动作跳闸,且自动检测电路应能发出告警或装置异常信号,并给出有关信息指明损坏元件的所在部位,在最不利情况下应能将故障定位至模块(插件)。

5.6.5 装置的所有外接电路不应与装置的弱电电路有直接电气上的联系。针对不同电路,应采用隔离措施。

5.6.6 装置应具有自动对时功能。

5.6.7 装置宜提供中文界面,人机界面应友好。

5.6.8 装置与厂站自动化系统的配合与接口

5.6.8.1 用于厂、站自动化系统中的装置保护功能应相对独立,并具有数字接口,能与厂、站自动化系统通信,网络和通信的故障不应引起装置的误动作跳闸。

5.6.8.2 与厂、站自动化系统通信的装置应能送出或接收以下类型的信息:

a) 装置的识别信息;
b) 开关量输入;
c) 异常信号;
d) 故障信息;
e) 模拟量测量值;
f) 装置的定值;
g) 与自动化系统的有关控制信息和时钟对时命令等。

5.6.8.3 装置与厂、站自动化系统的通信应按相关标准的规定,遵循统一的规约以满足数据通信互联性、互操作性和互换性的要求。

5.6.9 装置应具有故障记录功能,以记录保护的动作过程,为分析保护动作行为提供详细、全面的数据信息。

装置的故障记录应包括:

a) 记录内容应为故障时的输入模拟量和开关量、输出开关量、动作元件、动作时间、故障相别等,输出的数据格式参照 IEC 60255-24:2001;
b) 当装置掉电、动作或起动时,不应丢失故障记录信息;
c) 应具有数字或图形输出功能;
d) 应能方便地输出中文信息到相应的设备,如打印机、显示屏、后台计算机等。

5.6.10 时钟和时钟同步

a) 装置应设置时钟电路,当装置失电时,时钟电路应能正常工作;
b) 装置应设置与外部标准授时源的授时数据接口;
c) 在厂、站自动化系统中,当采用网络通信技术实现时钟同步并满足同步要求时,装置可不采取其他同步措施。

5.6.11 装置应设置能与计算机相连的通信接口，并为计算机提供必要的功能软件。例如通信及维护软件、定值整定辅助软件、故障记录分析软件、调试辅助软件等。

5.6.12 装置外接开关量的输入电压不宜采用弱电。

5.6.13 使用于110 kV及以上电压等级变压器的非电量保护应相对独立，并具有独立的电源和跳闸出口电路。装置应可靠反映其动作和告警信号。

5.6.14 跳闸出口应能自保持，直至断路器断开。

5.7 装置的主要性能

5.7.1 差动保护

a) 有防止励磁涌流引起误动的功能；

b) 用于330 kV及以上主变保护时，应具有防止过激磁引起误动的功能，并能适应由于变压器铁芯材质的改变对励磁涌流的影响；

c) 具有防止区外故障误动的制动特性，同时注意外部故障CT[1)]的暂态误差的影响，具体制动特性的技术要求由企业产品标准规定；

d) 具有严重内部故障下的差动速断功能；

e) 具有CT断线判别功能，并能报警，是否闭锁差动保护，可通过整定实现；

f) 差动速断动作时间(2倍整定值)：220 kV及以上不大于20 ms，110 kV及以下不大于30 ms；

g) 差动动作时间(2倍整定值)：220 kV及以上不大于30 ms，110 kV及以下不大于40 ms；

h) 整定值允许误差为±5%或±0.02 I_n(I_n为CT二次额定电流，下同)。

5.7.2 接地(零序)差动保护

a) 有防止区外故障误动的制动特性，具体制动特性的技术要求由企业产品标准规定；

b) 具有CT断线判别功能，并能报警；

c) 差动动作时间(2倍整定值)不大于30 ms；

d) 整定值允许误差为±5%或±0.02 I_n。

5.7.3 分侧差动保护

a) 有防止区外故障误动的制动特性，具体制动特性的技术要求由企业产品标准规定；

b) 具有CT断线判别功能，并能报警，是否闭锁差动保护，可整定；

c) 差动动作时间(2倍整定值)不大于30 ms；

d) 整定值允许误差为±5%或±0.02 I_n。

5.7.4 定时限过激磁保护

a) 时限分段不少于两段，宜与变压器过激磁特性匹配；

b) 过激磁倍数整定值允许误差为±2.5%；

c) 返回系数不小于0.95；

d) 装置适用的频率范围为45 Hz～55 Hz。对于发电机升压变压器，装置适用频率范围25 Hz～65 Hz。

5.7.5 反时限过激磁保护

a) 整段特性应由信号告警段、反时限动作段、速断段等三部分组成；

b) 长延时应能整定到1 000 s；

c) 时限特性应能整定，应与变压器过激磁特性相匹配；

d) 过激磁倍数整定值允许误差为±2.5%；

e) 返回系数不小于0.95；

---

1) CT是电流互感器的缩写。

f) 反时限延时允许误差由企业产品标准规定；

g) 装置适用频率范围 45 Hz～55 Hz。对于发电机升压变压器，装置适用频率范围 25 Hz～65 Hz。

5.7.6 阻抗保护

a) 应具有 VT[2] 断线闭锁功能并发出告警信号，电压切换时不误动；

b) 系统振荡时，装置不应误动；

c) 具有偏移特性时，正反向阻抗均可分别整定；

d) 阻抗整定值允许误差为±5%或±0.1 Ω。

5.7.7 复合电压闭锁过流(方向)保护

a) 电压整定值允许误差为±5%或±0.01 U_n，负序电压整定值允许误差为±5%或±0.01 U_n，电流整定值允许误差为±5%或±0.02 I_n；

b) 方向元件不应该有死区；

c) 动作边界允许误差为±3°(最大灵敏角下)；

d) 具有 VT 断线报警功能；

e) 方向元件的投退应由整定控制。

5.7.8 零序过流(方向)保护

a) 电流整定值允许误差为±5%或±0.02 I_n；

b) 方向元件最小动作电压不大于 2 V，最小动作电流不大于 0.1 I_n；

c) 动作边界允许误差为±3°(最大灵敏角下)；

d) 方向元件的投退应由整定控制。

5.7.9 低电压闭锁过流保护

a) 电压整定值允许误差为±5%或±0.01 U_n，电流整定值允许误差为±5%或±0.02 I_n；

b) 具有 VT 断线报警功能。

5.7.10 过流保护

装置的电流整定值允许误差为±5%或±0.02 I_n。

5.7.11 过负荷保护

a) 电流整定值允许误差为±5%或±0.02 I_n；

b) 返回系数：0.9～0.95。

5.7.12 负序过流保护

同 5.7.10。

5.7.13 零序过流保护

同 5.7.10。

5.7.14 间隙保护

a) 电压整定值允许误差为±5%或±0.01 U_n；

b) 电流整定值允许误差为±5%或±0.02 I_n。

5.7.15 零序过压保护

a) 电压整定值允许误差为±5%或±0.01 U_n；

b) 零序电压输入电路可承受工频 300 V 历时 10 s 的过电压。

5.7.16 过负荷闭锁调压

同 5.7.11。

---

2) VT 是电压互感器的缩写。

5.7.17 冷却器起动

a) 电流整定值允许误差为±5％或±0.02 I_n；

b) 返回系数：0.85～0.9。

5.7.18 断路器失灵起动

a) 电流整定值允许误差为±5％或±0.02 I_n；

b) 返回系数：0.9～0.95；

c) 返回时间不大于 20 ms。

5.7.19 断路器非全相保护

a) 负序电流或零序电流整定值允许误差为±5％或±0.02 I_n；

b) 通过反映断路器非全相运行的辅助触点起动。

5.7.20 装置的保护配置、整定范围与被保护的设备有关，但所选择的单个保护应能达到以上的性能指标。其中未规定部分由企业产品标准规定。

5.7.21 返回系数

除已注明返回系数外：

a) 对过量保护返回系数不小于 0.9；

b) 对欠量保护返回系数不大于 1.1。

5.7.22 时间整定误差

除已对所有的定时限延时注明整定误差外，当延时时间为 0.1 s～1 s 时，装置的整定误差不应超过±25 ms。当延时时间大于 1 s 时，整定误差不应超过规定值的±2.5％。

固有延时不应大于 40 ms(对于过量保护施加 1.2 倍动作值进行测试，欠量保护施加 0.8 倍动作值进行测试)。

5.7.23 测量元件特性的温度变差

在工作环境温度范围内，装置相对于 20 ℃±2 ℃的温度变差不应超过规定值的±2.5％。

5.8 热性能要求

5.8.1 最高允许温度

当周围环境温度为 40 ℃时，装置各发热零部件的最高允许温度见表 3。

表 3 最高允许温度

材料及零、部件名称		最高允许温度/℃
绝缘导线、绕制的线圈及包有绝缘材料的金属导体	Y 级绝缘	90
	A 级绝缘	105
	E 级绝缘	120
	B 级绝缘	130
	F 级绝缘	155
	H 级绝缘	180
	C 级绝缘	>180
触点	由企业产品标准规定	
与线圈相接触的零件	与所接触的线圈相同	
不与线圈相接触的零件	不损伤绝缘材料或其他相邻材料	
产品内部的其他元件(如电阻器)或材料	应符合有关元件或材料标准并不得损伤其相邻部件	

5.8.2 输入激励量的连续耐热极限值

连续工作制装置的所有输入激励电路激励量的连续耐热极限值，对于电压输入激励电路及交流电流输入激励电路应为1.1倍额定值或由企业产品标准规定，对于直流电流输入激励电路由企业产品标准规定。对于具有两个或两个以上激励量的装置，一个输入激励量的连续耐热极限值应当在其他激励量为额定值时给出。如有特殊要求，应在企业产品标准中规定。

5.8.3 输入激励量的短时耐热极限值

5.8.3.1 短时工作制装置的输入激励量的短时耐热极限值

企业产品标准应当规定每个输入电路相应的输入激励量的短时耐热极限值及激励的持续时间。对于具有两个或两个以上激励量的装置，一个输入激励量的短时耐热极限值应当在其他激励量为额定值时给出。如有特殊要求，应在企业产品标准中规定。

5.8.3.2 连续工作制装置的输入激励量的短时耐热极限值

对于连续工作制的装置，每个输入电路应当耐受单独施加的相应的输入激励量的极限短时耐受值，其他输入激励量(如果有)应为各自的额定值。如有特殊要求，应由企业产品标准规定。企业产品标准应当规定短时耐热极限值，对于电流电路，短时极限耐受电流为额定电流的10、20、30或40倍。对于电压电路，短时耐热极限值为额定值的1.4倍。短时耐热极限值的持续时间如下：

a) 电流电路1 s；

b) 电压电路10 s。

企业产品标准还可以规定其他持续时间及相应的短时耐热极限值。

5.8.3.3 短时耐热极限评价

经短时耐热极限值试验后，装置应无绝缘损坏，线圈及结构零件无永久性机械变形，有关性能和绝缘要求仍应符合企业产品标准的规定。

5.9 激励量的动稳定极限值

5.9.1 装置应耐受其标准规定的激励量的动稳定极限值的输入激励电流，其峰值至少应为输入激励量的短时耐热极限值的2.5倍，持续时间至少为额定频率的半个周波。

5.9.2 装置经受动稳定极限值试验后，应无绝缘损坏、线圈及结构零件无永久变形和损坏，装置的绝缘及有关性能应符合企业产品标准的规定。

5.10 功率消耗

a) 交流电流电路：当额定电流为5 A时，每相不大于1 VA；
当额定电流为1 A时，每相不大于0.5 VA；

b) 交流电压电路：当额定电压时，每相不大于1 VA；

c) 直流电源电路：由企业产品标准规定。

5.11 绝缘性能

5.11.1 绝缘电阻

5.11.1.1 试验部位

a) 各独立电路与外露的可导电部件之间，每个独立电路的所有引出端子连接在一起；

b) 各独立电路之间，每个独立电路的所有引出端子连接在一起。

5.11.1.2 绝缘电阻测量

在试验的标准大气条件下，分别用直流开路电压为250 V或500 V的兆欧表测量其绝缘电阻值，见表4。

表 4 回路绝缘电阻规定值

额定绝缘电压 U_i/ V	绝缘电阻/ MΩ
U_i<63	≥100(用 250 V 兆欧表)
250>U_i≥63	≥100(用 500 V 兆欧表)

5.11.2 介质强度

5.11.2.1 试验部位

a) 同 5.11.1.1 a);

b) 同 5.11.1.1 b)。

5.11.2.2 试验电压值

试验电压值见表 5。

表 5 试验电压值

额定绝缘电压 U_i/ V	交流试验电压 kV
U_i<63	0.5
250>U_i≥63	2.0

应能承受频率为 50 Hz 的工频耐压试验,历时 1 min,装置各部位不应出现绝缘击穿或闪络现象。如果采用直流试验电压,其值应为表 5 规定的交流试验电压值(有效值)的 1.4 倍。

5.11.3 冲击电压

5.11.3.1 试验部位

a) 同 5.11.1.1 a);

b) 同 5.11.1.1 b)。

5.11.3.2 试验电压值

上述部位应能承受标准雷电波 1.2/50 μs 的短时冲击电压试验,试验电压的峰值为 1 kV(额定绝缘电压不大于 63 V)或 5 kV(额定绝缘电压大于 63 V)。

承受冲击电压试验后,装置主要性能指标应符合企业产品标准规定的出厂试验项目要求。试验过程中,允许出现不导致绝缘损坏的闪络,如果出现闪络,则应复查绝缘电阻及介质强度,此时介质强度试验电压值为规定值的 75%。

5.12 机械性能

5.12.1 振动(正弦)

5.12.1.1 振动响应

装置应能承受 GB/T 11287—2000 中 3.2.1 规定的严酷等级为Ⅰ级的振动响应能力。

5.12.1.2 振动耐久

装置应能承受 GB/T 11287—2000 中 3.2.2 规定的严酷等级为Ⅰ级的振动耐久能力。

5.12.2 冲击

5.12.2.1 冲击响应

装置应能承受 GB/T 14537—1993 中 4.2.1 规定的严酷等级为Ⅰ级的冲击响应能力。

5.12.2.2 冲击耐久

装置应能承受 GB/T 14537—1993 中 4.2.2 规定的严酷等级为Ⅰ级的冲击耐久能力。

5.12.3 碰撞

装置应能承受 GB/T 14537—1993 中 4.3 规定的严酷等级为Ⅰ级的碰撞能力。

5.13 耐湿热性能

装置在最高温度为 40 ℃,检验周期为两周期(48 h)的条件下,经交变湿热检验且恢复 1 h～2 h 后,在基准条件下施加 500 V 时的绝缘电阻不应小于 10 MΩ,介质强度应为规定值的 75%。

5.14 电磁兼容要求

5.14.1 1 MHz 脉冲群抗扰度

装置应能承受 GB/T 14598.13—2008 第 4 章规定的严酷等级的 1 MHz 和 100 kHz 脉冲群抗扰度试验。

5.14.2 静电放电干扰

装置应能承受 GB/T 14598.14—1998 第 4 章规定的严酷等级为Ⅲ级的静电放电干扰试验。

5.14.3 辐射电磁场骚扰

装置应能承受 GB/T 14598.9—2002 第 4 章规定的严酷等级的辐射电磁场骚扰试验。

5.14.4 电快速瞬变/脉冲群抗扰度

装置应能承受 GB/T 14598.10—2007 第 4 章规定的严酷等级为 B 级的电快速瞬变/脉冲群抗扰度试验。

5.14.5 射频场感应的传导骚扰的抗扰度

装置应能承受 GB/T 14598.17—2005 第 4 章规定的严酷等级的射频场感应的传导骚扰的抗扰度试验。

5.14.6 浪涌抗扰度

装置应能承受 GB/T 14598.18—2007 第 4 章规定的严酷等级的浪涌抗扰度试验,更高一级的严酷等级由制造厂和用户协商。

5.14.7 工频抗扰度

装置应能承受 GB/T 14598.19—2007 第 4 章规定的严酷等级为 A 级的工频抗扰度试验。

5.14.8 电磁发射限值

装置应符合 GB/T 14598.16—2002 中 4.1 规定的传导发射限值和 4.2 规定的辐射发射的限值。

5.14.9 辅助激励量中断影响

无论是辅助激励量电源的断开或短路均称为中断。为了确定产品对电源断开和短路的影响,可分别进行试验。

a) 中断持续时间:对于持续时间为 20 ms、50 ms、100 ms 中任一值的中断,企业产品标准应规定其对装置性能的影响;

 中断应当是突然发生的,即辅助激励量突然从额定值变化到零,并反过来从零变化到额定值,企业产品标准应规定其试验条件。

b) 中断的影响:企业产品标准应规定“中断”对下列各项性能的影响(如果有影响):

 ——动作值准确度;

 ——返回性能;

 ——动作时间。

 当接通或断开辅助激励量时,装置不应以错误方式改变其输出状态。

5.15 连续通电

装置完成调试后,出厂前应进行不少于常温 100 h(或+40 ℃ 、72 h)连续通电试验。各项参数和性能应符合 5.7 的规定。

5.16 动态模拟

装置应进行动态模拟试验,在各种故障下,装置动作应正确,信号指示应正常,其主要功能应符合 5.6 的规定。

5.17 结构及外观要求

5.17.1 装置机箱应采取必要的防静电及防辐射电磁场骚扰的措施。机箱的外露导电部分应在电气上连成一体,并可靠接地。

5.17.2 机箱应满足发热元器件的通风散热要求。

5.17.3 机箱模件应插拔灵活,接触可靠,互换性好。

6 试验方法

6.1 试验条件

除非另有规定,试验大气条件不应超出下列范围:

a) 环境温度:15 ℃~35 ℃;

b) 相对湿度:45%~75%;

c) 大气压力:86 kPa~106 kPa。

6.2 结构和外观检查

测试 5.17 按 GB/T 7261—2008 第 5 章规定的方法进行。

6.3 直流电源变化对性能的影响试验

测试直流电源变化对性能的影响,按 GB/T 7261—2008 中 10.1 规定的方法进行。

6.4 环境温度变化对性能的影响试验

测试 5.3.1 环境温度变化对性能的影响,按 GB/T 7261—2008 中 9.1 规定的方法进行。

6.5 额定参数试验

测试 5.1 额定参数,按 GB/T 7261—2008 第 6 章规定的方法进行。

6.6 环境温度极端范围的极限值试验

测试 5.5 环境温度极端范围的极限值,按 GB/T 7261—2008 中 9.2 规定的方法进行。

6.7 装置的主要功能试验

测试 5.6 装置的主要功能,按 GB/T 7261—2008 第 18 章规定的方法进行。

6.8 装置的主要性能试验

测试 5.7 装置的主要性能,按 GB/T 7261—2008 第 6 章规定的方法进行。

6.9 热性能要求试验

测试 5.8 热性能要求,按 GB/T 7261—2008 第 14 章规定的方法进行。

6.10 激励量的动稳定极限值试验

测试 5.9 激励量的动稳定极限值,按 GB/T 7261—2008 第 14 章规定的方法进行。

6.11 功率消耗试验

测试 5.10 功率消耗,按 GB/T 7261—2008 第 7 章规定的方法进行。

6.12 绝缘性能试验

测试 5.11 绝缘性能,按 GB/T 7261—2008 第 12 章规定的方法进行。

6.13 机械性能试验

6.13.1 振动试验

测试 5.12.1.1 振动响应和 5.12.1.2 振动耐久,按 GB/T 11287—2000 规定的方法进行。

6.13.2 冲击试验

测试 5.12.2.1 冲击响应和 5.12.2.2 冲击耐久,按 GB/T 14537—1993 规定的方法进行。

6.13.3 碰撞试验

测试 5.12.3 碰撞,按 GB/T 14537—1993 中 4.6 规定的方法进行。

6.14 耐湿热性能试验

测试 5.13 耐湿热性能，按 GB/T 7261—2008 中 9.4 规定的方法进行。

6.15 电磁兼容试验

6.15.1 1 MHz 脉冲群抗扰度试验

测试 5.14.1 1 MHz 脉冲群抗扰度，按 GB/T 14598.13—2008 第 7 章规定的方法进行，测试时装置内元器件不应损坏，试验期间及试验后装置的性能应符合 GB/T 14598.13—2008 第 8 章要求的规定。

6.15.2 静电放电干扰试验

测试 5.14.2 静电放电干扰，按 GB/T 14598.14—1998 第 4 章规定的方法进行，测试时装置内元器件不应损坏，试验期间及试验后装置的性能应符合该标准 4.6 的规定。

6.15.3 辐射电磁场骚扰试验

测试 5.14.3 辐射电磁场骚扰，按 GB/T 14598.9—2002 第 7 章规定的方法进行，测试时装置内元器件不应损坏，试验期间及试验后装置的性能应符合该标准中第 8 章的规定。

6.15.4 电快速瞬变/脉冲群抗扰度试验

测试 5.14.4 电快速瞬变/脉冲群抗扰度，按 GB/T 14598.10—2007 第 7 章规定的方法进行，测试时装置内元器件不应损坏，试验期间及试验后装置的性能应符合该标准中第 8 章的规定。

6.15.5 射频场感应的传导骚扰的抗扰度试验

测试 5.14.5 射频场感应的传导骚扰的抗扰度。按 GB/T 14598.17—2005 第 7 章规定的方法进行，测试时装置内元器件不应损坏，试验期间及试验后装置的性能应符合该标准中第 8 章的规定。

6.15.6 浪涌抗扰度试验

测试 5.14.6 浪涌抗扰度，按 GB/T 14598.18—2007 第 7 章规定的方法进行，测试时装置内元器件不应损坏，试验期间及试验后装置的性能应符合该标准中第 8 章的规定。

6.15.7 工频抗扰度试验

测试 5.14.7 工频抗扰度，按 GB/T 14598.19—2007 第 7 章规定的方法进行，测试时装置内元器件不应损坏，试验期间及试验后装置的性能应符合该标准中第 8 章的规定。

6.15.8 电磁发射试验

测试 5.14.8 电磁发射限值，按 GB/T 14598.16—2002 第 6 章规定的方法进行，测试时装置发射限值不应超过该标准 4.1 和 4.2 的规定。

6.15.9 辅助激励量中断影响试验

测试 5.14.9 承受辅助激励量中断影响的能力，按 GB/T 7261—2008 中 10.4 规定的方法进行。

6.16 连续通电试验

6.16.1 装置在完成调试后应进行连续通电试验。

6.16.2 连续通电试验的被试装置只施加直流电源，必要时可施加其他激励量进行功能检测。

6.16.3 根据 5.15 进行通电。

6.17 装置动态模拟试验

装置通过各项试验后，必要时在电力系统动态模拟系统上进行整组保护试验，考核装置短路主保护及主要后备保护装置的全部性能。进行的故障模拟项目如下：

a) 变压器内部各种短路、端部各种短路、并经过渡电阻的短路；

b) 各种运行情况下投切变压器；

c) 外部故障及外部故障切除；

d) CT 断线，VT 断线；

e) 断路器失灵；

f） 断路器非全相；

g） 过励磁；

h） 系统振荡并伴随故障；

i） 区外故障转化为区内故障。

7 检验规则

7.1 检验分类

装置检验分出厂检验和型式检验。

7.2 出厂检验

每台装置均应进行出厂检验，经质量检验部门确认合格后方能出厂，并应具有记载出厂检验有关数据的合格证明书。出厂检验项目见表6。

表6 检验项目

序号	检验项目名称	型式检验	出厂检验	技术要求条款	试验方法
1	结构和外观	√	√	5.17	6.2
2	直流电源变化对性能的影响	√		5.3.2	6.3
3	环境温度变化对性能的影响	√		5.3.1	6.4
4	环境温度极端范围的极限值	√		5.5	6.6
5	装置的主要功能	√	√	5.6	6.7
6	装置的主要性能	√	√	5.7	6.8
7	功率消耗	√		5.10	6.11
8	电磁兼容要求	√		5.14	6.15
9	连续通电	√	√	5.15	6.16
10	热性能	√		5.8	6.9
11	激励量的动稳定极限值	√		5.9	6.10
12	绝缘性能	√	√[b]	5.11	6.12
13	机械性能	√		5.12	6.13
14	耐湿热性能	√		5.13	6.14
15	动态模拟	√[a]		5.16	6.17

a 新产品定型前应增加动态模拟试验。

b 只进行介质试验和绝缘电阻测量。

7.3 型式检验

7.3.1 遇下列情况之一，应进行型式检验：

a） 新装置定型鉴定前；

b） 装置转厂生产定型鉴定前；

c） 连续批量生产的装置每四年一次；

d） 正式投产后，如设计、工艺材料、元器件有较大改变，可能影响装置性能时；

e） 装置停产一年以上又重新恢复生产时；

f） 国家技术监督机构或受其委托的技术检验部门提出型式检验要求时；

g） 出厂检验结果与上批装置检验有较大差异时。

7.3.2 型式检验项目见表6。

7.3.3 型式检验的抽样及合格判定

7.3.3.1 型式检验的抽样

型式检验从出厂检验合格的产品中任意抽取两台作为样品，然后分A、B两组分别进行(A组样品按表6规定的1～8各项进行试验，B组样品按表6规定的10～15各项进行试验)。

7.3.3.2 合格评定

合格评定包括以下内容：

a) 样品经过型式实验，未发现主要缺陷，则判定产品合格。检验中如发现有一个主要缺陷，则进行第二次抽样，重复进行型式实验。如未发现主要缺陷，仍判定该装置本次型式检验合格。如第二次抽样样品仍存在主要缺陷，则判定本次型式检验不合格。

b) 装置样品型式检验结果达不到5.6～5.14规定要求中任一条时，均按存在主要缺陷判定。

c) 检验中装置出现故障，允许进行修复，修复内容如对已做过检验的项目的检验结果没有影响，可继续往下进行检验。反之，受影响的检验项目应重做。

8 标志、标签、使用说明书

8.1 标志和标签

8.1.1 每台装置应有铭牌或相当于铭牌的标志，内容包括：

a) 制造厂名称和(或)商标；

b) 装置型号和名称；

c) 额定参数；

d) 装置制造年、月；

e) 装置的编号。

8.1.2 装置应具有端子标志、同极性端子标志和接地标志，且端子旁应标明端子号。

8.1.3 静电敏感部件应有防静电标志。

8.1.4 装置外包装上应有收发货标志、包装、贮运图示标志等必须的标志和标签。

8.1.5 装置的相关部位及说明书中应有安全标志，安全标志见IEC 60255-27:2005相关内容。

8.1.6 在装置的使用说明书、质量证明文件或包装物上应标有装置执行的标准代号。

8.1.7 所有标志均应规范、清晰、持久。

8.2 使用说明书

使用说明书一般应提供以下信息：

a) 装置型号及名称；

b) 装置执行的标准代号及名称；

c) 主要用途及适用范围；

d) 使用条件；

e) 装置主要特点；

f) 装置原理、结构及工作特性；

g) 激励量及辅助激励量的额定值；

h) 主要性能及技术参数；

i) 安装、接线、调试方法；

j) 运行前的准备及操作方法；

k) 软件的安装、操作及维护；

l) 故障分析及排除方法；

m) 有关安全事项的说明；

n) 装置接口、附件及配套情况；

o) 维护与保养；

p) 运输及贮存；

q) 开箱及检查；

r) 附图：

——外形图、安装图、开孔图；

——原理图；

——接线图；

s) 其他必要的说明。

9 包装、运输、贮存

9.1 包装

9.1.1 装置在包装前，应将其可动部分固定。

9.1.2 每台装置应用防水材料包好，再装入具有一定防振能力的包装盒内。

9.1.3 装置随机文件、附件及易损件应按企业产品标准和说明书的规定一并包装和供应。

9.2 运输

包装好的户内使用的装置在运输过程中的贮存温度为－25 ℃～＋70 ℃，相对湿度不大于95％。装置应承受在此环境中的短时贮存。

9.3 贮存

包装好的装置应贮存在－25 ℃～＋70 ℃、相对湿度不大于80％、周围空气中不会有腐蚀性、火灾及爆炸性物质的室内。

10 供货的成套性

10.1 随装置供应的文件

出厂装置应配套供应以下文件：

a) 质量证明文件，必要时应附出厂检验记录；

b) 装置说明书(可按供货批次提供)；

c) 装置安装图(可含在装置说明书中)；

d) 装置原理图和接线图(可含在装置说明书中)；

e) 装箱单。

11 质量保证

11.1 除另有规定外，在用户完全遵守本部分、企业产品标准及企业产品说明书规定的运输、贮存、安装和使用要求的情况下，装置自出厂之日起二年内，如果装置及其配套件发生非人为损坏，制造厂负责免费修理或更换。

11.2 装置使用期限一般为10年。

ICS 71.100.20
G 86

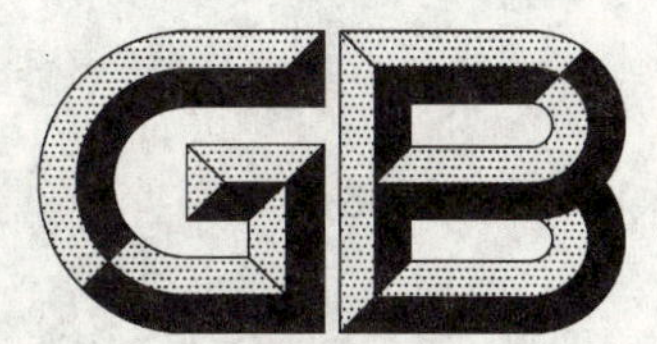

中华人民共和国国家标准

GB/T 14599—2008

代替 GB/T 14599—1993,GB/T 14605—1993

纯氧、高纯氧和超纯氧

Pure oxygen and high purity oxygen and ultra pure oxygen

2008-05-15 发布　　　　2008-11-01 实施

中华人民共和国国家质量监督检验检疫总局
中国国家标准化管理委员会　发布

前　言

本标准代替 GB/T 14599—1993《高纯氧》和 GB/T 14605—1993《氧气中微量氩、氮和氪的测定 气相色谱法》。

本标准与 GB/T 14599—1993 和 GB/T 14605—1993 比较，主要变化如下：

——修改了适用范围，包括了纯氧、高纯氧和超纯氧（GB/T 14599—1993 的第 1 章；本版的第 1 章）；

——将 GB/T 14605—1993 修改后合并到本标准的 4.3；

——修改了技术要求（GB/T 14599—1993 的第 3 章；本版的第 3 章）；

——修改了检验方法（GB/T 14599—1993 的第 4 章；本版的第 4 章）；

本标准由中国石油和化学工业协会提出。

本标准由全国气体标准化技术委员会归口。

本标准起草单位：西南化工研究设计院。

本标准主要起草人：何道善、陈雅丽。

本标准所代替标准的历次版本发布情况为：

——GB/T 14599—1993；

——GB/T 14605—1993。

纯氧、高纯氧和超纯氧

1 范围

本标准规定了纯氧、高纯氧和超纯氧的技术要求、检验方法、检验规则以及包装、标志、运输、贮存等。

本标准适用于空气分离制取的和水电解制取的高纯度气态和液态氧，主要用于标准混合气的制备、科学研究、集成电路和半导体器件的生产以及其他对氧气纯度要求较高的领域。

分子式：O_2

相对分子质量：31.999 8(按 2005 年国际相对原子质量计算)

2 规范性引用文件

下列文件中的条款通过本标准的引用而成为本标准的条款。凡是注日期的引用文件，其随后所有的修改单(不包括勘误的内容)或修订版均不适用于本标准，然而，鼓励根据本标准达成协议的各方研究是否可使用这些文件的最新版本。凡是不注日期的引用文件，其最新版本适用于本标准。

GB/T 3863 工业氧

GB 5832.2 气体中微量水分的测定 露点法

GB 8984 气体中一氧化碳、二氧化碳和碳氢化合物的测定 气相色谱法

3 技术要求

纯氧、高纯氧、超纯氧应符合表 1 的技术要求。

表 1 技术要求

项目		指标		
		纯氧	高纯氧	超纯氧
氧(O_2)纯度(体积分数)/10^{-2}	≥	99.995	99.999	99.999 9
氢(H_2)含量(体积分数)/10^{-6}	≤	1	0.5	0.1
氩(Ar)含量(体积分数)/10^{-6}	≤	10	2	0.2
氮(N_2)含量(体积分数)/10^{-6}	≤	20	5	0.1
二氧化碳(CO_2)含量(体积分数)/10^{-6}	≤	1	0.5	0.1
总烃含量(体积分数)(以甲烷计)/10^{-6}	≤	2	0.5	0.1
水分(H_2O)含量(体积分数)/10^{-6}	≤	3	2	0.5

4 检验方法

4.1 检验规则

4.1.1 纯氧、高纯氧和超纯氧由生产厂的质量检验部门负责检验。生产厂应保证所有出厂的产品符合本标准要求。

4.1.2 瓶装纯氧、高纯氧按表 2 规定随机抽样检查。当检查结果有任何一项指标不符合本标准规定时，则自同批产品中重新加倍抽样检查。若仍有任何一项指标不符合本标准规定时，则该批产品不合格。

表 2 抽样检查表

产品批量/瓶	1～2	3～8	9～15	16～25	26～50	≥51
抽样数量/瓶	1	2	3	4	5	6

4.1.3 超纯氧、液态氧逐一进行检验。当检验结果有任何一项指标不符合本标准要求时，则该产品不合格。

4.1.4 管道输送氧，在 8 h 内至少采样检查 2 次。当检验结果有任何一项指标不符合本标准要求时，则该检查周期内的产品不合格。

4.1.5 用户有权按照本标准规定验收。当双方对产品质量发生分歧时，由双方共同检验或提请仲裁。

4.2 氧气纯度

氧气的纯度按式(1)计算：

$$\phi = 100 - (\phi_1 + \phi_2 + \phi_3 + \phi_4 + \phi_5) \times 10^{-4} \qquad \cdots\cdots(1)$$

式中：

ϕ——氧纯度(体积分数)，10^{-2}；

ϕ_1——氩含量(体积分数)，10^{-6}；

ϕ_2——氮含量(体积分数)，10^{-6}；

ϕ_3——二氧化碳含量(体积分数)，10^{-6}；

ϕ_4——总烃含量(体积分数)，10^{-6}；

ϕ_5——水分含量(体积分数)，10^{-6}。

4.3 氩、氮含量的测定

4.3.1 方法提要

采用气相色谱法测定氧气中微量氩和氮。进样后，首先经脱氧剂将氧脱除，而后经色谱柱使氩、氮组分分离。检测器输出的响应大小在一定范围内与组分含量成正比。将待测组分的响应值与标准样品中相同组分的响应值相比较而定量。

4.3.2 测定条件

仪器：采用带有氦离子化检测器(HID)或放电检测器(DID)的气相色谱仪，检测限：0.05×10^{-6}(体积分数)。

色谱柱：长约 2 m，内径约 4 mm 不锈钢柱。内装 250 μm～400 μm 的 5 A(或 13X)分子筛。该柱对氩、氮的分离度应大于 1。允许采用其他等效色谱柱。

脱氧柱：长约 2 m，内径约 4 mm 玻璃柱或不锈钢柱，内装 400 μm～800 μm 的 401 脱氧剂。允许采用其他等效脱氧柱。

载气：高纯氦，经纯化器纯化。载气中氩、氮含量应低于 0.05×10^{-6}。载气流量按仪器说明书和组分的分离情况选定。

仪器的操作参数：按仪器使用说明书和检测限要求选定。

4.3.3 标准样品

氧中 1×10^{-6}～5×10^{-6} 的氩和氮。

4.3.4 测定步骤

采样：瓶装气体的采样应使用针形阀，在用样品气以至少 3 次升、降压的方法充分置换后，经金属连接管直接送入色谱仪。液化气体汽化后经金属连接管直接送入色谱仪。管道输送气体的采样点由供需双方商定，应使用金属连接管将样品从采样点直接送入色谱仪。

标定：将标准样品与仪器连接。在取样管路系统经充分置换并取得代表样后，切换取样阀向色谱仪进样。重复进样至少两次，记录并测定各组分的保留时间及色谱峰面积(或峰高)。当两次重复测定的色谱峰面积(或峰高)的相对平均偏差不超过 5% 时，取其平均值 A_s(或 h_s)。

测定：将样品送入仪器，在取样管路系统经充分置换并取得代表样后，切换取样阀向色谱仪进样。重复进样至少两次，记录并测定各组分的保留时间和色谱峰面积（或峰高）。当两次重复测定的色谱峰面积（或峰高）的相对平均偏差不超过5%时，取其平均值A_i（或h_i）。

4.3.5 结果计算

样品气体中氩、氮含量按式(2)计算：

$$\varphi_i = \frac{\varphi_s}{A_s} \cdot A_i \left(或\ \varphi_i = \frac{\varphi_s}{h_s} \cdot h_i\right) \qquad \cdots\cdots (2)$$

式中：

φ_s——标准样品中氩、氮的含量（体积分数），10^{-6}；

φ_i——样品气中氩、氮或氪的含量（体积分数），10^{-6}；

A_s（或h_s）——标准样品中氩、氮或氪的色谱峰面积，单位为平方毫米（mm^2）[或峰高，单位为毫米（mm）]；

A_i（或h_i）——样品气中氩、氮或氪的色谱峰面积，单位为平方毫米（mm^2）[或峰高，单位为毫米（mm）]。

4.4 二氧化碳含量的测定

采用带有切割流程、甲烷化转化器和氢火焰离子化检测器的气相色谱仪测定氧中的二氧化碳含量。检测限：0.05×10^{-6}（体积分数）。

原则及一般要求按GB/T 8984规定。色谱柱：2 m硅胶柱。进样后首先将氧的干扰信号切出。

标准样品：氧中1×10^{-6}～5×10^{-6}（体积分数）的二氧化碳。

4.5 总烃含量的测定

按GB/T 8984的规定进行。

4.6 水分含量的测定

按GB 5832.2的规定进行。

5 包装、标志、运输和贮存

按GB/T 3863规定执行。

ICS 67.060
B 20

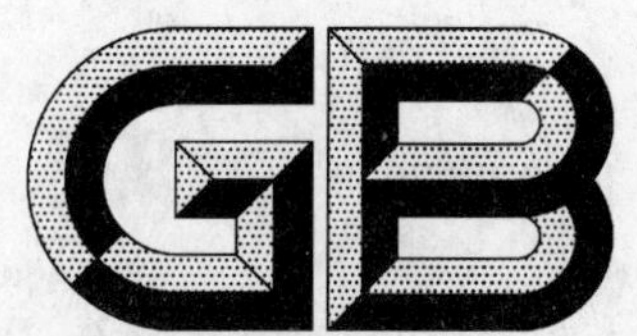

中华人民共和国国家标准

GB/T 14609—2008
代替 GB/T 14609—1993

粮油检验　谷物及其制品中铜、铁、锰、锌、钙、镁的测定　火焰原子吸收光谱法

Inspection of grain and oils—Determination of copper,iron,manganese,zinc,calcium,magnesium in cereals and derived products by atomic absorption and flame spectrophotometry

2008-11-04 发布　　2009-01-20 实施

中华人民共和国国家质量监督检验检疫总局
中国国家标准化管理委员会　发布

前言

本标准代替 GB/T 14609—1993《谷物中铜、铁、锰、锌、钙、镁的测定法　原子吸收法》。

本标准与 GB/T 14609—1993 相比，主要技术差异如下：

——修改了标准的中文名称，改为《粮油检验　谷物及其制品中铜、铁、锰、锌、钙、镁的测定　火焰原子吸收光谱法》；

——增加了方法检出限；

——增加了湿式消解和微波消解两种样品前处理方法。

本标准由国家粮食局提出。

本标准由全国粮油标准化技术委员会归口。

本标准起草单位：农业部谷物及制品质量监督检验测试中心(哈尔滨)。

本标准主要起草人：陈国友、刘峰、杜英秋、张晓波、程爱华、马永华、王乐凯。

本标准所代替标准的历次版本发布情况为：

——GB/T 14609—1993。

粮油检验　谷物及其制品中铜、铁、锰、锌、钙、镁的测定　火焰原子吸收光谱法

1　范围

本标准规定了用火焰原子吸收光谱法测定谷物及其制品中铜、铁、锰、锌、钙、镁的原理、试剂、仪器与设备、分析步骤、结果计算和重复性。

本标准适用于谷物及其制品中铜、铁、锰、锌、钙、镁等元素的测定。

本方法检出限：铜为 0.6 mg/kg，铁为 2.4 mg/kg，锰为 0.5 mg/kg，锌为 0.4 mg/kg，钙为 1.5 mg/kg，镁为 0.7 mg/kg。

2　规范性引用文件

下列文件中的条款通过本标准的引用而成为本标准的条款。凡是注日期的引用文件，其随后所有的修改单(不包括勘误的内容)或修订版均不适用于本标准，然而，鼓励根据本标准达成协议的各方研究是否可使用这些文件的最新版本。凡是不注日期的引用文件，其最新版本适用于本标准。

GB/T 602　化学试剂　杂质测定用标准溶液的制备(GB/T 602—2002，ISO 6353-1：1982，Reagents for chemical analysis—Part 1：General test methods，NEQ)

GB/T 6682　分析实验室用水规格和试验方法(GB/T 6682—2008，ISO 3696：1987，MOD)

3　原理

试样经灰化或酸消解后，使样品中的待测元素全部转入试液，并稀释至适合的浓度范围。导入原子吸收光谱仪，在各元素特征波长下测量其吸光度，在一定浓度范围内，其吸光度与元素的含量成正比，与标准系列比较定量。

4　试剂

除另有说明外，所用试剂应为分析纯，实验用水应符合 GB/T 6682 中二级水的规定。

4.1　盐酸。

4.2　硝酸。

4.3　高氯酸。

4.4　过氧化氢(30%)。

4.5　混合酸消解液：硝酸＋高氯酸(4＋1，体积比)。

4.6　0.5 mol/L 硝酸溶液：量取 32 mL 硝酸(4.2)，用水稀释至 1 000 mL。

4.7　50 g/L 镧溶液：称取 58.65 g 氧化镧(La_2O，99.99%)，先用少量水湿润，再加入 150 mL 盐酸(4.1)溶解，最后用水稀释至 1 000 mL。

4.8　铜、铁、锰、锌、钙、镁单元素标准储备液：按 GB/T 602 的规定配制，或由国家标准物质研究中心提供；质量浓度为 1 000 mg/L 或 500 mg/L。

4.9　铜、铁、锰、锌、钙、镁单元素标准系列使用液：根据需要将单元素标准储备液(4.8)用硝酸溶液(4.6)逐级稀释成相应浓度(表 2)的标准工作液，再配制成表 1 所列出的各元素标准系列使用液。

表 1 六种元素的标准使用液的浓度

元素名称	标准使用液浓度/(mg/L)					
	1	2	3	4	5	6
铜	0	0.1	0.2	0.4	0.6	1.0
铁	0	0.5	1.0	2.0	3.0	4.0
锰	0	0.5	1.0	2.0	3.0	4.0
锌	0	0.2	0.4	0.6	1.0	1.5
钙	0	0.5	1.0	2.0	3.0	5.0
镁	0	0.2	0.4	0.6	1.0	2.0

注 1：钙的标准系列使用液中加入镧溶液(4.7)，使溶液中镧的最终浓度为 5 g/L。

注 2：铜、铁、锰、锌、钙、镁单元素标准系列使用液配制后，贮存于聚乙烯瓶内。

5 仪器与设备

5.1 原子吸收光谱仪(配火焰原子化器)：附铜、铁、锰、锌、钙、镁元素空心阴极灯。

5.2 高温电阻炉(马福炉)。

5.3 灰化器皿：石英或瓷制坩埚。

5.4 可调式电热板或电炉。

5.5 微波消解系统。

5.6 分析天平：分度值 0.1 mg。

5.7 实验磨：旋风磨或能满足 6.1 中试样粉碎粒度要求的其他类型实验磨。

5.8 试验筛：筛孔直径为 0.45 mm。

注：试验器皿使用前需用硝酸溶液(1+3)浸泡过夜，用水反复冲洗后，再用二级水洗净晾干，方可使用。

6 分析步骤

6.1 试样制备

均匀选取不少于 50 g 的试验样品，使用实验磨(5.7)粉碎至全部通过要求的试验筛(5.8)。

6.2 试样消解

6.2.1 湿式消解法

称取试样 1 g～5 g(精确至 0.000 1 g)于锥形瓶或高型烧杯中，放几粒玻璃珠，加入 10 mL～20 mL 混合酸消解液(4.5)，加盖一小漏斗或表面皿，浸泡过夜，次日在可调式电热板上加热消解，消解直至白烟出现，随后减少，消解液呈无色透明或略显黄色为止，冷却，用水少量多次洗涤锥形瓶并转移至 25 mL 容量瓶中，定容，混匀，同时做试剂空白。

6.2.2 微波消解法

称取试样 0.5 g～1 g(精确至 0.000 1 g)置于聚四氟乙烯内罐中，加入 5 mL 硝酸(4.2)，浸泡 30 min，再加入 2 mL 过氧化氢(4.4)，放置 5 min，盖上内盖，安装好保护套，将消解罐放入微波消解系统内，设置微波消解程序，开始消解试样。消解结束后，取出内罐，用水少量多次洗涤消解罐并转移消解液于 10 mL 容量瓶中，定容，混匀，同时做试剂空白。

6.2.3 干灰化法

称取试样 1 g～5 g(精确至 0.000 1 g)于坩埚中，先小火在电热板上炭化至无烟，置于 550 ℃的高温电阻炉中灰化 4 h～5 h 时，冷却。若灰化不彻底，取出放冷加几滴硝酸(4.2)润湿，在电热板上干燥后重新灰化。取出灰化好的试样加入 10 mL 硝酸溶液(4.6)，放在电热板上低温加热溶解灰分，再用硝酸溶液(4.6)少量多次洗涤坩埚转移至 25 mL 容量瓶中,定容,混匀,同时做试剂空白。

注:消解中使用高氯酸有爆炸危险,整个消解要在通风橱中进行。注意不要煮干,并严防炭化。使用微波消解仪时应严格按照说明使用,应严格控制取样量、消解温度和压力。

6.3 测定

6.3.1 仪器条件

根据仪器性能将仪器调至最佳条件,仪器操作的参考条件见表 2。

表 2 仪器操作基本参数

元素	波长/nm	狭缝/nm	火焰	浓度范围/(mg/L)	标准工作液浓度/(mg/L)
铜	324.8	0.7	空气-乙炔	0.1~1.0	25
铁	248.3	0.2		0.5~4.0	50
锰	279.5	0.2		0.5~4.0	50
锌	213.9	0.7		0.2~1.5	25
钙	422.7	0.7		0.5~5.0	50
镁	285.2	0.2		0.2~2.0	25

6.3.2 钙的测定

如果测定钙元素,则应取一定量试样消解液加入镧溶液(4.7),使待测溶液中镧的最终浓度为 5 g/L。

6.3.3 试样测定

分别将各元素的标准使用液、试剂空白液和测定用试样消解液导入火焰原子化器进行测定,根据标准曲线查得试液中元素的浓度。

7 结果计算

试样中待测元素的含量按式(1)计算:

$$X = \frac{(c - c_0) \times V \times N \times 1\ 000}{m \times 1\ 000} \qquad \cdots\cdots(1)$$

式中:

X——试样中元素的质量分数,单位为毫克每千克(mg/kg);

c——测定用试液中元素的浓度值,单位为毫克每升(mg/L);

c_0——试剂空白液中元素的浓度值,单位为毫克每升(mg/L);

V——试样消解液的定容体积,单位为毫升(mL);

N——稀释倍数;

m——试样的质量,单位为克(g)。

计算结果保留三位有效数字。

8 重复性

在重复性条件下,两次平行测定结果的绝对差值不得大于这两个测定值的算术平均值的 10%,且绝对差值大于算术平均值 10%的情况不超过 5%。

ICS 67.040
X 04

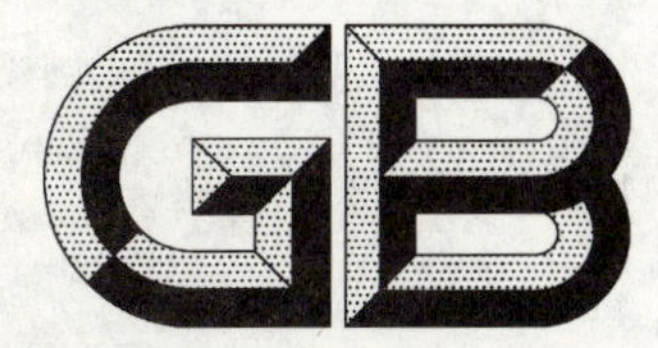

中华人民共和国国家标准

GB/T 14610—2008
代替 GB/T 14610—1993

粮油检验　谷物及制品中钙的测定

Inspection of grain and oils—Determination of calcium in cereals and cereal products

2008-11-04 发布　　2009-01-20 实施

中华人民共和国国家质量监督检验检疫总局
中国国家标准化管理委员会　发布

前 言

本标准代替 GB/T 14610—1993《谷物及谷物制品中钙的测定》。

本标准与 GB/T 14610—1993 相比主要变化如下：

——修改了标准的中文名称，标准中文名称改为《粮油检验　谷物及制品中钙的测定》；

——规定了样品的质量为 10 g；

——用氨水溶液洗涤草酸钙沉淀并荡洗烧杯；

——过滤采用中速定量无灰滤纸。

本标准由国家粮食局提出。

本标准由全国粮油标准化技术委员会归口。

本标准起草单位：国家粮食局科学研究院。

本标准主要起草人：伍松陵、薛雅琳、程树峯、唐芳。

本标准所代替标准的历次版本发布情况为：

——GB/T 14610—1993。

粮油检验 谷物及制品中钙的测定

1 范围

本标准规定了谷物及制品中钙的测定原理、试剂和材料、仪器设备、操作步骤、结果计算及重复性。

本标准适用于谷物及制品中钙的测定。

2 规范性引用文件

下列文件中的条款通过本标准的引用而成为本标准的条款。凡是注日期的引用文件,其随后所有的修改单(不包括勘误的内容)或修订版均不适用于本标准,然而,鼓励根据本标准达成协议的各方研究是否可使用这些文件的最新版本。凡是不注日期的引用文件,其最新版本适用于本标准。

GB/T 601 化学试剂 标准滴定溶液的制备

3 原理

样品经灰化后,在酸性溶液中钙与草酸生成草酸钙,经硫酸溶解后,用高锰酸钾标准溶液滴定,计算出钙的含量。

4 试剂和材料

除非另有说明,仅使用分析纯试剂。

4.1 灰化助剂:优级纯浓硝酸。

4.2 草酸溶液:称取草酸($H_2C_2O_4 \cdot 2H_2O$)3.9 g,溶于 1 000 mL 水中。

4.3 0.01 mol/L 高锰酸钾标准溶液:称取高锰酸钾 1.58 g,溶于 1 000 mL 水中,按 GB/T 601 进行标定。

4.4 溴甲酚绿指示剂:称取溴甲酚绿 1.0 g 溶于 2 mL～3 mL 氢氧化钠(100 g/L)溶液中,加水稀释至 100 mL。

4.5 乙酸钠溶液:称取乙酸钠($CH_3COONa \cdot 3H_2O$)33 g,溶于 100 mL 水中。

4.6 6 mol/L 盐酸:量取浓盐酸 500 mL,加水 500 mL 混匀。

4.7 0.5 mol/L 盐酸:量取 80 mL 盐酸(4.6),用水稀释至 1 000 mL。

4.8 氨水溶液:1 mL 氨水加入 50 mL 水中。

4.9 硫酸溶液:5 mL 浓硫酸加入 125 mL 水中。

5 仪器设备

实验室常用仪器,尤其是下列仪器:

5.1 石英坩埚或瓷坩埚:直径 60 mm,体积 35 mL。如果选用瓷坩埚,则要求无裂釉、瓷面光滑、完全无裂纹。

5.2 高温电阻炉。

5.3 中速定量无灰滤纸。

5.4 粉碎磨:能将样品粉碎,使其能全部通过 0.45 mm 孔筛(40 目)。

6 操作步骤

6.1 样品制备

取待测样品粉碎至全部通过 0.45 mm 孔筛(40 目),至少准备 50 g 样品。

6.2 试样处理

准确称取 10 g 试样，精确至 0.000 1 g，置于坩埚(5.1)中，放在电热板上炭化至无烟。将坩埚移至已预热的高温电阻炉(5.2)中，550 ℃下灰化至不含碳粒为止(约 5 h～6 h)。取出已经灰化好的样品，放入干燥器皿冷却至室温，加入 5 mL 5 mol/L 盐酸(4.6)，要求盐酸从坩埚的上部四周均匀加入，达到冲洗四周壁的效果，然后置于电热板上蒸发至近干。

向坩埚中加入 0.5 mol/L 盐酸(4.7)2 mL 溶解残留物质，加盖表面皿，置于电热板上加热 5 min。

用水冲洗表面皿，然后将坩埚中的溶解物质用无灰滤纸过滤至 500 mL 的烧杯中，稀释至约 150 mL。

向烧杯中滴加溴甲酚绿指示剂(4.4)8 滴～10 滴和足量的乙酸钠溶液(4.5)，使溶液呈蓝色(pH 值为 4.8～5.0)，加盖表面皿，在电热板上加热至沸腾。

用滴管缓缓滴入草酸溶液(4.2)，每 3 s～5 s 加一滴，滴定至溶液呈绿色为止(pH 值为 4.4～4.6)。如果呈黄绿色或者蓝色将不利于草酸钙沉淀。

煮沸上述溶液 1 min～2 min，静置澄清过夜。

将上层清液用中速定量无灰滤纸过滤，用氨水溶液(4.8)分 2 次～3 次洗涤沉淀并振荡烧杯，合并过滤，弃去滤液。

用已加热至 80 ℃～90 ℃的硫酸溶液(4.9)洗涤过滤滤纸并溶解沉淀物。

注 1：为了缩短灰化的处理时间或处理难以灼烧至不含碳粒的样品，可采用优级纯浓硝酸作为灰化助剂(4.1)。

注 2：为了防止坩埚因骤冷而破裂，可将已灰化好的样品于高温电阻炉中断电过夜。

6.3 滴定

用高锰酸钾标准溶液(4.3)滴定预先加热至 70 ℃～90 ℃的滤液，至溶液呈淡粉色并维持 30 s 不褪色。将预先加热至 70 ℃～90 ℃的硫酸溶液(4.9)约 150 mL 用高锰酸钾标准溶液(4.3)滴定至呈淡粉色并维持 30 s 不褪色，作为空白值。

7 结果计算

试样中钙的干基含量(H)以质量分数表示，单位为毫克每克(mg/g)，按式(1)计算：

$$H=\frac{(V-V_0)\times c\times 100}{m\times(1-X)} \qquad \cdots\cdots(1)$$

式中：

H——试样中钙的干基含量，单位为毫克每克(mg/g)；

V_0——空白消耗高锰酸钾标准溶液的体积，单位为毫升(mL)；

V——试样消耗高锰酸钾标准溶液的体积，单位为毫升(mL)；

c——高锰酸钾标准溶液的摩尔浓度，单位为摩尔每升(mol/L)；

m——试样质量，单位为克(g)；

X——试样水分含量，%；

100——1 mol/L 的高锰酸钾溶液相当于钙的毫克数。

8 重复性

在同一实验室，由同一操作者使用相同设备，按相同的测定方法，并在短时间内对同一样品连续进行两次测定的结果的绝对差值不应大于这两个测定值的算术平均值的 10%。

ICS 67.040
B 20

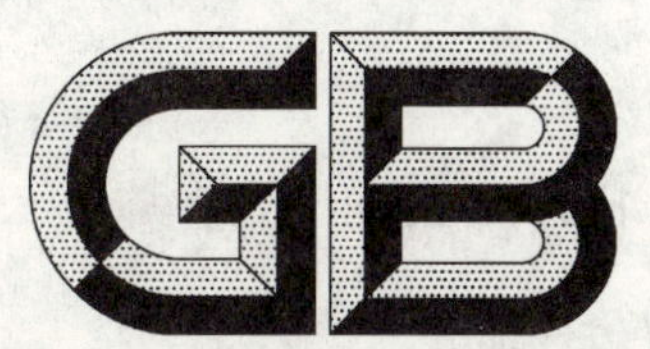

中华人民共和国国家标准

GB/T 14611—2008
代替 GB/T 14611—1993

粮油检验　小麦粉面包烘焙品质试验 直接发酵法

Inspection of grain and oils—Bread-baking test of wheat flour—Straight dough method

2008-11-04 发布　　2009-01-01 实施

中华人民共和国国家质量监督检验检疫总局
中国国家标准化管理委员会　发布

前　言

本标准是对 GB/T 14611—1993《小麦粉面包烘焙品质试验法　直接发酵法》的修订。

本标准与 GB/T 14611—1993 相比主要变化如下：

——在对原料的要求上，以符合 2007 年发布的 GB/T 20886《食品加工用酵母》的要求替代原标准中对酵母的质量要求的规定；

——在试验面团的配方上，以抗坏血酸代替溴酸钾作为面团氧化剂，酵母用量由 1.6% 改为1.8%，明确了麦芽粉的添加量为 0.2%；

——在操作工艺上，由原标准中发酵后进行面团分割改为发酵前先分割面团；

——增加了三辊成型机的推荐使用；

——将入炉烘烤温度和时间分别改为 215 ℃和约 20 min；

——面包体积和质量测量时间改为面包出炉后 5 min 进行测定；

——删除结果与评价中有关比容的内容；

——对附录 A 面包评分方法进行了修改，简化了评分指标，增加了面包芯纹理结构评分参考图片。

本标准的附录 A 为规范性附录。

本标准由国家粮食局提出。

本标准由全国粮油标准化技术委员会归口。

本标准起草单位：国家粮食局科学研究院、东海粮油工业（张家港）有限公司、河南工业大学、农业部谷物及制品监督检测中心（北京）、安琪酵母股份有限公司。

本标准主要起草人：孙辉、姜薇莉、雷玲、白石桥、王立坤、王凤成、周桂英、杨子忠、郑毓。

本标准所代替标准的历次版本发布情况为：

——GB/T 14611—1993。

粮油检验　小麦粉面包烘焙品质试验　直接发酵法

1　范围

本标准规定了直接发酵法面包烘焙试验的原理、材料、仪器和设备、操作步骤、结果与评价，以及允许差。

本标准适用于评价小麦或小麦粉以及其他配料对面包烘焙品质的影响。

2　规范性引用文件

下列文件中的条款通过本标准的引用而成为本标准的条款。凡是注日期的引用文件，其随后所有的修改单(不包括勘误的内容)或修订版均不适用于本标准，然而，鼓励根据本标准达成协议的各方研究是否可使用这些文件的最新版本。凡是不注日期的引用文件，其最新版本适用于本标准。

GB 317　白砂糖

GB 1355　小麦粉

GB 2721　食用盐卫生标准

GB/T 5410　乳粉(奶粉)

GB/T 6682　分析实验室用水规格和试验方法

GB 8275　食品添加剂　α-淀粉酶制剂

GB 14754　食品添加剂　维生素C(抗坏血酸)

GB/T 20886　食品加工用酵母

LS/T 3218　起酥油

3　原理

将小麦粉和其他配料混合制成面团，经过90 min发酵后成型，醒发45 min后入炉烘烤。面包出炉后称量质量，测定体积，并对外部和内部特征指标进行感官评定，得到面包烘焙品质评分。

4　材料

4.1　小麦粉：符合GB 1355的规定。

4.2　即发干酵母：符合GB/T 20886的规定。

4.3　盐：符合GB 2721的规定。

4.4　糖：符合GB 317的规定。

4.5　脱脂奶粉：符合GB/T 5410的规定。

4.6　起酥油：符合LS/T 3218的规定。

4.7　水：符合GB/T 6682中三级水的要求。

4.8　麦芽粉(或α-淀粉酶)：自制，具有适合的α-淀粉酶活力(商品α-淀粉酶应符合GB 8275的规定)。

4.9　抗坏血酸：符合GB 14754的规定。

5　仪器和设备

5.1　搅拌机：针式搅拌机。

5.2 恒温恒湿醒发箱:能够使温度保持在 30 ℃±1 ℃,相对湿度保持在 80%~90%。

5.3 压片机:面辊间距可以调节。

5.4 发酵钵:容量为 0.5 L~1 L 的有盖容器(100 g 小麦粉)或 1 L~2 L 的有盖容器(200 g 小麦粉)。

5.5 成型机:三辊成型机,辊径 75 mm,转速 70 r/min。

5.6 烤炉:电热式烤炉,要求在正常烘烤温度下(210 ℃~230 ℃)控温精度在±8℃范围内。

5.7 面包听:马口铁或铝合金材料,上口内径 13.0 cm×7.3 cm,底部内径 11.5 cm×5.7 cm,听深 5.8 cm。

5.8 面包体积测定仪:菜籽置换型,测量范围 400 mL~1 050 mL,最小刻度单位为 5 mL。

5.9 天平:分度值 0.1 g 和 0.001 g。

5.10 其他:量筒,移液管,秒表,刮板。

6 操作步骤

6.1 溶液配制

6.1.1 盐-糖溶液配制

分别称取 1 090.0 g 糖(4.4)和 272.7 g 盐(4.3),放在 2 L 的烧杯中,加蒸馏水(4.7)并不断搅拌使糖、盐完全溶解,定容至 2 L。100 g 小麦粉中加入 11.0 mL 此溶液,相当于加入 1.5 g 盐、6.0 g 糖和 6.7 mL 水。此溶液在室温下可保存数周,只要无混浊沉淀出现仍可使用。

6.1.2 抗坏血酸溶液配制

称取 0.4 g~0.5 g 抗坏血酸(4.9)用蒸馏水定容至 100 mL。此溶液需当天配制。

6.2 配方

实验面团配方见表 1。

表 1 实验面团配方表

项目	小麦粉(14%湿基)	即发干酵母	盐	糖	脱脂奶粉	起酥油	水[a]	麦芽粉[b]	抗坏血酸
小麦粉总量的百分基数/%	100	1.8	1.5	6.0	4.0	3.0	适量	0.2	0.004~0.005

[a] 加水量可参照面团粉质吸水率根据面团软硬进行调整,原则为面团尽可能柔软而不粘手影响操作。

[b] 也可以用适量的商品化的 α-淀粉酶代替麦芽粉,添加量根据酶的活性而定,调整小麦粉的降落数值为225 s~300 s。

6.3 称样

按照表 1 的配料比例,准确称取小麦粉(4.1)、即发干酵母(4.2)、麦芽粉(4.8)、脱脂奶粉(4.5),放在发酵钵(5.4)中拌匀,称取起酥油(4.6)放在混匀的干物料的表面,将发酵钵盖好备用。

6.4 和面

量取盐-糖溶液和抗坏血酸溶液,放入和面缸中,用量筒加入剩余部分水,再加入 6.3 制备好的小麦粉及其他配料;启动搅拌机(5.1),使面团达到面筋充分扩展状态,此时的面团应表面光洁、无断裂痕迹,手感柔和,一般可拉成均匀的薄膜。和好的面团,温度应为 30 ℃±1 ℃。面团温度主要通过调整和面的水温和室内温度来调整和控制。

6.5 发酵和揉压

将调制好的面团从和面缸中取出,若是 200 g 小麦粉则分成两等份。用手捏圆面团,使其光面向上放在稍涂有油的发酵钵中,置醒发箱(5.2)中发酵 90 min。发酵时间从开始和面时计起。醒发箱中温度为 30 ℃±1 ℃,相对湿度为 85%。当面团发酵进行到 55 min 和 80 min 时,分别在压片机(5.3)面辊间距 0.6 cm 处滚压面团一次,以排除面团中的气泡。辊压后再将面片折成三层或对折两次折缝向下放入发酵钵,重新放回醒发箱。

6.6 成型

取出发酵好的面团,将面团轻轻揉光并适当拉长,用压片机将面团压两次,成长片,轧距分别为 0.7 cm 和 0.5 cm。使用三辊成型机(5.5)或具有类似功能的手动成型模板进行成型,或直接用手将面片从小端开始卷起,卷起时应尽量压实以排出气体,然后将面团轻轻滚压数次,使其与面包听(5.7)的大小相一致,将面团接缝向下,放在事先涂有油的面包听中。

6.7 醒发

面团成型装听后,送入醒发箱进行醒发,醒发箱中温度为 30 ℃±1 ℃,相对湿度为 85%~90%。醒发时间为 45 min。

6.8 烘烤

醒发结束,立即入炉烘烤,温度一般为 215 ℃,烘烤时间一般约为 20 min。面包入炉前,先在炉内喷蒸汽,或放一小盒清水,以调节炉内湿度。

7 结果与评价

7.1 面包重量、体积

面包出炉后 5 min,称量其质量,用菜籽置换法测定体积,分别用 g 和 mL 表示。取双试验样品的算术平均值作为测定结果。

7.2 面包外部与内部特征评价

面包在室温下冷却后,放入塑料袋或以其他形式密封保存,或放在恒温恒湿的储存箱内。18 h 后对面包外部和内部特征进行感官评定,主要包括以下内容:面包外观、面包芯色泽、面包芯质地和面包芯纹理结构等。评定时先对外观进行评分,切开面包,按面包芯质地、色泽和纹理结构的顺序进行评定。

7.3 面包烘焙品质评分

按照附录 A 进行面包烘焙品质评分。

8 允许差

以面包体积值的平均偏差作为面包烘焙试验允许差的评价指标。对于含 100 g 小麦粉的面包,双试验面包体积值的平均偏差(δ)应小于或等于 15 mL,按式(1)计算。

$$\delta = \frac{1}{n}\sum_{i=1}^{n}|V_i - \bar{V}| \quad \cdots\cdots(1)$$

式中:

δ——面包体积值的平均偏差,单位为毫升(mL);

n——双试验面包样品数;

V_i——面包体积测定值,单位为毫升(mL);

$\bar{V}$——双试验面包体积平均值,单位为毫升(mL)。

附 录 A
（规范性附录）
面包烘焙品质评分标准

A.1 面包评分项目构成

面包评分项目包括：面包体积、面包外观、面包芯色泽、面包芯质地和面包芯纹理结构。

A.2 面包体积(45 分)

面包体积小于 360 mL 得 0 分；大于 900 mL 得满分 45 分；体积在 360 mL～900 mL 之间，每增加 12 mL 得分增加 1 分。也可按式(A.1)计算体积得分：

$$S_v = \frac{V-360}{12} \qquad \cdots\cdots\cdots\cdots(A.1)$$

式中：

S_v——面包体积得分；

V——面包体积测定值，单位为毫升(mL)；

360——得分为 0 分的面包体积测定值，单位为毫升(mL)。

A.3 面包外观(5 分)

A.3.1 面包表皮色泽正常，光洁平滑无斑点，冠大，颈极明显，得满分 5 分。

A.3.2 冠中等，颈短，得 4 分。

A.3.3 冠小，颈极短，得 3 分。

A.3.4 冠不显示，无颈，得 2 分。

A.3.5 无冠，无颈，塌陷，得最低分 1 分。

A.3.6 表皮色泽不正常，或不光洁，不平滑，或有斑点，均扣 0.5 分。

A.4 面包芯色泽(5 分)

A.4.1 洁白、乳白并有丝样光泽，得最高分 5 分。

A.4.2 洁白、乳白但无丝样光泽得 4.5 分。

A.4.3 黑、暗灰得最低分 1 分。

A.4.4 介于 A.4.1 和 A.4.3 之间，色泽由白-黄-灰-黑，分数依次降低。

A.5 面包芯质地(10 分)

A.5.1 面包芯细腻平滑，柔软而富有弹性，得最高分 10 分。

A.5.2 面包芯粗糙紧实，弹性差，按下不复原或难复原，得最低分 2 分。

A.5.3 介于 A.5.1 和 A.5.2 之间，得分 3 分～9 分。

A.6 面包芯纹理结构(35 分)

A.6.1 面包芯气孔细密、均匀并呈长形，孔壁薄，呈海绵状，得最高分 35 分。

A.6.2 面包芯气孔大大小小，极不均匀，大孔洞很多，坚实部分连成大片，得最低分为 8 分。

A.6.3 面包芯纹理结构介于 A.6.1 和 A.6.2 之间，得分为 9 分～34 分。

A.6.4 可参照图 A.1，分为优(30 分～35 分)，良(24 分～29 分)，中(17 分～23 分)，差(8 分～16 分)四个档次评分。

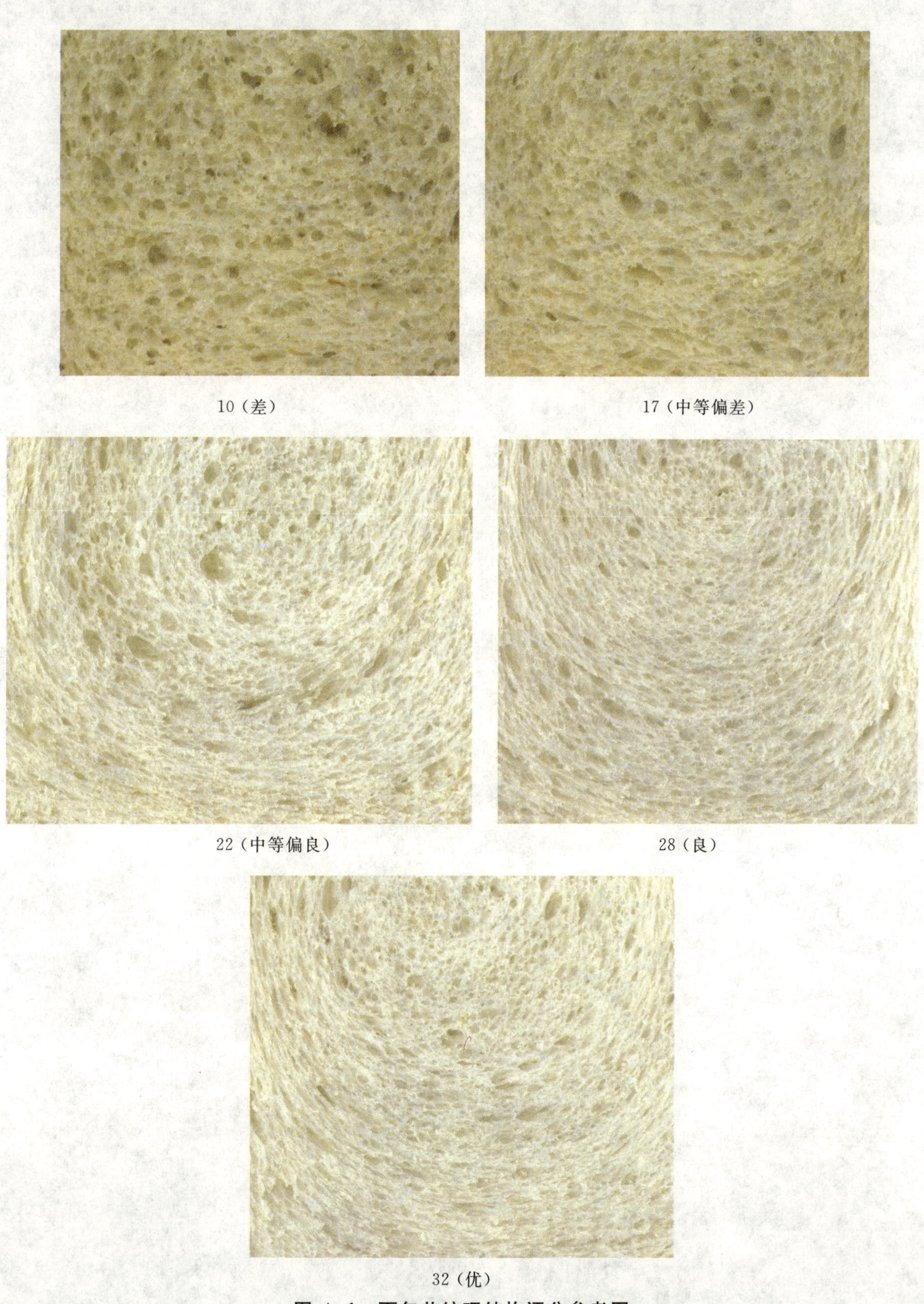

10（差）　17（中等偏差）

22（中等偏良）　28（良）

32（优）

图 A.1　面包芯纹理结构评分参考图

ICS 67.040
B 20

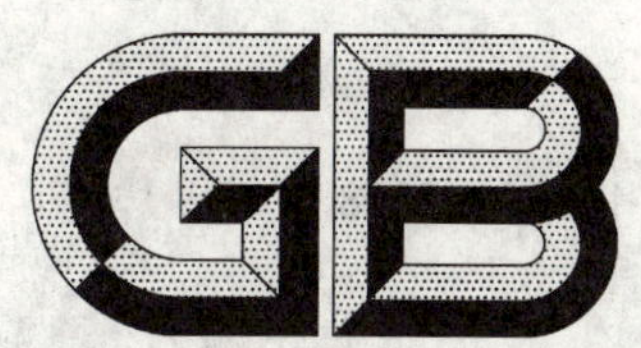

中华人民共和国国家标准

GB/T 14612—2008
代替 GB/T 14612—1993

粮油检验 小麦粉面包烘焙品质试验 中种发酵法

Inspection of grain and oils—Bread baking test of wheat flour—Sponge-dough method

2008-11-04 发布 2009-01-01 实施

中华人民共和国国家质量监督检验检疫总局
中国国家标准化管理委员会 发布

前　言

本标准参考了美国谷物化学师协会标准 AACC 10-09(1999)《基本直接面团面包烘焙方法　长发酵》、AACC 10-10B(1999)《最优化直接面团面包烘焙方法》、AACC 10-11(1999)《中种面团面包烘焙方法　磅面包》。

本标准是对 GB/T 14612—1993《小麦粉面包烘焙品质试验法　中种发酵法》的修订。

本标准代替 GB/T 14612—1993。

本标准与 GB/T 14612—1993 相比主要变化如下：

——强调了适量变化加水，建议以粉质仪吸水率为基础对试验面团的实际加水量作适当增减；

——注明了当试验小麦粉的淀粉酶活性不足，则应该添加适量的麦芽粉或真菌 α-淀粉酶；

——删除了即发干酵母的厂家推荐，删略了活化酵母步骤，取消了酵母养料的使用，提高了酵母用量(由 0.7% 改为 1.0%)；

——明确了使用针式搅拌机，推荐揉混仪器揉混时间预测主面团最佳揉混时间；

——增添了三辊成型机的推荐使用；

——明确了烘焙条件(烘烤温度 215 ℃，烘烤时间 18 min～ 22 min)；

——面包体积和重量测量时间改为在面包出炉后 5 min 内进行测定；

——修改了对面包外部与内部特征进行感官评定的时间；

——对附录 A(面包烘焙品质评分标准)进行了修改。

本标准的附录 A 为规范性附录。

本标准由国家粮食局提出。

本标准由全国粮油标准化技术委员会归口。

本标准起草单位：河南工业大学、农业部谷物品质监督检验测试中心(泰安)、国家粮食局科学研究院、郑州市西萨食品有限公司、新乡市新良粮油加工有限责任公司、安琪酵母股份有限公司、北京东方孚德技术发展中心。

本标准主要起草人：王凤成、田纪春、孙辉、王显伦、何雅蔷、朱连良、殷红艳、冷建新、于素平。

本标准所代替标准的历次版本发布情况为：

——GB/T 14612—1993。

粮油检验　小麦粉面包烘焙品质试验　中种发酵法

1　范围

本标准规定了中种发酵法面包烘焙试验的方法原理、材料、仪器和设备、配方和操作步骤及品质评价。

本标准适用于利用中种发酵法评价小麦粉的面包烘焙品质，也适用于评价小麦与其他谷物复合粉以及其他配料对面包烘焙品质的影响。

2　规范性引用文件

下列文件中的条款通过本标准的引用而成为本标准的条款。凡是注日期的引用文件，其随后所有的修改单（不包括勘误的内容）或修订版均不适用于本标准，然而，鼓励根据本标准达成协议的各方研究是否可使用这些文件的最新版本。凡是不注日期的引用文件，其最新版本适用于本标准。

GB 317　白砂糖

GB/T 1266　化学试剂　氯化钠

GB 1355　小麦粉

GB/T 6682　分析实验室用水规格和试验方法（GB/T 6682—2008，ISO 3696:1987，MOD）

GB/T 20886　食品加工用酵母

LS/T 3218　起酥油

3　方法原理

本方法以 100 g 或 200 g 面粉为基础，可供制作 1 个或 2 个含 100 g 面粉的面包。

先将部分试验小麦粉和水及全部酵母揉混调制成中种面团，经过较长时间发酵，然后再与剩余的小麦粉、水及其他配料揉混调制成主面团，经短时间延续发酵，进行分割揉圆、中间醒发和成型，再经过最后醒发，入炉烘烤。面包出炉后，称量重量，测定体积，对面包外部与内部特征指标进行感官评定，作出面包烘焙品质评分。

4　材料

4.1　小麦粉：符合 GB 1355 的规定。如果试验小麦粉的淀粉酶活性不足，应添加适量麦芽粉或真菌α-淀粉酶，添加量视试验小麦粉降落数值而定，一般应将试验小麦粉的降落数值调整到 250 s～300 s 范围内。

4.2　即发干酵母：符合 GB/T 20886 的规定。建议在开封后立即分装在封闭的小瓶中冷藏保存，1 个月内用完。

4.3　盐：氯化钠，化学纯，符合 GB/T 1266 的规定。

4.4　糖：优级白砂糖，符合 GB 317 的规定。

4.5　起酥油：符合 LS/T 3218 的规定。

4.6　水：蒸馏水或去离子水，符合 GB/T 6682 的规定。

5　仪器和设备

5.1　搅拌机：立式针型搅拌机，额定单次搅拌量为 100 g 或 200 g 面粉。

5.2 发酵钵:容量为750 mL～800 mL(100 g面粉的面团)或1 500 mL～1 600 mL(200 g面粉的面团)的不锈钢或塑料碗盆。

5.3 发酵箱:能够使温度保持在30 ℃±1 ℃,相对湿度保持在85%±2%。

5.4 醒发箱:能够使温度保持在35.5 ℃±1 ℃,相对湿度保持在92%±2%。

5.5 压片机:辊压型,辊径95 mm,辊长150 mm,转速70 r/min,辊间距可调。

5.6 成型机:三辊成型机,辊径70 mm,转速70 r/min～80 r/min。

5.7 烤炉:转动式电热烤炉,或者温度分布比较均匀的其他类型烤炉。烘烤温度能达到180 ℃～230 ℃,控温精度在±5 ℃范围内。

5.8 面包听:马口铁或铝合金材料,内径尺寸大约为上口13.0 cm×7.3 cm,底部11.5 cm×5.7 cm,听深5.8 cm。

5.9 面包体积测定仪:菜籽置换型,测量范围400 mL～1 050 mL,刻度单位为5 mL。

5.10 天平:分度值0.1 g和0.01 g。

5.11 其他:量筒,烧杯,移液管,刮板,秒表,温度计,湿度计等。

6 配方和操作步骤

6.1 配方

中种面团配方见表1,主面团配方见表2。

注:中种面团和主面团的加水量可根据试验面团的软硬和粘柔程度进行调整,建议参照粉质仪吸水率进行适当增减,使面团达到尽可能柔软而不粘手影响操作的最佳状态。

表1 中种面团配方

项　　目	小麦粉总量基数/%
小麦粉(14%湿基)	60.0
即发干酵母	1.0
水(适量变化)	36.0

表2 主面团配方

项　　目	小麦粉总量基数/%
小麦粉(14%湿基)	40.0
水(适量变化)	24.0
盐	2.0
糖	5.0
起酥油	3.0

6.2 称样

按照表1和表2的配料比例,分别称取中种面团和主面团配料。

6.3 中种面团调制

将小麦粉和酵母倒入和面钵中,使用刮板拌合并在小麦粉中部产生一个坑,将水加入。启动搅拌机,使面团揉混达到光洁柔和状态。揉混好的中种面团温度应为26.0 ℃±1.0 ℃,面团温度可以通过改变水温和室温来调整和控制。

6.4 中种面团发酵

将揉混好的中种面团从和面钵中取出,用手捏圆光整,使其光面向上放在稍涂有油的发酵钵中,立即送入发酵箱发酵4 h。发酵箱内温度为30 ℃±1 ℃,相对湿度85%。

6.5 主面团调制

将盐、糖倒入和面钵，加入剩余的水，搅拌使盐糖溶化。加入主面团部分的小麦粉和起酥油，启动搅拌机揉混 15 s 后将中种面团分成约两等份在 10 s 内分两次放入和面钵内，继续揉混使面团面筋充分扩展，揉混好的面团表面光洁柔和，用手应能拉成均匀的薄膜。美国 National 揉混仪揉混峰值时间缩短 1 min 可作为主面团最佳揉混时间的估测，实际再做增减。揉混好的主面团温度应为 27.0 ℃±1.0 ℃，主面团温度可以通过改变水温和室温来调整和控制。

6.6 主面团延续发酵

将揉混好的主面团从和面钵中取出，用手捏圆光整，光面向上放在稍涂有油的发酵钵内，送入发酵箱延续发酵 30 min，发酵箱温度为 30 ℃±1 ℃，相对湿度 85 %。

6.7 分割与揉圆

主面团延续发酵完成后从发酵钵中取出，然后用手轻揉成圆形（对于 200 g 面粉的面团，揉圆之前需分割成 2 等份，用天平进行校正）。

6.8 中间醒发

面团揉圆后，光面向上放在稍涂有油的发酵钵内，送入发酵箱内或加盖放在室温下（20 ℃以上）醒发 12 min～15 min，使面团松弛。

6.9 压片成型

经过中间醒发以后，将面团轻轻适当拉长，用压片机将面团辊压两次成长片，第一次辊间距为 0.7 cm～0.8 cm，第二次为 0.5 cm。使用三辊成型机或具有类似功能的手动成型模板进行成型，或者用手将面片从一端开始卷起，卷片时应尽量压实以排出气体，轻轻滚压并封口两端和接缝，使其大小与面包听相一致，将之接缝朝下放进事先稍涂有油的面包听中。

6.10 最后醒发

面团成型装听后，送入醒发箱进行最后醒发，醒发箱中温度为 35.5 ℃±1 ℃，相对湿度为 92%，醒发时间为 65 min，或保证面团醒发至高出面包听上边缘 2 cm。

6.11 烘烤

最后醒发结束，立即入炉烘烤，烘烤温度为 215 ℃，烘烤时间为 18 min～ 22 min。面包入炉前，在炉内旋转烤盘上应事先放有一小盆清水，并保持在整个烘烤实验过程中有水存在，以调节炉内湿度。

7 测量与评价

7.1 面包重量与体积

面包出炉后，在 5 min 内称量重量，用菜籽置换法测定体积，分别用 g 和 mL 表示。

7.2 面包外部与内部特征评价

面包在室温下冷却 1 h 后，对面包外部与内部特征进行感官评定，或装入不透气的塑料袋并把口扎紧，在第二天对面包外部与内部特征进行感官评定。感官评定主要包括面包外观、面包芯色泽、面包芯质地和面包芯纹理结构等。

7.3 面包烘焙品质评分

按照附录 A 进行面包烘焙品质评分。

附 录 A
（规范性附录）
面包烘焙品质评分标准

A.1 面包评分项目构成

面包品质评分项目包括：面包体积、面包外观、面包芯色泽、面包芯质地和面包芯纹理结构。本评分标准适用于100 g小麦粉制作的听面包。

A.2 面包体积(45分)

面包体积小于360 mL得0分；大于900 mL得满分45分；体积在360 mL～900 mL之间，每增加12 mL得分增加1分。也可按式(A.1)计算体积得分：

$$S_v = \frac{V-360}{12} \qquad \cdots\cdots(A.1)$$

式中：

S_v——面包体积得分；

V——面包体积测定值，单位为毫升(mL)；

360——得分为0分的面包体积测定值，单位为毫升(mL)。

A.3 面包外观(5分)

A.3.1 面包表皮色泽正常，光洁平滑无斑点，冠大，颈极明显，得满分5分。

A.3.2 冠中等，颈短，得4分。

A.3.3 冠小，颈极短，得3分。

A.3.4 冠不显示，无颈，得2分。

A.3.5 无冠，无颈，塌陷，得最低分1分。

A.3.6 表皮色泽不正常，或不光洁，不平滑，或有斑点，均扣0.5分。

A.4 面包芯色泽(5分)

A.4.1 洁白、乳白并有丝样光泽，得最高分5分。

A.4.2 无丝样光泽得4.5分。

A.4.3 黑、暗灰得最低分1分。

A.4.4 介于A.4.1和A.4.3之间，色泽由白-黄-灰-黑变化，分数依次降低。

A.5 面包芯质地(10分)

A.5.1 面包芯细腻平滑，柔软而富有弹性，得最高分10分。

A.5.2 面包芯粗糙紧实，弹性差，按下不复原或难复原，得最低分2分。

A.5.3 介于A.5.1和A.5.2之间，得分3分～9分。

A.6 面包芯纹理结构(35分)

A.6.1 面包芯气孔细密、均匀并呈长形，孔壁薄，呈海绵状，得最高分35分。

A.6.2 面包芯气孔大大小小，极不均匀，大孔洞很多，坚实部分连成大片，得最低分为8分。

A.6.3 面包芯纹理结构介于A.6.1和A.6.2之间，得分为9分～34分。

A.6.4 可参照图A.1，可分为优(30分～35分)，良(24分～29分)，中(17分～23分)，差(8分～16分)四个档次评分。

10（差）

17（中等偏下）

22（中等偏上）

28（良）

32（优）

图 A.1　面包芯纹理结构评分参考图

ICS 67.060
B 20

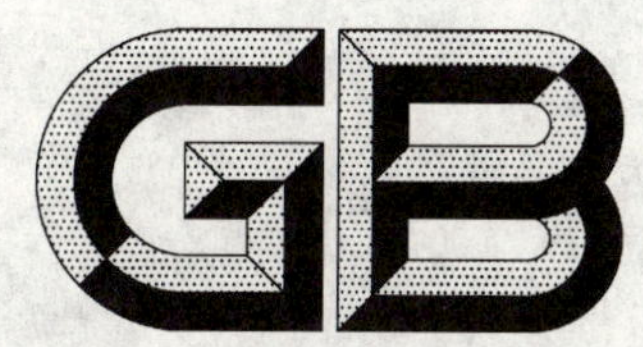

中华人民共和国国家标准

GB/T 14613—2008
代替 GB/T 14613—1993

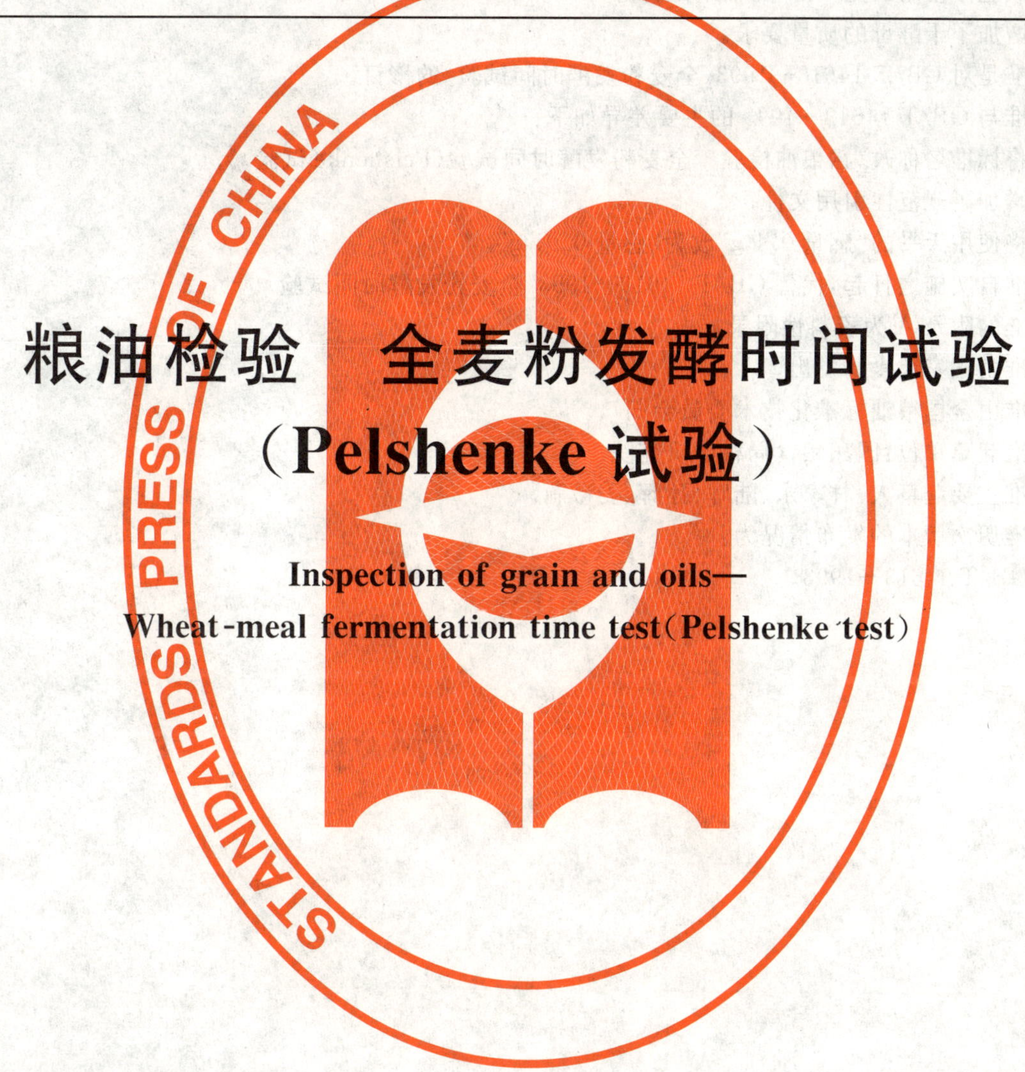

粮油检验 全麦粉发酵时间试验（Pelshenke 试验）

Inspection of grain and oils—Wheat-meal fermentation time test(Pelshenke test)

2008-08-22 发布 2008-12-01 实施

中华人民共和国国家质量监督检验检疫总局
中国国家标准化管理委员会 发布

前　言

本标准修改采用 AACC 56-50(1999)《全麦粉发酵时间试验》。

本标准与 AACC 56-50(1999)的主要技术差异如下：

——试验中使用的是干酵母，而不是鲜酵母；

——增加了干酵母的质量要求。

本标准是对 GB/T 14613—1993《全麦粉发酵时间试验》的修订。

本标准与 GB/T 14613—1993 的主要差异如下：

——将标准名称改为《粮油检验　全麦粉发酵时间试验(Pelshenke 试验)》；

——增加了规范性引用文件；

——将使用天平的“感量 0.1 g”改为“感量 0.01 g”。

本标准自实施之日起，代替 GB/T 14613—1993《全麦粉发酵时间试验》。

本标准的附录 A 为资料性附录。

本标准由国家粮食局提出。

本标准由全国粮油标准化技术委员会归口。

本标准起草单位：国家粮食局科学研究院。

本标准主要起草人：林家永、陆晖、孙辉、姜薇莉。

本标准历次版本的发布情况为：

——GB/T 14613—1993。

粮油检验 全麦粉发酵时间试验 （Pelshenke试验）

1 范围

本标准规定了全麦粉发酵时间试验(Pelshenke 试验)的原理、仪器和设备、试剂、样品制备、测定步骤和结果表示。

本标准适用于各种小麦全麦粉发酵时间试验(Pelshenke 试验)。

2 规范性引用文件

下列标准中的条款通过本标准的引用而成为本标准的条款。凡是注日期的引用标准,其随后所有的修改单(不包括勘误的内容)或修订版均不适用于本标准,然而,鼓励根据本标准达成协议的各方研究是否可使用这些文件的最新版本。凡是不注日期的引用标准,其最新版本适用于本标准。

GB/T 20886—2007 食品加工用酵母

3 原理

将一定量的全麦粉与酵母液混合揉制成球形面团,放入30 ℃的水中,由于酵母的发酵作用,球形面团中二氧化碳气体含量不断增加,体积也随之增大,比重降低,浮至水面,继续发酵至球形面团解体破裂。从面团开始发酵至解体所经历的时间即为全麦粉发酵时间值。全麦粉发酵时间值越大,小麦的面筋质量越好。小麦筋力强度分类参见附录A。

4 试剂

4.1 干酵母:发酵力应符合 GB/T 20886—2007 中5.2.1对高活力型干酵母(低糖型)的要求。

4.2 酵母悬浮液:将2 g干酵母(4.1)溶解于100 mL蒸馏水30 ℃±1 ℃中,置于30 ℃±1 ℃的恒温水浴锅(5.1)中,当天配制使用。

5 仪器和设备

5.1 恒温水浴锅:保温30 ℃±1 ℃。

5.2 恒温箱:保温30 ℃±1 ℃,装有透明玻璃门。

5.3 锤式旋风磨:内装孔径1 mm的筛网。

5.4 天平:感量0.01 g。

5.5 烧杯:150 mL,50 mL。

5.6 移液管:5 mL。

5.7 量筒:100 mL。

6 样品制备

取50 g小麦样品,除去杂质,用锤式旋风磨(5.3)粉碎,清理磨膛和筛网的样品,并与粉碎样品合并,混合均匀,装入密闭的瓶中,放置过夜后进行测定。

7 测定步骤

称取4.0 g(精确至0.01 g)样品(第6章)倒入50 mL烧杯中,加入2.25 mL酵母悬浮液(4.2),用玻璃棒混合成面团，取出用手揉成表面光滑的圆球，放入盛有 80 mL 30 ℃±1 ℃蒸馏水的 150 mL 烧杯(5.5)中，将烧杯移入 30 ℃±1 ℃的恒温箱(5.2)内，立即关好箱门开始计时。随着酵母的发酵，球形面团中的二氧化碳含量不断增加，体积增大，浮至水面，经过一段时间后，球形面团开始解体破裂。裂口张大至 1 cm 时记录该时间，作为全麦粉发酵时间值。

8 结果表示

取两次测定值的平均值作为样品的发酵时间测定结果，结果用分钟(min)表示。

平行试验的相对偏差不得大于 6%，否则应重新测定。

附 录 A
（资料性附录）
小麦筋力强度分类

建议按以下数值进行小麦分类。

A.1 弱筋麦

很弱 30 min 以下

弱 30 min～50 min

中强 50 min～100 min

强 100 min～175 min

A.2 强筋麦

弱 150 min～225 min

中强 225 min～300 min

强 300 min～400 min

很强 400 min 以上

ICS 47.020.05
U 05

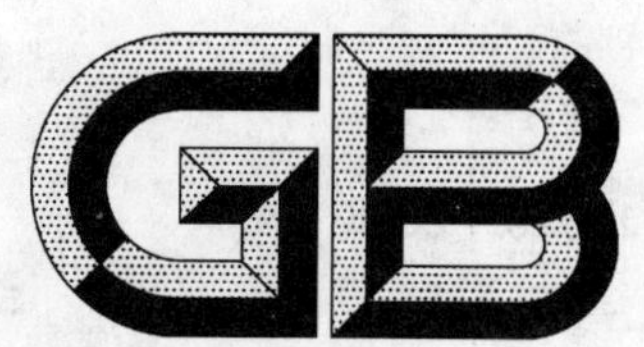

中华人民共和国国家标准

GB/T 14616—2008
代替 GB/T 14616—1993

机舱舱底涂料通用技术条件

General specification for engine-room bottom coating

2008-07-30 发布　　　　2009-02-01 实施

中华人民共和国国家质量监督检验检疫总局
中国国家标准化管理委员会　发布

前言

本标准代替 GB/T 14616—1993《机舱舱底涂料通用技术条件》。

本标准与 GB/T 14616—1993 相比,主要有下列变化:

——引用标准中增加了 GB/T 13491、GB/T 9274—1988、HG/T 2458,取消了 GB/T 1727—1992、GB/T 1765—1979、GB/T 1734—1993、GB/T 1763—1979、GB/T 1732—1993、GB/T 8923—1988;

——增加了固体含量技术指标规定;

——调整了技术指标中的耐盐雾性试验时间;

——取消了黏度、密度和耐冲击性等技术指标规定。

本标准由中国船舶重工集团公司提出。

本标准由全国海洋船标准化技术委员会船用材料应用工艺分技术委员会归口。

本标准负责起草单位:中国船舶重工集团公司第七二五研究所。

本标准参加起草单位:上海开林造漆厂、武昌造船厂。

本标准主要起草人:陈凯锋、陈乃红、欧伯兴、姚晓红、孙祖信。

本标准所代替标准的历次版本发布情况为:

——GB/T 14616—1993。

机舱舱底涂料通用技术条件

1 范围

本标准规定了机舱舱底涂料(以下简称涂料)的技术要求、试验方法、检验规则、标志、包装、运输和贮存等。

本标准适用于钢船主机、辅机及泵舱舱底的涂料体系。

2 规范性引用文件

下列文件中的条款通过本标准的引用而成为本标准的条款。凡是注日期的引用文件,其随后所有的修改单(不包括勘误的内容)或修订版均不适用于本标准,然而,鼓励根据本标准达成协议的各方研究是否可使用这些文件的最新版本。凡是不注日期的引用文件,其最新版本适用于本标准。

GB/T 1724 涂料细度测定法

GB/T 1725 色漆、清漆和塑料 不挥发物含量的测定(GB/T 1725—2007,ISO 3251:2003,IDT)

GB/T 1728 漆膜、腻子膜干燥时间测定法

GB/T 1771 色漆和清漆 耐中性盐雾性能的测定(GB/T 1771—2007,ISO 7253:1996,IDT)

GB/T 3186 色漆、清漆和色漆与清漆用原材料 取样(GB/T 3186—2006,ISO 15528:2000,IDT)

GB/T 5210 色漆和清漆 拉开法附着力试验(GB/T 5210—2006,ISO 4624:2002,IDT)

GB/T 9274—1988 色漆和清漆 耐液体介质的测定(eqv ISO 2812:1974)

GB/T 9750 涂料产品包装标志

GB/T 10834 船舶漆耐盐水性的测定 盐水和热盐水浸泡法

GB/T 13491 涂料产品包装通则

HG/T 2458 涂料产品检验、运输和贮存通则

3 要求

3.1 一般要求

3.1.1 涂料应能在通常的环境和确保安全条件下施工和干燥。

3.1.2 在温度(23±2)℃下,双组分涂料混合后其适用期按各产品生产厂技术要求规定。

3.1.3 涂料从制造之日起至少一年内,产品在原容器中应能用人工或机械搅拌均匀。

3.1.4 涂料应能和常用车间底漆配套。

3.1.5 涂料应适用于刷涂、辊涂和高压无气喷涂等方式施工,在规定的漆膜厚度内施工应不发生流挂。

3.1.6 涂料自然老化或破坏时,应能用原涂料体系进行修补。

3.1.7 涂料用稀释剂应按生产厂技术要求执行。

3.2 技术指标

3.2.1 涂料技术指标

涂料技术指标应符合表1要求。

表 1 涂料技术指标

项目名称		技术指标
细度		≤80 μm(鳞片涂料除外)
固体含量		≥70%
干燥时间	表干	≤8 h
	实干	≤24 h

3.2.2 涂层技术指标

涂层技术指标应符合表 2 要求。

表 2 涂层技术指标

项目名称	技术指标
附着力	≥3 MPa
耐盐雾性(600 h)	涂膜无起泡、龟裂、剥落、起皱和锈斑等
耐热盐水性[(40±2)℃,336 h]	
耐柴油性[(23±2)℃,0.5 a]	涂膜无起泡、软化、剥落和锈斑等

4 试验方法

4.1 细度

细度的测定按 GB/T 1724 的规定进行。结果应符合 3.2.1 的要求。

4.2 固体含量

固体含量的测定按 GB/T 1725 的规定进行。结果应符合 3.2.1 的要求。

4.3 干燥时间

干燥时间的测定按 GB/T 1728 的规定进行。结果应符合 3.2.1 的要求。

4.4 附着力

附着力的测定按 GB/T 5210 的规定进行。结果应符合 3.2.2 的要求。

4.5 耐盐雾性

耐盐雾性的测定按 GB/T 1771 的规定进行。结果应符合 3.2.2 的要求。

4.6 耐热盐水性

耐热盐水性的测定按 GB/T 10834 的规定进行。结果应符合 3.2.2 的要求。

4.7 耐柴油性

耐柴油性的测定按 GB/T 9274—1988 甲法(浸泡法)的规定进行。结果应符合 3.2.2 的要求。

5 检验规则

5.1 检验分类

涂料检验分为型式检验和出厂检验。

5.2 型式检验

5.2.1 检验项目

涂料的型式检验项目为 3.2 规定的所有技术指标项目。

5.2.2 检验要求

涂料有下列之一情况时,应进行型式检验:

a) 正常生产时,每三年至少应进行一次型式检验;

b) 当产品配方有改变,新投产时;

c) 当材料、工艺有较大改变，足以影响涂料性能时；

d) 产品停产半年重新恢复生产时。

5.2.3 判定规则

涂料的型式检验项目全部符合 3.2 要求时，判定型式检验合格。若有一项不符合要求，则判定为涂料型式检验不合格。

5.3 出厂检验

5.3.1 检验项目

涂料的出厂检验项目为 3.2.1 规定的所有技术指标项目。

5.3.2 组批规则

涂料按每一贮漆槽为一批，检验以批为单位。

5.3.3 取样

涂料按 GB/T 3186 的规定进行取样，样品应分为两份，一份密封贮存备查，另一份用作检验。

5.3.4 判定规则

每批涂料的出厂检验项目全部符合 3.2.1 要求时，判定该批涂料的出厂检验合格。若有一项不符合要求，则判定该批涂料出厂检验不合格。

6 标志、包装、运输和贮存

6.1 标志

涂料产品标志应符合 GB/T 9750 的要求。

6.2 包装

涂料产品的包装应符合 GB/T 13491 的要求。

6.3 运输

涂料产品的运输应符合 HG/T 2458 的要求。

6.4 贮存

涂料的贮存应符合 HG/T 2458 的要求。涂料在原包装封闭的条件下，贮存期自生产完成之日起为一年。超过贮存期可按本标准规定的项目进行检验，若检验合格，仍可使用。

ICS 87.080
Y 44

中华人民共和国国家标准

GB/T 14624.2—2008
代替 GB/T 14624.2—1993

胶印油墨着色力检验方法

Test method for colour strength of offset ink

2008-12-30 发布　　　　2009-09-01 实施

中华人民共和国国家质量监督检验检疫总局
中国国家标准化管理委员会　发布

前言

GB/T 14624 的本部分代替 GB/T 14624.2—1993《油墨着色力检验方法》。

本部分与 GB/T 14624.2—1993 主要差异如下：

——标准名称修改为《胶印油墨着色力检验方法》；

——刮样纸由晒图原纸改为 80 g/m^2 胶版印刷纸；

——对环境温度指数进行了调整，取消了湿度要求；

——取消了附录 A。

本部分由中国轻工业联合会提出。

本部分由全国油墨标准化技术委员会归口。

本部分起草单位：杭华油墨化学有限公司、太原高氏劳瑞油墨化学有限公司、浙江永在化工有限公司、天津东洋油墨有限公司、国家印刷装潢制品质量监督检验中心。

本部分主要起草人：黄荣海、田建中、吴敏、张进梅、苏传健。

本部分所代替标准的历次版本发布情况为：

——GB/T 14624.2—1993。

胶印油墨着色力检验方法

1 范围

GB/T 14624 的本部分规定了胶印油墨着色力的检验方法。

本部分适用于胶印油墨着色力的检验。

2 规范性引用文件

下列文件中的条款通过 GB/T 14624 的本部分的引用而成为本部分的条款。凡是注日期的引用文件,其随后所有的修改单(不包括勘误的内容)或修订版均不适用于本部分,然而,鼓励根据本部分达成协议的各方研究是否可使用这些文件的最新版本。凡是不注日期的引用文件,其最新版本适用于本部分。

GB/T 14624—2009 胶印油墨颜色检验方法

QB/T 1012—1991 胶版印刷纸

3 原理

以定量白墨将试样和标样分别冲淡,对比冲淡后油墨的浓度,以百分数表示之。

4 工具与材料

4.1 调墨刀。

4.2 刮片。

4.3 刮样纸:80 g/m^2 胶版印刷纸,符合 QB/T 1012—1991 A 型,规格 210 mm×70 mm,顶端往下 130 mm 处有 20 mm 宽黑色实地横道。

4.4 胶印白墨。

4.5 胶印黑墨。

4.6 分析天平:精度 0.001 g。

4.7 玻璃片。

5 检验条件

5.1 检验应在温度(23±2)℃条件下进行。

5.2 观察冲淡刮样时,应在 D_{65} 标准光源下进行。

6 检验步骤

6.1 用分析天平,在玻璃片上称取白墨 2 g,试样油墨 0.2 g,用同样的方法,相同的比例,称取白墨和标样油墨,将称取好的墨样分别用调墨刀充分调匀。

6.2 用调墨刀取调匀的标准样约 0.5 g 涂于刮样纸的右上方,再取调匀的试样约 0.5 g 于刮样纸的左上方,两者应相邻而不相连。

6.3 将刮片置于涂好的油墨样品上方,使刮片主体部分与刮样纸呈 90°角。用力自上而下将油墨于刮样纸上刮成薄层,至黑色横道下二分之一处时,减小用力,使刮片内侧角度近似 25°角,使油墨在纸上涂成较厚的墨层(如 GB/T 14624.1—2009 中图 1 所示)。最终刮样形状应与如 GB/T 14624.1—2009 中的图 1 相似。

6.4 观察试样与标样的面色、墨色是否一致；若不一致，则改变试样白墨的用量，至冲淡试样与标样达到一致，按式(1)计算试样的着色力。

6.5 刮样后，以 30 s 内观察的墨色为准。

7 检验结果

着色力的计算按式(1)进行：

$$S = \frac{B}{A} \times 100 \quad \cdots\cdots (1)$$

式中：

S——着色力(以标样为 100%计)，%；

A——冲淡标样白墨用量，单位为克(g)；

B——冲淡试样白墨用量，单位为克(g)。

注：测试白墨消色力时，则以标样和试样分别代替以上所用的白墨，按白墨 2 g，黑墨 0.2 g 称量，测试步骤同第 6 章，计算公式同式(1)，但 A 为试样白墨量，B 为标样白墨量。

ICS 87.080
Y 44

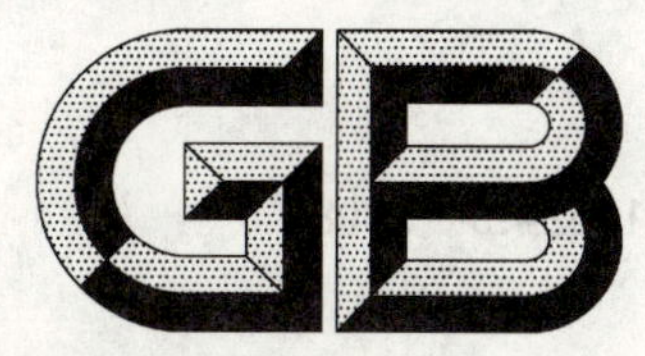

中华人民共和国国家标准

GB/T 14624.3—2008
代替 GB/T 14624.3—1993

胶印油墨流动度检验方法

Test method for fluidity of offset ink

2008-12-30 发布　　　　2009-09-01 实施

中华人民共和国国家质量监督检验检疫总局
中国国家标准化管理委员会　发布

前言

GB/T 14624 的本部分代替 GB/T 14624.3—1993《油墨流动度检验方法》。

本部分与 GB/T 14624.3—1993 主要差异如下：

——标准名称修改为《胶印油墨流动度检验方法》；

——对环境温度指数进行了调整，取消了湿度要求。

本部分由中国轻工业联合会提出。

本部分由全国油墨标准化技术委员会归口。

本部分起草单位：杭华油墨化学有限公司、太原高氏劳瑞油墨化学有限公司、浙江永在化工有限公司、天津东洋油墨有限公司、国家印刷装潢制品质量监督检验中心。

本部分主要起草人：黄荣海、田建中、吴敏、张进梅、苏传健。

本部分所代替标准的历次版本发布情况为：

——GB/T 14624.3—1993。

胶印油墨流动度检验方法

1 范围

GB/T 14624 的本部分规定了胶印油墨流动度的检验方法。

本部分适用于胶印油墨流动度的检验。

2 原理

一定体积的油墨样品在规定压力下，经一定时间，所扩展成圆柱体直径大小，以 mm 表示之。

3 工具与材料

3.1 调墨刀。

3.2 玻璃板。

3.3 擦洗溶剂：乙醇。

3.4 棉纱。

3.5 吸墨管：容量 0.1 mL。

3.6 透明量尺：分度值 1 mm。

3.7 流动度测定仪(由一个质量为 200 g±0.05 g 的五等砝码，两片质量为 50 g±0.05 g、厚度为 5 mm～6 mm、直径为 65 mm～70 mm 表面光洁的圆玻璃和一个金属固定盘组成，见图 1)。

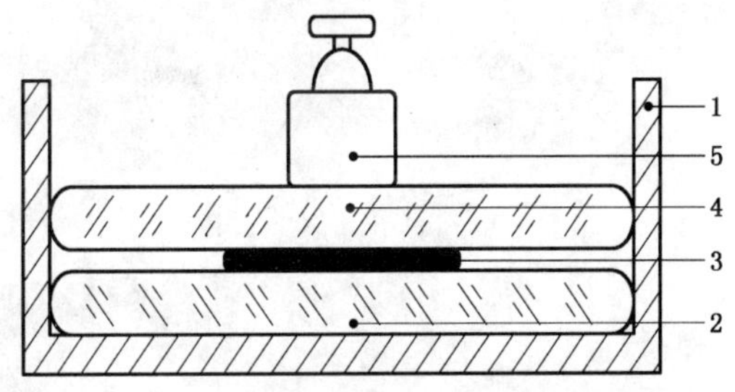

1——防止玻璃片滑动的金属固定盘；

2,4——质量为 50 g 的圆玻璃片；

3——被测试的油墨；

5——质量为 200 g 的砝码。

图 1 流动度测定仪

3.8 计时器。

4 检验条件

检验应在温度为(23±2)℃的条件下进行。

5 检验步骤

5.1 油墨试样及流动度测定仪应事先置于恒温室内保温 20 min。

5.2 用调墨刀取油墨试样 4 g～5 g，在玻璃板上调动 15 次(往返为一次)，用吸墨管吸取试样 0.1 mL，将管口及周围余墨刮去，使试样与管口齐平，管内油墨不得含有气泡。

5.3　将吸墨管内油墨挤出，置于金属固定盘内的圆玻璃片中心，并将吸墨管芯的余墨抹于上圆玻璃片中心。

5.4　将上圆玻璃片放在金属固定盘内的圆玻璃片上，使中间有墨部分重叠，立即压上砝码，开始计时（注意金属固定盘保持水平）。

5.5　15 min 时移去砝码，用透明量尺测量油墨圆柱体直径的最大值和最小值，如最大值与最小值之差大于等于 2 mm，则试验应重新进行。

6　检验结果

测量结果的算术平均值为流动度的数值。

ICS 87.080
Y 44

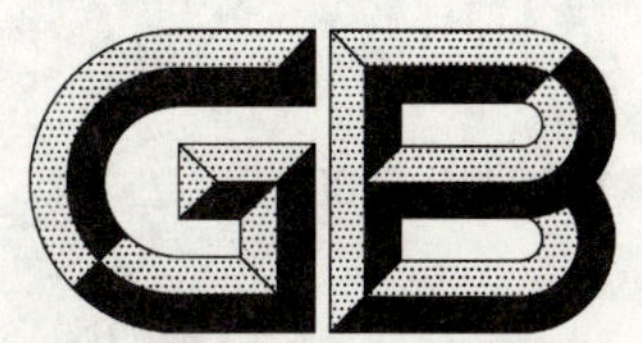

中华人民共和国国家标准

GB/T 14624.4—2008
代替 GB/T 14624.4—1993

胶印油墨结膜干燥检验方法

Test method for drying time of film formation of offset ink

2008-12-30 发布　　　　2009-09-01 实施

中华人民共和国国家质量监督检验检疫总局
中国国家标准化管理委员会　发布

前 言

GB/T 14624 的本部分代替 GB/T 14624.4—1993《油墨结膜干燥检验方法》。

本部分与 GB/T 14624.4—1993 主要差异为：

——标准名称修改为《胶印油墨结膜干燥检验方法》；

——标准制样纸由 157 g/m^2 双面铜版纸改为 60 g/m^2 羊皮纸，相关尺寸也有调整；

——对环境温度指数进行了调整；

——增加了附录 A。

本部分的附录 A 为规范性附录。

本部分由中国轻工业联合会提出。

本部分由全国油墨标准化技术委员会归口。

本部分起草单位：杭华油墨化学有限公司、太原高氏劳瑞油墨化学有限公司、浙江永在化工有限公司、天津东洋油墨有限公司、国家印刷装潢制品质量监督检验中心。

本部分主要起草人：黄荣海、田建中、吴敏、张进梅、苏传健。

本部分所代替标准的历次版本发布情况为：

——GB/T 14624.4—1993。

胶印油墨结膜干燥检验方法

1 范围

GB/T 14624 的本部分规定了胶印油墨结膜干燥的检验方法。

本部分适用于胶印油墨结膜干燥的检验。

2 方法一

2.1 原理

在规定的条件下，测定油墨薄层表面由浆状变为固态的最短时间，以 h 表示之。

2.2 工具材料

2.2.1 标准制样纸：60 g/m^2 羊皮纸（又称植物羊皮纸或硫酸纸），规格 295 mm×210 mm，纸中刻有长 250 mm 宽 5 mm 的长形孔洞。

2.2.2 棉纱。

2.2.3 擦洗溶剂：乙醇。

2.2.4 调墨刀。

2.2.5 刮片。

2.2.6 玻璃板。

2.2.7 大头针。

2.2.8 计时器。

2.3 检验条件

检验应在温度(23±2)℃，相对湿度(65±5)%的条件下进行。

2.4 检验步骤

2.4.1 用调墨刀取试样油墨约 5 g，置于玻璃板上调动 15 次（往返）。

2.4.2 将事先已刻好孔洞的羊皮纸平覆在玻璃板上，两头用透明胶带固定，用调墨刀取已调匀的试样油墨约 2 g 置于羊皮纸上方，用刮片均匀用力的将油墨自上而下地通过孔洞刮至下方。

2.4.3 揭下刮样羊皮纸，在玻璃板上留有羊皮纸厚度的试样油墨薄层，记录品名，开始计时。

2.4.4 定时用大头针对油墨薄层划痕，观察 5 min 内划痕是否合拢。如划痕在规定时间内不再合拢，则为试验终点。

2.5 检验结果

计算刮样完毕至油墨划痕不再合拢的时间(h)，则为油墨薄层表面变为固态的最短时间(h)，即受试油墨的结膜干性时间(h)。

3 方法二

胶印油墨结膜干燥仪器自动测试法按附录 A 操作。

附 录 A
（规范性附录）
胶印油墨结膜干燥仪器自动测试法

A.1 范围

本方法是胶印油墨结膜干燥的仪器自动测试法。

本方法适用于胶印油墨结膜干燥的测试。

A.2 方法提要

在规定条件下，测定受试油墨薄层表面变为固态的最短时间，以 h 表示之。

A.3 仪器

干燥记录仪一台，应具备下列条件：

a） 仪器设测试划针装置；

b） 仪器可装 6 条试样制膜玻璃条，设 6 h、12 h、24 h 三个可调量程，每个量程可同时做 6 个试样的测试；

c） 仪器配制膜器一个，可按测试要求，分别制出厚度为 30 μm、60 μm、90 μm、120 μm 的试样油墨薄层。

A.4 试样

取试样油墨约 10 g，于玻璃板上将其调匀。

A.5 检验条件

检验应在温度(23±2)℃，相对湿度(65±5)%条件下进行。

A.6 检验步骤

A.6.1 把制膜玻璃条平置于实验台，制膜器扣在制膜玻璃条上，将选定的制膜器出膜厚度的凹口与制膜玻璃条顶端对齐。

A.6.2 取调匀的试样约 5 g，置于选定的制膜器出膜厚度的凹口一端。

A.6.3 将制膜器顺制膜玻璃条拖至另一顶端，制膜玻璃条上即留下一条选定厚度的油墨薄层。把该制膜玻璃条装在干燥记录仪的固定位置。

A.6.4 根据测试要求，选定测试量程。

A.6.5 将划针装置置于量程刻度的零位，划针置于制膜玻璃条上油墨薄层顶端。

A.6.6 启动仪器，仪器开始计时，划针顺油墨薄层前移，油墨薄层上留下划痕。

A.7 检验结果

检视油墨薄层上的划痕，划痕不再合拢处仪器所示时间(h)，为油墨薄层表面变为固态的最短时间(h)，即受试油墨的结膜干燥时间(h)。

ICS 97.220.01
Y 56

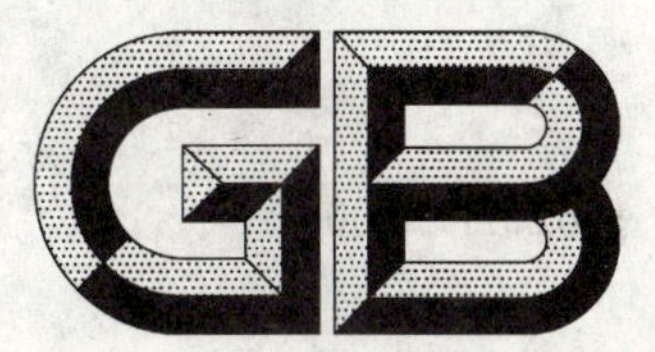

中华人民共和国国家标准

GB/T 14625.1—2008
代替 GB/T 14625.1—1993

篮球、足球、排球、手球试验方法 第1部分：圆度测定方法

Test methods for basketball, football, volleyball and handball—Part 1: Measurement of roundness

2008-12-30 发布　　2009-09-01 实施

中华人民共和国国家质量监督检验检疫总局
中国国家标准化管理委员会　发布

前　言

GB/T 14625《篮球、足球、排球、手球试验方法》分为五个部分：

——第 1 部分：圆度测定方法；

——第 2 部分：反弹高度测定方法；

——第 3 部分：动态耐冲击试验方法；

——第 4 部分：试验条件与试样准备；

——第 5 部分：圆周长、圆周差的测量。

本部分为 GB/T 14625 的第 1 部分。

本部分参照国际篮联《篮球竞赛规则》、国际足联《足球竞赛规则》、国际排联《排球竞赛规则》进行制定。

本部分代替 GB/T 14625.1—1993《篮球、足球、排球、手球圆度测定方法》。

本部分与 GB/T 14625.1—1993 相比主要变化如下：

a)　调整了标准的适用范围；

b)　增加"规范性引用文件"；

c)　调整了"装置"要求；

d)　增加了"结果的表示"内容。

本部分由中国轻工业联合会提出。

本部分由全国皮革工业标准化技术委员会(SAC/TC 252)归口。

本部分起草单位：高铁检测仪器(东莞)有限公司、国家体育总局器材装备中心、中国皮革和制鞋工业研究院、广州海乐斯球业制造有限公司、裕晟(昆山)体育用品有限公司。

本部分主要起草人：陈景长、韩国春、钟耀强。

本部分于 1993 年 9 月首次发布，本次为第一次修订。

篮球、足球、排球、手球试验方法 第1部分:圆度测定方法

1 范围

GB/T 14625 的本部分规定了篮球、足球、排球、手球圆度的测定方法。

本部分适用于竞赛用及日常活动用的篮球、足球、排球、手球。

本部分不适用于橡胶球。

2 规范性引用文件

下列文件中的条款通过 GB/T 14625 的本部分的引用而成为本部分的条款。凡是注日期的引用文件,其随后所有的修改单(不包括勘误的内容)或修订版均不适用于本部分,然而,鼓励根据本部分达成协议的各方研究是否可使用这些文件的最新版本。凡是不注日期的引用文件,其最新版本适用于本部分。

GB/T 14625.4　篮球、足球、排球、手球试验方法　第 4 部分:试验条件与试样准备

3 原理

使用圆度仪在三维空间对球进行立体检测,采用篮球 32 点,排球、手球 40 点,足球 30 点。采用的数据由计算机进行数据处理,计算出球的平均半径、平均圆周长和最大半径差,以试样的最大半径差表示圆度。

4 装置

4.1 圆度仪

其主要部件应符合以下要求:

——仪器三坐标轴会交空间一点的允差为 0.02 mm;

——探测头重复精度,0.002 mm;

——示值精度,0.001 mm;

——夹球夹持力,5 N±2 N;

——量程,被测试样直径 160 mm ～260 mm;

——自动计算和记录装置。

4.2 气压表

精度 1.5 级,量程 0～0.16 MPa,最小刻度 0.002 5 MPa。

5 试验条件和试样的准备

应符合 GB/T 14625.4 的规定。

6 试验方法

6.1 打开总电源开关、风机开关,轴流风机运转。

6.2 按下启动按钮,微机控制电源接通。

6.3 按下输出开关,将试样放在下夹球盘上,降下上夹球盘,将试样夹住,松紧适度。调整球的位置:

——篮球(8片型球):将球放在夹球盘上,夹球盘对准球的上下十字线,夹紧,检测头对准皮片中心。

——排球、手球(18片型球):球嘴对准上夹球盘,夹紧,检测头对准中片中心。

——足球(32片型球):夹球盘对准任意两个五角片(球嘴向上),夹紧,检测头对准皮片的中心。

6.4 调整试样的轴线,使它与仪器的回旋转轴线同轴,即用找正机构百分表调整球的径向跳动在1 mm内。

6.5 输入试样的种类(篮球、足球、排球、手球)。

6.6 按下执行键,自动进行检测。

6.7 检测完毕,自动输出、打印出检测结果。

6.8 升起上夹球盘,取下试样。

7 操作注意事项

7.1 经常对仪器进行校正、调整,保证仪器的精度和检测数据的准确。

7.2 若试验过程中出现异常情况,应先关闭输出开关,再按复位键,重新进行测试。

8 结果的表示

仪器自动打印出试样的平均半径、平均圆周长、最大半径差,结果以最大半径差表示。

9 试验报告

试验报告应包含以下内容:

a) 本部分编号;

b) 试样名称、编号、类型、厂家(或商标)、生产日期;

c) 试验结果(平均半径、平均圆周长、最大半径差);

d) 试验中出现的异常现象;

e) 实测方法与本部分的不同之处;

f) 试验人员和日期。

ICS 97.220.01
Y 56

中华人民共和国国家标准

GB/T 14625.2—2008
代替 GB/T 14625.2—1993

篮球、足球、排球、手球试验方法 第2部分：反弹高度测定方法

**Test methods for basketball, football, volleyball and handball—
Part 2: Measurement of bouncing altitude**

2008-12-30 发布 2009-09-01 实施

中华人民共和国国家质量监督检验检疫总局
中国国家标准化管理委员会 发布

前　言

GB/T 14625《篮球、足球、排球、手球试验方法》分为五个部分：

——第1部分：圆度测定方法；

——第2部分：反弹高度测定方法；

——第3部分：动态耐冲击试验方法；

——第4部分：试验条件与试样准备；

——第5部分：圆周长、圆周差的测量。

本部分为GB/T 14625的第2部分。

本部分参照国际篮联《篮球竞赛规则》、国际足联《足球竞赛规则》、国际排联《排球竞赛规则》进行制定。

本部分代替GB/T 14625.2—1993《篮球、足球、排球、手球反弹高度测定方法》。

本部分与GB/T 14625.2—1993相比主要变化如下：

a) 增加了“规范性引用文件”；

b) 增加“装置”中“反弹板”、“测试光电管”要求；

c) 扩大了测试范围；

d) 用第5章“试验条件和试样的准备”代替原标准中第4章“试验条件”、第5章“试样”。

本部分由中国轻工业联合会提出。

本部分由全国皮革工业标准化技术委员会(SAC/TC 252)归口。

本部分起草单位：高铁检测仪器(东莞)有限公司、国家体育总局器材装备中心、中国皮革和制鞋工业研究院、广州海乐斯球业制造有限公司、裕晟(昆山)体育用品有限公司。

本部分主要起草人：陈景长、韩国春、钟耀强。

本部分于1993年首次发布，本次为第一次修订。

篮球、足球、排球、手球试验方法 第2部分:反弹高度测定方法

1 范围

GB/T 14625 的本部分规定了篮球、足球、排球、手球反弹高度的测定方法。

本部分适用于竞赛用及日常活动用的篮球、足球、排球、手球。

2 规范性引用文件

下列文件中的条款通过 GB/T 14625 的本部分的引用而成为本部分的条款。凡是注日期的引用文件,其随后所有的修改单(不包括勘误的内容)或修订版均不适用于本部分,然而,鼓励根据本部分达成协议的各方研究是否可使用这些文件的最新版本。凡是不注日期的引用文件,其最新版本适用于本部分。

GB/T 14625.4 篮球、足球、排球、手球试验方法 第4部分:试验条件与试样准备

3 原理

使用球类反弹高度测定仪,试样在 1 800 mm 的高度(以球的下切点为准)做自由落体运动,接触反弹板后试样反弹,经过 1 000 mm、1 100 mm、1 200 mm、1 300 mm、1 400 mm、1 500 mm、1 600 mm 高度的光电感应器测量,由计算机计算反弹初速度,并根据能量守恒定律计算出试样的实际反弹高度。

4 装置

4.1 球类反弹高度测定仪

其主要部件应符合以下要求:

——定位托臂,保证试样的下切点与反弹板间的距离为(1 800±2)mm;

——夹具,试样定位后,左右两边的夹具同时伸出,将试样夹住,定位托臂移开,释放夹具开关,试样自由落下。夹具能够根据试样规格的不同,上下调节距离,以便在轴心部位夹住试样,并且左右对称;

——反弹板,酚醛树脂板,硬度为卲氏硬度 HS80～HS90,厚度为 25 mm,或由硬木制成,保证反弹高度误差±2 mm;

——测试光电管,在距反弹板高度 1 000 mm、1 100 mm、1 200 mm、1 300 mm、1 400 mm、1 500 mm、1 600 mm 处分别装有左右对称的光电发射管、接收管;

——测偏光电管,反弹测试区为 370 mm×370 mm 区域,在测试区边缘装有测偏光电管,如果试样在反弹过程中弹出测试区,将被测偏光电管测到并显示出来;

——显示、记录装置,能够自动显示、记录反弹次数和反弹高度。

4.2 气压表

精度 1.5 级,量程 0～0.16 MPa,最小刻度 0.002 5 MPa。

5 试验条件和试样的准备

应符合 GB/T 14625.4 的规定。

6 试验方法

6.1 打开电源开关,打开微机开关。

6.2 根据试样种类不同,在测试选择器上按下相应的键(测试选择器分为篮球、足球、排球、手球“男”、手球“女”五档)。

6.3 按下复位键,试样定位托臂伸出,处于中间等待位置,夹具缩入仪器内,准备工作完成。

6.4 将试样放在定位托臂上(球嘴向上),夹具自动伸出将试样夹住,试样定位托臂缩入仪器,夹具释放,试样自由落下,经反弹板反弹和光电管测试,在显示器上显示出测试次数、反弹高度。

6.5 按下保存键,仪器自动记录测试结果。

6.6 按下继续键,重复6.3～6.5,进行再次测试。

6.7 重复测试10次。

6.8 试验结束,按下平均值键,自动输出、打印出检测结果。

7 操作注意事项

7.1 试验前先调节主机底座水平螺钉,使底座水平仪处于水平状态,机身处于垂直位置。

7.2 试样因生产工艺等引起的回弹轨迹偏斜,仪器显示数据仅作参考,根据经验确定该次测试是否有效。

7.3 反弹高度低于1 000 mm或高于1 600 mm,认为该次测试无效,累计3次无效,则判该试样反弹高度测试不合格。

7.4 如果测试无效,按下重测键,则该次测试结果不会被记录,可重新进行测试。

8 结果的表示

反弹高度以有效测试次数的算术平均值表示,按式(1)计算:

$$h=\frac{h_1+h_2+\cdots+h_n}{n} \qquad \cdots\cdots(1)$$

式中:

h——反弹高度,单位为毫米(mm);

h_1、h_2、…、h_n——每次测量所得反弹高度,单位为毫米(mm);

n——有效测试次数。

计算结果保留四位有效数字。

9 试验报告

试验报告应包含以下内容:

a) 本部分编号;

b) 试样名称、编号、类型、厂家(或商标)、生产日期;

c) 试验结果(试验次数、每次试验值、平均值);

d) 试验中出现的异常现象;

e) 实测方法与本部分的不同之处。

f) 试验人员和日期。

ICS 97.220.01
Y 56

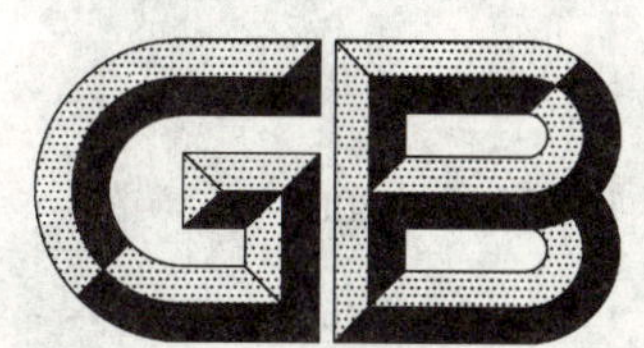

中华人民共和国国家标准

GB/T 14625.3—2008
代替 GB/T 14625.3—1993

篮球、足球、排球、手球试验方法 第3部分：动态耐冲击试验方法

Test methods for basketball, football, volleyball and handball—Part 3: Determination of resistance to shock

2008-12-30 发布 2009-09-01 实施

中华人民共和国国家质量监督检验检疫总局
中国国家标准化管理委员会 发布

前　言

GB/T 14625《篮球、足球、排球、手球试验方法》分为五个部分：

——第1部分：圆度测定方法；

——第2部分：反弹高度测定方法；

——第3部分：动态耐冲击试验方法；

——第4部分：试验条件与试样准备；

——第5部分：圆周长、圆周差的测量。

本部分为 GB/T 14625 的第3部分。

本部分参照国际篮联《篮球竞赛规则》、国际足联《足球竞赛规则》、国际排联《排球竞赛规则》进行制定。

本部分代替 GB/T 14625.3—1993《篮球、足球、排球、手球动态耐冲击试验方法》。

本部分与 GB/T 14625.3—1993 相比主要变化如下：

a) 增加“规范性引用文件”；

b) 增加并细化“装置”中“反弹板”要求；

c) 用第5章“试验条件和试样的准备”代替原标准中第4章“试验条件”、第5章“试样”；

d) 删除原标准第7章中“上紧地脚螺钉”；

e) 第8章“结果的表示”中增加“外观”要求；

f) 删除原标准中 8.1、8.2。

本部分由中国轻工业联合会提出。

本部分由全国皮革工业标准化技术委员会(SAC/TC 252)归口。

本部分起草单位：高铁检测仪器(东莞)有限公司、国家体育总局器材装备中心、中国皮革和制鞋工业研究院、广州海乐斯球业制造有限公司、裕晟(昆山)体育用品有限公司。

本部分主要起草人：陈景长、韩国春、钟耀强。

本部分于 1993 年 9 月首次发布，本次为第一次修订。

篮球、足球、排球、手球试验方法 第3部分:动态耐冲击试验方法

1 范围

GB/T 14625 的本部分规定了篮球、足球、排球、手球动态耐冲击性能的试验方法。

本部分适用于竞赛用及日常活动用的篮球、足球、排球、手球。

2 规范性引用文件

下列文件中的条款通过 GB/T 14625 的本部分的引用而成为本部分的条款。凡是注日期的引用文件,其随后所有的修改单(不包括勘误的内容)或修订版均不适用于本部分,然而,鼓励根据本部分达成协议的各方研究是否可使用这些文件的最新版本。凡是不注日期的引用文件,其最新版本适用于本部分。

GB/T 14625.4　篮球、足球、排球、手球试验方法　第4部分:试验条件与试样准备

GB/T 14625.5　篮球、足球、排球、手球试验方法　第5部分:圆周长、圆周差的测量

3 原理

使用球类耐压冲击试验机,利用上下相对的两个高速旋转的鼓轮,在摩擦和挤压的作用下将试样高速抛出,冲击反弹板,反弹板将试样反弹到接球袋内,在重力作用下传到抛射鼓轮处,再次将试样抛出,经过规定次数的测试后,检查试样内压力的变化,以及是否有破裂、内爆、脱皮、脱胶、断线、变形等现象。

4 装置

4.1 耐压冲击试验机,其主要部件应符合以下要求:

——抛射鼓轮,直径 600 mm,厚度 250 mm,鼓轮内凹圆弧半径 336.55 mm±1.50 mm,鼓轮转速 340 r/min±10 r/min,鼓轮与反弹板间距离 1 950 mm±50 mm;

——反弹板,酚醛树脂板,硬度为邵氏硬度 HS 80～HS 90,厚度为 25 mm,或由布基胶合板制成(硬度 HRC 70～HRC 80),反弹板与水平面夹角 60°±2°,与鼓轮间的距离可以调节;

——自动记录试验次数的光电计数控制器。

4.2 气压表,精度 1.5 级,量程 0 MPa～0.16 MPa,最小刻度 0.002 5 MPa。

4.3 金属软尺或纤维软尺,最小刻度 1 mm。

5 试验条件和试样的准备

应符合 GB/T 14625.4 的规定。

6 试验方法

6.1 按 GB/T 14625.5 测量试样的圆周长、圆周差。

6.2 根据试样种类与球号调整上下抛射鼓轮间的距离(抛射鼓轮间的距离为上下抛射鼓轮轴心间的距离),使其符合表1规定。

表 1　抛射鼓轮间的距离

单位为毫米

品　名	篮球			足球			排球			手球	
球　号	7	6	5	5	4	3	5	4	3	4	3
鼓轮距	180	170	160	160	145	130	155	145	135	140	130

6.3　开动耐压冲击试验机，空转 2 min，放入试样，预测 3 次～5 次，调整反弹板的位置，使试样基本冲击到反弹板的中部并反弹到接球袋内。

6.4　将计数器的预选开关调至要求测定的次数。

6.5　启动试验机，放入试样，开始测试。

6.6　到达规定次数，放下抛射鼓轮前的拦板，取出试样，静置 30 min。

6.7　检查试样是否有破裂、内爆、脱胶、断线、变形等现象。

6.8　按 GB/T 14625.5 测量试样的圆周长、圆周差。

6.9　测量试样内压力。

7　操作注意事项

7.1　调整抛射鼓轮间的距离前应先停机。

7.2　由于试样的质量问题而造成试验无法进行，记下测试次数，结束试验，判定该试样该项测试不合格。

7.3　因停电、设备故障以及其他原因试验中断，结束试验，判定该试样该项测试无效，重新取样测试。

8　结果的表示

8.1　外观

以试样是否有破裂、内爆、脱胶、断线、变形等现象表示。

8.2　变形性

以测试后与测试前圆周差之差表示，按式(1)计算：

$$\Delta L_m = \Delta L_2 - \Delta L_1 \quad \cdots\cdots(1)$$

式中

ΔL_m——变形值，单位为毫米(mm)；

ΔL_1——测试前的圆周差，单位为毫米(mm)；

ΔL_2——测试后的圆周差，单位为毫米(mm)。

计算结果保留一位有效数字。

8.3　膨胀率

以测试后与测试前平均圆周长之比表示，按式(2)计算：

$$\Delta R = \frac{L_2}{L_1} \quad \cdots\cdots(2)$$

式中

ΔR——膨胀率；

L_1——测试前平均圆周长，单位为毫米(mm)；

L_2——测试后平均圆周长，单位为毫米(mm)。

计算结果保留小数点后两位有效数字。

8.4　球内气压变化百分率

以测试后试样内气压变化量占测试前试样内气压的百分比表示，按式(3)计算：

$$X = \frac{P_2 - P_1}{P_1} \times 100 \quad \cdots\cdots(3)$$

式中：

X——球内气压变化百分率，%；

P_1——测试前试样内气压，单位为兆帕(MPa)；

P_2——测试后试样内气压，单位为兆帕(MPa)。

计算结果保留小数点后一位有效数字。

9 试验报告

试验报告应包含以下内容：

a) 本部分编号；

b) 试样名称、编号、类型、厂家(或商标)、生产日期；

c) 试验结果(圆周长、圆周差、试验次数、变形性、膨胀率、球内气压变化百分率)；

d) 试验中出现的异常现象；

e) 实测方法与本部分的不同之处。

f) 试验人员和日期。

ICS 97.220.01
Y 56

中华人民共和国国家标准

GB/T 14625.4—2008
代替 GB/T 14625.4—1995

篮球、足球、排球、手球试验方法 第4部分:试验条件与试样准备

Test methods for basketball, football, volleyball and handball—Part 4: Test conditions and sample preparation

2008-12-30 发布　　2009-09-01 实施

中华人民共和国国家质量监督检验检疫总局
中国国家标准化管理委员会　发布

前　言

GB/T 14625《篮球、足球、排球、手球试验方法》分为五个部分：

——第1部分：圆度测定方法；

——第2部分：反弹高度测定方法；

——第3部分：动态耐冲击试验方法；

——第4部分：试验条件与试样准备；

——第5部分：圆周长、圆周差的测量。

本部分为GB/T 14625的第4部分。

本部分参照国际篮联《篮球竞赛规则》、国际足联《足球竞赛规则》、国际排联《排球竞赛规则》进行制定。

本部分代替GB/T 14625.4—1995《篮球、足球、排球、手球试验方法　试验条件与试样准备》。

本部分与GB/T 14625.4—1995相比主要变化如下：

a)　调整了标准的适用范围；

b)　增加"产品分类"，调整了篮球的分类；

c)　调整了"试验条件"；

d)　调整了"试样内压力"要求；

e)　增加"橡胶球"要求。

本部分由中国轻工业联合会提出。

本部分由全国皮革工业标准化技术委员会(SAC/TC 252)归口。

本部分起草单位：中国皮革和制鞋工业研究院、国家体育总局器材装备中心、高铁检测仪器(东莞)有限公司、广州海乐斯球业制造有限公司、裕晟(昆山)体育用品有限公司。

本部分主要起草人：陈景长、韩国春、钟耀强。

本部分于1995年12月首次发布，本次为第一次修订。

篮球、足球、排球、手球试验方法 第4部分：试验条件与试样准备

1 范围

GB/T 14625的本部分规定了篮球、足球、排球、手球性能测试时的试验条件、试样准备。

本部分适用于竞赛和日常活动用的篮球、足球、排球、手球。

2 产品分类

2.1 按面层材料分

2.1.1 A类：皮革球。

2.1.2 B类：人造革、合成革、再生革球。

2.1.3 C类：橡胶球。

2.2 按用途分

2.2.1 竞赛用球(一级)。

2.2.2 竞赛用球(二级)。

2.2.3 日常活动用球。

2.3 按使用人群和球的圆周长分

2.3.1 男子成年篮球(7号)、女子成年篮球(6号)、少年篮球(5号)、儿童篮球(3号)。

2.3.2 成年足球(5号)、少年足球(4号)、儿童足球(3号)。

2.3.3 成年排球(5号)、少年排球(4号)、儿童排球(3号)。

2.3.4 男子手球(4号)、女子手球(3号)。

3 装置

3.1 气压表，精度1.5级，量程0～0.16 MPa，最小刻度0.002 5 MPa。

3.2 气泵。

4 试验条件

温度：23 ℃±2 ℃，湿度：55%±5%。

5 试样的准备

5.1 给试样充气加压，试样内压力应符合表1、表2、表3、表4的规定。

表1 篮球

单位为兆帕

品名		男子成年篮球	女子成年篮球	少年篮球	儿童篮球
球号		7	6	5	3
球内气压	A类、B类	0.056 0	0.056 0	0.056 0	0.045 0
	C类	0.055 0	0.055 0	0.055 0	0.040 0

表 2 足球

单位为兆帕

品名		成年足球		少年足球	儿童足球
球号		5		4	3
球内气压	A 类、B 类	胶粘:0.058 6	手缝:0.065 0	0.056 0	0.045 0
	C 类	0.040 0		0.040 0	0.040 0

表 3 排球

单位为兆帕

品名		成年排球	少年排球	儿童排球
球号		5	4	3
球内气压	A 类、B 类	0.030 0～0.032 5	0.030 0～0.032 5	0.030 0
	C 类	0.030 0	0.030 0	0.030 0

表 4 手球

单位为兆帕

品名		男用手球	女用手球
球号		4	3
球内气压	A 类、B 类	0.056 0	0.056 0
	C 类	0.056 0	0.056 0

5.2 试样充气加压后，放置 30 min 后进行测试。

6 试验报告

试验报告应包含以下内容：

a) 本部分编号；

b) 试样名称、编号、类型、厂家(或商标)、生产日期；

c) 试验条件；

d) 球内气压；

e) 试验人员、日期。

ICS 97.220.01
Y 56

中华人民共和国国家标准

GB/T 14625.5—2008
代替 GB/T 14625.5—1995

篮球、足球、排球、手球试验方法 第5部分:圆周长、圆周差的测量

Test methods for basketball, football, volleyball and handball—Part 5: Measurement of circumference and its variation

2008-12-30 发布　　2009-09-01 实施

中华人民共和国国家质量监督检验检疫总局
中国国家标准化管理委员会　发布

前 言

GB/T 14625《篮球、足球、排球、手球试验方法》分为五个部分：

——第 1 部分：圆度测定方法；

——第 2 部分：反弹高度测定方法；

——第 3 部分：动态耐冲击试验方法；

——第 4 部分：试验条件与试样准备；

——第 5 部分：圆周长、圆周差的测量。

本部分为 GB/T 14625 的第 5 部分。

本部分参照国际篮联《篮球竞赛规则》、国际足联《足球竞赛规则》、国际排联《排球竞赛规则》进行制定。

本部分代替 GB/T 14625.5—1995《篮球、足球、排球、手球圆周长、圆周差的测量》。

本部分与 GB/T 14625.5—1995 相比主要变化如下：

a)“装置”中增加了“圆周长测量仪”和“纤维软尺”；

b) 简化、统一了测量方法；

c) 增加了用圆周长测量仪测量圆周长的方法。

本部分由中国轻工业联合会提出。

本部分由全国皮革工业标准化技术委员会(SAC/TC 252)归口。

本部分起草单位：高铁检测仪器(东莞)有限公司、国家体育总局器材装备中心、中国皮革和制鞋工业研究院、广州海乐斯球业制造有限公司、裕晟(昆山)体育用品有限公司。

本部分主要起草人：陈景长、韩国春、钟耀强。

本部分于 1995 年 12 月首次发布，本次为第一次修订。

篮球、足球、排球、手球试验方法 第5部分：圆周长、圆周差的测量

1 范围

GB/T 14625的本部分规定了篮球、足球、排球、手球圆周长、圆周差的测量方法和计算。

本部分适用于竞赛用及日常活动用的篮球、足球、排球、手球。

2 规范性引用文件

下列文件中的条款通过GB/T 14625的本部分的引用而成为本部分的条款。凡是注日期的引用文件，其随后所有的修改单(不包括勘误的内容)或修订版均不适用于本部分，然而，鼓励根据本部分达成协议的各方研究是否可使用这些文件的最新版本。凡是不注日期的引用文件，其最新版本适用于本部分。

GB/T 14625.4 篮球、足球、排球、手球试验方法 第4部分：试验条件与试样准备

3 装置

3.1 气压表，精度1.5级，量程0～0.16 MPa，最小刻度0.002 5 MPa。

3.2 圆周长测量仪，其主要部件应符合以下要求：

——示值精度，0.1 mm；

——夹球夹持力，5 N±2 N；

——自动计算和记录装置。

3.3 金属软尺或纤维软尺，最小刻度1 mm。

4 试验条件和试样的准备

应符合GB/T 14625.4的规定。

5 试验方法

5.1 圆周长测量仪测量

5.1.1 启动圆周长测量仪，将试样放置于下夹持盘上，放下上夹持盘。

5.1.2 按球不同直径调节测量头，直到接触到球面。

5.1.3 按球不同直径调节百分表支架，直到接触到球面。

5.1.4 调节上下支架，找到试样水平直径的最大点。

5.1.5 启动电机，驱动下夹持盘旋转一周，编码器自动水平绕球滚动，并记录滚动距离。

5.1.6 微机自动计算出球周长。

5.1.7 调整试样位置，测量三次，保证三次测球平面相互垂直，并保证有两次测量经过球嘴。

5.2 手工测量

用金属软尺或纤维软尺分别环球一周测量三次，第一次、第二次测量都经过球嘴，两次测量轨迹垂直相交，第三次测量轨迹与第一次、第二次测量轨迹同时垂直相交。

6 结果的表示

6.1 圆周长

以三次测量所得圆周长的平均值表示，按式(1)计算：

$$L=\frac{L_1+L_2+L_3}{3} \qquad \cdots\cdots(1)$$

式中：

L——圆周长，单位为毫米(mm)；

L_1、L_2、L_3——三次测量所得圆周长，单位为毫米(mm)。

计算结果保留三位有效数字。

6.2 圆周差

以三次测量所得圆周长的最大差值为圆周差，按式(2)计算：

$$\Delta L=L_{\max}-L_{\min} \qquad \cdots\cdots(2)$$

式中：

ΔL——圆周差，单位为毫米(mm)；

$L_{\max}$——最大圆周长，单位为毫米(mm)；

$L_{\min}$——最小圆周长，单位为毫米(mm)。

7 试验报告

试验报告应包含以下内容：

a) 本部分编号；

b) 试样名称、编号、类型、厂家(或商标)、生产日期；

c) 试验结果(每次试验值、圆周长、圆周差)；

d) 试验中出现的异常现象；

e) 实测方法与本部分的不同之处；

f) 试验人员和日期。

ICS 59.140.20
Y 46

中华人民共和国国家标准

GB/T 14629.2—2008
代替 GB/T 14629.2—1993

三北羔皮

Persin lamb skins

2008-07-31 发布 2009-05-01 实施

中华人民共和国国家质量监督检验检疫总局
中国国家标准化管理委员会 发布

前言

本标准代替 GB/T 14629.2—1993《裘皮　三北羔皮》。

本标准与 GB/T 14629.2—1993 相比，主要变化如下：

——将标准名称修改为“三北羔皮”；

——将“术语”中的通用术语取消，保留专有术语；

——取消“要求”中的“加工要求”、“等级比差”；

——修改了“检验规则”；

——简化了“包装、运输、贮存”要求。

本标准由中国轻工业联合会提出。

本标准由全国皮革工业标准化技术委员会(SAC/TC 252)归口。

本标准起草单位：银杉皮草有限公司。

本标准主要起草人：陆荣坤、李雪海。

本标准所代替标准的历次版本发布情况为：

——GB/T 14629.2—1993。

三 北 羔 皮

1 范围

本标准规定了三北羔皮的术语和定义、要求、检验方法、检验规则及包装、运输、贮存。

本标准适用于经宰杀后未经处理、或仅经过简单干燥、或经过盐腌、或经过适当保藏处理的生三北羔皮。

2 术语和定义

下列术语和定义适用于本标准。

2.1

三北羔皮

我国西北、华北、东北等地区，纯种及改良杂交的三北羊所产的羔羊皮，一般在羔羊出生后 1 d～3 d 内屠宰取皮(如被毛较短，可适当延长屠宰时间)。

2.2

毛色正常

以纯黑色、中灰色为正常。

2.3

密度正常

不露皮板，手感适中。

2.4

丝性正常

被毛柔软，如丝绸般的光滑。

2.5

弹性良好

毛卷坚挺，受外力作用后能恢复。

2.6

卧蚕型卷

毛卷向里卷曲，形似卧蚕状。

2.7

鬣型卷

毛卷自中线向两侧成锐角排列。

2.8

肋型卷

毛卷排成肋骨状，呈“厂”字形，宽度大于高度。

2.9

环型卷

被毛有足够的长度，与皮板平行卷曲成环型。

2.10

半环型卷

被毛长度不足，与皮板平行卷曲，未形成环状。

2.11

杯型卷

毛股成螺旋式，形似杯状。

2.12

豌豆型卷

毛股的顶端扭成小结，形似豌豆状。

3 部位划分

三北羔皮的部位划分见图1。

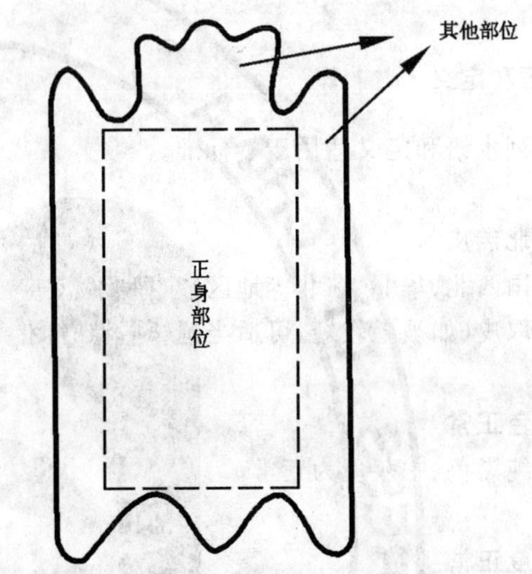

图1 部位划分示意图

4 要求

4.1 毛色比差

黑色100%，灰色120%，杂色(纯一色)80%，杂色(花色)60%。

4.2 分级

三北羔皮的分级要求见表1。

表1 分级

等级	感官要求	缺陷规定	面积/cm²
一级	光泽、毛色、密度、丝性正常，毛卷坚实，花纹清晰，分布均匀，头颈四肢有花纹。正身部位有75%以上弹性良好的卧蚕型卷；或全部被毛为排列整齐而规则的鬣型卷或肋型卷	正身部位无任何伤残。其他部位可有折痕、撕破口，不超过两处，总长度不超过 5 cm；刀洞、虫蚀、鼠咬等不超过两处，总面积不超过 5 cm	≥1 000
二级	光泽、毛色、密度、丝性正常，毛卷坚实，花纹清晰，分布均匀。正身部位有50%以上弹性良好的卧蚕型卷；或正身部位有75%以上较松的卧蚕型卷；或正身部位排列不整齐或不规则的鬣型卷或肋型卷		≥1 000
三级	光泽、毛色、密度、丝性正常。正身部位有25%以上弹性良好的卧蚕型卷，或正身部位有50%以上较松的卧蚕型卷；或正身部位为弹性良好的环型卷、半环型卷		≥800
四级	具备三北羔皮毛卷特征，不符合一级、二级、三级要求者		—

注1：灰色被毛的羔羊皮，要求可低于黑色的一个等级。

注2：外观符合要求，伤残超过规定的，降一级。

注3：花皮、不符合级内要求、有脱毛或胶板等缺陷者为等外皮。

5 检验方法

5.1 装置与条件

5.1.1 测量工具:钢板尺、钢卷尺,最小刻度 1 mm。

5.1.2 检验台:长、宽、高适度,台面平整,样品能在台上摊平。

5.1.3 照度:自然光线,阳光不直射。

5.2 感官要求

用感官进行检验。

5.3 缺陷

分别从毛面、板面进行检验,用钢直尺量出缺陷的长度、宽度,求出伤残面积。

5.4 面积

将皮张在检验台上摊放平直,板面朝上,用钢直尺从颈部中间直线量至尾根,测出长度;在长度中心附近,用钢直尺横向测出宽度;长度乘以宽度求出面积。

6 检验规则

6.1 组批

以同一品种、同一产地、同一规格的产品组成一个检验批。

6.2 检验

逐张进行检验,应符合第 4 章的规定。

7 包装、运输、贮存

7.1 包装

产品的包装应采用适宜的包装材料,防止产品受损。

7.2 运输、贮存

——防曝晒、防雨雪;

——保持通风干燥,防蛀、防潮、防霉,避免高温环境;

——远离化学物质、液体侵蚀。

ICS 59.140.20
Y 46

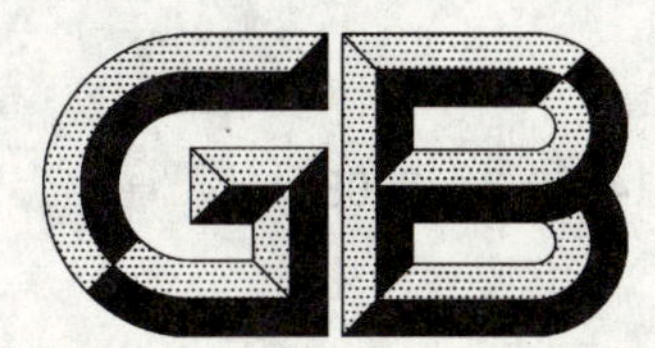

中华人民共和国国家标准

GB/T 14629.3—2008
代替 GB/T 14629.3—1993

滩二毛皮、滩羔皮

Sheep kivskin and sheep lamb skins

2008-07-31 发布 2009-05-01 实施

中华人民共和国国家质量监督检验检疫总局
中国国家标准化管理委员会 发布

前　言

本标准代替 GB/T 14629.3—1993《裘皮　滩二毛皮、滩羔皮》。

本标准与 GB/T 14629.3—1993 相比，主要变化如下：

——将标准名称修改为“滩二毛皮、滩羔皮”；

——将“术语”中的通用术语取消，保留专有术语；

——取消“要求”中的“加工要求”、“等级比差”；

——修改了“检验规则”；

——简化了“包装、运输、贮存”要求。

本标准由中国轻工业联合会提出。

本标准由全国皮革工业标准化技术委员会(SAC/T C 252)归口。

本标准起草单位：银杉皮草有限公司。

本标准主要起草人：陆荣坤、李雪海。

本标准所代替标准的历次版本发布情况为：

——GB/T 14629.3—1993。

滩二毛皮、滩羔皮

1 范围

本标准规定了滩二毛皮、滩羔皮的术语和定义、要求、检验方法、检验规则及包装、运输、贮存。

本标准适用于经宰杀后未经处理、或仅经过简单干燥、或经过盐腌、或经过适当保藏处理的生滩二毛皮、生滩羔皮。

2 术语和定义

下列术语和定义适用于本标准。

2.1

滩二毛皮

滩羊羔没经剪毛，出生后一个月左右屠宰取皮，毛长度大于等于 7 cm。

2.2

滩羔皮

毛长度未达到滩二毛皮标准的皮。

2.3

毛绺

毛纤维自然形成下粗上细的毛穗。

2.4

花弯

毛纤维自然形成有规则的波浪形弯曲。

2.5

毛花松散

花弯扣得不紧，弯曲少，不均匀。

3 要求

3.1 毛色

滩二毛皮、滩羔皮应为纯白色或纯黑色，允许头颈部有异色毛。

3.2 滩二毛皮

滩二毛皮的分级要求见表 1。

表 1 滩二毛皮分级

等级	毛绺长度/cm	毛绺花弯/个	感官要求	面积/cm²	伤残占全张面积比/%
一级	7～8	≥6	皮形完整，板质优良，毛被光亮、柔和、滋润	≥2 400	≤1
二级	7～8	≥6	皮形完整，板质良好，毛被欠光润	≥2 000	≤2
		≥6	皮形完整，板质略薄，毛被光润	≥2 000	≤2
		4～5	皮形完整，板质良好，毛被光亮、柔和、滋润	≥2 000	≤2

表 1（续）

等级	毛绺长度/cm	毛绺花弯/个	感 官 要 求	面积/cm^2	伤残占全张面积比/%
三级	7～8	≥4	皮形完整，板质薄弱，毛被欠光润	≥2 000	≤3
四级	7～8	≥3，或毛松散	板质薄弱，毛被欠光润，毛稍发黄	≥1 500	≤5

3.3 **滩羔皮**

滩羔皮的分级要求见表 2。

表 2 滩羔皮分级

等级	毛绺长度/cm	毛绺花弯/个	感 官 要 求	面积/cm^2	伤残占全张面积比/%
一级	≥5	≥5	皮形完整，板质优良，毛被光亮、柔和、滋润	≥1 500	≤1
二级	≥4	≥5	皮形完整，板质良好，毛被欠光润	≥1 300	≤2
		≥5	皮形完整，板质略薄，毛被光润	≥1 300	≤2
		≥4	皮形完整，板质良好，毛被光亮、柔和、滋润	≥1 300	≤2
三级	≥4	≥3	皮形完整，板质薄弱，毛被欠光润	≥1 300	≤3
四级	≥4	≥2	板质薄弱，毛被欠光润，毛稍发黄	≥1 000	≤5

4 检验方法

4.1 装置与条件

4.1.1 测量工具：钢板尺、钢卷尺，最小刻度 1 mm。

4.1.2 检验台：长、宽、高适度，台面平整，样品能在台上摊平。

4.1.3 照度：自然光线，阳光不直射。

4.2 毛绺长度

将皮张在检验台上摊放平直，毛面朝上，在中脊两侧适当部位将毛绺轻轻拉直，用钢直尺从毛绺根部量至除去虚毛尖部位，测出长度。

4.3 感官要求

用感官进行检验。

4.4 缺陷

分别从毛面、板面进行检验，用钢直尺量出缺陷的长度、宽度，求出伤残面积。

4.5 面积

将皮张在检验台上摊放平直，板面朝上，用钢直尺从颈部中间直线量至尾根，测出长度；在长度中心附近，用钢直尺横向测出宽度；长度乘以宽度求出面积。

5 检验规则

5.1 组批

以同一品种、同一产地、同一规格的产品组成一个检验批。

5.2 检验

逐张进行检验，应符合第 3 章的规定。

6 包装、运输、贮存

6.1 包装

产品的包装应采用适宜的包装材料，防止产品受损。

6.2 运输、贮存

——防曝晒、防雨雪；

——保持通风干燥，防蛀、防潮、防霉，避免高温环境；

——远离化学物质、液体侵蚀。

ICS 77.120.99
H 14

中华人民共和国国家标准

GB/T 14635—2008
代替 GB/T 8762.1—1988、GB/T 12687.1—1990、GB/T 14635.1～14635.3—1993、
GB/T 16484.19—1996、GB/T 18882.1—2002

稀土金属及其化合物化学分析方法
稀土总量的测定

**Rare earth metals and their compounds—
Determination of total rare earth contents**

2008-06-17 发布 2008-12-01 实施

中华人民共和国国家质量监督检验检疫总局
中国国家标准化管理委员会 发布

前　言

本标准是对GB/T 8762.1—1988《荧光级氧化钇和氧化铕中稀土氧化物总量的测定》、GB/T 14635.1—1993《稀土金属及其化合物化学分析方法　草酸盐重量法测定稀土总量》、GB/T 14635.2—1993《稀土金属及其化合物化学分析方法　EDTA滴定法测定单一稀土金属及其化合物中稀土总量》、GB/T 14635.3—1993《稀土金属及其化合物化学分析方法　EDTA滴定法测定重稀土金属及其化合物中稀土总量》、GB/T 16484.19—1996《氯化稀土、碳酸稀土化学分析方法　草酸盐重量法测定稀土总量》、GB/T 12687.1—1990《农用硝酸稀土化学分析方法　草酸盐重量法测定稀土总量》、GB/T 18882.1—2002《离子型稀土矿混合稀土氧化物化学分析方法　草酸盐重量法测定稀土总量》的整合修订。

本标准与原标准相比主要变化如下：

——将GB/T 14635.1—1993、GB/T 16484.19—1996、GB/T 12687.1—1990、GB/T 18882.1—2002合并为方法1；

——将GB/T 8762.1—1988、GB/T 14635.2—1993、GB/T 14635.3—1993合并为方法2；

——方法1的测定范围增加了单一稀土金属及其化合物；

——方法1中碳酸稀土测定下限由原来的20.0%调整为10.0%；

——方法1中草酸沉淀稀土的酸度由pH2调整为pH1.8～2；

——方法1中氧化稀土的灼烧温度由1 000℃调整为950℃；

——方法1中碳酸稀土前处理由原来的采用105℃烘干，修改为离子型稀土矿的碳酸稀土采用950℃高温灼烧的方式，其他碳酸稀土采用直接称取大样的方式；

——方法2中稀土金属和稀土氧化物的测定范围为95.0%～99.5%，调整为98.0%～99.5%；

——调整了方法2中重稀土钬、铒、铥、镱、镥为主体的混合稀土金属及其化合物中的稀土总量的计算公式；

——对部分物料的称样量进行了调整；

——增加了精密度(重复性)条款。

两个方法的测定范围出现重叠时，以方法1作为仲裁方法。

本标准由国家发展和改革委员会稀土办公室提出。

本标准由全国稀土标准化技术委员会归口。

本标准由北京有色金属研究总院、中国有色金属工业标准计量质量研究所负责起草。

本标准方法1由北京有色金属研究总院、赣州有色冶金研究所起草。

本标准方法1由江阴加华新材料资源有限公司、赣州虔东稀土集团股份有限公司、包钢稀土高科技股份有限公司、包头稀土研究院、宜兴新威利成稀土有限公司、上海跃龙新材料股份有限公司参加起草。

本标准方法1主要起草人：刘鹏宇、刘文华、刘兵、邵荣珍、王仁芳、崔志武。

本标准方法1主要验证人：姚文姬、姚南红、张桂梅、张淑杰、忻明龙、吴平、姚京璧、陈婕、王新萍、吴广伟。

本标准方法2由北京有色金属研究总院起草。

本标准方法2由包钢稀土高科技股份有限公司、宜兴新威利成稀土有限公司、包头稀土研究院、江阴加华新材料资源有限公司、上海跃龙新材料股份有限公司、赣州虔东稀土股份有限公司参加起草。

本标准方法2主要起草人：杨萍、刘文华、陈云红、邵荣珍。

本标准方法2主要验证人：吴广伟、顾国居、张淑杰、姚文姬、吴平、姚南红、徐宁、张桂梅、姚京璧、陈婕。

本标准所代替标准的历次版本发布情况为：

——GB/T 8762.1—1988；

——GB/T 12687.1—1990；

——GB/T 14635.1—1993；

——GB/T 14635.2—1993；

——GB/T 14635.3—1993；

——GB/T 16484.19—1996；

——GB/T 18882.1—2002。

稀土金属及其化合物化学分析方法
稀土总量的测定

方法1 草酸盐重量法

1 范围

本方法规定了单一和混合稀土金属及其化合物中稀土总量的测定方法。

本方法适用于单一和混合稀土金属及其化合物中稀土总量的测定,测定范围见表1。

本方法不适用于以钐、铕、铥、镱、镥为主体或钍、铅含量(质量分数)各大于0.1%的单一和混合稀土金属及其化合物中稀土总量的测定。

表1

试　　样	测定范围(质量分数)/%
稀土金属	95.0～99.5
氧化稀土	95.0～99.8
氢氧化稀土	55.0～75.0
氟化稀土	65.0～80.0
氯化稀土	40.0～60.0
碳酸稀土	10.0～60.0
硝酸稀土	30.0～70.0
离子型稀土矿混合稀土氧化物	80.0～99.0

2 方法原理

试样经酸分解后,氨水沉淀稀土,以分离钙、镁等。以盐酸溶解稀土,在pH1.8～2的条件下用草酸沉淀稀土,以分离铁等。于950℃将草酸稀土灼烧成氧化物,称其质量,计算稀土总量。

3 试剂和材料

3.1 高氯酸(ρ1.67 g/mL)。

3.2 过氧化氢(30%)。

3.3 盐酸(1+1)。

3.4 硝酸(1+1)。

3.5 氨水(1+1)。

3.6 草酸溶液(50 g/L)。

3.7 氯化铵-氨水洗液:100 mL水中含2 g氯化铵和2 mL氨水。

3.8 草酸洗液(2 g/L)。

3.9 盐酸洗液:100 mL水中含2 mL盐酸(3.3)。

3.10 精密pH试纸(0.5～5.0)。

3.11 甲酚红溶液(2 g/L),50%乙醇溶液。

4 仪器设备

4.1 分析天平 感量0.1 mg。

4.2 高温炉 温度>950℃。

4.3 干燥箱。

4.4 铂坩埚。

5 试样

5.1 稀土金属样品需防止氧化,取样后立即称量。

5.2 氧化稀土需950℃灼烧1 h后,置于干燥器中冷却至室温后,称量。

5.3 离子型稀土矿的碳酸稀土需做完灼减量后,将灼烧后的化合物研磨均匀,立即称量。

5.4 氢氧化稀土、氟化稀土、离子型稀土矿混合稀土氧化物需预先在烘箱中105℃烘干后,立即称量。

5.5 氯化稀土、硝酸稀土、碳酸稀土(离子型稀土矿的碳酸稀土除外)直接称取大样。

6 分析步骤

6.1 试料

按表2称取试样(5),精确至0.000 1 g。

表2

试　样	试料/g
氧化稀土、离子型稀土矿混合稀土氧化物、离子型稀土矿的碳酸稀土	0.20～0.25
氟化稀土、氢氧化稀土	0.40
稀土金属	1.00
氯化稀土、硝酸稀土、碳酸稀土(离子型稀土矿的碳酸稀土除外)	10.00

6.2 测定数量

称取两份试料进行平行测定,取其平均值。

6.3 测定

6.3.1 试料的溶解

6.3.1.1 稀土金属试料的溶解:将试料(6.1)置于300 mL烧杯中,加入20 mL水,10 mL盐酸(3.3),低温加热至溶解完全,蒸发至1 mL左右。加入20 mL水,加热使盐类溶解。过滤,滤液接收于100 mL容量瓶中,用盐酸洗液(3.9)洗涤烧杯和滤纸5次～6次,弃去滤纸。用水稀释滤液至刻度,混匀。移取20 mL试液于300 mL烧杯中。

6.3.1.2 氧化稀土、氢氧化稀土试料的溶解:将试料(6.1)置于300 mL烧杯中,加入20 mL水,5 mL盐酸(3.3)[含铈量高的试料加入5 mL硝酸(3.4)溶解]及1 mL过氧化氢(3.2),低温加热至溶解完全,蒸发至1 mL左右。加入20 mL水,加热使盐类溶解至清。过滤,滤液接收于300 mL烧杯中,用盐酸洗液(3.9)洗涤烧杯和滤纸5次～6次,弃去滤纸。

6.3.1.3 氟化稀土试料的溶解:将试料(6.1)置于200 mL烧杯中,加10 mL硝酸(3.4)、1 mL过氧化氢(3.2)及3 mL高氯酸(3.1),低温加热至冒高氯酸烟。稍冷,用水洗器壁。加2 mL高氯酸(3.1),低温加热至冒高氯酸烟,待试料溶解完全,蒸发至1 mL左右。加20 mL水,加热使盐类溶解至清。过滤,滤液接收于300 mL烧杯中,用盐酸洗液(3.9)洗涤烧杯和滤纸5次～6次,弃去滤纸。

6.3.1.4 离子型稀土矿混合稀土氧化物、离子型稀土矿的碳酸稀土的溶解:将试料(6.1)置于300 mL烧杯中,加5 mL水、4 mL盐酸(3.3)、1 mL过氧化氢(3.2)、3 mL高氯酸(3.1)[含铈量高的试料应加入10 mL硝酸(3.4)溶解]及1 mL过氧化氢(3.2),分解后再加入3 mL高氯酸(3.1),加热至溶解完全。

继续加热至冒高氯酸白烟,并蒸至 1 mL 左右。取下,稍冷后,加入 20 mL 盐酸(3.3),用热水洗器壁,加 10 mL 水,加热使盐类溶解至清。用定量慢速滤纸过滤,滤液接收于 300 mL 烧杯中,用盐酸洗液(3.9)洗涤烧杯和滤纸 5 次～6 次,再用热水洗 2 次,弃去滤纸。

6.3.1.5 氯化稀土、硝酸稀土、碳酸稀土(离子型稀土矿的碳酸稀土除外)试料的溶解:将试料(6.1)置于 300 mL 烧杯中,加入 20 mL 水,20 mL 盐酸(3.3)及 1 mL 过氧化氢(3.2),低温加热至溶解完全,蒸发至 5 mL 左右[难溶试料用 20 mL 硝酸(3.4)和 2 mL 高氯酸(3.1)溶解]。加入 50 mL 水,加热使盐类溶解至清。过滤,滤液接收于 200 mL 容量瓶中,用盐酸洗液(3.9)洗涤烧杯和滤纸 5 次～6 次,弃去滤纸。用水稀释滤液至刻度,混匀。移取 10 mL 试液于 300 mL 烧杯中。

6.3.2 沉淀分离

6.3.2.1 将试液(6.3.1)以水稀释至约 100 mL,加热至近沸,滴加氨水(3.5)至刚出现沉淀,加 0.1 mL 过氧化氢(3.2),30 mL 氨水(3.5),煮沸。用中速定量滤纸过滤。用氯化铵-氨水洗液(3.7)洗涤烧杯 2 次～3 次,沉淀 6 次～7 次,弃去滤液。

6.3.2.2 将沉淀和滤纸放于原烧杯中,加 10 mL 盐酸(3.3),捣碎滤纸。加入 100 mL 水,煮沸。加入 50 mL 近沸的草酸溶液(3.6),用氨水(3.5)、盐酸(3.3)和精密 pH 试纸(3.10)调节 pH 为 2.0;或加 4 滴～6 滴甲酚红溶液(3.11),用氨水(3.5)调至溶液呈桔黄色(pH1.8～2.0)。加热煮沸,或于 80℃～90℃保温 40 min,冷却至室温,放置 2 h。

6.3.2.3 用慢速定量滤纸过滤,草酸洗液(3.8)洗涤烧杯 2 次～3 次,用小块滤纸擦净烧杯,将沉淀全部转移至滤纸上,洗涤沉淀 8 次～10 次。将沉淀连同滤纸放入于 950℃灼烧至质量恒定的铂坩埚中,低温加热,将沉淀和滤纸灰化。

6.3.2.4 将铂坩埚(6.3.2.3)于 950℃高温炉中灼烧 1 h。将铂坩埚及烧成的氧化稀土置于干燥器中,冷却至室温,称其质量。

6.3.2.5 重复 6.3.2.4 操作,直至恒重。

7 分析结果的计算

7.1 稀土化合物试料中稀土总量的计算与表述

按公式(1)计算稀土总量(REO),以质量分数(%)表示:

$$w(\mathrm{REO})=\frac{(m_1-m_2)V_0}{m_0V_1}\times 100 \qquad \cdots\cdots(1)$$

式中:

m_1——铂坩埚及烧成物的质量,单位为克(g);

m_2——铂坩埚的质量,单位为克(g);

m_0——试料的质量,单位为克(g);

V_1——分取试液体积,单位为毫升(mL);

V_0——原试液总体积,单位为毫升(mL)。

7.2 离子型稀土矿的碳酸稀土试料中稀土总量的计算与表述

按公式(2)计算稀土总量(REO),以质量分数(%)表示:

$$w(\mathrm{REO})=\frac{m_1-m_2}{m_0}\times(1-w(\text{灼减量}))\times 100 \qquad \cdots\cdots(2)$$

式中:

m_1——铂坩埚及烧成物的质量,单位为克(g);

m_2——铂坩埚的质量,单位为克(g);

m_0——试料的质量,单位为克(g);

w(灼减量)——碳酸稀土灼减量的质量分数(%)。

7.3 稀土金属试料中稀土总量的计算与表述

按公式(3)计算稀土总量(RE),以质量分数(%)表示:

$$w(\mathrm{RE}) = w(\mathrm{REO}) \times \sum P_i \cdot k_i \quad \cdots\cdots(3)$$

式中:

P_i——各稀土氧化物在试料所含相应的混合氧化稀土总量中所占的质量分数(%);

k_i——各稀土元素单质与其氧化物的换算系数,见表3。

表3

元素	k	元素	k
La	0.852 6	Dy	0.871 3
Ce	0.814 0	Ho	0.873 0
Pr	0.827 7	Er	0.874 5
Nd	0.857 3	Tm	0.875 6
Sm	0.862 4	Yb	0.878 2
Eu	0.863 6	Lu	0.879 4
Gd	0.867 6	Y	0.787 4
Tb	0.850 2		

8 精密度

8.1 重复性

在重复性条件下获得的两次独立测试结果的测定值,在以下给出的平均值范围内,这两个测试结果的绝对差值不超过重复性限(r),超过重复性限(r)的情况不超过5%。重复性限(r)按表4数据采用线性内插法求得:

表4

稀土总量(质量分数)/%	重复性限(r)/%
37.80	0.22
83.10	0.30
92.86	0.32
96.71	0.35
99.70	0.36

8.2 允许差

实验室间分析结果的差值应不大于表5所列的允许差:

表5

稀土总量(质量分数)/%	允许差/%
10.00～30.00	0.30
>30.00～60.00	0.40
>60.00～90.00	0.50
>90.00～99.80	0.60

方法 2 EDTA 滴定法

9 范围

本方法规定了单一稀土金属和以重稀土钬、铒、铥、镱、镥为主体的混合稀土金属及其化合物中稀土总量的测定方法。

本方法适用于单一稀土金属和以重稀土钬、铒、铥、镱、镥为主体的混合稀土金属及其化合物中稀土总量的测定，测定范围见表 6。

本方法不适用于单一稀土相对纯度小于 99.5%，其他杂质元素含量大于 0.5% 的单一稀土金属及其化合物中稀土总量的测定；不适用于钍、钪、锌的总量大于 0.5% 的物料中稀土总量的测定。

表 6

试样	测定范围(质量分数)/%
稀土金属、稀土氧化物	98.0～99.5
氯化稀土	40.0～60.0
氟化稀土	65.0～80.0
氢氧化稀土	55.0～75.0

10 方法原理

试料用酸溶解，采用磺基水杨酸掩蔽铁等离子，在 pH5.5 条件下，以二甲酚橙为指示剂，用 EDTA 标准溶液滴定稀土。

11 试剂

11.1 高氯酸(ρ1.67 g/mL)。

11.2 抗坏血酸。

11.3 硝酸(1+1)。

11.4 盐酸(1+1)。

11.5 过氧化氢(30%)。

11.6 氨水(1+1)。

11.7 磺基水杨酸溶液(100 g/L)。

11.8 二甲酚橙(2 g/L)。

11.9 甲基橙(2 g/L)。

11.10 六次甲基四胺缓冲溶液(pH5.5)：称取 200 g 六次甲基四胺于 500 mL 烧杯中，加 200 mL 水溶解，加 70 mL 盐酸(11.4)，用水稀释至 1 L。

11.11 锌标准溶液(1 g/L)：称取 0.200 0 g 纯锌(Zn＞99.99%)于 150 mL 烧杯中，加 10 mL 水，10 mL 盐酸(11.4)，低温加热至完全溶解。冷却后移入 200 mL 容量瓶中，加 5 mL 盐酸(11.4)，以水稀释至刻度，混匀。

11.12 乙二胺四乙酸二钠(EDTA)标准滴定溶液(c≈0.02 mol/L)：

11.12.1 配制：称取约 15 g 乙二胺四乙酸二钠于 250 mL 烧杯中，以少量水溶解，用水定溶于 2 L 容量瓶中，混匀。

11.12.2 标定：移取25.00 mL锌标准溶液(11.11)于250 mL三角瓶中，加50 mL水，1滴甲基橙指示剂(11.9)，用氨水(11.6)和盐酸(11.4)调节溶液刚变为黄色，加5 mL六次甲基四胺缓冲溶液(11.10)，2滴二甲酚橙(11.8)，用EDTA标准滴定溶液(11.12)滴定至溶液由红色刚变为黄色为终点。平行标定3份，所消耗的EDTA标准滴定溶液(11.12)体积的极差值不应超过0.10 mL，取其平均值。

按公式(4)计算EDTA标准滴定溶液的实际浓度：

$$c = \frac{c_0 \cdot V_1}{V_2 \cdot M} \qquad \cdots\cdots(4)$$

式中：

c——EDTA标准滴定溶液的实际浓度，单位为摩尔每升(mol/L)；

c_0——锌标准溶液的浓度，单位为克每升(g/L)；

V_1——分取锌标准溶液的毫升数，单位为毫升(mL)；

V_2——滴定锌消耗EDTA标准滴定溶液的体积，单位为毫升(mL)；

M——锌的摩尔质量，单位为克每摩尔(g/mol)。

12 试样

12.1 金属试样应去掉表面氧化层，取样后立即称样。

12.2 氧化稀土于950℃灼烧1 h，置于干燥器中，冷却至室温，立即称重。

12.3 氯化稀土，将试样破碎，迅速置于称量瓶中，立即称重。

12.4 氟化稀土和氢氧化稀土于105℃烘1.5 h，置于干燥器中，冷却至室温，立即称重。

13 分析步骤

13.1 测定数量

称取两份试料进行平行测定，取其平均值。

13.2 试料

按表7称取试样(12)，精确至0.000 1 g。

表7

试　样	试料/g
稀土金属，氧化稀土， 氟化稀土，氢氧化稀土	0.60
氯化稀土	2.00

13.3 测定

13.3.1 试料的溶解

13.3.1.1 稀土金属的溶解：将试料(13.2)置于150 mL的烧杯中，加20 mL水，5 mL盐酸(11.4)，盖上表面皿，低温加热溶解完全后，冷却至室温，将溶液移入100 mL容量瓶中，用水稀释至刻度，混匀。

13.3.1.2 氧化稀土和氢氧化稀土(除氧化铈、氧化铽和氢氧化铈)的溶解：将试料(13.2)置于150 mL的烧杯中，加入10 mL盐酸(11.4)，盖上表面皿，低温加热溶解完全后，冷却至室温，将溶液移入100 mL容量瓶中，用水稀释至刻度，混匀。

13.3.1.3 氧化铈、氧化铽和氢氧化铈的溶解：将试料(13.2)置于150 mL的烧杯中，加入10 mL硝酸(11.3)，1 mL过氧化氢(11.5)盖上表面皿，低温加热溶解完全后并蒸至无小气泡(体积约1 mL～2 mL)，冷却，加2 mL盐酸(11.4)，用水洗杯壁和表面皿，低温溶解盐类，冷却至室温，将溶液移入

100 mL 容量瓶中，用水稀释至刻度，混匀。

13.3.1.4　氟化稀土的溶解：将试料(13.2)置于150 mL的烧杯中，加5 mL高氯酸(11.1)，5 mL硝酸(11.3)，低温加热溶解至冒高氯酸白烟。稍冷，加2 mL高氯酸(11.1)，盖上表面皿，低温加热溶解至冒高氯酸白烟(若溶解不完全，再重复一次)，蒸至1 mL左右，冷却，加2 mL盐酸(11.4)，用水洗杯壁和表面皿，低温溶解盐类，冷却至室温，将溶液移入100 mL容量瓶中，用水稀释至刻度，混匀。

13.3.1.5　氯化稀土的溶解：将试料(13.2)置于300 mL的烧杯中，加20 mL水，10 mL盐酸(11.4)，盖上表面皿，低温加热溶解完全后，冷却至室温，将溶液移入200 mL容量瓶中，用水稀释至刻度，混匀。

13.3.2　滴定

移取10.00 mL试液(13.3.1)于250 mL三角瓶中，加50 mL水，0.2 g抗坏血酸(11.2)，2 mL磺基水杨酸(11.7)，1滴甲基橙(11.9)，用氨水(11.6)和盐酸(11.4)调节溶液刚变为黄色，加5 mL六次甲基四胺缓冲溶液(11.10)，2滴二甲酚橙(11.8)，用EDTA标准滴定溶液(11.12)滴定至溶液由红色刚变为黄色即为终点。

14　分析结果的计算与表述

14.1　稀土化合物试料中稀土总量的计算与表述

按公式(5)计算稀土总量(REO)，以质量分数(%)表示：

$$w(\mathrm{REO}) = \frac{M \cdot c \cdot V \cdot V_1 \cdot 1\,000}{V_2 \cdot m_0 \cdot x} \times 100 \qquad (5)$$

式中：

M——试料中所含氧化稀土的摩尔质量，单位为克每摩尔(g/mol)；

c——EDTA标准滴定溶液的浓度，单位为摩尔每升(mol/L)；

V——消耗EDTA标准滴定溶液的体积，单位为毫升(mL)；

V_1——试液的总体积，单位为毫升(mL)；

V_2——分取试液的体积，单位为毫升(mL)；

m_0——试料的质量，单位为克(g)；

x——试料中主体氧化稀土(RE_xO_y)分子中稀土的原子数目。

14.2　稀土金属试料中稀土总量的计算与表述

按公式(6)计算稀土总量(RE)，以质量分数(%)表示：

$$w(\mathrm{RE}) = \frac{M \cdot c \cdot V \cdot V_1 \cdot 1\,000}{V_2 \cdot m_0} \times 100 \qquad (6)$$

式中：

M——试料中所含稀土元素的摩尔质量，单位为克每摩尔(g/mol)；

c——EDTA标准滴定溶液的浓度，单位为摩尔每升(mol/L)；

V——消耗EDTA标准滴定溶液的体积，单位为毫升(mL)；

V_1——试液的总体积，单位为毫升(mL)；

V_2——分取试液的体积，单位为毫升(mL)；

m_0——试料的质量，单位为克(g)。

14.3　以重稀土钬、铒、铥、镱、镥为主体的混合稀土化合物试料中稀土总量的计算与表述

按公式(7)计算稀土总量(REO)，以质量分数(%)表示：

$$w(\mathrm{REO}) = \frac{M \cdot c \cdot V \cdot V_1 \cdot 1\,000}{V_2 \cdot m_0} \times 100 \qquad (7)$$

式中：

c——EDTA标准滴定溶液的浓度，单位为摩尔每升(mol/L)；

V——消耗 EDTA 标准滴定溶液的体积，单位为毫升(mL)；

V_1——试液的总体积，单位为毫升(mL)；

V_2——分取试液的体积，单位为毫升(mL)；

m_0——试料的质量，单位为克(g)；

M——试料中稀土元素相对比例相一致的混合氧化稀土的摩尔质量的 $1/x$，单位为克每摩尔(g/mol)；按公式(8)计算：

$$M = \sum \frac{1}{x} P_i \cdot k_i \qquad (8)$$

式中：

P_i——各稀土氧化物在试料所含相应混合氧化稀土总量中所占的质量分数(%)；

k_i——各氧化稀土(RE_xO_y)的摩尔质量，单位为克每摩尔(g/mol)；

x——各氧化稀土(RE_xO_y)分子中稀土的原子数目。

14.4 以重稀土钬、铒、铥、镱、镥为主体的混合稀土金属试料中稀土总量的计算与表述

按公式(9)计算稀土总量(RE)，以质量分数(%)表示：

$$w(\mathrm{RE}) = \frac{M \cdot c \cdot V \cdot V_1 \cdot 1\,000}{V_2 \cdot m_0} \times 100 \qquad (9)$$

式中：

c——EDTA 标准滴定溶液的浓度，单位为摩尔每升(mol/L)；

V——消耗 EDTA 标准滴定溶液的体积，单位为毫升(mL)；

V_1——试液的总体积，单位为毫升(mL)；

V_2——分取试液的体积，单位为毫升(mL)；

m_0——试料的质量，单位为克(g)；

M——试料中稀土元素相对比例相一致的混合稀土金属的摩尔质量，单位为克每摩尔(g/mol)；按公式(10)计算：

$$M = \sum P_i \cdot k_i \qquad (10)$$

式中：

P_i——各稀土金属在试料所含相应混合稀土金属总量中所占的质量分数(%)；

k_i——各稀土元素的摩尔质量，单位为克每摩尔(g/mol)。

15 精密度

15.1 重复性

在重复性条件下获得的两次独立测试结果的测定值，在以下给出的平均值范围内，这两个测试结果的绝对差值不超过重复性限(r)，超过重复性限(r)的情况不超过 5%。重复性限(r)按表 8 数据采用线性内插法求得：

表 8

稀土总量(质量分数)/%	重复性限(r)/%
82.46	0.45
95.23	0.64
99.36	0.72

15.2 允许差

实验室之间分析结果的差值应不大于表 9 所列允许差。

表 9

稀土总量(质量分数)/%	允许差/%
40.00～70.00	0.40
>70.00～90.00	0.60
>90.00～99.50	0.80

16 质量保证与控制

每周用自制的控制标样(如有国家级或行业级标样时,应首先使用)校核一次本标准分析方法的有效性。当过程失控时,应找出原因,纠正错误,重新进行校核。

ICS 71.040.40
G 76

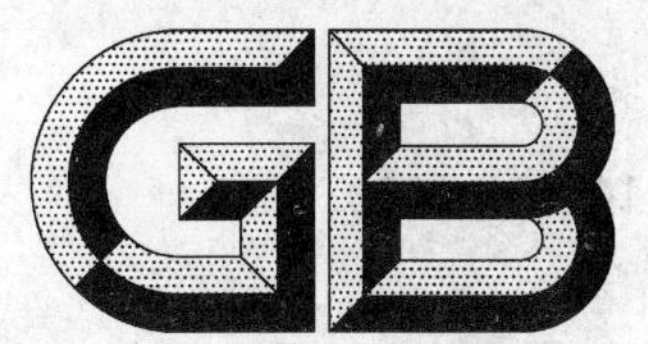

中华人民共和国国家标准

GB/T 14640—2008
代替 GB/T 14640～14641—1993,GB/T 10539—1989,GB/T 12156—1989

工业循环冷却水及锅炉用水中钾、钠含量的测定

Water used in industrial circulating cooling system and boiler—Determination of potassium and sodium

(ISO 9964-1:1993,Water quality—Determination of sodium and potassium—Part 1:Determination of sodium by atomic absorption spectrometry;ISO 9964-2:1993, Water quality—Determination of sodium and potassium—Part 2:Determination of potassium by atomic absorption spectrometry,NEQ)

2008-04-01 发布　　2008-09-01 实施

中华人民共和国国家质量监督检验检疫总局
中国国家标准化管理委员会　发布

前言

本标准对应于ISO 9964-1:1993《水质　钠和钾的测定　第1部分:原子吸收光谱法测定钠》及ISO 9964-2:1993《水质　钠和钾的测定　第2部分:原子吸收光谱法测定钾》(英文版),与ISO 9964-1:1993及ISO 9964-2:1993的一致性程度为非等效。

本标准同时代替GB/T 14640—1993《工业循环冷却水中钾含量的测定　原子吸收光谱法》、GB/T 14641—1993《工业循环冷却水中钠含量的测定　原子吸收光谱法》、GB/T 12156—1989《锅炉用水和冷却水分析方法　钠的测定　静态法》和GB/T 10539—1989《锅炉用水和冷却水分析方法　钾离子的测定　火焰光度法》。

本标准中附录A和附录B为资料性附录。

本标准由中国石油和化学工业协会提出。

本标准由全国化学标准化技术委员会水处理剂分会(SAC/TC 63/SC 5)归口。

本标准负责起草单位:天津化工研究设计院。

本标准主要起草人:刘艳飞、李琳、邵宏谦、朱传俊。

本标准所代替标准的版本发布情况为:

——GB/T 10539—1989;

——GB/T 12156—1989;

——GB/T 14640—1993;

——GB/T 14641—1993。

工业循环冷却水及锅炉用水中钾、钠含量的测定

1 范围

本标准规定了工业循环冷却水和锅炉用水中钾、钠的测定方法。

本标准中原子吸收光谱法适用于钾含量 0.3 mg/L～50 mg/L、钠含量 5 mg/L～500 mg/L 的测定，静态法适用于钠含量大于 0.23 mg/L 的测定。

本标准也适用于各种工业用水、锅炉用水、原水及生活用水中钾、钠的测定。

2 规范性引用文件

下列文件中的条款通过本标准的引用而成为本标准的条款。凡是注日期的引用文件，其随后所有的修改单(不包括勘误的内容)或修订版均不适用于本标准，然而，鼓励根据本标准达成协议的各方研究是否可使用这些文件的最新版本。凡是不注日期的引用文件，其最新版本适用于本标准。

GB/T 603 化学试剂 试验方法中所用制剂及制品的制备(GB/T 603—2002，ISO 6353-1:1982，NEQ)

GB/T 4470 火焰发射、原子吸收和原子荧光光谱分析法术语(GB/T 4470—1998，idt ISO 6955:1982)

GB/T 6682 分析实验室用水规格和试验方法(GB/T 6682—1992，neq ISO 3696:1987)

GB 6819 溶解乙炔

3 术语和定义

本标准中涉及到火焰原子吸收光谱分析法术语和定义见 GB/T 4470。

4 钾含量的测定(原子吸收光谱法)

4.1 原理

向样品中加入氯化铯溶液作为离子化抑制剂，直接吸收样品至原子吸收光谱仪的空气/乙炔火焰，在 766.5 nm 波长处测量吸光度。水中各种共存元素及水处理药剂对本方法均无干扰(参见附录 A、附录 B)。

4.2 试剂和材料

本方法所用试剂和水，除非另有规定，应使用分析纯试剂和符合 GB/T 6682 三级水的规定。

试验中所用制剂及制品，在没有特殊注明时，均按 GB/T 603 之规定制备。

安全提示：本标准所使用的强酸具有腐蚀性，使用时应注意。溅到身上时，用大量水冲洗，避免吸入或接触皮肤。

4.2.1 盐酸。

4.2.2 硝酸。

4.2.3 氯化铯(CsCl)溶液：含铯 20 g/L。

将 25 g 氯化铯溶于含有 50 mL 盐酸(也可以使用硝酸来代替盐酸)的 450 mL 水的溶液中，并用水稀释至 1 L。该溶液 1 升含有约 20 gCs。

4.2.4 钾标准贮备溶液：含钾 1 g/L。

在 1 000 mL 容量瓶中，用水溶解 1.907 g±0.005 g 氯化钾(预先在 140℃±10℃烘干至少 1 h)并

稀释至刻度。贮存于聚乙烯瓶中,至少可稳定 6 个月。此溶液 1.00 mL 含 1.00 mg 钾。也可使用市售溶液。

4.2.5 钾标准溶液:含钾 10 mg/L。

移取 10 mL 钾标准贮备溶液至 1 000 mL 容量瓶中,用水稀释至刻度。1 mL 该标准溶液含有 10 μg 钾,该溶液应现用现配。

4.3 仪器

一般实验室仪器和下列仪器。

4.3.1 原子吸收光谱仪:按照厂家指示安装并操作。配有空气/乙炔(GB/T 6819)火焰燃烧器、钾空心阴极灯以及配套的红敏光电倍增管。

推荐光谱狭缝<0.3 nm。

所有玻璃容器都应为硼硅玻璃。

试验中所用容器,应使用 10%(体积分数)硝酸溶液浸泡,然后用水洗净。

4.4 采样

用清洁的聚乙烯瓶收集样品。

注 1:如果样品要进行其他金属的分析,可添加盐酸或硝酸使 pH 约为 1 来保存样品(每升水样加入盐酸 8.0 mL)。

4.5 测定步骤

4.5.1 试样的制备

4.5.1.1 用孔径为 0.45 μm 的过滤器过滤样品,以防样品中的杂质阻塞雾化器和燃烧器系统。也可通过离心机去除样品中的杂质。

4.5.1.2 根据待测样品的数量准备一系列 100 mL 容量瓶。在每个容量瓶中加入 10 mL 氯化铯溶液。

4.5.1.3 移取 10 mL 样品至预先装有氯化铯溶液的容量瓶中,用水稀释至刻度,此即为试验溶液。若试验溶液中钾的浓度不在 0.1 mg/L~1.0 mg/L 的最佳范围内,则适当调节样品体积。

4.5.2 校准溶液的制备

分别在一系列 100 mL 容量瓶中加入 10 mL 氯化铯溶液,分别移取 0 mL、1.0 mL、2.0 mL、4.0 mL、6.0 mL 和 10.0 mL 钾标准溶液至容量瓶中并用水稀释至刻度。此系列溶液分别含有 0 mg/L、0.1 mg/L、0.2 mg/L、0.4 mg/L、0.6 mg/L 及 1.0 mg/L 的钾。

4.5.3 校准和测定

4.5.3.1 按照仪器使用说明书所提供的最佳条件,调节波长 766.5 nm,调试灯电流、通带、积分时间、火焰条件、背景扣除等。仪器开机点火后需稳定约 5 min~10 min 方能进行测定。

4.5.3.2 测定校准溶液的吸光度,以钾的质量浓度为横坐标,相应的吸光度为纵坐标绘制校准曲线。根据曲线计算出斜率 b,以升每毫克表示。

4.5.3.3 依次测定试验溶液的吸光度。

4.5.3.4 同时做空白试验。

4.6 分析结果的表述

4.6.1 校准曲线的使用

从校准曲线中读出试验溶液中钾的浓度。由这些值计算出试样中钾的浓度,要把所取试样的体积及容量瓶的总体积考虑进去。

4.6.2 计算方法

4.6.2.1 若校准曲线是线性的,钾的质量浓度以 ρ_K 表示,单位为毫克每升(mg/L),按式(1)计算:

$$\rho_K = \frac{(A - A_0)V'}{Vb} \qquad \cdots\cdots(1)$$

式中：

A——样品的吸光度；

A_0——空白的吸光度；

V——试液的体积的数值，单位为毫升(mL)；

V'——容量瓶的体积的数值，单位为毫升(mL)；

b——校准曲线的斜率，以升每毫克(L/mg)表示。

4.6.2.2 钾的浓度以 c_K 表示，单位为毫摩尔每升(mmoL/L)，按式(2)计算：

$$c_K = \frac{\rho_K}{39.1} \qquad \cdots\cdots(2)$$

若校准曲线不呈线性，则按 4.6.1 所述进行。

5 钠含量的测定

5.1 原子吸收光谱法

5.1.1 原理

在样品中加入氯化铯作为离子抑制剂，直接吸收样品至原子吸收光谱仪的空气/乙炔火焰，在 330.2 nm或 589.0 nm 波长处测量吸光度。水中各种共存元素及水处理药剂对钠的测定均不干扰(见附录 B)。

5.1.2 试剂和材料

本方法所用试剂和水，除非另有规定，应使用分析纯试剂和符合 GB/T 6682 三级水的规定。

试验中所用制剂及制品，在没有特殊注明时，均按 GB/T 603 之规定制备。

安全提示：本标准所使用的强酸具有腐蚀性，使用时应注意。溅到身上时，用大量水冲洗，避免吸入或接触皮肤。

5.1.2.1 盐酸。

5.1.2.2 硝酸。

5.1.2.3 氯化铯 (CsCl)溶液：含铯 20 g/L。

制备方法同 4.2.3。

5.1.2.4 钠标准贮备溶液：含钠 1 g/L。

在 1 000 mL 容量瓶中，用水溶解 2.542 g±0.005 g 氯化钠(预先在 140℃±10℃烘干至少 1 h)并稀释至刻度。贮存于聚乙烯瓶中，至少可稳定 6 个月。此溶液 1.00 mL 含 1.00 mg 钠。也可使用市售溶液。

5.1.2.5 钠标准溶液：含钠 10 mg/L。

移取 10 mL 钠标准贮备溶液至 1 000 mL 容量瓶中，用水稀释至刻度。该溶液应现用现配，1 mL 该标准溶液含有 10 μg 钠。

5.1.3 仪器

一般实验室仪器和下列仪器。

5.1.3.1 原子吸收光谱仪：按照厂家指示安装并操作。配有空气/乙炔火焰燃烧器、钠空心阴极灯以及配套的红敏光电倍增管。

推荐光谱狭缝<0.3 nm。

5.1.3.2 硼硅玻璃容器及聚乙烯容器

玻璃容器及聚乙烯容器应使用 10%(体积分数)硝酸溶液浸泡，然后用水洗净。

5.1.4 采样

同 4.4。

5.1.5 钠含量小于 50 mg/L 的溶液的测定

5.1.5.1 试样的制备

5.1.5.1.1 用孔径为 0.45 μm 的过滤器过滤样品，以防样品中的杂质阻塞雾化器和燃烧器系统。也可通过离心机去除悬浮物中的杂质。

5.1.5.1.2　根据待测样品的数量准备一系列 100 mL 容量瓶。在每个容量瓶中加入 10 mL 氯化铯溶液。

5.1.5.1.3　移取 2 mL 样品至预先装有氯化铯溶液的容量瓶中，用水稀释至刻度，此即为试验溶液。若试验溶液中钠的浓度不在 0.1 mg/L～1.0 mg/L 的最佳范围内，则适当调节样品体积。

5.1.5.2　校准溶液的制备

分别在一系列 100 mL 容量瓶中加入 10 mL 氯化铯溶液，分别移取 0 mL、1.0 mL、2.0 mL、4.0 mL、6.0 mL 和 10.0 mL 钠标准溶液至容量瓶中并用水稀释至刻度。此系列溶液分别含有 0 mg/L、0.1 mg/L、0.2 mg/L、0.4 mg/L、0.6 mg/L 及 1.0 mg/L 的钠。

5.1.5.3　校准和测定

5.1.5.3.1　按照仪器使用说明书所提供的最佳条件，调节波长 589.0 nm，调试灯电流、通带、积分时间、火焰条件、背景扣除等。仪器开机点火后需稳定约 5 min～10 min 方能进行测定。

5.1.5.3.2　测定校准溶液的吸光度，以钠的质量浓度为横坐标，相应的吸光度为纵坐标，绘制校准曲线。根据曲线计算出斜率 b，以升每毫克表示。

5.1.5.3.3　依次测定试验溶液的吸光度。

5.1.5.3.4　同时做空白试验。

5.1.5.4　分析结果的表述

5.1.5.4.1　校准曲线的使用

从校准曲线读出试验溶液中钠的浓度。由这些值计算出试样中钠的浓度，要把所取试样的体积及容量瓶的总体积考虑进去。

5.1.5.4.2　计算方法

a)　若校准曲线是线性的，钠的质量浓度以 ρ_{Na} 表示，单位为毫克每升(mg/L)，按式(3)计算：

$$\rho_{Na} = \frac{(A - A_0)V'}{Vb} \qquad \cdots\cdots(3)$$

式中：

A——样品的吸光度；

A_0——空白的吸光度；

V——试液体积的数值，单位为毫升(mL)；

V'——容量瓶体积的数值，单位为毫升(mL)；

b——校准曲线的斜率，以升每毫克(L/mg)表示。

b)　钠的浓度以 c_{Na} 表示，单位为毫摩尔每升(mmoL/L)，按式(4)计算：

$$c_{Na} = \frac{\rho_{Na}}{23.0} \qquad \cdots\cdots(4)$$

若校准曲线不呈线性，则按 5.1.5.4.1 所述进行。

5.1.6　钠含量大于 20 mg/L 的溶液的测定

5.1.6.1　校准曲线的制作

准确移取钠贮备溶液 0.00 mL(空白)、2.50 mL、5.00 mL、7.50 mL、10.0 mL，分别置于 50.0 mL 容量瓶中，加水稀释至刻度摇匀。此标准系列浓度为 0.00 mg/L、50.0 mg/L、100.0 mg/L、150.0 mg/L、200.0 mg/L，在波长为 330.2 nm 处，调节仪器为最佳工作状态，以水调零，以钠的质量浓度为横坐标，相对应的吸光度为纵坐标，绘制出校准曲线。

5.1.6.2　试样的测定

按校准曲线的制作中同等仪器条件，以水为空白调零，测定试样的吸光度，若水样中钠含量大于 200 mg/L，可稀释后测定。

5.1.6.3 **分析结果的表述**

以钠离子质量浓度表示的钠含量 ρ_{Na}(mg/L)按式(5)计算：

$$\rho_{Na} = \rho \cdot f \qquad (5)$$

式中：

ρ——从标准曲线中查得钠的质量浓度的数值，单位为毫克每升(mg/L)；

f——酸化后试样体积(mL)与所取水样体积(mL)之比。

5.2 静态法

5.2.1 原理

当钠离子选择性电极－pNa 电极与甘汞参比电极同时浸入溶液后，即组成测量电池对。其中 pNa 电极的电位随溶液中钠离子的活度而变化。用一台高阻抗输入的毫伏计测量，即可获得与水样中钠离子活度相对应的电极电位，以 pNa 值表示：

$$\text{pNa} = -\lg\alpha_{Na^+} \qquad (6)$$

pNa 电极的电位与溶液中钠离子活度的关系符合能恩斯特公式：

$$E = E_0 + 2.302\,6\,\frac{RT}{nF}\lg\alpha_{Na^+} \qquad (7)$$

式中：

E——pNa 电极所产生的电位，单位为伏(V)；

E_0——当钠离子活度为 1 mol/L 时，pNa 电极所产生的电位，单位为伏(V)；

R——气体常数，$R=8.314\ \text{JK}^{-1}\cdot\text{mol}^{-1}$；

T——热力学温度，单位为开(K)；

F——法拉第常数，$F=9.649\times10^4\cdot\text{C}\cdot\text{mol}^{-1}$；

n——参加反应的得失电子数；

α_{Na^+}——溶液中钠离子的活度，单位为摩尔每升(mol/L)。

当溶液中钠离子浓度小于 10^{-3} mol/L 时，钠离子活度近似等于浓度，离子活度系数 $\gamma\approx1$。当钠离子浓度大于 10^{-3} mol/L 时，离子活度系数 $\gamma\neq1$，在测定中要注意活度系数的修正，为此水样应预先稀释，否则误差较大。

当测定溶液的 $\alpha_{Na^+}<10^{-3}$ mol/L，被测溶液和定位溶液的温度为 20℃，则式(7)可简化为：

$$0.058\log\frac{\alpha'_{Na^+}}{\alpha_{Na^+}} = \Delta E \qquad (8)$$

$$0.058(\text{pNa}-\text{pNa}') = \Delta E \qquad (9)$$

$$\text{pNa} = \text{pNa}' + \frac{\Delta E}{0.058} \qquad (10)$$

式中：

ΔE——标准溶液的电位与样品溶液电位之差，单位为伏(V)；

α'_{Na^+}——标准溶液的钠离子活度，单位为摩尔每升(mol/L)；

α_{Na^+}——样品溶液的钠离子活度，单位为摩尔每升(mol/L)；

pNa′——标准溶液钠离子浓度所对应的 pNa 值；

pNa——样品溶液钠离子浓度所对应的 pNa 值。

为了减少温度的影响，定位溶液温度和水样温度相差不宜超过±5℃。氢离子和钾离子对测定水样中钠离子浓度有干扰，前者可以通过加入碱化剂，使被测溶液的 pH 大于 10 来消除，后者必须严格控制 c_{Na^+} ：c_{K^+} 至少为 10：1。

5.2.2 试剂和材料

5.2.2.1 水：符合 GB/T 6682 一级水规格。

5.2.2.2 氯化钠标准溶液的配制

5.2.2.2.1 pNa2 标准贮备液(10^{-2} mol/L):精确称取 1.169 0 g 经 250℃~350℃烘干 1 h~2 h 的氯化钠基准试剂溶于水中,然后转入 2 L 的容量瓶中并稀释至刻度,摇匀。

5.2.2.2.2 pNa4 标准溶液(10^{-4} mol/L):取 pNa2 贮备液,准确稀释 100 倍。

5.2.2.2.3 pNa5 标准溶液(10^{-5} mol/L):取 pNa4 标准溶液,准确稀释 10 倍。

5.2.2.3 碱化剂

二异丙胺母液[$(CH_3)_2CHNHCH(CH_3)_2$]的含量,应不少于 98%,贮存于塑料瓶中。

5.2.3 仪器

5.2.3.1 离子计或性能类似的其他表计。仪器精度应达±0.01 pNa,具有斜率校正功能。

5.2.3.2 钠离子选择电极(钠功能玻璃电极)

电极长时间不用,以干放为宜,干放前应用水清洗干净。当电极定位时间过长,测定时反应迟钝,线性变差都是电极衰老或变坏的表示,应更换新电极。当使用无斜率标准功能的钠度计时,要求 pNa 电极的实际斜率不低于理论斜率的 98%,新的久置不用的 pNa 电极,应用沾有四氯化碳或乙醚的棉花擦净电极的头部,然后用水清洗,浸泡在 3%的盐酸溶液中 5 min~10 min 用棉花擦净再用水洗干净。并将电极浸泡在碱化后的 pNa4 标准溶液中 1 h 后使用。电极导线有机玻璃引出部分切勿受潮。

5.2.3.3 甘汞电极(氯化钾浓度为 0.1 mol/L)

甘汞电极用完后应浸泡在与内充液浓度相同的氯化钾溶液中,不能长时间浸泡在纯水中。长期不用时应干放保存,并套上专用的橡皮套,防止内部变干而损坏电极,重新使用前,先在与内充液浓度相同的氯化钾溶液中浸泡数小时。测定中如发现读数不稳,可检查甘汞电极的接线是否牢固,有无接触不良现象,陶瓷塞是否破裂或堵塞,有以上现象可更换电极。

5.2.3.4 试剂瓶(聚乙烯塑料制品)

所用试剂瓶以及取样瓶都应用聚乙烯塑料制品,塑料容器用洗涤剂清洗后用 1∶1 的热盐酸浸泡半天,然后用水冲洗干净后才能使用。各取样及定位用塑料容器都应专用,不宜更换不同浓度的定位溶液或互相混淆。

5.2.4 分析步骤

5.2.4.1 仪器开启半小时后,按仪器说明书进行校正。

5.2.4.2 向分析中需使用的 pNa4、pNa5 标准溶液,水和水样中滴加二异丙胺溶液,进行碱化,调整 pH 大于 10。

5.2.4.3 以 pNa5 标准溶液定位,将碱化后的标准溶液摇匀。冲洗电极杯数次,将 pNa 电极和甘汞电极同时浸入该标准溶液进行定位。定位应重复核对 1、2 次,直至重复定位误差不超过 pNa5±0.02,然后以碱化后的 pNa5 标准溶液冲洗电极和电极杯数次,再将 pNa 电极和甘汞电极同时浸入 pNa5 标准溶液中,待仪器稳定后旋动斜率校正旋钮使仪器指示 pNa5±(0.02~0.03),则说明仪器及电极均正常,可进行水样测定。

5.2.4.4 水样测定:

用碱化后的水冲洗电极和电极杯,使 pNa 计的读数在 pNa6.5 以上。再以碱化后的被测水样冲洗电极和电极杯 2 次以上。最后重新取碱化后的被测水样。摇匀,将电极浸入被测水样中,摇匀,按下仪表读数开关,待仪表指示稳定后,记录读数,若水样钠离子浓度大于 10^{-3} mol/L,则用水稀释后滴加二异丙胺使 pH 大于 10,然后进行测定。

5.2.4.5 经常使用的 pNa 电极,在测定完毕后应将电极放在碱化后的 pNa4 标准溶液中备用。

5.2.4.6 不用的 pNa 电极以干放为宜,但在干放前应用水清洗干净,以防溶液浸蚀敏感薄膜。电极一般不宜放置过久。

5.2.4.7 0.1 mol/L 甘汞电极在测试完后,应浸泡在 0.1 mol/L 氯化钾溶液中,不能长时间的浸泡在纯水中,以防盐桥微孔中氯化钾被稀释,对测定结果有影响。

附 录 A
（资料性附录）
水中共存元素及水处理药剂对钾的干扰

钾是碱金属，其电离电位很低，在火焰中容易产生电离干扰。在循环冷却水中存在着一些共存的无机离子和加入的水处理药剂，当水中含有 Ca^{2+}、Na^{+}、SiO_2、$PO_4{}^{3-}$，使钾的测定产生正干扰，吸光值增高，加入氯化铯电离缓冲剂后，增高了自由电子浓度，使氯化铯在火焰中先电离，从而抑制了钾元素的电离。以下离子和药剂在给定范围内不干扰测定。

A.1 水中无机离子

Ca^{2+} 100 mg/L；Cl^{-} 100 mg/L；Na^{+} 300 mg/L；Al^{3+} 50 mg/L；SiO_2 10 mg/L；Fe^{2+} 50 mg/L；Cu^{2+} 20 mg/L；$SO_4{}^{2-}$ 40 mg/L；$PO_4{}^{3-}$ 15 mg/L；Mg^{2+} 40 mg/L。

A.2 水处理药剂

六偏磷酸钠 10 mg/L；多元醇磷酸酯 10 mg/L；聚丙烯酸 10 mg/L；聚丙烯酸钠 10 mg/L；三聚磷酸钠 10 mg/L；HEDP 10 mg/L；ATMP 10 mg/L；EDTMP 10 mg/L；巯基苯骈噻唑小于或等于 3 mg/L；苯骈三氮唑小于或等于 3 mg/L；聚季铵盐小于或等于 100 mg/L。

附 录 B
（资料性附录）
水中共存元素及水处理药剂对钠的干扰

钠在自然界分布极广，几乎所有的天然水中都有钠。钠在水中溶解性很大，虽然不能形成沉淀析出，但能产生高的电导，使铝材和不锈钢等材质产生点蚀。在循环冷却水中，通常存在着一些无机离子和加入的水处理药剂，在以下给定范围内不干扰测定。

B.1 水中无机离子

SO_4^{2-} 100 mg/L；Mg^{2+} 40 mg/L；Zn^{2+} 20 mg/L；Ca^{2+} 500 mg/L；PO_4^{3-} 60 mg/L ；Fe^{2+} 100 mg/L；Cu^{2+} 20 mg/L ；K^+ 50 mg/L； Al^{3+} 30 mg/L；Cl^- 500 mg/L； SiO_2 40 mg/L。

B.2 水处理药剂

聚丙烯酸 10 mg/L；HEDP 10 mg/L；ATMP 10 mg/L；聚季铵盐 100 mg/L；苯骈三氮唑 3 mg/L。

ICS 83.060
G 35

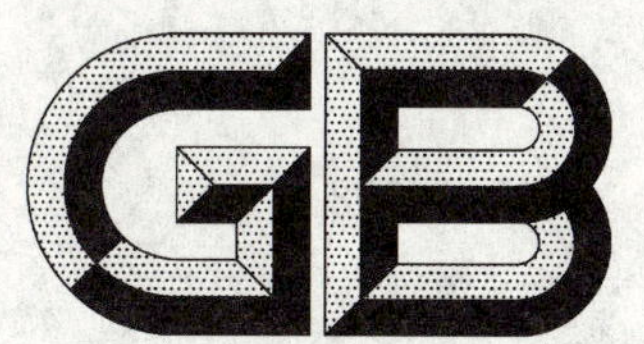

中华人民共和国国家标准

GB/T 14647—2008
代替 GB/T 14647—1993

氯丁二烯橡胶 CR121、CR122

Chloroprene rubber CR121、CR122

2008-06-19 发布　　2008-12-01 实施

中华人民共和国国家质量监督检验检疫总局
中国国家标准化管理委员会　发布

前言

本标准代替GB/T 14647—1993《氯丁橡胶CR121》。

本标准与GB/T 14647—1993的主要差异：

——本标准名称修改为“氯丁二烯橡胶CR121、CR122”，增加CR122；

——修改范围的内容；

——规范性引用文件中现行有效的国家标准代替作废的标准；

——GB/T 21462—2008代替附录A；

——删除了CR121牌号规定及划分；

——修改了产品的技术要求；

——附录A代替附录C；

——删除了附录B；

——本标准灰分设为型式检验项目。

本标准的附录A为规范性附录。

本标准由中国石油化工集团公司提出。

本标准由全国橡胶与橡胶制品标准化技术委员会合成橡胶分技术委员会（SAC/TC 35/SC 6）归口。

本标准主要起草单位：重庆长寿化工有限责任公司、中国石油天然气股份有限公司兰州化工研究中心、山西合成橡胶集团有限责任公司。

本标准主要起草人：涂智明、翟月勤、左祥东、张丽、汪华琴、李晓银、宿士斌、张芳。

本标准所代替标准的历次发布情况为：

——GB/T 14647—1993。

氯丁二烯橡胶 CR121、CR122

1 范围

本标准规定了硫磺调节型氯丁二烯橡胶 CR121 系列中 CR1211、CR1212、CR1213 和 CR122 系列中 CR1221、CR1222、CR1223 的要求、检验方法、检验规则以及包装、标志、储存和运输。

本标准适用于以氯丁二烯为单体，硫磺为调节剂，经乳液聚合制得的 CR1211、CR1212、CR1213、CR1221、CR1222、CR1223。

2 规范性引用文件

下列文件中的条款通过本标准的引用而成为本标准的条款。凡是注日期的引用文件，其随后所有的修改单(不包括勘误的内容)或修订版本均不适用于本标准，然而，鼓励根据本标准达成协议的各方研究是否可使用这些文件的最新版本。凡是不注日期的引用文件，其最新版本适用于本标准。

GB/T 528—1998 硫化橡胶或热塑性橡胶拉伸应力应变性能的测定(eqv ISO 37:1994)

GB/T 1232.1—2000 未硫化橡胶 用圆盘剪切粘度计进行测定 第1部分:门尼粘度的测定(eqv ISO 289-1:1994)

GB/T 1233—1992 橡胶胶料初期硫化特性的测定 门尼粘度计法(neq ISO 667:1981)

GB/T 4498—1997 橡胶 灰分的测定(eqv ISO 247:1990)

GB/T 15340—2008 天然、合成生胶取样及其制样方法(ISO 1795:2000,IDT)

GB/T 19187—2003 合成生胶抽样检查程序

GB/T 21462—2008 氯丁二烯橡胶(CR) 评价方法

HG/T 3928—2007 工业活性轻质氧化镁

3 要求和试验方法

3.1 米黄色或浅棕色片状、块状物，不含滑石粉以外的机械杂质，无焦烧粒子(目测)。

3.2 CR1211、CR1212、CR1213、CR1221、CR1222、CR1223 的技术指标见表1。

表1 CR1211、CR1212、CR1213、CR1221、CR1222、CR1223 技术指标

项目			指标		
			优等品	一等品	合格品
门尼粘度 ML(1+4)100℃	CR1211、CR1221		20～40		
	CR1212、CR1222		41～60		
	CR1213、CR1223		61～75		
门尼焦烧时间 MSt_5/min			30～60	≥25	≥20
500%定伸应力/MPa			2.0～5.0		
拉伸强度/MPa		≥	24.0	22.0	20.0
拉断伸长率/%		≥	900	850	800
挥发分的质量分数/%		≤	1.2	1.5	1.5
灰分的质量分数/%		≤	1.0	1.3	1.5

4 检验方法

4.1 门尼粘度

按 GB/T 19187—2003 抽取实验室混合样品,抖落表面滑石粉,按 GB/T 15340—2008 中 8.3.2.2 过辊法制备样品(辊温 20℃±5℃,辊距 1.4 mm±0.1 mm,过辊 10 次),按 GB/T 1232.1—2000 测定门尼粘度。

4.2 门尼焦烧时间

取 GB/T 21462—2008 制备的混炼胶片,按 GB/T 1233—1992 进行测定,采用小转子,在 120℃下预热 1 min,取上升 5 个门尼值所对应的时间为结果,以 MSt_5 表示。

4.3 500%定伸应力、拉伸强度、拉断伸长率

按 GB/T 528—1998 进行测定。按 GB/T 21462—2008 规定的配方 1,开炼法 A 混炼,炼胶机挡板距 150 mm,Ⅰ型裁刀。氧化镁应符合 HG/T 3928—2007 的规定。

4.4 挥发分的质量分数

按 GB/T 15340—2008 均化,均化温度为 20℃±5℃,按附录 A 测定。

4.5 灰分的质量分数

按 GB/T 4498—1997 方法 A 进行,试样约 2 g,灼烧温度为 850℃±25℃。

5 检验规则

5.1 本标准所列项目除灰分外,其他均为出厂检验项目;正常情况下,每月至少进行一次型式检验。

5.2 进行质量检验时,抽样按 GB/T 19187—2003 的规定进行。

5.3 生产厂应按本标准对出厂的产品进行检验,并保证所有出厂的产品符合本标准的要求。每批产品应附有一定格式的质量证明书。质量证明书上应注明名称、牌号、生产厂(公司)名称、生产批号、等级等有关内容。

5.4 出厂检验时,按 GB/T 15340—2008 中实验室混合样品进行检验,出厂检验项目中任何一项不符合等级要求时,应对保留样品进行复验,复验结果仍不符合相应的等级要求时,则该批产品应降等或定为不合格品。

5.5 用户有权按本标准对收到的产品进行验收,如果不符合本标准要求时,应在到货后半个月内提出异议。使用单位因保管、使用不当等原因造成产品质量下降,应由使用单位负责。供需双方如发生质量争议,可协商解决或由质量仲裁单位按本标准进行仲裁检验。如果发生橡胶净含量争议,可在整批胶中随机抽取 40 包(少于 40 包时全部抽取),称量实际的总净含量,实际的总净含量应大于或等于额定总含量。

6 包装、标志、储存和运输

6.1 内层用聚乙烯薄膜包装,其厚度为 0.04 mm~0.06 mm、熔点不大于 110℃;外层用复合塑料编织袋或采用用户认可的其他形式包装。每袋净含量 25 kg±0.25 kg 或其他包装单元。

注:包装时可以适当撒入滑石粉以防止黏结。

6.2 每个包装袋应清楚地标明产品名称、牌号、净含量、生产厂(公司)名称、地址、注册商标、标准编号、生产日期或生产批号等。

6.3 贮存运输过程中,必须通风干燥,严防日光曝晒,勿近热源,防止受潮或混入杂质,保持包装完好无损。长期超温贮存会引起颜色改变、门尼粘度及门尼焦烧时间的变化。

6.4 在运输过程中,应防止日光直接照射和雨水浸泡,运输车辆应整洁,避免包装破损和杂物混入。

6.5 质量保证期自生产日期起在 20℃以下保质期为一年,30℃以下保质期为半年。

附 录 A
（规范性附录）
氯丁二烯橡胶 CR121、CR122 挥发分的测定

A.1 范围

本附录规定了烘箱法测定 CR121、CR122 生胶中水分和其他挥发性物质的方法。

A.2 原理

试样在烘箱中干燥一定时间，此过程中的质量损失即为挥发分含量。

A.3 设备

A.3.1 烘箱：鼓风式，能将温度控制在 105℃±5℃。

A.3.2 铝皿或玻璃表面皿：深约 15 mm、直径（或长度）约 80 mm。

A.4 操作步骤

A.4.1 取 4.4 均化的橡胶样品约 50 g 在辊温 20℃±5℃、辊距 0.25 mm±0.05 mm 条件下压成薄片。剪取两份边长约 2 mm 的试样约 5 g，置于铝皿或玻璃表面皿中（A.3.2）称量，精确至 1 mg（质量 m_1）

A.4.2 如果样品粘辊而不能压成薄片，则直接从样品中剪取两份边长约 2 mm 的试样约 5 g，置于铝皿或玻璃表面皿中（A.3.2）称量，精确至 1 mg（质量 m_1）。

A.4.3 将已称量的试样放入温度 105℃±5℃的烘箱（A.3.1）中干燥 1 h，干燥过程中应打开鼓风。取出试样，放入干燥器中冷却至室温后称量（质量 m_2）。

A.5 结果表示

挥发分 x 的质量分数（%），按式（A.1）计算：

$$x = \frac{m_1 - m_2}{m_1} \times 100 \quad \cdots\cdots\cdots\cdots（A.1）$$

式中：

m_1——干燥前试样的质量，单位为克（g）；

m_2——干燥后试样的质量，单位为克（g）。

所得结果应准确至小数点后两位。

A.6 允许差

挥发分质量分数小于 0.22%时，两次平行测定结果之差不大于 0.04%。

挥发分质量分数在 0.23%～0.70%时，两次平行测定结果之差不大于 0.15%。

挥发分质量分数在 0.71%～1.50%时，两次平行测定结果之差不大于 0.22%。

A.7 实验报告

实验报告应包括以下内容：

a) 关于样品的详细说明；

b） 每个试样的测试结果；

c） 本附录未包括的任何自选操作；

d） 本标准的编号；

e） 试验日期。

ICS 47.020.20
U 48

中华人民共和国国家标准

GB/T 14653—2008
代替 GB/T 14653—1993

挠性杆联轴器

Flexible link coupling

2008-02-14 发布　　2008-09-01 实施

中华人民共和国国家质量监督检验检疫总局
中国国家标准化管理委员会　发布

前　言

本标准代替 GB/T 14653—1993《挠性杆联轴器》。

本标准与 GB/T 14653—1993 相比，主要有下列技术变化：

——修改了联轴器法兰宽度的系列尺寸；

——增加了联轴器表面质量的要求；

——增加了尺寸公差要求；

——增加了动平衡的定量要求；

——修改了“试验方法”和“检验规则”。

本标准由中国船舶工业集团公司提出。

本标准由全国船用机械标准化技术委员会柴油机分技术委员会归口。

本标准起草单位：重庆齿轮箱有限责任公司、中国船舶工业综合技术经济研究院。

本标准主要起草人：王友兵、祁超、毛有军、李军、罗成、宋志龙。

本标准所代替标准的历次版本发布情况为：

——GB/T 14653—1993。

挠 性 杆 联 轴 器

1 范围

本标准规定了挠性杆联轴器(以下简称联轴器)的分类、要求、试验方法、检验规则、包装、运输和贮存。

本标准适用于被连接两轴需角向偏移补偿和(或)轴向偏移补偿的联轴器的设计、制造和检验。

2 规范性引用文件

下列文件中的条款通过本标准的引用而成为本标准的条款。凡是注日期的引用文件,其随后所有的修改单(不包括勘误的内容)或修订版均不适用于本标准,然而,鼓励根据本标准达成协议的各方研究是否可使用这些文件的最新版本。凡是不注日期的引用文件,其最新版本适用于本标准。

GB/T 191 包装储运图示标志(GB/T 191—2000,eqv ISO 780:1997)

GB/T 699—1999 优质碳素结构钢

GB/T 1804—2000 一般公差 未注公差的线性和角度尺寸的公差(eqv ISO 2768-1:1989)

GB/T 3077—1999 合金结构钢

GB/T 12922—2008 弹性阻尼簧片联轴器

GB/T 15822.1 无损检测 磁粉检测 第1部分:总则(GB/T 15822.1—2005,ISO 9934-1:2001,IDT)

GB/T 15822.2 无损检测 磁粉检测 第2部分:检测介质(GB/T 15822.2—2005,ISO 9934-2:2002,IDT)

GB/T 15822.3 无损检测 磁粉检测 第3部分:设备(GB/T 15822.3—2005,ISO 9934-3:2002,IDT)

JB/T 9239.1 机械振动 恒态(刚性)转子平衡品质要求 第1部分:规范与平衡允差的检验

3 术语和定义

GB/T 12922 中规定的以及下列术语和定义适用于本标准。

3.1

轴向刚度 axial stiffness

C_x

两半联轴器在轴向产生单位变形所需的力。

4 分类

4.1 型式

4.1.1 联轴器按其许用转速分为以下两种型式:

S型——普通型;

H型——高速型。

4.1.2 联轴器按其挠性杆的数量可分为6组杆或8组杆两种型式。

4.2 基本结构

联轴器由内、外构件组成,其基本结构见图1。内、外构件通过8组(或6组)合金弹簧钢制作的沿切线方向布置的挠性杆相连接,可根据使用要求设置关节轴承对轴向予以固定。

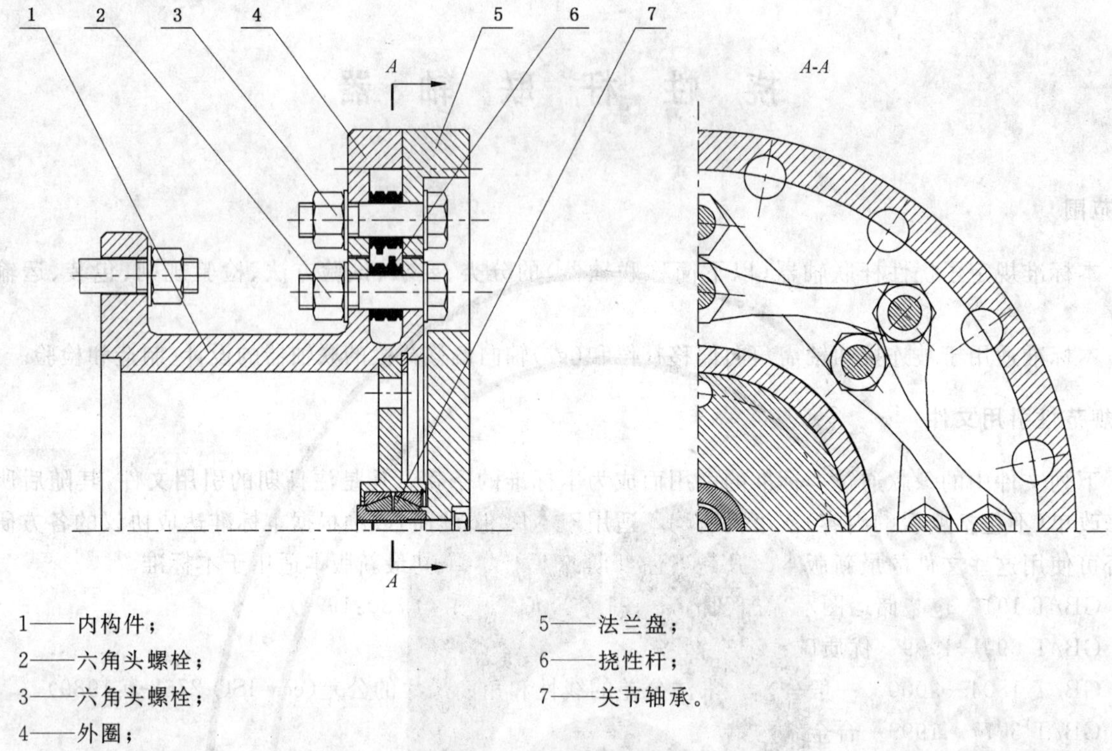

1——内构件；
2——六角头螺栓；
3——六角头螺栓；
4——外圈；
5——法兰盘；
6——挠性杆；
7——关节轴承。

图 1 联轴器的基本结构

4.3 基本参数

4.3.1 S 型联轴器基本参数见表 1 和表 2。

表 1 S 型 6 杆联轴器基本参数

型号	额定扭矩 T_n/ kN·m	静扭转刚度 C_s/ MN·m/rad	弯曲刚度 C_b/ kN·m/rad	轴向刚度 C_x/ N/mm	最高转速 n_{max}/ r/min	参数		许用角向补偿量	
						i/ mm	k/ mm	β/ rad	β_{max}/ rad
S25	5.9	5.7	9	1 020	5 300	135	25		
S28	8.4	8.1	11	1 140	4 800	150	28		
S31.5	11.8	11.4	14	1 280	4 200	170	31		
S35.5	16.7	16.1	18	1 440	3 700	190	35		
S40	23.6	22.7	23	1 620	3 300	210	39		
S45	33.4	32.1	28	1 810	2 900	240	44		
S50	47.2	45.3	36	2 040	2 700	270	49		
S56	66.6	64.0	45	2 280	2 400	300	55		
S63	94.0	90.0	57	2 560	2 100	335	62		
S71	133.0	128.0	71	2 870	1 900	375	70	12×10^{-3}	15×10^{-3}
S80	188.0	180.0	90	3 230	1 650	420	78		
S90	265.0	255.0	113	3 600	1 500	470	88		
S100	375.0	360.0	143	4 050	1 350	530	98		
S112	529.0	508.0	180	4 550	1 200	600	110		
S125	748.0	720.0	226	5 100	1 050	670	124		
S140	1 056.0	1 010.0	285	5 700	950	750	139		
S160	1 490.0	1 430.0	358	6 400	850	840	156		
S180	2 107.0	2 020.0	450	7 200	750	945	175		

注：“许用角向补偿量”的 β 为连续工作状态；β_{max} 为瞬时工作状态。

表 2　S 型 8 杆联轴器基本参数

型号	额定扭矩 T_n/ kN·m	静扭转刚度 C_s/ MN·m/rad	弯曲刚度 C_b/ kN·m/rad	轴向刚度 C_x/ N/mm	最高转速 n_{max}/ r/min	参数 i/ mm	参数 k/ mm	参数 β/ rad	参数 $β_{max}$/ rad
S25	7.9	6.9	11	1 080	5 300	135	25	8×10⁻³	12×10⁻³
S28	11.2	8.8	14	1 210	4 800	150	28		
S31.5	15.8	12.7	17	1 350	4 200	170	31		
S35.5	22.3	18.6	22	1 520	3 700	190	35		
S40	31.5	26.5	27	1 710	3 300	210	39		
S45	44.5	37.3	34	1 920	2 900	240	44		
S50	62.9	52.0	43	2 150	2 700	270	49		
S56	88.9	73.5	54	2 410	2 400	300	55		
S63	125.5	104.0	68	2 710	2 100	335	62		
S71	177.5	147.0	86	3 040	1 900	375	70		
S80	250.5	208.0	108	3 410	1 650	420	78		
S90	354.0	295.0	136	3 830	1 500	470	88		
S100	500.0	415.0	171	4 300	1 350	530	98		
S112	706.0	586.0	215	4 800	1 200	600	110		
S125	997.0	825.0	271	5 400	1 050	670	124		
S140	1 410.0	1 170.0	341	6 050	950	750	139		
S160	1 990.0	1 650.0	430	6 800	850	840	156		
S180	2 810.0	2 330.0	540	7 650	750	945	175		

4.3.2　H 型联轴器基本参数见表 3 和表 4。

表 3　H 型 6 杆联轴器基本参数

型号	额定扭矩 T_n/ kN·m	静扭转刚度 C_s/ MN·m/rad	弯曲刚度 C_b/ kN·m/rad	轴向刚度 C_x/ N/mm	最高转速 n_{max}/ r/min	参数 i/ mm	参数 k/ mm	参数 β/ rad	参数 $β_{max}$/ rad
H25	4.7	5.7	9	1 020	10 700	135	25	9×10⁻³	11×10⁻³
H28	6.7	8.1	11	1 140	9 500	150	28		
H31.5	9.5	11.4	14	1 280	8 500	170	31		
H35.5	13.4	16.1	18	1 440	7 500	190	35		
H40	18.9	22.7	23	1 620	6 700	210	39		
H45	26.7	32.1	28	1 810	5 900	240	44		
H50	37.7	45.3	36	2 040	5 300	270	49		
H56	53.3	64.0	45	2 280	4 800	300	55		
H63	75.3	90.0	57	2 560	4 200	335	62		
H71	106.5	128.0	71	2 870	3 800	375	70		
H80	150.0	180.0	90	3 230	3 300	420	78		
H90	212.0	255.0	113	3 600	3 000	470	88		
H100	300.0	360.0	143	4 050	2 700	530	98		
H112	423.0	508.0	180	4 550	2 400	600	110		
H125	598.0	720.0	226	5 100	2 100	670	124		
H140	845.0	1 010.0	285	5 700	1 900	750	139		
H160	1 190.0	1 430.0	358	6 400	1 700	840	156		
H180	1 680.0	2 020.0	450	7 200	1 500	945	175		

表 4 H 型 8 杆联轴器基本参数

型号	额定扭矩 T_n/ kN·m	静扭转刚度 C_s/ MN·m/rad	弯曲刚度 C_b/ kN·m/rad	轴向刚度 C_x/ N/mm	最高转速 n_{max}/ r/min	参数 i/ mm	参数 k/ mm	参数 β/ rad	参数 β_{max}/ rad
H25	6.3	6.9	11	1 080	10 700	135	25	6×10^{-3}	9×10^{-3}
H28	9.0	8.8	14	1 210	9 500	150	28		
H31.5	12.6	12.7	17	1 350	8 500	170	31		
H35.5	17.8	18.6	22	1 520	7 500	190	35		
H40	25.2	26.5	27	1 710	6 700	210	39		
H45	35.6	37.3	34	1 920	5 900	240	44		
H50	50.3	52.0	43	2 150	5 300	270	49		
H56	71.1	73.5	54	2 410	4 800	300	55		
H63	100.5	104.0	68	2 710	4 200	335	62		
H71	142.0	147.0	86	3 040	3 800	375	70		
H80	200.0	208.0	108	3 410	3 300	420	78		
H90	283.0	295.0	136	3 830	3 000	470	88		
H100	400.0	415.0	171	4 300	2 700	530	98		
H112	565.0	586.0	215	4 800	2 400	600	110		
H125	798.0	825.0	271	5 400	2 100	670	124		
H140	1 128.0	1 170.0	341	6 050	1 900	750	139		
H160	1 590.0	1 650.0	430	6 800	1 700	840	156		
H180	2 250.0	2 330.0	540	7 650	1 500	945	175		

4.4 组合型式

4.4.1 联轴器与被连接两轴的组合型式共有五种。

4.4.2 型式一:一个联轴器与两轴连接,其组合型式见图 2,其最大角向偏移补偿量见公式(1)。

$$\beta \geqslant a/i + \alpha \qquad (1)$$

式中:

β——联轴器连续工作时允许的最大角向偏移补偿量,单位为弧度(rad);

a——轴向偏移补偿量,单位为毫米(mm);

α——两连接轴中心线夹角,单位为弧度(rad);

i——依联轴器型号而定的参数,单位为毫米(mm)。

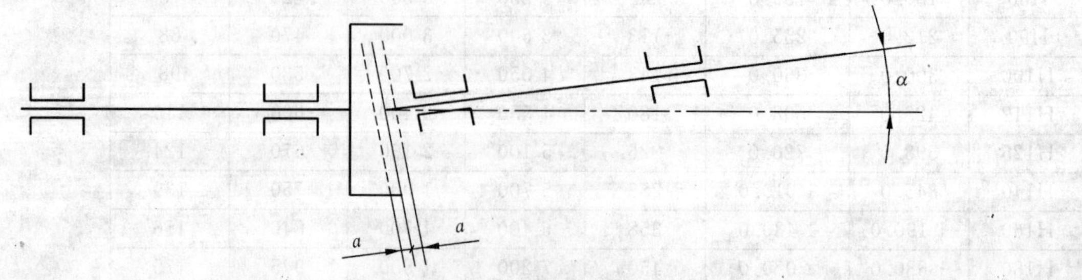

图 2 组合型式一

4.4.3 型式二:一个带关节轴承轴向固定的联轴器与两轴连接,其组合型式见图3,其最大角向偏移补偿量见公式(2)。

$$\beta \geqslant \alpha \qquad (2)$$

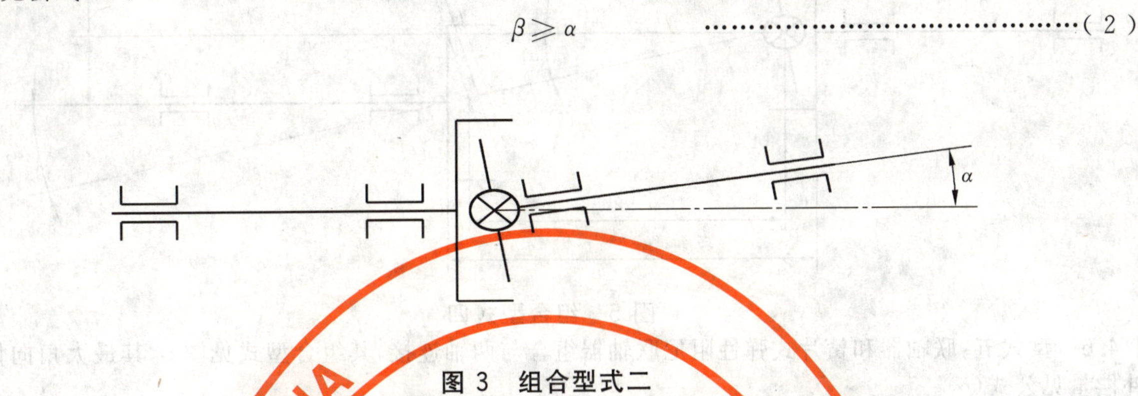

图3 组合型式二

4.4.4 型式三:两个联轴器和一根中间轴与两轴连接,其组合型式见图4,其最大角向偏移补偿量见公式(3)。

$$\beta \geqslant \alpha_1$$

$$\beta \geqslant \alpha_2 + a/i \qquad (3)$$

式中:

α_1——输入轴和中间轴之间的夹角,单位为弧度(rad);

α_2——中间轴和输出轴之间的夹角,单位为弧度(rad)。

图4 组合型式三

4.4.5 型式四:两个联轴器和一根中间轴与两平行轴连接,其组合型式见图5,其最大角向偏移补偿量见公式(4)和公式(5)。

$$L_{max} \leqslant (\beta - a/i) \times (L - 2k) \qquad (4)$$

式中:

L_{max}——两平行轴中心线间的距离,单位为毫米(mm);

L——两法兰间的轴向距离,单位为毫米(mm);

k——依联轴器型号而定的参数,单位为毫米(mm)。

如果两个联轴器都设置了关节轴承,$a=0$,则

$$\beta \geqslant \alpha_1 = \alpha_2$$

$$L_{max} = \beta \times (L - 2k) \qquad (5)$$

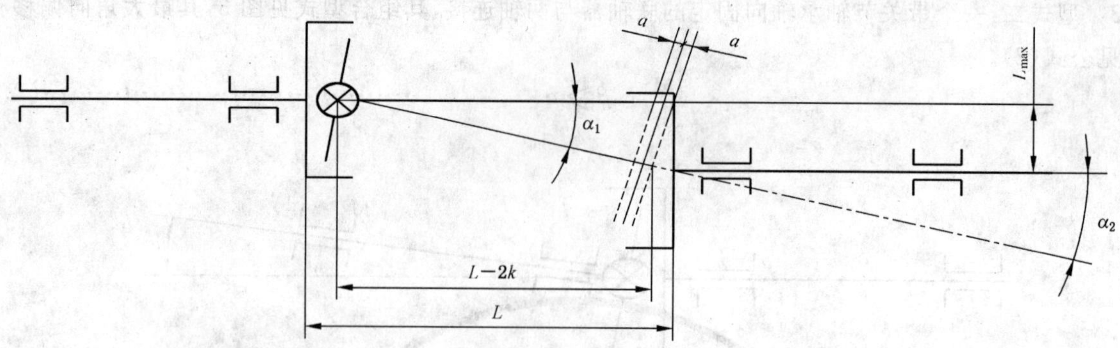

图5 组合型式四

4.4.6 型式五：联轴器和簧片式弹性阻尼联轴器组合与两轴连接，其组合型式见图6，其最大角向偏移补偿量见公式(6)。

$$\beta_k \geqslant \alpha \qquad\qquad (6)$$

式中：

β_k——簧片式弹性阻尼联轴器允许的最大角向偏移补偿量，单位为弧度(rad)。

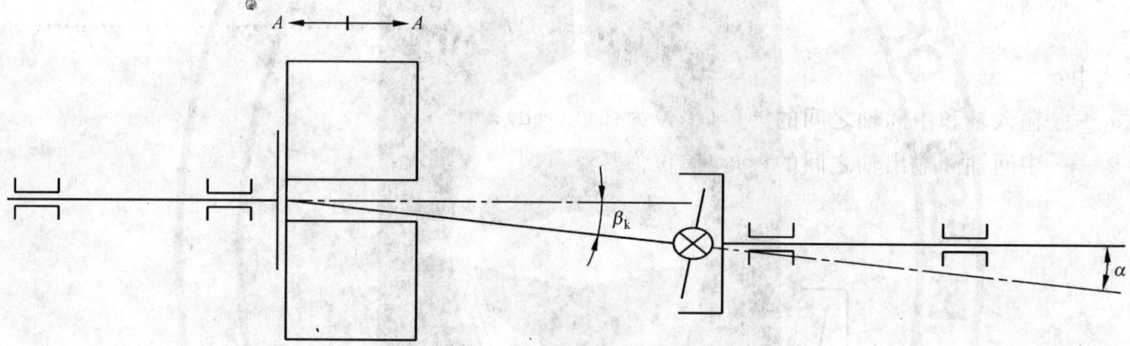

注：A 表示簧片式弹性阻尼联轴器允许的轴向位移。

图6 组合型式五

4.5 连接型式

4.5.1 按联轴器的组合型式和法兰的结构，可分为P、T、F、K四种连接型式。

4.5.2 P型连接型式见图7，其主要连接尺寸、转动惯量和重量见表5。

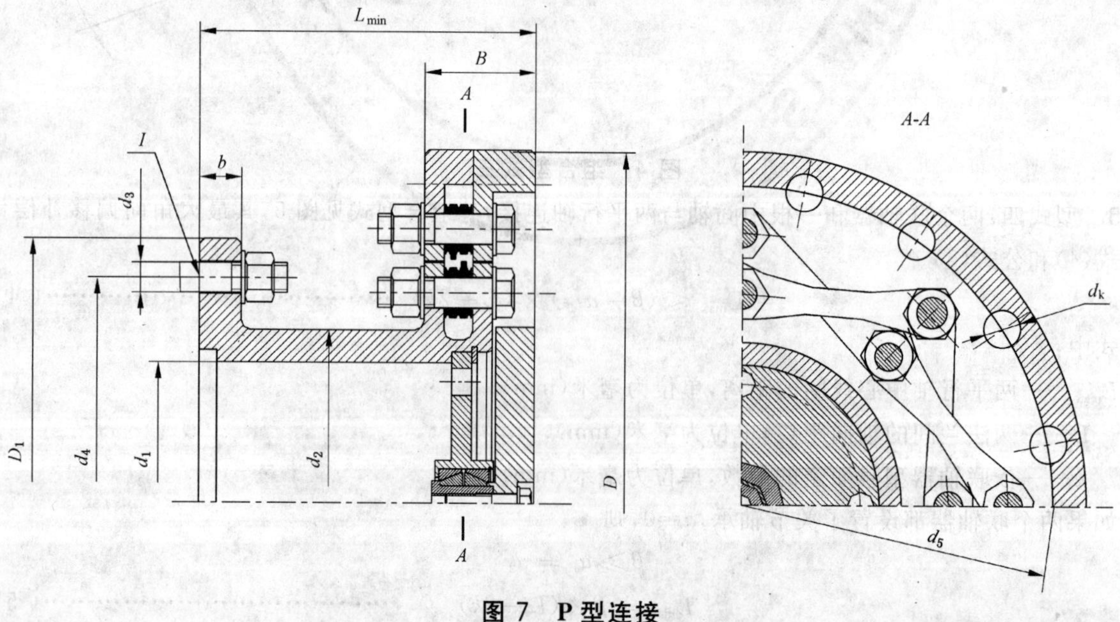

图7 P型连接

表 5 P 型连接的主要连接尺寸、转动惯量和重量

型号	D	B	d_5	d_k	D_1	d_4	b	$I\times d_3$[a]	d_1	d_2	L_{min}	总重量		转动惯量 J		
												单个[b]	100 mm[c]	内部	外部	100 mm[d]
	mm											kg		kgm^2		
S(H)25	301	49	271	17	238	200	18	20×13	119	147	135	27.0	4.6	0.09	0.18	0.02
S(H)28	337	54	304	19	250	220	20	20×15	134	165	155	38.0	5.7	0.16	0.32	0.03
S(H)31.5	378	61	341	21	275	240	23	20×17	150	185	175	52.5	7.2	0.26	0.57	0.05
S(H)35.5	425	68	382	23	310	270	25	20×19	169	208	200	74.0	9.1	0.46	1.01	0.08
S(H)40	476	75	429	25	355	312	28	20×21	189	233	220	104.5	11.5	0.85	1.80	0.13
S(H)45	535	85	481	28	415	370	32	20×23	212	262	250	153.5	14.6	1.61	3.20	0.21
S(H)50	600	93	540	31	430	380	35	24×25	238	294	270	206.0	18.4	2.74	5.70	0.33
S(H)56	673	104	606	34	475	420	38	24×28	267	330	305	289.0	23.2	4.28	10.10	0.53
S(H)63	755	116	680	40	550	490	45	24×32	300	370	330	410.0	28.9	7.94	18.00	0.82
S(H)71	847	134	763	43	625	560	48	24×34	337	415	365	577.0	36.1	14.10	32.00	1.29
S(H)80	950	147	856	50	710	635	54	24×38	378	466	395	813.0	45.8	25.50	57.00	2.06
S(H)90	1 066	165	961	54	885	810	60	24×40	424	523	445	1 207.0	57.8	59.50	101.00	3.30
S(H)100	1 197	182	1 078	62	920	841	70	30×44	475	586	490	1 606.0	72.6	91.60	180.00	5.20
S(H)112	1 343	208	1 209	66	1 070	980	75	30×46	533	658	515	2 345.0	91.8	458.00	320.00	8.20
S(H)125	1 506	230	1 357	74	1 270	1 170	85	30×50	599	738	590	3 320.0	114.6	309.00	570.00	12.90
S(H)140	1 690	257	1 522	82	1 480	1 370	95	30×55	672	828	655	4 821.0	144.3	594.00	1 012.00	20.50
S(H)160	1 896	287	1 708	93	1 860	1 740	105	30×58	754	929	725	7 205.0	181.6	1 419.00	1 800.00	32.50
S(H)180	2 128	321	1 917	104	2 030	1 900	120	30×66	846	1043	805	10 040.0	229.5	2 359.00	3 200.00	51.70

a I 表示 ϕd_3 孔的个数。

b 表示 L_{min} 的总重量。

c 表示 L 每增加 100 mm 所增加的重量。

d 表示 L 每增加 100 mm 所增加的转动惯量。

4.5.3 T 型连接型式见图 8，其主要连接尺寸、转动惯量和重量见表 6。

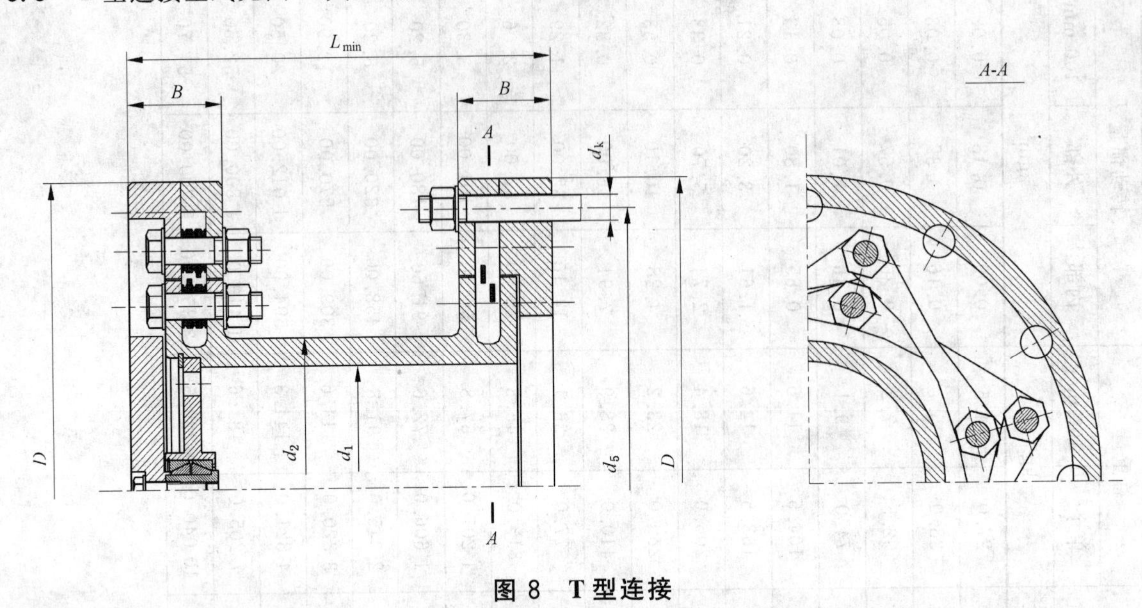

图 8 T 型连接

表 6 T 型连接的主要连接尺寸、转动惯量和重量

型号	D	B	d_5	d_k	d_1	d_2	L_{min}	总重量 单个	总重量 100 mm	转动惯量 J 内部	转动惯量 J 外部	转动惯量 J 100 mm
	mm							kg		kgm²		
S(H)25	301	49	271	17	119	147	146	18	4.6	0.03	0.18	0.02
S(H)28	337	54	304	19	134	165	168	25	5.7	0.06	0.32	0.03
S(H)31.5	378	61	341	21	150	185	185	34	7.2	0.09	0.57	0.05
S(H)35.5	425	68	382	23	169	208	209	48	9.1	0.16	1.01	0.08
S(H)40	476	75	429	25	189	233	232	69	11.5	0.28	1.80	0.13
S(H)45	535	85	481	28	212	262	262	97	14.6	0.50	3.20	0.21
S(H)50	600	93	540	31	238	294	289	135	18.4	1.13	5.70	0.33
S(H)56	673	104	606	34	267	330	319	191	23.2	1.54	10.10	0.53
S(H)63	755	116	680	40	300	370	364	269	28.9	2.71	18.00	0.82
S(H)71	847	134	763	43	337	415	402	380	36.1	4.80	32.00	1.29
S(H)80	950	147	856	50	378	466	450	537	45.8	8.70	57.00	2.06
S(H)90	1 066	165	961	54	424	523	500	761	57.8	20.00	101.00	3.30
S(H)100	1 197	182	1 078	62	475	586	566	1 033	72.6	34.00	180.00	5.20
S(H)112	1 343	208	1 209	66	533	658	622	1 516	91.8	48.00	320.00	8.20
S(H)125	1 506	230	1 357	74	599	738	702	2 084	114.6	82.00	570.00	12.90
S(H)140	1 690	257	1 522	82	672	828	778	2 995	144.3	143.00	1 012.00	20.50
S(H)160	1 896	287	1 708	93	754	929	868	4 207	181.6	275.00	1 800.00	32.50
S(H)180	2 128	321	1 917	104	846	1 043	972	5 950	229.5	490.00	3 200.00	51.70

4.5.4 F 型连接型式见图 9，其主要连接尺寸、转动惯量和重量见表 7。

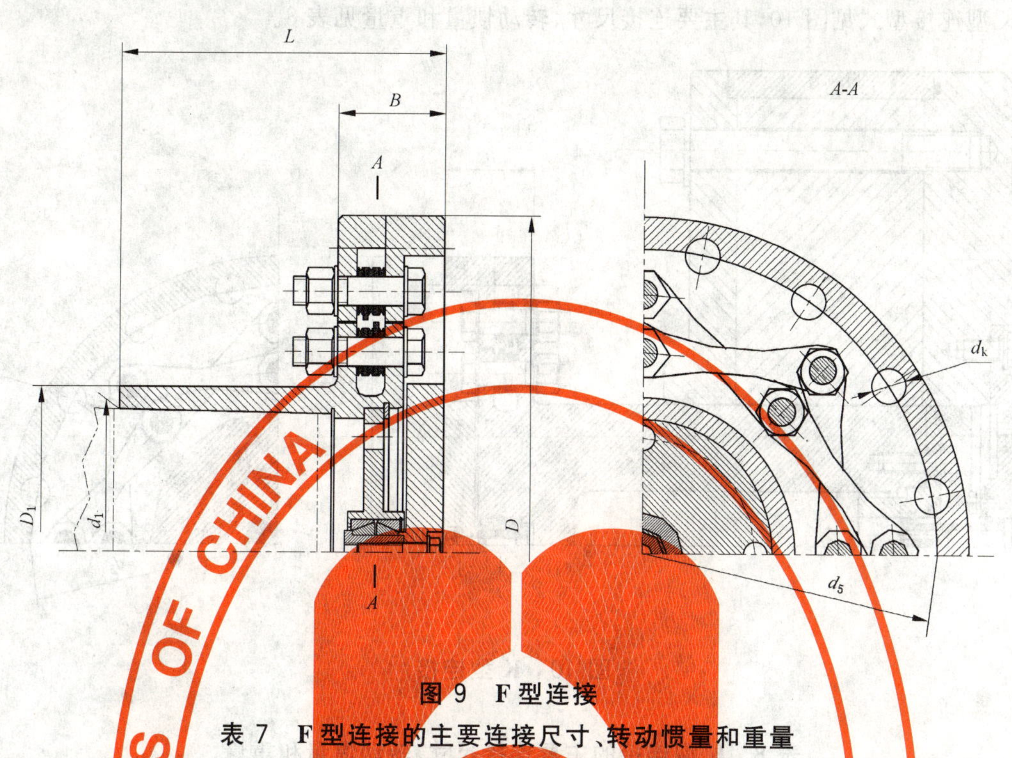

图 9 F 型连接

表 7 F 型连接的主要连接尺寸、转动惯量和重量

型号	D	B	d_5	d_k	D_1	d_1	L	总重量	转动惯量 J 内部	转动惯量 J 外部
	mm							kg	kgm²	
S(H)25	301	49	271	17	147	107	147	24.7	0.06	0.18
S(H)28	337	54	304	19	165	120	165	34.5	0.11	0.32
S(H)31.5	378	61	341	21	185	135	185	47.3	0.18	0.57
S(H)35.5	425	68	382	23	208	151	207	67.0	0.32	1.01
S(H)40	476	75	429	25	233	170	233	96.0	0.56	1.80
S(H)45	535	85	481	28	262	190	261	135.0	1.00	3.20
S(H)50	600	93	540	31	294	213	292	189.0	2.00	5.70
S(H)56	673	104	606	34	330	239	328	267.0	3.10	10.10
S(H)63	755	116	680	40	370	269	369	376.0	5.50	18.00
S(H)71	847	134	763	43	415	301	314	531.0	9.80	32.00
S(H)80	950	147	856	50	466	338	464	751.0	17.60	57.00
S(H)90	1 066	165	961	54	523	379	520	1 065.0	35.80	101.00
S(H)100	1 197	182	1 078	62	586	425	585	—	—	—
S(H)112	1 343	208	1 209	66	658	478	655	—	—	—
S(H)125	1 506	230	1 357	74	738	535	735	—	—	—
S(H)140	1 690	257	1 522	82	828	600	820	—	—	—
S(H)160	1 896	287	1 708	93	929	675	920	—	—	—
S(H)180	2 128	321	1 917	104	1 043	755	—	—	—	—

4.5.5 K 型连接型式见图 10，其主要连接尺寸、转动惯量和重量见表 8。

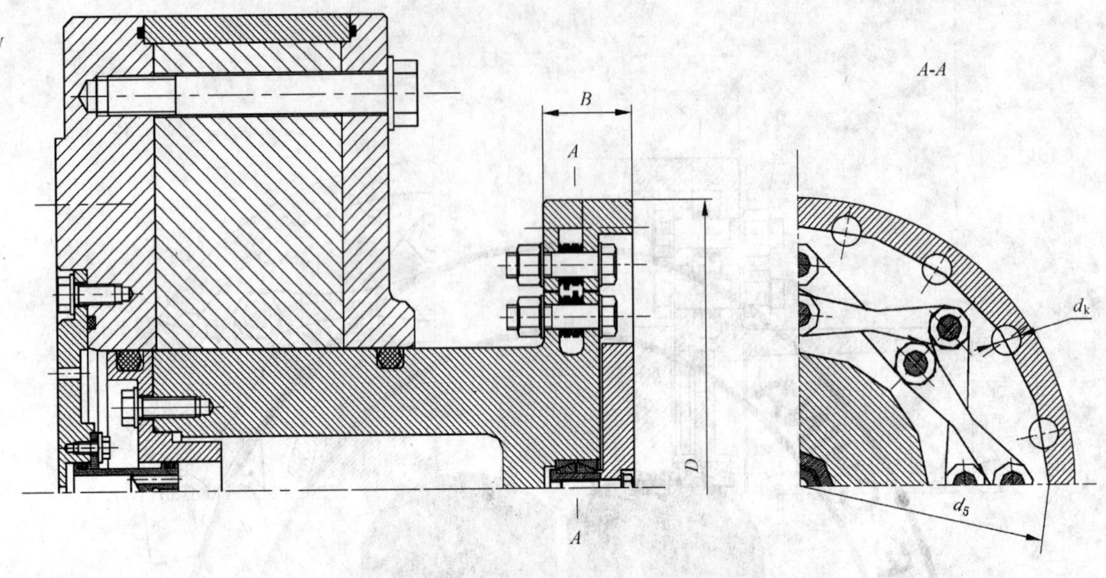

图 10 K 型连接

表 8 K 型连接的主要连接尺寸、转动惯量和重量

型号	D	B	d_5	d_k	总重量	转动惯量 J	
						内部	外部
	mm				kg	kgm²	
S(H)25	301	49	271	17	19.3	0.03	0.18
S(H)28	337	54	304	19	27.1	0.06	0.32
S(H)31.5	378	61	341	21	38.1	0.10	0.57
S(H)35.5	425	68	382	23	53.5	0.18	1.01
S(H)40	476	75	429	25	75.0	11.50	1.82
S(H)45	535	85	481	28	106.0	14.60	3.20
S(H)50	600	93	540	31	149.0	18.40	5.70
S(H)56	673	104	606	34	209.0	23.20	10.10
S(H)63	755	116	680	40	293.0	28.90	18.00
S(H)71	847	134	763	43	412.0	36.10	32.00
S(H)80	950	147	856	50	579.0	45.80	10.10
S(H)90	1 066	165	961	54	813.0	57.80	18.00
S(H)100	1 197	182	1 078	62	1 143.0	72.60	32.00
S(H)112	1 343	208	1 209	66	1 605.0	91.80	57.00
S(H)125	1 506	230	1 357	74	2 255.0	114.60	101.00
S(H)140	1 690	257	1 522	82	3 168.0	144.30	180.00
S(H)160	1 896	287	1 708	93	4 451.0	181.60	320.00
S(H)180	2 128	321	1 917	104	6 253.0	229.50	570.00

4.6 标记

4.6.1 标记方法

联轴器的标记由按许用转速分类型式、尺寸代号、连接型式、杆件组数、固定形式组成，其表示形式如下：

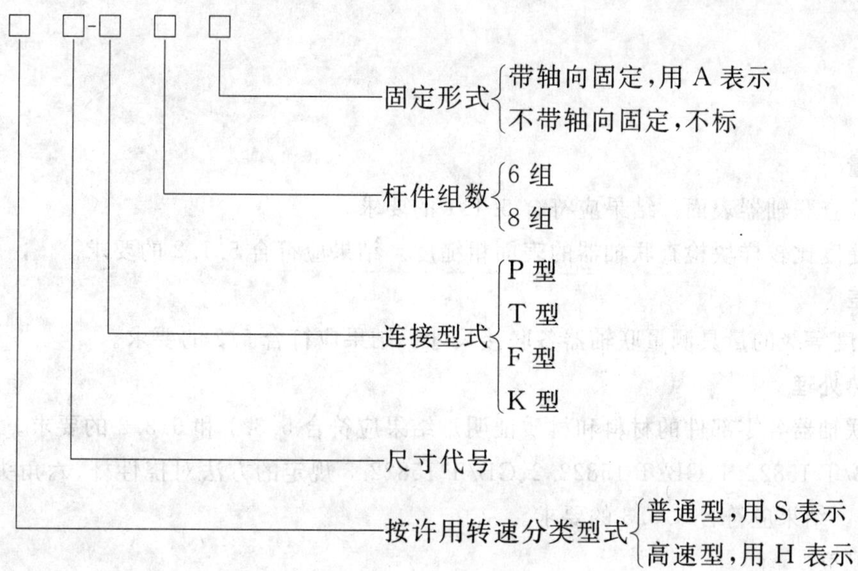

4.6.2 标记示例

普通型、尺寸代号为56、P型连接型式、8组杆件、带轴向固定的联轴器标记为：

联轴器 GB/T 14653—2008 S56-P8A

高速型，尺寸代号为56，P型连接型式，6组杆件，不带轴向固定的联轴器标记为：

联轴器 GB/T 14653—2008 H56-P6

4.7 设计

有关节轴承的联轴器许用环境温度为−30℃～+90℃。

5 要求

5.1 表面质量

5.1.1 联轴器各构件表面不应有碰伤、划痕、锈蚀等缺陷。

5.1.2 联轴器的各外露表面粗糙度应不超过 $Ra6.3$。

5.2 尺寸公差

未标注公差尺寸的公差等级应不低于GB/T 1804—2000规定的m级。

5.3 材料及热处理

5.3.1 联轴器主要零件应采用性能不低于表9规定的材料。

表9 联轴器主要零件材料选用

序号	零件名称	材料牌号	标准号
1	杆件	50CrVA	GB/T 3077—1999
2	六角头螺栓	42CrMo	
3	内构件	45(或35)	GB/T 699—1999

5.3.2 允许选用性能不低于表9规定且证明同样适用的其他材料。

5.3.3 挠性杆、六角头螺栓和内构件经热处理后不应出现裂纹和气泡等缺陷。

5.4 静扭转刚度

联轴器的静扭转刚度的测量值与规定值的偏差不大于±4%。

5.5 动平衡

工作转速大于 1 500 r/min 时，联轴器外部构件的动平衡等级应达到 JB/T 9239.1 规定的 G6.3 级。

6 试验方法

6.1 表面质量

6.1.1 目视检查联轴器表面。结果应符合 5.1.1 的要求。

6.1.2 用粗糙度比较样块检查联轴器的表面粗糙度。结果应符合 5.1.2 的要求。

6.2 尺寸公差

用相应精度等级的量具测量联轴器各联接尺寸。结果应符合 5.2 的要求。

6.3 材料及热处理

6.3.1 查看联轴器各零部件的材料和材质证明。结果应符合 5.3.1 和 5.3.2 的要求。

6.3.2 按 GB/T 15822.1、GB/T 15822.2、GB/T 15822.3 规定的方法对挠性杆、六角头螺栓和内构件进行探伤检查。结果应符合 5.3.3 的要求。

6.4 静扭转刚度

将联轴器固定在静扭转试验台上，以每分钟增加 10% 额定扭矩的速度缓慢加载，一直加到额定扭矩，测量在加载扭矩下的扭转角，计算静扭转刚度。结果应符合 5.4 的要求。

6.5 动平衡

按 JB/T 9239.1 规定的方法对联轴器外部构件进行动平衡试验。结果应符合 5.5 的要求。

7 检验规则

7.1 检验分类

本标准规定的检验分类如下：

a) 型式检验；

b) 出厂检验。

7.2 型式检验

7.2.1 检验时机

联轴器在下列情况下应进行型式检验：

a) 系列首制产品；

b) 产品结构、材料、工艺有较大改变，可能影响产品性能；

c) 检验部门提出需要进行型式检验。

7.2.2 检验数量

联轴器型式检验的数量为 1 台。

7.2.3 检验项目和顺序

联轴器型式检验的项目和顺序见表 10。

7.2.4 合格判据

联轴器的型式检验全部项目符合要求，判定联轴器型式检验合格。若有不符合要求的项目，允许加倍取样后重新进行全部项目的复验。若复验符合要求，仍判定联轴器型式检验合格；若仍有不符合要求的项目，则判定联轴器型式检验不合格。

表 10　检验项目和顺序

序号	检验项目	型式检验	出厂检验	要求章条号	检验方法章条号
1	表面质量	●	●	5.1	6.1
2	尺寸公差	●	●	5.2	6.2
3	材料及热处理	●	●	5.3	6.3
4	静扭转刚度	●	○	5.4	6.4
5	动平衡	●	○	5.5	6.5
注：●必检项目；○定购方与承制方协商检验项目。					

7.3　出厂检验

7.3.1　检验数量

每台联轴器均应进行出厂检验。

7.3.2　检验项目和顺序

出厂检验的项目和顺序见表 10。

7.3.3　合格判据

联轴器的出厂检验全部项目符合要求，判定联轴器出厂检验合格。若有不符合要求的项目，则判定该联轴器出厂检验不合格。

8　包装、运输和贮存

8.1　联轴器应进行防锈油封处理。

8.2　包装箱应坚固，箱内应衬防潮纸；联轴器在箱内应固定，防止受冲击后窜动。

8.3　包装箱内应装入下列文件：

a)　产品合格证；

b)　使用说明书；

c)　安装布置图；

d)　装箱清单。

8.4　包装标志应符合 GB/T 191 的要求，注明“小心轻放”、“防潮”、和“不许倒置”等字样。

8.5　联轴器应保存在清洁、干燥和通风良好的仓库中，油封保养有效期为出厂后 6 个月。

ICS 47.020.20
U 48

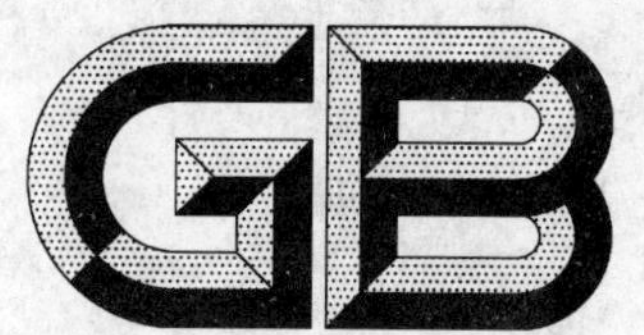

中华人民共和国国家标准

GB/T 14654—2008
代替 GB/T 14654—1993

弹性阻尼簧片减振器

Elastic damping leaf damper

2008-02-14 发布　　2008-09-01 实施

中华人民共和国国家质量监督检验检疫总局
中国国家标准化管理委员会　发布

前言

本标准代替 GB/T 14654—1993《弹性阻尼簧片减振器》。

本标准与 GB/T 14654—1993 相比，主要有下列技术变化：

——删去或修改了部分术语；

——增加了表面质量的要求；

——增加了尺寸和形位公差要求；

——修改了滑油及油压的要求；

——增加了扭振参数要求；

——取消了平均无故障工作时间要求；

——修改了试验方法和检验规则。

本标准的附录 A 和附录 B 均为资料性附录。

本标准由中国船舶工业集团公司提出。

本标准由全国船用机械标准化技术委员会柴油机分技术委员会归口。

本标准起草单位：中国船舶工业综合技术经济研究院、重庆齿轮箱有限责任公司。

本标准主要起草人：李军、罗成、祁超、王友兵、毛有军、杨鹏鲲。

本标准所代替标准的历次版本发布情况为：

——GB/T 14654—1993。

弹性阻尼簧片减振器

1 范围

本标准规定了弹性阻尼簧片减振器(以下简称减振器)的术语和定义、分类、要求、试验方法、检验规则、包装、运输和贮存等。

本标准适用于往复活塞式内燃机及其动力装置的减振器的设计、制造和验收。

2 规范性引用文件

下列文件中的条款通过本标准的引用而成为本标准的条款。凡是注日期的引用文件,其随后所有的修改单(不包括勘误的内容)或修订版均不适用于本标准,然而,鼓励根据本标准达成协议的各方研究是否可使用这些文件的最新版本。凡是不注日期的引用文件,其最新版本适用于本标准。

GB/T 191 包装储运图示标志(GB/T 191—2000,eqv ISO 780:1997)

GB/T 3077—1999 合金结构钢

GB/T 15822.1 无损检测 磁粉检测 第1部分:总则(GB/T 15822.1—2005,ISO 9934-1:2001,IDT)

GB/T 15822.2 无损检测 磁粉检测 第2部分:检测介质(GB/T 15822.2—2005,ISO 9934-2:2002,IDT)

GB/T 15822.3 无损检测 磁粉检测 第3部分:设备(GB/T 15822.3—2005,ISO 9934-3:2002,IDT)

3 术语和定义

下列术语和定义适用于本标准。

3.1

许用弹性扭矩 Permitted elastic torque

[T_e]

减振器簧片组承受交变力矩的许用值。

3.2

许用阻尼扭矩 Permitted damping torque

[T_d]

减振器的滑油压力为0.25 MPa时,阻尼振动力矩的许用值。

4 分类

4.1 结构

4.1.1 减振器主要由内部构件和外部构件组成,花键轴及固定在其上的零件为内部构件,其余的零件组合为外部构件。内部构件与内燃机曲轴的连接形式见附录A。

4.1.2 减振器按其应用机型分为A、B两型,A型适用于四冲程内燃机,B型适用于二冲程内燃机。A型减振器结构见图1,B型减振器结构见图2。

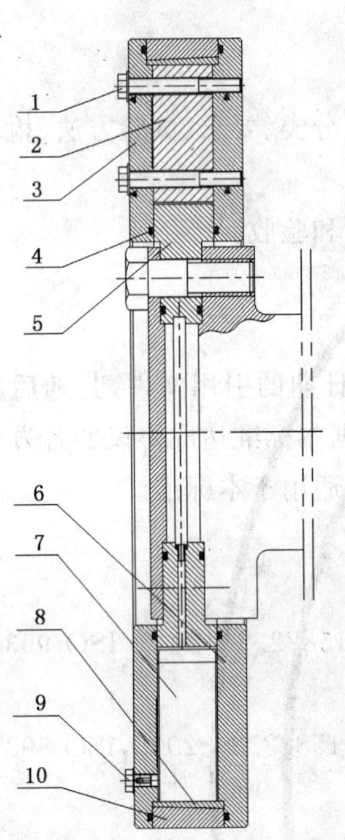

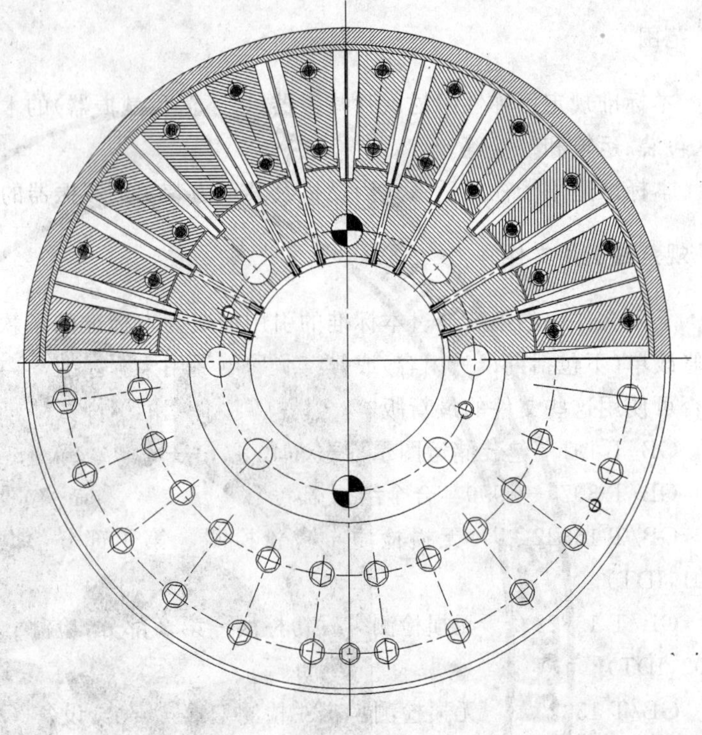

1——主螺栓；

2——中间块；

3——侧板；

4——O形密封圈；

5——花键轴；

6——法兰；

7——簧片组件；

8——中间圈；

9——放气螺栓；

10——紧固圈。

图 1　A型减振器结构图

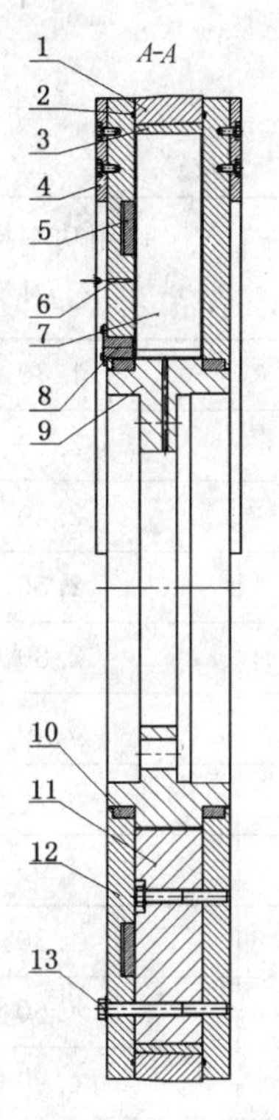

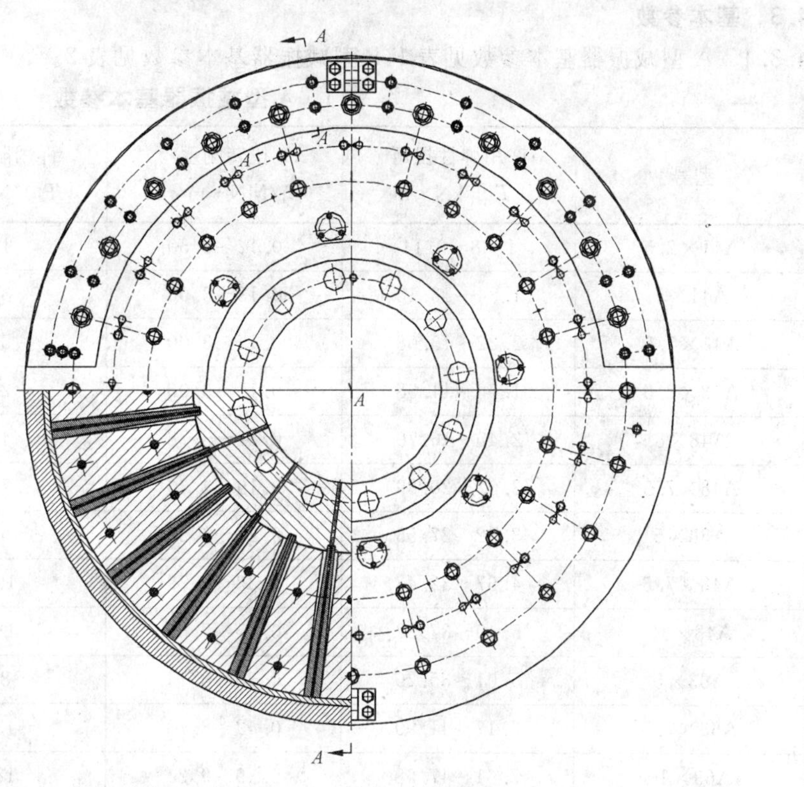

1——紧固圈；

2——O 形橡胶圈；

3——中间圈；

4——平衡重；

5——阻尼调整环；

6——持续放气孔；

7——簧片组件；

8——观察孔盖；

9——花键轴；

10——轴承套；

11——中间块；

12——侧板；

13——主螺栓。

图 2 B 型减振器结构图

4.2 标记

4.2.1 型号表示方法

减振器的型号表示如下：

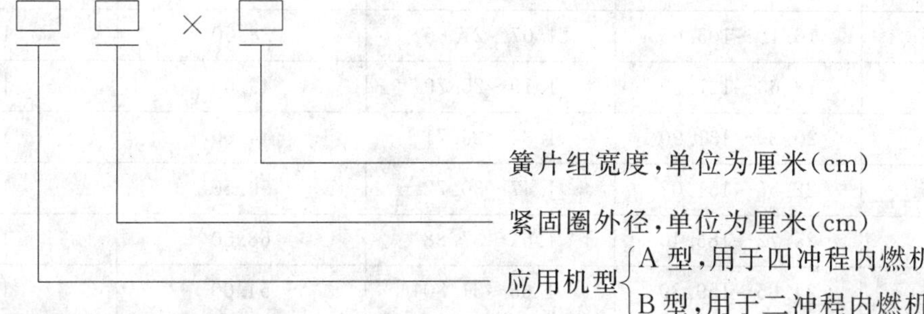

4.2.2 标记示例

紧固圈外径 90 cm、簧片组宽度 10 cm 的 A 型减振器标记为：

减振器　GB/T 14654—2008　A90×10

紧固圈外径 200 cm、簧片组宽度 20 cm 的 B 型减振器标记为：

减振器 GB/T 14654—2008　B200×20

4.3 基本参数

4.3.1 A型减振器基本参数见表1，B型减振器基本参数见表2。

表1 A型减振器基本参数

型号	许用弹性扭矩 $[T_e]$/kN·m	扭转刚度 C_s/MN·m/rad	许用阻尼扭矩 $[T_d]$/N·m/kPa	许用功率损失 $[P_v]$/kW
A41×2.5	1.38～9.14	0.12～2.50	1.60	1.80
A41×5	1.84～13.13	0.13～3.00	3.40	2.10
A41×7.5	2.22～15.08	0.14～3.00	5.40	2.40
A48×2.5	1.76～11.58	0.15～3.06	2.20	2.50
A48×5	2.40～16.70	0.17～3.78	4.80	2.80
A48×7.5	3.01～20.89	0.19～4.20	7.30	3.00
A56×5	3.82～27.55	0.28～6.60	6.50	3.70
A48×7.5	4.67～32.43	0.32～0.79	10.00	4.00
A48×10	5.49～37.57	0.35～7.59	13.60	4.30
A63×5	5.01～35.20	0.36～8.14	8.60	4.60
A63×7.5	6.17～41.90	0.42～8.73	13.20	4.90
A63×10	7.61～47.68	0.49～9.21	18.00	5.20
A72×5	6.58～40.62	0.51～9.36	10.70	5.90
A72×7.5	7.73～49.21	0.55～10.60	16.60	6.30
A72×10	9.09～59.67	0.59～11.96	22.50	6.60
A80×5	7.97～52.40	0.61～12.39	14.00	7.30
A80×7.5	9.91～61.26	0.64～13.28	21.50	7.80
A80×10	10.70～73.33	0.68～14.75	29.25	8.30
A90×5	9.40～64.65	0.70～15.27	17.20	8.80
A90×7.5	11.16～75.54	0.77～16.38	26.50	9.30
A90×10	13.17～90.12	0.84～18.19	36.00	9.90
A93×7.5	13.75～88.72	0.96～18.83	28.30	9.90
A93×10	16.10～105.65	1.07～21.66	38.50	10.50
A93×12.5	18.63～127.59	1.19～25.79	49.00	11.00
A100×10	20.30～131.90	1.34～26.71	44.00	11.90
A100×12.5	22.56～151.02	1.47～30.72	56.50	12.50
A100×15	25.72～185.40	1.61～37.88	68.50	13.00
A110×10	24.85～159.30	1.63～31.80	54.00	14.20
A110×12.5	27.33～180.94	1.75～35.94	68.50	48.80
A110×15	32.42～194.58	2.12～37.22	83.50	15.40
A125×10	31.86～203.64	2.02～39.22	71.50	19.70
A125×12.5	35.15～218.15	2.16～40.00	90.50	18.60

表 1（续）

型号	许用弹性扭矩 [T_e]/kN·m	扭转刚度 C_s/MN·m/rad	许用阻尼扭矩 [T_d]/N·m/kPa	许用功率损失 [P_v]/kW
A125×15	38.79～230.81	2.31～40.00	110.00	19.30
A125×17.5	43.01～244.20	2.49～40.00	130.00	20.00
A140×10	39.15～217.91	2.57～40.00	87.50	22.10
A140×12.5	43.36～230.81	2.76～40.00	110.00	22.90
A140×15	47.98～244.81	2.95～40.00	135.00	23.80
A140×17.5	52.04～259.74	3.06～40.00	159.00	24.60
A160×12.5	54.35～259.74	3.28～40.00	142.00	29.20
A160×15	57.50～268.70	3.40～40.00	173.00	30.10
A160×17.5	63.14～282.70	3.64～40.00	204.00	31.00
A160×20	68.22～292.57	3.90～40.00	235.00	32.00
A180×12.5	66.70～281.54	4.00～40.00	183.00	36.20
A180×15	74.71～294.56	4.40～40.00	222.00	37.60
A180×17.5	82.29～309.91	4.80～40.00	261.00	38.20
A180×20	90.79～231.37	5.30～40.00	300.00	39.30

注：N·m/kPa 等同于 kN·m/MPa。

表 2 **B 型减振器基本参数**

型号	许用弹性扭矩 [T_e]/kN·m	扭转刚度 C_s/MN·m/rad	许用阻尼扭矩 [T_d]/N·m/kPa	许用功率损失 [P_v]/kW
B140×12.5	43.36～253.19	2.76～43.38	111	22
B140×15	47.98～274.74	2.95～48.03	135	23
B140×17.5	52.04～297.00	3.06～49.56	159	24
B160×15	57.50～320.26	3.40～52.96	173	30
B160×17.5	63.14～344.38	3.64～54.84	204	31
B160×20	68.22～364.27	3.90～56.79	235	32
B180×15	74.71～382.31	4.40～60.69	222	38
B180×17.5	82.29～410.22	4.80～62.63	261	38
B180×20	90.79～434.76	5.30～64.85	300	39
B200×17.5	130.13～628.13	5.40～66.92	503	59
B200×20	142.16～674.38	5.75～69.30	574	60
B200×22.5	154.53～716.10	6.16～71.52	646	61
B224×17.5	149.96～725.85	5.95～74.06	636	72
B224×20	213.87～898.27	7.73～76.69	1 090	74
B224×22.5	230.78～957.13	8.14～79.14	1 220	75
B260×20	253.72～1 029.43	8.73～81.95	1 470	97

表 2（续）

型号	许用弹性扭矩 $[T_e]$/kN·m	扭转刚度 C_s/MN·m/rad	许用阻尼扭矩 $[T_d]$/N·m/kPa	许用功率损失 $[P_v]$/kW
B260×22.5	276.93～1 121.18	9.04～84.57	1 640	99
B260×25	301.67～1 194.45	9.70～87.57	1 820	100
B280×22.5	314.25～1 228.23	10.22～90.37	1 910	110
B280×25	327.93～1 295.76	10.40～93.58	2 120	115
B280×30	327.37～1 420.73	11.35～96.57	2 540	120
B300×25	356.88～1 397.88	10.96～97.25	2 440	125
B300×30	403.76～1 500.71	11.96～97.59	2 920	130
B300×35	440.51～1 594.86	12.56～98.27	3 440	140
B330×30	438.20～1 685.83	12.56～98.96	3 530	155
B330×35	480.05～1 689.56	13.28～99.31	4 110	160
B330×40	524.45～1 777.13	15.00～100.00	4 700	170

4.3.2 减振器的扭转刚度、阻尼系数等参数的选择应通过减振器调谐计算和机械系统的扭振计算确定。阻尼系数的选择范围为 0.2～1.0。

4.3.3 减振器配内燃机的缸径范围参见附录 B。

4.4 主要尺寸、转动惯量和重量

减振器主要尺寸、转动惯量和重量见表 3，表中“主要尺寸”栏目中 D、d、W、W_1 的含义参见图 3。

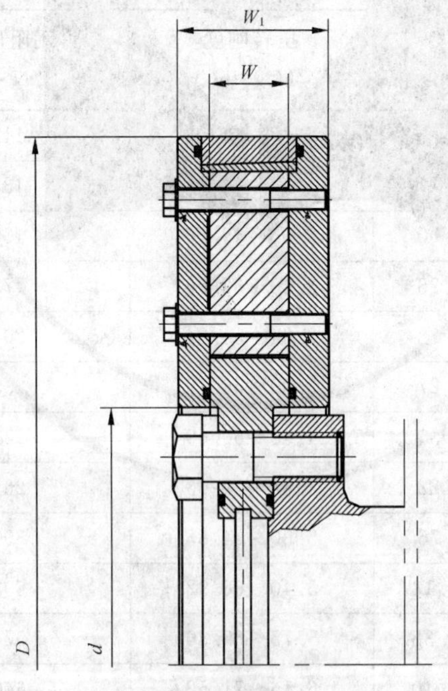

图 3 减振器主要尺寸示意图

表 3 减振器的主要尺寸、转动惯量和重量

型号	主要尺寸				转动惯量		重量		
	D	*d*	*W*	W_1	内部	外部	内部	外部	总和
	mm				kgm^2		kg		
A41×2.5	410	180	25	40	0.03	0.8	3.4	30.0	33.4
A41×5			50	65	0.06	1.3	8.0	48.0	56.0
A41×7.5			75	90	0.09	1.8	12.0	65.0	77.0
A48×2.5	480	210	25	45	0.05	1.6	4.5	45.0	49.5
A48×5			50	70	0.11	2.5	10.5	70.0	80.5
A48×7.5			75	95	0.17	3.4	16.5	95.0	111.5
A56×5	560	250	50	75	0.20	5.0	14.0	100.0	114.0
A48×7.5			75	100	0.30	6.7	22.0	133.0	155.0
A48×10			100	125	0.42	8.3	30.0	167.0	197.0
A63×5	630	280	50	75	0.31	8.0	17.0	128.0	145.0
A63×7.5			75	100	0.48	10.7	27.0	171.0	198.0
A63×10			100	125	0.66	13.3	37.0	213.0	250.0
A72×5	720	320	50	80	0.51	14.5	22.0	180.0	202.0
A72×7.5			75	105	0.81	19.0	35.0	236.0	271.0
A72×10			100	130	1.11	23.6	48.0	293.0	341.0
A80×5	800	345	50	85	1.00	24.8	30.0	253.0	283.0
A80×7.5			75	110	1.39	31.9	45.0	324.0	369.0
A80×10			100	135	1.87	39.1	60.0	398.0	258.0
A90×5	900	400	50	85	1.24	37.5	33.0	295.0	328.0
A90×7.5			75	110	1.99	48.5	53.0	382.0	435.0
A90×10			100	135	2.74	59.6	74.0	469.0	543.0
A93×7.5	930	410	75	115	2.25	53.0	57.0	390.0	447.0
A93×10			100	140	3.10	64.5	79.0	475.0	554.0
A93×12.5			125	165	3.96	76.0	101.0	560.0	661.0
A100×10	1 000	440	100	140	4.00	95.0	90.0	600.0	690.0
A100×12.5			125	165	5.20	112.0	115.0	707.0	822.0
A100×15			150	190	6.30	129.0	141.0	815.0	956.0
A110×10	1 100	480	100	145	5.90	143.0	105.0	750.0	855.0
A110×12.5			125	170	7.50	168.0	140.0	880.0	1 020.0
A110×15			150	195	9.20	193.0	170.0	1 010.0	1 180.0

表 3（续）

型号	主要尺寸				转动惯量		重量		
	D	d	W	W_1	内部	外部	内部	外部	总和
	mm				kgm^2		kg		
A125×10	1 250	540	100	150	9.40	247.0	132.0	1 005.0	1 137.0
A125×12.5			125	175	12.10	288.0	172.0	1 175.0	1 347.0
A125×15			150	200	14.90	330.0	212.0	1 340.0	1 552.0
A125×17.5			175	225	17.60	371.0	252.0	1 510.0	1 762.0
A140×10	1 400	610	100	160	14.70	415.0	165.0	1 345.0	1 510.0
A140×12.5			125	185	19.00	480.0	215.0	1 555.0	1 770.0
A140×15			150	210	23.20	545.0	265.0	1 765.0	2 030.0
A140×17.5			175	235	27.50	610.0	315.0	1 975.0	2 290.0
A160×12.5	1 600	700	125	190	32.20	840.0	275.0	2 080.0	2 355.0
A160×15			150	215	39.60	950.0	340.0	2 355.0	2 695.0
A160×17.5			175	240	47.00	1 060.0	405.0	2 630.0	3 035.0
A160×20			200	265	54.30	1 170.0	470.0	2 900.0	3 370.0
A180×12.5	1 800	780	125	195	50.10	1 380.0	337.0	2 705.0	3 042.0
A180×15			150	220	61.80	1 560.0	419.0	3 050.0	3 469.0
A180×17.5			175	245	73.60	1 735.0	501.0	3 400.0	3 901.0
A180×20			200	270	85.30	1 910.0	583.0	3 745.0	4 328.0
B140×12.5	1 400	610	125	185	19.00	480.0	215.0	1 555.0	1 770.0
B140×15			150	210	23.20	545.0	265.0	1 765.0	2 030.0
B140×17.5			175	235	27.50	610.0	315.0	1 975.0	2 290.0
B160×15	1 600	700	150	215	39.60	950.0	340.0	2 355.0	2 695.0
B160×17.5			175	240	47.00	1 060.0	405.0	2 630.0	3 035.0
B160×20			200	265	54.30	1 170.0	470.0	2 900.0	3 370.0
B180×15	1 800	780	150	220	61.80	1 560.0	419.0	3 050.0	3 469.0
B180×17.5			175	245	73.60	1 735.0	501.0	3 400.0	3 901.0
B180×20			200	270	85.63	1 910.0	583.0	3 745.0	4 328.0
B200×17.5	2 000	870	175	275	137.20	3 030.0	772.0	4 830.0	5 602.0
B200×20			200	300	148.60	3 280.0	836.0	5 230.0	6 066.0
B200×22.5			225	325	160.30	3 540.0	899.0	5 620.0	6 519.0
B224×17.5	2 240	970	175	285	223.70	4 940.0	1 009.0	6 310.0	7 319.0
B224×20			200	310	238.20	5 260.0	1 059.0	6 620.0	7 679.0
B224×22.5			225	335	260.00	5 650.0	1 132.0	7 080.0	8 212.0

表 3（续）

型号	主要尺寸				转动惯量		重量		
	D	d	W	W_1	内部	外部	内部	外部	总和
	mm				kgm²		kg		
B260×20	2 600	1 100	200	330	462.00	10 200.0	1 529.0	9 560.0	11 089.0
B260×22.5			225	355	493.70	10 900.0	1 632.0	10 200.0	11 832.0
B260×25			250	380	525.40	11 600.0	1 728.0	10 800.0	12 528.0
B280×22.5	2 800	1 200	225	365	684.00	15 100.0	1 952.0	12 200.0	14 152.0
B280×25			250	390	729.30	16 100.0	2 064.0	12 900.0	14 964.0
B280×30			300	440	810.80	17 900.0	2 288.0	14 300.0	16 588.0
B300×25	3 000	1 300	250	400	974.00	21 500.0	2 384.0	14 900.0	17 284.0
B300×30			300	450	1 087.20	24 000.0	2 624.0	16 400.0	19 024.0
B300×35			350	500	1 195.90	26 400.0	2 880.0	18 000.0	20 880.0
B330×30	3 300	1 430	300	466	1 653.40	36 500.0	3 360.0	21 000.0	24 360.0
B330×35			350	516	1 812.00	40 000.0	3 640.0	22 800.0	26 448.0
B330×40			400	566	1 970.50	43 500.0	3 952.0	24 700.0	28 652.0

4.5 设计

减振器的许用环境温度为－10℃～90℃。

5 要求

5.1 标识

应在减振器上标识下列内容：

a) 产品型号；

b) 制造厂代号；

c) 出厂编号。

5.2 表面质量

5.2.1 减振器表面不应有碰伤、划痕、锈蚀等缺陷。

5.2.2 减振器各外露表面粗糙度应不超过 $Ra6.3$。

5.3 公差

5.3.1 减振器阻尼槽深度尺寸公差应不超过±0.02 mm。

5.3.2 减振器的紧固圈、侧板和法兰的径向跳动量均应不大于 0.2 mm。

5.3.3 对于 B 型减振器，其轴承径向间隙尺寸公差应符合表 4 的要求。

表 4 B 型减振器轴承径向间隙尺寸公差表

单位为毫米

序号	轴承直径范围	轴承径向间隙尺寸公差
1	600～1 000	±0.20
2	>1 000～1 250	±0.25
3	>1 250～1 600	±0.30
4	>1 600～2 000	±0.40
5	>2 000～2 500	±0.45

5.4 材料及热处理

5.4.1 减振器主要零件宜选用表5规定的材料。

表5 减振器主要零件材料选用

零件名称	材料牌号	标准号
主螺栓	40Cr	GB/T 3077—1999
紧固圈	42CrMo	
簧片	50CrVA	
花键轴	40Cr	

5.4.2 允许选用性能不低于表5规定且证明同样适用的其他材料。

5.4.3 减振器的簧片、花键轴经热处理后不应有裂纹、气泡等缺陷。

5.5 性能

5.5.1 滑油及油压

减振器由内燃机供油,其滑油牌号与内燃机的滑油牌号相同,供油压力应为0.15 MPa~0.60 MPa。

5.5.2 扭振参数

减振器的扭振特性参数应与所连接的机械系统相匹配。其转动惯量和扭转刚度偏差应不大于4%,阻尼系数、功率损耗和弹性扭矩的偏差应不大于8%。

6 检验方法

6.1 标识

目视检查减振器的标识。结果应符合5.1的要求。

6.2 表面质量

6.2.1 目视检查减振器的表面。结果应符合5.2.1的要求。

6.2.2 用粗糙度比较样块检查减振器的表面粗糙度。结果应符合5.2.2的要求。

6.3 公差

6.3.1 用深度尺测量减振器的阻尼槽深度。结果应符合5.3.1的要求。

6.3.2 用百分表测量减振器紧固圈、侧板和法兰的径向跳动量。结果应符合5.3.2的要求。

6.3.3 用塞尺测量B型减振器轴承径向间隙的尺寸公差。结果应符合5.3.3的要求。

6.4 材料及热处理

6.4.1 查看减振器各零部件的材料和材质证明。结果应符合5.4.1和5.4.2的要求。

6.4.2 按GB/T 15822.1、GB/T 15822.2、GB/T 15822.3规定的方法对减振器簧片、花键轴进行磁粉探伤检查。结果应符合5.4.3的要求。

6.5 性能

6.5.1 向减振器供油,用压力表测量减振器的油压。结果应符合5.5.1的要求。

6.5.2 应采用扭振测试仪器对安装了减振器的内燃机进行扭振测试,并应在规定的内燃机转速范围内进行。测量内燃机自由端的振幅、机械系统的共振转速。根据测试结果确定机械系统的固有频率、减振器的振动扭矩等扭振参数,作出减振器的转速-振幅曲线,验证减振器的转动惯量、扭转刚度是否满足机械系统的扭振性能要求。结果应符合5.5.2的要求。

7 检验规则

7.1 检验分类

本标准规定的检验分类如下:

a) 型式检验;

b) 出厂检验。

7.2 型式检验

7.2.1 检验时机

减振器在下列情况下应进行型式检验：

a) 系列首制产品；

b) 产品结构、材料、工艺有较大改变，可能影响产品性能；

c) 检验部门提出需要进行型式检验。

7.2.2 检验项目和顺序

减振器型式检验的项目和顺序见表6。

7.2.3 检验数量

减振器型式检验的数量为1台。

7.2.4 合格判据

减振器型式检验的项目全部符合要求时判为型式检验合格。若有不符合要求的项目，允许加倍取样全部项目进行复验。若复验符合要求，仍判定减振器型式检验合格；若仍有不符合要求的项目，则判定减振器型式检验不合格。

表6 检验项目和顺序

序号	检验项目	型式检验	出厂检验	要求章条号	检验方法章条号
1	标识	●	●	5.1	6.1
2	表面质量	●	●	5.2	6.2
3	公差	●	●	5.3	6.3
4	材料及热处理	●	●	5.4	6.4
5	滑油及油压	●	●	5.5.1	6.5.1
6	扭振参数	●	—	5.5.2	6.5.2
注：●必检项目；—不检项目。					

7.3 出厂检验

7.3.1 检验数量

每台减振器均应进行出厂检验。

7.3.2 检验项目和顺序

出厂检验的项目和顺序见表6。

7.3.3 合格判据

减振器的出厂检验全部项目符合要求，判定减振器出厂检验合格。若有不符合要求的项目，则判定该减振器出厂检验不合格。

8 包装、运输和贮存

8.1 减振器应进行防锈油封处理。

8.2 包装箱应坚固，箱内应衬防潮纸；减振器在箱内应固定，防止受冲击后窜动。

8.3 包装箱内应装入下列文件：

a) 产品合格证；

b) 使用说明书；

c) 安装布置图；

d) 装箱清单。

8.4 包装标志应符合GB/T 191的要求，注明“小心轻放”、“防潮”和“不许倒置”等字样。

8.5 减振器应保存在清洁、干燥和通风良好的仓库中，油封保养有效期为出厂后6个月。

附　录　A
（资料性附录）
减振器与曲轴的连接型式

A.1　根据内燃机曲轴自由端的形状尺寸，减振器内部构件与曲轴自由端的连接可分为法兰连接和液压锥度连接两种形式。

A.1.1　法兰连接形式见图 A.1 和图 A.2。

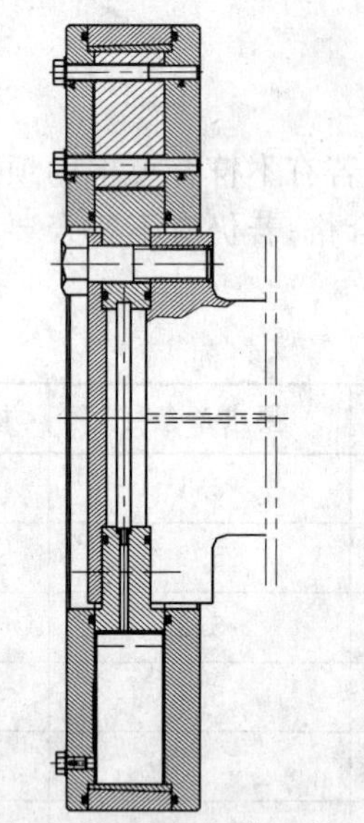

图 A.1　曲轴自由端无功率输出的法兰连接形式

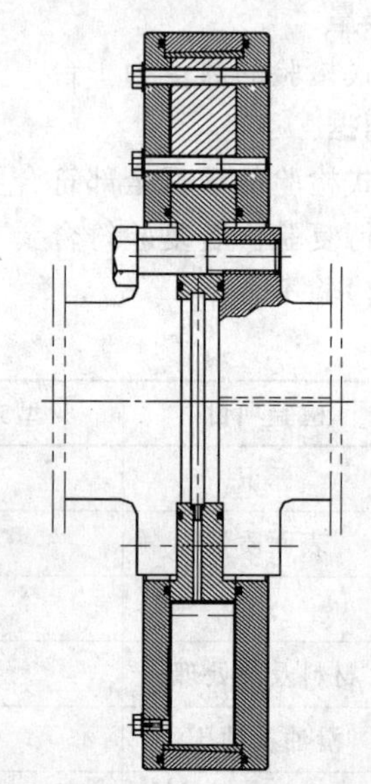

图 A.2　曲轴自由端有功率输出的法兰连接形式

A.1.2　液压锥度配合连接见图 A.3 和图 A.4。

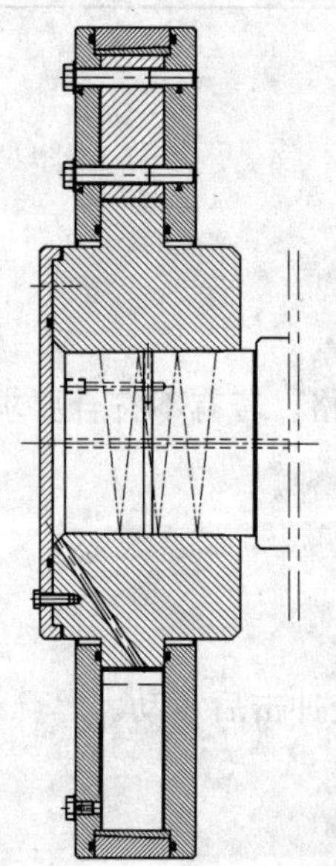

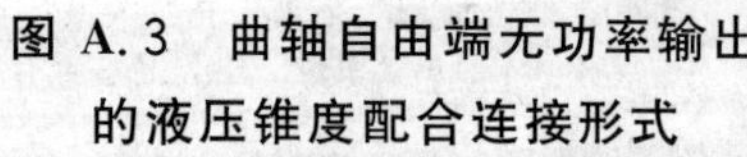

图 A.3　曲轴自由端无功率输出的液压锥度配合连接形式

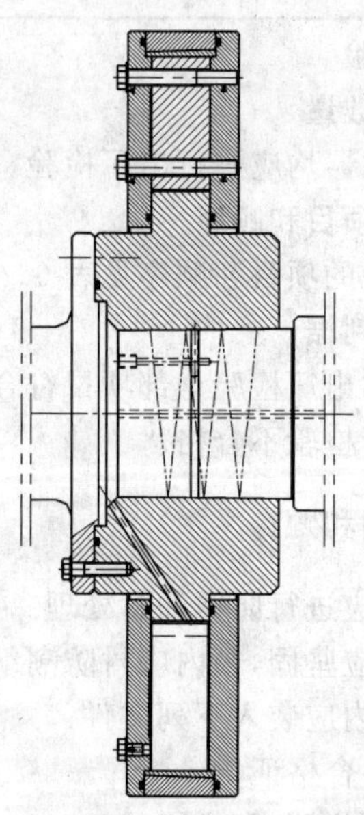

图 A.4　曲轴自由端有功率输出的液压锥度配合连接形式

A.2　根据曲轴自由端有无功率输出可以分别采用图 A.1 或图 A.3、图 A.2 或图 A.4 的连接形式。

附 录 B
（资料性附录）
减振器配内燃机的气缸直径范围

B.1 减振器所配内燃机的单缸功率一般大于 50 kW，可以根据内燃机的气缸直径初选减振器。

B.2 A 型、B 型减振器配内燃机的气缸直径范围分别见表 B.1、表 B.2。

表 B.1 A 型减振器配内燃机气缸直径范围　　单位为毫米

减振器型号	A41	A48	A56	A63	A72	A80	A90
气缸直径范围	90～180	120～210	150～240	180～270	210～310	240～340	280～380
减振器型号	A93	A100	A110	A125	A140	A160	A180
气缸直径范围	290～390	320～420	350～460	400～510	460～580	540～660	610～740

表 B.2 B 型减振器配内燃机气缸直径范围　　单位为毫米

减振器型号	B140	B160	B180	B200
气缸直径范围	380～560	560～600	560～620	580～680

减振器型号	B224	B260	B280	B300	B330
气缸直径范围	600～700	620～760	680～800	700～840	760～840